全国铁道职业教育教学指导委员会规划教材
高等职业教育专业基础课系列规划教材

电子技术及应用

马祥兴　晏明军　主　编
闫　刚　于　玲　副主编
林宏裔　主　审

中国铁道出版社
2018年·北京

内容简介

本书为高等职业教育专业基础课系列规划教材，全书共分十二章，内容分为模拟电子技术和数字电子技术两部分。主要介绍了常用半导体器件、基本放大电路、集成运算放大电路、集成功率放大器、正弦波振荡电路、直流稳压电源、数字电路基础、组合逻辑电器、时序逻辑电路、脉冲波形的产生与变换电路、数/模和模/数转换以及半导体存储器和可编程逻辑器件等。为便于教学，每章配有本章小结及习题，书末并附有相关的10个实验项目和附录，供学生实作练习和查阅。

本书可作为高等职业教育电类相关专业专业基础课教材，也可作为其他相关专业参考用书。

图书在版编目(CIP)数据

电子技术及应用/马祥兴，晏明军主编．—北京：中国铁道出版社，2012(2018.1重印)

全国铁道职业教育教学指导委员会规划教材　高等职业教育专业基础课系列规划教材

ISBN 978-7-113-14856-0

Ⅰ.①电…　Ⅱ.①马…　②晏…　Ⅲ.①电子技术—高等职业教育—教材　Ⅳ.①TN

中国版本图书馆CIP数据核字(2012)第122465号

书　　名：**电子技术及应用**
作　　者：马祥兴　晏明军　主编

策　　划：阚济存
责任编辑：阚济存　　**编辑部电话**：010-51873133　　**电子信箱**：td51873133@163.com
封面设计：冯龙彬
责任校对：张玉华
责任印制：李　佳

出版发行：中国铁道出版社(100054，北京市西城区右安门西街8号)
网　　址：http://www.tdpress.com
印　　刷：虎彩印艺股份有限公司
版　　次：2012年8月第1版　2018年1月第2次印刷
开　　本：787 mm×1 092 mm　1/16　印张：26.75　字数：640千
印　　数：3 001～4 000册
书　　号：ISBN 978-7-113-14856-0
定　　价：55.00元

前　言

本书根据高职教育的培养目标，结合电子信息技术类及相关专业课程标准，认真分析研究了电子技术的最新发展状况，参阅了多位专家学者的著作，集合了许多企业专家和兄弟院校的意见，依据"电气化铁道技术专业'十二五'规划教材审定会"提出的"电子技术及应用"编写大纲，由近十位长期从事教学工作、教学经验丰富的教师编写而成。它可作为全国高等职业院校电气自动化、电子信息工程、检测技术、供用电技术、机电一体化技术等相关专业的教学用书，也可作为从事电子技术的工程技术人员参考用书。

"电子技术及应用"是高等职业院校理工科类各专业的一门重要的专业技术课程。在教材的编写中，力图体现培养高素质的技术技能型高等应用型专门人才这一特点，以满足人才培养规格所需的"知识、能力和素质"要求。本书以电子技术的基本概念、基本原理和基本分析方法为主线，以"必需"和"够用"为度，以应用为目的，以培养学生的综合应用能力和专业技能为核心，学以致用，注重理论联系实际，充分体现了高等职业教育的特点。

在教材体系上，既考虑结构的科学合理，又遵循高职教育的基本规律，既保证专业技术的教学要求，又满足职业岗位对人才的需求，力求突出教材的针对性、实用性、实践性和实效性，以增强学生应用知识的分析能力和解决问题的能力。在教材内容上，以分立元件为基础，以集成器件为重点，贯彻"管为路用"，突出了电子电路的分析方法，强化了集成运放、集成功放、集成稳压器、中规模数字集成电路的运用。为适应电子技术的快速发展，教材中吸纳了许多新器件、新工艺、新技术，体现了教材的先进性。在教材处理上，力求深入浅出、简明扼要，通俗易懂，淡化公式推导和较深的理论分析，多引入典型性的应用实例，增强了教材的可读性。

本书分两大篇，第一篇为模拟电子技术，第二篇为数字电子技术，理论教学为130课时，加※部分为选学内容。教学内容可根据不同专业和各校的实际情况作适当取舍。教材配有习题和相应的技能训练项目，以供教学使用。

本书由苏州大学阳澄湖校区马祥兴、辽宁铁道职业技术学院晏明军主编，吉林铁道职业技术学院闫刚、辽宁铁道职业技术学院于玲副主编，北京铁路电气化学校林宏裔主审。具体分工：马祥兴编写前言、第二章、第七章，并负责大纲的编写和全书的统稿，晏明军编写第一章、第九章，闫刚编写第八章，于玲编写第四章、第十章，吉林铁道职业技术学院徐薇编写第五章，于水婧编写第六章，张心刚编写第十一章，苏州大学阳澄湖校区高友福编写第三章，张飞编写第十二章。

应该指出，本书是在2006版马祥兴主编的《电子技术及应用》的基础上进行修编的，在此，对张红、王彦、黄强、李春英等表示致谢，是他们辛苦劳动打下了教材编写的基础。

由于编者水平有限，书中难免有错误和不妥之处，恳请读者提出批评和意见。

编　者
2012年5月

本书常用符号说明

一、元件符号

1. 电阻

R	电阻通用符号、直流电阻或静态电阻
r	交流电阻或动态电阻
R_P	电位器
R_B、R_C、R_E	基极、集电极、发射极电阻
R_G、R_D、R_S	场效应管栅极、漏极、源极电阻
R_S	信号源内阻
R_L、R_L'	负载电阻、负载等效电阻
R_F	反馈电阻
r_{be}	三极管基极—发射极间的等效输入电阻
r_i、r_o	放大电路的交流输入、输出电阻
r_{if}、r_{of}	有反馈时电路的交流输入、输出电阻
r_d	二极管动态电阻
r_Z	稳压管动态电阻

2. 电容、电感

C	电容通用符号
C_B、C_E	基极、发射极旁路电容
C_S	源极旁路电容
C_F	反馈电容
C_j	PN 结结电容
C_B、C_D	势垒电容、扩散电容
C_{be}、C_{bc}	基极—发射极电容、基极—集电极电容
C_i、C_L	输入电容、负载电容
L	电感通用符号、自感系数
M	互感系数
T	变压器通用符号

二、器件符号

1. 二极管与三极管

P、N	空穴型、电子型半导体
VT	三极管、场效应管
VD	普通二极管
VZ	稳压二极管
LED	发光二极管
A、K	整流元件阳极、阴极
b(B)、c(C)、e(E)	三极管基极、集电极、发射极
g(G)、d(D)、s(S)	场效应管栅极、漏极、源极

2. 集成器件

A	集成运算放大器
IC	集成电路通用符号
G	门
OC	集电极开路门
TS	三态门
TG	传输门
SW	模拟开关
ALU	算术逻辑运算单元
MUX、DMUX	数据选择器、数据分配器
F	触发器
ROM/RAM	只读/随机存取存储器
PLD/PLA	可编程逻辑器件/逻辑阵列
PAL/GAL	可编程阵列逻辑/通用阵列逻辑

三、电压与电流符号

1. 工作电源电压

符号规定：

大写字母，大写下标，并双写该下标字母

V_{BB}	三极管基极直流电源电压
V_{CC}	三极管集电极直流电源电压
V_{EE}	三极管发射极直流电源电压
V_{GG}	场效应管栅极直流电源电压
V_{DD}	场效应管漏极直流电源电压
V_{SS}	场效应管源极直流电源电压
E	电池通用符号
GND	接地端

2. 电压与电流

符号规定：

小写字母，小写下标，表示交流瞬时值

小写字母，大写下标，表示含直流量的瞬时值

大写字母，小写下标，表示交流有效值

大写字母，大写下标，表示直流量(或静态值)

U、u	电压通用符号
V、v	电位、电平通用符号
I、i	电流通用符号
$\dot{U}$、$\dot{I}$	交流复数值
ΔU、ΔI	直流变化量
Δu、Δi	瞬时值变化量
U_Q、I_Q	直流电压、电流静态值
u_i、i_i、u_I、i_I	输入电压、电流
u_o、i_o、u_O、i_O	输出电压、电流

u_S、i_S 信号源电压、电流
u_f、i_f 反馈电压、电流
u_d、u_c 差模电压、共模电压
u_+、i_+、u_-、i_- 运放同相端、反相端输入电压与电流
U_R、U_{REF}、I_R、I_{REF} 参考电压基准电压、电流
U_P 夹断电压
U_T、U_{TH} 开启电压、门槛电压或阈值电压
U_{IH}、U_{IL} 输入高电平、输入低电平
U_{OH}、U_{OL} 输出高电平、输出低电平
U_{ON}、U_{OFF} 开门电平、关门电平
U_{NH}、U_{NL} 高电平噪声容限、低电平噪声容限
$U_{(BR)CEO}$ 基极开路时 c—e 极间的反向击穿电压
$U_{(BR)EBO}$ 集电极开路时 e—b 极间的反向击穿电压
$U_{(BR)CBO}$ 发射极开路时 c—b 极间的反向击穿电压
U_{CES} 三极管 c—e 极间的饱和管压降
I_{CBO} 发射极开路时 c—b 间的反向饱和电流
I_{CEO} 基极开路时 c—e 间的穿透电流
I_{CM} 三极管集电极最大允许电流
u_{BE} 三极管 b—e 极间含直流量的瞬时电压
u_{CE} 三极管 c—e 极间含直流量的瞬时电压
i_B、i_C、i_E 三极管 b、c、e 极的含直流量的瞬时电流
i_b、i_c、i_e 三极管 b、c、e 极的交流瞬时电流
I_{BQ}、I_{CQ}、I_{EQ} 三极管 b、c、e 极的静态工作电流
U_{GS} 场效应管 g—s 极间的直流电压
U_{DS} 场效应管 d—s 极间的直流电压
u_{GS} 场效应管 g—s 极间含直流量的瞬时电压
u_{DS} 场效应管 d—s 极间含直流量的瞬时电压
I_D 场效应管漏极电流、二极管整流电流
I_{DO} 增强型场效应管 $U_{GS}=2U_{IH}$时的漏极电流
I_{DSS} 耗尽型场效应管 $U_{GS}=0$ 时的漏极电流
U_Z、I_Z 稳压管的稳定电压、稳定电流
I_{FM} 二极管最大整流电流
I_S、I_R 二极管的反向饱和电流、二极管的反向电流
U_{RM} 二极管最高反向工作电压
$U_{(BR)}$ 二极管的击穿电压

四、功率符号

P 功率通用符号
p 瞬时功率
P_{Om} 最大输出交流功率
P_V 晶体管耗散功率
P_E 电源消耗的功率
P_{CM} 集电极最大允许耗散功率

五、频率符号

f、ω 频率、角频率通用符号
f_{BW} 通频带
f_H、f_L 放大电路的上限截止频率、下限截止频率
f_S、f_P 石英晶体的串联、并联谐振频率
f_M 二极管的最高工作频率

六、放大倍数、增益符号

A 放大倍数或增益通用符号
A_u、A_{uo} 电压放大倍数、开环电压放大倍数
A_{uS} 考虑信号源内阻时的电压放大倍数
A_{uf} 负反馈放大电路的闭环电压放大倍数
F 反馈系数通用符号
A_{ud}、A_{uc} 差模电压放大倍数、共模电压放大倍数
K_{CMR} 共模抑制比
$\overline{\beta}$、β 三极管共射极直流、交流电流放大系数
$\overline{\alpha}$、α 三极管共基极直流、交流电流放大系数
g_m 场效应管低频互导(跨导)

七、脉冲、数字电路参数符号

f 周期性脉冲的重复频率
T 脉冲周期
U_m 脉冲幅度
t_r、t_f 上升时间、下降时间
t_w 脉冲宽度
q 占空比
t_{pd} 平均传输延迟时间
N_O 扇出系数
CP 时钟脉冲
CLK 时钟
B、D、H 二进制、十进制、十六进制
EN 允许、使能
CE 输出允许

八、其他符号

Q 品质因素、静态工作点
T 温度
U_T 温度电压当量
η 效率
τ 时间常数
φ 相位角
φ_A 基本放大电路的相位移
φ_F 反馈或移相网络的相位移
t_{on}、t_{off} 导通时间、截止(关闭)时间
S_r 稳压系数
S_U、S_I 电压调整率、电流调整率
SR 转换速率
S 开关
KA 继电器

目　　录

第一篇　模拟电子技术

第二篇　数字电子技术

第一篇　模拟电子技术

第一章　常用半导体器件

电子技术广泛地应用于人类生产和生活的各种领域，电子技术的迅猛发展和广泛运用是与半导体器件的发展和应用紧密相连的。常用的半导体器件主要有晶体二极管、晶体三极管、场效应管，由于它们具有体积小、重量轻、使用寿命长、输入功率小和转换效率高等优点而被广泛地应用于各种电子设备中，成为构成各种电子电路的基础。

本章简要地介绍它们的基本工作原理和基本特性。首先从介绍半导体的基本知识开始，讨论半导体器件的核心部分——PN结，然后介绍二极管的物理结构、工作原理、特性曲线和主要参数，并对几种特殊二极管也给予简要介绍，接着再介绍三极管、场效应管的物理结构、工作原理、特性曲线和主要参数。通过学习能够识别和检测常用电子元器件，初步具有查阅电子器件手册、较合理地选用或代换器件的能力；确立电子器件的基本工作原理、基本概念和分析方法，熟悉器件的符号、特点和使用方法，重点掌握各种半导体器件结论性的知识点，为后续学习电子电路打下基础。

第一节　半导体的基础知识

一、半导体的导电特性

半导体器件是由半导体材料构成的，学习半导体器件，必须首先了解构成这些具有神奇功能的半导体器件的半导体材料。

1. 半导体及其主要特性

自然界中的物质按其导电能力强弱的不同，可分为三大类：导体、绝缘体和半导体。通常将电阻率小于10^{-4} Ω·cm的物质称为导体，例如金、银、铜、铁等金属都是良好的导体。将电阻率大于10^{10} Ω·cm的物质称为绝缘体，例如橡胶、塑料、玻璃等都很难导电。还有一类物质，其导电能力介于导体和绝缘体之间，称为半导体（电阻率在10^{-4}～10^{10} Ω·cm）。常用的半导体材料有硅（Si）、锗（Ge）和砷化镓（GaAs）等，大多数半导体器件所用的主要材料就是硅和锗。

导体导电能力最好，常用于构成传导电流的电路；绝缘体几乎不导电，宜用于限制电流流通，防止电流泄漏。半导体传导电流不如导体，限制电流又不如绝缘体，却得到了广泛的应用，而且半导体技术的发展成为电子技术发展的标志，主要是因为半导体具有一些特殊性能，科学家利用这些特殊性能，制造出了性能优异的半导体器件，从而促进了电子技术的飞跃。

（1）热敏特性：半导体对温度很敏感，其电阻率随温度的升高会减小，导电能力将显著增加。例如半导体锗在温度每升高10 ℃时，其电阻率减小为原来的一半。虽然这种特性对半导体器件的工作性能、对半导体器件组成的电子电路的性能有许多不利的影响，但利用这种特性可制成各种热敏器件，用于自动控制系统以及温度测量等。由此制成的热敏电阻，可以感知万分之一摄氏度的温度变化，把热敏电阻安装在机器的重要部位，就能控制和测量它们的温度；用热敏电阻制作的恒温调节器，可以把环境温度设定在±5 ℃的范围内；在农业上，热敏电阻制成的感测装置能准确地测出植物叶面的温度和土壤的温度；它还能测量辐射，几百米远人体发出的热辐射或 1 km 外的热源都能方便地测出。

(2)光敏特性：半导体材料对光照很敏感。半导体材料受到光照射时，其电阻率减小，导电能力显著增强。例如一种硫化镉的半导体材料，在一般灯光照射下，其电阻率是移去光照后的几十分之一或几百分之一。利用半导体的光敏特性，可以制成光电二极管、光电三极管和光敏电阻等多种光电器件，用于自动控制和光电控制电路中。例如应用光电器件可以实现路灯、航标灯的自动控制；可以制成火灾报警装置；可以进行产品自动计数等。

(3)掺杂特性：在纯净的半导体中人为地掺入微量的杂质元素，就会使它的导电能力急剧增强。例如在半导体硅中掺入亿分之一的硼(B)，其导电能力可以提高几万倍。人们就是用控制掺杂浓度的方法，精确地控制半导体的导电能力，制造出各种不同性能、不同用途的半导体器件，例如二极管、三极管、场效应管等。而且在半导体不同的部位掺入不同的杂质，就会呈现不同的性能，再采用一些特殊工艺，将各种半导体器件进行适当的连接就可制成具有某一特定功能的电路—集成电路，甚至是系统，这就是半导体最具魅力之处。

常用的半导体材料在自然界中都是以晶体结构存在的，因此由其构成的半导体二极管、三极管又称做晶体二极管和晶体三极管。

2. 本征半导体

半导体按其是否掺入杂质来划分，可分为本征半导体和杂质半导体。半导体之所以具有上述特殊特性，是其本身的结构特征决定了其特殊的特性。常用的半导体材料硅和锗都是四价元素，其原子最外层轨道都具有四个电子，称为价电子。每个价电子为相邻原子所共有，从而形成共价键，原子与原子之间通过共价键联结在一起，形成空间有序排列，半导体呈晶体结构，把这种非常纯净且原子排列整齐的半导体称为本征半导体，本征半导体结构如图 1-1 所示。

在 $T=0$ K(热力学温度零度)和没有外界激发时，由于共价键具有很强的结合力，价电子不能挣脱其束缚而成为自由电子，所以半导体因没有自由电子而不能导电，呈现绝缘状态。当温度升高或有外界激发时，价键电子会挣脱共价键的束缚而成为自由电子，同时在原共价键中留下一个空位，这个空位称为空穴。本征半导体一旦有了自由电子，其导电能力就增加。在本征半导体中电子和空穴的数目总是相等的，且电子和空穴是成对出现的，所以称之为电子—空穴对。我们把在热或光的作用下，本征半导体中的价电子挣脱共价键的束缚产生电子—空穴对的现象，称为本征激发。

在外电场作用下，自由电子和空穴都做定向移动，因此半导体中有两种载流子(导电粒子)，一种是带负电荷的自由电子，一种是相当于带等量正电荷的空穴，它们在外电场作用下都能定向移动形成电流，这是半导体导电与导体导电的本质区别。本征半导体中两种载流子的数量相等，常温下自由电子和空穴两种载流子的数量很少，所以导电性很差。然而当环境温度升高时，本征激发所带来的两种载流子的数量会显著增多，导电性明显提高，这就是半导体的导电性随温度变化而明显变化的原因。

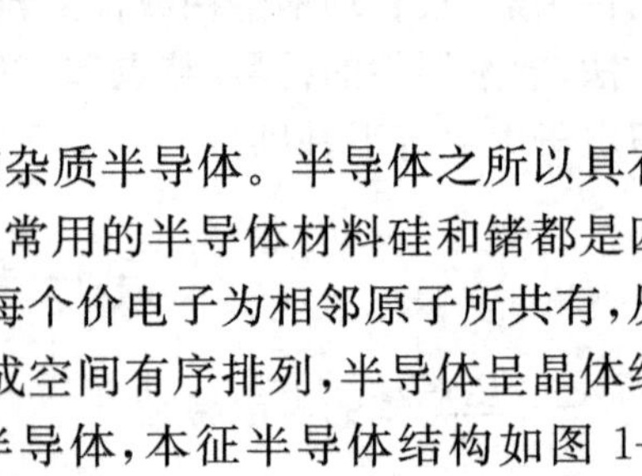

图 1-1　本征半导体结构

3. 杂质半导体

在本征半导体中掺入微量的其他元素(称为杂质),就会使它的导电性发生显著变化,这种掺入杂质的半导体称为杂质半导体。根据掺入杂质的不同,杂质半导体可分为P型半导体和N型半导体两大类。

(1) P型半导体。在本征半导体中掺入微量的三价元素(例如硼、铟、镓),则可构成P型半导体。因硼原子只有三个价电子,它与相邻的四个原子组成共价键时,缺少一个价电子而出现空穴。这样P型半导体中的载流子除了本征激发产生的电子—空穴对外,还有因掺杂而产生了大量的空穴,每掺入一个杂质元素就能产生一个空穴,使得半导体中的空穴载流子数量大大提高,导电性显著增强,如图1-2所示。在P型半导体中,空穴的数目远大于自由电子的数目,空穴为多数载流子,简称多子。而电子为少数载流子,简称少子。由于P型半导体以空穴为导电主体,故又称空穴型半导体。

(2)N型半导体。在本征半导体中掺入微量的五价元素(例如磷、砷、锑),则可构成N型半导体。因磷原子有五个价电子,它与相邻的四个原子组成共价键时,多出的一个价电子便成为自由电子,每掺入一个杂质元素就能产生一个自由电子,使得半导体中的电子载流子数量大大提高,导电性显著增强,如图1-3所示。掺杂后的N型半导体中,电子和空穴两种载流子的数目不再相等,电子为多数载流子,空穴为少数载流子。由于N型半导体以电子为导电主体,故又称电子型半导体。

在杂质半导体中,多数载流子的数目主要取决于掺杂的多少,因此,可以控制掺杂的浓度来控制其导电能力。而少数载流子的数量主要取决于温度,因此,半导体器件工作的稳定性是受温度影响的。无论哪种杂质半导体,对外均不显电性。

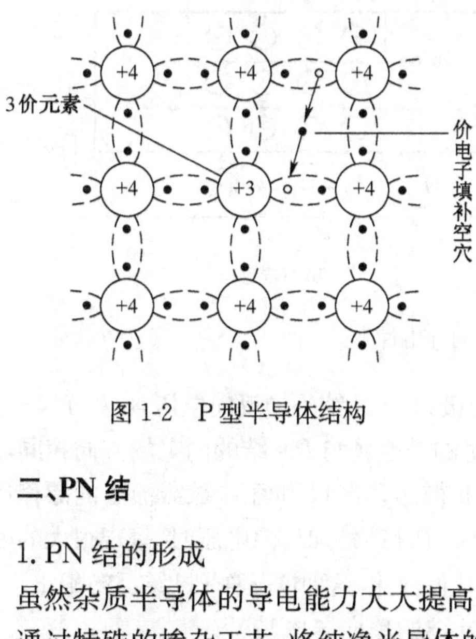

图1-2　P型半导体结构

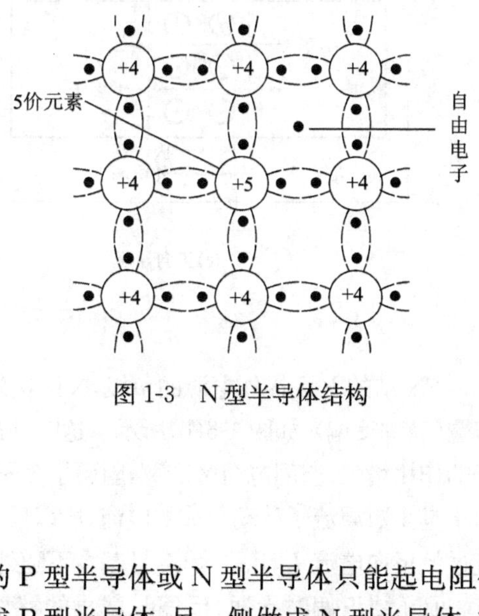

图1-3　N型半导体结构

二、PN结

1. PN结的形成

虽然杂质半导体的导电能力大大提高,但单一的P型半导体或N型半导体只能起电阻作用。通过特殊的掺杂工艺,将纯净半导体的一侧做成P型半导体,另一侧做成N型半导体,在其交界处就形成了一个特殊的薄层,称之为PN结,如图1-4所示。PN结是构成各种半导体器件的基础。

因为P区的多数载流子是空穴,而N区的多数载流子是电子,因此,P区一侧的空穴浓度远大于N区的空穴浓度,而N区一侧的电子浓度远大于P区的电子浓度。这种载流子浓度的差异,产生了多数载流子的扩散运动,P区的空穴向N区扩散,N区的电子向P区扩散,如

图 1-4 中箭头所示。扩散运动使交界面靠近 P 区一侧留下一层负离子，靠近 N 区一侧留下等量的正离子，于是在交界面两侧形成了正、负离子薄层，称为空间电荷区。

空间电荷区的出现产生了 PN 结的内电场，其方向由 N 区指向 P 区，它阻碍了多数载流子的扩散运动，却有助于两边的少数载流子的漂移运动。在扩散运动开始时，空间电荷区刚形成，内电场还很弱，扩散运动很强，而漂移运动较弱。随着扩散运动的不断进行，空间电荷区逐渐变宽，内电场不断加强，少数载流子的漂移运动随之增强。最后，多数载流子的扩散与少数载流子的漂移相抵消，达到动态平衡，空间电荷区的宽度保持不变。

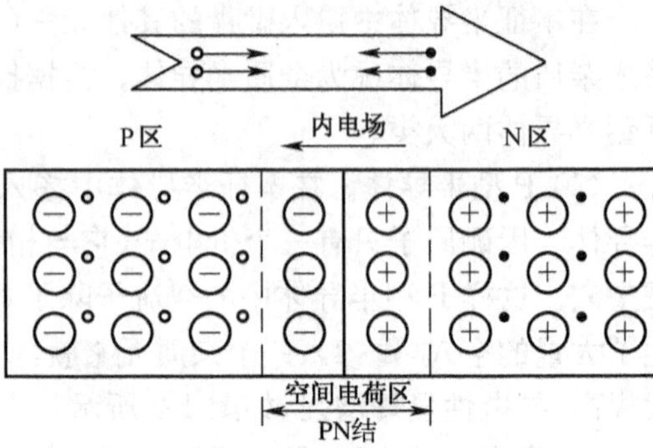

图 1-4　PN 结的形成

2. PN 结的单向导电性

PN 结的 P 区接外电源的正极，N 区接外电源的负极，称 PN 结外加正向电压，也称 PN 结正向偏置（简称正偏），如图 1-5(a)所示。这时外加电压产生的外电场与 PN 结的内电场方向相反，削弱了 PN 结的内电场，使空间电荷区变窄，有利于多子载流子的扩散运动，形成较大的正向电流。PN 结外加正向电压时，呈现很小的电阻，流过的正向电流 I_F 较大，并随外加正向电压的增大而增大，这种情况称 PN 结正向导通。

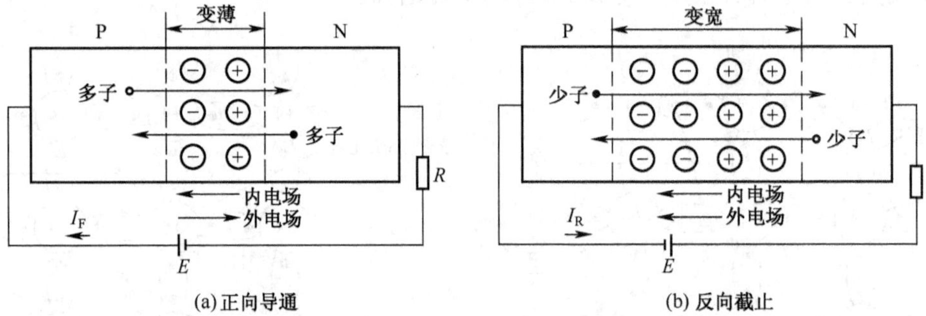

图 1-5　PN 结的单向导电性

PN 结的 P 区接外电源的负极，N 区接外电源的正极，称 PN 结外加反向电压，也称 PN 结反向偏置（简称反偏），如图 1-5(b)所示。这时外加电压产生的外电场与 PN 结的内电场方向相同，内电场的作用增强，空间电荷区变宽，阻碍了多子载流子的扩散运动，却有助于少数载流子的漂移运动。由于是少数载流子移动形成的电流，所以反向电流很小。PN 结外加反向电压时，呈现很大的电阻，流过的反向电流 I_R 几乎为零，且基本不随外加电压变化而变化，这种情况称 PN 结反向截止。

PN 结正偏时导通，反偏时截止的特性，称为 PN 结的单向导电特性。

第二节　半导体二极管

一、二极管的结构

二极管是最简单的半导体器件，由一个 PN 结构成。在 PN 结的两个区分别引出电极引线，并用一定的外壳封装，就制成了半导体二极管，其结构示意图如图 1-6(a)所示。

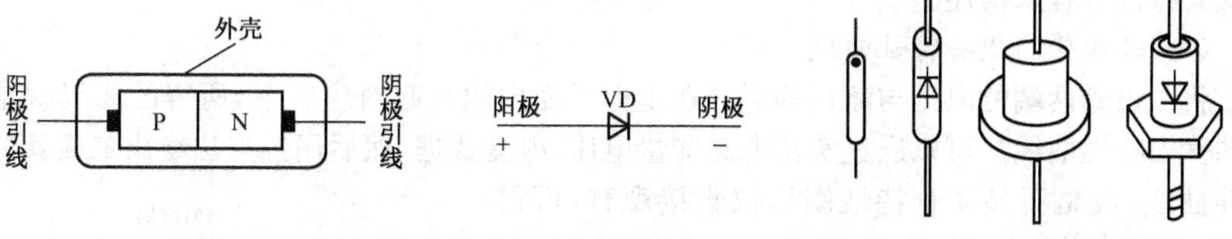

(a) 结构示意图　(b) 电路符号　(c) 常见外形

图 1-6　二极管结构示意图、符号及外形

从 P 区引出的电极称为正极(或阳极)，从 N 区引出的电极称为负极(或阴极)。二极管的电路符号如图 1-6(b)所示，三角箭头的方向表示二极管正向电流的流通方向，正向电流只能由 P 区流向 N 区，二极管的文字符号在国际标准中用 VD 表示。由于用途和封装的不同，二极管的外形各异，几种常见的二极管外形如图 1-6(c)所示。

二极管的种类很多，按所用的半导体材料分，有硅二极管、锗二极管、砷化镓二极管等，其中硅二极管的热稳定性比锗二极管好的多。

按功率分有小功率管和大功率管。

按用途分有普通二极管、整流二极管、检波二极管、稳压二极管、开关二极管、变容二极管、发光二极管等。

按结构分有点接触型、面接触型和平面型三类，如图 1-7 所示。

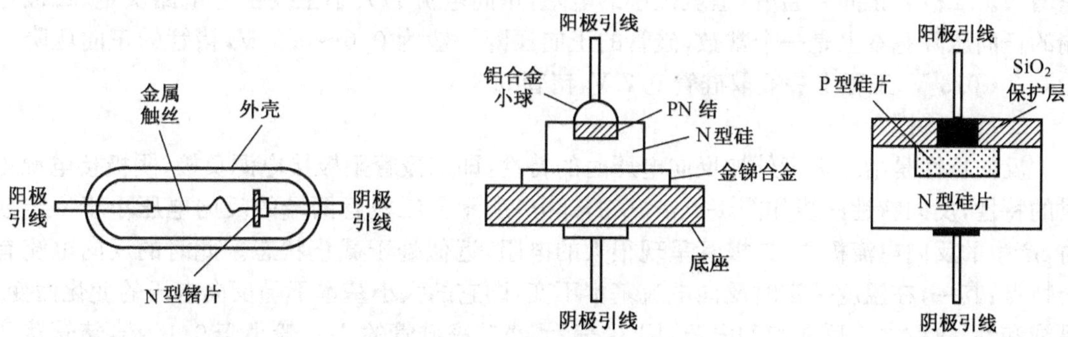

(a) 点接触型　(b) 面接触型　(c) 平面型

图 1-7　半导体二极管的常用结构

点接触型二极管由于 PN 结面积小，结电容小，适用于较高频率下工作，但允许通过的正向电流小，主要用于高频检波和小电流整流；面接触型二极管 PN 结面积大，结电容大，只能在较低频率下工作，但它允许通过的正向电流大，可用于大功率整流电路，如电源整流；平面型二极管根据工艺方法不同，结面积可大可小，结面大的适用于低频大电流整流，结面小的适用于在数字电路中作开关管，这种工艺的 PN 结是集成电路常用的一种形式。

二、二极管的伏安特性

从结构组成可知二极管实质上就是一个 PN 结，因此二极管的主要特性就是单向导电性。

所谓伏安特性，就是加在二极管两端的电压与流过二极管的电流之间的关系，它能全面反映二极管的主要特点和性能，是选择和使用二极管的重要依据。二极管的伏安特性可用特性曲线或伏安特性方程来描述。

（一）二极管的伏安特性曲线

将二极管两端的电压与流过的电流在坐标平面内建立起对应关系，所得的曲线就是二极管的伏安特性曲线。可以通过实验电路测量电压、电流数据，然后用描点法绘出二极管的伏安特性曲线，或是用晶体管特性图示仪直接观察，可得图 1-8 所示曲线。

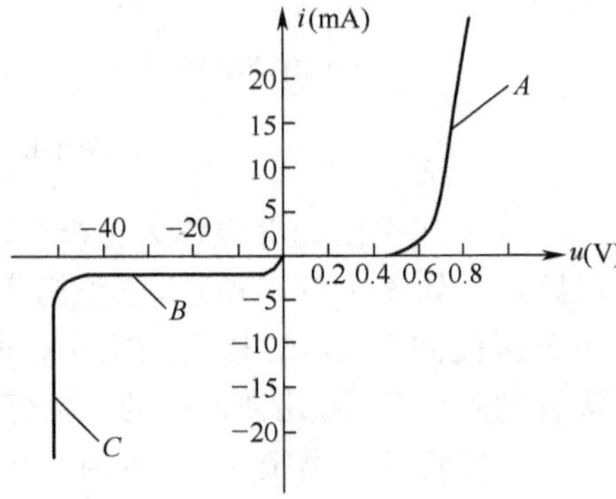

图 1-8　硅二极管的伏安特性曲线

二极管的伏安特性曲线可分成以下三部分来讨论：

1. 正向特性

正向特性是指二极管外加正向电压时的特性，即二极管阳极接电源正极，阴极接电源负极时的特性，正向特性曲线如图 1-8($u>0$ 的部分)所示。当二极管两端的正向电压小于某一数值时，流过二极的正向电流几乎为零，二极管不导通，这一段称为死区。只有当正向电压达到某一值时，二极管才开始有明显的正向电流产生。使二极管刚刚产生正向电流时所对应的正向电压称为死区电压或开启电压，用 U_{TH} 表示，硅管的死区电压约为 0.5 V，锗管的死区电压约为 0.1 V。

当正向电压超过 U_{TH} 以后，电流与外加的电压呈指数关系，随着电压的升高，正向电流迅速增大。二极管正向导通后，呈现很小的电阻，正向电流的大小主要由外电路决定，二极管两端的正向压降基本上是一个常数，硅管的正向压降一般为 0.6～0.7 V，锗管的正向压降一般为 0.2～0.3 V，工程上一般取硅管 0.7 V，锗管 0.3 V。

2. 反向特性

反向特性是指二极管外加反向电压时的特性，即二极管阳极接电源负极，阴极接电源正极时的特性，反向特性曲线如图 1-8($u<0$ 的部分)所示。二极管两端的反向电压小于一定数值时，产生的反向电流极小，二极管呈现很大的电阻，近似处于截止状态。此时的反向电流有两个特点：其一，在温度一定时反向电流基本不变，即它的大小基本不随反向电压的变化而变化，呈饱和性，故称之为反向饱和电流，用 I_S 表示，小功率硅管的 I_S 一般小于 0.1 μA，锗管达几十微安，这也是硅管应用比较多的原因之一；其二，反向电流爱温度的影响很大，温度每升高 10 ℃，I_S 增大一倍，会影响二极管的单向导电性。

3. 反向击穿特性

当二极管两端的反向电压增加到某一数值时，反向电流会急剧增大，这种现象称为反向击穿，二极管处于反向击穿状态。使二极管反向击穿时所对应的反向电压称为反向击穿电压，用 U_{BR} 表示。反向击穿时二极管将失去单向导电性，击穿电流过大甚至会烧毁二极管，所以，一般二极管不允许工作在击穿状态。

（二）二极管的伏安特性方程

不同类型二极管的正、反向伏安特性曲线的形状及变化趋势很相近，理论分析和实验均证明，流过二极管的电流 i 与其两端所加的电压 u 之间的关系可用下列方程表示：

$$i=I_S(e^{u/U_T}-1) \tag{1-1}$$

式(1-1)称为二极管的伏安特性方程,式中 I_S 为反向饱和电流,U_T 为温度电压当量,它与温度有关,常温下 $U_T \approx 26$ mV。当 $u=0$ 时,$i=0$;当 u 大于 U_T 几倍时,$i \approx I_S e^{u/U_T}$;当 $u<0$,且 $|u|$ 大于 U_T 几倍时,$i \approx -I_S$。

综上所述,二极管的基本特性为单向导电性,无论是特性曲线还是特性方程,所反映的电流与电压之间的关系都不是线性的,其内阻不是常数,二极管是一种非线性半导体器件。

三、二极管的主要参数

器件的参数是对器件性能的定量描述,是实际工作中正确地选择和合理地使用器件的依据。二极管有以下五个主要参数:

(1)最大整流电流 I_{FM}:I_{FM} 是指二极管长期工作时允许通过的最大正向平均电流值,其值与 PN 结面积与外部散热条件有关。使用时必须在一定的散热条件,使流过管子的正向平均电流不能超过此值,否则二极管会过热而损坏。

(2)最高反向工作电压 U_{RM}:U_{RM} 是指二极管工作时允许加的最大反向电压。若反向电压过大,反向电流会急剧增加,二极管会被反向击穿。反向电流剧增时所对应的电压称为击穿电压 $U_{(BR)}$,一般手册上给出的 U_{RM} 约为 $U_{(BR)}$ 的一半,以确保二极管安全工作。

(3)反向电流 I_R:I_R 是二极管未击穿时的反向工作电流。对二极管来说 I_R 越小越好,I_R 越小,二极管的单向导电性越好。实际使用时还应注意温度对 I_R 的影响。

(4)极间电容 C_j:极间电容就是 PN 结的结电容 C_j,C_j 由 PN 结的势垒电容 C_B 和扩散电容 C_D 两部分组成。

PN 结由于空间电荷区的存在产生了电容效应,当外加电压变化时,空间电荷区的电荷量会随之变化,从而显示出 PN 结的电容效应。由于这个等效电容是势垒区宽度随外加电压变化而引起的,所以称为势垒电容。外加电压频率越高,电容作用越显著。

当 PN 结正偏时,由于多数载流子的扩散会形成电荷堆积,从而产生电容效应。这个等效电容称为扩散电容。这样二极管的极间电容为 $C_j = C_B + C_D$,由于极间电容较小,在低频时可忽略,在高频时必须考虑其影响。

(5)最高工作频率 f_M:f_M 是指在二极管工作的最高频率值,f_M 主要由结电容的大小来决定。若工作频率超过 f_M,则二极管的单向导电性会变差甚至失去单向导电性。

需要注意的是,由于器件的分散性很大,手册上所给的参数也是在一定条件下测得的。如果使用条件发生变化,相应的参数也会发生变化,因此,选择二极管时要注意留有余量。

四、二极管的电路模型

由二极管的伏安特性可知,二极管是一种非线性半导体器件,这给二极管应用电路的分析带来一定的困难。为了便于分析,常在一定的条件下,用线性元件所构成的电路来近似模拟二极管的特性,并以之取代电路中的二极管。能够模拟二极管特性的电路称为二极管的等效电路,也称为二极管的等效模型。在工程分析中,力求模型简单、实用,以突出电路的功能及主要特性。

1. 二极管大信号时的电路模型

在大信号工作时,二极管相当于一个开关,所以在分析二极管电路时,必须首先判断二极管是导通还是截止,然后再根据二极管在实际工作中的不同要求确定二极管相应的等效电路,从而把二极管电路变为特定条件下的线性电路。

(1)理想二极管模型。理想二极管模型是一种最简单而又最常用的模型，它将二极管的单向导电性作了理想化处理。所谓理想二极管是假设二极管在导通时的正向压降 $u_D=0$，截止时的反向饱和电流 $i_D=0$，理想二极管的伏安特性如图 1-9(a)所示。在正向偏置时，其管压降为 0，相当于开关闭合，二极管呈短路特性，其等效电路如图 1-9(b)所示；反向偏置时，二极管截止，反向电流为 0，相当于开关断开，二极管呈开路特性，其等效电路如图 1-9(c)所示。通常把这种特性称为二极管的开关特性。

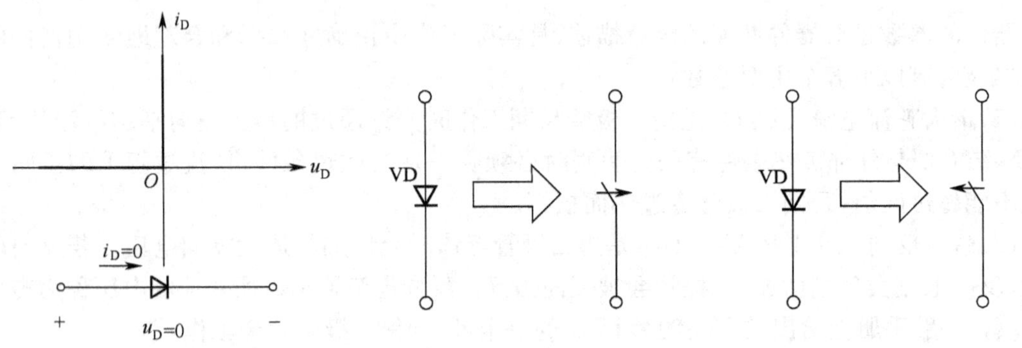

(a) 理想二极管伏安特性　(b)正偏时开关闭合　(c)反偏时开关断开

图 1-9　理想二极管等效电路

理想二极管模型与实际的二极管特性虽然有一定的差别，但由于其简单实用，从而得到了广泛的应用。当电源电压远比二极管的管压降大时，常用此法来近似分析。

(2)二极管恒压降模型。在许多的情况下，二极管本身的导通压降不能忽略。二极管的伏安特性表明二极管导通时的正向压降是恒定的(硅管 0.7 V，锗管 0.3 V)，且不随电流而变化，考虑正向压降时的伏安特性如图 1-10(a)所示。当外加的工作电压大于导通压降时，二极管导通，此时可等效为一个闭合的开关和一个电压源 U_{on} 的串联，等效电路如图 1-10(b)所示。当外加的工作电压小于导通压降时，二极管截止，此时相当于开关断开，等效电路如图 1-10(c)所示。

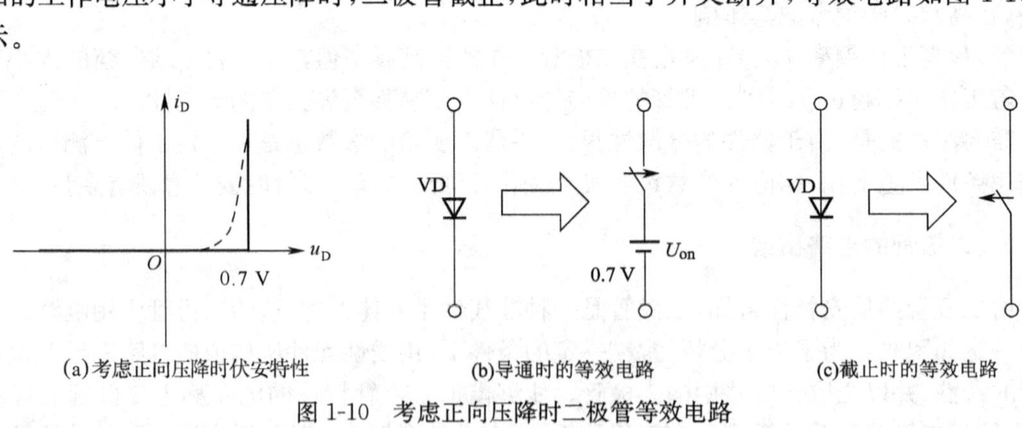

(a)考虑正向压降时伏安特性　(b)导通时的等效电路　(c)截止时的等效电路

图 1-10　考虑正向压降时二极管等效电路

采用这种等效方法时，应使流过二极管的正向电流近似等于或大于 1 mA，这样才更接近实际的二极管特性。

在分析计算二极管电路时，应首先判断二极管是处于导通还是截止状态，然后再计算。计算方法：先将该二极管假设移开，求出该二极管两端所加的正向的电位差。若电位差大于等于二极管的正向导通电压(硅管 $U_{on}=0.7$ V，锗管 $U_{on}=0.3$ V)时，二极管肯定能导通，否则就不导通。

【例 1-1】 判断图 1-11 所示电路中硅二极管的工作状态并计算 U_{AB}的值。

解:在图 1-11(a)所示电路中,先假定 VD 断开,则 VD 上端 A 点电位和下端 B 点电位分别为 6 V 和 0 V,当接上 VD 时,可见 VD 能正偏导通,可得图 1-11(b)的等效电路。因为,硅二极管的正向导通压降为 0.7 V,VD 导通后,使 $U_{AB}=0.7$ V。

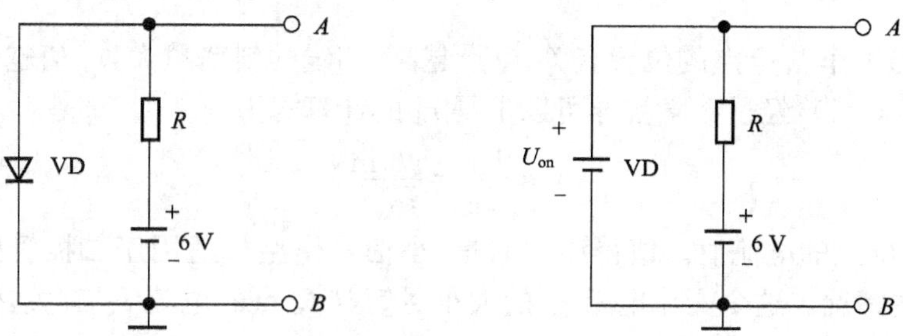

(a) 例1-1题图　(b) 例1-1等效电路

图 1-11　例 1-1 附图

【例 1-2】 由硅二极管 VD_1,VD_2 和 VD_3 组成的电路如图 1-12 所示,试求电压 U_{AB}和电流 I。

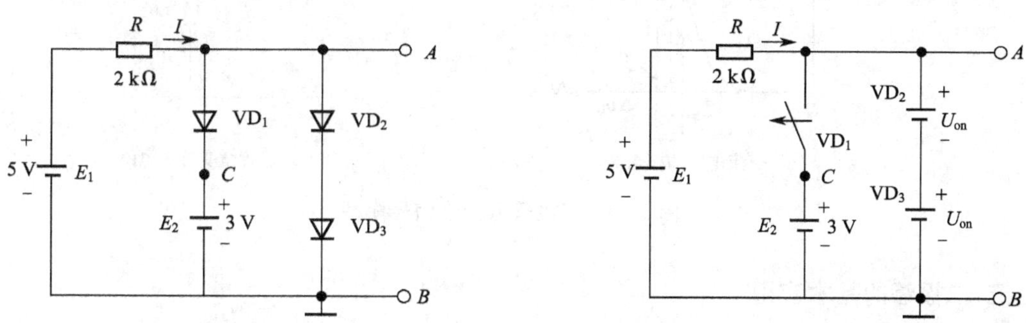

(a) 例1-2题图　(b) 例1-2等效电路

图 1-12　例 1-2 附图

解:(1)首先判断 VD_2 和 VD_3 是否导通。先将 VD_2,VD_3 断开,求 A、B 两点的电位差 U_{AB}。设 VD_1 导通时,有 $U_{AB}=U_{on}+E_2=(0.7+3)\text{V}=3.7$ V,现将 VD_2 和 VD_3 接入,则 VD_2 和 VD_3 能导通。再设 VD_1 截止时,$U_{AB}=E_1=5$ V,若接入 VD_2 和 VD_3,也一定能导通。于是,可得出结论:不论 VD_1 是导通或是截止,VD_2 和 VD_3 肯定是导通的。

(2)在 VD_2 和 VD_3 导通的前提下,再来判断 VD_1 究竟是导通还是截止。将 VD_1 断开,求 A、C 两点的电位差 U_{AC};$U_{AC}=U_{AB}+U_{BC}=U_{on}+U_{on}+(-E_2)=(0.7+0.7-3)\ \text{V}=-1.6$ V。因此,接入 VD_1 也不会导通。得出的又一个结论是 VD_1 截止。

(3)三个二极管的工作状态均确定了之后,得相应的等效电路如图 1-12(b)所示。计算得:$U_{AB}=U_{on}+U_{on}=(0.7+0.7)\ \text{V}=1.4\ \text{V}$,$I=(E_1-U_{AB})/R=[(5-1.4)/2]\ \text{mA}=1.8\ \text{mA}$。

2. 二极管低频小信号模型

当二极管外加直流正向偏置电压时,将有一个对应的直流电流,在二极管伏安特性曲线上可以找到反映该电压和电流的点，这点称为静态工作点，简称 Q 点。若以 Q 点为中心，外加一个微小的交流电压，则可以用 Q 点为切线的直线来近似微小变化时曲线，如图 1-13(a)所示。即在 Q 点附近的小信号范围内，将二极管等效为一个交流电阻 r_d，r_d 定义为工作点 Q 点附近电压与电流的变化量之比 $r_d=\Delta u_D/\Delta i_D$。在这里我们将二极管这个非线性器件用一个交流电阻来等效，称线性化处理，得到二极管的微变等效电路如图 1-13(b)所示，即为二极管的低频小信号模型。

r_d 的大小与工作点 Q 点的位置有关，Q 点越高，切线的斜率越大，r_d 值越小。由二极管的伏安特性方程式(1-1)，经过数学推导可以求得 r_d 的计算式为

$$r_d \approx \frac{U_D}{I_D} = \frac{26\ \text{mV}}{I_D\ \text{mA}} \tag{1-2}$$

式中 I_D 是 Q 点的电流值。值得注意的是，小信号模型只适用于二极管处于正向导通且信号幅度较小的情况。这个交流电阻 r_d 的大小尽管与 Q 点的电流 I_D 有关，但只能用来分析交流，不能用于直流分析。

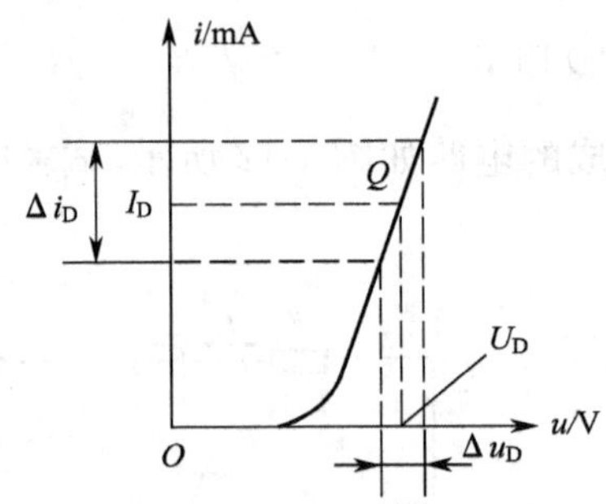

(a) 交流电阻的概念

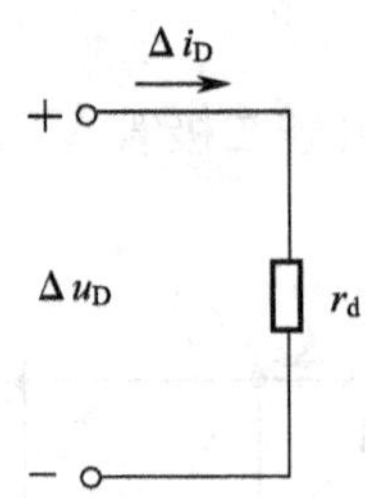

(b) 二极管微变等效电路

图 1-13　二极管低频小信号模型

五、二极管的基本应用

二极管是电子电路中最常用的半导体器件，利用其单向导电特性及导通时正向压降很小的特点，可用来完成整流、检波、钳位、限幅、开关以及电路元件保护等任务。

1. 整流

所谓整流，就是利用二极管的单向导电性将交流电压变换成单向脉动的直流电压。简单的半波整流电路如图 1-14 所示。为简化分析，将二极管视为理想二极管，即二极管正向导通时，作短路处理；反向截止时，作开路处理。假设输入电压 u_i 为一正弦波，在 u_i 的正半周(即 $u_i>0$)时，二极管因正向偏置而导通；在 u_i 的负半周(即 $u_i<0$)时，二极管因反向偏置而截止，即将交流电压整流成为单向脉动的直流电压。这些内容将在本书第六章中作详细介绍。

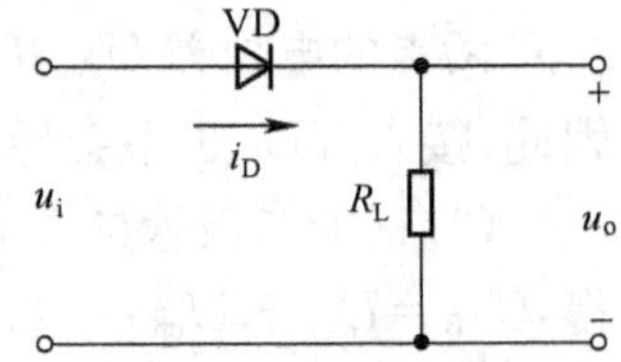

图 1-14　二极管半波整流电路

2. 检波

在收音机中，从高频调制信号中检出音频信号称为检波。利用二极管的单向导电性，将调制信号的负半波削去，再经电容使高频信号旁路，负载上得到的就是音频信号。其电路原理如图 1-15 所示。

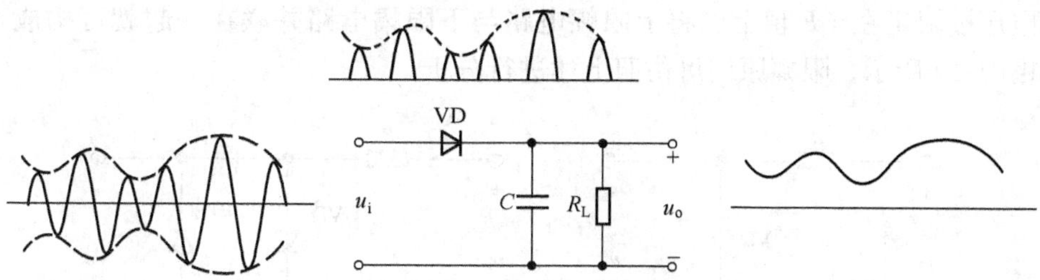

图 1-15 二极管检波电路及输入、输出波形

3. 钳位

利用二极管正向导通时压降很小的特性，将电路中某点电位值钳制在选定的数值上而不受负载影响的电路称钳位电路。例如在图 1-16 所示的电路中，只要二极管 VD 处于导通状态，不论负载 R_L 如何变化，电路的输出电压 u_o 始终等于 U_G+U_{on}，其中 U_{on} 为二极管的正向导通电压。

4. 限幅

限幅的作用是将输出电压的幅度限制在一定的范围内。当输入信号电压在一定范围内变化时，输出电压随输入电压相应变化；而当输入电压超出该范围时，输出电压保持不变，这就是限幅电路。通常将输出电压受到限制的电压值称为限幅电平。根据限幅的作用分上限幅、下限幅和双向限幅。

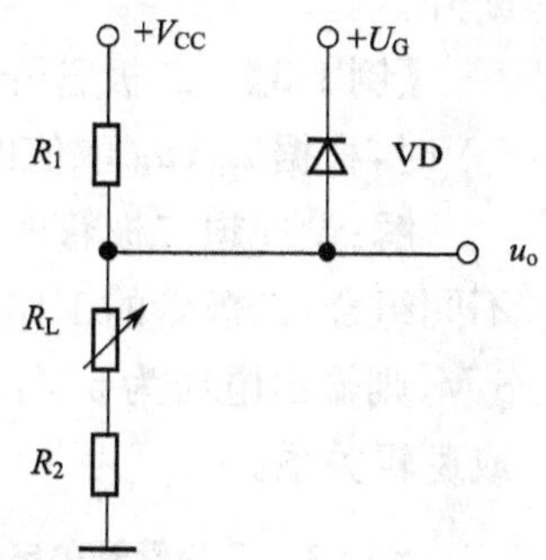

图 1-16 钳位电路

上限幅电路如图 1-17 所示。设二极管 VD 为理想二极管，如果 $0<E<U_M$，则限幅电平为 $+E$。当输入电压 $u_i<E$ 时，二极管 VD 截止，则输出电压 $u_o=u_i$；输入电压 $u_i>E$ 时，二极管导通，输出电压 $u_o=E$，使输出电压的正向幅值限制在 E 的数值上。输入、输出波形如图 1-17 所示。

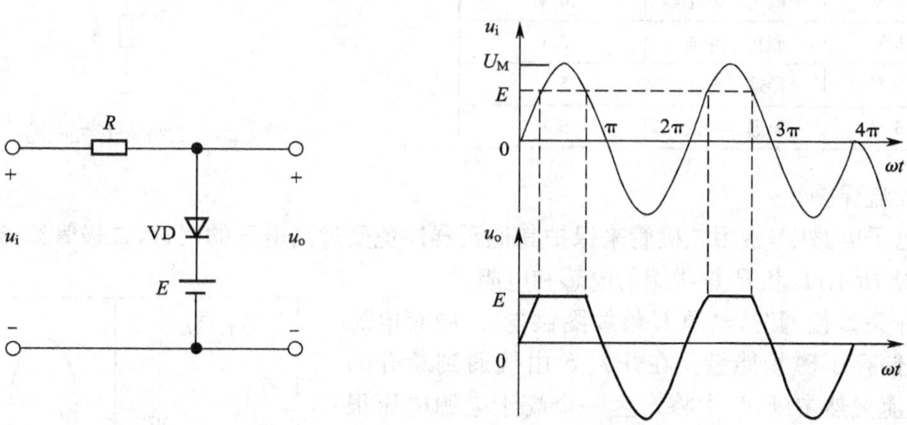

图 1-17 上限幅电路及输入、输出波形

如果将上限幅电路中的 VD 和 E 反接，就构成了下限幅电路，如图 1-18 所示。如果 $0<E<U_M$，设在交流电的正半周，由于 u_i 和 E 是顺极性串接，二极管处于截止，$u_o=u_i$；在负半周，u_i 和 E 是逆极性连接，在 $u_i<E$ 时，二极管仍截止，$u_o=u_i$；当 $u_i>E$ 时，二极管导通，$u_o=$

E,输出电压被限定在$-E$值上。将上限幅电路与下限幅电路并联在一起就可构成双向限幅电路,如图 1-19 所示。限幅原理可仿照上述进行分析。

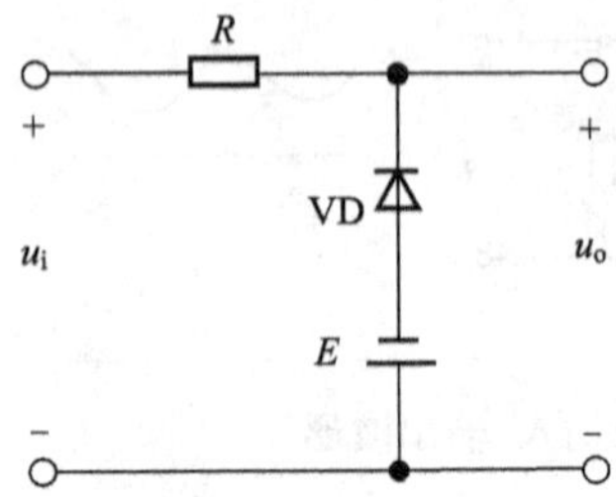

图 1-18　下限幅电路

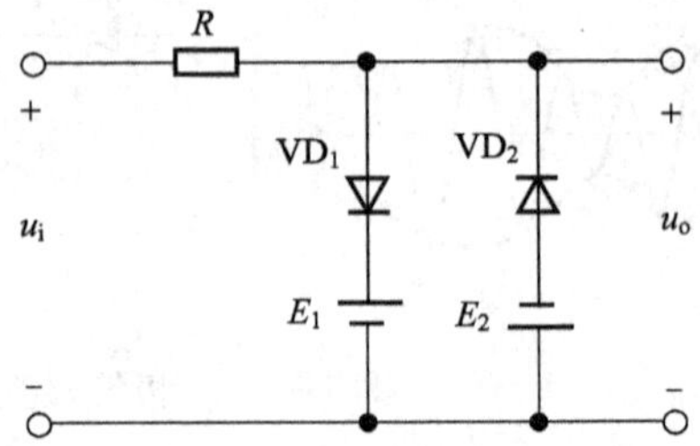

图 1-19　双向限幅电路

5. 开关

二极管在数字电路中应用时,常将其理想化为一个无触点开关器件。二极管正向导通时,正向压降为 0,相当于开关闭合;二极管反向截止时,视其反向电流为 0,相当于开关断开。

【例 1-3】 二极管开关电路如图 1-20 所示。设二极管为理想二极管。当 u_A、u_B 为 0 和 5 V时,根据 u_A、u_B 取值的不同组合,判定二极管的工作状态,并计算 u_o。

解:设理想二极管的正向导通压降为 0,反向截止时的电阻为无穷大。根据 u_A、u_B 取值的不同组合,二极管的工作状态和输出电压 u_o 如表 1-1 所示。由表可见,输入电压中有一个为 5 V,则输出电压为 5 V,只有输入电压全为 0 时,输出电压才为 0,这种关系在数字电路中称为或逻辑关系。

表 1-1　二极管开关电路输入与输出状态

输入电压	二极管工作状态	输出电压
u_A　u_B	VD_1　VD_2	u_o
0 V　0 V	截止　截止	0 V
0 V　5 V	截止　导通	5 V
5 V　0 V	导通　截止	5 V
5 V　5 V	导通　导通	5 V

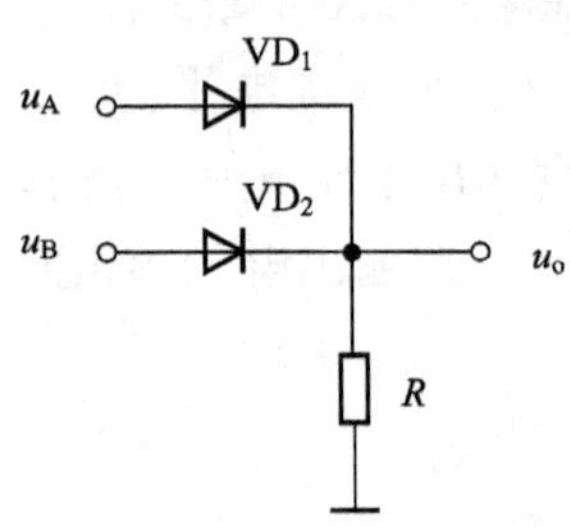

图 1-20　二极管开关电路

6. 续流保护

在电子电路中,常用二极管来保护其他元器件免受过高电压的损害,二极管续流保护电路如图 1-21 所示,L 和 R 是线圈的电感和电阻。

在开关 S 接通时,电源 E 给线圈供电,L 中有电流流过,并储存了磁场能量。在开关 S 由接通到断开的瞬间,电流突然中断,L 中将产生一个高于电源电压很多倍的自感电动势 e_L,e_L 与 E 叠加作用在开关 S 的端子上,会产生电火花放电,这将影响设备的正常工作,缩短开关 S 寿命。接入二极管 VD 后,e_L 通过二极管 VD 产生放电电流 i,使 e_L 不会加在开关上,从而保护了开关。

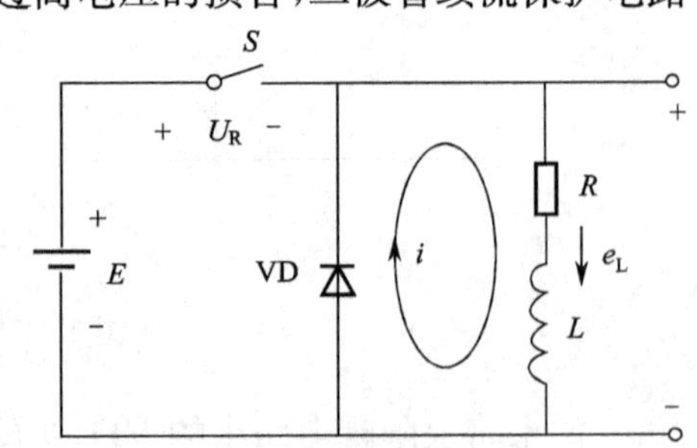

图 1-21　二极管续流保护

第三节　特殊二极管

除前面所介绍的普通二极管外，还有若干种特殊用途的二极管，例如稳压二极管、光电二极管、发光二极管等，现分别介绍如下。

一、硅稳压二极管

稳压二极管是一种用特殊工艺制成的面接触型硅二极管。它利用 PN 结反向击穿时，流过 PN 结的电流在较大范围内变化，而端电压基本不变的特点来实现稳压的。

1. 稳压管及其伏安特性

稳压二极管简称稳压管，一般工作在反向击穿区，它的伏安特性曲线及其电路符号如图 1-22所示。由图中可以看出，稳压管的正向伏安特性与普通二极管相似，不同的是其反向击穿特性很陡峭。当稳压管的外加反向电压增大到一定值时，稳压管反向击穿，其端电压基本不随电流变化而变化，因而具有稳压作用。工作时只要在外电路上采取适当的限流措施，就能保证管子在击穿区内安全工作。

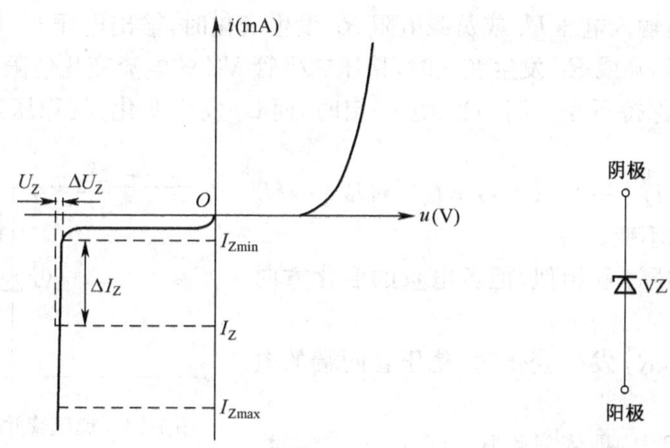

(a) 伏安特性曲线　　(b) 符号

图 1-22　稳压二极管的伏安特性曲线和符号

2. 稳压管的主要参数

(1)稳定电压 U_Z。稳定电压实际上就是稳压二极管的击穿电压。通常是指流过规定电流时管子两端的反向电压值。不同型号的管子有不同的稳定电压值，一般在 2～35 V 之间，高的可达 200 V，以满足不同的使用要求。由于制造工艺的分散性，即使是同一型号的管子其 U_Z 也不相同，例如 2CW54 的 U_Z 为 5.5～6.5 V。但就具体一个稳压管来说，对应一定的工作电流，就有一个确定的稳定电压值。

(2)最小稳定电流 I_{Zmin}。通常是指稳压二极管工作于击穿区的最小工作电流，当稳压二极管的工作电流小于 I_{Zmin}时，则不能稳压。

(3)最大稳定电流 I_{Zmax}。当流过管子的电流超过最大稳定电流 I_{Zmax}时，管子的功耗增加，结温升高，稳压管就会热击穿，造成永久性损坏，使用时不允许超过此值。

(4)额定功耗 P_{ZM}。它由管子的最高结温所决定。为保证管子不致因电流过大而造成永

久性损坏，所限定的稳压管的功耗为额定功耗 P_{ZM}，即

$$P_{ZM}=I_{Zmax}\times U_Z \tag{1-3}$$

(5)动态电阻 r_Z。动态电阻 r_Z 是指在稳定电压范围内，管子端电压的变化量与电流的变化量之比，即

$$r_Z=\frac{\Delta U_Z}{\Delta I_Z} \tag{1-4}$$

显然，当电流变化量 ΔI_Z 一定时，动态电阻 r_Z 越小，则稳定电压的变化量 ΔU_Z 越小，稳定性能越好。r_Z 一般在几欧到几十欧之间，它与工作电流大小有关，电流越大，r_Z 越小。

(6)温度系数 α_Z。它是反映稳定电压 U_Z 受温度影响的参数。当温度变化时，稳定电压也将发生微小变化。通常用温度每升高 1 ℃，稳压值的相对变化量($\Delta U_Z/U_Z$)来表示稳压管的温度稳定性，并称为温度系数 α_Z，且 $\alpha_Z=\frac{1}{\Delta T}\cdot\frac{\Delta U_Z}{U_Z}$。$\alpha_Z$ 越小，稳压值受温度的影响越小。

3. 稳压管的应用

稳压管的典型应用是并联型稳压电路，如图 1-23 所示。图中 U_i 为输入电压，一般来自整流滤波电路输出的直流电压，要求输入电压满足 $U_i>U_Z$。R 为限流电阻，限制稳压管的电流不超过 I_{Zmax}。稳压管 VZ 与负载 R_L 并联，输出电压为 U_o，且有 $U_o=U_Z$。

所谓稳压，就是当输入电压 U_i 或负载电阻 R_L 发生变化时，输出电压 U_o 能保持不变。该电路的稳压原理是，当 U_i 或 R_L 发生变化时，稳压二极管 VZ 的电流变化使限流电阻压降相应变化，从而使 U_o 基本保持不变。例如当 R_L 一定时，而 U_i 发生变化，其稳压过程可简单表述如下：

若 $U_i\uparrow\rightarrow U_o\uparrow\rightarrow I_Z\uparrow\rightarrow I\uparrow(=I_Z+I_L)\rightarrow U_R\uparrow\rightarrow U_o\downarrow(U_o=U_i-U_R)$基本不变。

当 U_i 下降时，稳压过程相似，但各电量的变化方向相反。

同理，当 U_i 一定，R_L 发生变化时，稳压管两端的电压仍基本保持不变。

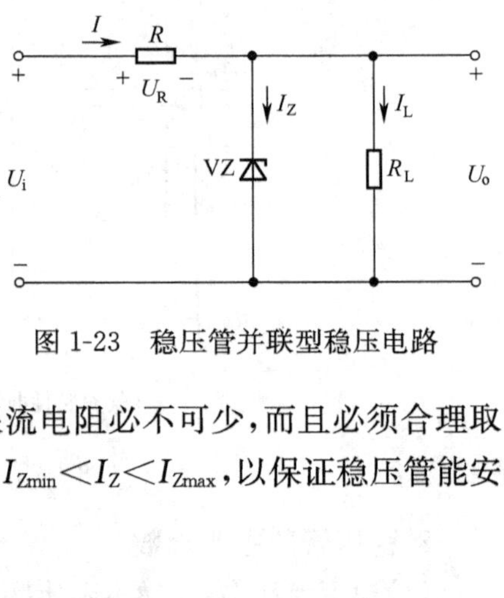

图 1-23　稳压管并联型稳压电路

总之，在稳压过程中，是依靠稳压管在反向击穿时，电流急剧变化而端电压基本不变来实现稳压的。电路中限流电阻必不可少，而且必须合理取值，以保证在 U_i、R_L 变化时，稳压管中的电流 I_Z 满足条件：$I_{Zmin}<I_Z<I_{Zmax}$，以保证稳压管能安全地实现稳压。

二、光电二极管和光电池

光电二极管是一种将光信号转变为电信号的特殊二极管，又叫光敏二极管。与普通二极管一样，其基本构成也是一个 PN 结，不同的是它的 PN 结面积做得较大，以增大受光面积；再有外形上光电二极管的管壳上开有一个玻璃窗口，以便于光线射入。光电二极管的电路符号如图 1-24 中所示。

光电二极管工作在反向偏置下，无光照时，只有很小的反向电流(称为暗电流)流过，当有光照射时，就能产生比无光照时大得多的反向电流，此反向电流与光照强度成正比。如果外电路接上负载电阻，便可获得随光照强弱变化的电压信号，从而实现光电转换。

光电二极管作为光电器件，广泛应用于光的测量和光电自动控制系统，例如光纤通信中的

光接收机、电视机和家庭音响的遥控接收等，都离不开光电二极管。大面积的光电二极管可用来作为能源，即光电池，是一种最有发展前途的绿色能源。光电二极管的简单应用如图 1-24 所示。

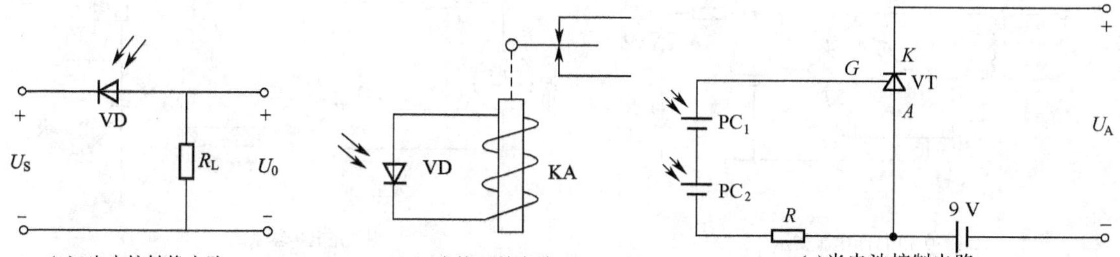

(a) 光电控转换电路　(b) 光控开关电路　(c)光电池控制电路

图 1-24　光电二极管简单使用

图 1-24(a)所示为一般光电转换电路，U_S 为光电二极管提供反向偏置电压，有光照射时负载 R_L 中便产生电流，称为光电流，光电流在负载电阻 R_L 产生电压，光照越强，R_L 上产生的电压 U_o 越大，实现了将光信号转换成电信号。图 1-24(b)所示为一光控开关电路，KA 为高灵敏度的继电器，有光照射时，光电二极管产生的光电流通过线圈，使继电器的常开触头闭合。图 1-24(c)所示为一光电池控制电路，当光电池 PC_1、PC_2 受到光照射而产生电势时，触发晶闸管 VT 导通，则此时便有 9 V 直流电压加于负载上。U_A 可以接收音机、灯泡或其他用直流电源的电子装置，达到光电控制的作用。

三、发光二极管和光电耦合器

发光二极管是一种将电能转换成光能的特殊二极管，简写成 LED(Light Emitting Diode)。它由砷化镓、磷化镓等化合物半导体制成，基本结构是一个 PN 结，当外加正向电压时，就会发出光来，发光的颜色取决于所采用的半导体材料，目前使用的有红、橙、黄、绿、蓝等颜色的发光二极管。其外形有圆形、长方形等数种，电路符号如图 1-25 所示。发光二极管的伏安特性曲线与普通二极管类似，但正向导通压降比普通二极管高，一般为 1.5～3 V，允许通过的电流为 2～20 mA，电流的大小决定发光的亮度。应用时必须加正向电压，并接入相应的限流电阻。

发光二极管具有体积小、工作电压低、工作电流小、发光均匀稳定且亮度比较高、响应速度快以及寿命长等优点，是一种良好的发光器件，在各种电子设备、家用电器以及显示装置中得到广泛的应用。除单个使用外，还可将多个按分段式制成数码管或做成矩阵式显示器，如数字电路中的七段数码管；还可将电信号变成光信号进行光缆传输；闪烁发光的二极管能引起人们的警觉，可用于光报警电路；目前已开发生产出一种高亮度的发光二极管用于照明，其发光效率是普通白炽灯的 10 倍以上，它的应用将是照明领域的一次革命。

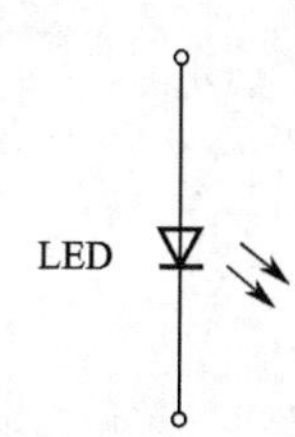

图 1-25　发光二极管符号

图 1-26(a)所示为 LED 作为电源通断指示，它与稳压二极管串联，它的正向压降作为稳压值的一部分，其工作电流受电阻 R 的限制，电源有电时它发出的光作为电源指示灯。图(b)所示为光电传输电路，LED 发射电路通过光缆驱动光电二极管。发射端的脉冲信号通过电阻 R_1 作用于 LED，使 LED 产生一串数字光信号，并作用于光缆，LED 发出的光信号约有 20%耦合到光缆。在接收端传送的光中，约有 80%耦合到光电二极管，以致在接收电路的输出端复

原为原来的数字信号。

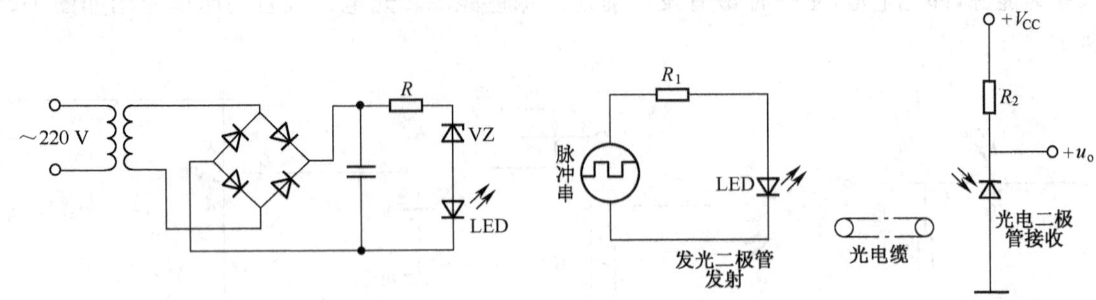

(a) LED作电源指示　　(b) 光电传输系统

图 1-26　发光二极管应用电路

光电耦合器是由发光二极管器件与光敏器件组成的。光电耦合器的结构如图 1-27(a)所示。实际光电耦合器中的发光器件一般为砷化镓发光二极管，有时也用氖泡代替；光敏器件则一般为硅光电器件(如硅光敏二极管、硅光敏三极管、光控晶闸管、硅光电池等等)和光敏电阻，它们各有特点。

图 1-27(b)所示为一电流、电压分别为 10 A、25 V 的直流固态继电器电路。当控制电压(+3～+5 V)加在光电耦合器输入端时，光敏三极管导通，经过放大后(放大器的工作原理后面章节将介绍)就可以控制高压直流端负载与电源接通。光电耦合控制电路与有触点功率开关相比具有无触点、无火花、切换频率高和寿命长的优点。

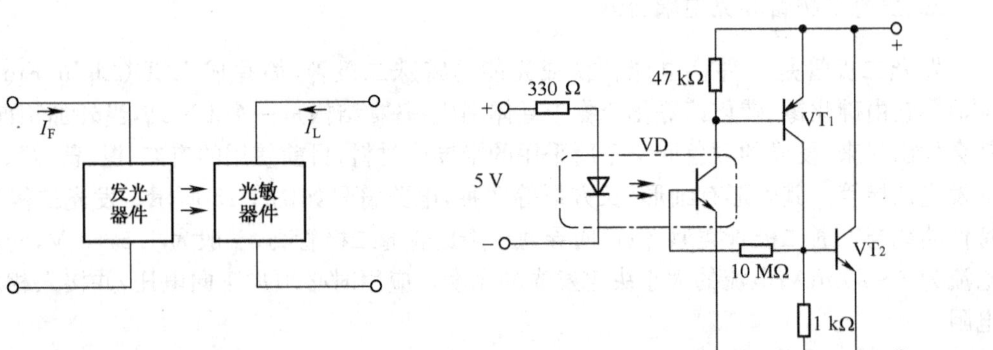

(a) 光电耦合器结构框图　　(b) 直流固态继电器电路

图 1-27　光电耦合器的结构及其应用

四、变容二极管

变容二极管是利用 PN 结的电容可变原理制成的特殊二极管。它工作在反向偏置状态，电容量与反偏电压的大小有关。改变其两端的反偏电压，就可以改变电容量，即反向电压增大时，结电容减小；反之，结电容增大。由于它无机械磨损且体积小，当做可变电容被广泛应用于高频技术中，例如彩电调谐器实现频道选择。不同型号的变容二极管，其容量变化的范围也不一样，一般从几皮法至几百皮法。

第四节　半导体三极管

半导体三极管又称为晶体三极管、双极型晶体管，简称为晶体管或三极管。它具有电流放大作用，是构成各种电子电路的基本器件。几种常见的三极管外形如图 1-28 所示。

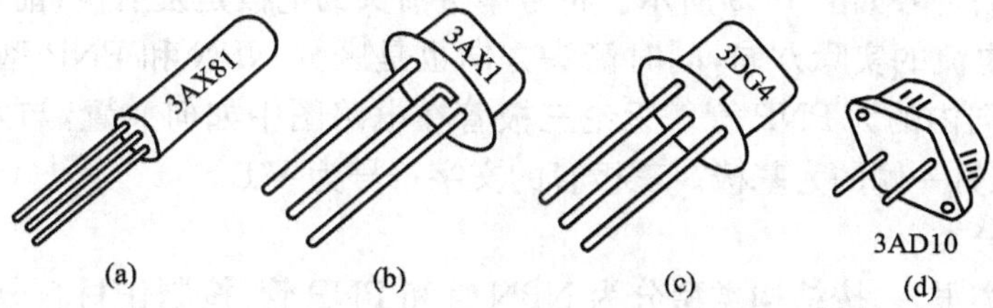

图 1-28　常见的三极管外形图

一、三极管的结构

1. 三极管的基本结构

半导体三极管是通过一定的工艺，在同一块半导体基片上制成三层杂质半导体，从而形成两个 PN 结。从结构上分，晶体管有 NPN 型管和 PNP 型管两种类型，无论哪种类型，晶体管都有三个区、三个极和两个 PN 结。三极管的结构示意图如图 1-29 所示。中间的半导体层称为基区，两侧的半导体层分别称为发射区和集电区；从三个区各引出一个电极，分别称为基极(B)、发射极(E)和集电极(C)；发射区与基区之间的 PN 结称为发射结，集电区与基区之间的 PN 结称为集电结。

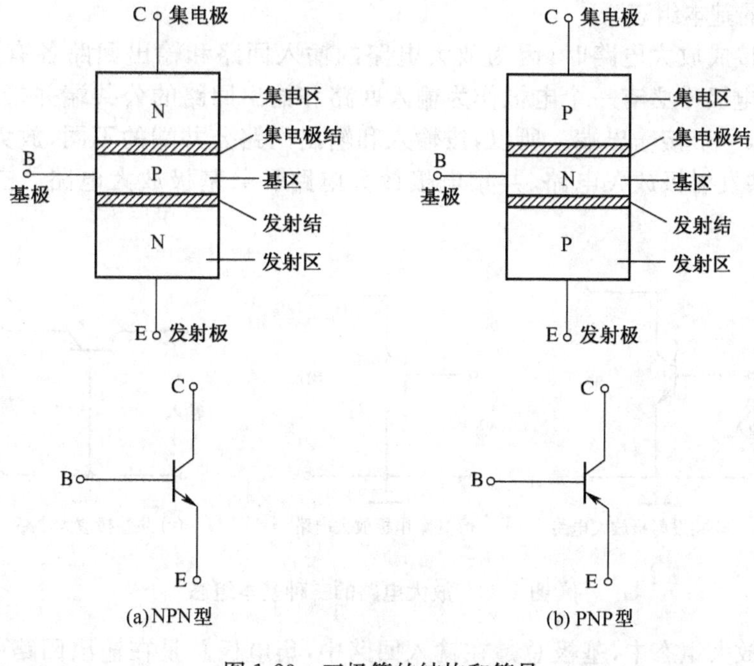

图 1-29　三极管的结构和符号

由于这种结构产生的 PN 结之间的相互影响，使半导体三极管表现出不同于单个 PN 结的特性而具有电流放大作用，从而使 PN 结的应用发生了质的飞跃。晶体管的结构是保证实现电流控制的关键，其结构工艺上的特点是：发射区的掺杂浓度很高，以利于发射多数载流子；基区很薄且掺杂浓度低，以利于载流子越过基区；集电区的结面积大，掺杂浓度较低，便于收集载流子。所以三极管的各极不能互换使用。这些制造工艺和结构特点也是保证三极管具有电流放大作用的内部条件。

三极管的电路符号如图 1-29 所示。符号中带箭头的电极是发射极，箭头的方向表示发射结正偏时发射极电流的实际方向，同时箭头方向也是区分 NPN 和 PNP 型管的标志，箭头向外的为 NPN 管，向内的为 PNP 管。无论三极管在电路图中如何放置，与发射极在同一侧的为集电极，单独在另一侧的为基极。三极管的文字符号为 VT。

2. 三极管的分类

三极管的种类很多，按结构类型分为 NPN 管和 PNP 管；按制作材料分为硅管和锗管，一般情况下，NPN 型多为硅管，PNP 型多为锗管；按工作频率分为高频管（3 MHz 以上）和低频管（3 MHz 以下）；按功率大小分为大功率管、中功率管和小功率管；按工作状态分为放大管和开关管。

二、三极管的工作条件和基本组态

1. 三极管的工作条件

三极管要实现放大作用，除了要具有上述的内部条件外，还必须具备一定的外部条件，就是给三极管中的两个 PN 结加上合适的工作电压。无论是 NPN 管还是 PNP 管，三极管工作在放大状态的外部条件：发射结加正向电压（正偏），集电结加反向电压（反偏）。对 NPN 管来说，三极管三个电极上的电压关系应为 $U_C > U_B > U_E$；对 PNP 管来说，应为 $U_C < U_B < U_E$。

2. 三极管的基本组态

三极管在接成放大电路时，因为放大电路的输入回路和输出回路各有两个端子，所以三极管的三个电极中必有一个电极作为输入回路和输出回路的公共端并接地，另两个端子一个接输入端，一个接输出端。所以，按输入和输出回路公共端的不同，放大电路有三种不同的组态，即共发射极放大电路、共集电极放大电路和共基极放大电路。三种放大组态如图 1-30 所示。

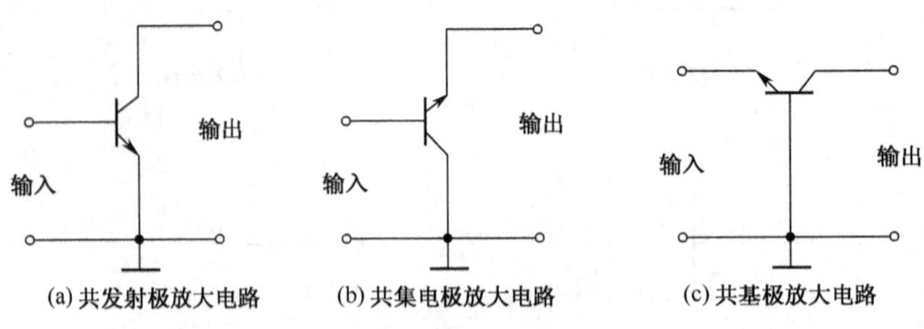

(a) 共发射极放大电路　(b) 共集电极放大电路　(c) 共基极放大电路

图 1-30　放大电路的三种基本组态

在这三种放大组态中，基极总是在输入回路中，集电极总是在输出回路中。无论哪种接法，要实现放大作用，必须满足外部工作条件，即发射结应正向偏置，集电结应反向偏置。

三、三极管的电流分配关系和电流放大作用

1. 三极管的电流分配关系

三极管具有电流放大作用，各极电流间有一定的规律，下面我们以 NPN 型三极管为例，通过一个实验来说明三极管的电流分配关系和放大作用。实验电路如图 1-31所示。

图中直流电源 V_{BB} 和基极偏置电阻 R_B 以及基极构成三极管的基极回路，使发射结正偏；同时电源 V_{CC}、集电极电阻 R_C 以及集电极、发射极构成集电极回路，使集电结反偏，确保三极管工作在放大状态。同时，发射极是两个回路的共用电极，所以这种连接称共发射极组态。

改变 R_B 的阻值，通过串接在三个电极中的电流表，可测得相应的基极电流 I_B、集电极电流 I_C 和发射极电流 I_E。实验结果如表 1-2 所示。

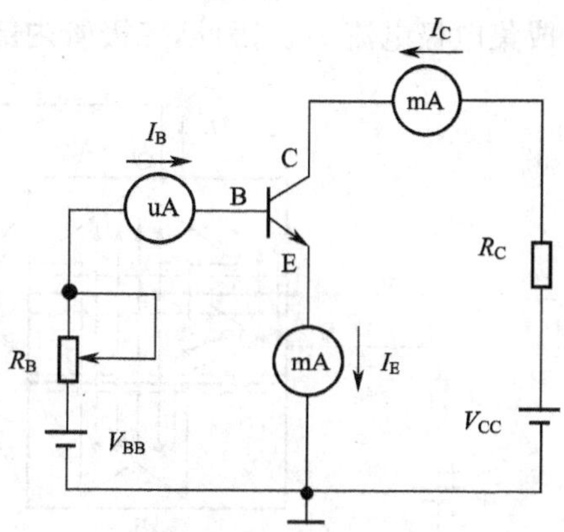

图 1-31　三极管电流放大的实验电路

表 1-2　三极管各极电流实验数据

I_B/uA	0	20	40	60	80	100
I_C/mA	0.001	0.70	1.50	2.30	3.10	3.95
I_E/mA	0.001	0.72	1.54	2.36	3.18	4.05

分析比较表中的数据，可得出如下结论：

(1)由每一列的数据可得三极管发射极电流等于基极电流与集电极电流之和，即

$$I_E = I_B + I_C \tag{1-5}$$

三极管各极电流之间关系满足基尔霍夫电流定律。

(2)基极电流 I_B 比集电极电流 I_C 和发射极电流 I_E 要小得多，故发射极电流与集电极电流近似相等，即 $I_E \approx I_C \gg I_B$。

(3)当电流达一定值时，I_C 与 I_B 比值基本趋于一个常数，比如表中第四、五列 I_C 与 I_B 比值分别为

$$\frac{I_C}{I_B} = \frac{2.30}{0.06} = 38.3 \quad \frac{I_C}{I_B} = \frac{3.10}{0.08} = 38.8$$

(4)当基极电流产生微小变化 ΔI_B 时，会引起集电极电流产生较大变化 ΔI_C，而且 ΔI_C 与 ΔI_B 的比值趋于一个常数。例如由表中第三列和第四列的数据，第四列和第五列的数据可得：

$$\frac{\Delta I_C}{\Delta I_B} = \frac{2.30-1.50}{0.06-0.04} = 40 \quad \frac{\Delta I_C}{\Delta I_B} = \frac{3.10-2.30}{0.08-0.06} = 40$$

(5)从表 1-2 所示数据还可知，当 I_B=0(基极开路)时，集电极电流与发射极电流相等且其值很小，这是三极管的极间反向电流，称为穿透电流 I_{CEO}。三极管的极间反向电流还有集电结上的反向饱和电流 I_{CBO}。I_{CEO}、I_{CBO}受温度的影响大，对三极管来说，其值越小越好。

三极管外部各极电流的形成是三极管内部载流子运动的反映，图 1-32 所示为三极管内部载流子的运动过程及电流分配关系。在图中设置电源 V_{CC}和 V_{BB}是为了保证三极管能建立正常的外部工作条件。由于发射结外加正向偏置电压，发射结变窄，有利于发射区的多数载流

子—电子不断注入基区，形成发射极电流 I_E。电子从发射区注入基区后，少量的电子与基区的空穴复合，形成基极电流 I_B。由于基区薄且浓度低，所以绝大多数电子继续被送到集电结的边缘，又由于集电结处于反向偏置状态，使到达集电结边缘的电子大部分被集电区收集，形成集电极电流 I_C。因此，三极管内部载流子的运动，必将在外部引起电流。

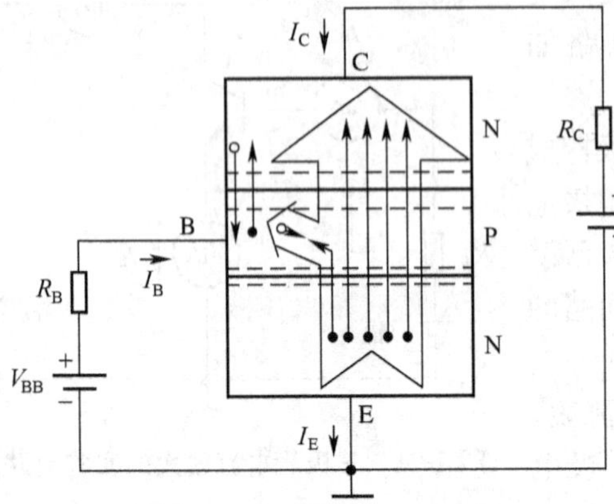

图 1-32　三极管内部载流子的运动

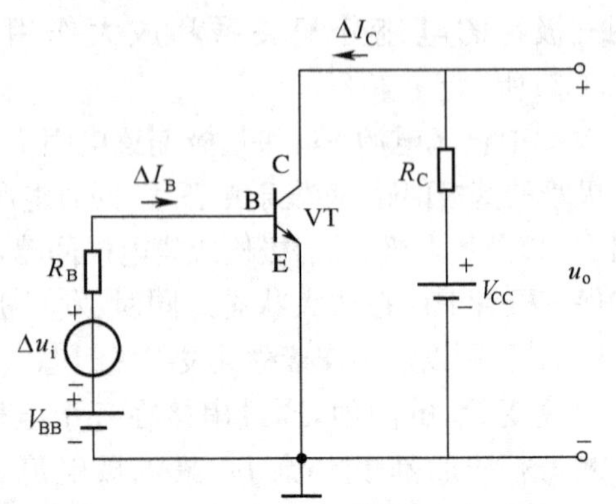

图 1-33　基本的共发射极放大电路

2. 三极管的电流放大作用

图 1-33 所示电路为一基本的共发射极放大电路。在基极电路中接入输入信号电压 Δu_i，当 Δu_i 有一微小的变化时，引起基极电流有一个变化量 ΔI_B，从而使集电极电流也发生变化，其变化量为 ΔI_C，且 $\Delta I_C \gg \Delta I_B$，即很小的基极电流变化量 ΔI_B 就能引起集电极电流有较大的变化量 ΔI_C，这就是三极管的电流放大作用。正因如此，晶体三极管被称为电流控制器件。

通常把集电极电流 I_C 与基极电流 I_B 的比值称为三极管共发射极直流电流放大系数，用 $\bar{\beta}$ 表示，即

$$\bar{\beta}=\frac{I_C}{I_B} \tag{1-6}$$

或
$$I_C=\bar{\beta}I_B,\ I_E=I_B+I_C=(1+\bar{\beta})I_B$$

把集电极电流变化量 ΔI_C 与基极电流变化量 ΔI_B 之比称为三极管共发射极交流电流放大系数，用 β 表示，即

$$\beta=\frac{\Delta I_C}{\Delta I_B} \tag{1-7}$$

或
$$\Delta I_C=\beta\Delta I_B$$

在工程上可认为 β 与 $\bar{\beta}$ 近似相等，即 $\beta\approx\bar{\beta}$。无特别说明时用 β 来表示三极管的电流放大能力。PNP 管与 NPN 管的工作过程类似，只是所加的工作电压极性、产生的电流方向与 NPN 管相反，其原理不再赘述。

【例 1-4】 已知工作在放大状态的三极管的两个电极上的电流如图 1-34 所示。求(1)另一个极上的电流，并标出其实际方向；(2)确定各管脚的电极，判断三极管的管型；(3)估算三极管的 β 值。

解：(1)因为三极管各极电流应满足基尔霍夫电流定律，即流入和流出三极管的电流大小相等。在图 1-34(a)所示①脚和②脚的电流均为流入三极管，因此③脚电流必然为流出三极管，大小为(0.1 + 4) mA=4.1 mA。

(2)因③脚电流最大,①脚电流最小,故③脚为发射极,①脚为基极,最后②脚为集电极。由于该管发射极电流的实际方向是向外的,因此它是 NPN 型管。

(3)因为 $I_B=0.1\ mA$,$I_C=4\ mA$,$I_E=4.1\ mA$,故得

$$\bar{\beta}=\frac{I_C}{I_B}=\frac{4}{0.1}=40$$

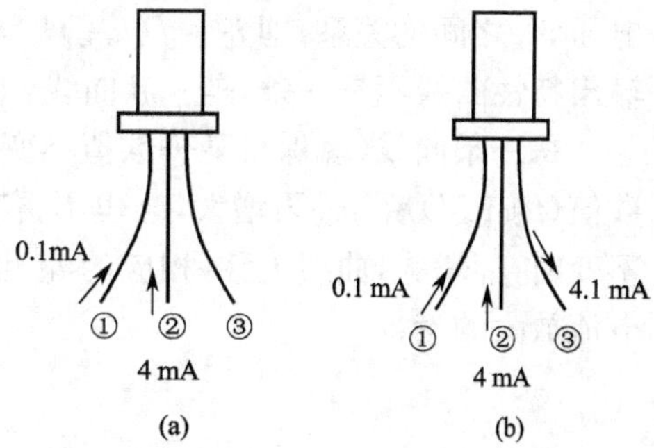

图 1-34　例 1-4 题图

四、三极管的伏安特性

三极管各极电压与电流之间的关系曲线称为三极管的伏安特性曲线。它是三极管内部特性的外部表现,是分析由三极管组成的放大电路和选择管子参数的重要依据。晶体三极管的伏安特性曲线分为输入特性曲线和输出特性曲线两部分。它们可以通过晶体管特性图示仪测得,也可以用实验的方法测绘。三极管在电路中的连接方式(组态)不同,其特性曲线也不同。由 NPN 型管组成的共发射极测试电路如图 1-35 所示。

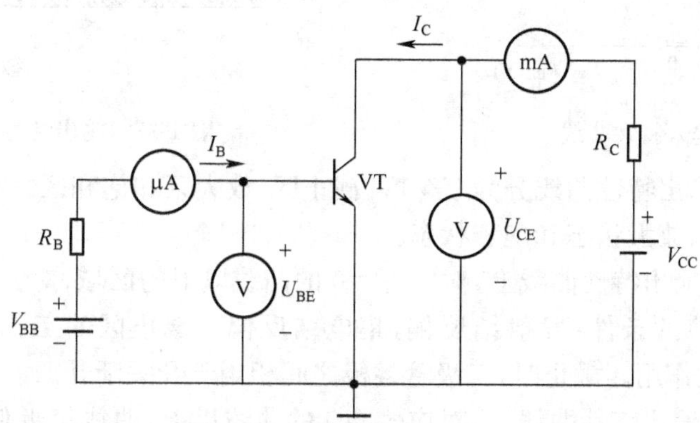

图 1-35　三极管共发射极特性曲线测试电路

1. 输入特性曲线

输入特性曲线是表示集电极和发射极之间的电压 u_{CE} 为某一常数时,基极电流 i_B 与基极和发射极之间的电压 u_{BE} 之间的关系曲线,即

$$i_B=f(u_{BE})\big|_{u_{CE}=\text{常数}} \tag{1-8}$$

输入特性曲线如图 1-36 所示,其具有以下特点:

(1)当 $u_{CE}=0$ 时,相当于集电极和发射极短路,三极管相当于两个正向并联二极管,所以三极管的输入特性类似于二极管的正向伏安特性。

(2)当 u_{CE} 增大后,输入特性曲线向右移动,表示 u_{CE} 对输入特性有影响。当 $u_{CE}>1\ V$ 后,曲线右移不明显,几乎与 $u_{CE}=1\ V$ 时的曲线重合。实际使用中 u_{CE} 总是大于 1 V 的,所以用 $u_{CE}\geqslant 1\ V$ 的曲线代表 $u_{CE}>1\ V$ 的所有曲线。

由图 1-36 所示曲线可知,三极管的输入特性曲线和二极管的伏安特性曲线基本一样,是非线性的,也存在死区电压,硅管约为 0.5 V,锗管约为 0.1 V。三极管正常工作在放大状态时,发射结上的导通压降变化不大,硅管导通压降约为 0.7 V,锗管约为 0.3 V。

2. 输出特性曲线

输出特性曲线是表示基极电流 i_B 为某一常数时,集电极电流 i_C 与集电极和发射极之间的

电压 u_{CE}之间的关系，即 $i_C = f(u_{CE})|_{i_B=常数}$。对于每个确定的 i_B，都有一条曲线与之对应，因此输出特性曲线不是一条，是一族曲线，如图 1-37 所示。

每一条曲线（i_B 保持某一数值不变）起始时都是 i_C 随着 u_{CE}的增大而增大，当 u_{CE}超过一定数值（约 1 V）后，u_{CE}再增大，i_C 也不再有明显增加，表现出恒流性质。当 u_{CE}大于 1 V 后保持不变时，i_B 增大，曲线上移，相应的 i_C 也增大，而且 i_C 比 i_B 增加的多得多，这表示三极管具有电流放大的特性。

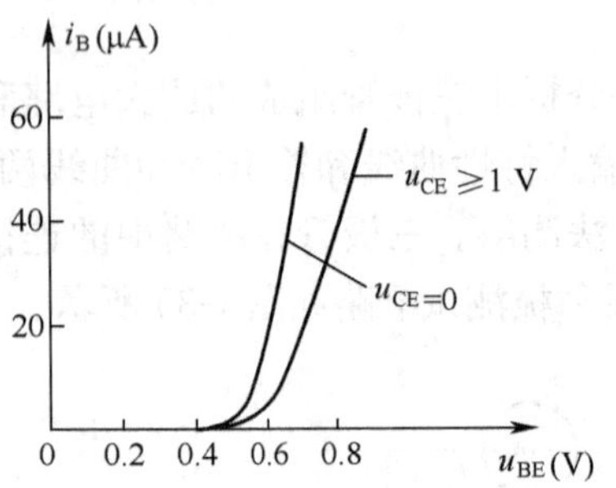

图 1-36　输入特性曲线

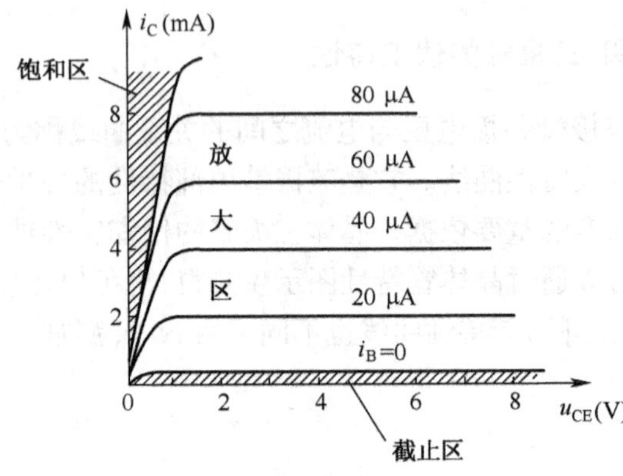

图 1-37　输出特性曲线

通常三极管的输出特性曲线分为三个区：截止区、放大区和饱和区。相对应三极管有三种工作状态：截止状态、放大状态和饱和状态。

（1）截止区。在输出特性曲线上，对应 $i_B = 0$ 的曲线以下的区域称为截止区。三极管工作在截止区（截止状态）的条件：发射结反偏，集电结反偏。截止区的工作特点为：$i_B = 0$，$i_C = I_{CEO} \approx 0$，无电流放大作用。截止时，三极管各极之间相当于开关断开。

（2）放大区。在输出特性曲线上，对应 $i_B = 0$ 的曲线以上，曲线呈近似水平部分的区域为放大区。三极管工作在放大区（放大状态）的条件：发射结正偏，集电结反偏。三极管在放大区的工作特点：$i_B > 0$，$i_C > 0$，且 $i_C = \beta i_B$（或 $\Delta I_C = \beta \Delta I_B$），有电流放大作用，当 i_B 等量增加时，i_C 等比例增加，表现在曲线等间隔平行上移；i_C 只受 i_B 控制，几乎与 u_{CE}的大小无关，三极管呈现恒流特性。三极管在放大状态时，可等效为一个受基极电流控制的电流源。

（3）饱和区。在输出特性曲线上，曲线呈直线上升且靠近纵轴的区域称为饱和区。三极管工作在饱和区（饱和状态）的条件：发射正偏，集电结正偏。该区 u_{CE}很小（$u_{CE} \leqslant u_{BE}$），通常把 $u_{CE} = u_{BE}$，即集电结为零偏（$u_{CB} = 0$）时的状态称为临界饱和。饱和区的工作特点：$i_B > 0$，$i_C > 0$，但 $\Delta I_C \neq \beta \Delta I_B$。在曲线上，当 i_B 一定时，i_C 随 u_{CE}的增加而迅速上升，而当 u_{CE}一定时，i_C 不随 i_B 的变化而变化，即 i_B 失去了对 i_C 的控制，三极管无放大作用。三极管饱和时的 u_{CE}值称为饱和压降 U_{CES}，硅管 $U_{CES} \approx 0.3$ V，锗管 $U_{CES} \approx 0.1$ V。临界饱和时 i_B 对 i_C 仍有控制作用，即 $i_C \approx \beta i_B$。饱和时三极管各极间电压都很小，相当于开关闭合。

在模拟电路中，三极管都处在放大区，称为线性工作区；而把饱和区和截止区称为非线性区，通常把三极管工作在非线性区的特性称为三极管的开关特性。

【例 1-5】 用直流电压表测量某放大电路中某个三极管各极对地的电位分别是 $U_1 = 2$ V，$U_2 = 6$ V，$U_3 = 2.7$ V。试判断三极管各对应电极与三极管类型。

解：本题的已知条件是放大状态下三极管三个电极的电位，根据三极管能实现电流放大的条件可得三个电极电位关系：NPN 型管 $U_C>U_B>U_E$，PNP 型管 $U_C<U_B<U_E$，且硅管放大时 U_{BE} 约为 0.7 V，锗管 U_{BE} 约为 0.3 V。可得这类问题的分析步骤为：

①首先确定基极：电位居中的电极为基极 B。

②再确定发射极：与基极电位相差 0.7 V 或 0.3 V 左右的电极为发射极 E；同时可确定出管材：若电位差为 0.7 V 左右，则是硅管；若电位差为 0.3 V 左右，则是锗管。所剩电位对应电极为集电极 C。

③最后确定管型：若是 $U_C>U_B>U_E$，则为 NPN 型管；若是 $U_C<U_B<U_E$，则为 PNP 型管。

例题中，$U_3=2.7$ V 电位居中，故其所在电极为基极；$U_1=2$ V 与基极电位相差 0.7 V，故其所在电极为发射极，同时 $U_{BE}=0.7$ V，故该管为硅材料管；所剩 $U_2=6$ V 所在电极为集电极，因有 $U_C>U_B>U_E$，故知该管为 NPN 型管。

【例 1-6】 电路如图 1-38 所示，已知 $U_{BE}=0.7$ V，$U_{CES}=0.3$ V，试确定当开关 S 分别位于 a、b、c 三个位置时，三极管的工作状态，计算相应 I_B、I_C 和 U_{CE} 的值。

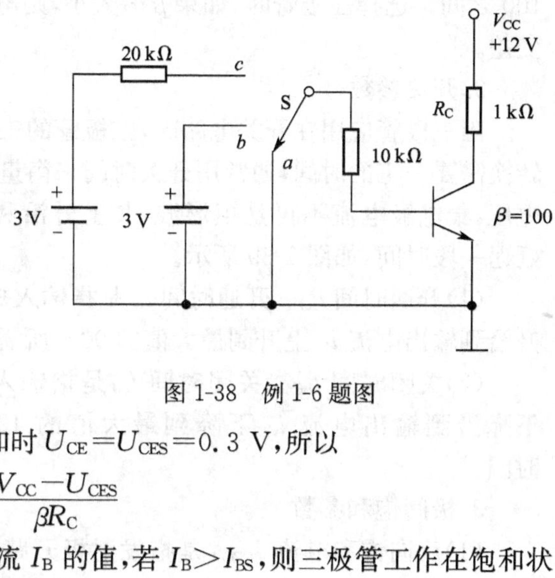

图 1-38　例 1-6 题图

解：(1) 当 S 置于 a 点时，发射结无外加电压处于零偏，集电结反偏，因此三极管处于截止状态。可知 $I_B=0$，$I_C\approx0$，$U_{CE}=(12-1\times0)$ V=12 V。

(2) 当 S 置于 b 点时，发射结正偏，但集电结的偏置状态不能确定，因而不能用结电压的方法确定管子的工作状态，需用电流来判断，方法：先求出三极管临界饱和时所需的基极电流 I_{BS} 值，因临界饱和时有 $I_{CS}\approx\beta I_{BS}$，又因为饱和时 $U_{CE}=U_{CES}=0.3$ V，所以

$$I_{BS}=\frac{I_{CS}}{\beta}=\frac{V_{CC}-U_{CES}}{\beta R_C}$$

再求出外电路实际给三极管提供的基极电流 I_B 的值，若 $I_B>I_{BS}$，则三极管工作在饱和状态，若 $I_B<I_{BS}$，则三极管工作在放大状态。

题中

$$I_{BS}=\frac{12-0.3}{1\times10^3\times100}\text{ A}=0.117\text{ mA}$$

$$I_B=\frac{3-0.7}{10\times10^3}\text{ A}=0.23\text{ mA}$$

$I_B>I_{BS}$，故三极管工作在饱和状态，因此有 $U_{CE}=U_{CES}=0.3$ V。

(3) 当 S 置于 c 点时，发射结正偏，有

$$I_B=\frac{3-0.7}{10\times10^3+20\times10^3}\text{ A}=0.0767\text{ mA}$$

所以三极管工作在放大状态，有

$$I_C=\beta I_B=(100\times0.0767)\text{ mA}=7.67\text{ mA}$$
$$U_{CE}=V_{CC}-I_CR_C=(12-7.67\times1)\text{ V}=4.33\text{ V}$$

五、三极管的主要参数

伏安特性曲线完整地表示了晶体三极管的特性，实践中人们还常常用一组数据来描述三

极管的性能，这些数据就是三极管的参数，这些参数可以通过查半导体手册得到。参数的性能指标是我们合理地选择和正确使用三极管的依据，其主要的参数有以下几个。

1. 放大参数

放大参数主要是共射极电流放大系数，是反映三极管电流放大能力的参数，有共发射极直流电流放大系数 $\bar{\beta}$ 和交流电流放大系数 β。

共发射极直流电流放大系数 $\bar{\beta}$：是集电极直流电流与基极直流电流之比，即 $\bar{\beta}=\dfrac{I_C}{I_B}$。

共发射极交流电流放大系数 β：是集电极交流电流与基极交流电流之比，或是它们的变化量之比，即 $\beta=\dfrac{\Delta I_C}{\Delta I_B}$。

在工程计算上，一般可认为 $\bar{\beta}=\beta$。

由于制造工艺的分散性，即使同一型号的三极管，β 值也有很大差别，常用的 β 值在 20～100 之间。选择三极管时，如果 β 值太小，则电流放大能力差；苦 β 值太大，则会使工作稳定件变差。

2. 开关参数

当三极管应用在开关电路时，三极管的工作状态处在截止与饱和的转换之中，由于状态的转换需要一定的时间，通常用开关时间来衡量其开关特性。当开关三极管的基极加入矩形波电压，集电极电流不再是矩形波，其上升沿和下降沿都延迟一段时间，如图 1-39 所示。

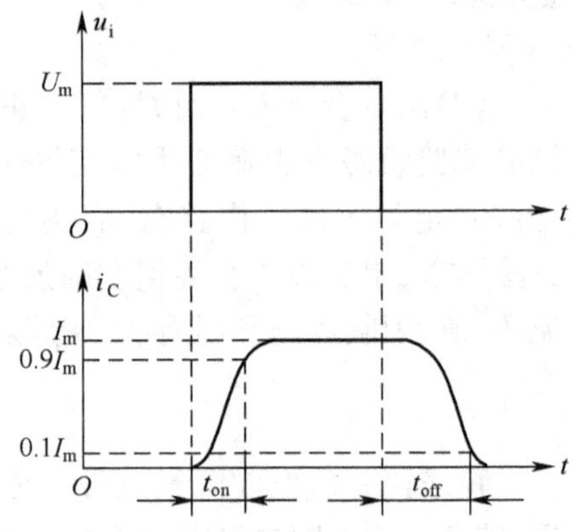

图 1-39　三极管的开关时间

(1)开通时间 t_{on}。开通时间 t_{on} 是指输入矩形波的上升沿到输出电流 i_C 上升到最大值的 90%所需的时间。

(2)关闭时间 t_{off}。关闭时间 t_{off} 是指输入矩形波的下降沿到输出电流 i_C 下降到最大值的 10%所需的时间。

3. 极间饱和参数

(1)反向饱和电流 I_{CBO}：是指发射极开路，集电结外加反向偏置电压时，流过集电结的反向饱和电流。因为该电流是由少子定向运动形成的，所以它受温度变化的影响很大。常温下，小功率硅管的 $I_{CBO}<1\ \mu A$，锗管的 I_{CBO} 在 10 μA 左右。I_{CBO} 的大小反映了三极管的热稳定性，I_{CBO} 越小，说明其稳定性越好。因此，在温度变化范围大的工作环境中，尽可能地选择硅管。

(2)穿透电流 I_{CEO}：是指基极开路，集电极—发射极间加上一定数值的反偏电压时，由集电区穿过基区流入发射区的电流。它也反映了三极管的温度稳定性，其值越小越好。它与 I_{CBO} 的关系为 $I_{CEO}=(1+\beta)I_{CBO}$。硅管的 I_{CEO} 比锗管要小的多，一般应优先选用硅管。另外不能盲目追求过大的 β 值。

当 I_{CEO} 不能忽略时，三极管工作在放大区的集电极电流应为 $i_C=\beta i_B+(1+\beta)I_{CBO}=\beta i_B+I_{CEO}$。

4. 极限参数

(1)集电极最大允许电流 I_{CM}。当集电极电流太大时，三极管的电流放大系数 β 值会下降。把集电极电流增大到使 β 值下降到正常值的 2/3 时所对应的集电极电流，称为集电极最大允

许电流 I_{CM}。为了保证三极管的正常工作，在实际使用中，流过的集电极电流 i_C 必须满足 $i_C < I_{CM}$。

(2)反向击穿电压 $U_{(BR)CBO}$、$U_{(BR)CEO}$、$U_{(BR)EBO}$。$U_{(BR)CBO}$是发射极开路时，集电极与基极间的反向击穿电压，是集电结所允许加的最高反向电压。

$U_{(BR)CEO}$是基极开路时，集电极与发射极之间的反向击穿电压。实际使用中，必须满足 $u_{CE} < U_{(BR)CEO}$，否则三极管会击穿损坏。

$U_{(BR)EBO}$是集电极开路时，发射极与基极间的反向击穿电压，是发射结所能承受的最高反向电压。

一般情况下，$U_{(BR)EBO} < U_{(BR)CEO} < U_{(BR)CBO}$。在放大电路中，由于发射结通常处于正向偏置状态，极少发生发射结击穿现象，所以在选择极间最高反向击穿电压时，主要考虑集—射极间的击穿电压 $U_{(BR)CEO}$，使集—射极间的工作电压远低于 $U_{(BR)CEO}$，保证管子安全工作。

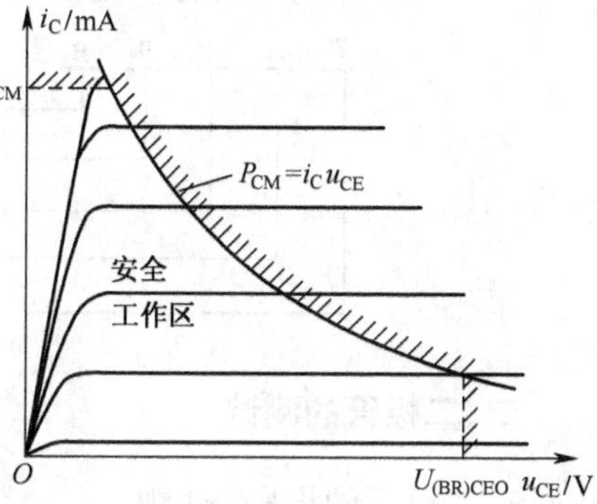

图 1-40　三极管的安全工作区

(3)集电极最大允许耗散功率 P_{CM}。

P_{CM}是指三极管正常工作时最大允许的消耗功率。三极管工作时消耗的功率 $P_C = i_C u_{CE}$ 转化为热能损耗于管内，并表现为温度升高。所以，当三极管消耗的功率超过 P_{CM}值时，其发热量将使管子性能变差，甚至烧坏管子。P_{CM}就是由允许的最高结温决定的最大集电极耗散功率，因此，在使用三极管时，P_C 必须小于 P_{CM}才能保证管子正常工作。为了提高 P_{CM}值，常采用散热装置。

根据三个极限参数可以确定三极管的安全工作区，如图 1-40 所示。为确保三极管正常而安全地工作，使用时不应超过这个区域。

5. 温度对三极管参数的影响

由于半导体的热敏性，温度对三极管各参数几乎都有影响，它对电子电路的稳定性产生较大影响，所以了解温度对三极管参数的影响是有必要的。

(1)对 I_{CBO} 的影响。在室温下，三极管的集电结反向饱和电流 I_{CBO} 很小。温度每升高 10 ℃，I_{CBO}增大约一倍。显然 I_{CEO} 受温度影响更大。另外温度升高时，使输出特性曲线向上移。

(2)对 β 的影响。三极管的电流放大系数 β 值随温度升高而变大，温度每升高 1 ℃，β 增加 0.5%～1%，导致输出特性曲线的间距变大。

(3)对发射结压降 U_{BE} 的影响。温度升高时，U_{BE} 值减小，温度每升高 1 ℃，U_{BE} 减小 2～2.5 mV，使输入特性曲线向左移。

第五节　半导体器件的命名与检测

一、半导体器件的命名方法

半导体器件的种类繁多，国内外都采用各自的命名方法加以区别。我国半导体器件的型号是按照它的材料、性能、类别来命名的，通常由五部分组成。

我国国产分立半导体器件按国家标准《半导体分立器件型号命名方法》(GB/T 249—

1989)命名,具体符号及含义见附录 1。

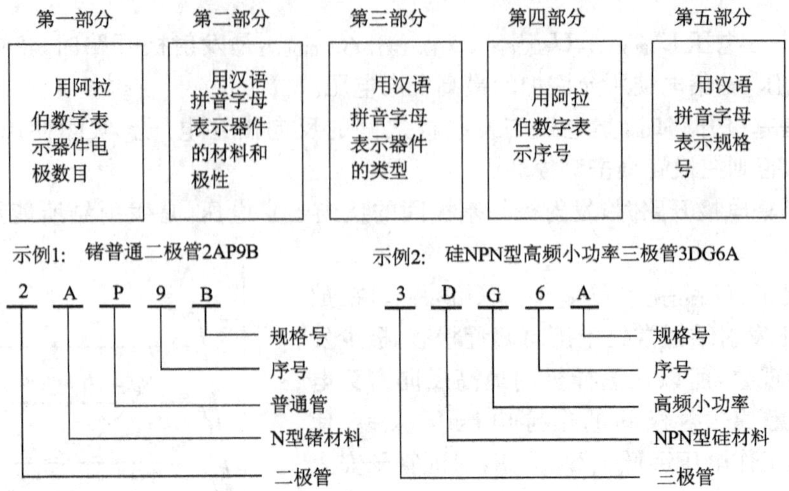

二、二极管的测试

1. 二极管的识别、检测

在实际使用二极管前必须对二极管的极性和质量好坏有正确的认识与判断,否则非但会造成电路不能正常工作,甚至会损毁二极管和其他元件。

(1)二极管极性的识别判断。二极管的正、负极首先可通过管壳上的符号、标志或外形来识别,如果没有标志或标志不清,外观上不能加以识别,可根据二极管的单向导电性,正向电阻小,反向电阻大,用万用表来进行检测。其方法如下:首先把万用表拨到 $R\times100$ 或 $R\times1\ \text{k}\Omega$ 挡(一般不用 $R\times10\ \Omega$ 挡,电流太大;也不用 $R\times10\ \text{k}\Omega$ 挡,电压太高)并进行调零,然后,将两表笔分别接二极管的两个电极,测得一个电阻值,交换红、黑表笔再测一次,从而得到两个电阻值。测得电阻值小的为二极管的正向电阻,一般在几十欧至几千欧之间,如图 1-41(a)所示;测得电阻值大的为反向电阻,一般在几十千欧以上,如图 1-41(b)所示。判断时,若以所测电阻值小的一次为准,则黑表笔所接为二极管的正极,红表笔所接为负极;如果以电阻值大的一次为准,则红表笔所接为二极管的正极,黑表笔所接为负极。

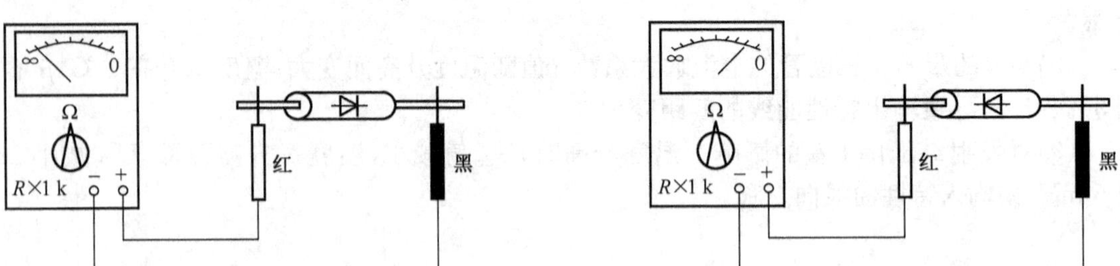

(a)正何电阻测试　　(b)反向电阻测试

图 1-41　二极管的测试

(2)二极管性能的检测。性能的检测方法同上,若二次测得的正、反向电阻值均很小或近于零,说明管子内部已击穿而短路;如果正、反向电阻值均很大或接近于无穷大,说明管于内部已经断开(开路);如果电阻值相差不大,说明二极管性能变坏或已失效,出现以上三种情况的二极管都不能使用。若测得反向电阻值比正向电阻值大很多(一般百倍以上),说明二极管是好的,正反向阻值相差越大,表针指示越稳定,二极管的性能越好;若表针不能稳定在某一阻值上,说明二极管稳定性差。

(3)二极管材料的判别。首先,可以从管壳上标有的型号来加以判别,当看不到型号时,我们可以利用硅管和锗管正、反向电阻值不一样的特点(硅管的正反向电阻比锗管大)用万用表来判别。其判别方法如下:

将万用表拨到 $R\times100\ \Omega$ 或 $R\times1\ k\Omega$ 挡,测量二极管的正向电阻值,如果表针的指示在表盘中间或中间偏右一点,则该管为硅管;若表针指示在表盘的右端或靠近阻值"0"的位置,则表明所测管为锗管。然后,再测二极管的反向电阻,如果表针基本不动,在"∞"处附近,则为硅管;如果表针有很小的偏转,(一般不超过满度的四分之一)则为锗管。

2.二极管使用注意事项

选用管子首先要保证能安全可靠地工作,而且选用性能良好的管子。选用的一般原则是:要求导通后正向压降较小时选择锗管,要求反向电流较小时选用硅管;要求工作电流大时选择面接触型,工作频率高时选取点接触则;要求反向击穿电压较高时选用硅管;要求耐高温时选用硅管。也可根据实际电路的技术要求,估算二极管应具有的参数,并考虑适当的余量,查阅手册以确定管子的型号和参数。

二极管使用时应注意以下七点:

(1)二极管应按照用途、参数及使用环境来选择。但应指出,由于工艺制造的原因,参数的分散性较大,手册上给出的往往是参数值的范围。另外,各种参数是在规定的条件下测得的,在使用时要注意这些条件。

(2)使用二极管时,正、负极不可接反。通过二极管的电流、承受的反压及环境温度等都不应超过手册中所规定的极限值,并留有一定的余量。

(3)更换二极管时,应用同类型或高一级的代替。

(4)二极管的引线弯曲处距离外壳端面应不小于 2 mm,以免造成引线折断或外壳破裂。

(5)焊接时用 35 W 以下的电烙铁,焊接要迅速,并用镊子夹住引线根部帮助散热,防止烧坏管子。

(6)安装时,应避免靠近发热元件,对功率较大的二极管,应注意良好散热。

(7)二极管在容性负载电路中工作时,二极管整流电流应大于负载电流的 20%。

三、三极管的测试

三极管的管型、材质、管脚的识别可以通过管壳上的符号、标识来加以识别,不同性能、不同材料封装的三极管的管脚排列都有一定的规律,平时接触三极管时要多积累这方面的经验。下面主要介绍外观上不能识别,用万用表测试三极管的方法。

1.三极管管脚、管型的判别

三极管内部有两个 PN 结,可以用万用表 $R\times100\ \Omega$ 或 $R\times1\ k\Omega$ 挡测量 PN 结的正反向电阻来确定三极管的管脚、管型。

(1)基极的判别。首先假设三极管某一电极为基极 B,并将黑表笔接在假定的基极上,再将红表笔先后接另两个电极上,分别测得两个阻值。如果两次测得的阻值都很大(或都很小),而将黑、红表笔对换后测得的另两个电阻值又都很小(或都很大),则假设的电极就是三极管的基极 B。如果测得的阻值一大一小,说明假设错误,应重新假设另一电极为基极,再重复上述的测试，直至出现上述的结果，找到真正的基极 B。

(2)管型的判别。基极确定后，将黑表笔接基极，红表笔接其他两极，若测得的两个电阻值都很小，则该管是 NPN 型管；若测得的电阻值都很大，说明是 PNP 型管。当测得 PN 结的正向电阻在几千欧时，该管为硅管；当测得 PN 结的正向电阻在几百欧时，该管为锗管。

(3)集电极的判别。三极管具有电流放大作用，但若将集电极和发射极互换使用，则会失去放大作用，据此原理可判别确定出集电极，方法如下：

将万用表拨到 $R\times100\ \Omega$ 或 $R\times1\ k\Omega$ 挡，红、黑表笔分别接基极之外没有确定的两个电极上，对 NPN 管，用手捏住基极 B 和黑表笔所接电极(即在两极间接上一人体电阻，注意两电极不能接触上)，同时观察记录万用表指针偏转情况，如图 1-42(a)所示；然后将红、黑表笔对调再测一次，如图 1-42(b)所示。则阻值小(指针偏转大)的那一次黑表笔所接为集电极 C，红表笔所接为发射极 E。对于 PNP 管，应用手捏住基极 B 和红表笔所接电极，同样测两次，则阻值小(指针偏转大)的那一次红表笔所接为集电极 C，黑表笔所接为发射极 E。

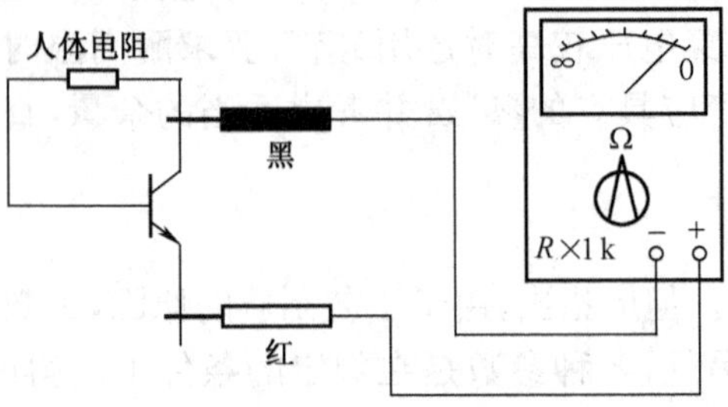

(a)正确假设

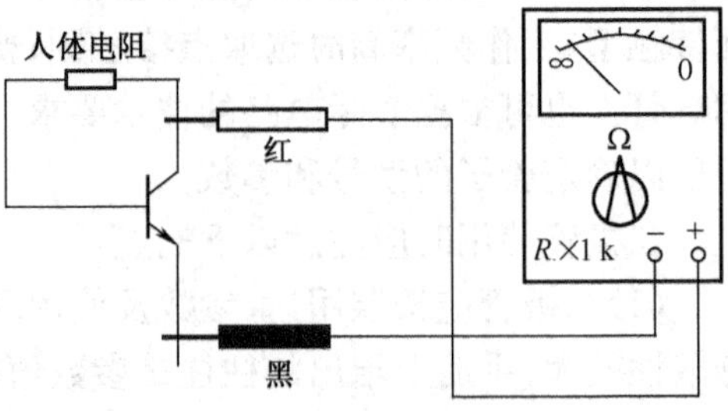

(b)非正确假设

图 1-42　三极管集电极的判别

2. 三极管性能的简易判别(以 NPN 型管为例)

(1)电流放大系数 β。目前有些万用表带有 β 值测试功能，把被测三极管插入测试插孔即可测出 β 值的大小。对无此功能的万用表，可用 $R\times100\ \Omega$ 或 $R\times1\ k\Omega$ 挡来判断三极管的放大能力。黑表笔接 C 极，红表笔接 E 极，然后用手捏住 B 极和 C 级，在此过程中观察表头指针的摆动幅度，若指针无摆动，说明无放大能力；若指针有摆动，说明三极管有放大能力，且指针摆动幅度越大，表明 β 值越大。

(2)穿透电流 I_{CEO}。将基极开路，黑表笔接集电极，红表笔接发射极，测 C、E 间的电阻。测得的电阻越大，I_{CEO}越小，管子性能越好；若测得阻值小，则表明 I_{CEO}很大。

(3)稳定性能。用万用表测基极对另外两个电极的电阻，然后将红、黑表笔对调，再测一次基极对另外两极的电阻，两次中，若一次测得的电阻都很大，另一次测得的电阻又都很小，说明是好管；否则就是坏管，或管子性能变差。另外，测试 I_{CEO}的时，用手捏住管壳，借人体体温使管子的温度上升，此时 C、E 极之间的电阻将变小。若指针向右偏转不大，则管子的稳定性较好；若指针迅速向右偏，则管子的稳定性较差。

上述方法对检测大功率三极管也是基本适用的，不过大功率三极管的反向饱和电流较大，所以使用万用表应用 $R\times10\ \Omega$ 或 $R\times1\ \Omega$ 挡。

3. 三极管使用注意事项

(1)为保证三极管安全稳定的工作，应使三极的 $i_C<I_{CM}$，$P_C<P_{CM}$，$u_{CE}<U_{(BR)CEO}$。

(2)在温度变化大的环境中，要求反向电流小时，应选硅管；当要求导通电压低时，应选锗管。

(3)选用反向电流小，而且 β 值也不宜过大，一般以几十至一百左右为宜。

(4)当工作频率较高时，应选用高频管；若用于开关电路，应选用开关管。

(5)晶体三极管有大功率管和小功率管之分，要根据电路中负载的大小选择合适的功率管。

晶体三极管的命名、组成部分的符号及意义见附录 1。

第六节　场效应管

前面讨论的晶体三极管是一种电流控制器件，这类三极管工作时两种载流子都参与导电，故称为双极型三极管。双极型三极管在工作时，必须要给基极提供一定的电流，也就是必须要从信号源获取信号电流，这对于有一定内阻的微弱信号源来说，也许不能被放大器有效地接收到。20 世纪 60 年代，出现了一种利用电场效应来控制电流的半导体器件—场效应管，它属于电压控制器件，工作时仅靠半导体中某一种多数载流子导电，因此又称为单极型晶体管。场效应管的主要特点是输入电阻极高(最高可达 10^{15} Ω)，工作时几乎不从信号源吸取电流，它还具有稳定性好、噪声低、抗辐射能力强、耗电少、制造工艺简单、便于集成等优点。

按照结构的不同，场效应管分为结型和绝缘栅型两大类，其中绝缘栅型场效应管的应用更为广泛。

一、绝缘栅型场效应管

绝缘栅型场效应管由金属、氧化物和半导体制成，所以称为金属—氧化物—半导体型场效应管(Metal-Oxide-Semiconductor type Field Effect Transistor，MOSFET，简称为 MOS 管)。MOS 管分为 N 沟道和 P 沟道两类，每类又分为增强型和耗尽型两种，区别在于耗尽型 MOS 管有原始的导电沟道，而增强型 MOS 管则没有。下面以 N 沟道增强型 MOS 管为例，讨论 MOS 管的结构、工作原理和特性曲线，然后指出耗尽型 MOS 管的特点。

1. N 沟道增强型 MOS 管

(1)结构和符号。图 1-43 所示为 N 沟道增强型 MOS 管的结构示意图和电路符号。它是以一块掺杂浓度较低的 P 型硅材料作为衬底，在它的表面两端分别制成两个高掺杂浓度的 N^+ 区，然后在 P 型硅表面生成一层很薄的二氧化硅(SiO_2)绝缘层，并在二氧化硅的表面及两 N^+ 型区的表面分别安置三个铝电极——栅极 G、源极 S、漏极 D，就成了 N 沟道 MOS 管。通常将衬底 B 与源极 S 接在一起使用。

因为栅极与漏极和源极之间都是绝缘的，故称为绝缘栅型场效应管。图 1-43(b)、(c)所示为两种增强型 MOS 管的电路符号。箭头方向表示 PN 结加正向偏置时的电流方向，箭头向内的为 N 沟道，向外的为 P 沟道。因栅极与漏极和源极之间都是绝缘的，符号中 G 与 D 和 S 是间隔开的，这一点可以与结型场效应管相区别；因漏、源间无原始的导电沟道，符号中 D、S 间用断开线表示，这一点可以和耗尽型符号相区别。

(2)工作原理。对于 N 沟道增强型场效应管，在栅—源之间、漏—源之间均应加正向电压，管子才能正常工作。如栅—源电压 $u_{GS}=0$ 时，则漏—源之间是两个背对背的 PN 结，无论加在漏—源间的电压 u_{DS} 极性如何变化，总会有一个 PN 结处于反向偏置状态，漏—源之间不会有导电沟道，也就不会有电流，漏极电流 $i_D=0$，如图 1-44(a)所示。

MOS 管的栅极(金属铝层)和 P 型硅衬底相当于一个以 SiO_2 为介质的平板电容器，当 $u_{GS}>0$ 时，在 u_{GS}的作用下，栅极金属层将聚集正电荷，它们排斥 P 型衬底靠近 SiO_2 一侧的空穴，使之剩下不能移动的负离子区，而形成耗尽区。当 u_{GS}增大到一定值时，一方面耗尽区加宽，另一方面将衬底中的电子吸引到衬底与绝缘层之间，形成一个 N 型薄层，并将两个 N^+ 区接通，通常把这个 N 型薄层称为反型层。这个反型层实际上构成了源-漏极间的 N 型导电沟道。若此时在漏-源之间加上电压 u_{DS}，就会有漏极电流 i_D 通过。通常将在一定的 u_{DS}作用下，使导电沟道刚刚形成的栅-源电压 u_{GS}叫做开启电压，用 U_{TH}表示，N 沟道 MOS 管 U_{TH}为正值。由于这类场效应管在 $u_{GS}=0$ 时，$i_D=0$，只有在 $u_{GS}>U_{TH}$后才出现沟道并形成电流，如图 1-44(b)所示，故称为增强型 MOS 管。

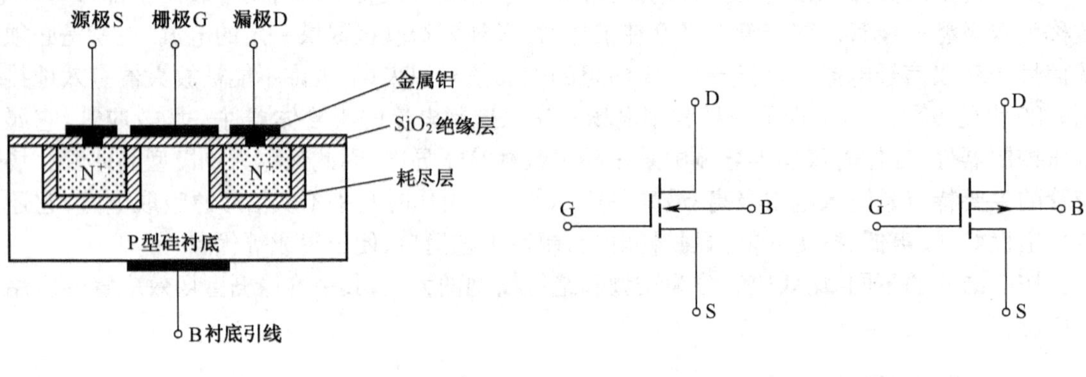

(a)结构示意图　　(b)N沟道增强型MOS管符号　　(c)P沟道增强型MOS管符号

图 1-43　N 沟道增强型 MOS 管的结构示意图与增强型 MOS 管电路符号

以后，随着 u_{GS}的增大，导电沟道变宽，沟道电阻变小，漏极电流 i_D 增大，实现了栅-源电压 u_{GS}对漏极电流 i_D 的控制作用。

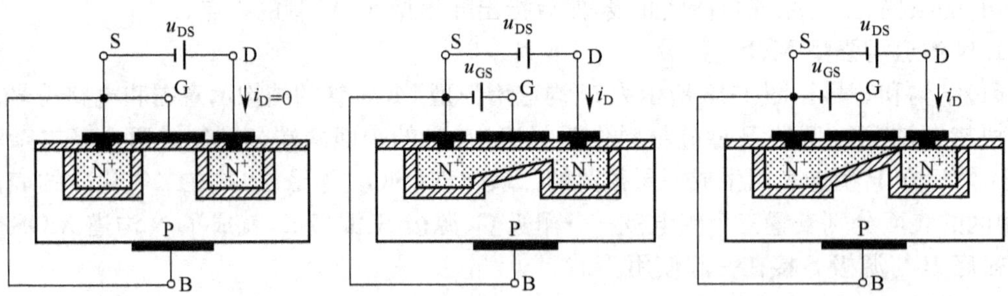

(a) $u_{GS}=0$时无沟道　　(b) u_{DS}较小时产生沟道　　(c) u_{DS} 较大时沟道预夹断

图 1-44　N 沟道增强型 MOS 管的工作原理图

当 $u_{GS}>U_{TH}$，且为一个确定值时，漏-源之间便产生了均匀的具有一定宽度的导电沟道。但当漏—源电压 u_{DS}加上后，导电沟道的宽度不再相等，靠近漏极处的沟道变窄，而靠近源极处的沟道较宽，呈现出楔形状态。这是由于 i_D 流过沟道时，沿沟道方向产生一个电压降落，使沟道上各点的电位不同，因而各点与栅极之间的电位差就不相等(即加在平板电容器上各处的电压不相等)，靠近漏极电位差最低，靠近源极电位差最高，因而使沟道呈现楔形，如图 1-44(c)所示。当外加漏-源电压 u_{DS} 较小时，漏-源极间的导电沟道是相通的，如图 1-44(b)所示。这时只要 u_{GS} 一定，沟道电阻也是一定的，所以 i_D 随 u_{DS} 线性变化。随着 u_{DS} 的增大，靠近漏极的沟道越来越窄，一旦 u_{DS} 增大到使 $u_{GD}=U_{TH}$（即 $u_{GS}-u_{DS}=U_{TH}$）时，沟道在靠近漏极侧出现夹断点，称为临界夹断或预夹断，如图 1-44(c)所示。如继续增大 u_{DS}（使 $u_{GS}-u_{DS}<U_{TH}$）时，夹断点将向源极侧延伸，形成一个夹断区。出现夹断区后 u_{DS} 的增大部分几乎全部用于克服夹断区对漏极电流的阻力，因此漏极电流 i_D 几乎不随 u_{DS} 的增大而增大，i_D 趋于恒流，i_D 的值仅决定于 u_{GS}。

(3)特性曲线。N 沟道增强性 MOS 管的转移特性曲线和输出特性曲线如图 1-45(a)、(b)所示。转移特性曲线是场效应管工作在预夹断状态下，且 u_{DS} 为一定值时，漏极电流 i_D 与栅-源电压 u_{GS} 的关系曲线。转移特性反映 u_{GS} 对 i_D 的控制作用，由曲线看出只有当 $u_{GS}\geqslant U_{TH}$ 时，才有 i_D 电流产生，因此由曲线可得场效应管的开启电压 U_{TH}。在预夹断状态下，即：$u_{GS}>U_{TH}$，$u_{DS}>u_{GS}-U_{TH}$。转移特性可用下列表达式表示：

$$i_D=I_{DO}\left(\frac{u_{GS}}{U_{TH}}-1\right)^2 \tag{1-9}$$

式中，I_{DO} 为 $u_{GS}=2U_{TH}$ 时的 i_D 值。

输出特性曲线是指栅—源电压 u_{GS} 一定时，漏极电流 i_D 与漏—源电压 u_{DS} 的关系曲线，也称为漏极特性，如图 1-45(b)所示。输出特性可分为三个区：夹断区、可变电阻区和恒流区。

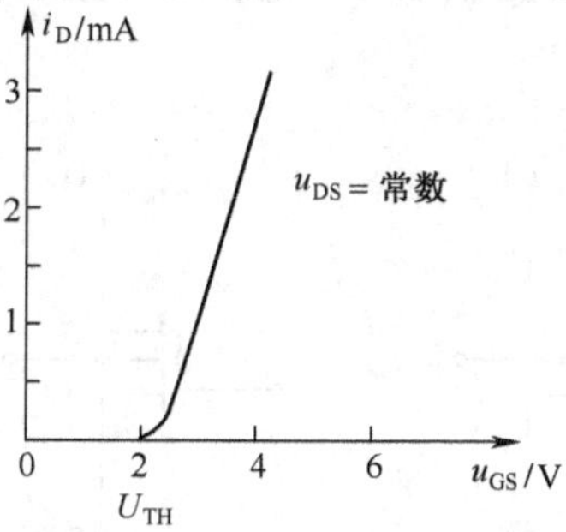

(a) 转移特性曲线

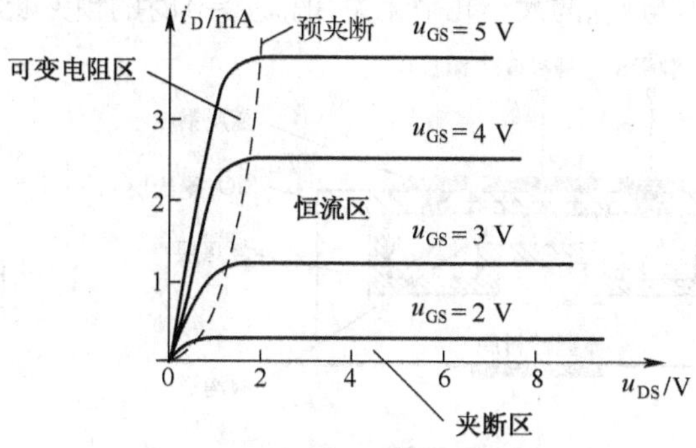

(b) 输出特性曲线

图 1-45 N 沟道增强型 MOS 管的特性曲线

① 夹断区：由于这时还没形成导电沟道，因此漏极电流 $i_D=0$，管子处于截止状态。

指靠近横轴 $u_{GS}<U_{TH}$ 的区域，图中 $U_{TH}=2$ V。由于这时还没形成导电沟道，因此漏极电流 $i_D=0$，管子处于截止状态。工作在夹断区的条件是：$u_{GS}<U_{TH}$。夹断区的工作特点：漏—源之间无导电沟道，$i_D=0$，场效应管相当于开关断开。

② 可变电阻区：指纵轴与预夹断轨迹（$u_{DS}=u_{GS}-U_{TH}$）之间的区域。在 u_{DS} 较小时，导电沟道分布是均匀的，当 u_{GS} 为一定值时，i_D 与 u_{DS} 呈线性关系，说明沟道电阻为一定值。而当 u_{GS} 变化时，沟道电阻会随 u_{GS} 的变化而改变，u_{GS} 不同，沟道电阻的大小不同，因此将这个区域称为可变电阻区。工作在可变电阻区的条件是：$u_{GS}>U_{TH}$，$u_{DS}<u_{GS}-U_{TH}$。可变电阻区的工作特点：u_{DS} 很小，i_D 随 u_{DS} 的增加近似直线上升，i_D 与 u_{DS} 之间呈线性关系。在可变电阻区，场效应管等效为一个受 u_{GS} 控制的可变电阻。

③ 恒流区：指预夹断轨迹右边、特性曲线近似水平的区域，又称为线性放大区。在 $u_{GS}\geqslant U_{TH}$ 时导电沟道已形成，当增大 u_{DS} 使 $u_{GS}-u_{DS}<U_{TH}$ 时，靠近漏极侧的导电沟道出现夹断，i_D 不再随 u_{DS} 的增加而增加，并趋于恒流。工作在恒流区的条件：$u_{GS}>U_{TH}$，且 $u_{DS}>u_{GS}-U_{TH}$。

恒流区的工作特点：$i_D>0$，且 i_D 的大小只受 u_{GS} 控制，而与 u_{DS} 无关，管子呈现恒流特性，故称为恒流区。当 u_{GS} 增大时，i_D 随之增大，曲线表现为一族平行于横轴的直线。在恒流区，场效应管相当于一个受电压 u_{GS} 控制的电流源。场效应管用于放大电路时应工作在恒流区。

2. N 沟道耗尽型 MOS 管

(1)结构和符号。N 沟道耗尽型 MOS 管的结构与 N 沟道增强型 MOS 管的结构相似，只是耗尽型 MOS 管在制造过程中，预先在二氧化硅绝缘层中掺入了大量的正离子，在正离子的作用下，使 P 型衬底表面感应出较多的电子，形成一定厚度的 N 型反型层，使得场效应管无须外加栅—源电压就能形成原始的导电沟道，其结构如图 1-46(a)所示。同样，如果用 N 型半导体做衬底，可制成 P 沟道耗尽型 MOS 管。两种沟道 MOS 管的电路符号如图 1-46(b)(c)所示，箭头向内的为 N 沟道，向外的为 P 沟道。因漏—源间有原始的导电沟道，符号中 D、S 间用实线表示。

(2)工作原理。N 沟道耗尽型 MOS 管工作时，漏—源之间加正向电压，而栅—源之间所加电压 u_{GS} 可正、可负，也可以是 0，这一特点使它的应用具有较大的灵活性。由于有原始导电沟道，即使 $u_{GS}=0$ 时，只要外加电压 u_{DS} 就会有漏极电流 i_D；如果 $U_{GS}>0$，则沟道变宽，i_D 增大；如果 $u_{GS}<0$，则沟道变窄，i_D 减小。当 u_{GS} 小到一定值时，导电沟道会消失，$i_D=0$，称为沟道夹断，把沟道刚刚夹断时所对应的栅—源电压 u_{GS} 值称为夹断电压，用 U_P 表示，N 沟道 MOS 管的 U_P 为负值。

同样，当 u_{DS} 增大到使 $u_{GD}=U_P$ 时，沟道也出现预夹断，预夹断后 i_D 趋于饱和进入恒流状态，只受 u_{GS} 控制，与 u_{DS} 的大小几乎无关，把 $u_{GS}=0$ 时的预夹断漏极电流，称为饱和漏极电流 I_{DSS}。

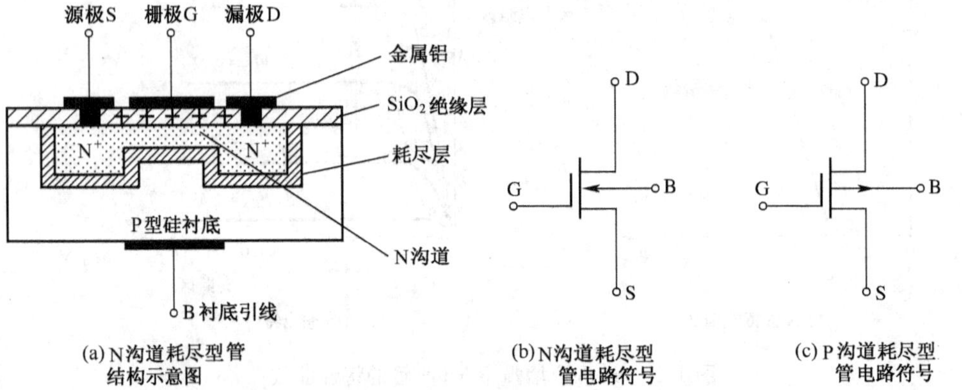

(a) N沟道耗尽型管结构示意图　(b) N沟道耗尽型管电路符号　(c) P沟道耗尽型管电路符号

图 1-46　N 沟道耗尽型 MOS 管的结构示意图与电路符号

(3)特性曲线。N 沟道耗尽型 MOS 管的转移特性曲线和输出特性曲线如图 1-47 所示。

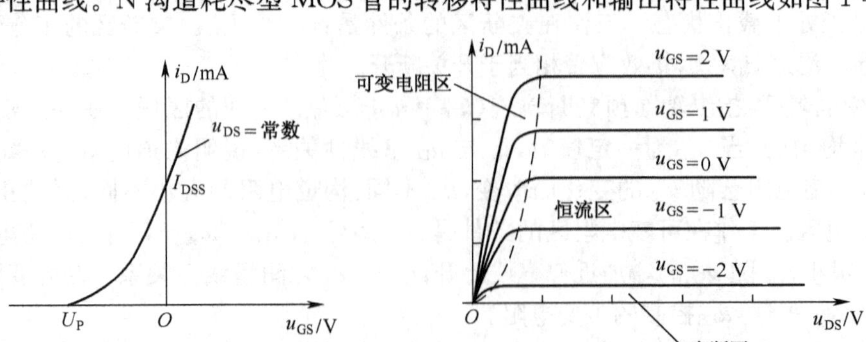

(a) 转移特性曲线　(b) 输出特性曲线

图 1-47　N 沟道耗尽型 MOS 管的特性曲线

由转移特性曲线可以看出，无论 u_{GS} 是正、是负、还是零，都能控制 i_D。当 $u_{GS}=0$ 时，$i_D=I_{DSS}$；当 $i_D=0$ 时，$u_{GS}=U_P$。即由转移特性可求得场效应管的 U_P 和 I_{DSS} 值。在预夹断状态，即 $u_{GS}>U_P$，$u_{DS}>u_{GS}-U_P$。在转移特性曲线上 i_D 与 u_{GS} 的关系为

$$i_D=I_{DSS}\left(1-\frac{u_{GS}}{U_P}\right)^2 \tag{1-10}$$

N 沟道耗尽型 MOS 管的输出特性曲线也分为夹断区、可变电阻区和恒流区三个区。夹断区的工作条件：$u_{GS}\leqslant U_P$；可变电阻区的工作条件：$u_{GS}>U_P$，$u_{DS}<u_{GS}-U_P$（$u_{GD}>U_P$）；恒流区：$u_{GS}>U_P$，$u_{DS}>u_{GS}-U_P$（$u_{GD}<U_P$）。

3. 场效应管的主要参数

(1)开启电压 U_{TH}。在 u_{DS} 为某一固定值的条件下，产生漏极电流 i_D 所需的最小 u_{GS} 电压值称为开启电压 U_{TH}。它是增强型管的主要参数，N 沟道管 $U_{TH}>0$，P 沟道管 $U_{TH}<0$。

(2)夹断电压 U_P。在 u_{DS} 为某一固定值的条件下，当漏极电流 i_D 接近于零时所对应的 u_{GS} 电压值称为夹断电压 U_P。它是耗尽型管的主要参数，N 沟道管 $U_P<0$，P 沟道管 $U_P>0$。

(3)漏极饱和电流 I_{DSS}。在 $u_{GS}=0$ 的条件下，外加 u_{DS} 电压使管子发生预夹断（工作在恒流区）时的漏极电流，称为饱和漏极电流 I_{DSS}。只有耗尽型管才有此参数。

(4)直流输入电阻 R_{GS}。在漏—源之间短路的条件下，栅—源之间所加电压与产生的栅极电流之比。其值很高，绝缘栅型管一般大于 $10^9\ \Omega$。

(5)漏—源击穿电压 $U_{(BR)DS}$。漏极电流 i_D 从恒流值开始急剧上升时所对应的漏—源电压值称为漏—源击穿电压 $U_{(BR)DS}$。

(6)栅—源击穿电压 $U_{(BR)GS}$。使二氧化硅绝缘层击穿时所对应的栅源电压 u_{GS} 值。

(7)低频跨导 g_m。用来描述栅—源电压 u_{GS} 对漏极电流 i_D 的控制作用。其定义：当 u_{DS} 为某一固定值时，漏极电流 i_D 的变化量与栅源电压 u_{GS} 的变化量之比，称为跨导 $g_m=\Delta i_D/\Delta u_{GS}$。它反映了场效应管的放大能力，与三极管的 β 值相似，它的单位是 ms(毫西)。

(8)漏极最大耗散功率 P_{DM}。指允许消耗在场效应管上的最大功率，它等于漏极电流 i_D 与漏源电压 u_{DS} 的乘积。P_{DM} 的大小决定于管子的温升，工作中，$i_D\,u_{DS}$ 之积不能大于 P_{DM}。

4. 场效应管与三极管的比较

场效应管与三极管比较有以下特点：

(1)场效应管是一种电压控制器件，由栅源电压控制漏极电流；而三极管是一种电流控制器件，通过基极电流控制集电极电流。

(2)场效应管工作时，参与导电的载流子仅有一种多数载流子电子（或空穴），称单极型器件；而三极管除了多数载流子电子（或空穴）外，还有少数载流子空穴（或电子）也参与导电，称双极型器件。

(3)场效应管的输入电阻很高，可达数百兆欧以上；而三极管的输入电阻较低，一般只有几百欧至几十千欧。

(4)场效应管受温度、辐射的影响小，噪声系数低；而三极管容易受温度、辐射等外界因素影响，噪声系数也大。

(5)如果场效应管的衬底不与源极相连，其漏极与源极可以互换使用；但三极管的集电极与基极不能互换使用。

此外，场效应管还有制造工艺简单，成本低，功耗小，便于集成等优点。

※二、结型场效应管

1. 结型场效应管的结构和符号

结型场效应管也有 N 沟道和 P 沟道两种。图 1-48(a)所示为 N 沟道结型场效应管的结构

示意图，在一块 N 型半导体的两侧，利用半导体工艺制成两个高浓度的 P^+ 型区，形成两个 PN 结。将两侧的 P^+ 型区相连，引出一个电极，称为栅极 G，在 N 型区的两端各引出一个电极，分别称为漏极 D 和源极 S。两个 PN 结中间的 N 型区域便是载流子流经漏极和源极的通道，称为导电沟道，具有这种结构的场效应管称为 N 沟道结型场效应管。图 1-48(b)所示为其电路符号，箭头方向为栅极与沟道间 PN 结的正方向，可作为场效应管导电沟道类型的区别标志，箭头向内的为 N 沟道，向外的为 P 沟道。P 沟道结型场效应管的结构示意图和符号如图 1-49 所示。结型场效应管的漏极 D 与源极 S 可互换使用。

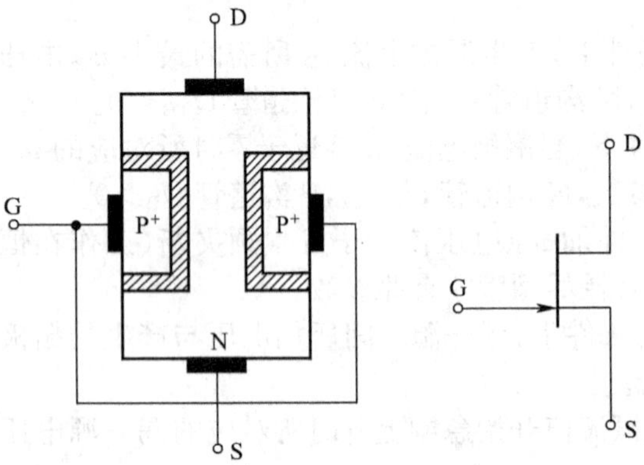

(a) 结构　　(b) 符号

图 1-48　N 沟道结型场效应管结构示意图和符号

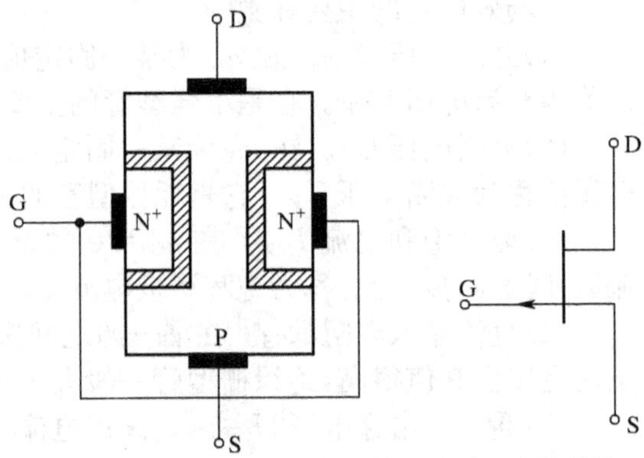

(a) 结构　　(b) 符号

图 1-49　P 沟道结型场效应管结构示意图和符号

2. 结型场效应管的工作原理（以 N 沟道为例）

N 沟道结型场效应管正常工作时，栅—源之间加反向电压，即 $u_{GS}<0$，使两个 PN 结反偏，耗尽层向导电沟道伸展；而在漏—源之间加正向电压，即 $u_{DS}>0$，以形成漏极电流 i_D，如图 1-50所示。

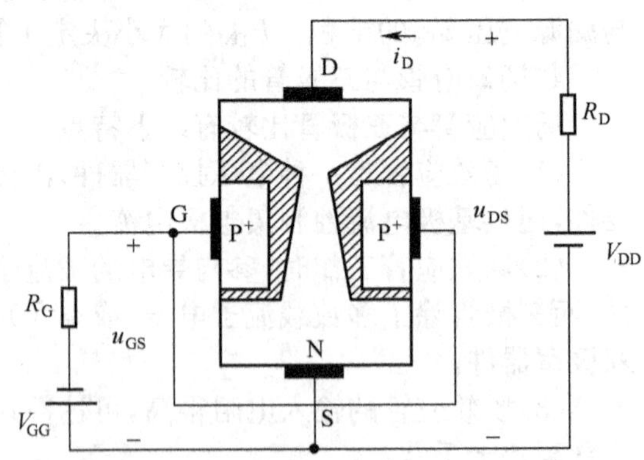

图 1-50　N 沟道结型场效应管工作原理图

通过改变加在栅—源之间的反向电压 u_{GS} 来改变 PN 结耗尽层的宽度，从而改变了导电沟通的宽度，也就是改变了导电沟道的电阻，最终实现对电流 i_D 的控制。反向电压 u_{GS}对沟道的影响是全面的、均匀的，当 $u_{GS}=0$ 时，沟道最宽，沟道电阻最小，可以通过较大的电流；反向电压 u_{GS}增大，导电沟道变窄，电阻增大，通过的电流将减小；当反压 u_{GS} 增大到某一值时，耗尽层合拢在一起，导电沟道将消失，漏、源之间的电流被阻断，这种现象称为夹断。使导电沟道刚刚消失时所对应的 u_{GS}电压，称为夹断电压，用 U_P 表示。夹断时，栅极与沟道中线上各点的电位差都是 U_P。N 沟道结型管的 U_P 为负值。

当加上 u_{DS}后，形成漏极电流 i_D，但导电沟道的宽度就不相等了，靠近漏极沟道最窄，而靠近源极沟道最宽，呈现出楔形。这是由于 i_D 流过沟道时，沿沟道方向产生一个电压降落，使沟道上各点的电位不同，因而各点与栅极之间的电位差就不相等(即加在 PN 结上各处的反向电压不相等)，靠近漏极电位差最高，靠近源极电位差最低，因而使沟道呈现楔形。改变 V_{DD} 使 u_{DS}增大，当 u_{DS}增大到使 $u_{GD}=U_P$ 时，楔形沟道靠近漏极端一点出现夹断，这种现象称为预夹断。预夹断后，i_D 趋于饱和，只受 u_{GS}控制，与 u_{DS}的大小几乎无关。把 $u_{GS}=0$ 时的预夹断漏极电流，称为饱和漏极电流 I_{DSS}。

3. 结型场效应管的伏安特性曲线

(1)转移特性曲线。转移特性曲线是场效应管工作在预夹断状态下，且 u_{DS}为一定值时，漏极电流 i_D 与栅源电压 u_{GS}的关系曲线，如图 1-51(a)所示。转移特性是描述栅—源之间电压 u_{GS}对漏极电流 i_D 的控制作用。当 $u_{GS}=0$ 时，对应的 i_D 最大，称为饱和漏极电流，用 I_{DSS}表示；当 $u_{GS}=U_P$ 时，沟道被夹断，$i_D=0$，U_P 为夹断电压；当 $U_P \leqslant u_{GS} \leqslant 0$ 时，i_D 与 u_{GS}的关系为

$$i_D=I_{DSS}\left(1-\frac{u_{GS}}{U_P}\right)^2 \tag{1-11}$$

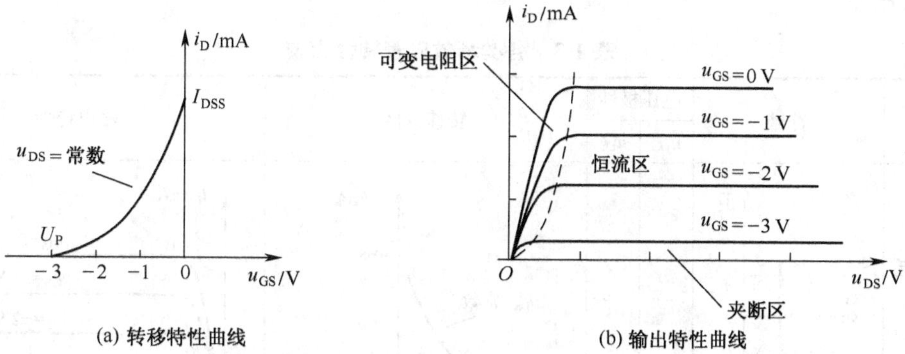

图 1-51　N 沟道结型场效应管的特性曲线

(2)输出特性曲线。输出特性曲线是以栅—源电压 u_{GS}为参变量，漏极电流 i_D 与漏—源电压 u_{DS}的关系曲线，如图 1-51(b)所示。其输出特性曲线也分三个区：夹断区、恒流区、可变电阻区。结型场效应管正常工作时，栅—源极之间加的是反压(栅源之间 PN 结反偏)，因此有较高的输入电阻；无论是可变电阻区的 R_{DS}还是恒流区的 i_D，都受栅源电压 u_{GS}的控制，这都说明结型场效应管是电压控制器件。

三、各种场效应管的特性比较及注意事项

1. 各种场效应管的特性比较

前面以 N 沟道为例，讨论了增强型和耗尽型绝缘栅型场效应管以及结型场效应管的工作原理、特性及参数。同样，P 沟道场效应管的工作原理与同类型 N 沟道场效应管类似，只是工作时所加的栅源电压、漏源电压的极性与 N 沟道相反，所形成的漏极电流的方向也相反。另外对 P 沟道场效应管，U_P 为正值，U_{TH}为负值，I_{DSS}流出场效应管。P 沟道场效应管的特性曲线可记忆为与 N 沟道场效应管特性曲线关于坐标原点成对称。为便于读者学习，将各类场效应管的特性列表进行比较，如表 1-3 所示。

2. 场效应管的使用注意事项

(1)使用场效应管时，各极电源极性应按规定接入，且勿将结型场效应管的栅源电压极性接反，以免 PN 结因正偏过流而烧毁；绝对不能超过各极限参数规定的数值。

(2)在 MOS 管中，有的产品将衬底引出，这种管子有四个管脚，可让使用者根据电路的需要来连接。一般来说，衬底引线的连接应保证与衬底有关的 PN 结处于反偏，以实现衬底与其他电极的隔离。但在某些特殊的电路中，当源极的电位很高或很低时，为减轻衬底间电压对管

子导电性能的影响，可将源极与衬底连在一起。

(3)从结构上看，场效应管的漏极与源极是对称的，可以互换使用。但有些产品制作时已将衬底与源极在内部连在一起，这种管子的漏极与源极是不可以互换使用的，使用时必须注意。

(4)由于 MOS 管的输入电阻极高，使得栅极的感应电荷不易泄放，导致在栅极产生很高的感应电压，造成 SiO_2 绝缘层击穿，使管子永久性损坏。为此，因避免栅极悬空和减少外界感应。储存时，应将管子的三个电极短路，放在屏蔽的金属盒内；当把管子焊接到电路上或取下来时，应先用导线将各电极绕在一起；焊接管子所用的烙铁必须接地良好，最好断电用余热焊接。

(5)结型场效应管可以在开路状态下保存，可以用万用表检查管子的质量；MOS 管不能用万用表检查，必须用测试仪，而且要在接入测试仪后才能去掉各电极的短路线，取下时则应先将各电极短路。

表 1-3　各类场效应管特性比较

<table>
<tr><th colspan="3" rowspan="2">类型</th><th rowspan="2">符号</th><th colspan="2">电压极性</th><th rowspan="2">转移特性</th><th rowspan="2">输出特性</th></tr>
<tr><th>u_{GS}</th><th>u_{DS}</th></tr>
<tr><td rowspan="2">结型</td><td>N沟道</td><td>耗尽型</td><td>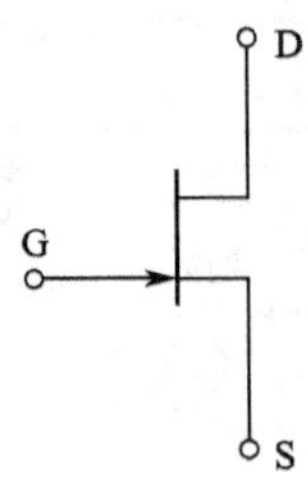</td><td>−</td><td>+</td><td>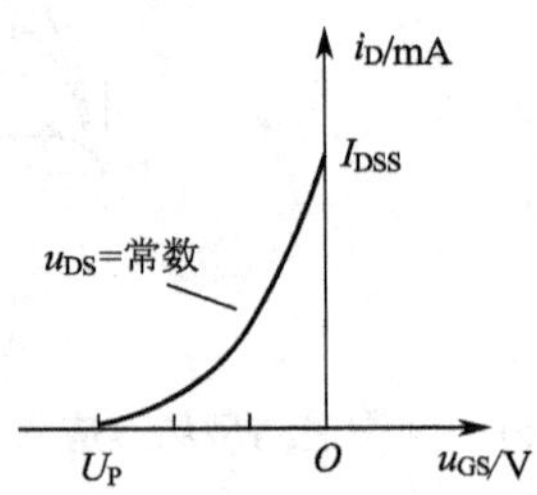</td><td>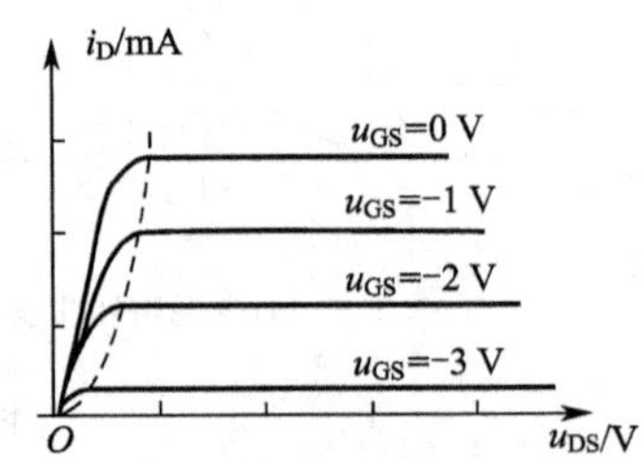</td></tr>
<tr><td>P沟道</td><td>耗尽型</td><td>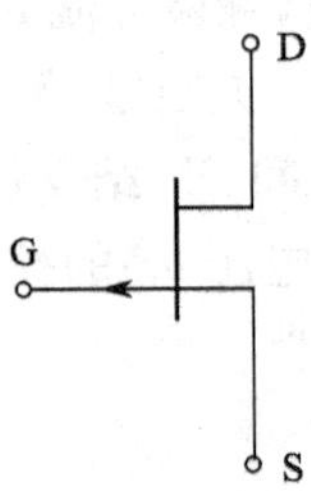</td><td>+</td><td>−</td><td>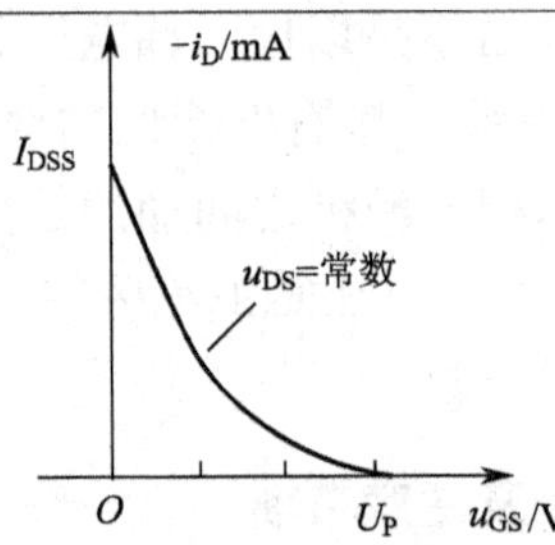</td><td>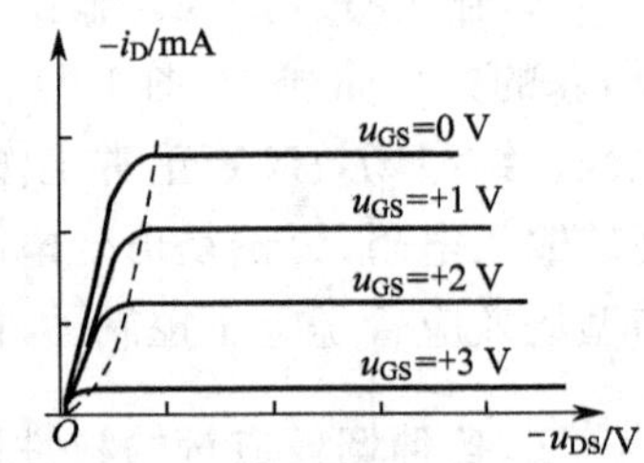</td></tr>
<tr><td rowspan="2">绝缘栅型</td><td rowspan="2">N沟道</td><td>增强型</td><td>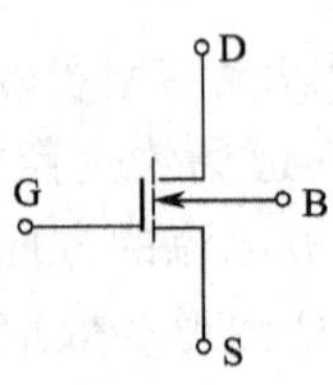</td><td>+</td><td>+</td><td>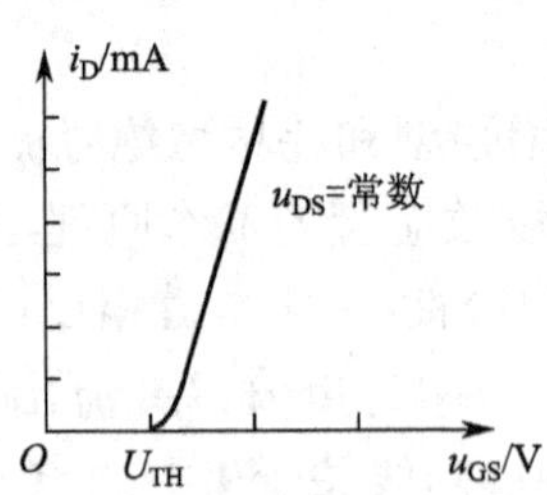</td><td>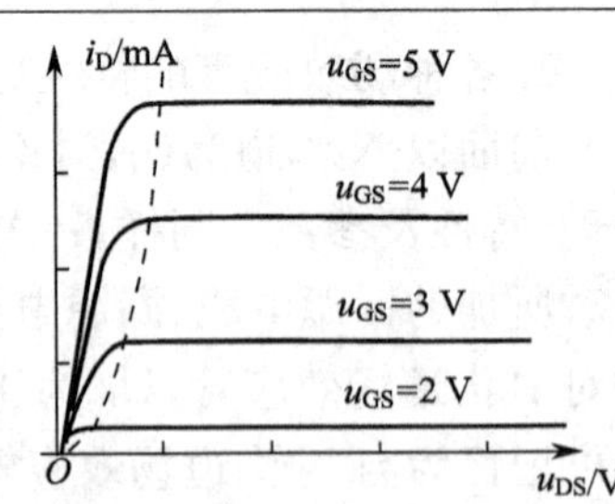</td></tr>
<tr><td>耗尽型</td><td>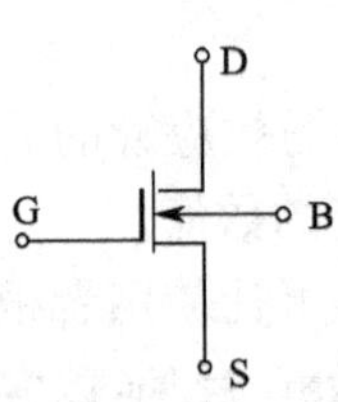</td><td>+
或
−</td><td>+</td><td>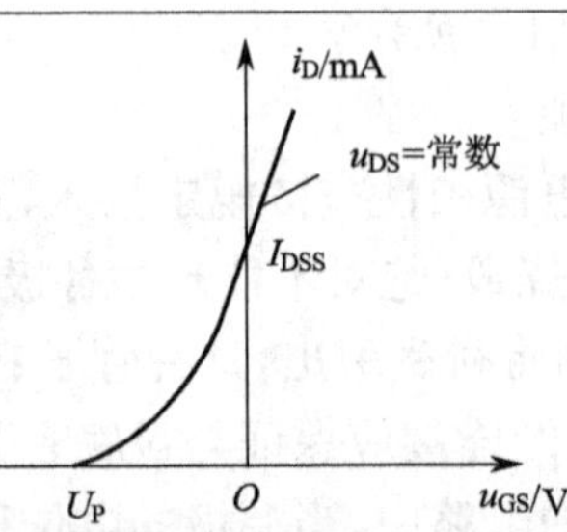</td><td>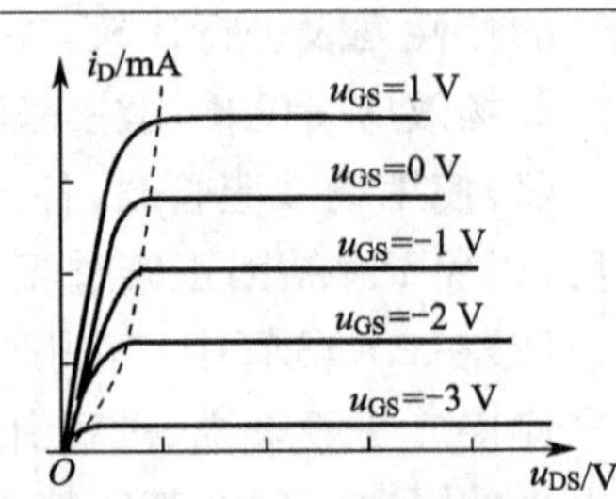</td></tr>
</table>

续上表

<table>
<tr><th colspan="3" rowspan="2">类型</th><th rowspan="2">符号</th><th colspan="2">电压极性</th><th rowspan="2">转移特性</th><th rowspan="2">输出特性</th></tr>
<tr><th>u_{GS}</th><th>u_{DS}</th></tr>
<tr><td rowspan="2">绝缘栅型</td><td rowspan="2">P沟道</td><td>增强型</td><td>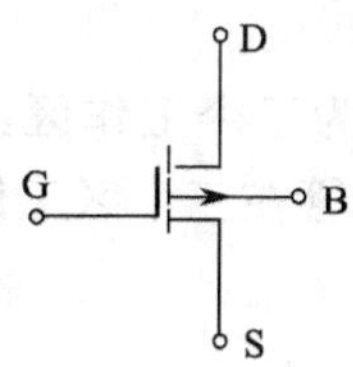</td><td>－</td><td>－</td><td>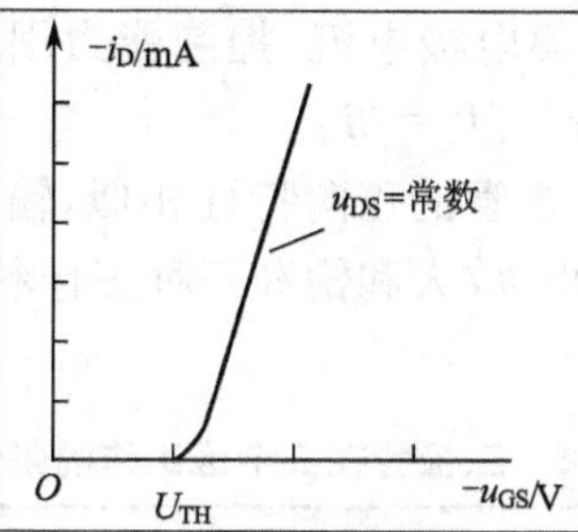</td><td>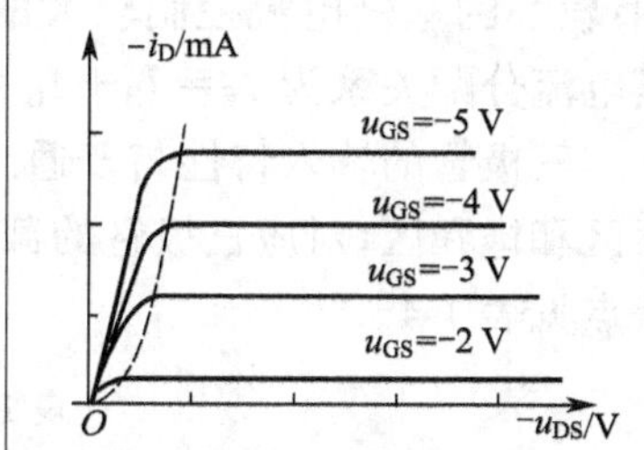</td></tr>
<tr><td>耗尽型</td><td>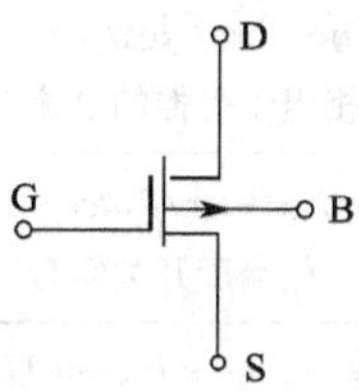</td><td>＋或－</td><td>－</td><td>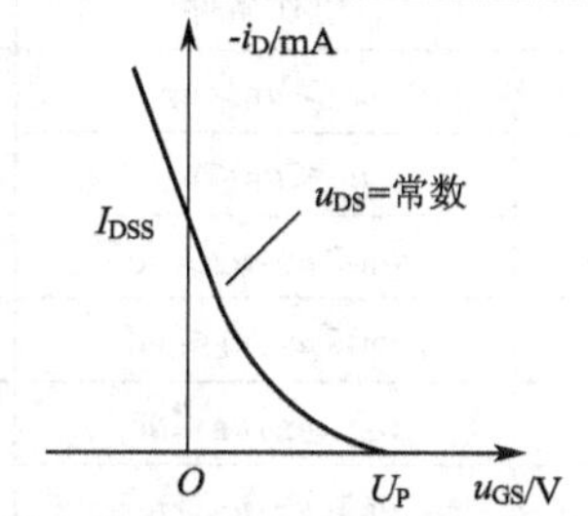</td><td>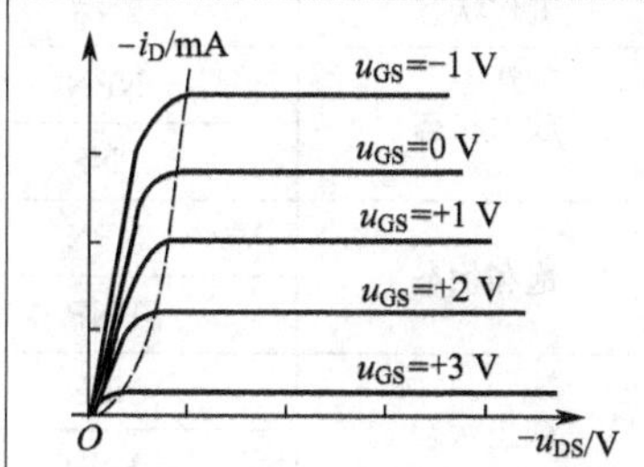</td></tr>
</table>

注：漏极电流的参考方向规定为流入漏极的方向。

本章小结

(1)物体按导电性能分为三类：导体、绝缘体和半导体。半导体的导电能力介于导体与绝缘体之间。常用的半导体材料有硅、锗等。半导体的主要特性：热敏特性，光敏特性和掺杂特性。

(2)半导体中有两种载流子：自由电子和空穴，自由电子带负电，空穴带正电。在本征半导体中，两种载流子的浓度相等。本征半导体中掺入三价或五价元素杂质，可形成 P 型半导体或 N 型半导体。P 型半导体主要靠空穴导电；N 型半导体主要靠自由电子导电。无论 N 型半导体还是 P 型半导体，对外都呈电中性。

(3)把 P 型半导体和 N 型半导体通过制造工艺结合在一起可得 PN 结。PN 结具有单向导电性，即外加正向电压时导通，其电阻很小；加反向电压时截止，其电阻很大。PN 结是构成半导体器件的基础。

(4)二极管由一个 PN 结构成，其基本特性是单向导电性，利用这种特性可以构成整流、限幅、钳位、检波及续流等应用电路。二极管的性能可用伏安特性来描述，它分为正向特性和反向特性两部分，正向特性存在死区电压(硅管 0.5 V，锗管 0.2 V)和正向导通电压(硅管约 0.7 V，锗管约 0.3 V)，反向特性有反向饱和电流和反向击穿电压。其性能还可用技术参数来描述，使用时不能超过参数规定的额度。

除了普通二极管以外，还有许多特殊用途的二极管，如稳压二极管、发光二极管、光电二极管、变容二极管等。

二极管是非线性器件，不同的工作条件，二极管的等效电路不同。所以分析二极管电路时，一定要注意二极管的工作条件，明确二极管的工作状态。

(5)晶体三极管分为 NPN 和 PNP 两种类型，管子有三个区(发射区、基区、集电区)、两个 PN 结(发射结、集电结)和三个电极(发射极 E、基极 B、集电极 C)。它是一种双极型的电流控制器件，利用这种控制作用可实现放大。三极管具有电流放大作用的内部条件：发射区掺杂浓度很高；基区做得很薄，且掺杂浓度很低；集电区结面积大。实现放大作用的外部条件：发射结正偏，集电结反偏。

三极管组成电路时有共发射极、共基极和共集电极三种组态，共发极连接时的电流控制作用：较小的基极电流控制较大的集电极电流，控制能力用电流放大系数 β 表示，$\beta=\Delta I_C/\Delta I_B$。其电流分配关系为 $I_E=I_B+I_C\approx I_C$，$I_C=\beta I_B$。

三极管的输入特性与普通二极管的正向特性相似，输出特性分为三个工作区：截止区、放大区和饱和区，对应三极管的截止、放大和饱和三种工作状态。三极管在三个区工作的条件和特点见表 1-4。

表 1-4　三极管在三个区工作的条件和特点

工作状态	管型	工作条件	表现出的特征
放大状态	NPN	$u_C>u_B>u_E$	$0<i_B<I_{BS}=I_{CS}/\beta, i_C=\beta i_B$ 相当于受控的电流源
	PNP	$u_C<u_B<u_E$	
饱和状态	NPN	$u_B\geqslant u_E, u_B\geqslant u_C$	$i_B>I_{BS}=I_{CS}/\beta, u_{CE}\approx U_{CES}$ 相当于开关闭合
	PNP	$u_B\leqslant u_E, u_B\leqslant u_C$	
截止状态	NPN	$u_B<u_E, u_B<u_C$	$i_B\approx 0, i_C\approx 0, u_{CE}\approx U_{CC}$ 相当于开关断开
	PNP	$u_B>u_E, u_B>u_C$	

三极管的参数 β 表示三极管的电流放大能力，I_{CBO}、I_{CEO} 表明三极管的温度稳定性，I_{CM}、P_{CM}、$U_{(BR)CEO}$ 等规定了三极管的安全工作范围。

(6)场效应管为单极型电压控制器件，利用 u_{GS} 控制 i_D。场效应管分结型和绝缘栅型两类，无论结型还是绝缘栅型场效应管，都有 N 沟道和 P 沟道之分，对于绝缘栅型管，又有增强型和耗尽型两种结构，耗尽型 MOS 管的控制电压 u_{GS} 可正、可负、可零，使用比较灵活。

场效应管的主要特点是输入电阻高，其性能用转移特性和输出特性来描述，输出特性曲线也有可变电阻区、恒流区和夹断区。用于放大时，场效应管应工作在恒流区。跨导 $g_m=\Delta I_D/\Delta U_{GS}$ 是它的重要参数。使用时绝缘栅场效应管的栅极不可悬空，以免击穿损坏。而结型场效应管的 PN 结不能加正偏电压。

(7)半导体二极管、三极管和结型场效应管，其结构的实质就是 PN 结，除了要不断加强对半导体器件目测识别判断的经验积累外，还要掌握用万用表欧姆挡测 PN 结正反向电阻的方法来对半导体器件进行检测判断。

习 题 一

1. 半导体材料有哪些重要特性？

2. N 型和 P 型半导体中各以什么为多数载流子和少数载流子？

3. 什么叫 PN 结的偏置？PN 结的正偏与反偏各有什么特点？

4. 定性画出二极管的伏安特性曲线，并标出它的死区、正向导通区、反向截止区和反向击穿区。

5. 选用二极管时主要考虑哪些参数？它们各自的含义是什么？

6. 有人用万用表测二极管反向电阻时，为了使表笔和二极管引线接触好一些，用双手把两端捏紧，结果测得二极管的反向电阻较小，认为不合格，这样操作和判断是否正确？为什么？

7. 怎样用万用表判断二极管的正、负极与好坏？用万用表 $R\times100$ 档和 $R\times1$ k 档测量同一个二极管的正向电阻，为什么测得的阻值有些不同？为什么？

8. 三极管具有放大作用的内部条件和外部条件是什么？什么是三极管的电流放大作用？

9. 晶体三极管处于放大状态、截止状态、饱和状态的工作条件是什么？

10. 怎样用万用表判断晶体管三极管的类型和管脚？

11. 有两个三极管，其中一根管子的 $\beta=150$，$I_{CBO}=100$ μA，另一根管子的 $\beta=60$，$I_{CBO}=10$ μA，其他参数一样，你选用哪一个管子？为什么？

12. 简述下列概念的含义及其区别：结型与绝缘栅型；N 沟道与 P 沟道；耗尽型与增强型；夹断与预夹断；夹断电压与开启电压；电流控制与电压控制。

13. 二极管电路如题图 1-1 所示，试判断图中的二极管是导通还是截止，并求出 A、O 两端电压 U_{AO}，设二极管为理想的二极管。

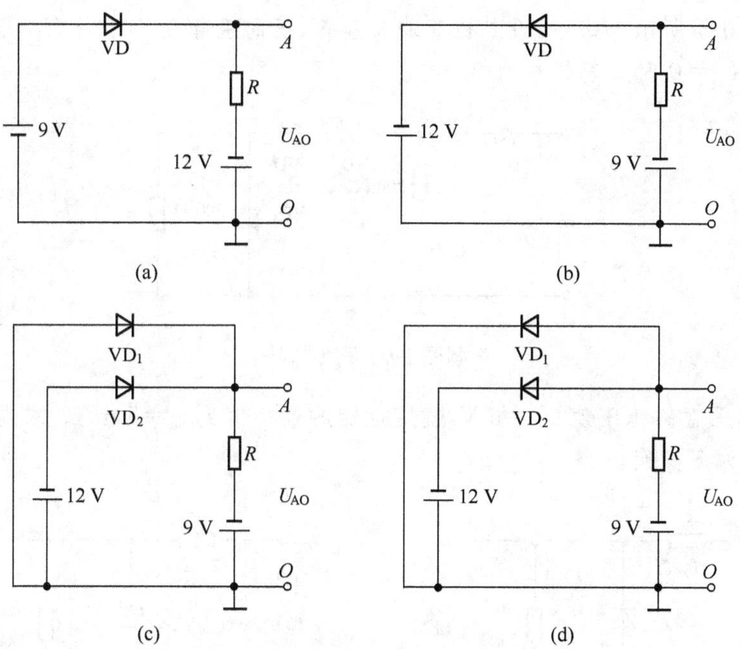

题图 1-1　题 13 附图

14. 在题图 1-2 所示各电路中，$u_i=10\sin(\omega t)$ V，二极管的正向压降可忽略不计，试分别画出各电路的输出电压 u_o 的波形。

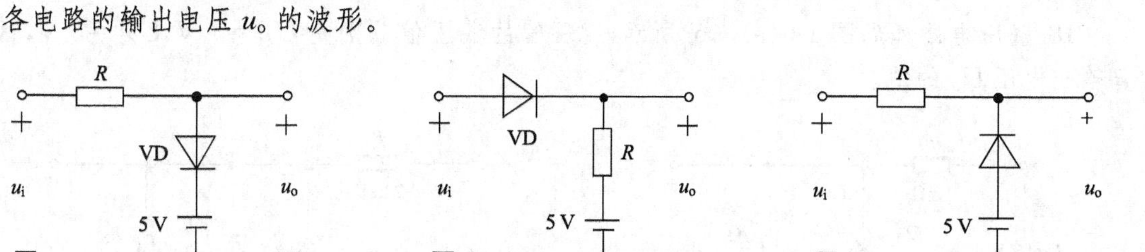

题图 1-2　题 14 附图

15. 电路如题图 1-3 所示，忽略二极管的管压降，根据输入信号 u_1 和 u_2 的波形画出输出电压 u_o 的波形。

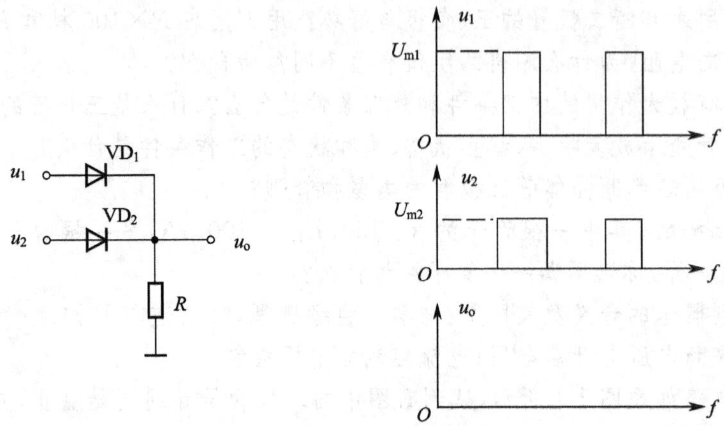

题图 1-3　题 15 附图

16. 如题图 1-4 所示电路中，设二极管均为硅管，正向压降 0.7 V，当 $U_i=3$ V 时，哪些管导通，哪些截止？$U_i=0$ 时又怎样？

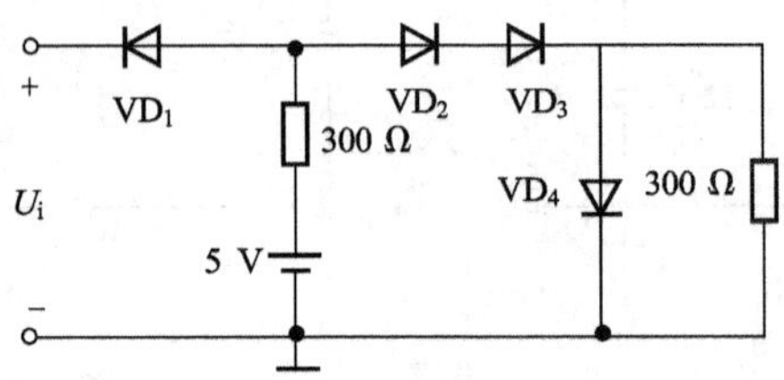

题图 1-4　题 16 附图

17. 已知稳压管的稳压值 $U_Z=6$ V，稳定电流的最小值 $I_{Zmin}=5$ mA。求题图 1-5 所示电路中 U_{o1} 和 U_{o2} 各为多少伏。

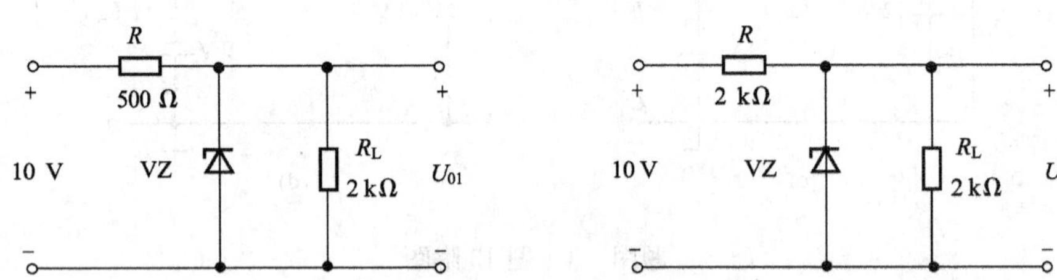

题图 1-5　题 17 附图

18. 稳压电路如题图 1-6(a)、(b)所示，稳压管的稳压值分别是 $U_{Z1}=7$ V，$U_{Z2}=5$ V，试计算输出电压 U_o 的值。

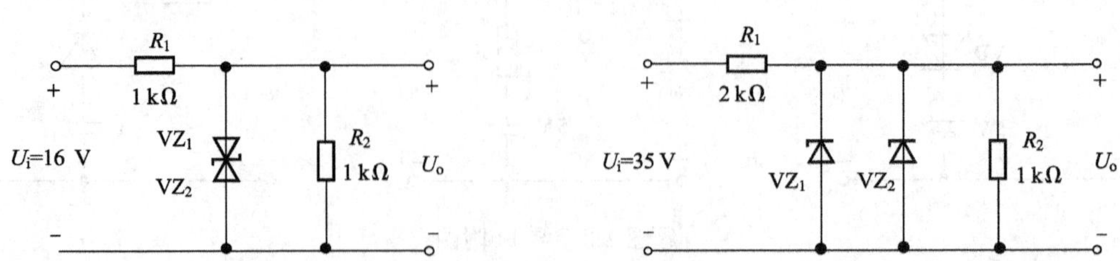

题图 1-6　题 18 附图

19. 在电路中测出各三极管的三个电极对地电位如题图 1-7 所示，试判断各三极管处于何种工作状态(设图中 PNP 型为锗管，NPN 型为硅管)。

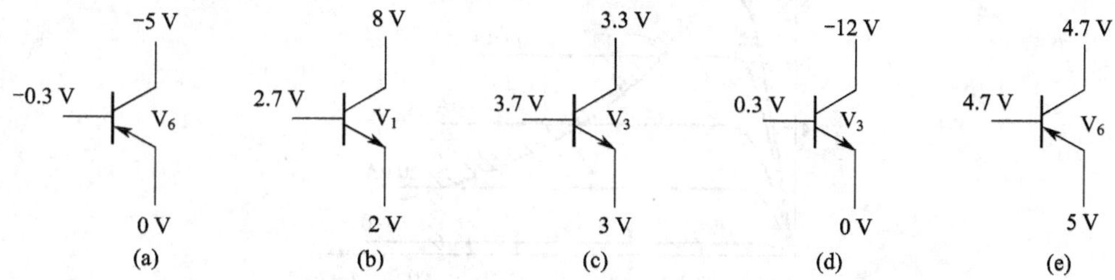

题图 1-7　题 19 附图

20. 在两个放大电路中，测得三极管各极电流分别如题图 1-8 所示。求另一个电极的电流，并在图中标出其实际的电流方向及各电极 E、B、C。试分别判断它们是 NPN 管还是 PNP 管并估算三极管的 β 值。

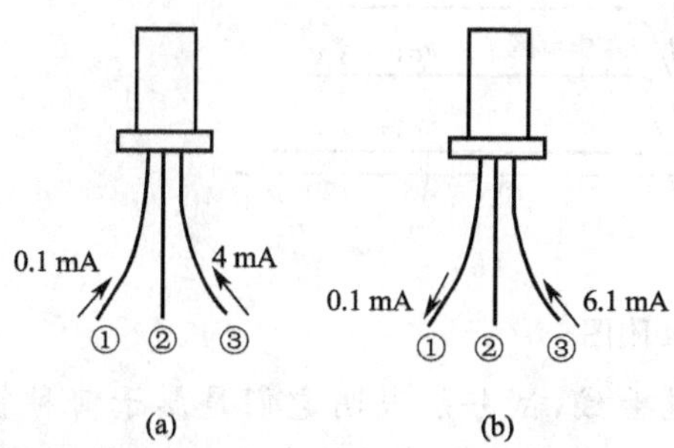

题图 1-8　题 20 附图

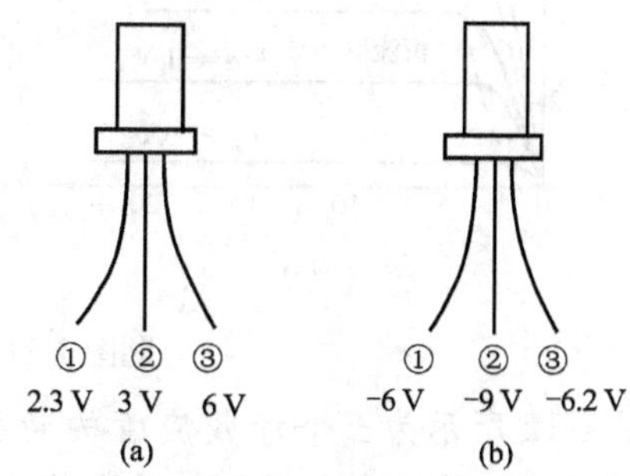

题图 1-9　题 21 附图

21. 测得工作在放大状态的三极管各极电位分别如题图 1-9 所示，试判断它们是 NPN 管还是 PNP 管、是硅管还是锗管，并标出各电极 E、B、C。

22. 用直流电压表侧得四个工作于放大状态的三极管的管脚电位如题表 1-1 所示，试判断其管脚、管型及材料。

题表 1-1　题 22 附表

管号 / 管脚号	A	B	C	D
U_1(V)	2.8	2.9	5	8
U_2(V)	2.1	2.6	8	5.5
U_3(V)	7	7.5	8.7	8.3

23. 某三极管的输出特性曲线如题图 1-10 所示，试求：

(1) 三极管的极限参数 P_{CM}、I_{CM}、$U_{(BR)CEO}$；主要参数 β 和 I_{CEO} 各为多少；

(2) 若它的集—射极电压 U_{CE}=10 V，则电流 I_C 最大不得超过多少？

24. 有两个场效应管，其输出特性曲线分别如题图 1-11(a)、(b)所示。试分别说明它们是 P 沟道还是 N 沟道？是增强型还是耗尽型？以及它们的夹断电压 U_P 或开启电压 U_{TH} 的数值为多少？漏极饱和电流 I_{DSS} 为多少？

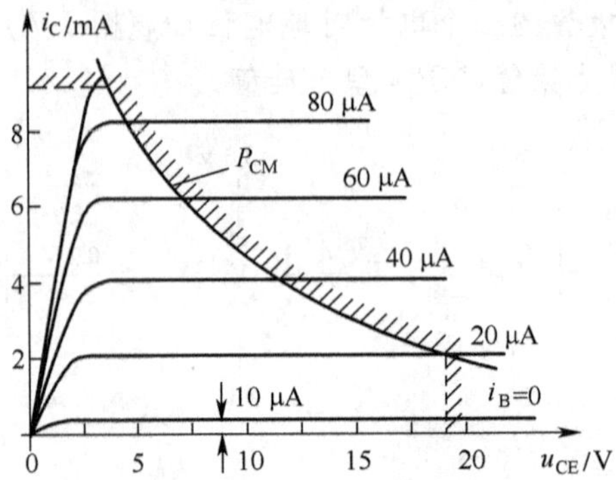

题图 1-10　题 23 附图

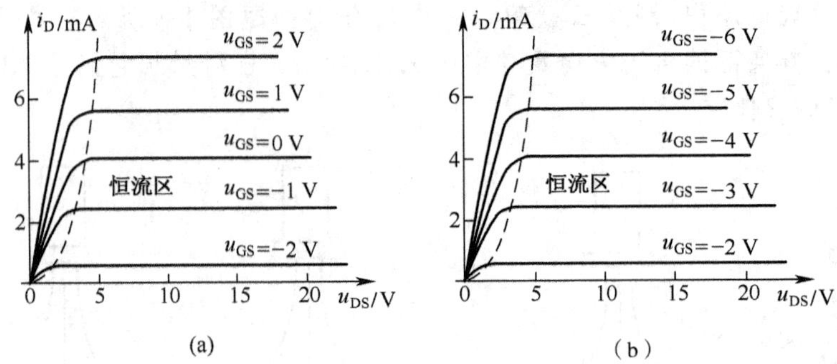

题图 1-11　题 24 附图

25. 题图 1-12 所示为三个场效应管的转移特性曲线，试分别说明它们是属于何种管型？它们的夹断电压 U_P 或开启电压 U_{TH} 的数值为多少？漏极饱和电流 I_{DSS} 为多少？（假定流入漏极为正方向）

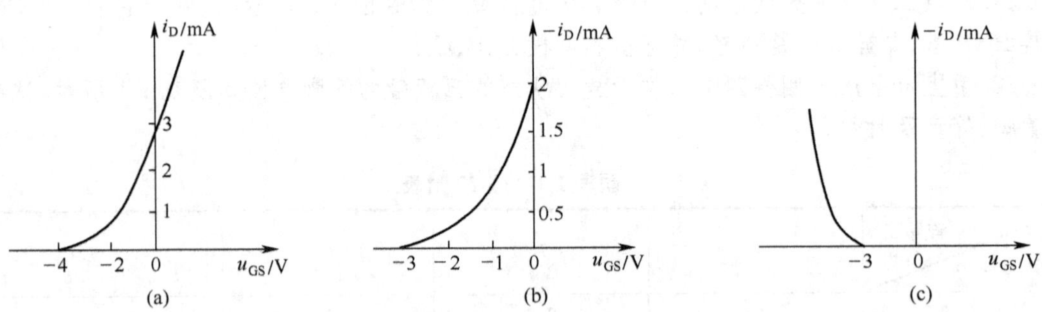

题图 1-12　题 25 附图

26. 测得某电路中三个 MOS 管的各个电极的电位如题表 1-2 所示，它们的 U_T 或 U_P 也在表中，试分析它们的工作状态（截止区、恒流区、可变电阻区）并填入表中。

题表 1-2　题 26 附表

管 号	U_T/V	U_P/V	U_S/V	U_G/V	U_D/V	工作状态
V1	4		−5	1	3	
V2		4	1	0	−4	
V3	−4		3	3	10	

第二章　基本放大电路

在通信、音响、检测和自动控制等许多场合，都会用到放大电路，它广泛应用于模拟电子电路。利用三极管、电阻、电容及电源等元件可组成各种类型的放大电路。本章首先介绍放大电路的基本概念、主要性能指标，放大电路的工作原理，然后讲述放大电路的分析方法，最后讨论多级放大电路和负反馈放大电路。本章涉及许多基本概念、基本原理和基本方法，它们是讨论和分析放大电路的重要基础，是模拟电子技术的重要组成部分。

第一节　放大电路的基本概念

一、概　　述

在工业控制中，经常需要将微弱的电信号(电压、电流和电功率)用放大电路放大成幅度足够大，且与原来信号变化规律一致的电信号，然后带动执行机构，对生产设备进行控制。

放大电路的作用就是将微弱的电信号进行放大，其方框图如图 2-1 所示。在图中，将提供给放大电路的微弱电信号称为输入信号，用输入电流 i_i、输入电压 u_i 来表示；经过放大电路提供给负载或执行机构的电信号称为输出信号，用输出电流 i_o、输出电压 u_o 来表示；u_s 是交流信号源，R_s 是信号源的内阻；R_L 是负载电阻或执行机构的等效电阻。

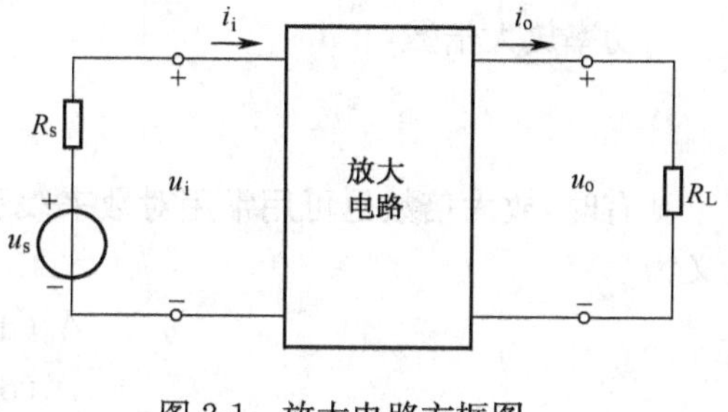

图 2-1　放大电路方框图

放大电路的种类有很多。按用途可分为电压放大电路和功率放大电路；按电路结构可分为直流放大电路和交流放大电路；按频率又可将交流放大电路分为低频放大电路和高频放大电路；按所用器件可分为分立元件放大电路和集成放大电路。

在工业控制中，常用交流放大电路的输入信号的频率范围在 20 Hz～20 kHz，这类放大电路属于低频放大电路，本章主要讨论低频放大电路的工作原理。

二、放大电路的主要性能指标

放大电路的主要性能指标是根据各种放大电路的共性要求提出的，它反映了放大电路性能的优劣。对放大电路的共性要求包括以下三点：

(1)要有较强的放大能力，即放大倍数要高。

(2)失真应尽可能小。放大电路在放大时要求输出信号能保持和复现输入信号，即输出信号波形与输入信号波形相同。放大的前提是不失真，放大电路只有在信号不失真的情况下放大才有意义，因此失真应尽可能小。

(3)工作稳定可靠，且噪声小。

任何一个放大电路都可以用一个两端口网络来表示，放大器的等效电路如图 2-2 所示，左边为输入端口，右边为输出端口。当信号源 u_s 作用时，不同放大电路在同样的 u_s 和 R_L 情况下，会产生不同的 i_i、u_i 和 i_o、u_o，说明不同放大电路从信号源索取的电流不同，且表现的放大能力也不同。为了反映放大电路各方面的性能，根据对放大电路的共性要求提出了以下三个主要性能指标：

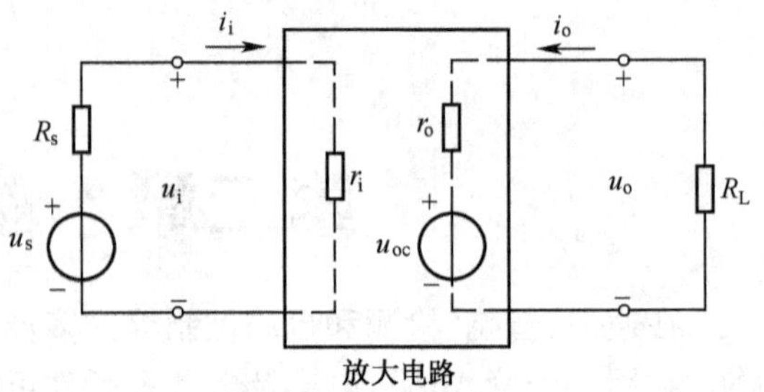

图 2-2　放大器的等效电路

1. 放大倍数

放大倍数是直接衡量放大电路放大能力的重要指标。它指放大电路在输出信号不失真的情况下，输出量与输入量之比。放大倍数一般可分为电压放大倍数、电流放大倍数和功率放大倍数。

电压放大倍数：

$$A_u=\frac{u_o}{u_i} \tag{2-1}$$

电流放大倍数：

$$A_i=\frac{i_o}{i_i} \tag{2-2}$$

功率放大倍数：

$$A_p=\frac{P_o}{P_i} \tag{2-3}$$

有时，放大倍数也可用常用对数来表示，称为放大器的增益，单位为分贝(dB)。工程上定义为

$$A_u(\text{dB})=20\ \lg|A_u| \tag{2-4}$$

$$A_i(\text{dB})=20\ \lg|A_i| \tag{2-5}$$

$$A_p(\text{dB})=10\ \lg|A_p| \tag{2-6}$$

对放大器的电压放大倍数而言，当输出电压小于输入电压时，放大器为衰减状态，dB 为负值；当输出电压大于输入电压时，放大器为放大状态，dB 为正值；当输出电压等于输入电压时，dB 为 0。对于一般放大器来说，要求有较高的电压增益。

2. 输入电阻

放大电路与信号源相连接就成为信号源的负载，必然从信号源索取电流，电流的大小表明放大电路对信号源的影响程度。因此，信号源与放大器的关系是信号源为放大器提供信号，放大器是信号源的负载，其负载电阻即为放大器的输入电阻。在等效电路中，放大器的输入电阻是从放大器输入端看进去的等效电阻。它定义为放大器的输入电压 u_i 与输入电流 i_i 之比，即

$$r_i=\frac{u_i}{i_i} \tag{2-7}$$

如果信号源电压为 u_s，内阻为 R_s，则放大器输入端实际获得的输入信号电压为

$$u_i=\frac{u_s}{R_s+r_i}r_i \tag{2-8}$$

由上式可知，r_i 越大，从信号源吸取的电流越小，信号源内阻上的压降越小，信号电压损失越小，放大器从信号源获得的实际输入信号电压越大，同时，输出电压也将越大，所以，对于放大电路而言，r_i 应越大越好。

3. 输出电阻

放大器与负载的关系是放大器为负载提供输出电压，放大器相当于带有内阻的电压源，这个内阻就是放大器的输出电阻。它反映了放大器的带负载的能力。其阻值越小，接入负载后放大器的输出电压下降越小，带负载能力越强。

在等效电路中，放大器的输出电阻是从放大器输出端看进去的等效电阻。它定义为在负载开路，且信号源电压为零时，在输出端加的交流电压 u_o 与该电压作用下流入放大器的输出电流 i_o 的比值，即

$$r_o=\frac{u_o}{i_o} \tag{2-9}$$

通常输出电阻可通过实验方法进行测量，测量时分别测出放大器输出端的开路电压 u_{oC} 和负载电压 u_o，则放大器的输出电阻可通过下式求出：

$$r_o=\frac{u_{oC}-u_o}{u_o}R_L \tag{2-10}$$

输出电阻是衡量放大器带负载能力的性能指标，r_o 越小，输出电压 u_o 随负载电阻 R_L 的变化就越小，即输出电压越稳定，带负载的能力越强。所以，通常要求放大器的输出电阻越小越好。

第二节　共射极放大电路

一、共射极基本放大电路的组成

共射极交流放大电路简称共射极放大电路。其电路组成如图 2-3(a)所示。它具有放大电路的最基本的结构形式，输入信号在基极和发射极间引入，输出信号在集电极和发射极间取出，发射极作为公共端，故称共射极放大电路。图中各元件的作用如下：

(1)晶体管 VT：它是起放大作用的核心元件。晶体管在电路中起控制作用，它用较小的基极电流控制较大的集电极电流，以实现对信号的放大。当输入回路有一微弱的交流信号电压 u_i 作用时，则在晶体管的基极与发射极之间引起一个微弱的变化电压 u_{BE}，在 u_{BE} 的作用下使基极回路产生一个微小的变化电流 i_B，由于晶体管的电流放大作用，在集电极回路引起较大的变化电流 $i_C=\beta i_B$。

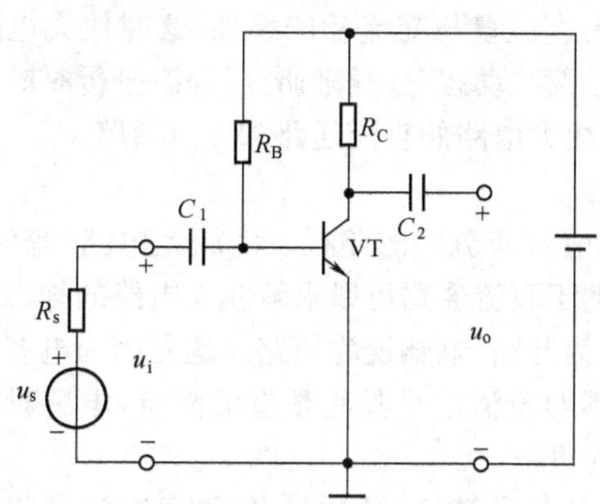

(a)共射极单管放大电路

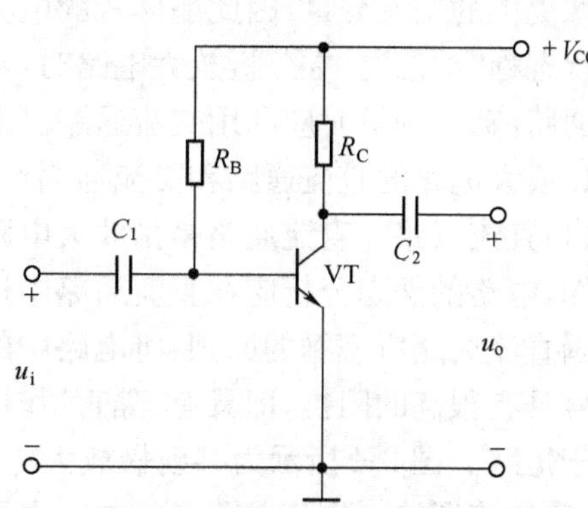

(b)共射极基本放大电路习惯画法

图 2-3　共射极单管放大电路

(2)直流电源 V_{CC}:它一方面为晶体管正常工作提供外部工作条件,保证晶体管的发射结正偏、集电结反偏,使晶体管能起电流放大作用;另一方面为放大电路提供能源。需要指出是,放大电路能将小能量的输入信号放大成为大能量的输出信号,使负载获得的能量大于信号源提供的能量,这里所谓的放大作用,其实是依靠晶体管的控制作用来实现的。在放大过程中晶体管本身并不能凭空产生能量,这个能量是由直流电源提供的,通过晶体管的控制作用将直流电源的直流能量转换成交流能量。因此,放大电路放大的本质是能量的控制与转换。V_{CC}一般取值在几伏到几十伏。

(3)集电极负载电阻 R_C:它将变化的集电极电流 i_C 转换成变化的电压 i_CR_C。当经过放大后的集电极变化电流 i_C 流过集电极电阻 R_C 时,必然在 R_C 上产生变化的电压 i_CR_C,使集电极与发射极之间的电压产生相应变化,管压降的变化量 u_{CE} 即为输出动态电压 u_o。这个输出电压 u_o 要比输入电压 u_i 大得多,实现了对输入电压的放大作用。R_C 一般取值在几千欧到几十千欧。

(4)基极偏置电阻 R_B:在 V_{CC}为定值时,通过调整基极偏置电阻 R_B,可以调整放大电路的静态工作点,使晶体管有个合适的基极电流。R_B 一般取值在几十千欧到几百千欧。

(5)耦合电容 C_1 和 C_2:其作用是隔断直流耦合交流。电容 C_1 接在输入回路中,它将信号源的直流分量隔断而将交流分量传送到基极,使信号源与放大器在直流上互不影响。电容 C_2 接在输出回路中,它把放大了的交流信号传给负载,而隔离了放大器与负载的直流联系。耦合电容的取值一般为几十微法,宜采用电解电容,连接时要注意极性,由于电容容量较大,对交流信号可视为短路。

在放大电路中,常把信号的输入、输出和电源的公共端称为“地”,并作为电路的参考点,用符号“⊥”表示。图 2-3(b)所示为共射极基本放大电路的习惯画法。图中将直流电源用符号 V_{CC}表示,且只在电源正极标出它对“地”的电压值和极性,而电源负极接地一般不在图中标出。

二、放大电路的工作原理

放大电路正常工作时,电路中既存在直流分量又有交流分量,直流分量由直流电源提供,交流分量由信号源提供。当放大电路没有输入电压信号时,即 $u_i=0$,电路中仅有直流电源提供的直流分量,晶体管的电流、电压均为不变的直流量,这时放大电路的工作状态称“静态”。当放大电路有输入电压信号时,即 $u_i\neq0$,此时电路中除了有直流电源提供的直流分量外,还有信号源提供的交流分量,因此晶体管的电流、电压为直流量与交流量的叠加,这时放大电路的工作状态称“动态”。在分析放大电路时,常把“静态”和“动态”分开来研究,静态分析时应利用直流通路,动态分析时应利用交流通路。下面介绍放大电路的直流通路和交流通路。

1. 放大电路的直流通路和交流通路

(1)直流通路。直流通路是指放大电路中直流电流所流经的路径。由放大电路的静态概念可知,电路的静态分析应在直流通路中进行,借助于直流通路可以求解放大电路的静态工作点。画直流通路应遵循的原则:将电路中的电容视为开路,电感视为短路。这是因为电容对直流信号具有很高的阻抗,即具有“隔直”作用;而电感对直流信号具有很低的阻抗,电感对直流相当于短路。图 2-4 所示为共射极放大电路的直流通路。

(2)交流通路。交流通路是指放大电路的交流信号所流经的路径。借助于交流通路可以方便地求解放大电路的性能指标(放大电路的放大倍数、输入电阻、输出电阻)。画交流通路应遵循的原则:将电路中的电容及直流电源视为短路。这是因为电容对交流信号的阻抗很小,值得注意的是，耦合电容和旁路电容的短路是在输入交流信号的频率不是太低的情况下所作的处理方法(若输入信号的频率很低，则耦合电容和旁路电容不能视为短路)。而直流电源视为短路是因为直流电源的内阻很小，交流信号在其内阻上产生的压降很小，所以可视为短路。图 2-5所示为共射极放大电路的交流通路。

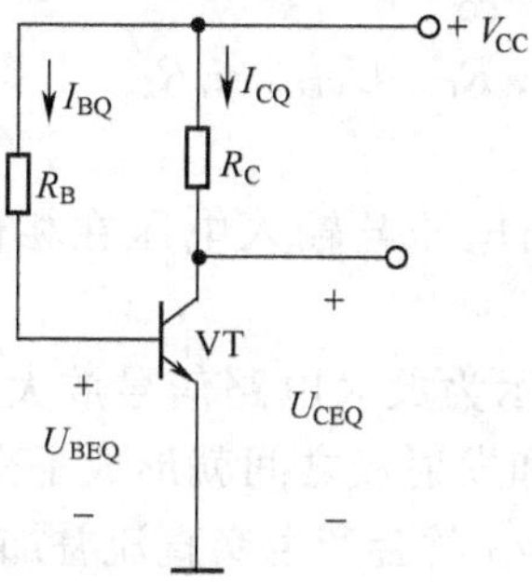

图 2-4　直流通路

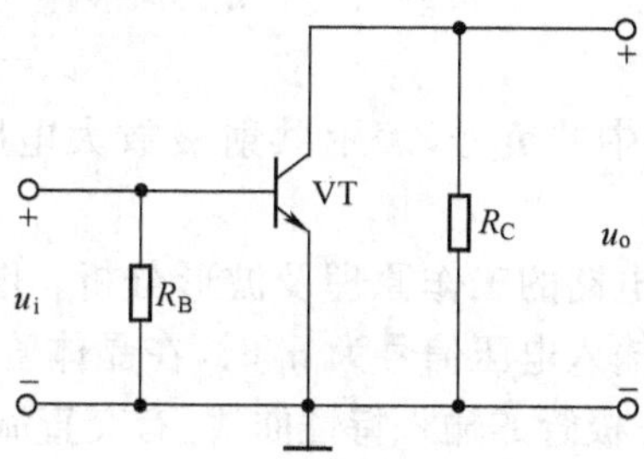

图 2-5　交流通路

2. 设置静态工作点的必要性

静态工作点是指放大电路处于静态时，电路中存在的直流电压和直流电流，通常将晶体管的 I_{BQ}、I_{CQ}、U_{CEQ}称为放大电路的静态工作点参数，它们在晶体管的输出特性曲线上有着对应的工作点，这个工作点称为静态工作点，用 Q 表示。因此静态工作点主要通过设定 I_{BQ}、I_{CQ}、U_{CEQ}的参数来确定。

设置静态工作点是为了避免由于 PN 结存在着死区电压而使信号发生失真。为了说明设置静态工作点的必要性，先假设 R_B 开路，则静态时，$I_{BQ}=0$，$I_{CQ}=0$，晶体管处于截止状态。当输入交流信号 u_i 的幅值小于发射结的死区电压时，在输入信号的整个周期内晶体管均处于截止状态。即使 u_i 的幅值足够大，也只能在信号的正半周大于发射结的死区电压时，晶体管才能导通，而在负半周时，发射结又进入反向偏置，因此，晶体管不能进行正常的电流放大，使信号产生严重的失真。只有在静态时设置合适的静态工作点，使放大电路有一定的直流分量，并以此为基础叠加输入的交流分量，才能保证晶体管在输入信号的整个周期内始终处于正常的放大状态，不至于产生失真。

3. 静态工作点的估算

静态工作点估算的步骤一般分为三步：先画出放大电路的直流通路；再根据直流通路求出 I_{BQ}；再由 I_{BQ}求出 I_{CQ}及 U_{CEQ}。

【例 2-1】 求出图 2-3 所示的共射极放大电路的静态工作点。

解：(1)画出其直流通路，如图 2-4 所示。

(2)根据直流通路中输入回路求 I_{BQ}：

$$I_{BQ}=\frac{V_{CC}-U_{BEQ}}{R_B} \tag{2-11}$$

(3)根据晶体管的电流放大关系求出 I_{CQ}：

$$I_{CQ}=\beta I_{BQ} \tag{2-12}$$

根据直流通路中输出回路求出 U_{CEQ}：

$$U_{CEQ}=V_{CC}-I_{CQ}R_C \tag{2-13}$$

4. 放大电路的工作原理

(1)放大电路中各电量之间的关系。从前面分析已知，放大电路在静态时，电路中仅有直

流分量 I_{BQ}、I_{CQ}和 U_{CEQ}；当电路处于动态时，电路中既有直流分量又有交流分量，且交流分量是叠加在直流分量之上的。当输入电压信号为 u_i 时：

$$u_{BE}=U_{BEQ}+u_i \tag{2-14}$$

$$i_B=I_{BQ}+i_b \tag{2-15}$$

$$i_C=\beta i_B=\beta(I_{BQ}+i_b)=I_{CQ}+i_c \tag{2-16}$$

$$u_{CE}=V_{CC}-i_C R_C=V_{CC}-I_{CQ}R_C-i_c R_C=U_{CEQ}-i_c R_C \tag{2-17}$$

$$u_o=-i_c R_C \tag{2-18}$$

式(2-18)中的负号，表示共射极放大电路的输出电压与输入电压在相位上相反，即反相 180°。

(2)放大电路的工作原理及波形分析。图 2-6 所示为放大电路信号放大过程的波形图。由图可知，当输入电压信号为 u_i 时，在晶体管的基极和发射极之间就形成了交直流叠加的电压 u_{BE}；根据三极管的输入特性曲线，有交直流叠加的 u_{BE} 就会产生交直流叠加的基极电流 i_B；又由于晶体管具有电流放大的作用，交直流叠加的基极电流 i_B，将被晶体管放大 β 倍形成交直流叠加的集电极电流 i_C；通过集电极负载电阻 R_C 将电流放大信号转换成电压放大信号，在晶体管的集电极与发射极间形成了交直流叠加的电压 u_{CE}；由于 R_C 上的电压增大时，管压降 u_{CE}必然减小，因此，管压降 u_{CE} 是在直流分量U_{CEQ}的基础上叠加一个与 i_c 变化方向相反的交流电压 u_{ce}；通过输出端的耦合电容 C_2，将直流分量U_{CEQ}去掉，输出电压仅为交流电压 u_{ce}，即 u_o。比较 u_o 与 u_i 可以看到，输出交流电压 u_o 不但在相位上与输入电压 u_i 相反，而且在幅值上比 u_i 增大了许多，这就实现了电压放大的作用。

值得注意的是，在放大电路放大信号的整个过程中，都是交直流信号的共同作用，仅在输出端引出的信号为放大了的交流信号。

从上面的分析可以得出如下结论：

①放大电路要正常工作，必须给晶体管提供一定的静态电压和电流值，即需要有合适的静态工作点，交流信号驮载在直流分量之上。当输入信号较小时，只要在不产生失真和保证一定的电压放大倍数的前提下，尽量把静态工作点选得低一些，以减少静态损耗。

②在加入正弦变化的输入信号后，脉动的电压和电流信号只在大小上发生变化，任何时刻的瞬时值极性是不会变化的，其波形曲线总在横轴之上，这样在整个正弦波的周期内，三极管始终处于放大状态，输出电压波形才不会产生非线性失真。

③在信号的放大过程中，其频率不会改变。输入电压波形和输出电压波形在每一瞬时的极性总是相反，即共射放大电路具有反相的作用。

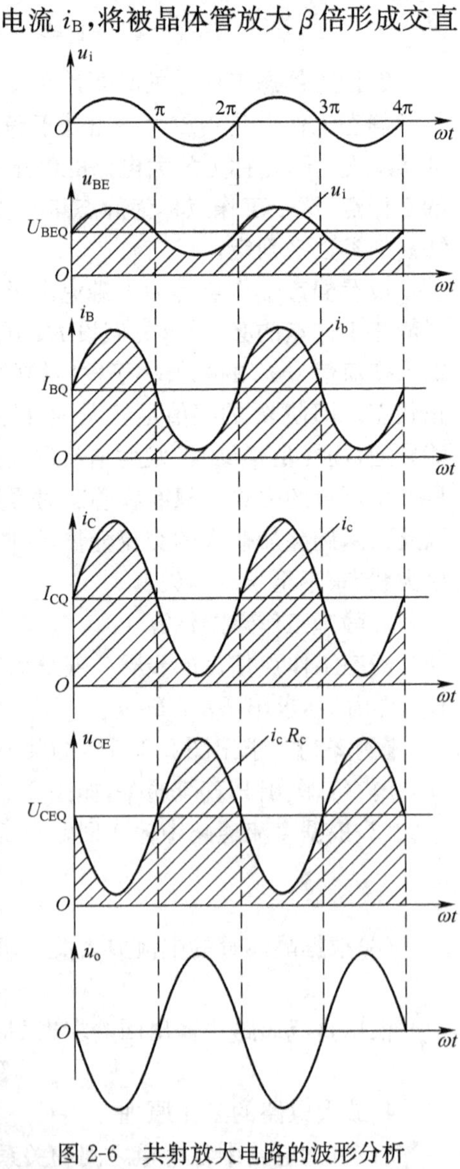

图 2-6 共射放大电路的波形分析

第三节　图解分析法

放大电路常用的分析方法有两种，一是图解分析法，二是微变等效电路分析法。图解法的特点是直观，但作图繁杂，适用于输入信号为大信号的场合；微变等效电路分析法能进行近似的估算且简便，但使用范围窄，适用于输入信号为小信号的场合。所谓图解分析法是指在晶体管的输入、输出特性曲线上，运用作图的方法对放大电路进行分析。本节先讨论如何运用图解法来分析放大电路。

放大电路的分析一般分为静态分析和动态分析，并遵循“先静态，后动态”的原则。两者分析的目的也有所不同，静态分析是为了求解静态工作点，动态分析是为了求解动态性能指标。

一、静态分析

静态分析是指电路处于静态时对放大电路的分析。静态分析的主要任务是确定放大电路的静态工作点，即求解 I_{BQ}、I_{CQ}、U_{CEQ}的值。

静态分析是在放大电路的直流通路上进行的，图 2-7 所示为放大电路输出回路的直流通路。根据基尔霍夫第二定律可列出输出回路的电压方程：$U_{CE}=V_{CC}-I_CR_C$。该方程描绘的是一条直线，它反映了直流的 I_C 与 U_{CE}之间的关系，由此可判定 I_{CQ}和 U_{CEQ}一定满足该方程，且静态工作点也一定在该方程所确定的直线上，我们把该直线方程称为放大电路的直流负载线。图 2-8 所示为在晶体管的输出特性曲线上画出的直流负载线，用 MN 来表示。再根据输入回路的直流通路计算出 I_{BQ}的值，它对应了晶体管的输出特性曲线中的一条曲线，静态工作点即为该曲线与直流负载线的交点。确定静态工作点的具体步骤如下：

(1)根据输出回路列出电压回路方程。其电压回路方程为 $U_{CE}=V_{CC}-I_CR_C$。

(2)在晶体管的输出特性曲线上画出直流负载线。运用两点法进行绘图，令 $I_C=0$，则 $U_{CE}=V_{CC}$，设该点为 M 点，其坐标为$(V_{CC},0)$；令 $U_{CE}=0$，则 $I_C=V_{CC}/R_C$，设该点为 N 点，其坐标为$(0,V_{CC}/R_C)$。直流负载线的斜率为$-1/R_C$。

(3)根据输入回路计算出 I_{BQ}的值。其值为 $I_{BQ}=\dfrac{V_{CC}-U_{BEQ}}{R_B}$。

(4)确定静态工作点。在输出特性曲线上找到 $I_B=I_{BQ}$所对应的曲线，这条曲线与直流负载线的交点即为静态工作点 Q。由 Q 点对应到纵坐标、横坐标，量取坐标上的值，就是所求的 I_{CQ}和 U_{CEQ}。应当指出，如果输出特性曲线上没有 $I_B=I_{BQ}$所对应的那条曲线，则应当在相应位置上补出该曲线。

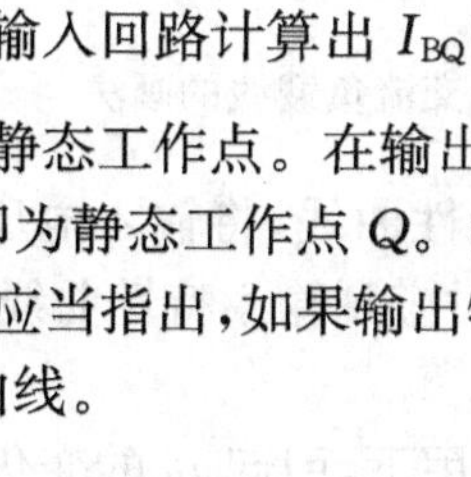

图 2-7　输出回路的直流通路

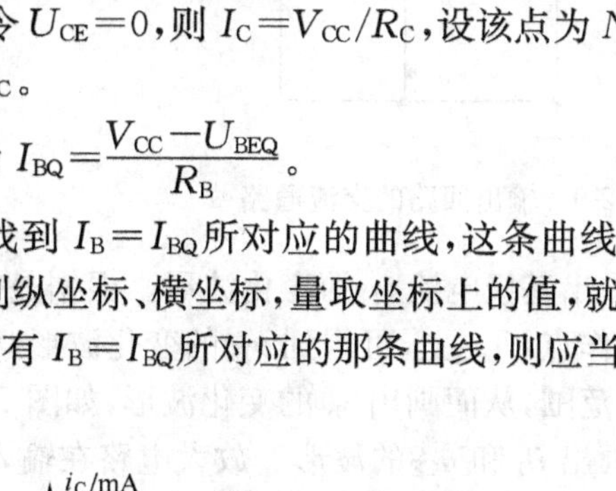

图 2-8　直流负载线的画法

二、动态分析

动态分析是指电路在动态情况下对放大电路的分析。动态分析的主要任务是根据输入和输出电压量、电流量的传输关系，确定放大电路的电压放大倍数及最大不失真的输出电压范围。

动态分析是在放大电路的交流通路上进行的，图 2-9 所示为输出回路的交流通路。根据基尔霍夫第二定律可列回路电压方程为 $u_{ce}=-i_cR_L'$（$R_L'=R_C//R_L$ 称为等效负载电阻），该方程是一个直线方程，它描绘了交流的 u_{ce} 与 i_c 之间的关系，我们称之为放大电路的交流负载线。由前面分析可知，动态时电路中的各电量都是在静态分量的基础上叠加交流分量。当输入电压信号 u_i 为零时，电路处于静态，也就是说交流负载线必须要经过静态工作点。因此，管子工作时的交流负载线既要满足交流工作的要求，又要经过静态工作点。动态分析包括如下步骤：

(1)作交流负载线。由于交流负载线的方程是 $u_{ce}=-i_cR_L'$，所以它的斜率为 $-1/R_L'$。在静态分析时已经找到了静态工作点，现在只要作斜率为 $-1/R_L'$ 的直线，并让该直线通过 Q 点，这条直线即为交流负载线 $M'N'$，如图 2-10 所示。由于交流负载线的斜率是 $-1/R_L'$，且 $R_L'<R_C$，而直流负载线的斜率是 $-1/R_C$，所以交流负载线比直流负载线更陡些。

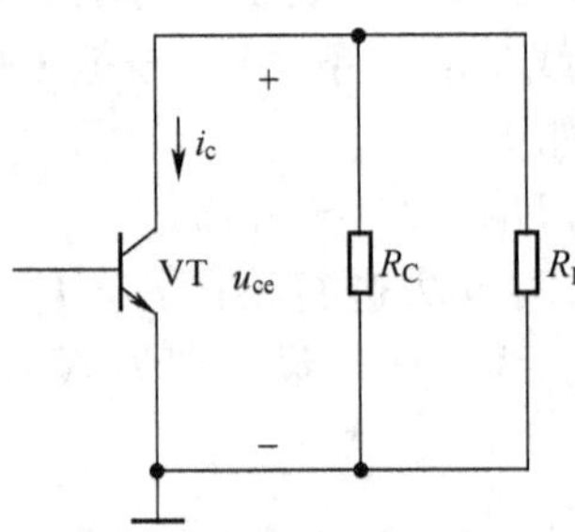

图 2-9　输出回路的交流通路

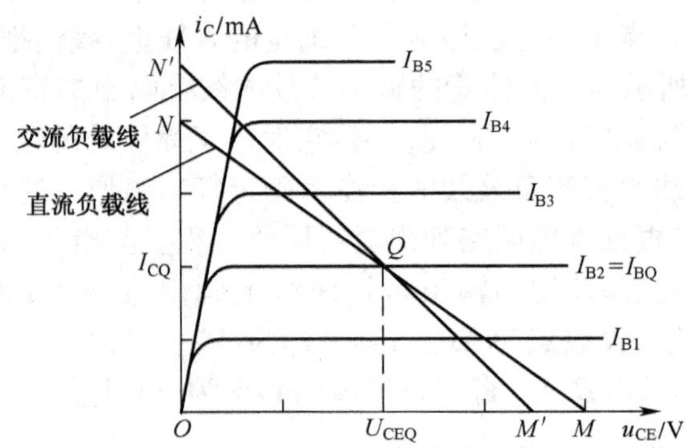

图 2-10　交流负载线的画法

(2)画出基极电流 i_b 的变化波形。根据晶体管的输入特性曲线，将输入电压信号 u_i 叠加到静态工作点 U_{BEQ} 上，可得到 u_{BE} 的变化波形；将 u_{BE} 的变化对应到输入特性曲线上，找出 i_B 电流的变化范围，从而画出 i_B 的变化波形，如图 2-11(a)所示。

(3)画出 i_C 和 u_{CE} 的波形。放大电路在输入电压 u_i 的作用下，引起 i_B 的变化，使动态工作点沿着交流负载线在 Q 点上下移动，这样必然引起 i_C 和 u_{CE} 的变化。当 i_C 增大时，u_{CE} 下降，而 i_C 减小时，u_{CE} 上升，根据它们的变化就可确定 i_C 和 u_{CE} 的变化范围，从而画出 i_C 与 u_{CE} 的波形，如图 2-11(b)所示。

(4)求出电压放大倍数及最大不失真的输出电压范围。由 i_C 和 u_{CE} 的变化范围，可定出输出电压 u_o 的最大值，输出电压 u_o 的最大值（或有效值）与输入电压 u_i 的最大值（有效值）之比，就是放大电路的电压放大倍数，即

$$A_u=\frac{u_o}{u_i}$$

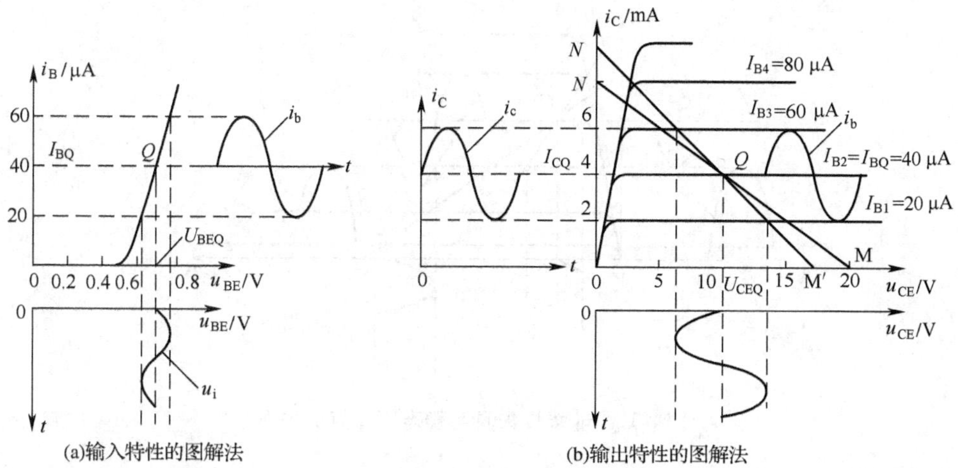

图 2-11　共射放大电路图解分析法

交流负载线与晶体管的非线性工作区(饱和区和截止区)各有一个最接近的交点,该两点之间的范围就是最大不失真的输出电压范围。超过此范围晶体管将进入非线性工作区,产生非线性失真。

为分析时便于对照说明,图中将有关参数作了标注,使定性分析与定量分析结合起来。所标参数的假设条件是在图 2-3 所示的 $V_{CC}=20$ V、$\beta=100$、$R_B=500$ kΩ、$R_C=2.5$ kΩ、$R_L=1$ kΩ、$U_{BEQ}=0.7$ V。

三、波形失真与静态工作点的关系

在第一章的介绍中,我们已看到晶体管是一种非线性元件。正常工作时,晶体管通常处于输出特性的放大区。当静态工作点设置不合适时(或输入信号过大时),晶体管有可能会进入饱和区或截止区,使信号不能正常放大,而产生失真,这样的失真称为非线性失真。

当静态工作点设置不当,例如 Q_1 点过高时,虽然基极动态电流为不失真的正弦波,但在输入信号的正半周进入了饱和区,导致集电极动态电流 i_C 产生顶部失真,由于输出电压 u_o 与集电极电流 i_C 相位相反,导致输出电压 u_o 波形产生底部失真,其波形如图 2-12 中 Q_1 点所示。因晶体管饱和而产生的失真称为饱和失真,解决饱和失真的办法是增大基极偏置电阻 R_B,以减小 $I_{BQ}=V_{CC}/R_B$ 的值,使 Q 点的位置下移。

当 Q_2 点过低时,使输入信号的负半周进入了截止区,导致基极动态电流 i_b 与集电极动态电流 i_C 都将产生底部失真,而输出电压 u_o 波形则产生顶部失真,波形如图 2-12 中 Q_2 点所示。因晶体管截止而产生的失真称为截止失真,解决截止失真的办法是减小 R_B,使 Q 点上移。

从上述分析可见,设置合适的静态工作点非常重要。应当指出,饱和失真和截止失真都是静态工作点 Q 处在比较极端的情况。即使静态工作点 Q 处在放大区的中部,而当输入信号的幅度过大时,也会使输入信号的正、负半周的峰值进入饱和区和截止区,导致饱和失真和截止失真,使放大后的正弦交流电的正、负半周都被削掉一部分。解决这种失真的办法是减小输入信号的幅值。

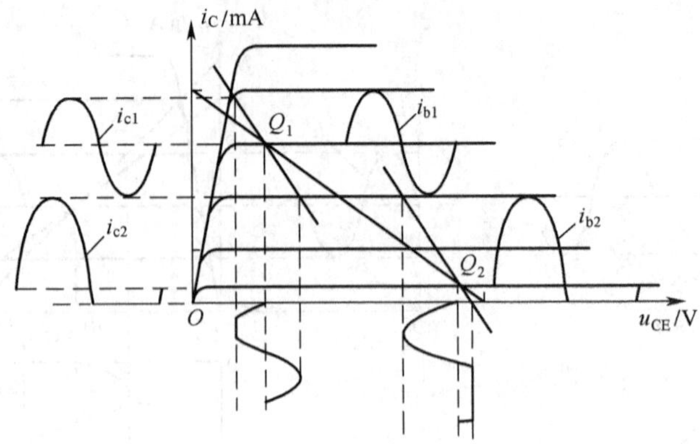

图 2-12　非线性失真与静态工作点的关系

四、静态工作点的稳定

1. 温度对静态工作点的影响

由图解分析法可知，静态工作点设置不当会使信号产生饱和失真或截止失真。实际上，即使静态工作点设置适合，当电源电压波动、环境温度变化等因素，都会造成静态工作点的不稳定，使原有合适的工作点位置发生偏离，导致输出信号产生失真。在影响静态工作点稳定的诸多因素中，温度的影响最主要。

当环境温度升高时，晶体管的参数(包括穿透电流 I_{CEO}、电流放大系数 β、发射结的正向压降 U_{BE}等)，都会随着环境温度的升高而发生变化。就影响而言，环境温度升高，I_{CEO}和 β 将增大，U_{BE}将减小，这一切集中表现在集电极电流明显增大，整个输出特性的曲线族将上移，曲线间隔加宽，如图 2-13 所示。在图中，实线为 20 ℃时的输出特性曲线，虚线为 60 ℃时的输出特性曲线。由于温度升高，在相同的偏流 I_B 的情况下，I_C 增大，静态工作点将从 Q 点上移 Q' 点，从而使已设置好的静态工作点 Q 发生较大的偏离，严重时将产生饱和失真。

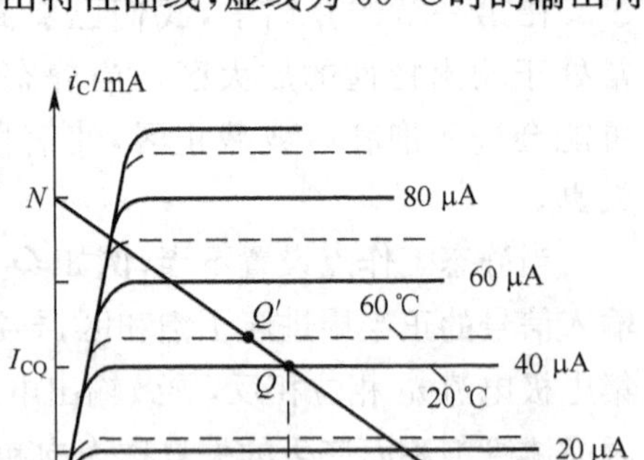

图 2-13　温度对静态工作点的影响

显然，要使静态工作点重新回到原来的位置，只要在温度升高时，适当地减小基极电流，即依靠基极电流 I_{BQ}的变化来抵消 I_{CQ}的变化，常采用直流负反馈的方法来稳定静态工作点。

2. 典型的静态工作点稳定电路

典型的静态工作点稳定电路如图 2-14 所示，该电路也称为分压式电流负反馈偏置电路。

(1)电路的结构和特点。图 2-14(b)所示为静态工作点稳定电路的直流通路。其中 R_{B1} 为上偏置电阻，R_{B2} 为下偏置电阻，R_E 为发射极电阻，C_E 为旁路电容。为了稳定静态工作点 Q，该电路需要满足以下两个条件：

条件 1：$I_1 \gg I_{BQ}$

由电路的直流通路可得　　$I_1 = I_2 + I_{BQ}$

因为　　$I_1 \gg I_{BQ}$

所以　　$I_1 \approx I_2$

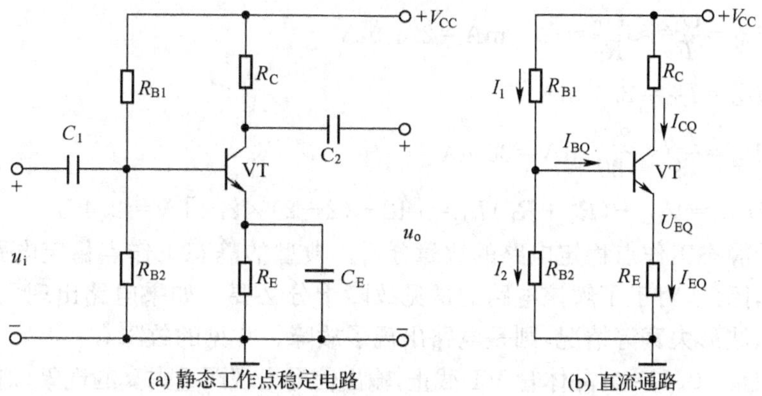

图 2-14　分压式偏置电路及直流通路

则三极管基极的电位为
$$U_B=\frac{R_{B2}}{R_{B1}+R_{B2}}V_{CC} \tag{2-19}$$

式(2-19)表明，基极电位几乎仅决定于 R_{B1}、R_{B2} 对 V_{CC} 的分压，而与温度无关，即温度变化时，U_B 基本不变。

条件 2：$U_B \gg U_{BEQ}$

因为
$$U_{BEQ}=U_B-U_{EQ}$$
又因为
$$U_B \gg U_{BEQ}$$
所以
$$U_B \approx U_{EQ}$$
则电流为
$$I_{EQ}=\frac{U_{EQ}}{R_E}=\frac{U_B-U_{BEQ}}{R_E}\approx\frac{U_B}{R_E} \tag{2-20}$$

式(2-20)表明，I_{EQ} 仅决定于 U_B 和 R_E，而与温度、晶体管的参数等无关。同时根据条件 2，可以方便的求出该电路的静态工作点。

(2)静态工作点的稳定原理。当温度升高时，集电极电流 I_{CQ} 增大，发射极电流 I_{EQ} 随之增大，发射极电阻 R_E 上的电压 U_{EQ} 也同时增大，因为 U_B 不变，管压降 U_{BEQ}($U_{BEQ}=U_B-U_{EQ}$)势必下降，导致基极电流 I_{BQ} 减小，集电极电流 I_{CQ} 随之减小。这样一种变化的过程，使 I_{CQ} 因温度升高而增大的部分，被 I_{BQ} 减小所引起的 I_{CQ} 减小的部分相抵消，I_{CQ} 将维持不变，U_{CEQ} 也将基本不变，Q 点的位置也基本不变。上述过程可简要描述为

若　$T\uparrow \rightarrow I_{CQ}\uparrow \rightarrow I_{EQ}\uparrow \rightarrow U_{EQ}\uparrow \rightarrow U_{BEQ}\downarrow$（因 U_B 不变）$\rightarrow I_{BQ}\downarrow \rightarrow$
$I_{CQ}\downarrow \leftarrow$

温度下降时，各电压、电流的变化方向相反，其稳定原理可自行分析。

不难看出，在稳定的过程中，R_E 起着重要的作用，R_E 的这种作用称为电流负反馈作用。适当调整 R_E 的参数，使 I_{CQ} 的增大量与减小量近似相等，则静态工作点基本不变，从而使静态工作点得以稳定。

分析可见，典型的静态工作点稳定电路能实现对静态工作点的稳定，且稳定的过程与环境温度、管子参数无关，只取决于外电路的参数。这样，在生产和维修中更换不同 β 值的管子，或环境温度发生变化时，不会影响电路的静态工作点，因而该电路获得广泛的应用。

【例 2-2】　放大电路如图 2-14 所示。已知 $R_{B1}=36\ \text{k}\Omega$，$R_{B2}=24\ \text{k}\Omega$，$R_C=2\ \text{k}\Omega$，$R_E=2\ \text{k}\Omega$，$V_{CC}=12\ \text{V}$，晶体管的 $\beta=80$，试求放大电路的静态工作点 Q。

解：因为　$U_B=\frac{R_{B2}}{R_{B1}+R_{B2}}V_{CC}=\frac{24}{36+24}\times 12\ \text{V}=4.8\ \text{V}$

所以 $I_{EQ}=\frac{U_{EQ}}{R_E}\approx\frac{U_B}{R_E}=\frac{4.8}{2}\ \text{mA}=2.4\ \text{mA}$

$I_{CQ}=I_{EQ}=2.4\ \text{mA}$

$I_{BQ}=\frac{I_{CQ}}{\beta}=\frac{2.4}{80}\ \mu\text{A}=30\ \mu\text{A}$

$U_{CEQ}=V_{CC}-(R_C+R_E)I_{CQ}=[12-(2+2)\times 2.4]\ \text{V}=2.4\ \text{V}$

(3)典型的静态工作点稳定电路的故障分析。典型的静态工作点稳定电路在电子线路中应用非常广泛，因此，对于了解该电路的常见故障十分必要。如果电路出现无输出信号、放大倍数明显下降、波形失真等情况，则是电路出现了故障。常见的故障有：

①当测出$U_B=0$、$I_B=0$，晶体管VT截止，输出信号出现严重失真的现象，则说明R_{B1}开路。

②当出现I_B较大，I_C较大，VT饱和，输出信号严重失真的现象，则说明R_{B2}开路。

③当出现$U_C=0$，无输出信号的现象，则说明R_C开路。

④当出现$I_C=0$，$U_C=V_{CC}$，无输出信号的现象，则说明R_E开路。

⑤当出现静态工作点正常，而无输出信号的现象，则说明C_1、C_2开路。

⑥当出现输出电压明显下降，电压放大倍数减小的现象，则说明C_E开路。

⑦当出现$U_E=0$，$U_C=0$，VT饱和的现象，则说明C_E短路。

⑧当出现低频特性变差，下限截止频率f_L升高的现象，则说明C_1、C_2、C_E的电容量变小。

第四节 微变等效电路分析法

用图解法进行动态分析虽然直观，但比较麻烦，当输入信号较小时，图解分析的精确度降低，且不能方便地分析和计算放大电路的动态参数(A_u、r_i、r_o)，故动态分析时大多采用微变等效电路分析法。

放大电路分析的复杂性在于晶体管特性的非线性，如在一定的条件下，将晶体管的特性线性化，就可运用线性电路的分析方法来分析晶体管放大电路。所谓微变等效电路分析法，就是指在一定的条件下，用等效的方法，将非线性元件线性化，利用线性电路习惯方法来分析放大电路的动态参数。这里所指的一定条件是以输入信号为小信号作前提。当小信号输入时，晶体管工作在静态工作点附近，在这一很小的变化范围内，可近似认为工作在线性段，这就是晶体管线性化的依据，也是“微变”概念的由来。

微变等效电路分析法是建立在交流通路的基础上，只能对交流情况等效，可以用来分析交流动态情况，并计算交流动态参数，而不能用来分析直流情况。

一、晶体管的微变等效电路

1. 输入回路的线性化

在分析晶体管的输入回路时，其基—射极间的电压u_{be}与基极电流i_b之间的关系，可以用晶体管的输入特性曲线来描述。当输入信号很小时，i_b的变化在静态工作点附近一个较小的范围内，如图2-15所示。我们可以把这一小段曲线看作一条直线，在Q点附近这条直线的斜率不变，i_b的变化随u_{be}的变化呈线性关系。因此，输入回路线性化的依据是Q点的切线与Q点附近的曲线相重合。此时晶体管的输入回路通过线性化后，可用一个等效电阻r_{be}来表示，r_{be}称为晶体管的输入电阻。其定义为

$$r_{be}=\frac{\Delta u_{BE}}{\Delta i_B}=\frac{u_{be}}{i_b} \tag{2-21}$$

由于晶体管的输入特性曲线是非线性的，Q 点的位置不同得到的切线也不同，这切线的斜率的倒数就是所求的输入电阻，因此输入电阻 r_{be} 是个变量。它与静态工作点 Q 有关，若静态工作点变动，r_{be} 的阻值也会变化。通常采用近似公式计算：

$$r_{be}=300+(1+\beta)\frac{26\ \text{mV}}{I_{EQ}\ \text{mA}} \tag{2-22}$$

式中，I_{EQ} 为发射极静态电流值，Q 点越高，I_{EQ} 越大，r_{be} 越小。r_{be} 在晶体管手册中常用 h_{ie} 表示。其值在几百欧到几千欧。

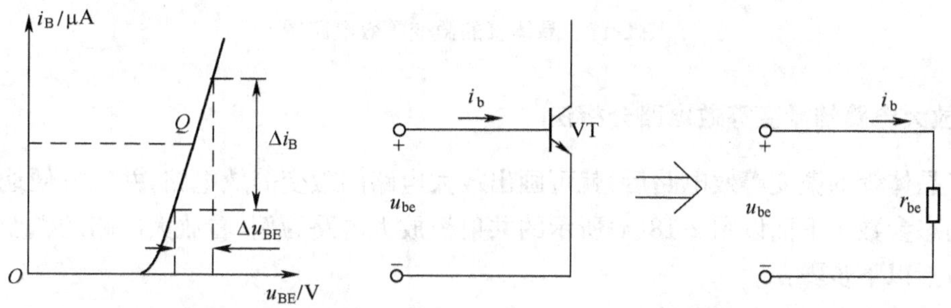

(a) 从输入特性上求r_{be}　　(b) 输入回路线性化

图 2-15　晶体管输入回路线性化

2. 输出回路的线性化

在分析晶体管的输出回路时，其集—射极间的电压 u_{ce} 与集电极电流 i_c 之间的关系，可以用晶体管的输出特性曲线来描述。在第一章中我们已讲过，当晶体管工作在放大区时，集电极电流 i_c 随集—射极间的电压 u_{ce} 变化非常小，i_c 的大小仅受基极电流 i_b 控制，当 i_b 的数值一定时，i_c 的数值也保持一定，表现出恒流特性，因此可将晶体管的输出回路当作一个受控的电流源，电流源的大小即为 $i_c=\beta i_b$，如图 2-16 所示。而电流源的内阻可从输出特性上求出，即

$$r_{ce}=\frac{\Delta u_{CE}}{\Delta i_C}=\frac{u_{ce}}{i_c} \tag{2-23}$$

电流源的内阻 r_{ce} 也称为晶体管的输出电阻，在放大区 i_c 基本不随 u_{ce} 变化，其输出特性曲线比较平坦，可认为集—射极间的动态电阻 r_{ce} 为无穷大，在画等效电路时一般不画出。

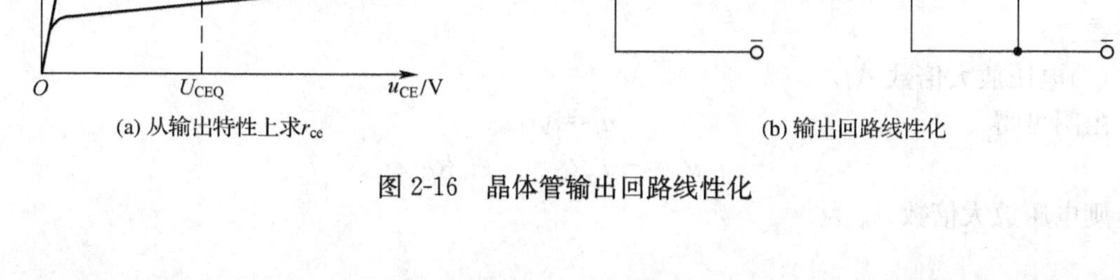

(a) 从输出特性上求r_{ce}　　(b) 输出回路线性化

图 2-16　晶体管输出回路线性化

综合以上对晶体管输入、输出回路的线性化处理，可得到晶体管线性化的微变等效电路，如图 2-17 所示。

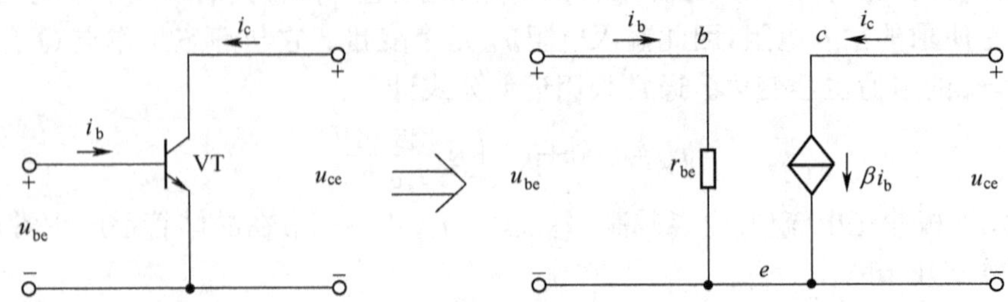

图 2-17　晶体管的微变等效电路图

二、放大电路的微变等效电路分析法

有了晶体管的微变等效电路后，就可画出放大电路的微变等效电路，并能方便地求出放大电路的动态参数。下面以图 2-18(a)所示的共射极放大电路为例，看放大电路的微变等效电路分析法包括以下步骤：

1. 画出放大电路的交流通路

放大电路的微变等效电路是以交流通路为基础，因此应先画出其交流通路，共射极放大电路的交流通路如图 2-18(b)所示。应该指出，待熟练掌握放大电路的微变等效电路的一般画法后，可省略此步骤。

2. 画出放大电路的微变等效电路

将交流通路中的晶体管去掉，用它的微变等效电路来替代，就可画出放大电路的微变等效电路。共射极放大电路的微变等效电路如图 2-18(c)所示。

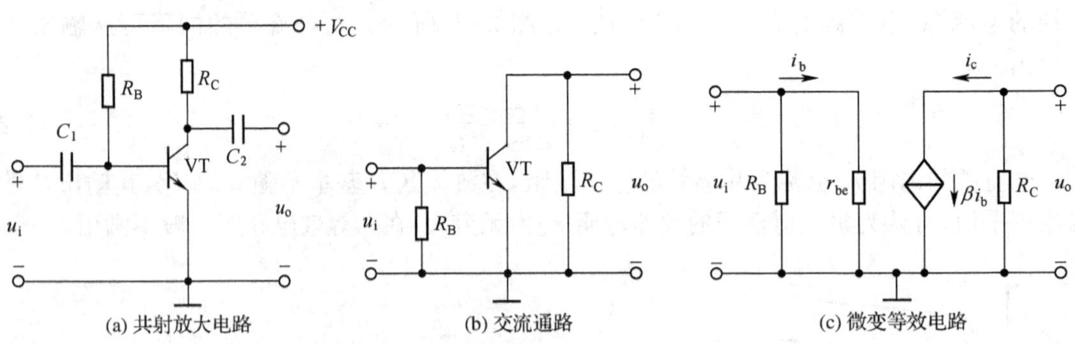

图 2-18　共射极放大电路及其微变等效电路图

3. 求出放大电路的动态参数(A_u、r_i、r_o)

根据画出的放大电路的微变等效电路图，利用线性电路的处理方法，可计算放大电路的动态参数。

(1)电压放大倍数 A_u。

由图可得

$$u_i = i_b r_{be}$$

$$u_o = -i_c R_C = -\beta i_b R_C$$

则电压放大倍数 A_u 为

$$A_u=\frac{u_o}{u_i}=\frac{-\beta R_C}{r_{be}} \tag{2-24}$$

式中的负号表示输出与输入电压相位相反。若电路带负载 R_L，那么电压放大倍数为

$$A_u=\frac{u_o}{u_i}=\frac{-\beta R_L'}{r_{be}} \tag{2-25}$$

其中，$R_L'=R_C//R_L$，称为等效负载电阻。

(2)输入电阻 r_i。根据输入电阻的定义 $r_i=\frac{u_i}{i_i}$，而 $i_i=i_{RB}+i_b=\frac{u_i}{R_B}+\frac{u_i}{r_{be}}=\frac{u_i}{r_i}$，所以输入电阻为

$$r_i=R_B//r_{be} \tag{2-26}$$

由于 $R_B>>r_{be}$，所以 $r_i\approx r_{be}$。通常希望 r_i 要大些。这里特别要注意不要将 r_i 与 r_{be}混淆。

(3)输出电阻 r_o。根据输出电阻的定义 $r_o=\frac{u_o}{i_o}$，由于晶体管输出电阻 r_{ce}无穷大，所以输出电阻为

$$r_o\approx R_C \tag{2-27}$$

通常希望 r_o 要小些。

【例 2-3】 共射极放大电路如图 2-19(a)所示。已知 $V_{CC}=12$ V，$R_B=220$ kΩ，$R_C=4$ kΩ，$R_L=2$ kΩ。晶体管的输入电阻 $r_{be}=800$ Ω，$\beta=40$。求电压放大倍数 A_u、输入电阻 r_i、输出电阻 r_o。

解：先画出共射极放大电路的微变等效电路，如图 2-19(b)所示。由公式(2-25)～(2-27)可得

$$A_u=\frac{u_o}{u_i}=\frac{-\beta R_L'}{r_{be}}=\frac{-40\times 4//2}{0.8}=-67$$

$$r_i=R_B//r_{be}=220\text{ k}\Omega//0.8\text{ k}\Omega\approx 0.8\text{ k}\Omega$$

$$r_o\approx R_C=4\text{ k}\Omega$$

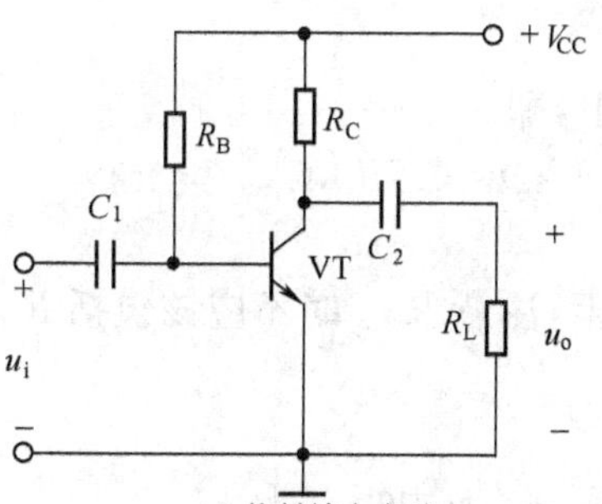

(a) 共射放大电路

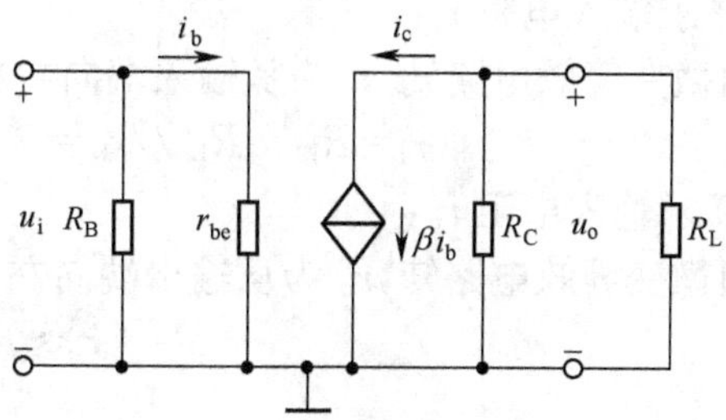

(b) 微变等效电路

图 2-19　例 2-3 电路图

【例 2-4】 放大电路如图 2-20 所示。已知 $V_{CC}=24$ V，$R_C=3.3$ kΩ，$R_E=1.5$ kΩ，$R_{B1}=33$ kΩ，$R_{B2}=10$ kΩ，$R_L=5.1$ kΩ，$\beta=66$。求：

(1)电路的静态工作点 Q；

(2)电路的电压放大倍数 A_u，输入电阻 r_i，输出电阻 r_o。

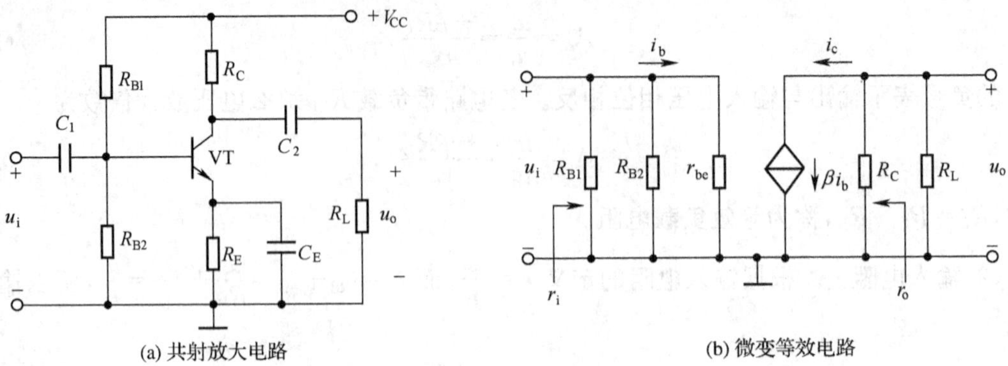

图 2-20　例 2-4 电路图

解:(1)电路静态工作点 Q 的计算:

$$U_B=\frac{R_{B2}}{R_{B1}+R_{B2}}V_{CC}=\frac{10}{33+10}\times 24\ \text{V}=5.58\ \text{V}$$

$$I_{CQ}=I_{EQ}=\frac{U_B-U_E}{R_E}=\frac{5.58-0.7}{1.5}\ \text{mA}=3.25\ \text{mA}$$

$$I_{BQ}=\frac{I_{CQ}}{\beta}=\frac{3.25}{66}\ \text{mA}=49\ \mu\text{A}$$

$$U_{CEQ}=V_{CC}-(R_C+R_E)\times I_{CQ}=[24-(3.3+1.5)\times 3.25]\ \text{V}=8.4\ \text{V}$$

(2)求电路的电压放大倍数 A_u,输入电阻 r_i,输出电阻 r_o。

要计算 A_u,必须先计算出晶体管的输入电阻。

① 计算 r_{be}:

$$r_{be}=300+(1+\beta)\frac{26}{I_{EQ}}=\left[300+(1+66)\frac{26}{3.25}\right]\ \Omega=0.836\ \text{k}\Omega$$

② 求电压放大倍数 A_u:

$$A_u=\frac{-\beta R_L'}{r_{be}}=\frac{-\beta R_C//R_L}{r_{be}}=\frac{-66\times 3.3//5.1}{0.836}=-158$$

③ 求输入电阻 r_i:

由微变等效电路知,r_i 为从输入端向右看的等效电阻,即

$$r_i=R_{B1}//R_{B2}//r_{be}=33//10//0.836\ \text{k}\Omega=0.75\ \text{k}\Omega$$

④ 求输入电阻 r_o:

由微变等效电路知,r_o 为从输出端向左看的等效电阻,注意求 r_o 时不应该包括 R_L,即

$$r_o\approx R_C=3.3\ \text{k}\Omega$$

第五节　共集电极放大电路

前面讨论的共射极放大电路既有它的优点又存在明显的不足。其优点是电压放大倍数 A_u 较大,因此常作为多级放大电路的中间级,以获得较高的电压放大倍数。不足是输入电阻 r_i 较小且输出电阻 r_o 较大。r_i 小意味着从信号源索取的电流较大,加重了信号源的负担,并使放大器实际获得的输入信号电压 u_i 变小;r_o 大意味着带负载能力变差。对于实际应用中的电子电路,要求放大电路的输入电阻要大,输出电阻要小,而共集电极放大电路能满足了这一要求。本节先简单介绍共集电极放大电路,然后对单管放大电路的三种基本组态进行比较分析。

一、共集电极放大电路

共集电极放大电路如图 2-21(a)所示。它的直流通路和交流通路如图 2-21(b)、(c)所示。由图可见，电路的输入信号从基极与地之间引入，输出信号从发射极与地之间引出，由交流通路可见集电极是输入和输出信号的公共端，因此该电路称为共集电极放大电路。又因为输出信号是从发射极引出，所以该电路又称为射极输出器。

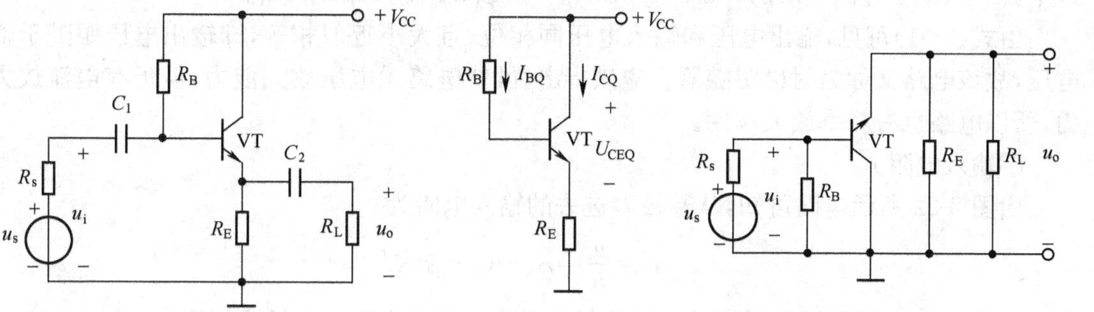

(a) 共集电极放大电路　(b) 直流通路　(c) 交流通路

图 2-21　共集电极放大电路及直流通路和交流通路

1. 静态工作分析

借助图 2-21(b)所示的直流通路可估算放大电路的静态工作点。由输入回路可列出其回路电压方程为

$$V_{CC}=I_{BQ}R_B+U_{BEQ}+I_{EQ}R_E$$
$$=I_{BQ}R_B+U_{BEQ}+(1+\beta)I_{BQ}R_E$$

经整理后得

$$I_{BQ}=\frac{V_{CC}-U_{BEQ}}{R_B+(1+\beta)R_E} \tag{2-28}$$

则

$$I_{CQ}=I_{EQ}=\beta I_{BQ} \tag{2-29}$$

同样根据输出回路可列出其回路电压方程为

$$V_{CC}=U_{CEQ}+I_{EQ}R_E$$

经整理后得

$$U_{CEQ}=V_{CC}-I_{EQ}R_E \tag{2-30}$$

2. 动态工作分析

由共集电极放大电路的交流通路可画出其微变等效电路图，如图 2-22 所示。根据微变等效电路可求出它的动态参数。

① 电压放大倍数 A_u。

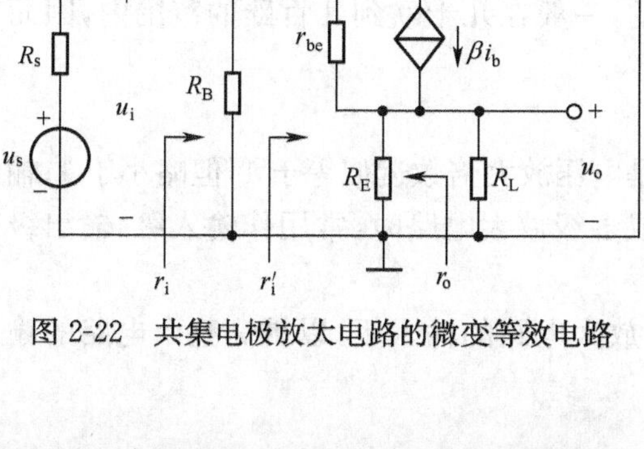

图 2-22　共集电极放大电路的微变等效电路

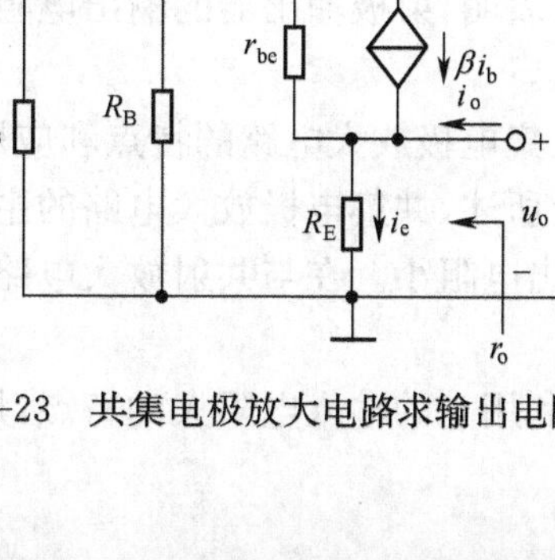

图 2-23　共集电极放大电路求输出电阻电路

由微变等效电路可得

$$u_{\rm i}=i_{\rm b}r_{\rm be}+u_{\rm o}=i_{\rm b}r_{\rm be}+i_{\rm e}R_{\rm L}'=i_{\rm b}r_{\rm be}+(1+\beta)i_{\rm b}R_{\rm L}'$$

$$u_{\rm o}=i_{\rm e}R_{\rm L}'=(1+\beta)i_{\rm b}R_{\rm L}'$$

因此，电压放大倍数 $A_{\rm u}$ 为

$$A_{\rm u}=\frac{u_{\rm o}}{u_{\rm i}}=\frac{i_{\rm e}R_{\rm L}'}{i_{\rm b}r_{\rm be}+i_{\rm e}R_{\rm L}'}=\frac{(1+\beta)R_{\rm L}'}{r_{\rm be}+(1+\beta)R_{\rm L}'} \tag{2-31}$$

式中，$R_{\rm L}'=R_{\rm E}//R_{\rm L}$。一般的，$r_{\rm be}\ll(1+\beta)R_{\rm L}'$。所以，$A_u\leqslant1$，即 $u_{\rm o}\approx u_{\rm i}$。

由式(2-31)可见，输出电压和输入电压同相位，且大小近似相等，即输出电压跟随于输入电压，故该电路又称为射极跟随器。应该指出，虽然电路无电压放大能力，但仍有电流放大能力，所以电路也有功率放大作用。

②输入电阻 $r_{\rm i}$。

由图 2-22 所示电路可知，从基极看进去的输入电阻为

$$r_{\rm i}'=\frac{u_{\rm i}}{i_{\rm b}}=r_{\rm be}+(1+\beta)R_{\rm L}'$$

式中$(1+\beta)R_{\rm L}'$为折算到基极回路的射极电阻。而放大电路的输入电阻为

$$r_{\rm i}=\frac{u_{\rm i}}{i_{\rm i}}=R_{\rm B}//r_{\rm i}'=R_{\rm B}//[r_{\rm be}+(1+\beta)R_{\rm L}'] \tag{2-32}$$

由式(2-32)可知，射极输出器的输入电阻很大，可达几十千欧至几百千欧。这比共射极放大电路的输入电阻要大几十至几百倍。输入电阻大的原因是采用了电压串联负反馈。

③输出电阻 $r_{\rm o}$。

图 2-23 所示为求输出电阻的等效电路。根据输出电阻定义，将信号源视为短路，保留内阻 $R_{\rm s}$；负载电阻 $R_{\rm L}$ 除去，并外加一交流电压 $u_{\rm o}$。在 $u_{\rm o}$ 作用下产生的电流 $i_{\rm o}$ 为

$$i_{\rm o}=i_{\rm b}+\beta i_{\rm b}+i_{\rm e}=(1+\beta)i_{\rm b}+i_{\rm e}=(1+\beta)\frac{u_{\rm o}}{r_{\rm be}+R_{\rm s}'}+\frac{u_{\rm o}}{R_{\rm E}}$$

$$r_{\rm o}=\frac{u_{\rm o}}{i_{\rm o}}=\frac{1}{\dfrac{1}{\dfrac{r_{\rm be}+R_{\rm s}'}{1+\beta}}+\dfrac{1}{R_{\rm E}}}=\frac{r_{\rm be}+R_{\rm s}'}{1+\beta}//R_{\rm E} \tag{2-33}$$

式中，$R_{\rm s}'=R_{\rm s}//R_{\rm B}$。若信号源的内阻较小时，设 $R_{\rm s}=0$，则

$$r_{\rm o}=\frac{u_{\rm o}}{i_{\rm o}}=\frac{r_{\rm be}}{1+\beta}//R_{\rm E}$$

又因为
$$R_{\rm E}\gg\frac{r_{\rm be}}{1+\beta};1+\beta\gg1$$

所以
$$r_{\rm o}=\frac{r_{\rm be}}{\beta}$$

上式表明，射极输出器的输出电阻是很小的，一般在几十欧到几百欧的范围内，因而带载能力很强。

3. 共集电极放大电路的特点和应用

综上所述，共集电极放大电路的主要特点是电压放大倍数近似等于 1，但略小于 1；输入电阻大；输出电阻小。在与共射放大电路组合构成多级放大电路时，常用作输入级、输出级和中间级。

(1)利用它的输入电阻大的特点，用做多级放大电路的输入级，以提高整个电路的输入电

阻。这时电路的输入电流较小，能减轻信号源的负担。如果用在测量仪器的输入级，可提高测量精度。

(2)由于它的输出电阻小，在作为多级放大电路的输出级时，可提高电路的带负载能力。

(3)在作为多级放大电路的中间级时，由于输入电阻高，可提高前级的电压放大倍数；由于输出电阻小，能减少后级的信号源内阻，从而提高前后两级的电压放大倍数。它起着阻抗转换和隔离的作用。

二、共基极放大电路及放大电路三种基本组态的比较

共射、共集放大电路的输入电阻相比共基极放大电路均较大，当输入信号的频率较高时，放大电路的分布电容(由线路及 PN 结引起的电容)将不容忽视，频率越高其容抗越小，对输入信号的分流作用越大，大部分信号将被分布电容所旁路，只有极少的一部分进入放大器进行放大。为此，若要放大高频信号，必须采用共基极放大电路。

1. 共基极放大电路

图 2-24(a)所示为共基极放大电路，图 2-24(b)所示为它的直流通路；图 2-24(c)所示为它的交流通路。图中用于稳定静态工作点的偏置电路，与共射放大电路的分压式电流负反馈的偏置电路完全相同，交流信号通过基极旁路电容接地，电路具有以下特点：

(1)由于输入电流为 i_e，输出电流为 i_c，所以电流放大倍数近似为 1；当负载电阻大于输入电阻时，才有电压和功率放大作用。因此它具有电压放大作用，但无电流放大作用。与共射极放大电路相比，电压放大倍数相同，而功率放大倍数要小得多。

(2)由于输入电阻很小(其输入电阻的阻值见表)，在负载电阻与输入电阻一定的情况下，多级共基极放大电路的电压和功率放大倍数与单级的几乎一样，因此无法组成多级共基极放大电路。

(3)由于 $I_{CBO} < I_{CEO}$，所以共基极电路的工作点的稳定性较共射极电路要好。

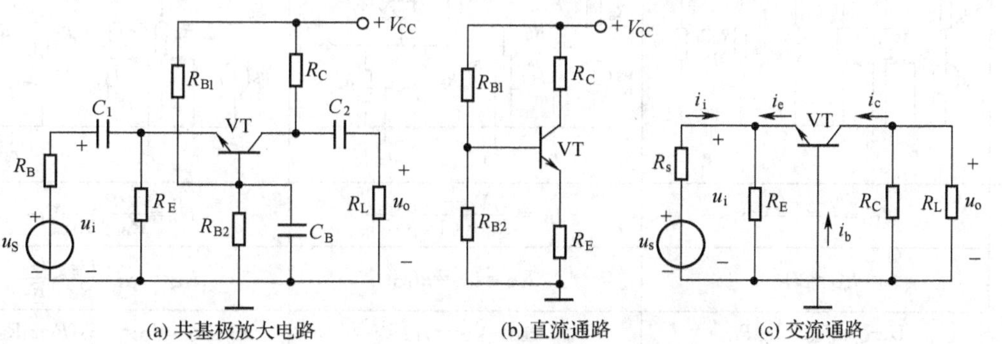

(a) 共基极放大电路　　(b) 直流通路　　(c) 交流通路

图 2-24　共基极放大电路

2. 放大电路的三种组态比较

三种组态的放大电路既有它们的不同之处，也有它们的共同点。在电路结构形式上虽然各不相同，但它们都必须满足以下条件：

(1)三极管必须工作于放大状态，即发射结正偏，集电结反偏。

(2)放大电路必须有合适的静态工作点。

(3)放大电路必须与电源和负载正确相连。

由于三种组态的电路结构各不相同，这就形成了不同的性能特点，因此它们的应用场合也不同。它们的主要性能和应用场合如表 2-1 所示。三种组态的特点和应用归纳如下：

(1)共射极放大电路能放大电压和电流，其电压、电流和功率放大倍数都比较大，可组成多级放大电路，常作为电压放大电路的基本单元电路，因而应用最为广泛。其输入电阻在三种电路中居中，输出电阻较大，频带较窄，高频特性及稳定性较差。

(2)共集电极放大电路只能放大电流，不能放大电压。其特点是输入电阻很高，输出电阻很低，电压放大倍数近似等于 1，并具有电压跟随的特点。电路具有很强的负反馈作用，其频率特性较好。常作为电压放大电路的输入级、输出级，在功率放大电路中也常采用射极输出的形式。

(3)共基极电路能放大电压不能放大电流。输入电阻小，电压放大倍数与输出电阻与共射电路相当。具有较好的频率特性，常用于宽带放大电路，因此在频率很高的情况下，采用共基极放大电路较为合适。

表 2-1　三种组态性能比较

	共射极电路	共集电极电路	共基极电路
电路形式	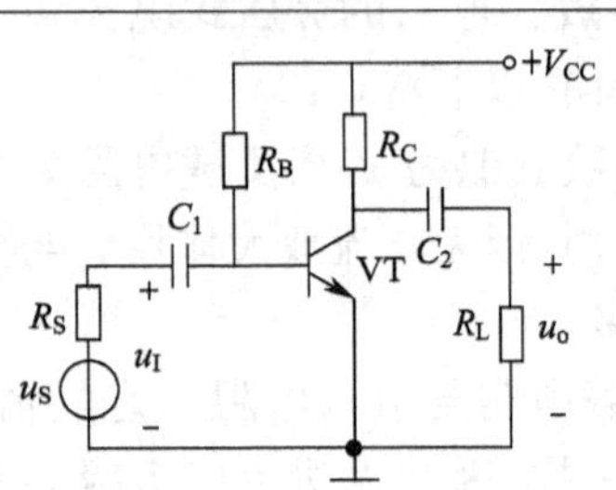	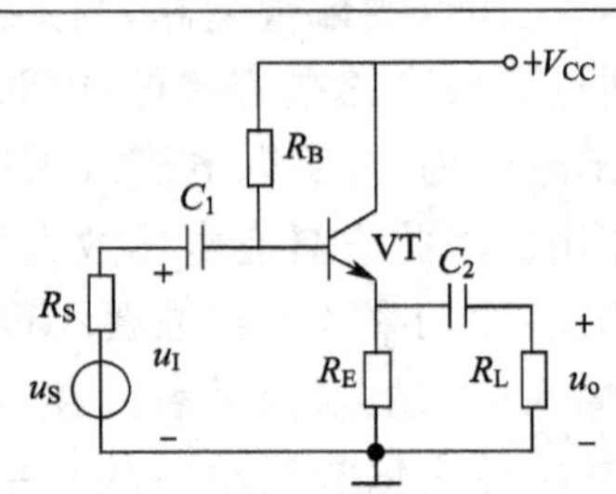	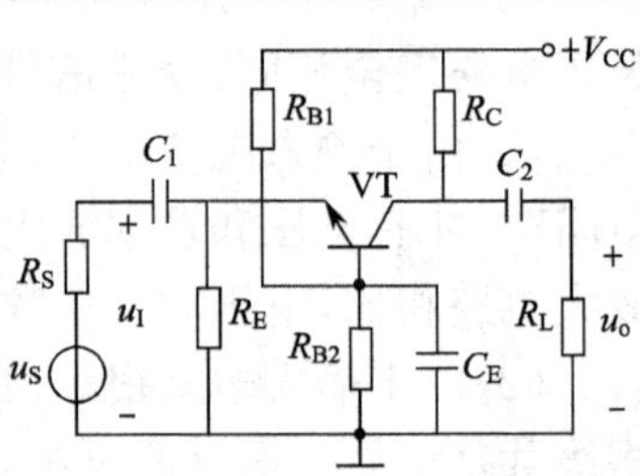
微变等效电路	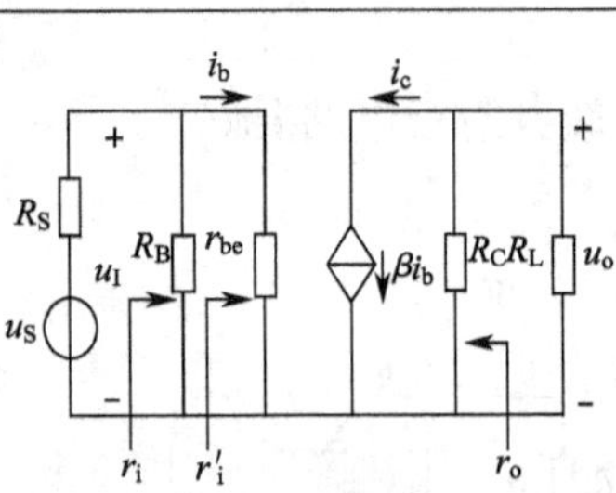	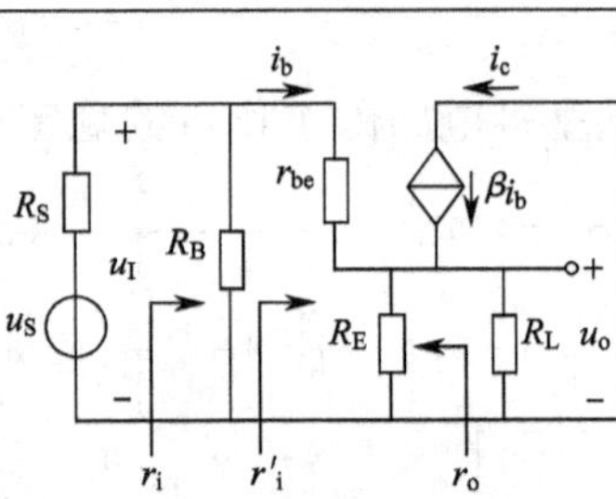	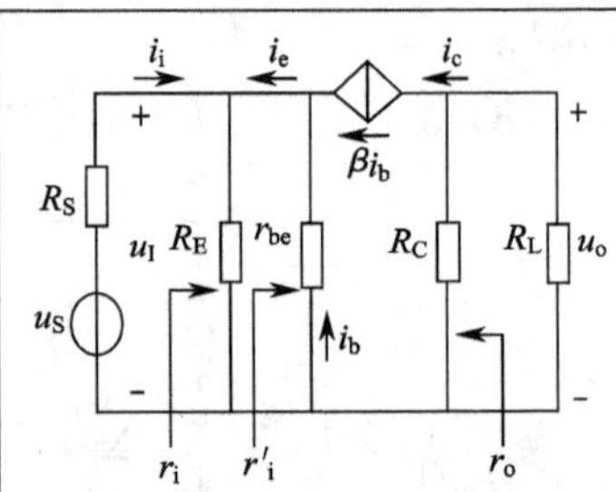
静态工作点	$I_{BQ}=\frac{V_{CC}-U_{BEQ}}{R_B}$	$I_{BQ}=\frac{V_{CC}-U_{BEQ}}{R_B+(1+\beta)R_E}$	$U_B=\frac{R_{B2}}{R_{B1}+R_{B2}}V_{CC}$
	$I_{CQ}=\beta I_{BQ}$	$I_{CQ}=I_{EQ}=\beta I_{BQ}$	$I_{EQ}=I_{CQ}=\frac{U_E}{R_E}\approx\frac{U_B}{R_E}$
	$U_{CEQ}=V_{CC}-I_{CQ}R_C$	$U_{CEQ}=V_{CC}-I_{EQ}R_E$	$U_{CEQ}=V_{CC}-I_{CQ}(R_C+R_E)$
A_u	$\frac{-\beta R'_L}{r_{be}}$	$\frac{(1+\beta)R'_L}{r_{be}+(1+\beta)R'_L}$	$\frac{\beta R'_L}{r_{be}}$
r'_i	r_{be}	$r_{be}+(1+\beta)R'_L$	$\frac{r_{be}}{1+\beta}$
r_i	$R_B//r_{be}$	$R_B//[r_{be}+(1+\beta)R'_L]$	$R_B//\frac{r_{be}}{1+\beta}$
r_o	R_C	$\frac{r_{be}+R'_s}{1+\beta}//R_E$	R_C
应用场合	适用于多级放大器的中间级	适用于输入级、输出级或缓冲级	适用于高频或宽带电路及恒流电路

第六节　多级放大电路

在实际的电子线路应用中，常对放大电路的性能提出多方面的要求。例如，要求放大电路的电压放大倍数达上千乃至上万倍，输入电阻达 MΩ，输出电阻小于 100Ω 等，仅靠前面介绍的单管放大电路，是不能满足上述要求的。因为，单管放大电路的电压放大倍数近 100 倍，而一般的输入信号在 mV 级，要把微弱的信号放大到足够大并能带动负载，显然，仅靠单管放大电路是不现实的。这就要求将多个单管放大电路采用合理的连接，组成多级放大电路，以满足实际应用的需要。同时，当单管放大电路的输入电阻和输出电阻不能满足信号源或负载的要求时，采用多级放大电路就能解决这些问题。应该指出，随着电子技术的发展，特别是中大规模集成器件的推广应用，由分立元件组成的多级放大电路已很少采用，但作为电子技术的基础知识，了解其基本原理是非常必要的。

一、多级放大电路的组成及级间耦合方式

多级放大电路的组成框图如图 2-25 所示。其中与信号源相连的第一级放大电路称为输入级，主要作用是引入输入的电压信号并完成小信号放大；与负载相连的末级放大电路称为输出级，一般由功率放大电路组成，主要作用是完成大信号放大并输出一定功率以带动负载工作；位于输入级和输出级之间的各个放大电路统称为中间级，主要作用是累积电压放大倍数，以增大电压信号。

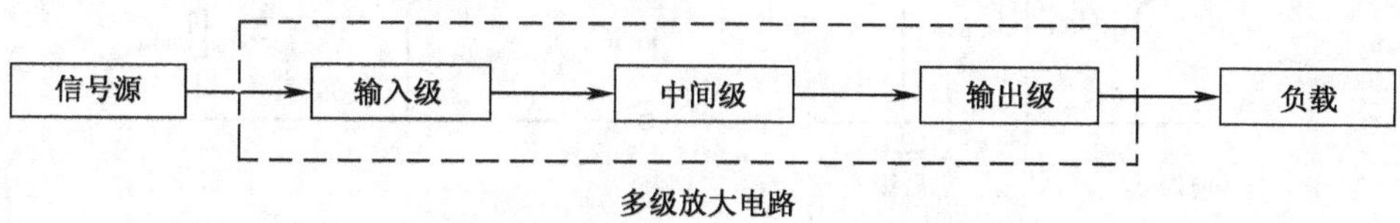

图 2-25　多级放大电路的组成框图

多级放大电路的级与级之间的连接称为级间耦合，常见的耦合方式有直接耦合、阻容耦合、变压器耦合和光电耦合。

1. 直接耦合

将前级的输出端直接连接到后级的输入端，称为直接耦合，如图 2-26(a)所示。由于直接耦合方式的放大电路，级与级之间无直流隔离元件，因此，前、后级的直流通路是相通的，这就出现了两个新的问题：一是级与级之间静态工作点相互影响和配合的问题；另一个是零点漂移的问题。我们先讨论静态工作点的设置问题。

由图 2-26(a)所示电路不难看出，由于前级和后级之间通过导线直接连接，那么静态时 VT_1 管的 U_{CE1} 等于 VT_2 管的 U_{BE2}。在正常情况下，若 VT_2 管为硅管，则 U_{BE2} 的值为 0.7 V，使 VT_1 管的集电极电位 U_{C1} 也为 0.7 V，致使 VT_1 管处在饱和状态，在动态信号作用时容易产生饱和失真。因此，要使第一级有合适的静态工作点，解决的方法是提高第二级 VT_2 管的发射极电位。具体措施如下：

(1)在 VT_2 管的发射极串接电阻 R_{E2}，如图 2-26(b)所示。调节 R_{E2} 的大小可使两级放大器有合适的静态工作点。但串入 R_{E2} 将会对放大信号产生负反馈，降低了第二级的电压放大倍数，导致整个电路的放大能力下降。如果电路处在交流放大时，则可以通过在 R_{E2} 两端并联

旁路电容来消除这种负反馈。如电路处在直流放大时，那么采用并联旁路电容的方法是不能消除这种负反馈的。

(2)在 VT_2 管的发射极串接稳压管或二极管，如图 2-26(c)所示。用稳压管来取代电阻，使之对直流量和交流量有不同的特性。对于直流量相等于在发射极接入一个电压源，根据 VT_1 管 U_{C1} 所需的值，选取合适的稳压管，以保证 VT_1 管能正常工作。对于交流量由于稳压管的动态电阻较小，稳压管对交流信号的负反馈的作用很小，不会造成电压放大倍数的损失。为使稳压管工作在稳压状态，电路中加入电阻 R，以保证稳压管电流大于最小稳定电流。当 VT_1 管的 U_{C1} 取值较小时，也可在 VT_2 管的发射极串接二极管，其作用同稳压管，仅是提供的电压较小，如果 U_{C1} 取值在 2 V，可串接两只二极管。

(3)采用 NPN 和 PNP 管的互补耦合方式，如图 2-26(d)所示。为使各级晶体管都处于放大状态，必须要求三极管的集电极电位大于基极电位，这样如果级数较多时，会造成集电极电位逐级攀升，以至于接近电源电压，这对后级工作点很不利。为此，在直接耦合多级放大电路中常插入电平移动电路。图中采用 NPN 和 PNP 管的互补耦合的方式，利用 PNP 管的集电极电位低于基极电位的特点，与 NPN 管组成互补方式，这样，既实现了级间耦合，又达到了电平移动的目的。

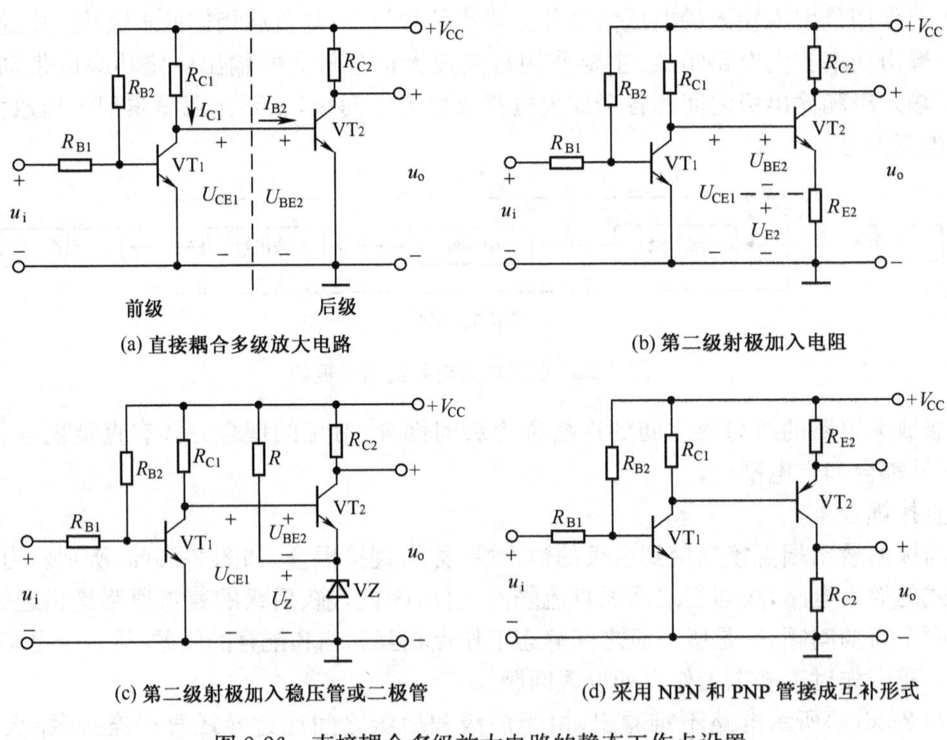

(a) 直接耦合多级放大电路　(b) 第二级射极加入电阻

(c) 第二级射极加入稳压管或二极管　(d) 采用 NPN 和 PNP 管接成互补形式

图 2-26　直接耦合多级放大电路的静态工作点设置

另外，直接耦合的放大电路存在着零点漂移问题。对于一个理想的直流放大电路，当输入信号为零时，其输出电压也应该为零。而在实际的直接耦合放大电路中，往往会出现这样的现象：当输入信号为零时，输出电压会偏离原来的初始值而不规则的缓慢变化着，我们把这种现象称零点漂移，简称零漂。引起零点漂移的主要原因是温度的变化对晶体管特性的影响，其次是电源电压的波动和元件参数的变化，因此零点漂移又叫做温度漂移。由于直接耦合放大电路在级间无隔直电容，级与级之间的直流通路是相通的，放大电路中任意一点的直流电位变化都会引起输出端电位的变化，前一级的零点漂移电压会传送到后一级，并经过逐级放大，到达输出端时，零点漂移信号将与有用信号相混淆。放大电路的级数越多，零点漂移越严重，尤其是第一级的零点漂移会逐级放大，导致淹没有用信号。零点漂移严重时会影响放大器的正常工作，引起输出信号失真或使电路不能正常工作，甚至产生错乱动作。

为了减小直接耦合放大电路的零点漂移，通常采用的方法是选用温度稳定性能好的电路元件和高质量的直流稳压电源。抑制或克服零点漂移，最为常见、也最为有效的措施是采用差分放大电路。关于差分放大电路将在第三章第二节中论述。

直接耦合方式最大的优点是具有较好的低频特性，它既可以放大直流信号，又可以放大交流信号(包括变化缓慢的交流信号)，且电路结构简单，电路中无大容量电容，易于将全部电路集成在一个硅片上，所以，多用于集成电路中。它的不足是前、后级静态工作点相互影响，给电路分析和调试带来困难，且存在零点漂移问题。

2. 阻容耦合

将前级放大电路的输出端通过电容连接到后级的输入端，称为阻容耦合，如图 2-27 所示。由于耦合电容的“隔直通交”作用，级与级之间的直流通路互不相通，各级静态工作点互相独立，在求解各级静态工作点 Q 时，可按单级处理，这给电路分析、设计和调试带来方便。当输入信号的频率较高、耦合电容容量较大时，前级的输出信号几乎没有衰减地传送到后级的输入端，因此，在分立元件放大电路中得到广泛的应用。

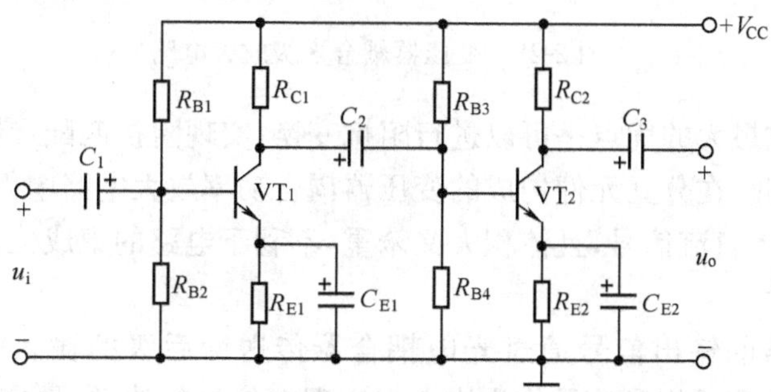

图 2-27　阻容耦合多级放大电路

阻容耦合方式的优点是电路结构简单，各级静态工作点互相独立，不存在零点漂移问题。不足是低频特性差，不能放大低频或变化缓慢的交流信号。由于耦合电容的存在，尤其在输入信号频率较低时，耦合电容的容抗明显增大，使信号传输受到衰减，产生较大的电压降，导致电路的放大倍数下降。此外，不利于电子电路的集成化。因为，在集成电路中制造大容量的电容还比较困难，阻容耦合方式很难在集成电路中得到应用，仅适用于特殊需要的分立元件放大电路。耦合电容的取值一般在几微法到几十微法。

3. 变压器耦合

将前级放大电路的输出端通过变压器连接到后级的输入端，称为变压器耦合，如图 2-28 所示。变压器耦合也具有“隔直通交”作用，对直流量而言，它和阻容耦合一样，各级静态工作点互不影响，有利于电路的分析、设计和调试。对交流量而言，变压器耦合是磁的耦合，用变压器的原边取代集电极的负载电阻，当电流流过变压器原边时，由于电磁感应副边会产生相应的电流和电压，将副边的感应电压加到下一级三极管的基极和发射极之间，就能实现交流信号的传送。另外，变压器还可以进行阻抗变换，实现阻抗匹配，能满足功率放大电路输出功率尽可能大的要求。

在实际的变压器耦合放大电路中，负载电阻的数值往往很小，如扩音系统中的扬声器，其阻值一般为 4 Ω、8 Ω 和 16 Ω 等几种。如果采用直接耦合或阻容耦合，则它们的电压放大倍数将很小，扬声器无法获得大的功率。采用变压器耦合时，可利用它的阻抗变换作用，使负载获得足够大的功率，这就是所谓的阻抗匹配。当负载电阻为 R_L、变压器原边线圈匝数为 N_1、副边线圈匝数为 N_2 时，通过变压器可将负载电阻 R_L 变换成 R_L'，R_L'为负载电阻 R_L 折算到原边的等效电阻，即

$$R_L' = \left(\frac{N_1}{N_2}\right)^2 R_L \tag{2-34}$$

选择合适的匝数比，就可获得最佳的阻抗匹配，使负载获得最大的输出功率。

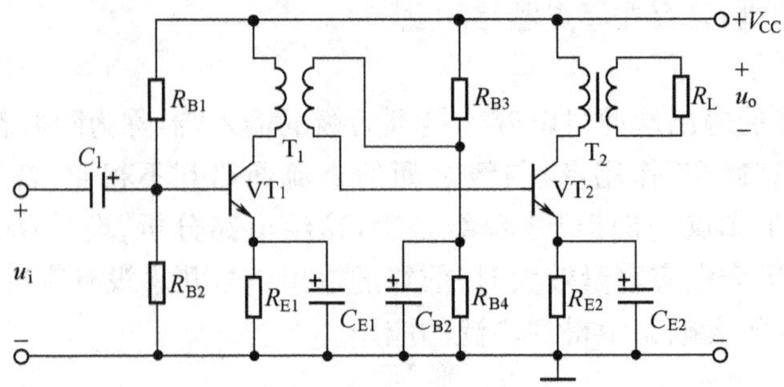

图 2-28　变压器耦合多级放大电路

变压器耦合方式最大的优点是可以进行阻抗变换，实现阻抗匹配，满足功率放大电路输出最大功率的要求，因此，在分立元件构成的变压器耦合功率放大电路中得到应用。其不足是低频特性较差，不能放大直流信号，且体积大又笨重，不利于电路的集成化。

4. 光电耦合

将前级放大电路的输出信号通过光电耦合器传送给后级的输入端，称为光电耦合，如图 2-29所示。光电耦合是将光信号作为媒介来实现电信号的传送，最突出的优点是抗干扰能力强，且前后级间的电气隔离性能好。随着光电耦合器的性能不断提高，特别是集成光电耦合器的出现，光电耦合器在电子技术中的应用越来越广泛。电路中所用的光电耦合器为二极管—三极管型光电耦合器，其工作原理为光电耦合器输入边的发光二极管把 VT_1 级的输出电信号转换成变化规律相同的光信号，直射到输出边的光电三极管，光电三极管接受光照后，再将光信号变换成变化规律相同的电信号，并传送到 VT_2 级的输入端，以便继续放大信号。光电耦合器既可传送交流信号也可传送直流信号。

有类似功能的还有光电隔离器，近年来，在许多工业控制中被得到广泛应用。光电隔离器是隔离器的一种，它把光发射器件与光接收器件集成在一起，或用一根光导纤维把两部分连接起来的器件。通常光发射器件为发光二极管(LED)，光接收器件为光电三极管，加在发射器件上的电信号为耦合器的输入信号，接收器件输出的信号为隔离器的输出信号。当有输入信号加在光电隔离器的输入端时，发光二极管发光，光电三极管受光照射产生光电流，使输出端产生相应的电信号，于是实现了光电的传输和转换。它仍以光为媒介实现电信号的传输，而器件的输入和输出之间在电气上完全是隔离的。

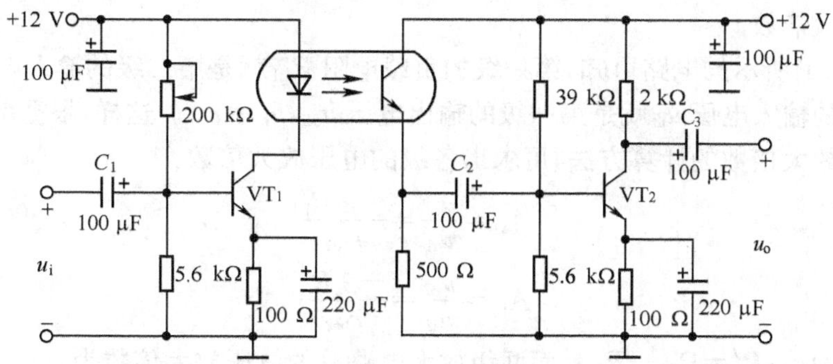

图 2-29　光电耦合多级放大电路

光电耦合器和光电隔离器最主要的区别是使用场合不同，光电耦合器是将光信号转换成电信号传输出去，虽然光电隔离器也有此功能，但是，它更重要的功能是起保护作用。目前，分辨这两者的特征是看隔离电压的大小。光电耦合器被用来从某个电势向另一个电势传输模拟或数字信息，同时保持低于 5 000 V 的电势隔离。光电隔离器被用来在系统间传输模拟或数字数据的同时，保持电力系统的隔离，其隔离电压在 5 000～50 000 V 或以上。另外，光电耦合器一般设计成类似于双列直插式封装(DIP)或者表面贴装器件(SMD)的小型封装。而光电隔离器却有许多封装类型，如长方形、圆柱形以及一些特殊形状，这些封装类型用来提供比 DIP 和 SMD 封装更高的隔离电压。

二、多级放大电路性能指标的估算

为分析方便起见，以典型的两级阻容耦合放大电路为例，电路如图 2-30(a)所示，对其进行性能指标的估算。如果电路工作在中频段范围内，其微变等效电路图如图 2-30(b)所示。

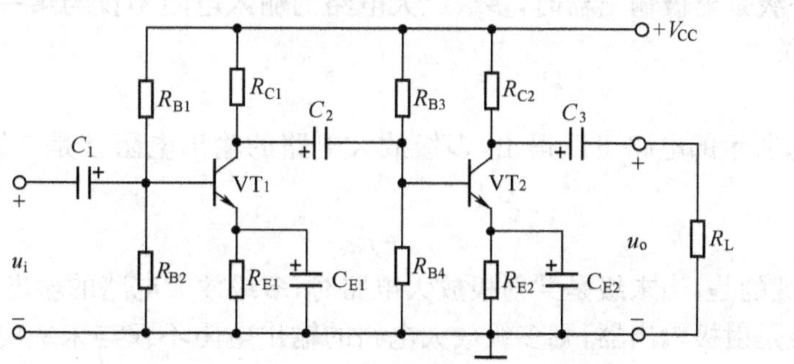

(a)放大电路

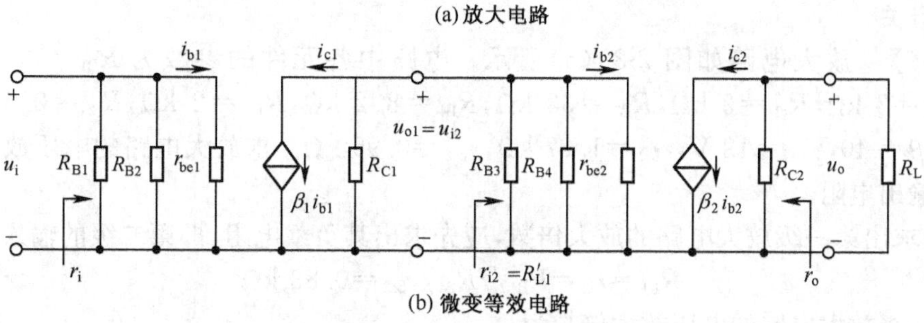

(b) 微变等效电路

图 2-30　两级阻容耦合多级放大电路

1. 电压放大倍数

由图 2-30(b)所示的电路可知，第一级的负载电阻 R_{L1} 就是第二级的输入电阻 r_{i2}，即$R_{L1}=r_{i2}$。且第二级的输入电压 u_{i2} 就是第一级的输出电压 u_{o1}，$u_{i2}=u_{o1}$。这样，根据前面介绍的单级放大电路电压放大倍数的计算方法，可求出各级的电压放大倍数：

$$A_{u1}=\frac{u_{o1}}{u_{i1}}=\frac{-\beta_1 R'_{L1}}{r_{be1}} \tag{2-35}$$

$$A_{u2}=\frac{u_{o2}}{u_{i2}}=\frac{-\beta_2 R'_{L2}}{r_{be2}} \tag{2-36}$$

式中，$R'_{L1}=R_{C1}//r_{i2}$；$R'_{L2}=R_{C2}//R_L$。而两级放大电路总的电压放大倍数为

$$A_u=\frac{u_o}{u_i}=\frac{u_{o2}}{u_{i1}}=\frac{u_{o1}}{u_{i1}}\frac{u_{o2}}{u_{o1}}=\frac{u_{o1}}{u_{i1}}\frac{u_{o2}}{u_{i2}}=A_{u1}\times A_{u2} \tag{2-37}$$

式(2-37)表明，两级阻容耦合放大电路的总电压放大倍数 A_u 等于各个单级电压放大倍数的乘积。由此类推，可推广到 n 级放大电路：

$$A_u=A_{u1}\times A_{u2}\times\cdots\times A_{un} \tag{2-38}$$

即多级放大电路的级数为 n 时，电路的总电压放大倍数为各个单级放大电路的电压放大倍数之积。

值得注意的是由于前后级是串级连接，后级放大电路的输入电阻就是前级放大电路的负载，所以在计算前级放大电路的电压放大倍数时，必须考虑后级负载的影响。

2. 输入电阻

由图 2-30(b)所示的电路可以得出，多级放大电路的输入电阻就是从第一级放大电路的输入电阻，即

$$r_i=r_{i1} \tag{2-39}$$

需要注意的是，当第一级是共射极放大电路时，多级放大电路的输入电阻就等于第一级的输入电阻；若第一级是射极输出器时，多级放大电路的输入电阻不仅与第一级有关，还与第二级的输入电阻有关。

3. 输出电阻

由图 2-30(b)所示的电路可以得出，多级放大电路的输出电阻就是末级放大电路的输出电阻，即

$$r_o=r_{o2} \tag{2-40}$$

同样需要注意的是，当末级是共射极放大电路时，多级放大电路的输出电阻就等于末级的输出电阻；若末级是射极输出器，则多级放大电路的输出电阻不仅与末级的输出电阻有关，还与前一级有关。

【例 2-5】 放大电路如图 2-30(a)所示。电路中各元件的参数为 $R_{B1}=30\ \text{k}\Omega$，$R_{B2}=15\ \text{k}\Omega$，$R_{E1}=3\ \text{k}\Omega$，$R_{c1}=3\ \text{k}\Omega$，$R_{B3}=33\ \text{k}\Omega$，$R_{B4}=8.2\ \text{k}\Omega$，$R_{E2}=2\ \text{k}\Omega$，$R_{c2}=2.5\ \text{k}\Omega$，$R_L=5\ \text{k}\Omega$，$\beta_1=\beta_2=40$，$V_{CC}=12\ \text{V}$，$r_{be1}=1.27\ \text{k}\Omega$，$r_{be2}=0.95\ \text{k}\Omega$。求放大电路的电压放大倍数，输入电阻和输出电阻。

解：为求出第一级放大电路的放大倍数，应先求出其负载电阻，即第二级的输入电阻：

$$R_{L1}=r_{i2}=R_{B3}//R_{B4}/r_{be2}=0.83\ \text{k}\Omega$$

则第一级放大电路的电压放大倍数为

$$A_{u1}=\frac{-\beta_1 R'_{L1}}{r_{b_e1}}=\frac{-\beta_1 R_{C1}//R_{L1}}{r_{be1}}=\frac{-40\times 3//0.83}{1.27}=-20.5$$

第二级放大电路的电压放大倍数为

$$A_{u2}=\frac{-\beta_2 R'_{L2}}{r_{b_e2}}=\frac{-\beta_2 R_{C2}//R_L}{r_{be2}}=\frac{-40\times 2.5//5}{0.95}=-70.2$$

多级放大电路总的放大倍数为

$$A_u=A_{u1}A_{u2}=(-20.5)\times(-70.2)=1\ 439$$

多级放大电路的输入电阻即为第一级放大电路的输入电阻，其值为

$$r_i=r_{i1}=R_{B1}//R_{B2}//r_{be1}=1.1\ \text{k}\Omega$$

多级放大电路的输出电阻为最后一级放大电路的输出电阻，其值为

$$r_o=r_{o2}=R_{c2}=2.5\ \text{k}\Omega$$

三、放大电路的频率特性

以上在讨论放大电路时，通常都假设其输入信号为中频范围内的某一频率下的正弦信号，但在实际的电子线路中，输入信号往往是多频率的非正弦信号，例如，收音机或电视机中的音频放大器的音频信号就是非正弦波。理想的放大电路对不同频率的信号都具有同样的放大倍数，实际的放大电路仅在一定的频率范围内才能保证放大倍数近似不变，对于频率过高或过低的信号，放大倍数会明显下降。这是因为放大电路中存在着耦合电容、发射极旁路电容以及三极管的极间电容和分布电容，它们对各种频率的信号产生的阻抗值不同，从而导致放大电路对不同频率信号的放大效果不尽相同。这种效果反映在两个方面，一是放大电路的电压放大倍数随频率的变化而改变，二是放大电路的输出电压与输入电压的相位差随频率的变化而改变。我们将放大倍数 A_u 与信号频率 f 之间的关系称为幅频特性，而将输出电压和输入电压的相位差 φ 与频率 f 之间的关系称为相频特性，统称频率特性或频率响应。

1. 单级阻容耦合放大电路的频率特性

典型的单级阻容耦合放大电路的频率特性如图 2-31 所示。在分析放大电路的频率特性时，为方便起见，一般将输入信号的频率范围分为中频、低频和高频三个频段。放大电路的幅频特性曲线如图 2-31(a)所示。我们将幅频特性对应划分为三个区：第一部分是中频区，即曲线平坦的部分，在中频范围内电路的极间电容因容抗很大可视为开路，耦合电容（或旁路电容）因容抗很小可视为短路，故不考虑它们对电压放大倍数 A_u 的影响。因此，在中频区 A_u 几乎不随频率的改变而改变，保持着一定的数值，可用 A_{u0} 表示，我们通常所说的电路的电压放大倍数就是指这一区段内的电压放大倍数；第二部分是低频区，此时极间电容仍可视为开路，对电路不产生影响，而主要考虑耦合电容（或旁路电容）的影响，随着频率的减小电压放大倍数迅速下降；第三部分是高频区，此时耦合电容（或旁路电容）视为短路，对电路不产生影响，主要考虑极间电容的影响，随着频率的增高电压放大倍数迅速下降。

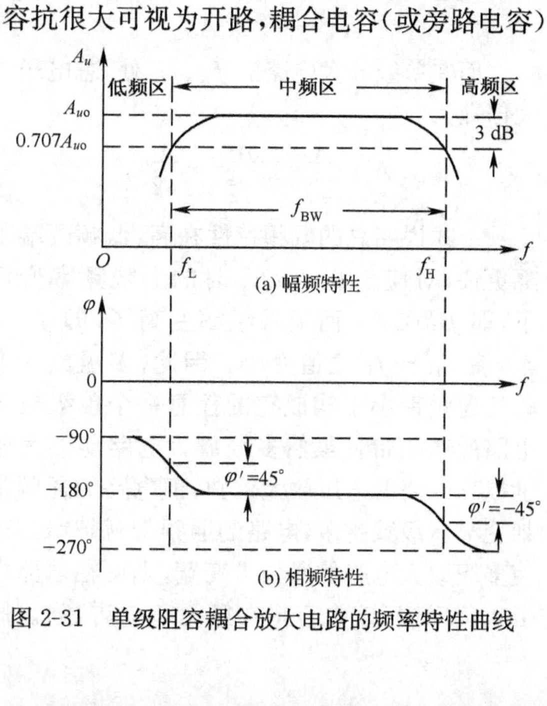

图 2-31　单级阻容耦合放大电路的频率特性曲线

工程上将放大倍数 A_u 下降到中频区放大倍数 A_{u0} 的 0.707 倍时，所对应的频率分别称

为下限截止频率 f_L 和上限截止频率 f_H，上限截止频率与下限截止频率之间的频率范围称为通频带，用 f_{BW}表示，即

$$f_{BW}=f_H-f_L \tag{2-41}$$

由于上、下限截止频率处的增益相对于中频区的增益下降了 3 dB，所以放大电路的通频带 f_{BW}又称为−3 dB 带宽。在放大电路的通频带内可近似认为放大电路与频率无关。放大电路在不同的应用场合下对通频带的要求有所不同，对电压信号放大电路而言，要求通频带越宽越好；而在自动控制系统中应用的频率范围很窄，因而对通频带没有特别的要求。

放大电路的电压放大倍数在低频区下降的主要原因是耦合电容和旁路电容的容抗变大的缘故。由于电容的容抗值随着频率降低而变大，导致交流信号在耦合电容上的分压增加，从而使进入到三极管的基极和发射极的输入信号减小，输出信号也就相应减小，造成放大倍数下降。而射极旁路电容的容抗变大，使射极电阻的旁路作用减弱，交流负反馈的作用却增大，导致放大倍数下降。

电压放大倍数在高频区下降的主要原因是三极管的结电容和分布电容的容抗减小的缘故。由于频率增加，导致三极管的发射结电容、集电结电容和电路中的分布电容的容抗减小，而这些电容都相当于并联在放大电路的输入端和输出端，它们的容抗与输入电阻和输出电阻比要小的多，因而，将分流一部分电流信号，从而使放大器的放大倍数大大下降。

图 2-31(b)所示为放大电路的相频特性，由曲线可看出，在中频区放大电路的输入电压与输出电压的相位相反(即 $\varphi=-180°$)。但在低频区和高频区还存在着附加相移，在 $f=f_H$ 时，附加相移为滞后的，$\varphi'=-45°$；在 $f=f_L$ 时，附加相移为超前的，$\varphi'=45°$。

2. 多级放大电路的通频带

图 2-32 所示为两级放大电路的幅频特性。设两级放大电路是由幅频特性相同的单级放大电路组成，则其幅频特性应等于各单级幅频特性的乘积，因此，两级放大电路在中频区的总电压放大倍数为

$$A_{u0}=A_{u01}\times A_{u02}$$

而在单级放大电路的 f_L、f_H 处，总电压放大倍数为

$$A_u=\frac{A_{uo1}}{\sqrt{2}}\times\frac{A_{uo2}}{\sqrt{2}}=\frac{A_{uo}}{2}$$

上式说明总的幅频特性在高、低频两端下降更快，对应于 $0.707A_{uo}$ 时的上限频率变低了，即 $f_H'<f_H$，而下限频率变高了，即 $f_L'>f_L$，使 $f_H'-f_L'$之值变小。因此，多级放大电路的通频带小于构成它的任意一个单级放大电路的通频带。虽然多级放大电路能够大幅度提高电路的电压放大倍数，但电路的通频带却变窄。级数越多，电路的通频带就越窄。若使多级放大电路的通频带变宽，则可在电路中引入负反馈(该内容将在第七节中讲述)。同

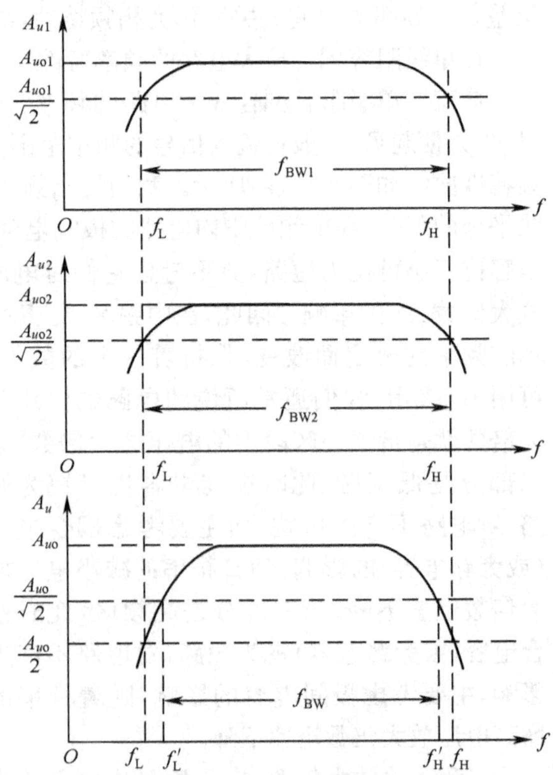

图 2-32　多级放大电路的幅频特性

时为了提高放大电路的低频特性，通常选择的耦合电容为 5～10 μF，射级旁路电容为 30～200 μF。为了提高放大电路的高频特性，应当选用截止频率 f_B 比上限截止频率 f_H 高的三极管。f_B 是三极管的一个参数，称为共发射极截止频率。

第七节　负反馈放大电路

在实际的放大电路中，大多数都要引入某种形式的负反馈，放大电路引入负反馈后，称为负反馈放大电路。尽管引入负反馈后会降低电压放大倍数，但可以改善放大电路的某些性能，如可以稳定电压放大倍数，减小非线性失真，拓展通频带，改变输入输出电阻，稳定静态工作点等等。本节先介绍反馈的基本知识，随后介绍负反馈对放大电路性能的影响，最后提出负反馈放大电路的几个应用问题。

一、反馈放大电路的基本组成

在现代信息时代，反馈被广泛应用于各个领域，例如，在管理决策、商品销售、工业控制系统等都会用到反馈。在电子电路中，将放大电路输出量（电压或电流）的全部或部分，通过一定的电路形式回送到输入回路，以影响其输入量（电压或电流）的措施称为反馈。反馈放大电路的方框图如图 2-33 所示。它由基本放大电路和反馈网络组成。基本放大电路可以由单级、多级放大电路或集成电路组成，主要作用是放大信号，其放大倍数用 $\dot{A}$ 表示。反馈网络一般由线性元件如电阻、电容和电感等组成，主要作用是传输反馈信号，用反馈系数 $\dot{F}$ 表示。基本放大电路和反馈网络构成一个闭合的环路，所以反馈放大电路又称为闭环放大电路，其闭环放大倍数用 $\dot{A}_f$ 表示。那么不带反馈网络的放大电路则称为开环放大电路，实际上就是基本放大电路。

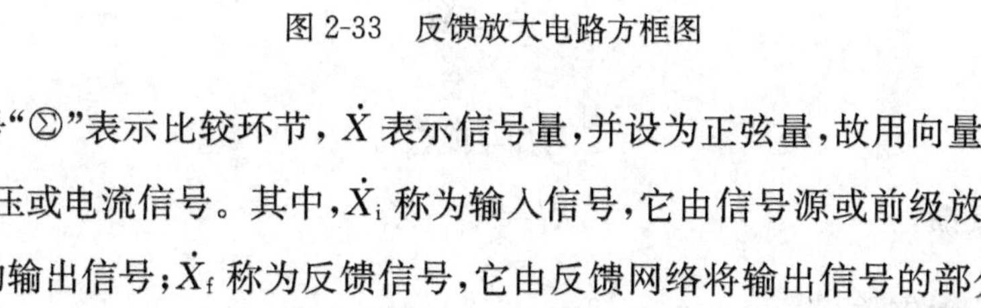

图 2-33　反馈放大电路方框图

在图中符号“⊗”表示比较环节，$\dot{X}$ 表示信号量，并设为正弦量，故用向量表示，即 $\dot{X}$ 为复数，它可以是电压或电流信号。其中，$\dot{X}_i$ 称为输入信号，它由信号源或前级放大电路提供；$\dot{X}_o$ 称为放大电路的输出信号；$\dot{X}_f$ 称为反馈信号，它由反馈网络将输出信号的部分或全部信号回送到输入回路；$\dot{X}'_i$ 称为基本放大电路的净输入信号，它不但取决于输入信号，还与反馈信号有关。

二、反馈的分类

1. 反馈的分类

反馈放大电路中存在的反馈有多种类型，一般分为正反馈和负反馈，直流反馈和交流反馈,电压反馈和电流反馈,串联反馈和并联反馈等。

为了能够正确地分析含有反馈网络的放大电路的工作原理,必须要掌握判断反馈类型的方法。其关键点就是要正确的找出反馈网络,然后再用反馈的基本概念确定反馈类型,即先查出有无反馈,然后再判断反馈类型。既然反馈是将输出信号回送到输入端,那么反馈网络一定建立在输出回路与输入回路相连的电路之间。下面分别结合例子说明反馈类型的判断方法。

(1)正反馈与负反馈。

① 正反馈与负反馈的概念。根据反馈信号的极性可分为正反馈与负反馈。当反馈信号 $\dot{X}_f$ 使放大电路的净输入信号 $\dot{X}_i'$ 增大,从而使电路的电压放大倍数增大的反馈称为正反馈,即 $\dot{X}_i'=\dot{X}_i+\dot{X}_f$。若反馈信号 $\dot{X}_f$ 使放大电路的净输入信号 $\dot{X}'_i$ 减弱,从而使电路的电压放大倍数减小的反馈称为负反馈,即 $\dot{X}_i'=\dot{X}_i-\dot{X}_f$。正反馈虽然能增大电压放大倍数,却使电路的稳定性变差;负反馈虽然牺牲了电压放大倍数,却使许多性能得到改善,所以一般放大电路中几乎都采用负反馈,而正反馈多用于正弦波振荡电路。

图 2-34 所示为负反馈放大电路的方框图。由图可得负反馈放大电路的基本关系式:

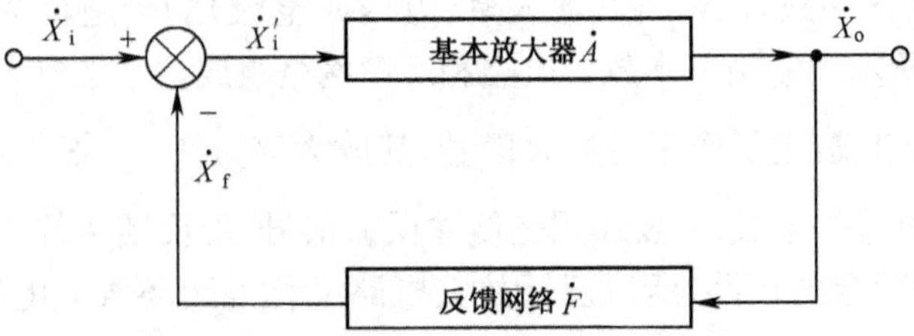

图 2-34　负反馈放大电路的方框图

开环放大倍数为

$$\dot{A}=\frac{\dot{X}_o}{\dot{X}_i'} \tag{2-42}$$

所以

$$\dot{X}_o=\dot{A}\dot{X}_i'$$

反馈信号 $\dot{X}_f$ 取自输出信号 $\dot{X}_o$,两者之比称为反馈系数,用 $\dot{F}$ 表示,即

$$\dot{F}=\frac{\dot{X}_f}{\dot{X}_o} \tag{2-43}$$

则

$$\dot{X}_f=\dot{F}\dot{X}_o$$

由于是负反馈,

$$\dot{X}_i'=\dot{X}_i-\dot{X}_f$$

所以闭环放大倍数:

$$\dot{A}=\frac{\dot{X}_o}{\dot{X}_i}=\frac{\dot{X}_o}{\dot{X}_i'+\dot{X}_f}=\frac{\dot{A}}{1+\dot{A}\ \dot{F}} \tag{2-44}$$

若放大电路工作在中频段,$\dot{X}$、$\dot{A}$、$\dot{A}_f$ 和 $\dot{F}$ 均为实数,上式可写成:

$$A_f=\frac{A}{1+AF} \tag{2-45}$$

由式(2-45)可见,当电路引入负反馈后,闭环放大倍数 A_f 减小为开环放大倍数 A 的 $1/(1+AF)$ 倍。其中 $(1+AF)$ 称为反馈深度,它反映了反馈的强弱。当 $1+AF \gg 1$ 时,则

称为深度负反馈，一般在$(1+AF)\geqslant 10$时，就视为深度负反馈。此时，由于$(1+AF)\approx AF$，因此有

$$A_f=\frac{A}{1+AF}\approx\frac{A}{AF}=\frac{1}{F} \tag{2-46}$$

式(2-46)表明，当深度负反馈时，闭环放大倍数A_f仅取决于反馈系数F的值。只要选取稳定性能好的元件作为反馈网络，则闭环放大电路就能获得较好的稳定性。

反馈深度的大小还会使电路的工作状态发生改变。当$(1+\dot{A}\dot{F})<1$时，则$|\dot{A}_f|>|\dot{A}|$，说明电路中引入了正反馈；当$(1+\dot{A}\dot{F})=0$时，则$|\dot{A}_f|$为无穷大，说明电路中存在自激振荡。若原来在中频段时为负反馈，而在低频或高频时，由于电路中产生了附加相移，则负反馈可能会变成正反馈。

②正、负反馈的判断。正、负反馈的判断可采用瞬时极性法。具体方法是先假定反馈放大电路的输入信号的瞬时极性为正(对地为正时用"⊕"表示，为负时用"⊖"表示)，并以此为起点，逐级推出放大电路中各有关点的电位极性，从而推出输出信号的瞬时极性；然后通过反馈网络得出反馈信号的瞬时极性，最后判断反馈信号是增加还是减弱了基本放大电路的净输入信号，从而判断出反馈的正、负极性。

图2-35所示电路为含有反馈的放大电路，用瞬时极性法可判断该电路引入的是负反馈。由图可见，R_B连接了输出回路与输入回路，因此它是反馈元件。确定电路存在反馈后，再判别电路中引入的是正反馈还是负反馈。此时，可应用瞬时极性法，先设定输入端的输入信号的瞬时极性对地为"⊕"，即三极管的基极为"⊕"，则其集电极的瞬时极性为"⊖"，通过反馈元件R_B后(电阻无移相作用)，将输出量回送到输入端，此时反馈信号的瞬时极性为"⊖"，此信号与原设定的输入信号极性相反，使净输入信号减小，所以，该反馈为负反馈。

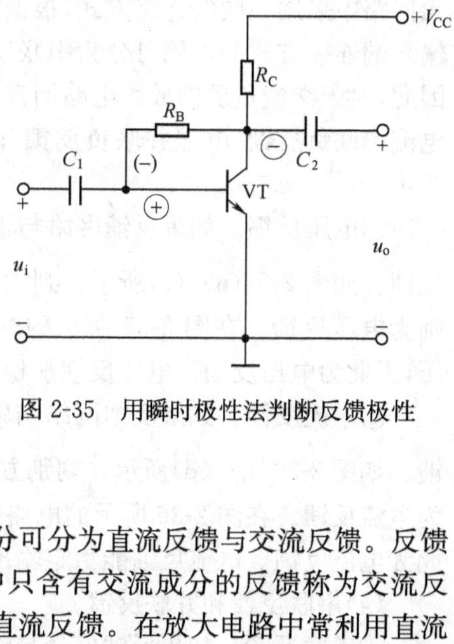

图2-35　用瞬时极性法判断反馈极性

(2)直流反馈和交流反馈。

①直流反馈和交流反馈的概念。根据反馈信号的成分可分为直流反馈与交流反馈。反馈信号中仅有直流成分的反馈称为直流反馈，而反馈信号中只含有交流成分的反馈称为交流反馈，若反馈信号中既有直流成分又有交流成分，则称为交直流反馈。在放大电路中常利用直流负反馈来稳定静态工作点。例如分压式电流负反馈放大电路中，利用发射极电阻R_E来引入直流负反馈，起稳定静态工作点的作用。在放大电路中引入交流负反馈来改善放大电路的性能，这是本节主要讨论的内容。

②直流反馈和交流反馈的判断。判断电路引入的是直流反馈还是交流反馈，只要看其反馈是存在于放大电路的直流通路还是和交流通路即可。在图2-36(a)所示电路中，R_{E1}、R_{E2}既存在于输入回路又存在于输出回路，即R_{E1}、R_{E2}连接了输出回路与输入回路，因此，它们构成了反馈。但它们引入的是直流反馈还是交流反馈呢？这可以通过直流通路和交流通路来分析判断。

在图2-36(b)所示电路中，因为电容C_E对直流信号相当于开路，故R_{E1}、R_{E2}都存在于直流通路，所以两者都引入了直流反馈。在图2-36(c)所示电路中，因为电容C_E对交流信号相当

于短路，故 R_{E1} 在交流通路中已不存在，因此它不能引入交流反馈，而仅是直流反馈；而 R_{E2} 能引入交流反馈，综合起来 R_{E2} 引入的是交直流反馈。

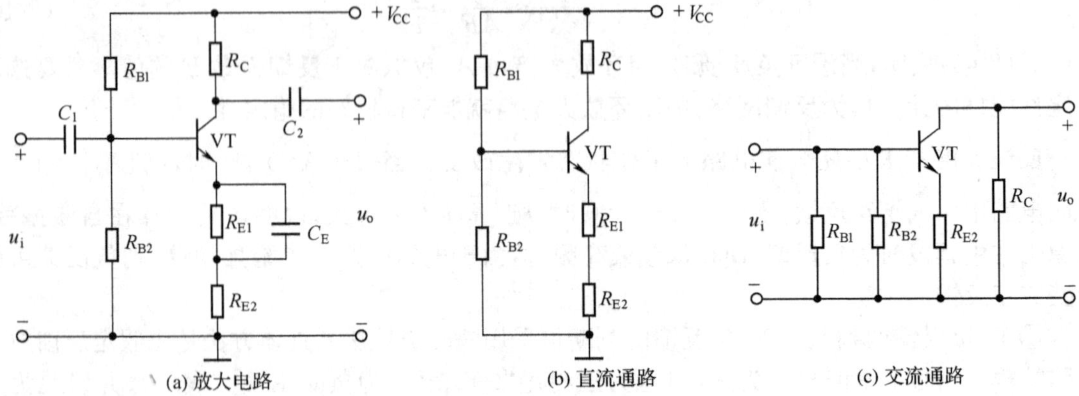

图 2-36　直流反馈和交流反馈的判断

(3)电压反馈和电流反馈。在负反馈电路中，为了达到不同的目的，可以在输出回路和输入回路中采用不同的连接方式，根据输出端连接方式的不同可分为电压反馈和电流反馈；根据输入端连接方式的不同可分为串联反馈和并联反馈。由于本节重点讨论交流反馈和负反馈，因此，对于交流负反馈放大电路而言，就有上述四种基本组合的反馈类型，即电压串联负反馈、电流串联负反馈、电压并联负反馈和电流并联负反馈。四种基本反馈类型方框图如图 2-37 所示。

①电压反馈。如果反馈网络与输出电压两端并联，即反馈信号取自于输出电压，则为电压反馈。如图 2-37(a)、(c)所示。判别方法是将输出端短路，即令 $\dot{U}_o=0$，如果反馈信号也为 0，则为电压反馈。在图 2-35 所示的电路中，R_B 从输出端引入反馈，其反馈信号正比于输出电压，因此为电压反馈。电压反馈能稳定输出电压。

②电流反馈。如果反馈网络与输出回路串联，即反馈信号取自于输出电流，则为电流反馈。如图 2-37(b)、(d)所示。判别方法是将输出端短路，即令 $\dot{U}_o=0$，如果反馈信号仍存在，则为电流反馈。在图 2-36 所示的电路中，R_{E2} 从输出回路引入的反馈信号是正比于输出电流，因此为电流反馈。电流反馈能稳定输出电流。

(4)串联反馈和并联反馈。

①串联反馈。如果反馈信号与输入信号相串联，即反馈信号是以电压叠加的形式出现在输入回路中。将输入电压与反馈电压相比较，求差后作为净输入信号进行放大，即 $\dot{U}_i'=\dot{U}_i-\dot{U}_f$，则为串联反馈，如图 2-37(a)、(b)所示。判别方法是将输入端短路，如果反馈信号仍存在，则为串联反馈。在图 2-36 所示的电路中，由 R_{E2} 引入的反馈信号在输入回路中是以电压的形式出现，$\dot{U}_f$ 与 $\dot{U}'_i$ 是电压叠加关系，因此为串联反馈。

②并联反馈。如果反馈信号与输入信号并联，即反馈信号是以电流叠加的形式出现在输入回路中。将输入电流与反馈电流相比较，求差后进行放大，即 $\dot{I}_i'=\dot{I}_i-\dot{I}_f$，则为并联反馈，如图 2-37(c)、(d)所示。判别方法是将输入端短路，如果反馈信号不存在，使净输入信号为 0，则为并联反馈。在图 2-35 所示的电路中，由 R_B 引入的反馈信号在输入回路中是以电流的形式

出现，$\dot{I}_f$ 与 $\dot{I}'_i$ 是电流叠加关系，因此为并联反馈。

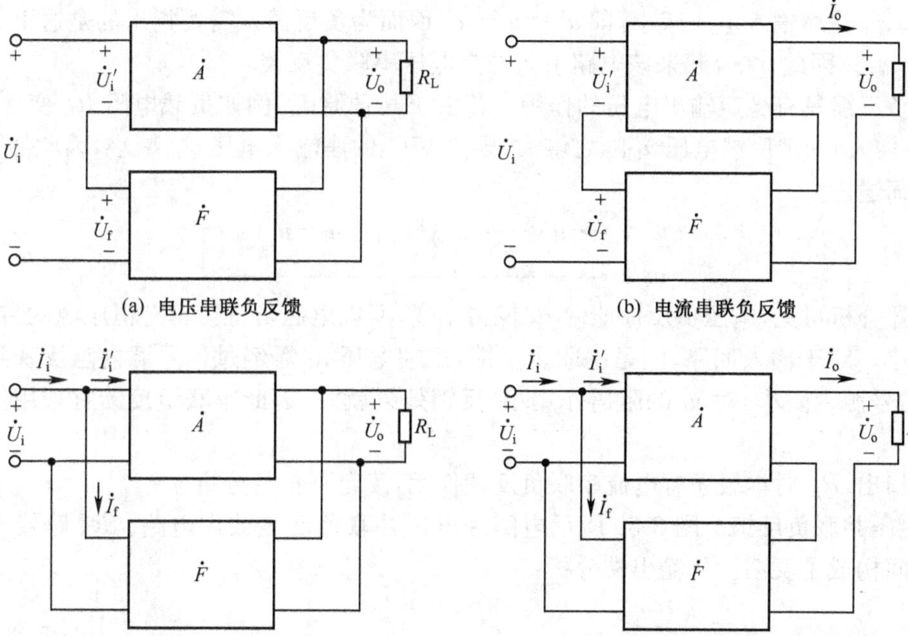

图 2-37　4 种基本反馈类型方框图

2. 四种负反馈放大电路的分析

下面举一些实际的负反馈放大电路的例子，并通过实际电路的讨论，介绍负反馈放大电路的基本分析方法。

(1)电压串联负反馈。图 2-38 所示电路为电压串联负反馈放大电路。图中基本放大电路由两级共射放大电路组成，R_F 将第二级的输出回路与第一级的输入回路联系起来，输出电压 u_o 经过电阻 R_F、R_{E1} 回送到输入端，形成反馈信号 u_f，因此 R_F、R_{E1} 构成了电路的级间反馈。从输出端分析，反馈电压与输出电压的关系：

$$u_f=\frac{RE_1}{RE_1+R_F}u_o \tag{2-47}$$

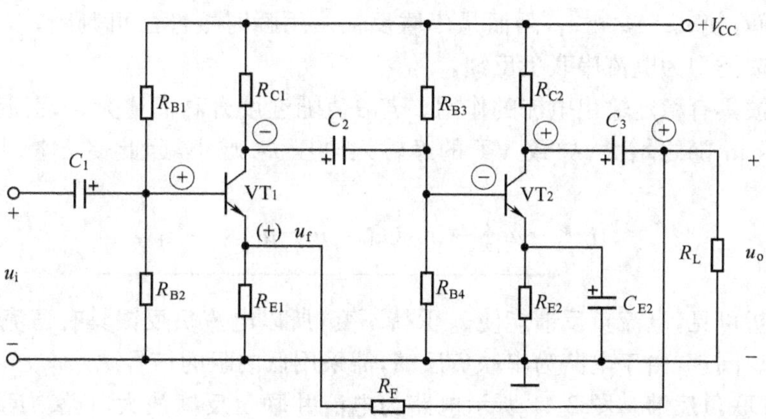

图 2-38　电压串联负反馈放大电路

由于反馈电压取自输出电压，u_f 正比于 u_o，因而是电压反馈。在输入回路，反馈电压 u_f 与输入电压 u_i 相串联，因而为串联反馈。用瞬时极性法可推出 u_f 的极性对地为正，瞬时极性如图中所示。u_f 使净输入电压减小，即 $u'_i=u_i-u_f$，因而为负反馈。需要指出的是这里的净输入电压即为 u_{be1}。因此，综合起来该电路引入的是电压串联负反馈。

电压负反馈具有稳定输出电压的作用。若由于某种原因（例如负载电阻 R_L 变化）引起输出电压 u_o 增大时，则反馈电压 u_f 随之增大，导致 VT_1 的净输入电压 u_{be1} 减小，因此使 u_o 减小。这个过程简述为

$$u_o\uparrow \rightarrow u_f\uparrow \rightarrow u_{be1}(u_{be1}=u_i-u_f)\downarrow \rightarrow u_o\downarrow$$

从上述分析可见，电压负反馈能使 u_o 保持不变，所以电压负反馈具有恒压源的特性，其输出电阻很小。对于输入回路，因是串联负反馈，反馈电压 u_f 需经过信号源内阻反映到净输入电压上，信号源内阻小，对 u_f 的阻碍作用小，反馈效果就好，因此串联负反馈宜采用低内阻的信号源。

应该指出，R_{E1} 对本级还有电流串联负反馈作用，读者可自行分析。

(2)电压并联负反馈。图 2-39 所示电路为电压并联负反馈放大电路。R_B 跨接于输入与输出端之间构成了反馈。从输出端分析：

$$i_f=\frac{u_i-u_o}{R_B}$$

即反馈电流与输出电压成正比，因而是电压反馈；从输入端可知，反馈电流 i_f 与输入电流 i_i 并联加在输入端，即 $i_b=i_i-i_f$，属于并联反馈；用瞬时极性法可判断为负反馈。所以该电路引入的反馈为电压并联负反馈。

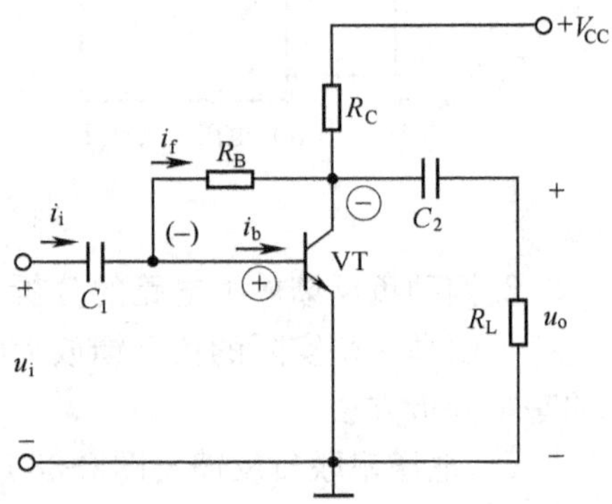

图 2-39　电压并联负反馈放大电路

同样电路具有稳定输出电压的作用。对于并联负反馈，为使反馈效果更好，需采用高内阻的恒流源作信号源。

(3)电流串联负反馈。图 2-40 所示电路为电流串联负反馈放大电路。R_E 既存在于输出回路又存在于输入回路，所以 R_E 构成了反馈。从输出回路分析，R_E 上的反馈电压 $u_f=i_fR_E=i_eR_E\approx i_cR_E$，即反馈电压 u_f 正比于输出电流 i_c，因而是电流反馈。从输入回路分析，反馈信号以电压 u_f 的方式与输入信号 u_i 相串联加到三极管的基极和发射极之间，使 $u_{be}=u_i-u_f$，因而是串联反馈。用瞬时极性法可判断，该反馈为负反馈。因此电路的反馈类型为电流串联负反馈。

电流负反馈具有稳定输出电流的作用。若 β 值随温度升高而增大时，引起输出电流 i_c 增大，则反馈电压 u_f 随之增大，导致 VT 的净输入电压 u_{be} 减小，因此使 i_c 减小。这个过程简述为

$$i_c\uparrow \rightarrow u_f\uparrow \rightarrow u_{be1}(u_{be}=u_i-u_f)\downarrow \rightarrow i_b\downarrow \rightarrow i_c\downarrow$$

从上述分析可见，电流负反馈能使 i_c 保持不变，所以电流负反馈具有恒流源输出的特点，输出电阻很大。同理，由于电路为串联负反馈，需采用低内阻的信号源。

(4)电流并联负反馈。图 2-41 所示电路为电流并联负反馈放大电路。R_F 跨接在第二级输出回路和第一级输入回路之间，构成了级间反馈。从输出端分析，反馈电流 i_f 取自输出电

流 i_o($i_e=i_c=i_o$)的一部分，因此该反馈为电流反馈。从输入端分析，反馈电流 i_f 与输入电流 i_i 并联加在输入端，即 $i_b=i_i-i_f$，属于并联反馈。用瞬时极性法可判断是负反馈。因此该电路为电流并联负反馈。同理，对于并联负反馈，需要采用高内阻的恒流源作信号源。

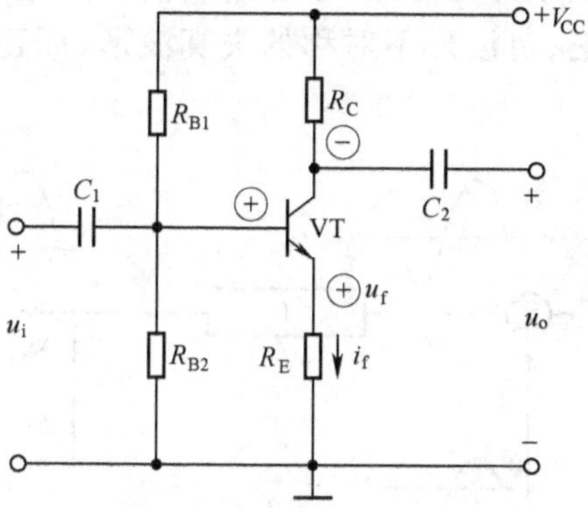

图 2-40　电流串联负反馈放大电路

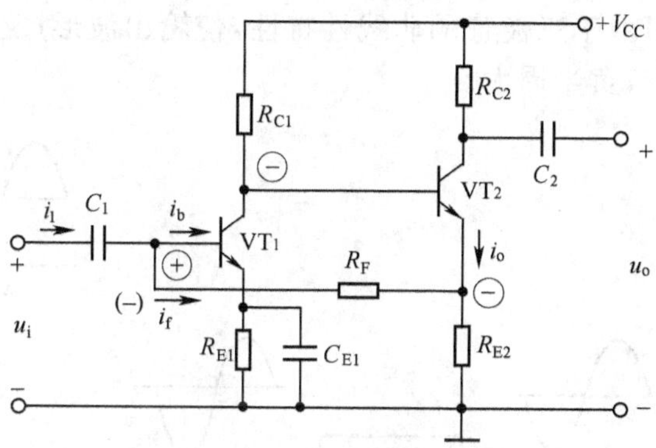

图 2-41　电流并联负反馈放大电路

三、负反馈对放大电路性能的影响

如前所述，放大电路引入负反馈后，会使电压放大倍数降低，且反馈深度越强，放大倍数下降的越大。但引入负反馈后，可以改善放大电路的性能，即用牺牲电路的放大倍数，来换取性能的改善。

1. 提高放大倍数的稳定性

放大电路的开环放大倍数在受环境温度的变化、负载的变动、电源的波动以及其他因素的干扰时，其值变化较大。为了稳定电路的放大倍数，可引入负反馈。通常用放大倍数的相对变化量来表示放大倍数的稳定性，相对变化量越小，则稳定性越好。由式(2-45)可知，闭环放大倍数和开环放大倍数的关系为

$$A_f=\frac{A}{1+AF}$$

对上式求微分得

$$dA_f=\frac{dA}{(1+AF)^2} \tag{2-48}$$

用式(2-48)的左右式除以式(2-45)左右式，可得

$$\frac{dA_f}{A_f}=\frac{1}{1+AF}\cdot\frac{dA}{A} \tag{2-49}$$

式(2-49)说明，负反馈放大电路的闭环放大倍数 A_f 的相对变化量$\frac{dA_f}{A_f}$仅为开环放大倍数 A 的相对变化量$\frac{dA}{A}$的$(1+AF)$分之一，而 A_f 的稳定性是 A 的$(1+AF)$倍。例如，当 A 变化10%时，若$(1+AF)=100$，则 A_f 仅变化 0.1%。

当引入深度负反馈时，$A_f\approx 1/F$，说明在深度负反馈时，闭环放大倍数仅取决于反馈网络，而与基本放大电路的各个参数无关。由于反馈网络一般由电阻等性能稳定的线性元件组成，基本不受外界因素的影响，所以引入负反馈使电路的放大倍数的稳定性得到提高。

2. 减小非线性失真和抑制干扰

对于理想的放大电路，其输出信号与输入信号应完全呈线性关系。但是，由于三极

管存在着非线性特性，会造成输出波形的失真，我们将这种失真称为非线性失真。例如三极管的输入特性是一条曲线，在信号较大时会造成基极电流的失真，从而使输出波形失真；又如在多级放大电路的末级，由于信号较大，其工作范围可能超出到非线性部分，使输出波形失真。图 2-42 所示为无负反馈时的信号放大情况，尽管输入信号为正弦波，但由于三极管的非线性特性，使输出波形产生了正、负波形不对称的失真波形，即正半周小，负半周大。

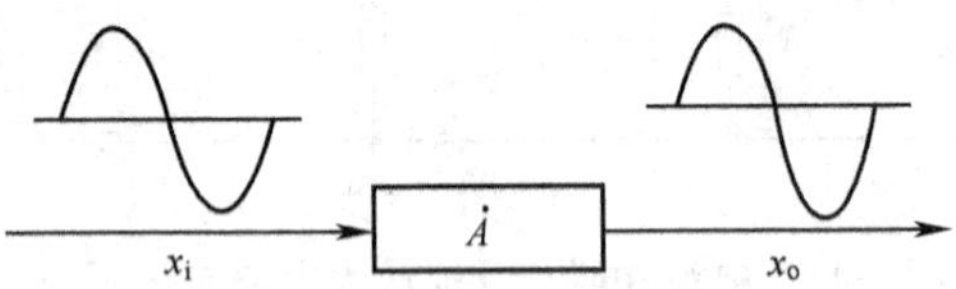

图 2-42　无负反馈时的信号波形

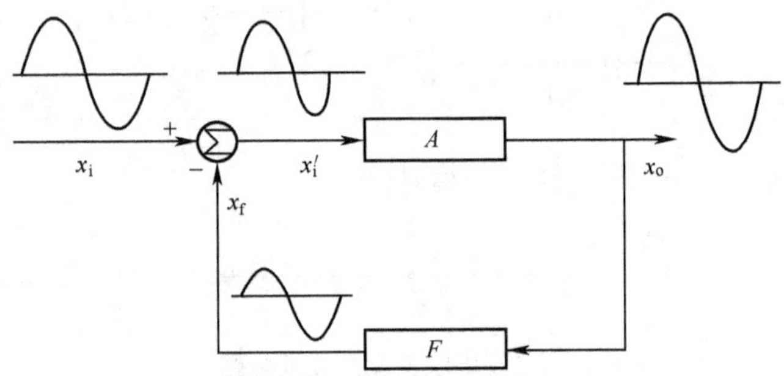

图 2-43　引入负反馈减小非线性失真

为了减小非线性失真，可引入负反馈措施。图 2-43 所示为引入负反馈后减小了非线性失真的情况。设输入信号仍为一正弦波信号，由于三极管的非线性特性，使开环时输出波形产生了正半周小、负半周大的失真波形。引入负反馈后，反馈信号也为正半周小、负半周大的波形，由于 $x_i'=x_i-x_f$，使输入信号与反馈信号相减后的净输入信号变为正半周大，负半周小的波形，该波形被送到放大电路中放大，就产生了正、负半周近似对称的输出波形，因而减小了非线性失真。减小非线性失真的效果取决于反馈深度(1+AF)的大小。

应该指出，负反馈只能减小放大电路内部引起的非线性失真，对于信号本身的失真则无能为力。另外，负反馈只能减小失真，不能完全消除失真。

对于放大电路的噪声和干扰，负反馈同样具有一定抑制的作用。不过，在抑制噪声和干扰的同时，有用信号也同时减小，这时可通过增大输入信号来弥补。同样对于来自反馈外部的干扰以及混入信号内的噪声，负反馈是不能抑制的，必须采用信号处理或屏蔽等方法才能解决。

3. 扩展通频带

在讨论多级放大电路时，已给出了放大电路的频率特性和通频带的概念，并了解到放大电路的级数越多，其通频带就越窄。而在放大电路中，我们总希望通频带越宽越好。引入负反馈后，能扩展通频带，满足多级放大电路的要求。其扩展通频带的原理是：当输入等幅不同频率的信号时，高频段、低频段的输出信号比中频段要小，引入负反馈后，高频段、低频段的反馈信号也小，对净输入信号的削弱作用就小，即高频段、低频段的放大倍数减小程度要比中频段小，从而使放大电路的闭环通频带增大了(1+AF)倍，即 $f_{BWf}=(1+AF)f_{BW}$，如图 2-44 所示。

由于 $f_{Hf}>f_H$，而 $f_{Lf}<f_L$，显然 $f_{BWf}>f_{BW}$。一般情况下，由于 $f_H\gg f_L$，$f_{Hf}\gg f_{Lf}$，因此，负反馈放大电路的通频带可近似为 $f_{BWf}=f_{Hf}-f_{Lf}\approx f_{Hf}$。又因为负反馈使上限截止频率增大了(1+AF)倍，因此，引入负反馈后，放大电路的闭环通频带增大了(1+AF)倍。

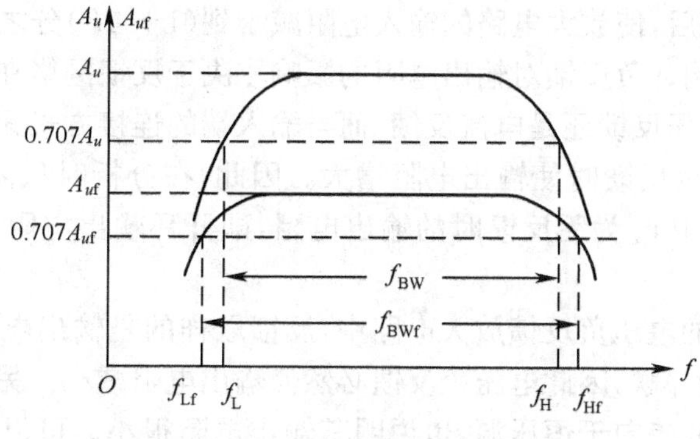

图 2-44 负反馈扩展通频带

4.改变输入电阻和输出电阻

放大电路引入反馈后，由于反馈类型和反馈深度不同，可以不同程度地改变反馈放大电路的输入电阻和输出电阻。

(1)对输入电阻的影响。负反馈对输入电阻的影响只与反馈网络在输入端的连接方式有关，即取决于电路引入的是串联反馈还是并联反馈，而与输出端的连接方式无关。当串联负反馈时，使输入电阻增大；并联负反馈时使输入电阻减小。因此，在分析时只需画出输入端的连接方式，如图 2-45 所示。图中 r_i 为无反馈时的输入电阻，即开环输入电阻，r_{if}为反馈时的输入电阻，即闭环输入电阻。

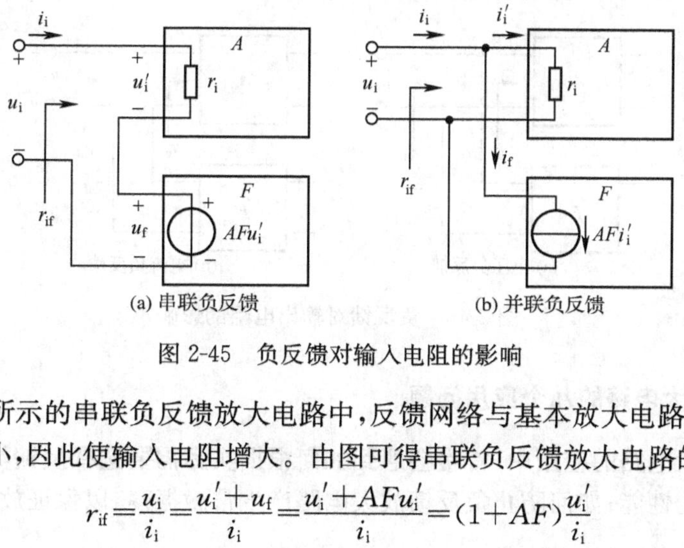

(a) 串联负反馈 (b) 并联负反馈

图 2-45 负反馈对输入电阻的影响

在图 2-45(a)所示的串联负反馈放大电路中，反馈网络与基本放大电路相串联，u_f 削弱了 u_i'，使输入电流变小，因此使输入电阻增大。由图可得串联负反馈放大电路的输入电阻为

$$r_{if}=\frac{u_i}{i_i}=\frac{u_i'+u_f}{i_i}=\frac{u_i'+AFu_i'}{i_i}=(1+AF)\frac{u_i'}{i_i}$$

由于 $r_i=\frac{u_i'}{i_i}$，所以

$$r_{if}=(1+AF)r_i \tag{2-50}$$

即引入串联负反馈后，使放大电路的输入电阻增大了$(1+AF)$倍。

在图 2-45(b)所示的并联负反馈放大电路中，反馈网络与基本放大电路相并联，则输入电流 $i_i=i_i'+i_f$，使输入电流变大，因此输入电阻减小。由图可得并联负反馈放大电路的输入电阻为

$$r_{if}=\frac{u_i}{i_i}=\frac{u_i}{i_i'+i_f}=\frac{u_i}{i_i'+AFi_i'}=\frac{1}{1+AF}\frac{u_i}{i_i'}$$

由于 $r_i=\frac{u_i}{i_i'}$，所以

$$r_{if}=\frac{1}{1+AF}r_i \tag{2-51}$$

即引入并联负反馈后，使放大电路的输入电阻减小到(1+AF)分之一。

(2)输出电阻的影响。负反馈对输出电阻的影响取决于反馈网络在输出端的连接方式，即取决于电路引入的是电压反馈还是电流反馈，而与输入端的连接方式无关。当电压负反馈时，使输出电阻减小；电流负反馈时使输出电阻增大。因此，在分析时只需画出输出端的连接方式，如图2-46所示。图中r_o为无反馈时的输出电阻，即开环输出电阻，r_{of}为反馈时的输出电阻，即闭环输出电阻。

在图2-46(a)所示的电压负反馈放大电路中，反馈取样的是输出电压，所以反馈网络与基本放大电路的输出端相并联，因此电压负反馈必然使输出电阻减小。另外，由于电压负反馈能使输出电压得以稳定，并趋向于恒压源，也说明其输出电阻很小。可以证明，电压负反馈时的闭环输出电阻为

$$r_{of}=\frac{1}{1+AF}r_o \tag{2-52}$$

即引入电压负反馈后，使放大电路的输出电阻减小到$1/(1+AF)$。

在图2-46(b)所示的电流负反馈放大电路中，反馈取样的是输出电流，所以反馈网络与基本放大电路的输出端相串联，因此电流负反馈必然使输出电阻增大。另外，由于电流负反馈能使输出电流得以稳定，并趋向于恒流源，也说明其输出电阻很大。可以证明，电流负反馈时的闭环输出电阻为

$$r_{of}=(1+AF)r_o \tag{2-53}$$

即引入电流负反馈后，使放大电路的输出电阻增大了(1+AF)倍。

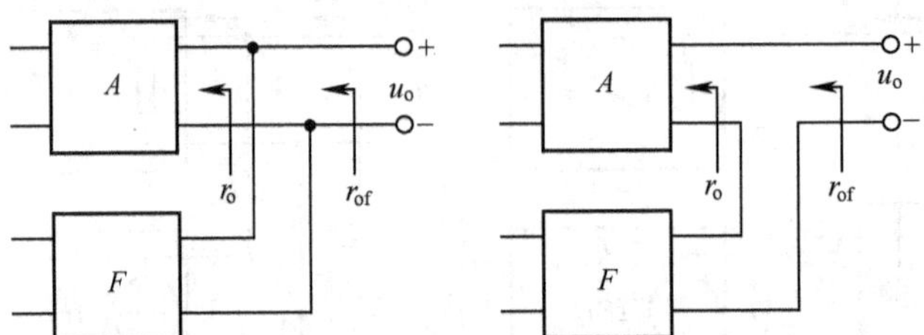

(a) 电压负反馈　　(b) 电流负反馈

图2-46　负反馈对输出电阻的影响

四、负反馈放大电路的几个应用问题

在负反馈放大电路的应用中，常常会遇到如何根据实际需要选择反馈类型；如何估算深度负反馈放大电路的性能；如何防止负反馈放大电路产生自激振荡，以保证放大电路的工作稳定性等问题。

1. 放大电路引入负反馈的一般原则

根据以上分析可知，引入负反馈能改善放大电路的性能，且反馈类型不同，产生的影响也不同。另外，负反馈对性能的影响总与它的反馈深度(1+AF)有关。因此，在设计放大电路时，应根据不同的要求，引入合适的反馈形式，下面讨论引入负反馈的一般原则：

(1)如要稳定静态工作点，应引入直流负反馈；如要改善电路的交流性能，应引入交流负反馈。

(2)根据负载对输出量的要求，如要稳定输出电压，应引入电压负反馈；如要稳定输出电流，应引入电流负反馈。

(3)根据电路对输入电阻的要求，如要提高输入电阻，应引入串联负反馈；如要降低输入电

阻,应引入并联负反馈。

(4)根据电路对输出电阻的要求,如要提高输出电阻,应引入电流负反馈;如要降低输出电阻,应引入电压负反馈。

2.深度负反馈放大电路的性能估算

根据前面讨论可知,负反馈放大电路的闭环放大倍数与开环放大倍数之间的关系是 $A_f=A/(1+AF)$。当 $(1+AF)>>1$ 时可视为深度负反馈,如 $(1+AF)\geqslant 10$,就视为深度负反馈,此时,$A_f\approx 1/F$。深度负反馈时的闭环放大倍数只与反馈系数有关,与开环放大倍数无关。在深度负反馈的条件下,可推导出外加的输入信号近似等于反馈信号,推导如下:

因为
$$A_f\approx 1/F$$
根据定义得
$$A_f=x_o/x_i,\qquad F=x_f/x_o$$
所以
$$x_i\approx x_f \tag{2-54}$$
因此
$$x_i'\approx 0 \tag{2-55}$$

在深度负反馈下,外加的输入信号近似等于反馈信号,净输入信号近似为零,这是深度负反馈放大电路的一个重要特点,有了这个特点可简化电路的分析与计算。如在深度负反馈时,可将串联负反馈的输入电阻视为无穷大,即 $r_{if}=\infty$;而将并联负反馈的 $r_{if}=0$;电压负反馈的 $r_{of}=0$;电流负反馈的 $r_{of}=\infty$。

下面结合四种反馈类型,再讨论深度负反馈下的闭环放大倍数的估算。

(1)电压串联负反馈电路。电压串联负反馈放大电路如图 2-38 所示。因为是串联反馈,其输入信号为 u_i,反馈信号为 u_f。根据式(2-41)的反馈电压与输出电压的关系可知

$$F=\frac{u_f}{u_o}=\frac{R_{E1}}{R_{E1}+R_F},\text{或 } u_f=\frac{R_{E1}}{R_{E1}+R_F}u_o$$

由于电路中的开环电压放大倍数 A_u 比较大,一般都能满足 $(1+AF)\gg 1$,可认为是深度负反馈。而深度负反馈放大电路的闭环电压放大倍数为

$$A_{uf}=\frac{u_o}{u_i}\approx\frac{1}{F}=\frac{R_{E1}+R_F}{R_{E1}}=1+\frac{R_F}{R_{E1}} \tag{2-56}$$

由上式可知,深度负反馈下的电压串联负反馈电路的闭环放大倍数比较稳定,它仅与电阻 R_f、R_{E1} 的比值有关,电路的输出电压近似为恒压源。

(2)电压并联负反馈电路。电压并联负反馈放大电路如图 2-47 所示。因为是并联反馈,其输入信号为 i_i,反馈信号为 i_f,净输入信号为 i_b。由于 VT_1 管的发射结信号电压 u_{be1} 很小,可以忽略。电路中的 R_1 可视为信号源的内阻。

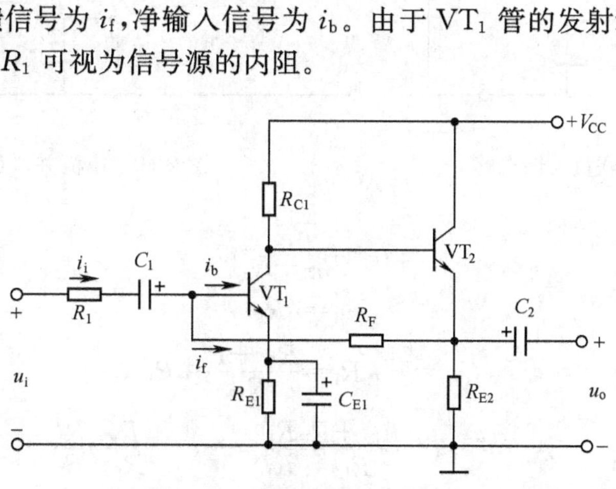

图 2-47　电压并联负反馈电路

由电路可知

$$i_i=\frac{u_i-u_{be1}}{R_1}\approx\frac{u_i}{R_1}$$

$$i_f=\frac{u_{be1}-u_o}{R_F}\approx\frac{-u_o}{R_F}$$

由深度负反馈放大电路的特点可得，$i_i\approx i_f$

所以

$$\frac{u_i}{R_1}\approx-\frac{u_o}{R_F}$$

则，电路的闭环电压放大倍数为

$$A_{uf}=\frac{u_o}{u_i}\approx-\frac{R_F}{R_1}\tag{2-57}$$

(3)电流串联负反馈电路。电流串联负反馈放大电路如图 2-48 所示。由于R_{E1}较大，故为深度负反馈，由深度负反馈可得

$$u_i'\approx 0,u_i\approx u_f$$

由电路可得，流经反馈电阻R_{E1}的电流为i_o，则反馈电压为

$$u_i\approx u_f=i_oR_{E1}$$

而

$$u_o=-i_o(R_C//R_L)$$

因此，电路的闭环电压放大倍数为

$$A_{uf}=\frac{u_o}{u_i}\approx-\frac{R_C//R_L}{R_{E1}}\tag{2-58}$$

(4)电流并联负反馈电路。电流并联负反馈放大电路如图 2-49 所示。同样由于引入的是深度负反馈，因此有

$$u_{be1}\approx 0,i_{b1}\approx 0,i_i\approx i_f$$

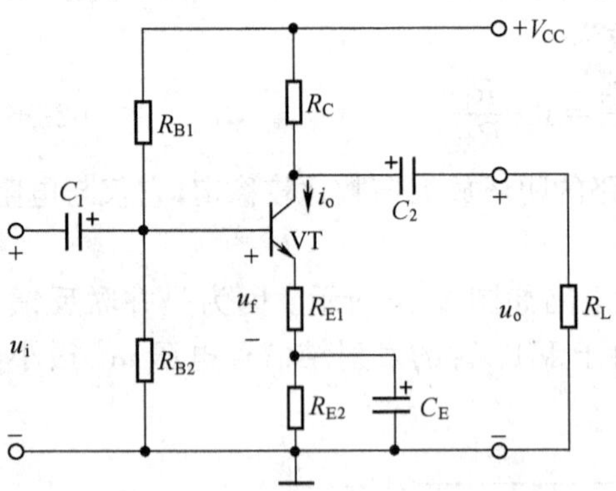

图 2-48　电流串联负反馈电路

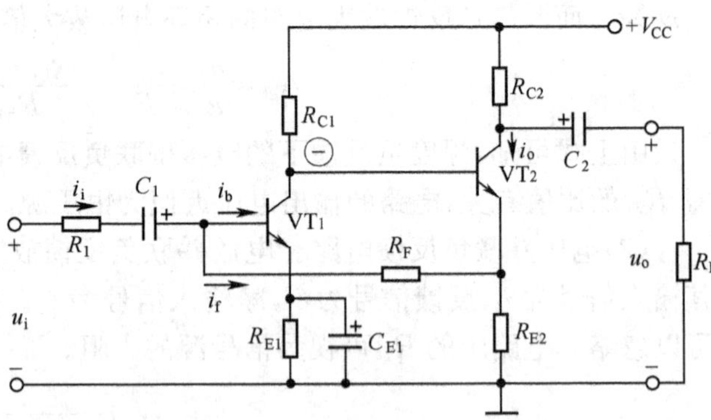

图 2-49　电流并联负反馈电路

由电路可得

$$i_f=\frac{R_{E2}}{R_{E2}+R_F}i_o$$

$$u_i=i_iR_1$$

$$u_o=-i_oR_L'=\frac{R_{E2}+R_F}{R_{E2}}i_fR_L'$$

$$A_{uf}=\frac{u_o}{u_i}\approx-\frac{R_{E2}+R_F}{R_{E2}}\frac{R_L'}{R_1}=-(1+\frac{R_F}{R_{E2}})\frac{R_L'}{R_1}\tag{2-59}$$

式中，$R_L'=R_{C2}//R_L$。

以上电路的闭环电压放大倍数的估算方法是在电路引入了深度负反馈的基础上进行的。当电路不满足深度负反馈的条件时，要用方框图的方法进行计算，否则会产生较大的误差。

3. 负反馈放大电路的稳定性

由前面分析可知，负反馈可改善放大电路的性能，$(1+AF)$越大，即反馈越深，性能改善越好。但有时会事与愿违，如果电路组成不合理，反馈过深，会造成输入端无信号时，电路也会输出一定频率的信号，这种情况称自激振荡。自激振荡时放大电路不能正常工作，应设法消除。

自激振荡产生的原因是什么？深度负反馈放大电路是否一定会产生自激振荡？如何消除自激振荡？这就是我们要深入分析的内容。

我们由单级放大电路的相频特性已知，在中频段放大电路的输出电压与输入电压的相位相反，即 $\varphi=-180°$。在低频段和高频段均存在附加相移，在 $f=f_L$ 附加相移为超前 $\varphi'=45°$，在 $f=f_H$ 附加相移为滞后 $\varphi'=-45°$。这是因为在低频段由于耦合电容、旁路电容的存在，使电路产生了超前相移；在高频段由于三极管极间电容的存在，使电路产生了滞后相移。当某一频率的信号使附加相移达到180°时，反馈信号由中频时的负反馈变成正反馈，使净输入信号增大，以至于不用输入信号时，电路也能输出信号，这就产生了自激振荡，也这是产生自激振荡的原因。

单级负反馈放大电路的附加相移不会超过90°，不满足自激振荡的相位条件，因此单级负反馈放大电路能稳定工作。两级负反馈放大电路的附加相移不会超过180°，也不满足自激振荡的相位条件，因此也能稳定工作。三级或三级以上的负反馈放大电路的附加相移能等于180°，因此它们在深度负反馈的情况下，由于电路的放大倍数较大，易产生自激振荡。且级数越多，越易产生高频振荡。与此相似，放大电路中耦合电容、旁路电容越多，越易产生低频振荡。$(1+AF)$越大，即反馈越深，产生自激振荡的可能性越大。

要使负反馈放大电路能稳定工作，就必须要破坏自激振荡的相位条件。消除自激振荡的基本方法：简单的办法是减小反馈深度，但这不利于改善电路的性能。常用的方法是在基本放大电路中插入 RC 补偿网络（又称校正网络），以破坏自激振荡的相位条件，使其不能自激振荡。对于 RC 补偿网络的内容，读者可参阅相关文献。

第八节　场效应管放大电路

场效应管与晶体三极管一样，均为三端有源控制器件，都可以构成放大电路。它们的不同在于三极管是电流控制器件，它是通过 i_B 对 i_C 实现控制，构成放大电路时需要设置一定的偏流；场效应管是电压控制器件，它是通过 u_{GS}对 i_D 实现控制，构成放大电路时需要设置合适的偏压。场效应管具有输入电阻高和噪声低等优点，适合于放大微弱信号，因此多用在多级放大电路的输入级。场效应管的栅极、漏极和源极与晶体三极管的基极、集电极和发射极相对应，因此也可以组成三种组态，即共源、共漏和共栅放大电路。由于场效应管的结构和特性不同，且种类较多，本节仅以 N 沟道结型场效应管、N 沟道增强型 MOS 管为例，讨论共源和共漏场效应管放大电路的静态分析和动态分析。

一、偏置电路与静态分析

由场效应管构成的放大电路与三极管构成的放大电路一样，都要建立合适的静态工作点。所不同的是由于场效应管为电压控制器件，因此需要有合适的栅极电压。通常，偏置的形式有两种：自给偏压和分压式偏置。

1. 自给偏压电路

图 2-50(a)所示为 N 沟道结型场效应管自给偏压放大电路。电路中各元件的作用：漏极电阻 R_D 的作用是将变化的漏极电流 i_D 转换成变化的电压 u_{DS}，并通过电容 C_2 输出电压信号，从而实现电压放大；源极电阻 R_s 的作用是利用漏极电流在其上的压降为栅—源极提供负的偏压；栅极电阻 R_G 的作用是将自给偏压加至栅极，形成直流通路。

场效应管放大电路的静态工作点有三个参数：栅—源极间的电压 U_{GSQ}；漏极电流 I_{DQ}；漏—源极间的电压 U_{DSQ}。

自给偏压电路的静态分析：由图 2-50(b)所示的直流通路可知，由于直流栅极电流为零，则栅极电阻 R_G 上的电压也为零，所以栅极电位 $U_G=0$。当电路处于静态($u_i=0$)时，漏极电流 I_{DQ}将流过源极电阻 R_s，并在 R_s 上产生源极电压 U_s，因此栅—源之间的电压为

$$U_{GSQ}=U_G-U_s=-I_{DQ}R_s \tag{2-60}$$

此电压作为栅—源间的负偏置电压，由于 U_{GSQ}是依靠自身的漏极电流 I_{DQ}产生的，故称自给偏压。

根据结型场效应管的转移特性，有关系式：

$$I_{DQ}=I_{DSS}\left(1-\frac{U_{GSQ}}{U_P}\right)^2 \tag{2-61}$$

联立式(2-60)和式(2-61)，就可求出 U_{GSQ}和 I_{DQ}值。

由漏极回路可求出漏源之间的电压为

$$U_{DSQ}=V_{DD}-I_{DQ}(R_D+R_s) \tag{2-62}$$

自偏压电路比较简单，当静态工作点决定后，U_{GSQ}和 I_{DQ}就确定了，因而 R_s 的选择范围很小。另外，由于自给偏压使栅—源间的偏置电压为负，所以自给偏压电路只适用于耗尽型场效应管。

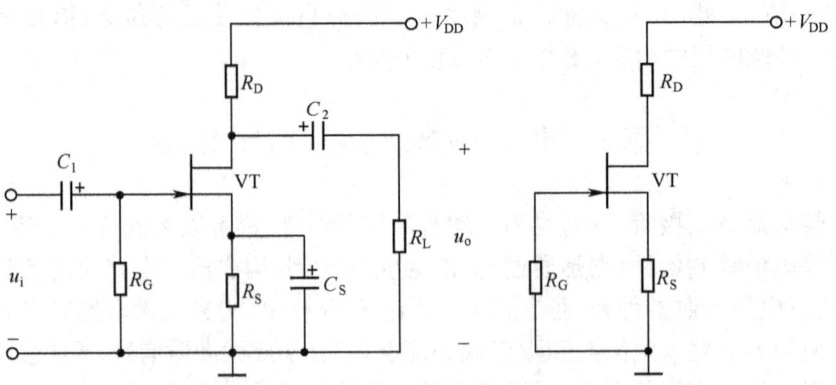

(a) 自偏压放大电路　　(b) 直流通路

图 2-50　自偏压式电路

2. 分压式偏置电路

图 2-51(a)所示为 N 沟道增强型 MOS 管分压式偏置放大电路，图 2-51(b)所示为其直流通路。由电路可知，分压式偏压电路是在自偏压电路的基础上加接了分压电阻 R_{G1} 和 R_{G2} 构成的。又由于场效应管的输入电阻很高，可以认为直流栅极电流为零，因此由电路的直流通路可求出电路的静态工作点。

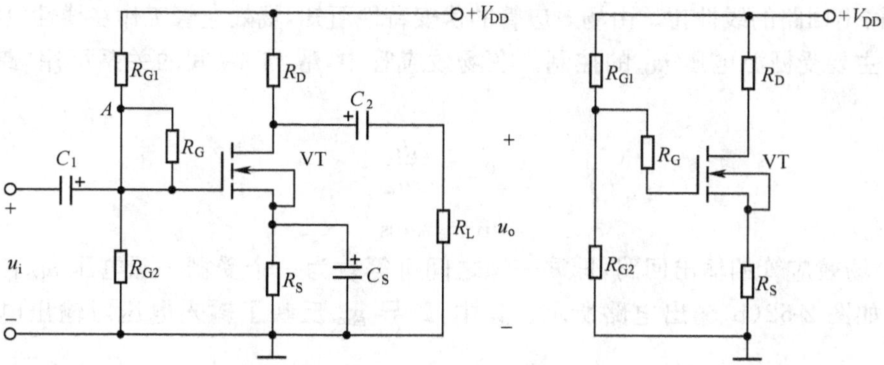

(a) 分压式偏置放大电路　　(b) 直流通路

图 2-51　分压式偏置电路

因为直流栅极电流为零，R_G 上无直流压降，所以栅极电位由下式确定：

$$U_{GQ}=U_A=\frac{R_{G2}}{R_{G1}+R_{G2}}V_{DD} \tag{2-63}$$

又由于源极电位：　$U_{SQ}=I_{DQ}R_s$

因此，静态时的栅—源电压：

$$U_{GSQ}=U_{GQ}-U_{SQ}=\frac{R_{G2}}{R_{G1}+R_{G2}}V_{DD}-I_{DQ}R_s \tag{2-64}$$

与式(1-8)联立可得到 I_{DQ}和 U_{GSQ}。由漏极回路可求出漏源电压为

$$U_{DSQ}=V_{DD}-I_D(R_D+R_s)$$

适当选择R_{G1}和R_{G2}的值，可使U_{GSQ}为正、为负或零，因此该偏置电路也适用于耗尽型。为进一步提高电路的输入电阻，在栅极电路中串入一个很大的电阻 R_G，以隔离 R_{G1}、R_{G2}对信号的分流作用，使输入电阻保持在较大的数值，所以一般 R_G 都选得很大，在兆欧级。

二、场效应管放大电路的动态分析

1. 场效应管放大电路的微变等效电路

与晶体三极管放大电路一样，对于输入信号为小信号的情况，场效应管放大电路也可以用微变等效电路法分析。在使用该方法时，也必须先将场效应管进行线性化处理。

(1)场效应管的线性化。先看输入回路的线性化。由于场效应管的输入电阻 r_{GS}很高，栅极电流可以认为是零，即 $i_G\approx0$，所以，栅源之间可认为开路，输入电路的等效电路如图 2-52(b)所示。

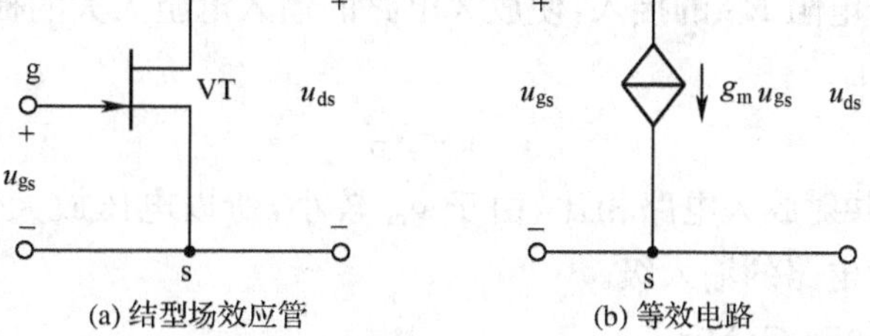

(a) 结型场效应管　　(b) 等效电路

图 2-52　场效应管的线性化

再看输出回路的线性化。由场效应管的伏安特性可知，场效应管工作在线性放大区时，漏极电流 i_D 主要受栅源电压 u_{GS} 的控制。在场效应管中，i_D 与 u_{GS} 间的关系可用“跨导”g_m 来表示：

$$g_m=\frac{\Delta i_D}{\Delta u_{GS}} \tag{2-65}$$

或
$$i_D=g_m u_{GS}$$

因此，场效应管的输出回路，即漏—源之间可等效为一个受栅—源电压 u_{GS} 控制的电流源 $g_m u_{GS}$，如图 2-52(b)输出电路所示。其中，跨导 g_m 反映了输入电压对输出电流的控制能力。

(2)场效应管放大电路的微变等效电路。画场效应管放大电路的微变等效电路与三极管放大电路的微变等效电路的步骤是完全相同的，不同之处就是线性化的对象不同。对于图 2-51所示的分压式偏置电路，即共源放大电路，它的微变等效电路如图 2-53 所示。画出场效应管放大电路的微变等效电路图后，就可以对电路进行动态分析并计算电路的性能指标。

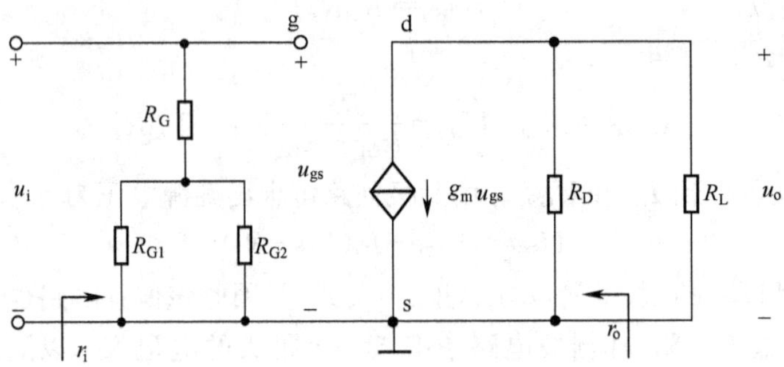

图 2-53　共源放大电路的微变等效电路

2. 共源放大电路的动态分析

动态分析仍是分析其性能指标，即放大倍数 A_u、输入电阻 r_i 和输出电阻 r_0。

由图可求出共源放大电路的性能指标：

电压放大倍数：

$$A_u=\frac{u_o}{u_i}=-\frac{i_d(R_D//R_L)}{u_{gs}}=-\frac{g_m u_{gs}R_L'}{u_{gs}}=-g_m R_L' \tag{2-66}$$

输入电阻：

$$r_i=R_G+(R_1//R_2) \tag{2-67}$$

由上式可知，由于电阻 R_G 的接入，使放大电路的输入电阻大大的提高。

输出电阻：

$$r_o=R_D \tag{2-68}$$

共源放大电路与共射放大电路相比，由于 g_m 较小，所以电压放大倍数较低，但输入电阻很大，适用于多级放大电路的输入级。

3. 共漏放大电路的动态分析

共漏极放大电路又称为源极输出器，这同射极输出器的含义相同。图 2-54(a)所示为共漏放大电路,图 2-54(b)所示为其微变等效电路。由微变等效电路可以求出其性能指标。

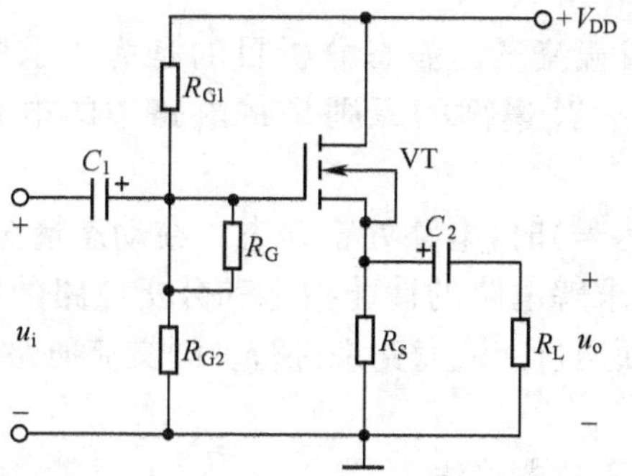

(a) 共漏极放大电路

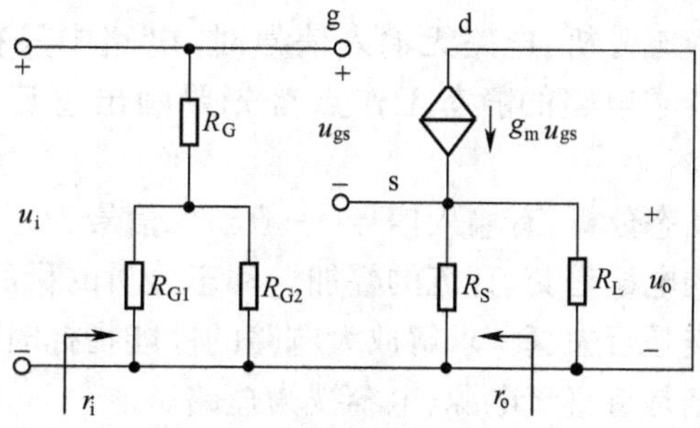

(b) 微变等效电路

图 2-54　共漏极放大电路

电压放大倍数:

$$A_u=\frac{u_o}{u_i}=\frac{i_d(R_s//R_L)}{u_{gs}+u_o}=\frac{g_m u_{gs}R_L'}{u_{gs}+g_m u_{gs}R_L'}=\frac{g_m R_L'}{1+g_m R_L'} \tag{2-69}$$

输入电阻:

$$r_i=R_G+(R_1//R_2) \tag{2-70}$$

输出电阻:

求解输出电阻时,将输入端短接,在输出端外加一交流电压 u_o,然后求出 i_o,则 $r_o=u_o/i_o$。求解输出电阻方法如图 2-55 所示。

$$i_o=\frac{u_o}{R_s}+i_d=\frac{u_o}{R_s}+g_m u_o$$

所以　$r_o=R_s//\dfrac{1}{g_m}$

由上述分析可见,源极输出器的电压放大倍数略小于 1,输出电压与输入电压近似相等。

在测量仪表中,常采用场效应管源极输出器作为输入级进行阻抗变换,它的工作性能与射极输出器相似,但输入电阻更高。

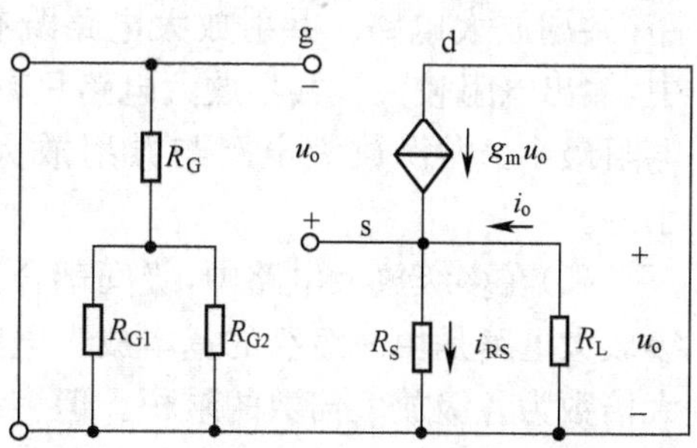

图 2-55　求解共漏放大电路输出电阻

本章小结

(1)放大电路的概念。电子电路的作用就是将微弱的电信号进行放大。常用的测试信号是正弦波,在输入信号作用下,经放大电路放大成幅度足够大的电信号,然后带动执行机构。放大电路的种类有:电压放大电路、功率放大电路、直流放大电路、交流放大电路、低频放大电路、高频放大电路、分立元件放大电路和集成放大电路。本章主要讨论低频、电压放大电路。对放大电路的共性要求:放大倍数要高;失真应尽可能小;工作稳定可靠,且噪声小。放大电路的主要性能指标:电压放大倍数、输入电阻和输出电阻。

(2)共射放大电路是最常用的电路。放大电路的核心元件是晶体管和场效应管,电路应有正确的连接方法,以保证晶体管处于放大状态和合适的静态工作点。放大电路工作时总是既有直流分量又有交流分量，即处于静态和动态的叠加状态。因此，对于放大电路的原理分析包括静态和动态分析。

静态分析：电路无输入信号时，电路中只存在直流量。静态分析目的是为了求静态工作点。求电路的静态工作点首先要画出直流通路，其遵循的原则是将电路中的电容视为开路。

动态分析：有输入信号（一般输入信号为正弦信号）时，电路处于动态。在动态情况下，电路中的电量是交、直流的叠加。动态分析的目的是求解电路的性能指标和分析电路的输出波形并查是否失真。求解放大电路的性能指标时必须通过交流通路来进行。画交流通路应遵循的原则是将直流电源、电容视为短路。

(3)放大电路常用的分析方法有图解法和微变等效电路法。

图解法：在晶体三极管的输入、输出特性曲线上通过作图的方法来确定电路的静态工作点、进行动态波形分析、察看放大电路的工作状态，并计算电压放大倍数，并确定动态工作范围。图解法适用于输入信号为大信号的情况，它可以很直观的分析电路是否失真，也能清楚地看出波形失真与工作点的关系。如果工作点设置不合适，就有可能出现饱和失真或截止失真。由于受温度、电压波动等因素的影响，工作点会发生变动，为了稳定静态工作点，常采用分压式电流负反馈来稳定静态工作点。

微变等效电路法：该方法适用于输入信号为小信号的情况。在小信号情况下，将有源元件进行线性化处理，再通过微变等效电路图就可以很方便的计算出电路的电压放大倍数、输入电阻和输出电阻。

(4)常见的基本放大电路单元有共射放大电路、共集放大电路、共基放大电路、共源放大电路、共漏放大电路。共射放大电路既有电流放大作用又有电压放大作用，输入电阻居三者之中，输出电阻较大。共集放大电路只有电流放大作用而无电压放大作用，输入电阻最大，输出电阻最小。共源放大电路与共射放大电路相对应，但输入电阻要高得多，电压放大倍数要小些。

(5)在多级放大电路中，级间耦合方式有阻容耦合、直接耦合、变压器耦合和光电耦合。多级放大电路是由一级级的基本放大电路单元组合而成，并将信号逐级放大，因此，总的电压放大倍数为各级放大倍数的乘积。但多级放大电路的通频带要比单级放大电路窄。

(6)负反馈放大电路能改善放大电路的性能，其反馈类型有正反馈和负反馈、直流反馈和交流反馈、电压反馈和电流反馈、串联反馈和并联反馈。在讨论负反馈放大电路时主要考虑交流负反馈，这样它有四种基本组态：电压串联、电压并联、电流串联和电流并联负反馈。在实际应用时应能正确判别反馈类型。引入负反馈后，虽然使放大倍数变小，但使放大倍数的稳定性提高、通频带扩展、失真和噪声变小，并能改变输入电阻和输出电阻。其影响程度总与反馈深度有关，在深度负反馈下，闭环增益只与反馈系数有关，说明闭环增益十分稳定。

习 题 二

1. 判断下列说法是否正确。

(1)放大电路既能放大电流又能放大电压，才能称其有放大作用。(　　)

(2)放大电路中输出的电流和电压都是由晶体管提供的。(　　)

(3)设置静态工作点的目的是为了使信号在整个周期内不发生非线性失真。(　　)

(4)在晶体三极管放大电路中,当输入信号一定时,若静态工作点设置过低会产生饱和失真。(　　)

(5)稳定放大电路的静态工作点的方法是设置直流正反馈。(　　)

2. 填充题:

(1)放大电路的输入电压 $u_i=10$ mV,输入电流 $i_i=40\ \mu$A;而输出电压 $u_o=1$ V,输出电流 $i_o=4$ mA,则电压放大倍数为________,电压增益为________;电流放大倍数为________,电流增益为________;功率放大倍数为________,功率增益为________。

(2)晶体管三极管是________控制器件,而场效应管是________控制器件。

(3)单管共射极放大电路中,R_B 的作用是________、R_c 的作用是________、晶体管 V 的作用是________、电源 V_{CC} 的作用是________。其输出与输入信号的相位差________。

(4)一个两级阻容耦合放大电路的前级和后级的静态工作点均偏低,当前级输出信号幅度足够大时,后级输出电压波形将________。(将合适的答案填入空格内)

A. 首先产生饱和失真　　B. 首先产生截至失真　　C. 双向同时失真。

(5)直接耦合多级放大电路能放大________和________信号,其各级静态工作点________,如它的放大级数越多,则在输出端出现的________现象就越严重。

(6)在放大电路中,若信号源内阻很小,则采用________负反馈效果好;若信号源内阻大,则采用________负反馈效果好。

3. 试分析题图 2-1 所示电路能否起正常的放大作用?若不能请加以改正。

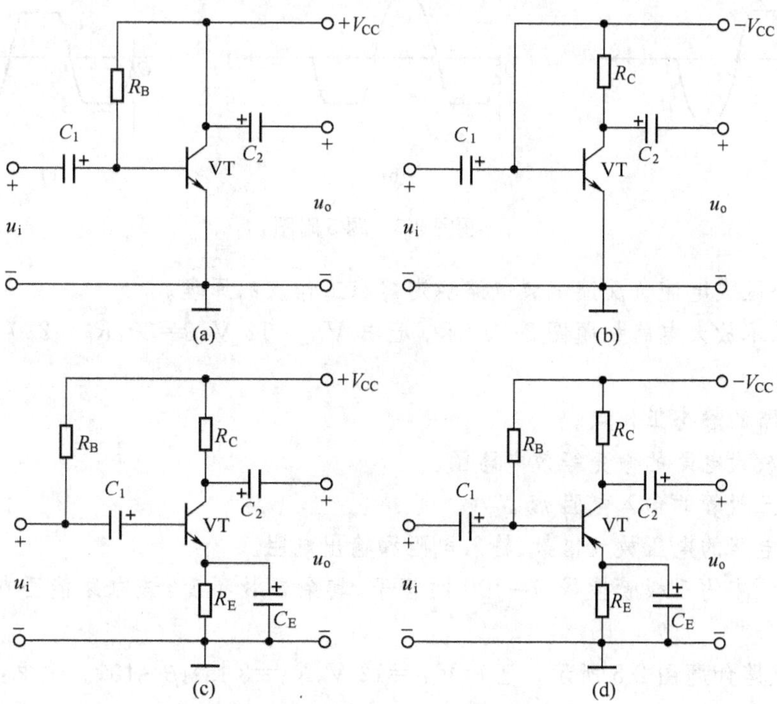

题图 2-1　题 3 附图

4. 放大电路如题图 2-2(a)所示。已知 $V_{CC}=16$ V,$R_C=4$ kΩ,$R_B=400$ kΩ,忽略发射结压降,即设 $U_{BEQ}=0$。并设晶体管的输出特性曲线如题图 2-2(b)所示。试利用图解法求:

(1)画出直流负载线,确定静态工作点 Q,并写出静态工作点参数 I_{BQ}、I_{CQ}、U_{CEQ}。

(2)求出空载时的最大不失真的输出电压范围。

(3)求出输出端带负载 $R_L=4$ kΩ 时的最大不失真的输出电压 U_{OM}(幅值)。

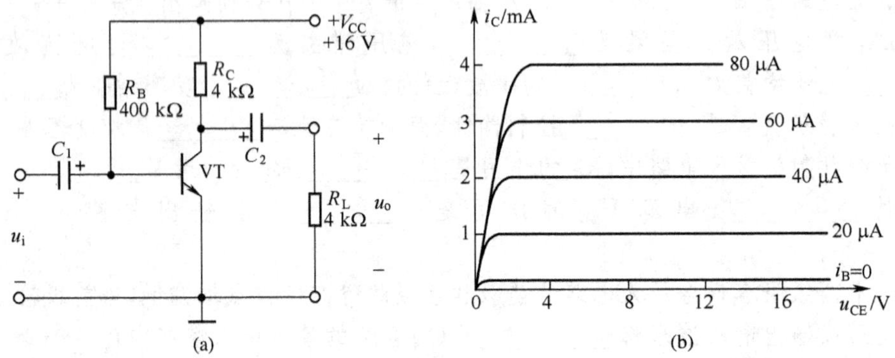

题图 2-2　题 4 附图

5. 在单管共射放大电路中输入正弦交流电压,并用示波器观察输出端 u_o 的波形,若出现题图 2-3 所示的失真波形,试分别指出各属于什么失真?可能是什么原因造成的,应如何调整参数以改善波形?

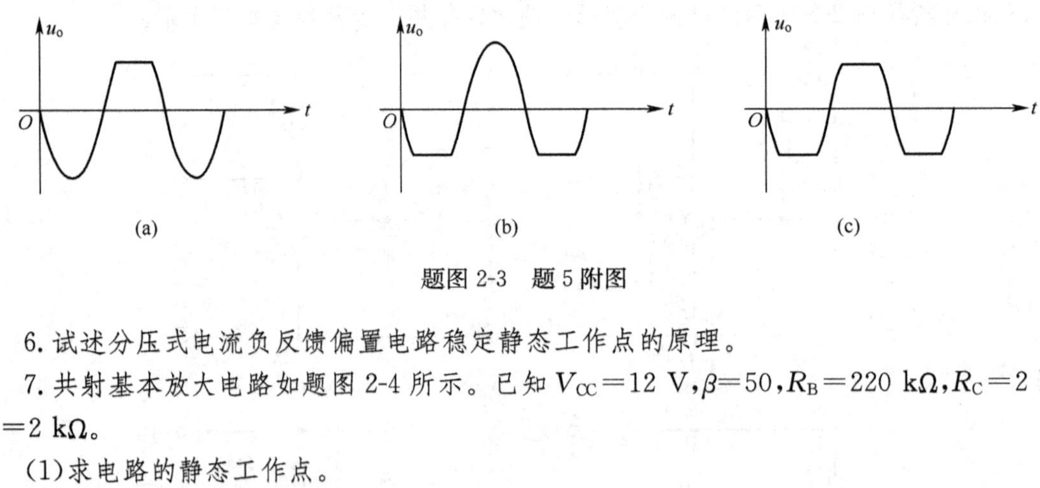

题图 2-3　题 5 附图

6. 试述分压式电流负反馈偏置电路稳定静态工作点的原理。

7. 共射基本放大电路如题图 2-4 所示。已知 $V_{CC}=12$ V,$\beta=50$,$R_B=220$ kΩ,$R_C=2$ kΩ,$R_L=2$ kΩ。

(1)求电路的静态工作点。

(2)画出放大电路的微变等效电路图。

(3)计算三极管的输入电阻 r_{be}。

(4)计算电路的电压放大倍数、输入电阻和输出电阻。

(5)若将图中的三极管换成 $\beta=100$ 的管子,其余参数不变,该电路能否起到正常的放大作用?

8. 放大电路如题图 2-5 所示。已知 $V_{CC}=12$ V,$R_C=3$ kΩ,$\beta=100$。试求:

(1)要使静态时的 $U_{CEQ}=6$ V,R_B 的阻值大约是多少?

(2)计算空载时的电压放大倍数,输入电阻和输出电阻。

(3)如果输出端带负载 $R_L=3$ kΩ,试计算电路的电压放大倍数。

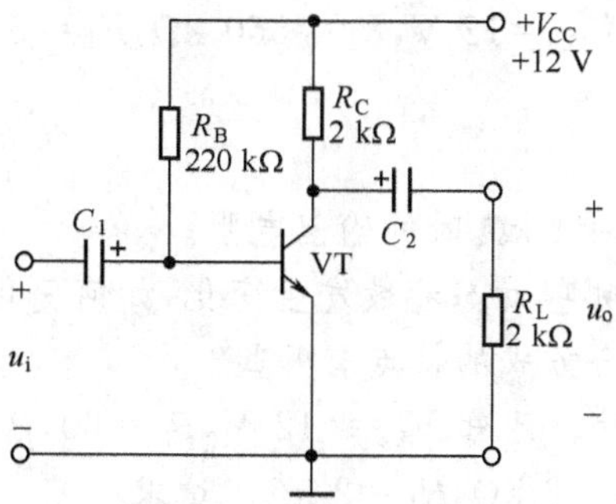

题图 2-4　题 7 附图

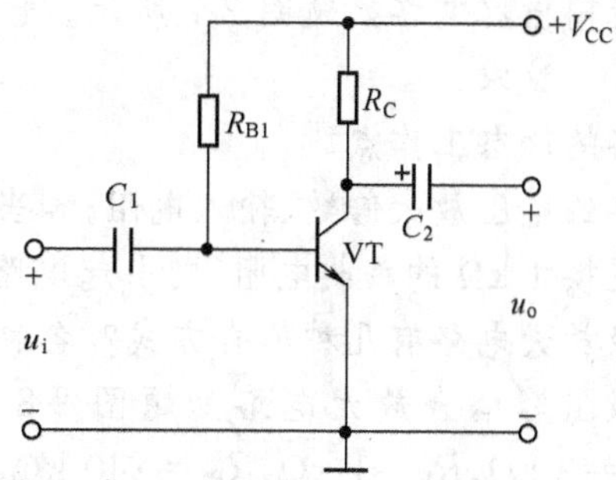

题图 2-5　题 8、11 附图

(4)如果输入端信号源有 1 kΩ 的内阻，在接有 $R_L=3\ \text{k}\Omega$ 的情况下，试求电路的电压放大倍数。

9. 放大电路如题图 2-4 所示。试问：

(1)当 $V_{CC}=12\ \text{V}$，$\beta=75$ 时，要求集电极直流电流为 $I_C=1.5\ \text{mA}$ 时，R_B 电阻应为多大？

(2)若 R_B 为可调电阻，在调整静态工作点的时候，如果不慎将 R_B 电阻调到零，对三极管有无影响？为什么？如何防止这种情况发生？

10. 放大电路如题图 2-6 所示。已知 $V_{CC}=12\ \text{V}$，$R_{B1}=22\ \text{k}\Omega$，$R_{B2}=4.7\ \text{k}\Omega$，$R_C=2.5\ \text{k}\Omega$，$R_E=1\ \text{k}\Omega$，三极管的 $\beta=50$，$r_{be}=1\ \text{k}\Omega$。试计算：

(1)电路的静态工作点。

(2)画出电路的微变等效电路图。

(3)空载时的电压放大倍数，电路的输入电阻和输出电阻。

(4)若接上 4 kΩ 的负载电阻，此时电路的电压放大倍数下降到多少？

(5)若电容 C_E 开路，则引起电路的哪些动态参数发生变化，如何变化？

11. 放大电路如题图 2-5 所示。已知 $V_{CC}=12\ \text{V}$，$R_C=2\ \text{k}\Omega$，$R_E=1\ \text{k}\Omega$，$R_{B1}=1\ \text{k}\Omega$，$R_{B2}=1\ \text{k}\Omega$，$\beta=40$。试求：

(1)电路的静态工作点。

(2)电路的其他条件不变，如果换上另一只 $\beta=100$ 的同类型的三极管，估算电路能否正常工作。

(3)如果换上 PNP 型三极管，电路应作那些改动才能正常工作。

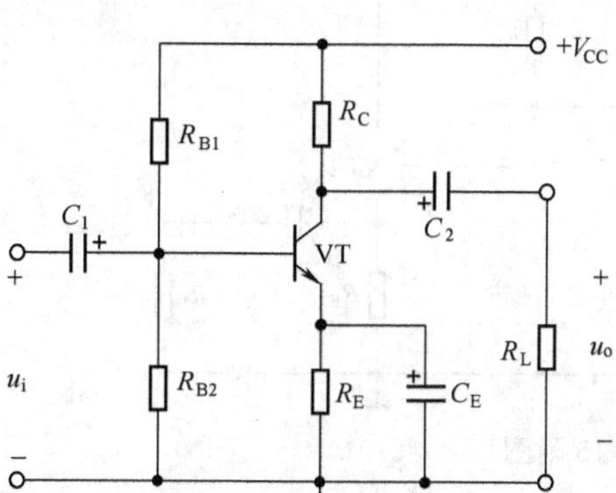

题图 2-6　题 10 附图

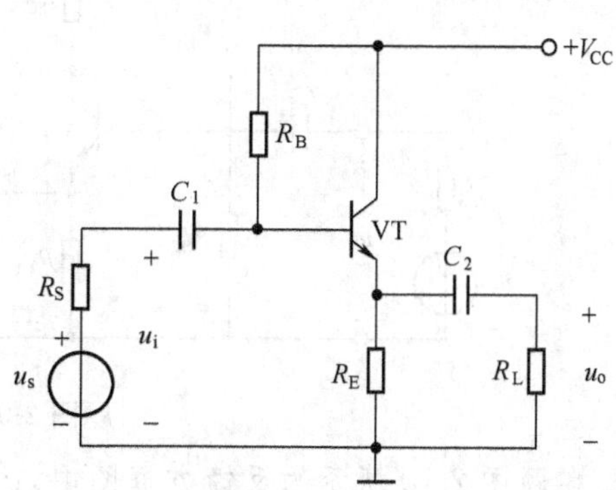

题图 2-7　题 12 附图

12. 射极输出器电路如题图 2-7 所示。已知 $V_{CC}=12$ V，$R_B=560$ kΩ，$R_E=5.6$ kΩ，$R_L=3$ kΩ，$\beta=100$。试求：

(1)电路的静态工作点。

(2)电路的电压放大倍数、输入电阻；和当 $R_s=1$ kΩ 时的输出电阻。

(3)若更换 1 kΩ 的负载电阻，则引起电路的哪些动态参数发生变化，如何变化？

13. 多级放大电路有几种耦合方式？各种耦合方式的特点有哪些？

14. 两级阻容耦合放大电路如题图 2-8 所示。已知 $V_{CC}=12$ V，$\beta_1=60$，$\beta_2=50$，$R_{B1}=240$ kΩ，$R_{C1}=2$ kΩ，$R_E=1$ kΩ，$R_{B2}=240$ kΩ，$R_{C2}=2$ kΩ，$R_L=2$ kΩ。试求：

(1)各级的静态工作点。

(2)画出电路的微变等效电路。

(3)计算两级放大电路的 A_u、r_i、r_0。

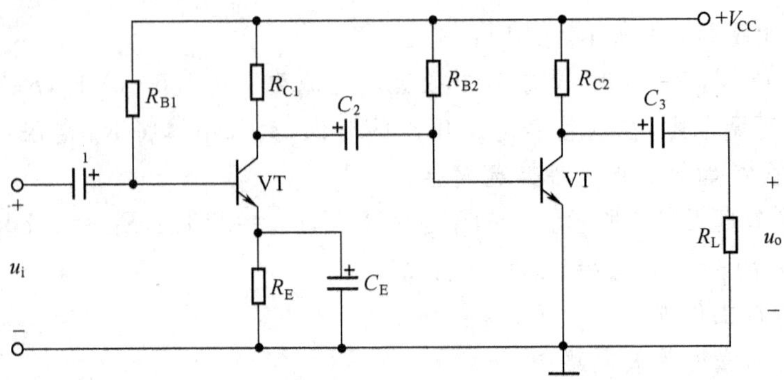

题图 2-8　题 14 附图

15. 两级阻容耦合放大电路如题图 2-9 所示。已知 $V_{CC}=12$ V，$\beta_1=\beta_2=100$，$R_{B1}=40$ kΩ，$R_{B2}=20$ kΩ，$R_{B3}=430$ kΩ，$R_{C1}=3$ kΩ，$R_{E1}=2$ kΩ，$R_{E2}=3$ kΩ，$R_L=3$ kΩ，信号源电压 $U_s=10$ mV(有效值)，$R_s=1$ kΩ，$r_{be1}=1.6$ kΩ，$r_{be2}=1.9$ kΩ，试求：

(1)各级的电压放大倍数和总的电压放大倍数。

(2)输出电压 U_o 为多大？

(3)计算电路的 r_i、r_o。

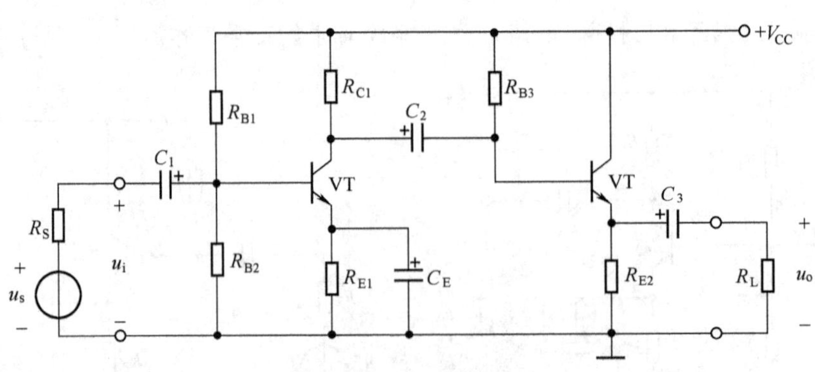

题图 2-9　题 15 附图

16. 在题图 2-10 所示的反馈方框图中，已知开环电压增益 $A_u=1\,000$，电压反馈系数 $F_u=0.02$，输出电压 $\dot{U}_o=5$ V，试求输入电压 $\dot{U}_i$、反馈电压 $\dot{U}_f$ 和净输入电压 $\dot{U}_i'$。

17. 为了实现以下目的，需要引入何种类型的反馈。

(1)为了稳定静态工作点。

(2)要求输入电阻高，输出电流稳定。

(3)要得到一个由电流控制的电流源。

(4)要得到一个阻抗变换器，输入电阻大，输出电阻小。

(5)为了稳定放大倍数，扩展通频带。

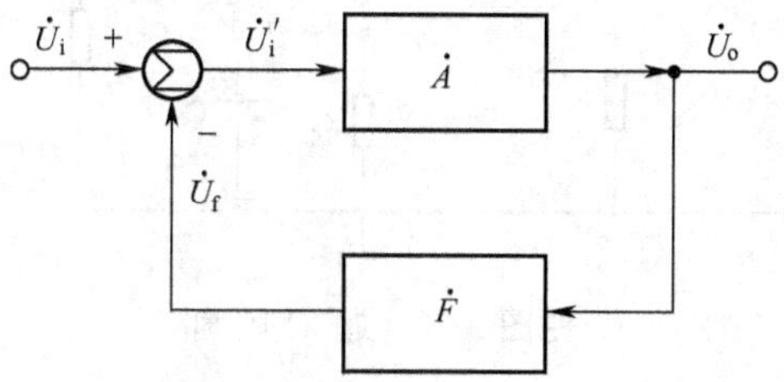

题图 2-10 题 16 附图

18. 判断题图 2-11 所示的各电路中是否引入了反馈，是直流反馈还是交流反馈、是正反馈还是负反馈，并指出引入的是哪种组态的交流负反馈。

19. 估算题图 2-11 所示的各电路在深度负反馈下的闭环电压放大倍数。

20. 分别说明题图 2-11 所示的各电路因引入负反馈，使电路的输入电阻、输出电阻所发生的变化。只需定性说明是增大还是减小。

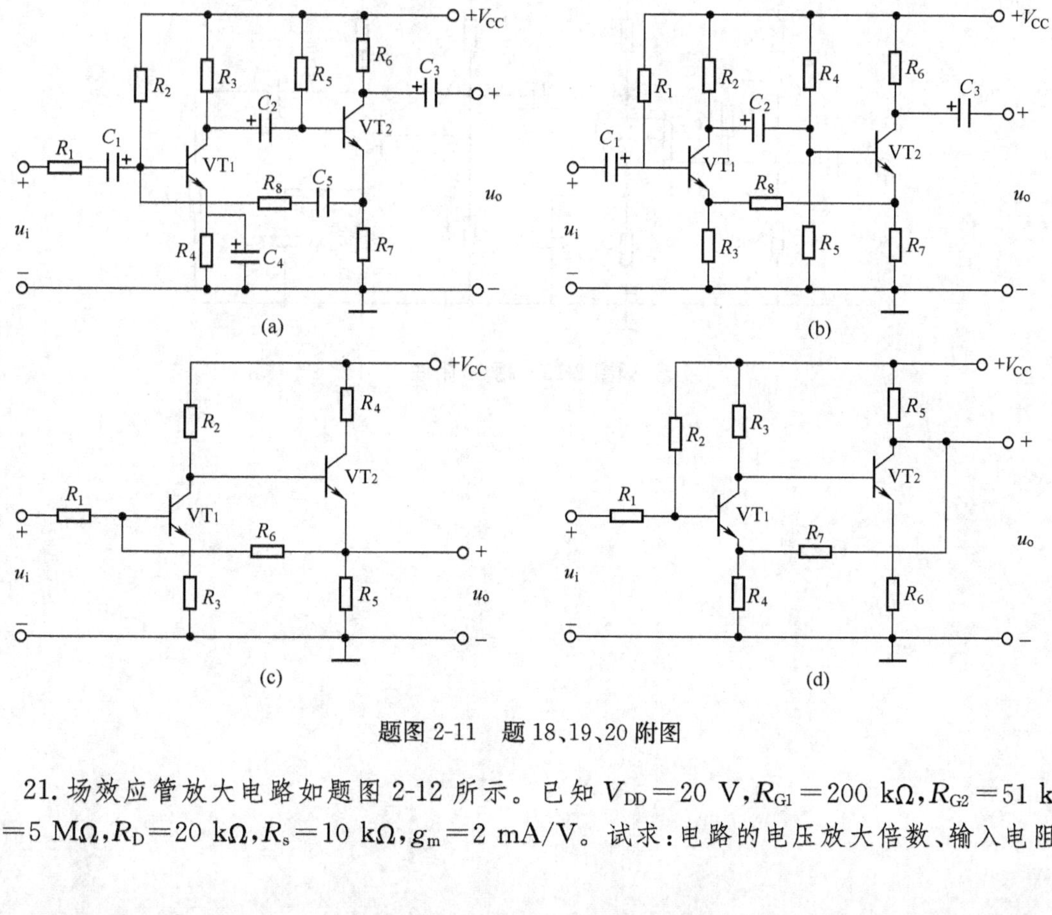

题图 2-11 题 18、19、20 附图

21. 场效应管放大电路如题图 2-12 所示。已知 $V_{DD}=20$ V，$R_{G1}=200$ kΩ，$R_{G2}=51$ kΩ，$R_G=5$ MΩ，$R_D=20$ kΩ，$R_s=10$ kΩ，$g_m=2$ mA/V。试求：电路的电压放大倍数、输入电阻和

输出电阻。

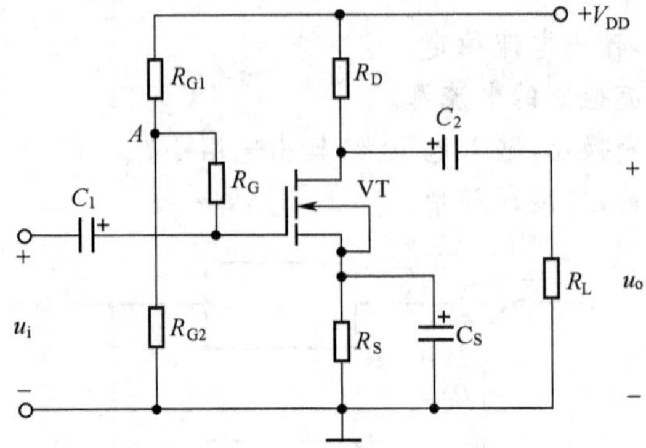

题图 2-12　题 21 附图

22. 题图 2-13 所示电路为晶体管与场效应管组成的两级放大电路。已知第一级元件参数为 $V_{CC}=24\ V$, $R_{G1}=200\ k\Omega$, $R_{G2}=60\ k\Omega$, $R_G=1\ M\Omega$, $R_D=10\ k\Omega$, $R_s=10\ k\Omega$, $g_m=1.5\ mA/V$；第二级元件参数为 $R_{B1}=33\ k\Omega$, $R_{B2}=8.2\ k\Omega$, $R_C=10\ k\Omega$, $R_E=3\ k\Omega$, $R_L=10\ k\Omega$, $\beta=80$。试求：

(1)电路的总电压放大倍数。

(2)电路的输入电阻和输出电阻。

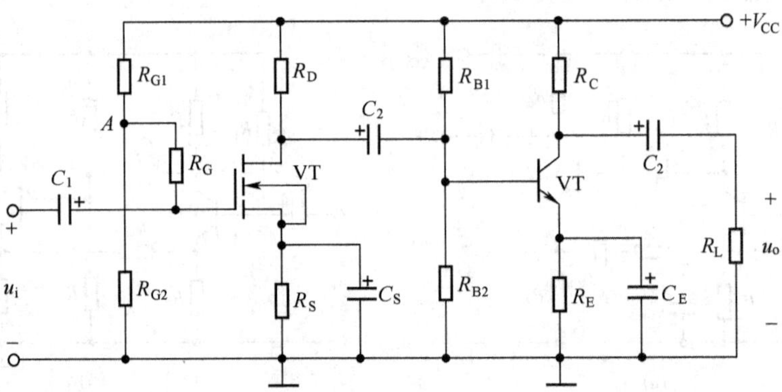

题图 2-13　题 22 附图

第三章　集成运算放大电路

在自动检测和自动控制电路中，常会遇到频率很低的电信号，例如温度、压力、转速等物理量通过传感器转变而成的弱电信号，这些信号变化极为缓慢，通常将这些信号称为直流信号。处理或放大直流信号的放大电路称为直流放大器。直流放大器与前面所讲的交流放大器有所不同，它由直接耦合的多级放大器组成，典型的直流放大器是差分放大器。随着集成电路技术的发展，在差分放大器的基础上研制出了集成运算放大电路。

集成运算放大电路（简称集成运放）是一种高电压增益、高输入电阻、低输出电阻的直接耦合的多级放大电路，通过与不同的外部电路连接，就可构成功能和特性各异的运算放大器电路。集成运放因其最初用于模拟量运算而得名，它不仅能实现各种模拟运算，也能实现信号放大、信号变换、信号产生、信号滤波、模拟电压比较，应用十分广泛。本章从典型电路入手，围绕基本概念、基本原理和基本分析方法，介绍集成电路的一般知识、差分放大电路和集成运算放大器的组成与工作原理，并重点介绍集成运放的线性应用和非线性应用。

第一节　集成电路概述

一、集成电路及其制造工艺

一般把用晶体管、电阻、电容等电子元器件组成的电子电路称为分立元件电路。它体积大、焊点多、不易组装和调试、且工作可靠性差，很难满足现代电子设备的要求。20 世纪 60 年代初期出现了一种新型半导体器件——集成电路（Integrated Circuit，IC），它是一种把元器件和电路融为一体的固体组件。它具有体积小、重量轻、功耗小、外部连线少、焊点少等优点，从而大大提高了设备的可靠性，降低了成本，推动了电子技术的普及和应用。

集成电路就是利用半导体制造工艺，将由晶体管（场效应管）、二极管、电阻、电容等元器件及连接导线组成的具有完整功能的电路，制作在一块半导体硅基片上，然后外部封装构成集成半导体器件。从生产过程来看，集成电路是顺次运用不同的半导体制造工艺技术，最终在硅片上实现所设计的图形和电学结构而得到的产物。其主要包含氧化（硅片在高温氧中生成二氧化硅薄层，以防止外界杂质污染硅片）、扩散（一种掺杂工艺，利用热运动实现杂质原子进入硅片中）、离子注入（一种应用广泛掺杂工艺，采用高能杂质离子束轰击硅片实现掺杂）、气相淀积（利用某种物理过程或者化学过程实现物质转移，在硅片表面淀积薄膜）、外延（在硅半导体基片上获得与基片晶向相同的半导体薄膜）、光刻（此为关键技术，利用照相制版技术将有关图形刻在硅片上）、金属化（为了制作电极、导线、连接点而将金属应用于硅片中）。

根据结构形式不同，集成电路常见的封装类型有圆形式、扁平式、单列式、双列式和菱形式等，图 3-1 所示为部分封装结构示意图。集成电路元件密度高、易于自动安装，已大量应用于电子计算机、自动控制、自动检测、通讯信号等各个领域，而且已广泛应用到人们的日常生活中，成为各类消费电子产品的重要组成部分。

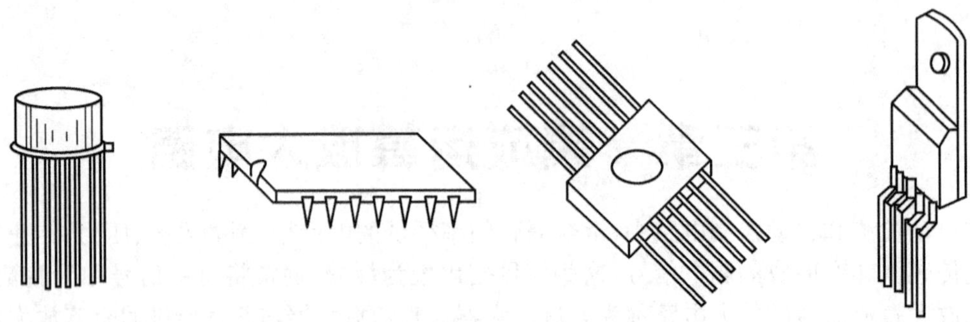

(a) 圆形封装　(b) 双列直插形　(c) 偏平形　(d) 单列直插形

图 3-1　集成电路的部分封装结构形式

二、集成电路分类

集成电路的种类很多，若按其功能不同可分为数字集成电路和模拟集成电路两大类。数字集成电路是用来产生和处理各种数字信号的集成电路，除了数字集成电路以外的电路统称为模拟集成电路，它是用来产生、放大、处理各种模拟信号或进行模拟信号与数字信号间相互转换的电子电路。常用的模拟集成电路有集成运算放大器、集成宽带放大器、高频/中频放大器、集成功率放大器、集成稳压器、模拟乘法器及集成锁相环等。

按照制造工艺不同，模拟集成电路可分为单片集成电路和混合集成电路。单片集成电路是一种全集成电路，它将电路的全部元、器件制作在一块硅晶片上；混合集成电路是在陶瓷等基片上用印制或蒸发方法制成电阻、电容后，再将单片集成的晶体管、二极管芯片焊接在上面而混合构成的。因此，混合集成电路具有分立电路的形式，电路结构灵活性较大，但制作工艺复杂，生产效率低。

按用途不同，集成电路可分为通用型集成电路和专用型（也称特殊型）集成电路。通用型集成电路一般有多种用途，如集成运算放大电器；专用型集成电路有其特定用途，如电视接收机、手机、电子表等使用的专用集成电路。

按工作状态不同，模拟集成电路分为线性集成电路和非线性集成电路。线性集成电路是指输出信号与输入信号呈线性关系的电路，一般用作放大器；非线性集成电路是指输出信号与输入信号呈非线性关系的电路，一般用作信号间的变换。

按有源器件导电机理不同，模拟集成电路可分为双极型、单极型和双—单极混合型集成电路。双极型集成电路由双极型晶体管（电子和空穴两种载流子参与导电，简称 BJT）组成，这种电路的优点是工作速度快、频率高、信号传输延迟时间短，但制造工艺较复杂。单极型集成电路由场效应管（只有电子或空穴一种载流子参与导电，简称 FET）组成，其优点是电路输入阻抗高、功耗小、工艺简单、集成度高、易于实现大规模集成，但它们的传输延迟时间长、工作速度低、负载驱动能力也较小；双—单极混合型集成电路采用 MOS 和 BJT 兼容工艺制成，因而电路兼有双极型和单极型的优点。

三、模拟集成电路的特点

模拟集成电路的一些特点与其制造工艺是紧密相关的，其主要特征可归结如下：

（1）级间采用直接耦合方式。在集成电路中不能制造电感器，而制造的电容器容量又不大，约在几十皮法以下，而且性能也很不稳定，所以集成电路中放大器级间均采用直接耦合方式。但为了克服直接耦合带来的零点漂移，集成电路的输入级都采用差分放大电路。

(2)用有源器件代替无源元件。集成电路中的有源器件(BJT、FET)占据芯片的面积小，参数易于匹配，所以常用双极型三极管、场效应管等有源器件代替电阻、电容等无源元件。

(3)电路结构与元件参数具有良好的对称性。电路各元件是在同一硅片上通过相同的工艺过程制造出来的，所以它们的性能参数一致性好，容易制成两个特性相同的管子或两个阻值相等的电阻。因此，模拟集成电路常采用结构对称或元件参数彼此匹配的电路形式，利用参数补偿的原理来提高电路的性能。

(4)采用复合结构的电路。由于复合结构电路的性能较佳而制作又不增加多少困难，因而在模拟集成电路中多采用诸如复合晶体管、共射—共基、共集—共基等复合结构电路。

(5)电路中的二极管常用 BJT 的发射结构成，多用作温度补偿元件或电位移动电路。

(6)外接少量分立元件。电感、大容量电容、低阻值电阻与高阻值电阻均不能集成，因此集成电路在使用时还要按需连接部分电感、电容、电阻。另外，某些模拟集成电路需要调整偏置满足不同使用条件，也要外部连接少量的分立元件。

第二节　差分放大电路

直接耦合的放大电路能放大直流信号或变化缓慢的信号，显然也可以放大交流信号，因此具有良好的低频特性，所以称为直流放大电路。由于没有隔直的耦合电容，各级的静态工作点会互相影响，这给直流放大电路的设计和调试带来困难。另外，直流放大电路存在着零点漂移问题。零漂的存在，轻者使直流放大电路输出信号产生失真，重者导致输出的有用信号被淹没，放大器无法正常工作。当多级放大器的级数越多时，零漂越严重，尤其是第一级放大电路的零漂会逐级被放大，对输出影响特别大。引起零漂的主要原因是电源电压波动、元件参数变化和环境温度变化。采用高质量的稳压电源和使用经过老化的元器件可以大大减小电源电压波动和元件参数变化所产生的零漂。由于半导体器件参数易随温度变化而变化，所以温度所引起的漂移(温漂)就成为零点漂移的主要来源，实际中最为常见、最为有效的措施是采用差分放大电路。由于差分放大电路具有良好地抑制零点漂移的能力，因此它成为集成运放的一个最基本的电路单元。

一、典型差分放大电路

1. 差分放大电路的组成和静态分析

(1)电路组成。差分放大电路又称为差动放大电路，它由两个完全对称的共发射极电路组成。图 3-2 所示是典型差分放大电路(又称为长尾型差分电路)，图中两个晶体管 VT_1、VT_2 特性相同，$\beta_1=\beta_2=\beta$，且电路两边对称，即 $R_{C1}=R_{C2}=R_C$，$R_{B1}=R_{B2}=R_B$，电路有两个电源 $+V_{CC}$ 和 $-V_{EE}$，有两个输入端和两个输出端。R_E 为发射极电阻，主要用来抑制零点漂移并决定电路的静态工作点。在电路设置中 R_B 阻值较小，因此可忽略 R_{B1}、R_{B2} 对输入信号的分压作用。

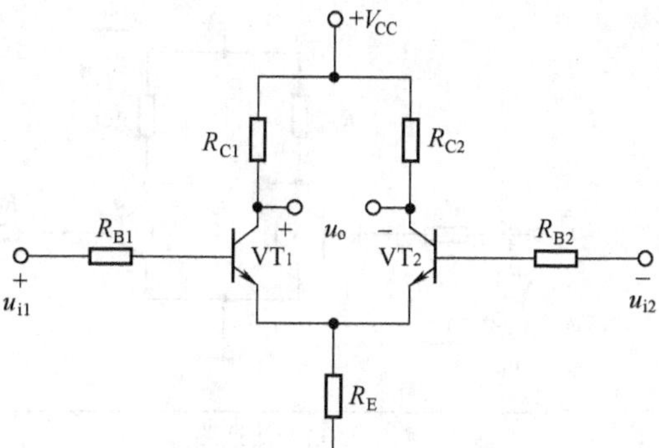

图 3-2　典型差分放大电路

(2)静态工作点的计算。静态时,即 $u_{i1}=u_{i2}=0$ 时,由于电路完全对称,$I_{CQ1}=I_{CQ2}$,$I_{EQ1}=I_{EQ2}$,R_E 中的电流等于 VT_1 和 VT_2 的发射极电流之和,即 $I_{R_E}=I_{EQ1}+I_{EQ2}=2I_{EQ}$,这时根据基极回路方程有

$$V_{EE}=I_{BQ}R_B+U_{BEQ}+2I_{EQ}R_E \tag{3-1}$$

通常 $R_B \ll (1+\beta)R_E$,$U_{BEQ}=0.7$ V(硅管),且 I_{BQ}很小,R_B 上的压降可忽略不计,此时发射极电位 $U_{EQ}\approx -U_{BEQ}$,因而可估算出电路的静态工作点:

$$I_{EQ}\approx\frac{V_{EE}-U_{BEQ}}{2R_E} \tag{3-2}$$

$$I_{CQ1}=I_{CQ2}=I_{CQ}\approx I_{EQ} \tag{3-3}$$

$$I_{BQ1}=I_{BQ2}=I_{BQ}\approx\frac{I_{CQ}}{\beta} \tag{3-4}$$

$$U_{CEQ1}=U_{CEQ2}=U_{CEQ}=U_{CQ}-U_{EQ}\approx V_{CC}-I_{CQ}R_C+U_{BEQ} \tag{3-5}$$

由式(3-2)可见,静态工作电流取决于 V_{EE}和 R_E。同时,输入信号为零时,输出信号电压也为零,即 $u_o=V_{CQ1}-V_{CQ2}=0$,通常将这种情况称之为零输入零输出。

2.差分放大电路的动态分析

(1)差模输入时的动态分析。差模输入方式是指两个输入端所加信号大小相等、极性(相位)相反的工作方式。两个输入信号之差定义为差模输入信号(简称差模信号,记为 u_{id} 或 u_{Id})。对于图 3-2 所示电路,若为差模输入,即 $u_{i1}=-u_{i2}$,则 $u_{id}=u_{i1}-u_{i2}=2u_{i1}$,作变换有 $u_{i1}=\frac{1}{2}u_{id}$,$u_{i2}=-\frac{1}{2}u_{id}$。差分放大电路正常工作时所放大的信号是差模信号,因此差模信号是有用的输入信号。正因为放大器的输出电压与两个输入端的输入电压之差成正比,所以称之为差分放大电路。

当输入为差模信号 u_{id}时,由于两管接受的信号大小相等、极性相反,且电路两边对称,则必然使 VT_1 管的集电极电流增大,VT_2 管的集电极电流减小。在电路对称的条件下,有 $i_{c1}=-i_{c2}$,因此,流过 R_E 中的电流变化量互相抵消而保持 $2I_E$ 不变,即发射极的电位不变(在 R_E 上的交流压降为零),所以对差模信号而言,发射极电阻可视为短路,也就是说 R_E 对差模信号不起作用,故交流通路和微变等效电路如图 3-3 所示。

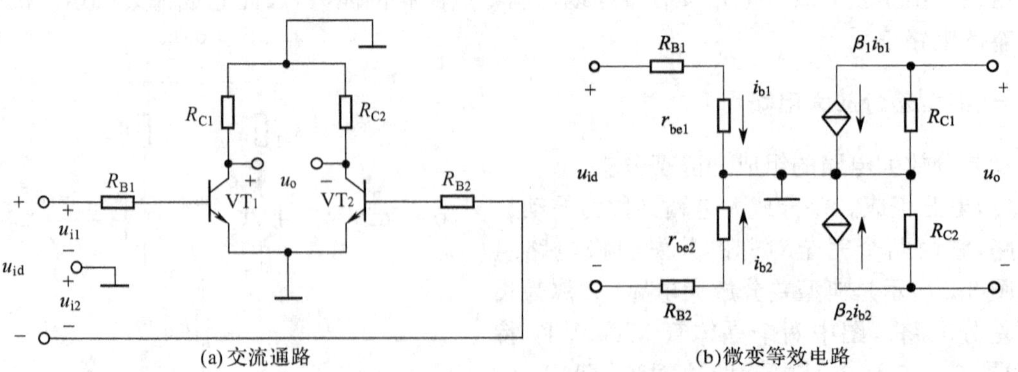

图 3-3 差模输入时的交流通路和微变等效电路

①双端输入—双端输出。信号电压分别由两个管子的基极(电路输入端)输入,称之为双端输入,而一个输入端加信号,另一个输入端接地,称之为单端输入;放大后的输出电压从两个

集电极之间取出，称之为双端输出；也可以只从其中一个管子的集电极取出，称之为单端输出。双端输入—双端输出是指差分放大电路的输入信号从两个三极管的基极间加入、输出电压从两个三极管的集电极之间输出。

在差模输入信号作用下，集电极 C_1 和 C_2 点的电位向相反的方向变化，即一边增量为正，一边增量为负，并且大小相等，即 $u_{o2}=-u_{o1}$。这样两管集电极间的输出电压为

$$u_{od}=u_{C1}-u_{C2}=u_{o1}-u_{o2}=2u_{o1} \tag{3-6}$$

差模输出电压 u_{od} 与差模输入电压 u_{id} 之比称为差分放大电路双端输出时的差模电压放大倍数 A_{ud}：

$$A_{ud}=\frac{u_{od}}{u_{id}}=\frac{u_{o1}-u_{o2}}{u_{i1}-u_{i2}}=\frac{2u_{o1}}{2u_{i1}}=-\frac{\beta R_C}{R_B+r_{be}} \tag{3-7}$$

由上式可见，双端输出时的差模电压放大倍数与单管共发射极放大电路的电压放大倍数相同。

若两集电极 C_1、C_2 间接入负载电阻 R_L 时，负载电阻 R_L 的中点是交流零电位，所以在差模输入的等效电路中，每管的集电极负载电阻为 $R_L/2$。这时，双端输入－双端输出时的差模电压放大倍数为

$$A_{ud}=\frac{u_{od}}{u_{id}}=-\frac{\beta R'_L}{R_B+r_{be}} \tag{3-8}$$

其中：$R'_L=R_C//\frac{R_L}{2}$。

差分放大电路的差模输入电阻 r_{id} 由图 3-3(b)所示电路可得

$$r_{id}=2(R_B+r_{be}) \tag{3-9}$$

可见，差分放大电路的差模输入电阻是单管共射放大电路输入电阻的两倍。

差分放大电路的输出电阻 r_{od} 由图 3-3(b)所示电路可得

$$r_{od}\approx 2R_C \tag{3-10}$$

② 双端输入—单端输出。由于输出电压只取一管的集电极电压的变化量，所以这时的电压放大倍数只有双端输出时的一半，即

$$A_{ud}=\frac{u_{od}}{u_{id}}=\frac{u_{o1}}{u_{i1}-u_{i2}}=\frac{u_{o1}}{2u_{i1}}=-\frac{\beta R'_L}{2(R_B+r_{be})} \tag{3-11}$$

单端输出时的差模输入电阻仍为 $r_{id}=2(R_B+r_{be})$，输出电阻 $r_{od}\approx R_C$。

③ 单端输入的方式。在图 3-2 所示电路中，如果 $u_{i1}\neq 0$，$u_{i2}=0$，也就是 VT_1 的输入端接信号，VT_2 的输入端接地，此时，称单端输入（又称为不对称输入）。此时，VT_2 管看似没得到输入信号，其实它通过射极耦合的形式，将 VT_1 的发射极电流信号传输到 VT_2，其交流通路如图 3-4 所示。由于 R_E 相对 r_{be} 较大，且流过的电流远大于基极电流，则 R_E 支路相当于开路，输入信号电压 u_{i1} 近似地均分在两路输入回路上，射极电位近似为 $\frac{1}{2}u_{i1}$，则两个三极管发射结上的信号电压近似一致（大小相同，相位相反），所以电路工作状态与双端输入时近似一致。单端输入时的相关指标参数与双端输入时相同，如单端输入—双端输出的指标参数与双端输

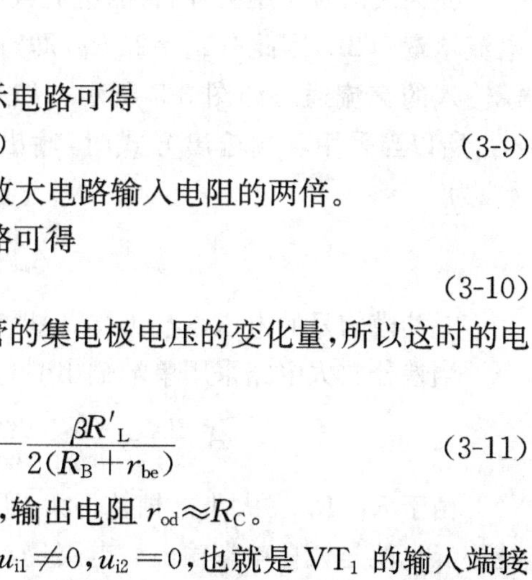

图 3-4　单端输入时的交流通路

入—双端输出相同，单端输入—单端输出的指标参数与双端输入—单端输出相同。

(2)共模输入时的动态分析。共模输入是指在两个输入端加入大小相等、相位相同的信号。输入的信号称为共模输入信号(简称共模信号，记为 u_{ic})。对于图 3-2 所示电路，共模输入时有 $u_{i1}=u_{i2}=u_{ic}$。

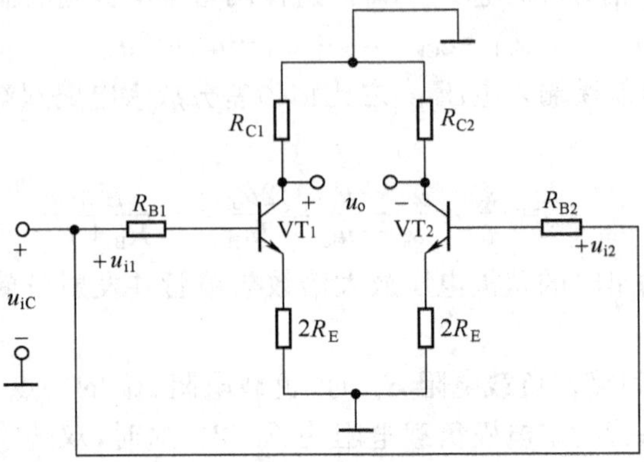

图 3-5　共模输入时的交流通路

在共模信号作用下，两管的电流大小相等，变化趋势相同，即有 $i_{e1}=i_{e2}=i_e$，流过 R_E 上的电流增量为 $2i_e$，因此有 $u_e=2i_eR_E$，即对于单管而言，相当于发射极接了一个 $2R_E$ 的电阻，其共模输入的交流通路如图 3-5 所示。如果电路完全对称，则两管的集电极电压相等，即 $u_{C1}=u_{C2}$，所以当采用双端输出方式时，输出电压为 $u_{oC}=u_{C1}-u_{C2}=0$，其共模电压增益(放大倍数)为

$$A_{uc}=\frac{u_{oC}}{u_{iC}}=\frac{u_{C1}-u_{C2}}{u_{iC}}=0 \tag{3-12}$$

对共模信号的电压增益为零，说明对共模信号根本不放大，即完全抑制了共模信号。

当差分放大电路采用单端输出时，其共模电压增益为

$$A_{uc}\frac{u_{oC}}{u_{iC}}=\frac{u_{C1}}{u_{iC}}=\frac{u_{C1}}{u_{IC}}=\frac{-\beta R'_L}{R_B+r_{be}+2(1+\beta)R_E}\approx-\frac{R'_L}{2R_E} \tag{3-13}$$

由于 R'_L、R_E 在大小上相差不大，所以共模信号的电压增益小，且 R_E 越大，共模电压增益越小。也就是说在单端输出时电路仍具有较大的共模信号抑制能力。

实际上，差分放大电路对共模信号的抑制，不但利用了电路的对称性，而且利用了射极电阻 R_E 对共模信号的负反馈作用，抑制了每个管子集电极电流的变化，从而抑制了每个管子集电极电位的变化。因此，差分放大电路对共模信号的抑制能力比较强。从前面章节知道，漂移信号或是伴随输入信号一起加入的干扰信号(对两边有相同的干扰作用)就是共模信号，如环境温度升高，引起两管的集电极电流增加，则由于 R_E 的负反馈作用，能阻止两管电流的增加，这就抑制了零点漂移。

为了说明差分放大电路对差模信号的放大能力和对共模信号的抑制能力，常用共模抑制比作为一项技术指标来衡量，其定义为差模电压放大倍数与共模电压放大倍数之比的绝对值，用 K_{CMR}表示，即

$$K_{CMR}=\left|\frac{A_{ud}}{A_{uc}}\right| \tag{3-14}$$

有时也采用分贝数来表示：

$$K_{CMR}=20\lg\left|\frac{A_{ud}}{A_{uc}}\right|(\text{dB}) \tag{3-15}$$

K_{CMR}的值越大，表明电路抑制共模信号的能力越强。在电路理想对称情况下，差分放大电路双端输出时的共模抑制比 $K_{CMR}=\infty$，而单端输出时的共模抑制比为

$$K_{CMR}=\left|\frac{A_{ud}}{A_{uc}}\right|=\frac{\beta R_E}{R_B+r_{be}} \tag{3-16}$$

(3)任意输入时的动态分析。在实际应用中，差分放大电路的输入既有需要放大的差模信号，又有窜入的共模信号，可认为输入是一个任意信号。假如在图 3-2 所示的差分放大电路中，两个输入信号 u_{i1}、u_{i2}是任意信号，可以将这对信号分解为差模输入信号和共模输入信号：

$$u_{i1}=\frac{1}{2}(u_{i1}+u_{i2})+\frac{1}{2}(u_{i1}-u_{i2})=u_{iC}+\frac{1}{2}u_{id} \tag{3-17}$$

$$u_{i2}=\frac{1}{2}(u_{i1}+u_{i2})-\frac{1}{2}(u_{i1}-u_{i2})=u_{iC}-\frac{1}{2}u_{id} \tag{3-18}$$

式中，令 $u_{id}=(u_{i1}-u_{i2})$为差模输入信号，令 $u_{ic}=\frac{1}{2}(u_{i1}+u_{i2})$为共模输入信号。输入任意信号时的等效电路如图 3-6 所示。

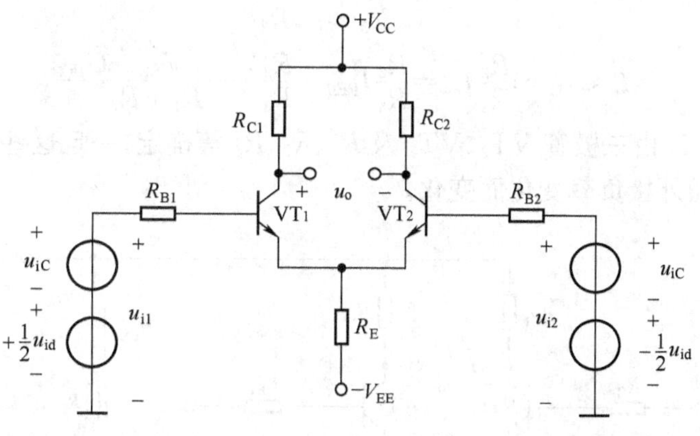

图 3-6　差分放大电路输入任意信号时的等效电路

应用叠加定理，可得图 3-6 所示电路两集电极对地输出电压分别为

$$u_{o1}=A_{ud1}u_{id}+A_{uC1}u_{iC} \tag{3-19}$$

$$u_{o2}=A_{ud2}u_{id}+A_{uC2}u_{iC} \tag{3-20}$$

式中，A_{ud1}、A_{uc1}和 A_{ud2}、A_{uc2}分别表示 VT_1、VT_2 管单端输出时的差模放大倍数和共模放大倍数。当电路对称时，则有

$$A_{ud1}=-A_{ud2}=\frac{1}{2}A_{ud} \tag{3-21}$$

$$A_{uc1}=A_{uc2}=A_{uc} \tag{3-22}$$

若采用双端输出，由图 3-6 所示电路可得

$$\begin{aligned}u_o=u_{o1}-u_{o2}&=(A_{ud1}-A_{ud2})u_{id}+(A_{uc1}-A_{uc2})u_{ic}\\&=A_{ud}u_{id}=A_{ud}(u_{i1}-u_{i2})\end{aligned} \tag{3-23}$$

前述的单端输入，可以看成是一个输入信号为零的两任意信号的双端输入，$u_{id}=u_{i1}$，$u_{ic}=\frac{1}{2}u_{i1}$，仿上分析所得结论与前述一致。由此可以看出，只要输出方式相同，不管是双端输入还是单端输入，它们的分析方法是相同的。另外需要指出的是，叠加定理只适用于线性电路的分析，因此差分放大电路只有处在小信号的状态下，才能使用上述分析方法。

二、具有恒流源的差分放大电路

为了保证差分放大电路具有较好的抗干扰性，必须要有足够高的共模抑制比。由式(3-16)可知，共模抑制比与发射极电阻 R_E 成正比，这说明利用 R_E 对共模信号的负反馈作用，可以提高共模抑制比。但 R_E 的增大势必要提高电源电压 V_{EE}，以保持差放管正常的工作电流，另一方面过大的电阻又不便于集成。解决此矛盾的有效方法是采用恒流源电路来代替电阻 R_E，因为恒流源电路具有直流电阻小、交流电阻大的特点，因此可用恒流源电路来代替电阻 R_E，可有效地增大共模抑制比。

图 3-7 所示为一种带恒流源的差分放大电路。其中三极管 VT_1、VT_2 是差分对管，三极管 VT_3、VT_4 及电阻 R_1、R_2、R_3 组成恒流源电路。由图可求得恒流源电路的基准电流：

$$I_{REF}\approx I_{E4}=\frac{V_{CC}+V_{EE}-U_{BE4}}{R_1+R_2} \tag{3-24}$$

由电路结构得

$$I_{E3}R_3\approx I_{E4}R_2 \tag{3-25}$$

所以

$$I_o\approx I_{E3}\approx\frac{R_2}{R_3}I_{E4}=\frac{R_2}{R_3}I_{REF}=\frac{R_2}{R_3}\frac{V_{CC}+V_{EE}-U_{BE4}}{R_1+R_2} \tag{3-26}$$

可见恒流源的电流 I_o 由三极管 VT_3、VT_4 及 R_1、R_2、R_3 等确定，一旦这些参数确定，I_o 就为一恒定的电流，不会随外接负载变化而变化。

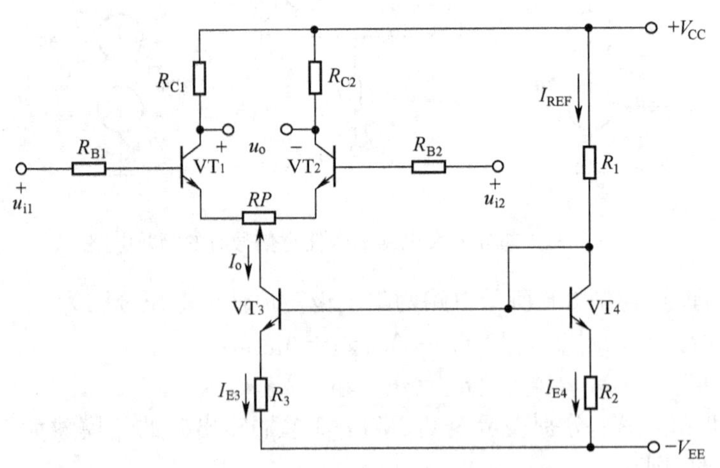

图 3-7　具有恒流源的差分放大电路

由三极管的输出特性曲线可知，当三极管 VT_3 工作在线性放大区时，输出特性具有恒流源的特性，即 i_C 仅受 i_B 的控制而与 u_{CE} 的变化基本无关。当设定静态工作点 Q 后，恒流源 VT_3 管的直流电阻 R_{CE} 很小，只有几百欧至几千欧，而它的交流电阻却非常大，约几十千欧到几兆欧，甚至达到无穷大。因此这种电路相当于在差分放大电路的发射极中串入了一个无穷大的电阻，它对共模信号具有强烈的负反馈作用，能很好地抑制零点漂移，大大提高了电路的共模抑制比。

对于图 3-7 所示的具有恒流源的差分放大电路的静态工作点及 A_{ud}、A_{uc}、r_{id} 和 r_{od} 计算，读者可自行分析。

三、差分放大电路的四种连接方式

差分放大电路有两种输入方式和两种输出方式，组合起来共有四种连接方式，即双端输入—双端输出、双端输入—单端输出、单端输入—双端输出、单端输入—单端输出。不管是双端输入或是单端输入，只要差分放大电路的输出方式相同，其放大作用相同。表 3-1 所示为四种连接方式的主要性能指标，以便比较分析。

表 3-1　差分放大电路四种连接方式及性能比较

输出方式	双端输出	
输入方式	双端输入	单端输入
原理电路图	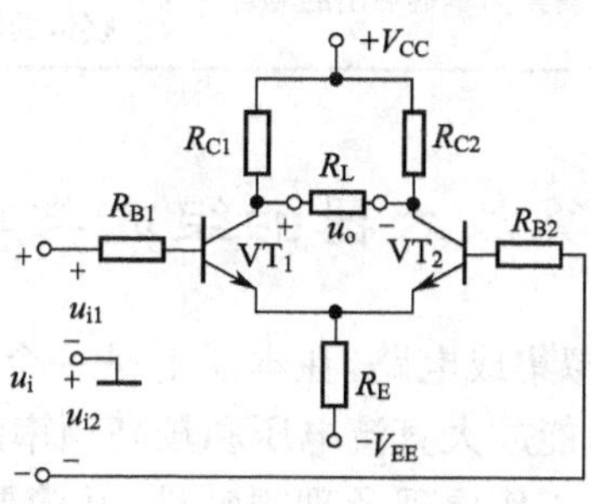	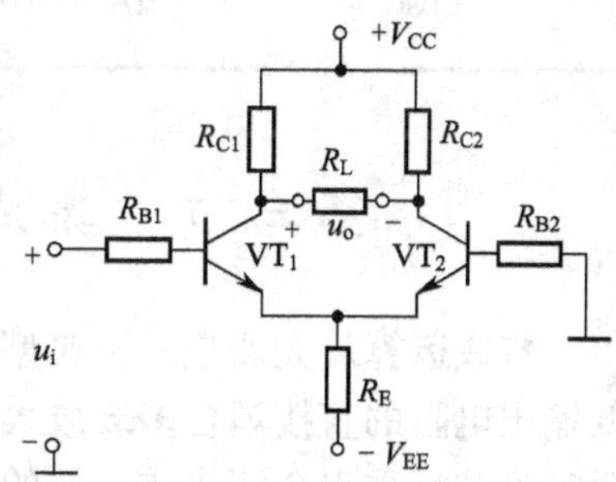
差模电压放大倍数 A_{ud}	$A_{ud}=-\beta\frac{R_L'}{R_B+r_{be}}$ $R_L'=R_C//\frac{1}{2}R_L$	
共模电压放大倍数 A_{uc}	$A_{uc}\to 0$	
共模抑制比 K_{CMR}	$K_{CMR}\to\infty$	
差模输入电阻 r_{id}	$r_{id}=2(R_B+r_{be})$	
输出电阻 r_o	$r_o=2R_C$	
用途	适用于输入、输出都不需接地，对称输入、对称输出的场合	适用于将单端输入转换为双端输出的场合
输出方式	单端输出	
输入方式	双端输入	单端输入
原理电路图	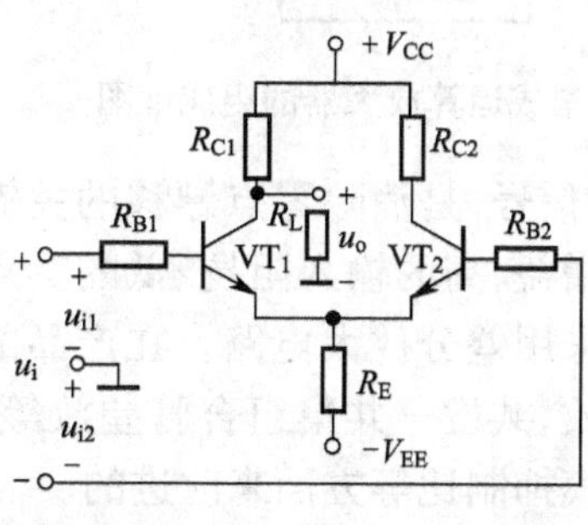	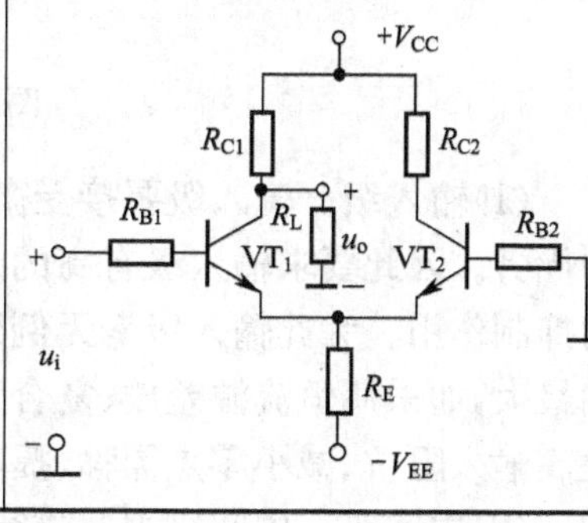

续上表

输出方式	单端输出	
输入方式	双端输入	单端输入
差模电压放大倍数 A_{ud}	$A_{ud}=-\frac{1}{2}\frac{\beta R'_L}{R_B+r_{be}}$ $R'_L=R_C//R_L$	
共模电压放大倍数 A_{uc}	$A_{uc}\approx-\frac{R'_L}{2R_E}$	
共模抑制比 K_{CMR}	$K_{CMR}\approx\frac{\beta R_E}{R_B+r_{be}}$	
差模输入电阻 r_{id}	$r_{id}=2(R_B+r_{be})$	
输出电阻 r_o	$r_o=R_C$	
用途	适用于将双端输入转换为单端输出的场合	适用于输入、输出电路中需要有公共接地的场合

第三节　集成运算放大器的组成与理想特性

集成运算放大器是一种典型的模拟集成电路，在本质上是一个高电压增益、高输入电阻、低输出电阻的直接耦合多级放大电路，能放大直流电压和较高频率的交流电压，其应用十分广泛。本节将重点介绍集成运放的组成、工作原理及理想特性，并简要介绍运放的外形、电路符号及主要参数。

一、集成运算放大器的组成与工作原理

1. 集成运算放大器的组成

集成运算放大器的种类繁多，电路也各不相同，但从电路的总体结构上看，型号各异的集成运放的电路组成却有很多共同之处。一般均由输入级、中间级、输出级以及偏置电路所组成，其基本组成框如图 3-8 所示。

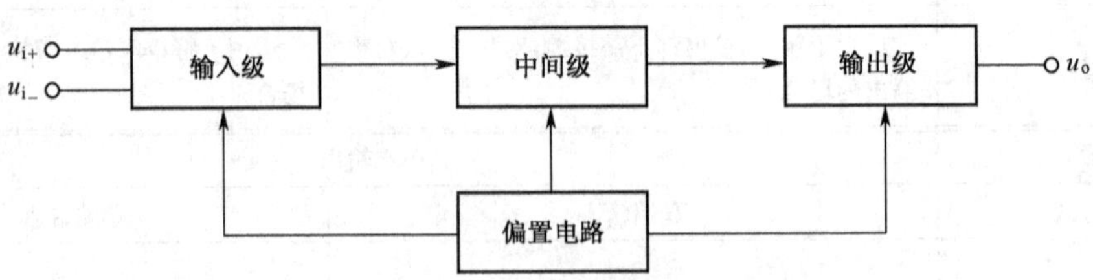

图 3-8　集成运算放大器的组成框图

(1)输入级。输入级要接受微弱电信号，是消除零点漂移的关键，它将决定整个运放性能的优劣。因此要求输入级有高的差模增益、高的输入阻抗、低的零点漂移、对共模信号有较强的抑制作用。为此输入级毫无例外地采用差分放大电路。在产品的更新过程中，输入级的变动最大，如采用恒流源差放、复合管差放、共发—共集组合管差放等，都是围绕减小输入电流、提高输入阻抗、减小零点漂移、提高共模抑制比等方面来改进的。

(2)中间级。中间级主要进行电压放大，整个运放的增益由它来提供，所以要求它的电压

放大倍数高。中间级一般由共射(或共源)放大电路组成，放大管采用复合管，其集电极(或漏极)电阻由晶体管构成的恒流源来代替，称为有源负载。中间级一般还要完成双端输入转换为单端输出的功能。

(3)输出级。输出级是运放的末级，主要作用是输出一定幅度的电压或电流，以驱动负载工作。要求其输出阻抗低，带负载能力强，非线性失真小。通常由电压跟随器或互补对称电压跟随器构成。

(4)偏置电路。偏置电路是为上述各级电路提供稳定的偏置电流的，使各级电路能有合适的静态工作点。一般由各种形式的恒流源电路构成，这样还能大大地减少偏置电阻的数量，有利于电路的集成。

除了上述四个部分外，集成运放还设有一些辅助电路，如过压、过流、过热保护电路等。此外，集成运放是一种高增益的多级直接耦合放大器，要求电路有“零输入—零输出”的性能，为此还设有电平移动电路。电平移动电路一般包括分压式电平移动、NPN 管与 PNP 管互补方式等。

2. 741 型集成运放电路工作原理

741 型集成运放是高增益的通用型集成运放，相应国内型号有 F007、CF741，国外型号有 μA741、LM741、CA741、MC1741 等等，它由 24 个 BJT、10 个电阻和一个电容所组成，由 $\pm$15 V两路电源供电，其内部电路原理图如图 3-9 所示。下面简要介绍电路的组成及工作原理。

(1)偏置电路。741 型集成运放的偏置电路采用微电流源电路，以减小各级的静态工作电流。

VT_{11}、VT_{12}、R_5 构成主偏置电路，决定偏置电路的基准电流：

$$I_{REF}=\frac{V_{CC}-U_{BE12}-U_{BE11}+V_{EE}}{R_5} \tag{3-27}$$

VT_{10}、VT_{11}、R_4 组成微电流源电路，由图可知，$I_{C11}\approx I_{REF}$，$I_{C10}=\dfrac{U_{BE11}-U_{BE10}}{R_4}$，又因为$(U_{BE11}-U_{BE10})$数值很小，故用阻值不大的 R_4 即可获得微小的工作电流，故称为微电流源。由 I_{C10} 供给输入级 VT_2、VT_4 等作偏置电流，且 I_{C10} 远小于 I_{REF}。

VT_8 和 VT_9 为一对横向 PNP 型晶体管，组成镜像电流源，I_{E9}($I_{E9}\approx I_{C10}$)为基准电流，由于两管结构一致、发射结电压相同，故 $I_{E8}=I_{E9}$(I_{E8}、I_{E9}互为镜像)，由 I_{E8} 供给输入级 VT_1、VT_2 的工作电流，且 $I_{C1}=I_{C2}\approx I_{E8}/2$。必须指出，输入级的偏置电路还具有负反馈功能，$VT_3$、$VT_4$ 的基极与 VT_9 的集电极相连形成反馈，能保持输入级的静态工作电流恒定，避免产生零点漂移，提高了整个电路的共模抑制比。

VT_{12} 和 VT_{13} 构成双端输出的镜像电流源，VT_{13} 是一个双集电极的横向 PNP 型晶体管，可视为两个晶体管，它们的两个基—集结彼此并联。一路输出为 VT_{13B} 的集电极，使 $I_{C16}+I_{C17}=I_{C13B}$，主要作为中间级放大电路的有源负载；另一路输出为 VT_{13A} 的集电极，供给输出级的偏置电流，使 VT_{14}、VT_{20} 工作在甲乙类放大状态。

(2)输入级。输入级由晶体管 $VT_1\sim VT_7$ 组成。由 $VT_1\sim VT_6$ 组成差分放大电路，其中 VT_1 的基极与 VT_2 管的基极分别作输入端，VT_6 的集电极作输出端，即输入级是双端输入、单端输出的差分放大电路。VT_1、VT_3 和 VT_2、VT_4 组成共集—共基复合差分电路，以提高输入电阻并改善频率响应。VT_5、VT_6、VT_7 组成恒流源电路充当差分电路的有源负载，同时将双端输出转换成单端输出，在转换的过程中，将 VT_3 的集电极动态电流加倍输出，既提高了电压增益，又消除了送给后级的共模输出电压，提高了共模抑制比。另外，在 VT_5、VT_6 管的发射极两端外接一调零电位器 R_P，应用时将 R_P 的滑动触头接负电源 $-V_{EE}$，调节 R_P 的滑动触头时，改变了 VT_5、VT_6 的发射极电阻，保证静态时输出电压为零。

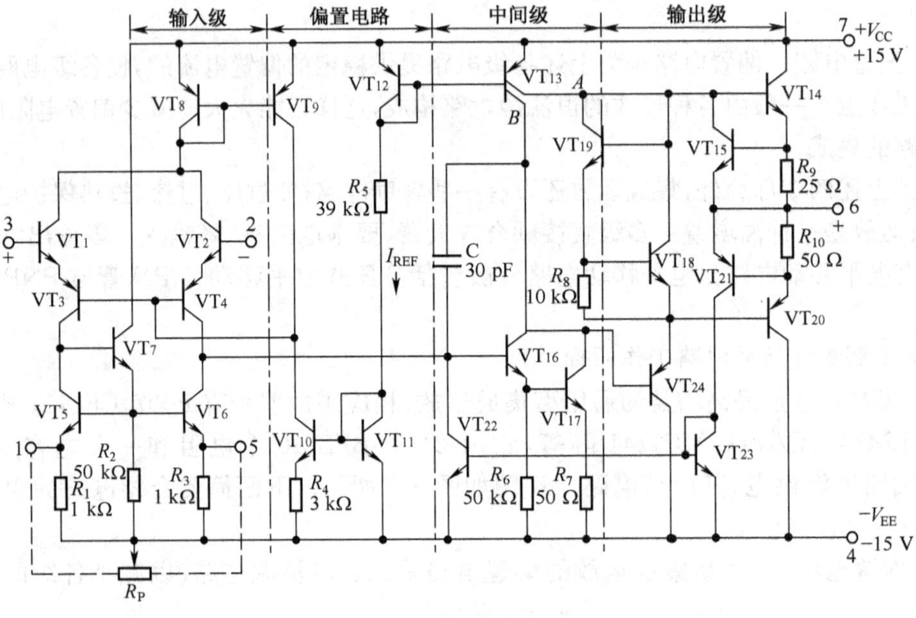

图 3-9 741 集成运算放大器的原理图

为了进一步说明 VT_5、VT_6、VT_7 电路的作用，现就差模输入、共模输入时进行动态分析。

在输入级中，VT_7 的 β_7 比较大，I_{B7} 很小，所以 $I_{C3}\approx I_{C5}$。这就是说，无论有无差模输入信号，总有 $I_{C3}\approx I_{C5}\approx I_{C6}$ 的关系。

静态时，输入信号 $u_i=0$，差分输入级处于平衡状态，由于 VT_{16}、VT_{17} 组成的复合管等效 β 值很大，因而 I_{B16} 可以忽略不计，这时 $I_{C3}\approx I_{C5}\approx I_{C4}\approx I_{C6}$，差分输入级的输出电流 $i_{o1}\approx 0$。

当有差模信号输入，且信号极性与图中“＋”、“－”标记一致时，则有 $i_{C6}=i_{C5}\approx i_{C3}=I_{C3}+i_{c3}$，$i_{C4}=I_{C4}+i_{c4}$，而 $i_{c3}=-i_{c4}$，所以输入级的输出电流 $i_{o1}=i_{C4}-i_{C6}=(I_{C4}-i_{c4})-(I_{C3}+i_{c3})=-2i_{c3}$，这就是说，差分输入级的输出电流为输出电流变化量的总和，使单端输出的电压增益提高到近似等于双端输出的电压增益。

当输入共模信号时，$i_{C3}=i_{C4}$，$i_{o1}=0$，可见共模信号几乎不传送到下一级，使共模抑制比大大提高。

(3)中间级。中间级由 VT_{16}、VT_{17} 组成复合管共发射极放大电路，集电极负载是 VT_{13B} 组成的恒流源有源负载，因其交流电阻很大，故电路具有很强的放大能力，有利于提高中间级的电压增益，同时也具有较高的输入电阻。

(4)输出级。输出级由 VT_{14}、VT_{20}、VT_{24} 及偏置电路、保护电路构成。VT_{24} 构成共集放大电路，作为隔离缓冲级，并向输出电路提供足够大的驱动信号电流。VT_{14}、VT_{20} 组成互补对称功放电路，工作在甲乙类放大状态。VT_{18}、VT_{19}、R_8 组成偏置电路，向互补输出电路提供静态工作电流，VT_{18} 集—射极间的电压 U_{CE18} 加在 VT_{14}、VT_{20} 两管基极之间，给它们提供起始偏压，以克服交越失真，同时利用 VT_{19} 管（接成二极管）的 U_{BE19} 加在 VT_{18} 的基—集之间，形成负反馈偏置电路，从而使 U_{CE18} 的值比较恒定。VT_{18}、VT_{19} 的偏置电流由 VT_{13A} 组成的恒流源提供。R_9、R_{10}、VT_{15}、VT_{21}、VT_{22}、VT_{23} 构成过流保护电路，防止输入级信号过大或输出级短路而造成的损坏：当输出端正向电流过大时，流过 VT_{14}、R_9 的电流就增大，致使 R_9 两端的压降增大到足以使 VT_{15} 管由截止进入到导通状态，U_{CE15} 下降，I_{C15} 增加，I_{B14} 减小，从而限制了 VT_{14} 的电流；在负向输出电流过大时，流过 VT_{20} 和 R_{10} 的电流过大，将使 R_{10} 两端的压降增大到使 VT_{21} 管由截止进入导通状态，同时 VT_{23} 和 VT_{22} 均导通，降低 VT_{16}、VT_{17} 的基极电压，使 VT_{17} 的集电极电位 U_{C17} 和 VT_{24} 的发射极电位 U_{E24} 上升，使 VT_{20} 趋于截止，因而限制了 VT_{20} 的电流，达到过流保护的目的。

二、集成运算放大器的外形图和符号

集成运放的封装形式主要有三类：圆形封装、扁平封装和双列封装，其中双列直插式最常见。仍以 741 型集成运放为例，其双列直插封装的外形图（顶视图）及其引脚分布如图 3-10 所示。面向集成块的顶部，使定位标志（其表现是一个凹坑或者缺口）向上，定位标志左侧上方第 1 个引脚标记为 1 脚，按反时针方向依次用序号标记其他引脚。各引脚功能定义是："2"为反相输入端，"3"为同相输入端，"6"为输出端，"7"为正电源输入端，"4"为负电源输入端，"1"、"5"为外接调零电位器连接端；"8"脚没有任何功能。对于应用者而言，首先要了解集成运算放大器的外引脚功能及主要参数。

集成运放作为一个常用的模拟电子器件，有较多引出端，按功能分共有五类。①输入端，即信号电压输入端，有两个，常用符号 "－"、"＋"区别，其中，"－"表示信号电压由该端子输入时输出信号与输入信号是反相的，"＋"表示信号电压由该端子输入时输出信号与输入信号是同相的。②输出端，即放大信号输出端，只有 1 个，通常为对地电压输出。③电源端，使用时外接电源，一般有两个端子，对于双电源集成运放，这两个电源端分别为正电源、负电源的连接端；对于单电源运放，一端接电源正极，另一端接电源地。④调零端，一般有两个，用于外接电位器的两个外端，有的集成运放没有调零端。⑤相位补偿（相位校正）端，用以消除自激，引出端数目因型号而异，多者 3～4 个，少者没有。

为了使用方便，常用一定的图形符号来表示集成运放，通常只给出两个输入端和一个输出端，其电路符号如图 3-11 所示。其中，"▷∞"符号表示开环增益无穷大；"－"端称为反相输入端；"＋"端称为同相输入端，绘图时应省略不画；两输入端的对地信号电压常用 u_+、u_- 表示。

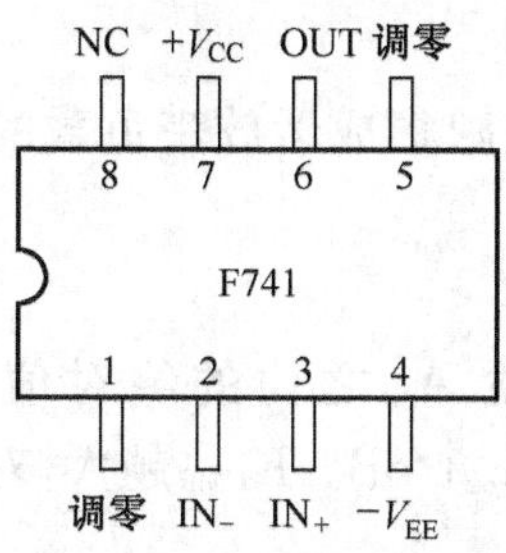

图 3-10　F741 的外形及引脚排列

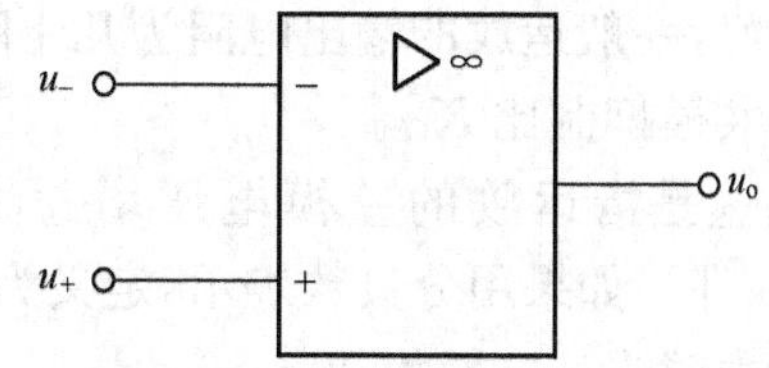

图 3-11　运算放大器的电路符号

三、集成运算放大器的主要参数

集成运算放大器的参数是用来衡量其性能的，也是设计、选用的依据。集成运算放大器的参数很多,这里仅介绍一些主要参数。

1. 开环差模电压增益 A_{od}

A_{od}是指集成运放工作在线性区,在未加反馈情况下的直流差模电压增益。$A_{od}=|u_O/(u_- - u_+)|$,或用分贝数表示为 $20\lg|A_{od}|$ dB。它是决定运算精度的主要因素,A_{od}越大,性能越好,目前高增益的运放 A_{od}达 170 dB。A_{od}与频率有关,当频率高于某值后 A_{od}随频率的升高而减小。

2. 输入失调电压 U_{IO}

一个理想的集成运放,当输入电压为零时,输出电压也为零(不加调零装置)。但实际上它的差分输入级很难做到完全对称,通常在输入电压为零时,存在一定的输出电压。为了使运放符合零输入零输出的要求,必须在输入端加入一个补偿电压,该电压称为输入失调电压 U_{IO}。U_{IO}反映了输入级差分电路的对称程度。其值为毫伏级,典型运放的 $U_{IO}<2$ mV。

3. 输入失调电流 I_{IO}

I_{IO}是指当输入电压为零时,输入端两管的静态基极电流之差的绝对值,即 $I_{IO}=|I_{B-}-I_{B+}|$。它反映了输入级差分对管的不对称程度,I_{IO}愈小愈好,其值为微安级及以下。

4. 输入偏置电流 I_{IB}

I_{IB}是指当输入电压为零时,输入端两管的静态基极电流的平均值,即 $I_{IB}=\frac{1}{2}(I_{B-}+I_{B+})$。$I_{IB}$越小,信号源内阻对运放的静态工作点影响就越小。它反映运放输入电阻的大小,其值为微安级及以下。

5. 输入失调电压温度系数 $\Delta U_{IO}/\Delta T$ 与输入失调电流温度系数 $\Delta I_{IO}/\Delta T$

采取调零措施,可以使集成运放输出为零,但温度变化会使失调电压变化而产生零漂。在规定的温度范围内,输入失调电压对温度的变化率称之为输入失调电压温度系数 $\Delta U_{IO}/\Delta T$,输入失调电压补偿后输入失调电流对温度的变化率称之为输入失调电流温度系数 $\Delta I_{IO}/\Delta T$。这两个参数用来衡量集成运放的温度稳定性。对于一般运放,两个参数的值在 20 μV /℃、($I_{IO}\times10^{-2}$) /℃以下。

6. 差模输入电阻 r_{id}和输出电阻 r_o

r_{id}是指运放在开环条件下,两个输入端的差模电压增量与由它所引起的电流增量之比值,即运放在差模信号输入时的输入电阻。r_{id}越大,从信号源索取的电流越小,目前 r_{id}最高达 $10^{12}\,\Omega$。

r_o 是指运放在开环、且负载为开路时的输出电阻。r_o 反映集成运放带负载的能力。其值越小越好,一般运放的输出电阻为几十欧至十几欧。

7. 共模抑制比 K_{CMR}

K_{CMR}是指运放的差模电压增益 A_{od}与共模电压增益 A_{oc}之比的绝对值,即 $K_{CMR}=|A_{od}/A_{oc}|$。如果用分贝数表示,定义为 $K_{CMR}=20\lg|A_{od}/A_{oc}|$ dB。K_{CMR}越大,对共模信号的抑制能力越强。一般为 70～80 dB。

8. 最大差模输入电压 U_{idmax}

U_{idmax}是指两输入端所能承受的最大电压值。若输入信号超过此值,则会使输入级某一侧管子的发射结反向击穿,造成运放不能正常工作。利用平面工艺制成的 NPN 管约为±5 V 左右,而横向 PNP 管可达±30 V 以上。

9. 最大共模输入电压 U_{icmax}

U_{icmax}是指运放所能承受的最大共模输入电压。超过 U_{icmax}值，运放就不能对差模信号正常放大，它的共模抑制比将显著下降。一般在几伏到十几伏。

10. 3 dB 带宽 f_H 和单位增益带宽 f_T

f_H 是指差模电压增益 A_{od}下降 3 dB 即下降到约 0.707 倍时的频率。f_T 是指 A_{od}下降到 0 时，即 $A_{od}=1$ 时的频率。

11. 转换速率 SR

SR 是指运放工作在线性区、输入大信号时输出电压对时间的最大变化速率，即 $SR=|du_o/dt|_{max}$，单位为 V/μs。只有当输入信号的变化率小于 SR 时，输出电压才按线性规律变化。

除上述各种参数，还有另外一些参数，在此就不再逐一列举了。表 3-2 所示为几种通用型集成运放主要参数的典型值。

集成运放除了通用型外，还有高输入阻抗型、高速型、高精度型、高压型、低功耗型、低漂移型、大功率型等专用集成运放，读者根据需要可查阅有关器件手册(知道型号后，可轻松的从互联网上下载芯片的数据手册)。

表 3-2 几种通用型集成运放主要参数的典型值

型号		A_{od}(dB)	U_{IO}(mV)	I_{IO}(nA)	I_{IB}(nA)	r_{id}(MΩ)	K_{CMR}(dB)	V_{CC}～V_{EE}(V)
国外	国产							
μA741	CF741	106	1	20	80	2	90	±18
LM258	CF258	100	2	2	20	—	85	±1.5～±15
LM324	CF324	100	2	5	45	—	85	±1.5～±15
LM158	CF158	100	5	2	20	—	85	±15
LM101	CF101	104	0.7	1.5	30	4	96	±22
LM747	CF747	106	1	20	80	2	90	±18

四、集成运算放大器的理想特性

1. 集成运放的电压传输特性

集成运放的输出电压 u_o 与输入电压 u_{id}(即同相端电压与反相端之间的电压之差 $u_{id}=u_+-u_-$)之间的关系称为电压传输特性。当集成运放由正、负对称的双电源供电时，其电压传输特性曲线如图 3-12(a)所示。由图可知，集成运放存在线性放大区和非线性放大区(饱和区)两部分。在线性区，曲线斜率即为集成运放的电压放大倍数；在非线性区，输出电压只有两种可能的情况，或者是$+U_{OM}$，或者是$-U_{OM}$。(无特别说明，所述集成运放均为双电源运放。)

由于集成运放开环差模电压放大倍数极大，可达几十万倍，所以输入电压 u_{id}只能很小，仅几个毫伏甚至更小，否则输出电压就超过线性区，因此运放的线性区很窄，只有引入负反馈，才能扩大线性区的应用。集成运放在线性区工作的特点就是电路引入了负反馈。

集成运放如在开环状态或引入正反馈时，特性曲线如图 3-12(b)所示。此时，输出电压 u_o 与输入电压 u_{id}不再是线性关系，集成运放工作在非线性区，输出电压或是达到正的最大值，或是达到负的最大值。此正的最大值、负的最大值通常比集成运放电源电压低 1～2 V。

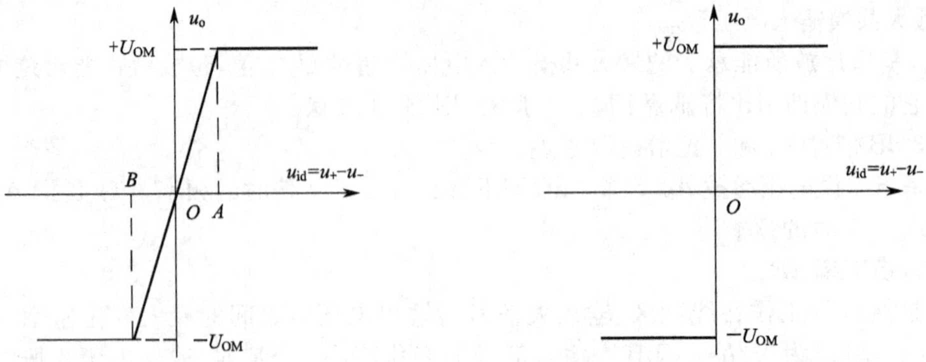

(a)引入负反馈时电压传输特性　(b)引入正反馈时的电压传输特性

图 3-12　集成运放的电压传输特性

2. 集成运算放大器的理想特性

由表 3-2 所示数值可知，集成运算放大器具有良好的指标参数，为便于讨论和分析，可以将集成运放的特性参数理想化，从而得到理想化的运放。通过理论分析和实际测试表明，这样的假设是符合实际的。集成运算放大器有以下理想特性：

(1)开环差模电压增益 $A_{od}=\infty$；

(2)差模输入电阻 $r_{id}=\infty$；

(3)输出电阻 $r_o=0$；

(4)共模抑制比 $K_{CMR}=\infty$；

(5)输入失调电压、输入失调电流，以及它们的温度漂移和干扰或噪声均为 0；

(6)上限截止频率(3 dB 带宽) $f_h=\infty$。

3. 理想运放在线性区的两个重要特征

集成运算放大器的等效电路如图 3-13 所示，图中 r_{id} 和 r_o 分别为集成运放的差模输入电阻和输出电阻，A_{od} 为开环差模电压增益，u_- 为反相端输入电压，u_+ 为同相端输入电压，差模输入电压为 $u_{id}=u_- - u_+$，在线性工作状态、输出端开路时，输出电压为 $u_o=A_{od}u_{id}$，即

$$u_o=A_{od}(u_- - u_+) \tag{3-28}$$

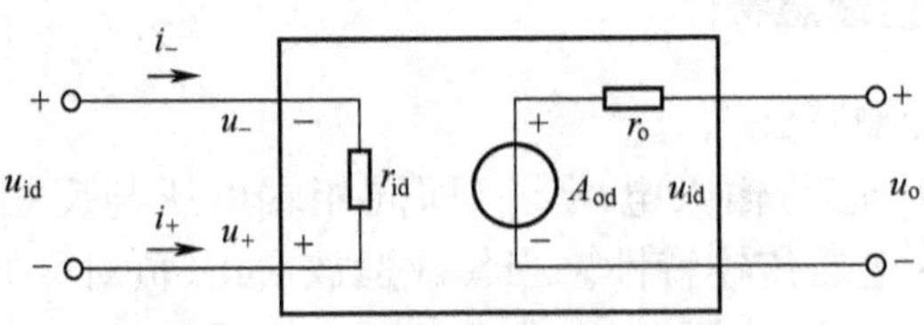

图 3-13　集成运放的等效电路

根据上述理想特性，运放的开环差模电压增益为无穷大，由于电源电压为一定时，输出电压 u_o 必为一有限值，所以由式(3-28)可知

$$(u_- - u_+)=\frac{u_o}{A_{od}}=0 \tag{3-29}$$

即

$$u_-=u_+ \tag{3-30}$$

由式(3-30)得出第一个特征：由于 $A_{od}=\infty$，使运放的反相输入端和同相输入端电位相等，这一特征称之为“虚短”。因为两端电位相等，好像导线短接在一起，但实际上并没有短接。

根据理想运放的输入电阻 $r_{id}=\infty$，则有

$$i_-=i_+=0 \tag{3-31}$$

式中，i_- 为运放反相端电流，i_+ 为运放同相端电流。

由式(3-31)得出第二个特征：由于 $r_{id}=\infty$，使流进反相端、同相端的电流均等于 0，这一特征称为"虚断"。因为两个端子电流为零，好像断路了，但实际上不能断路。

$u_-=u_+$ 和 $i_-=i_+=0$ 是理想运放工作于线性区的两个重要特征。对于实际的集成运放，$u_-\approx u_+$、$i_-=i_+\approx 0$。如果没有特殊说明，以后均将集成运放当作理想集成运放来处理，则运用这两个重要特征将大大简化运放电路的分析，这也是后续电路分析时的基本出发点。

4. 理想运放在非线性区的特征

理想运放在非线性区的电压传输特性如图 3-12(b)所示，由曲线可知

$$u_o=\begin{cases}+U_{OM}, u_+>u_-\\-U_{OM}, u_+<u_-\end{cases} \tag{3-32}$$

由于输入电阻 $r_{id}=\infty$，所以仍有：$i_-=i_+=0$，即理想运放在非线性区仍具有虚断特征。

第四节 集成运算放大器的基本运算电路

集成运算放大器实现的基本运算有比例、加、减、积分和微分等运算，基本运算电路由集成运放外加负反馈电路所构成，其实质是集成运放的线性应用。集成运放必须工作在线性范围内，才能保证输出与输入间具有一定的函数关系；同时由于开环电压增益很高，必须引入深度负反馈，才能利用不同的反馈电路实现不同的数字运算。因此在分析这些电路时，一方面要注意输入方式，判别反馈类型；另一方面，要正确利用虚短、虚断的特征，使分析简化。

在基本运算电路中，所有输入电压、输出电压均是对地而言的。

一、比例运算电路

比例运算电路有同相输入比例运算电路和反相输入比例运算电路两种，下面分别介绍这两种运算电路的组成和工作原理。

1. 反相比例运算

反相比例运算电路如图 3-14 所示。输入信号 u_i 通过 R_1 加到集成运放的反相输入端，故 u_o 与 u_i 反相，R_F 是反馈电阻，将输出信号回送到反相输入端，引入的反馈为深度电压并联负反馈。同相端通过 R_2 接地，$R_2=R_1//R_F$ 为直流平衡电阻，使同相端与反相端的外部等效电阻相等，保证运放输入级处于对称工作状态，以减少输入失调参数的影响。

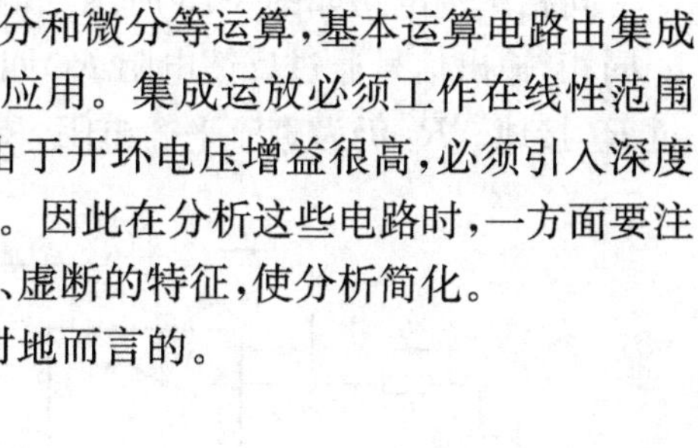

图 3-14 反相比例运算电路

根据理想运放的虚断特征 $i_+=i_-=0$，可知 $u_+=0$，又根据理想运放虚短的特征得 $u_-=u_+=0$，即运放的反相端电位等于地电位，因此称此时的反相端为"虚地"。根据基尔霍夫电流定律有

$$i_1=i_F \tag{3-33}$$

又因为 $$i_1=\frac{u_i-u_-}{R_1}=\frac{u_i}{R_1} \tag{3-34}$$

$$i_F = \frac{u_- - u_o}{R_F} = -\frac{u_o}{R_F} \tag{3-35}$$

所以
$$\frac{u_i}{R_1} = -\frac{u_o}{R_F} \tag{3-36}$$

则输出电压与输入电压的关系为
$$u_o = -\frac{R_F}{R_1}u_i \tag{3-37}$$

可见 u_o 与 u_i 成比例关系，式中负号表示 u_o 与 u_i 相位相反，所以称为反相比例运算，比例系数为

$$A_{uf} = \frac{u_o}{u_i} = -\frac{R_F}{R_1} \tag{3-38}$$

式(3-38)表明，反相比例运算电路闭环增益 A_{uf} 只与 R_1、R_F 有关，而与集成运放参数无关，只要电阻阻值稳定，闭环增益就能稳定。选取 R_1、R_F 的比值，就可调节 A_{uf} 的值，A_{uf} 的值可大于1也可小于1。如果选取 $R_F=R_1$，则 $u_o=-u_i$，此时电路称为反相器或倒相器。

因为电路是电压并联负反馈电路，由图3-14所示电路可知，此时的闭环输入电阻为 $r_{if}=R_1$，输出电阻为 $r_{of}=0$。

2. 同相比例运算

同相比例电路如图3-15所示。输入信号 u_i 通过 R_2 加在集成运放的同相输入端，故 u_o 与 u_i 同相，输出信号通过反馈电阻 R_F 回送到反相输入端，构成深度电压串联负反馈，反相端通过 R_1 接地。R_2 仍为直流平衡电阻，$R_2=R_1//R_F$。

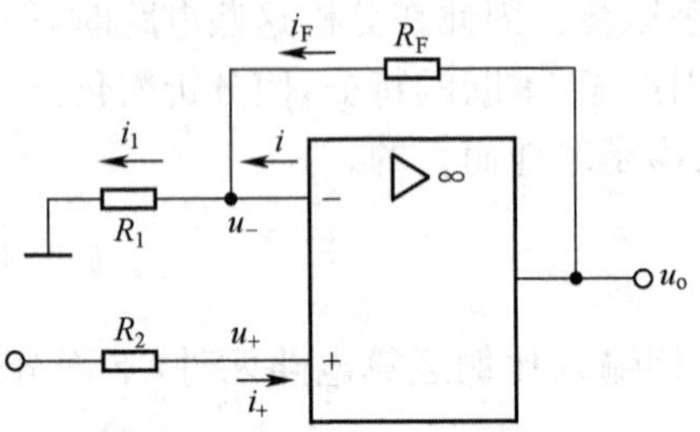

图3-15　同相比例运算电路

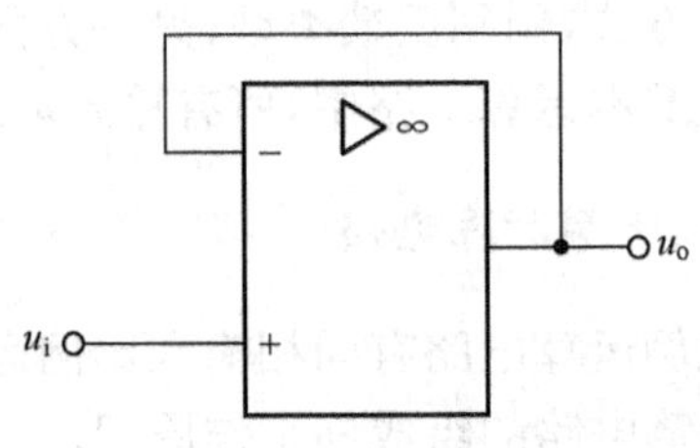

图3-16　电压跟随器

根据理想运放的虚断、虚短特征可知

$$i_+ = i_- = 0，则\ u_+ = u_- = u_i \tag{3-39}$$

同时，根据基尔霍夫电流定律有 $i_1=i_F$，相当于 R_1、R_F 两个电阻是串联的，所以有

$$u_- = -\frac{R_1}{R_1+R_F}u_o \tag{3-40}$$

故由式(3-39)、(3-40)可得输出电压与输入电压的关系为

$$u_o = -\frac{R_1+R_F}{R_1}u_i \tag{3-41}$$

闭环电压增益为
$$A_{uf} = \frac{u_o}{u_i} = 1+\frac{R_F}{R_1} \tag{3-42}$$

可见，闭环增益仅由 R_1、R_F 参数决定。当 $R_F=0$，$R_1=\infty$时，则 $u_o=u_i$，此时电路称为电压跟随器，其性能优于射极输出器，电路如图3-16所示。由于 $i_+=0$，且引入了电压串联负反馈，所以同相比例运算电路的闭环输入电阻为无穷大，输出电阻为零。

比较同相比例运算电路与反相比例运算电路，它们各有如下特点：

(1)对理想运放来说，上述两种比例运算电路的闭环增益仅取决于外部电路 R_1、R_F 的取值，而与运放内部电路无关。

(2)同相比例运算电路的闭环增益总是大于或等于 1，且输出电压与输入电压同相；而反相比例运算电路的闭环增益可以是小于 1、等于 1 或大于 1，且输出电压与输入电压反相。

(3)反相比例运算电路实质是一个电压并联负反馈放大器，同相比例运算电路实质是一个电压串联负反馈放大器。因此，可以用负反馈放大器的理论来分析集成运算放大器的闭环工作特性。

(4)同相比例运算电路的输入电阻为无穷大，而反相比例运算电路的输入电阻等于外接元件 R_1 的阻值。同相比例运算电路与反相比例运算电路的输出电阻均为 0。

(5)在同相比例电路中，由于 $u_+=u_-=u_i$，因此同相输入端和反相输入端对地电压都等于输入电压，相当于集成运放两输入端存在和输入信号相等的共模输入信号。在反相比例电路中，由于同相端接地，反相端为虚地，因此运放输入端共模电压为 0。

二、加法与减法运算

1. 反相加法运算

加法运算就是求若干个信号的和。图 3-17 所示为反相加法运算电路，它是在基本反相比例运算电路的基础上，增加一个输入支路。R_3 为直流平衡电阻，通常取 $R_3=R_1//R_2//R_F$。

由理想运放的虚短、虚断特征，即有 $i_+=i_-=0$，$u_-=u_+=0$，所以 $i_1+i_2=i_F$，由图 3-17 所示电路可得

$$\frac{u_{i1}}{R_1}+\frac{u_{i2}}{R_2}=-\frac{u_o}{R_F} \tag{3-43}$$

所以

$$u_o=-R_F\left(\frac{u_{i1}}{R_1}+\frac{u_{i2}}{R_2}\right) \tag{3-44}$$

当 $R_1=R_2=R_F$ 时，就有

$$u_o=-(u_{i1}+u_{i2}) \tag{3-45}$$

可见，输出电压的大小反映了各输入电压之和。如果在图 3-17 所示电路后面再接一个反相器，即得到一个 u_o 与 u_i 同相的加法器。按上述分析可知，图 3-17 所示的加法电路可以扩展到多个输入电压的求和。

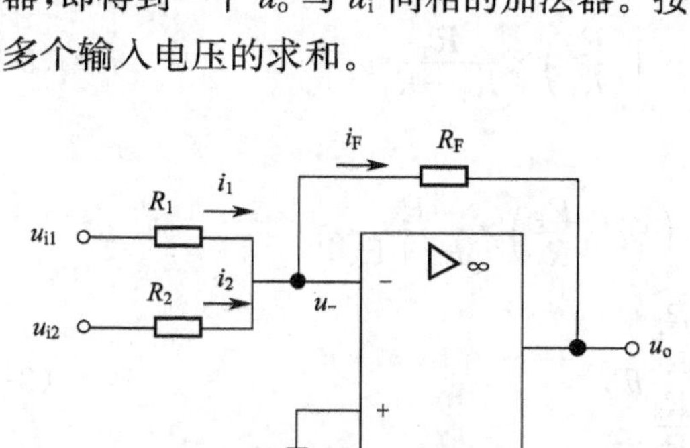

图 3-17　反相加法运算电路

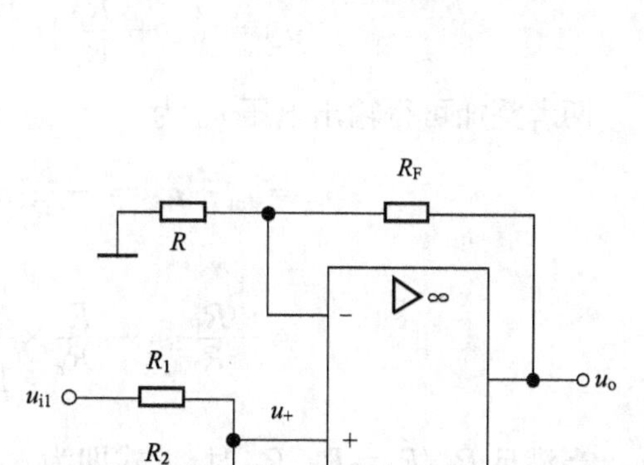

图 3-18　同相加法运算电路

2. 同相加法运算

图 3-18 所示为同相加法运算电路，两个输入信号均由同相输入端输入，各电阻的要求是 $R//R_F=R_1//R_2$。由上述同相比例运算电路分析可知

$$u_o=\left(1+\frac{R_F}{R}\right)u_+ \tag{3-46}$$

为了求取 u_+，可利用叠加原理来求得。当 u_{i1} 单独输入（此时，令 $u_{i2}=0$）时，产生的 u_{+1} 为

$$u_{+1}=\frac{R_2}{R_1+R_2}u_{i1} \tag{3-47}$$

当 u_{i2} 单独输入（此时，令 $u_{i1}=0$）时，产生的 u_{+2} 为

$$u_{+2}=\frac{R_1}{R_1+R_2}u_{i2} \tag{3-48}$$

叠加可得

$$u_+=u_{+1}+u_{+2}=\frac{R_2}{R_1+R_2}u_{i1}+\frac{R_1}{R_1+R_2}u_{i2} \tag{3-49}$$

将式(3-49)代入式(3-46)，可得

$$u_o=\left(1+\frac{R_F}{R}\right)\left(\frac{R_2}{R_1+R_2}u_{i1}+\frac{R_1}{R_1+R_2}u_{i2}\right) \tag{3-50}$$

若在式(3-50)中取 $R_1=R_2$，$R=R_F$，则上式简化为 $u_o=u_{i1}+u_{i2}$，即输出电压反映了各输入电压之和。

3. 减法运算

图 3-19 所示是用来实现两个输入信号相减的运算电路，从电路结构上来看，它是反相输入比例运算和同相输入比例运算的组合。对于各电阻的要求是 $R_1 // R_F=R_2 // R_3$。利用叠加原理即可求出输出电压 u_o。

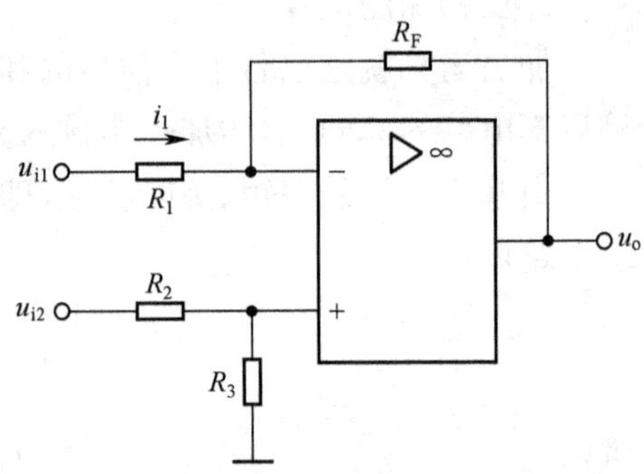

图 3-19 减法运算电路

当 u_{i1} 单独作用（令 $u_{i2}=0$）时，此时相应的输出电压为 u_{o1}，根据反相比例运算电路分析可得

$$u_{o1}=-\frac{R_F}{R_1}u_{i1} \tag{3-51}$$

当 u_{i2} 单独作用（令 $u_{i1}=0$）时，此时相应的输出电压为 u_{o2}，根据同相比例运算电路分析可得

$$u_{o2}=\left(1+\frac{R_F}{R_1}\right)u_+=\left(1+\frac{R_F}{R_1}\right)\times\frac{R_3}{R_2+R_3}u_{i2} \tag{3-52}$$

两者叠加可得输出电压 u_o 为

$$\begin{aligned}u_o=u_{o1}+u_{o2}&=-\frac{R_F}{R_1}u_{i1}+\left(1+\frac{R_F}{R_1}\right)\times\frac{R_3}{R_2+R_3}u_{i2}\\&=-\frac{R_F}{R_1}u_{i1}+\frac{R_3}{R_2}\times\frac{1+\frac{R_F}{R_1}}{1+\frac{R_3}{R_2}}u_{i2}\end{aligned} \tag{3-53}$$

当满足 $R_3/R_2=R_F/R_1$ 时，上式即为

$$u_o=-\frac{R_F}{R_1}(u_{i1}-u_{i2})=\frac{R_F}{R_1}(u_{i2}-u_{i1}) \tag{3-54}$$

可见，图 3-19 所示的减法运算电路是一种差分运算放大电路，其闭环增益 A_f 为

$$A_{uf}=\frac{u_o}{u_{i2}-u_{i1}}=\frac{R_F}{R_1} \tag{3-55}$$

三、积分与微分运算

1. 积分运算

积分运算电路如图 3-20 所示。它将反相比例运算电路中的 R_F 用电容 C 代替。直流平衡电阻 $R_2=R_1$。由虚断特征有 $i_+=i_-=0$，则 $i_1=i_F$；再由虚短特征有 $u_-=u_+=0$，即反相端为虚地，由图可知

$$i_1=\frac{u_i}{R_1},i_F=C\frac{du_C}{dt}=-C\frac{du_o}{dt} \tag{3-56}$$

故有

$$u_o=-\frac{1}{C}\int i_F dt=-\frac{1}{C}\int i_1 dt=-\frac{1}{R_1C}\int u_i dt \tag{3-57}$$

上式表明，输出电压 u_o 正比于输入电压 u_i 对时间的积分，负号表示它们在相位上是相反的。

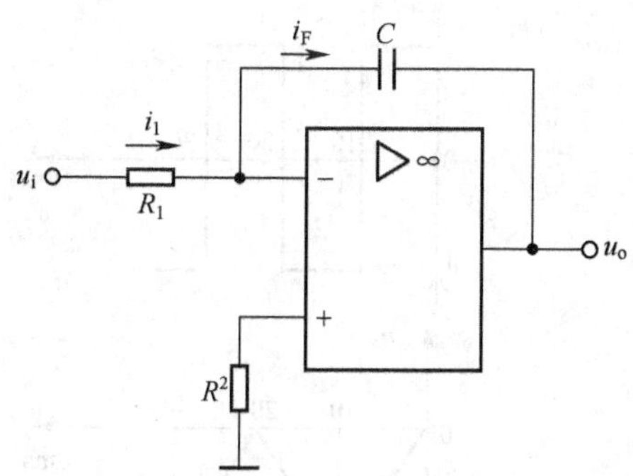

图 3-20　积分运算电路

当输入信号 u_i 为图 3-21 所示的阶跃电压时，在它的作用下，电容将以恒流方式进行充电，输出电压 u_o 与时间 t 呈线性关系，如图 3-21 所示。u_o 随时间 t 的关系为

$$u_o=-\frac{U_I}{R_1C}t=-\frac{U_I}{\tau}t \tag{3-58}$$

式中，$\tau=R_1C$ 为积分时间常数。由图 3-21 所示电路可知，当 $t=\tau$ 时，$u_o=-U_I$，当 $t>\tau$，u_o 一直增大到 $u_o=-U_{OM}$，其输出电压的最大值受到电源电压的限制，使运放进入饱和状态，u_o 保持不变而停止积分。

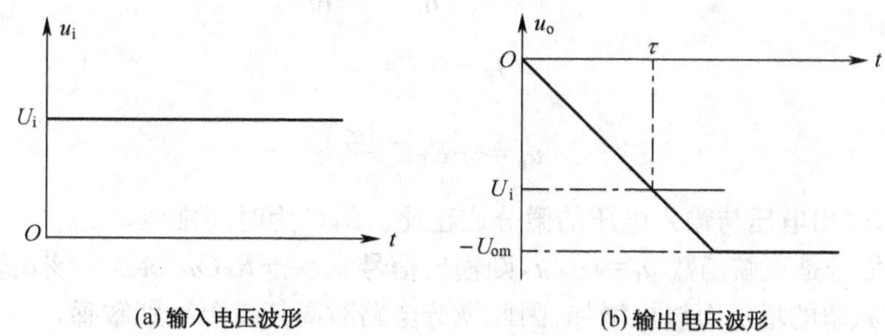

图 3-21　积分的输入、输出电压波形

【例 3-1】　设积分电路如图 3-20 所示，$R_1=100\ k\Omega$，$C=0.1\ \mu F$，输入信号 u_i 是幅值等于 ±1 V、周期为 20 ms 的矩形波，如图 3-22 所示。设电容上的初始电压 $u_C(0)=0$。试画出输出电压 u_o 的稳态波形，并标出 u_o 的幅值。

解：(1)在 $t=0$ 时，$u_o(0)=u_C(0)=0$。

(2)在 $0<t\leqslant 10$ ms 期间，$u_i=+1$ V，以恒流方式对电容 C 充电，u_o 随时间按线性关系下

降，当 $t=t_1=10$ ms 时，由式(3-58)可知此时的输出电压为

$$u_o(t_1)=-\frac{u_i}{R_1C}t=\frac{-1}{100\times10^3\times0.1\times10^{-6}}\times10\times10^{-3}\ \text{V}=-1\ \text{V}$$

(3)在 10 ms$<t\leqslant$20 ms 期间，$u_i=-1$ V，电容 C 反向恒流充电，u_o 按线性关系上升，考虑到在 $t=t_1=10$ ms 时，$u_o(t_1)=-1$ V，因此，当 $t=t_2=20$ ms 时，由式(3-58)可知此时的输出电压为

$$u_o(t_2)=-\frac{1}{R_1C}\int_{t_1}^{t_2}u_i\mathrm{d}t+u_o(t_1)=-\frac{-u_i}{R_1C}(t_2-t_1)+u_o(t_1)=\left[-\frac{-1}{10}(20-10)+(-1)\right]\ \text{V}=0\ \text{V}$$

根据计算结果可画出输出电压 u_o 的波形，如图 3-22 所示。

2. 微分运算

如果将积分电路中的电阻 R 与电容 C 的位置对换，即变成微分电路，如图 3-23 所示。由理想运放的虚断、虚短特征可知

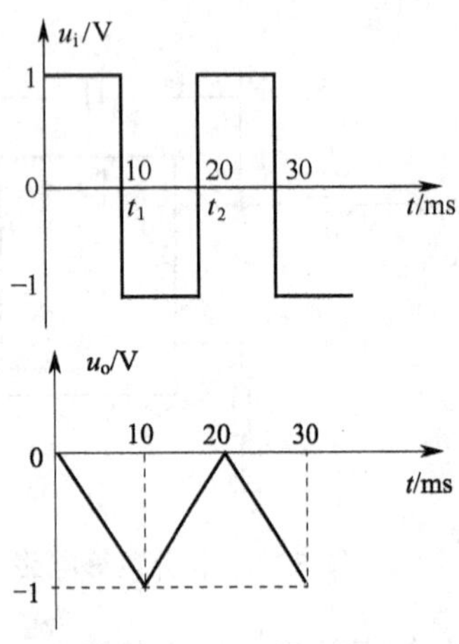

图 3-22　例 3-1 输入、输出电压波形

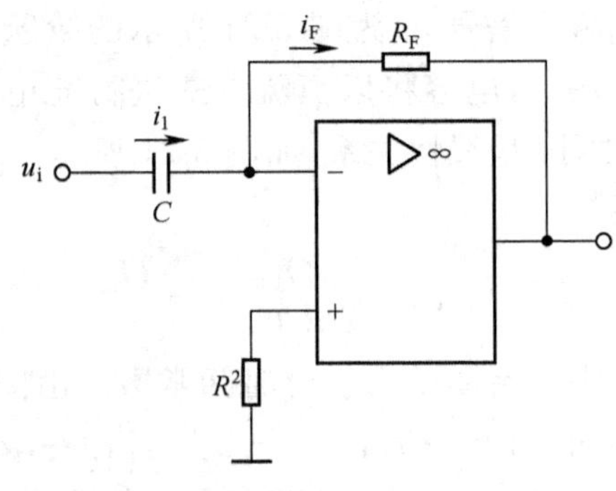

图 3-23　微分运算电路

$$i_1=i_c=C\frac{\mathrm{d}u_C}{\mathrm{d}t}=C\frac{\mathrm{d}u_i}{\mathrm{d}t} \tag{3-59}$$

$$i_F=-\frac{u_o}{R_F} \tag{3-60}$$

所以

$$u_o=-R_FC\frac{\mathrm{d}u_i}{\mathrm{d}t} \tag{3-61}$$

由此可见，输出电压与输入电压的微分成正比。R_FC 为时间常数。

如果输入信号是正弦函数 $u_i=\sin\omega t$，则输出信号 $u_o=-R_FC\omega\cos\omega t$。该式表明，输出电压 u_o 的幅度将随频率的增加而线性增加，因此微分电路对高频噪声特别敏感。

四、集成运算放大器的应用举例

1. 电压—电流变换

电压—电流变换是指将输入电压变换成电流输出，具有这种功能的运放电路称为电压—电流变换器，又称转移互导放大电路，经常用在驱动继电器、模拟仪表、激励显像管的偏转线圈等信号变换场合。根据应用的不同，电压—电流变换器可分为浮置负载电压—电流变换器和接地负载电压—电流变换器。

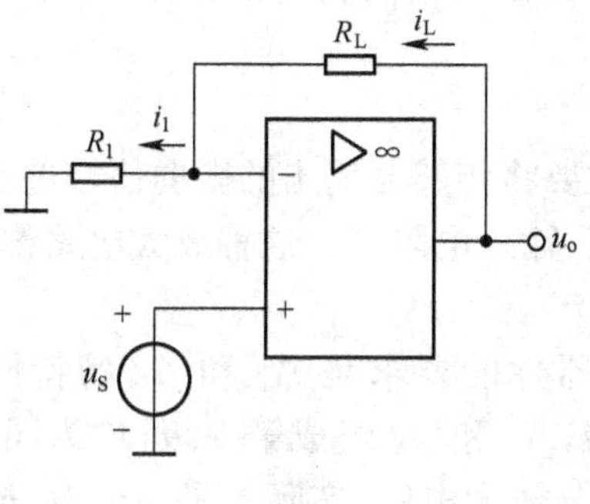

(a) 负载浮置

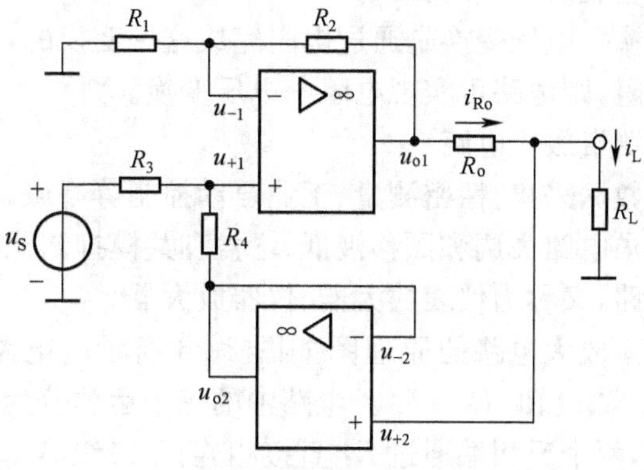

(b) 负载接地

图 3-24　电压—电流变换电路

两端都不接地的负载称为浮置负载，浮置负载电压—电流变换器的电路如图 3-24(a)所示，由于它是一个同相比例电路，所以称之为同相型电压—电流变换器。同相端输入信号电压为 u_s。对于理想运放，流过 R_L 的电流为

$$i_L = i_1 = \frac{u_S}{R_1} \tag{3-62}$$

可见 i_L 与信号源电压成正比，与负载无关。而且由于输入阻抗极高，几乎不需要从信号源索取电流。

接地负载电压—电流变换器的电路如图 3-24(b)所示。$R_1 = R_3, R_2 = R_4, R_o > 2R_L$，运放 A_1 构成同相加法电路，运放 A_2 构成电压跟随器，并且对于 A_1 构成的同相放大电路，电压跟随器引入了正反馈。由图 3-24(b)所示电器可知，A_2 的输出为

$$u_{o2} = u_{+2} \tag{3-63}$$

由电压叠加原理得 A_1 的同相端电压为

$$u_{+1} = \frac{R_4}{R_3 + R_4} u_s + \frac{R_3}{R_3 + R_4} u_{+2} = 0.5u_s + 0.5u_{+2} \tag{3-64}$$

由同相比例运算可知

$$u_{o1} = \left(1 + \frac{R_2}{R_1}\right) u_{+1} = 2u_{+1} = u_s + u_{+2} \tag{3-65}$$

则负载电流

$$i_L = -\frac{u_{o1} - u_{+2}}{R_o} = \frac{u_s}{R_o} \tag{3-66}$$

从上式可知，电路的输出电流与输入电压成正比，实现了从电压到电流的变换。

2. 电流—电压变换

电流—电压变换是指将输入电流变换为电压输出，完成这种变换的运放电路，称为电流—电压变换器，又称为转移电阻放大器，其变换电路原理图如图 3-25所示。由于运放反相输入端是虚地，R_s 中电流为 0，因此 $i_S = i_F$，输出电压为

$$u_o = -i_S R_F \tag{3-67}$$

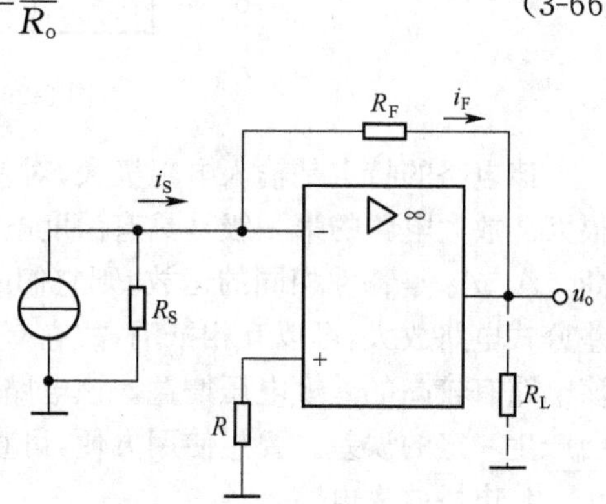

图 3-25　电流—电压变换电路

从上式可知，电路的输出电压与输入电流成正比，实

现了从电流到电压的变换。

电流—电压变换是通过电阻完成这一变换的，如果将输入电流改用恒流源，而电阻 R_F 为可调电阻，则电路可实现电阻—电压变换。

3. 测量放大电路

在数据采集、精密测量、工业自动控制等领域，通常要将传感器输出的微弱信号进行放大，并且要求电路失调和漂移极低、增益和共模抑制比极高、输入电阻高。这种放大电路称为测量放大电路，又称为仪表放大器、仪器放大器。

测量放大电路的原理图如图 3-26 所示。电路对器件的要求是 A_1 和 A_2 的特性相同，$R_2=R_3$，$R_4=R_6$，$R_5=R_7$。电路中的三个运放分为两级，A_1 和 A_2 组成第一级，均为同相比例放大器，两个反相端通过 R_1 直接相连；第二级 A_3 是差分放大电路，实际上是一个改进的差分放大电路。下面来分析电路中输出信号 u_o 与两个输入信号 u_{i1}、u_{i2} 的关系。

根据理想运放的虚短、虚断特征可知，电阻 R_1 两端电压为 $u_{R1}=u_{i1}-u_{i2}$，故流过 R_1 的电流为

$$i_{R1}=\frac{u_{i1}-u_{i2}}{R_1} \tag{3-68}$$

因此

$$u_{o1}-u_{o2}=(R_2+R_1+R_3)\times i_{R1}=\left(1+\frac{2R_2}{R_1}\right)\times(u_{i1}-u_{i2}) \tag{3-69}$$

而运算放大器 A_3 的输入电压与输出电压关系，可根据差分放大电路式(3－54)得到

$$u_o=-\frac{R_5}{R_4}(u_{o1}-u_{o2})=-\frac{R_5}{R_4}\times\left(1+\frac{2R_2}{R_1}\right)\times(u_{i1}-u_{i2}) \tag{3-70}$$

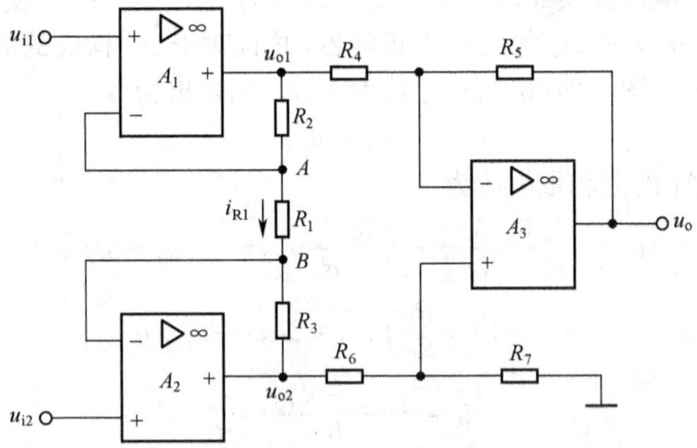

图 3-26　测量放大电路原理图

该电路的特点是输入电阻极大，对差模信号放大能力很强，而共模输出为零，共模抑制比很大。放大电路的第一级是具有深度电压串联负反馈的同相放大电路，所以它的输入电阻很高。A_1、A_2 是特性相同的运放，则它们的共模输出电压和漂移电压也相等，再经过 A_3 组成的差分式电路放大，可以互相抵消，故它有很强的共模抑制能力，使它的漂移输出电压为零，同时该电路有较高的差模电压增益。该电路对第二级差放中的四个电阻的精度要求很高，否则将会产生一定的误差。要想使用方便，可直接选用集成的仪器放大器。

4. 电桥放大电路

在信号检测和自动控制中常使用电阻传感器，电阻传感器通常被接成电桥形式。由电阻

传感器电桥和集成运放组成的电路被称之为电桥放大器。

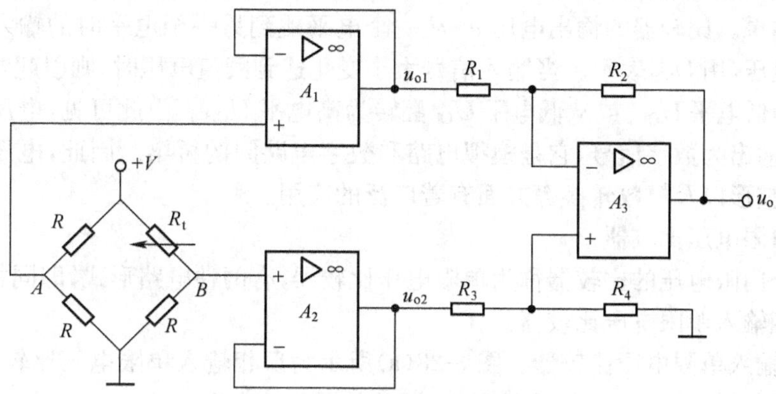

图 3-27　温度检测放大电路

用于温度检测放大的电桥放大电路如图 3-27 所示，电桥的一个桥臂由金属热电阻 R_t 构成，另外三个桥臂均由阻值相同而温度不敏感的标准电阻构成，且在某一温度时满足 $R_t=R$，当温度发生变化时，R_t 阻值发生变化，电桥变为不平衡电桥；恒压源 $+E_R$ 通过电桥的一对顶点向电桥供电，电桥的另一对顶点作为所检测温度信号的输出，分别与两个电压跟随器相连；A_3 构成差分放大，将温度信号放大后输出。电压跟随器的输入电阻极高，基本不吸收检测信号的电流，对检测电路没有影响。合理选择电阻 R_1、R_2（这里选 $R_3=R_1$、$R_4=R_2$）的阻值，会得到一个合适的输出电压 u_o，从而带动指示仪表或其他执行机构。

根据理想运放的虚断、虚短的特征和电桥的结构特点，分析可知

$$u_{o1}=u_A=\frac{1}{2}E_R,\ u_{o2}=\frac{R}{R+R_t}E_R \tag{3-71}$$

再根据差分放大电路的特点，可得

$$u_o=-\frac{R_2}{R_1}(u_{o1}-u_{o2})=-\frac{R_2}{R_1}\times\left(\frac{1}{2}-\frac{R}{R+R_t}\right)E_R \tag{3-72}$$

第五节　集成运算放大器的非线性应用

在上一节介绍的基本运算电路中，各电路均引入了负反馈，集成运放均工作在线性区。在线性区工作时，集成运放同时具有虚短、虚断的两个重要特征，电路的分析都是根据这两个重要特征来进行的。而集成运放在非线性区应用时，电路一般接成开环或正反馈形式，除具有虚断的特征，输出电压只有两个值，即：

(1)当 $u_+>u_-$ 时，输出电压 u_o 为正饱和电压（正最大值）$+U_{OM}$；

(2)当 $u_+<u_-$ 时，输出电压 u_o 为负饱和电压（负最大值）$-U_{OM}$。

集成运放的非线性应用在信号产生与信号变换电路、数字电路和自动控制中具有广泛的应用。

一、电压比较电路

电压比较电路是用来比较两个电压大小的电路，又称为电压比较器。其中一个输入端加

输入信号电压 u_i(被比较电压),另一个输入端加参考电压 U_R(基准电压),用输出电压 u_o 反映比较结果。输出结果只有两种可能:要么输出高电平 U_{OH},要么输出低电平 U_{OL},用电平高低来反映比较结果。比较器的输出电压 u_o 从一个电平跳到另一个电平时的输入电压称为门限电压或阈值电压,用 U_{TH} 表示。当输入信号大小变化达到阈值电压时,则引起输出电压从高电平 U_{OH} 翻转为低电平 U_{OL},或从低电平 U_{OL} 翻转为高电平 U_{OH}。由此可见,电压比较器的输入为模拟信号,输出为数字信号,它是模拟电路和数字电路间的桥梁。因此,电压比较器在波形产生、变换和整形以及模数转换等方面有着广泛的应用。

1. 基本单限电压比较器

只有一个门限电压的比较器称为单限电压比较器,有两种电路形式,即同相输入单限电压比较器和反相输入单限电压比较器。

(1)反相输入单限电压比较器。图 3-28(a)所示为反相输入单限电压比较器,输入信号 u_i 加在运放的反相输入端,参考电压 U_R 加在运放的同相输入端。

由图可知,当 $u_i>U_R$ 时,由于运放具有很高的开环电压增益,此时运放处于负向饱和状态,输出电压为低电平,即 $u_o=U_{OL}=-U_{OM}$;当 $u_i<U_R$ 时,运放处于正向饱和状态,输出电压为高电平,即 $u_o=U_{OH}=+U_{OM}$。由此可见,该电路应有如图 3-28(b)所示的传输特性。

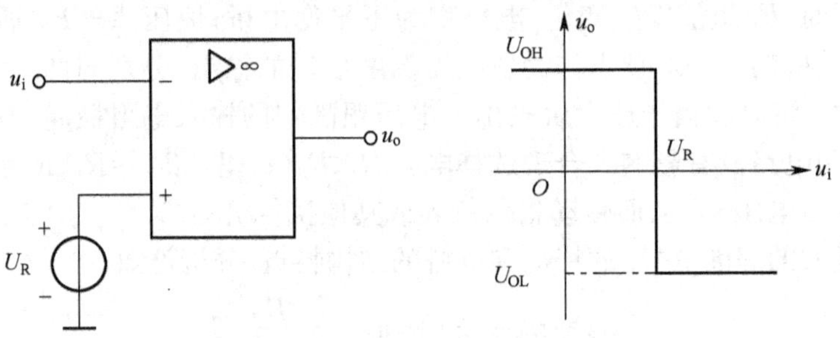

(a)电路　　(b)传输特性

图 3-28　反相电压比较器

(2)同相输入单限电压比较器。图 3-29(a)所示为同相输入单限电压比较器,输入信号 u_i 加在同相输入端,参考电压 U_R 加在反相输入端。工作原理与反相输入电压比较器相似,当 $u_i>U_R$ 时,运放处于正向饱和状态,输出电压为高电平,当 $u_i<U_R$ 时,运放处于负向饱和状态,输出电压为低电平。其电压传输特性如图 3-29(b)所示。

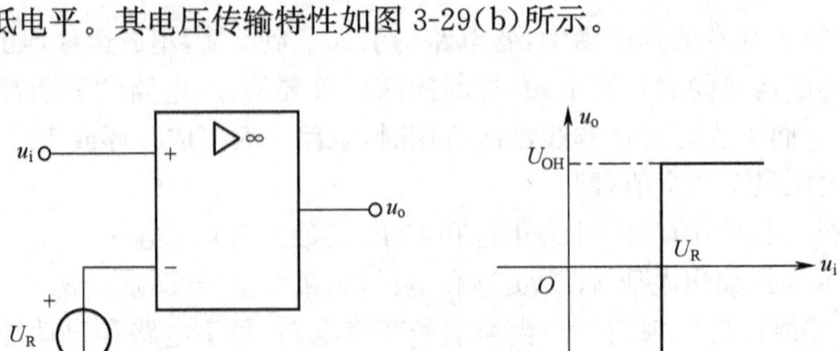

(a)电路　　(b)传输特性

图 3-29　同相电压比较器

在以上两种单门限电压比较器中，参考电压 U_R 的取值可以大于零、小于零或等于零。如果参考电压 $U_R=0$，则输入电压 u_i 每次过零时，输出电压就会产生突变，这种比较器称为过零比较器，常用于信号的过零检测。

【例 3-2】 电路如图 3-30(a)所示，输入信号 u_i 为正弦波，频率较低，二极管为理想二极管，试画出图中 u_o、u'_o、u_L 的波形。

解：由图 3-30(a)所示电路可知，电路处于开环状态，运放同相端输入信号、反相端直接接地，运放构成了一个过零比较器，其传输特性如图 3-30(b)所示。当输入信号为图 3-30(c)所示的正弦波时，每次过零点，比较器的输出将产生一次电压跳变，其高电平、低电平均受运放电源电压的限制。因此，输出电压 u_o 波形为具有正负极性的方波，如图 3-30(d)所示。将方波电压 u_o 加到 RC 微分电路，由于输入信号频率较低，RC 微分电路时间常数相对于正弦波周期 T 很小，那么 R 两端电压 u'_o 就是一连串的正负相间的尖顶脉冲，如图 3-30(e)所示。将 u'_o 加到理想二极管整流电路，负载得到的电压 u_L 就只有正脉冲，如图 3-30(f)所示。于是正弦波就变成了一串正脉冲，脉冲间隔为 T，这种情形称为波形变换。

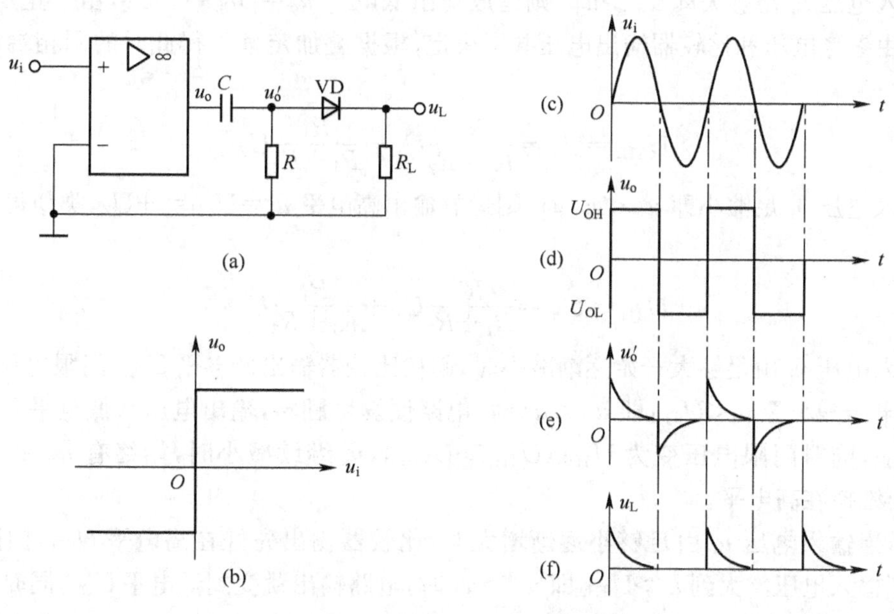

图 3-30　过零比较器用作波形变换

2. 迟滞比较器

单门限电压比较器虽然具有电路简单、灵敏度高等特点，但抗干扰能力差，如果输入电压在门限电压附近有微小的干扰，就会导致输出状态跳变，使比较结果产生错误。为克服这一缺点，提高抗干扰能力，常采用迟滞比较器。

迟滞比较器又称施密特触发电路，是一种具有迟滞回线传输特性的电压比较器，广泛应用于波形产生、整形和幅度鉴别等场合。图 3-31(a)所示电路是反相输入迟滞比较器，它在反相输入单门限电压比较器的基础上，通过 R_2 引入了正反馈，集成运放的输出通过一个限流电阻 R_3 加在两个特性相同且背靠背串联的稳压二极管上，从而得到双向限幅的输出电压，输出的高电平为 $U_{OH}=+U_Z$，低电平为 $U_{OL}=-U_Z$，U_Z 为稳压二极管的稳压值。由于输入信号由运放反相端输入，所以同相端电压就是门限电压。下面分析迟滞比较器的工作原理。

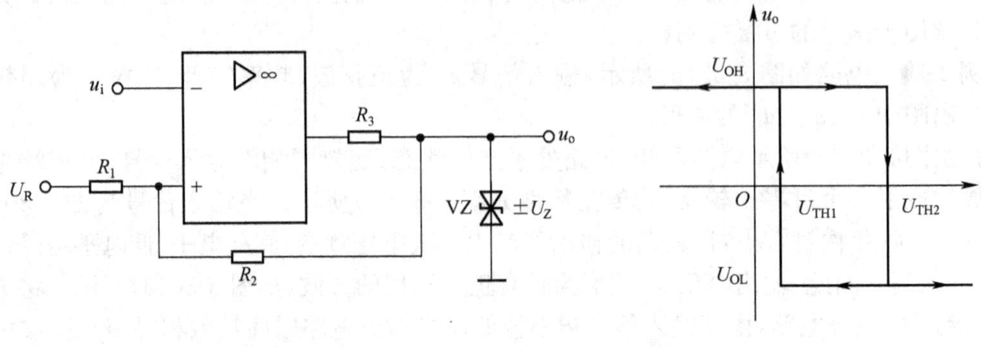

(a) 迟滞比较器电路　　(b) 传输特性

图 3-31　迟滞比较器

设输入电压 u_i 足够大即 $u_- > u_+$，则运放输出低电平 $u_o = U_{OL} = -U_Z$，由于正反馈，同相端的电压由参考电压和比较器输出电压共同决定，根据叠加定理可得此时的同相端电压即门限电压为

$$U_{TH1} = U_+ = \frac{R_2}{R_1+R_2}U_R - \frac{R_1}{R_1+R_2}U_Z \tag{3-73}$$

设输入电压 u_i 足够小即 $u_- < u_+$ 时，则运放输出高电平 $u_o = U_{OH} = +U_Z$，类似可得另一门限电压：

$$U_{TH2} = U_+ = \frac{R_2}{R_1+R_2}U_R + \frac{R_1}{R_1+R_2}U_Z \tag{3-74}$$

当输入电压 u_i 由足够大开始逐渐减小时，起初比较器输出低电平 U_{OL}，门限电压为 U_{TH1}，直到输入电压减小至 $u_i < U_{TH1}$ 即 $u_- < u_+$ 时，电路便发生翻转，输出电压从低电平 U_{OL} 跳变到高电平 U_{OH}，同时门限电压变为 U_{TH2}（$U_{TH2} > U_{TH1}$），u_i 继续减小时，始终有 $u_- = u_i < u_+ = U_{TH2}$，输出维持在高电平。

反之，当输入电压 u_i 由足够小逐渐增大时，比较器输出先处在高电平 U_{OH}，门限电压为 U_{TH2}，直到输入电压增大到 $u_i > U_{TH2}$ 即 $u_- > u_+$ 时，电路输出跳变到低电平 U_{OL}，同时门限电压变为 U_{TH1}，u_i 继续增大时，始终有 $u_- > u_+$，输出维持在低电平。

如果输入电压 u_i 先由大变小然后由小变大作周期变化，电路将重复上述变化过程。据此可得电路的电压传输特性曲线如图 3-31(b)所示。输入信号沿不同方向变化时存在输出回差，其中箭头表示了变化的方向。

可见，迟滞比较器有两个门限电压，输入信号减小过程中电路输出跳转时的门限电压称为下门限电压 U_{TH1}，输入信号增大过程中电路输出跳转时的门限电压称为上门限电压 U_{TH2}，两个门限电压之差，称为门限宽度或回差电压 ΔU_T，回差电压 ΔU_T 为

$$\Delta U_T = U_{TH2} - U_{TH1} = \frac{2R_1}{R_1+R_2}U_Z \tag{3-75}$$

总结上述分析可知，改变参考电压可改变迟滞比较器上、下门限电压，但不改变回差电压；调节反馈系数 $R_2/(R_1+R_2)$，可改变上下门限电压及回差电压；由于回差电压的存在使电路抗干扰能力增强。

二、方波发生器

方波发生器是一种能自动产生方波或矩形波的非正弦信号发生电路。由于方波或矩形波是由基波和许多高次谐波组成，因此，这种电路又称为多谐振荡电路。常用的双向限幅方波发生器电路如图 3-32(a)所示，它是在迟滞比较器的基础上，增加了一个由电阻 R_F 和电容 C 组成的积分电路，把输出电压经 R_F、C 反馈到集成运放的反相端。在电路的工作过程中，R_FC 积分电路既是个反馈网络，又是个定时电路，通过 R_FC 电路的充放电作用实现输出状态的自动转换，形成一种自激振荡。下面简要分析方波发生器的工作原理。

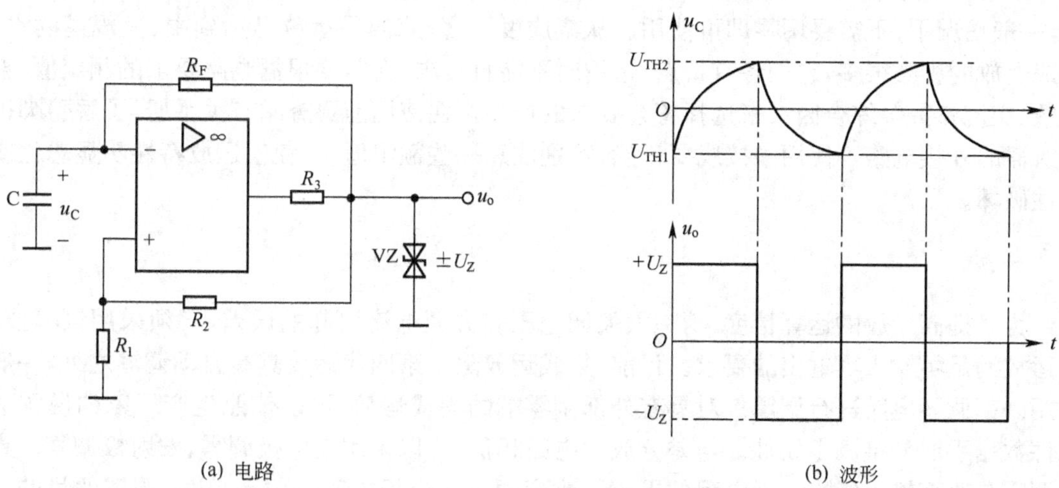

(a) 电路　　(b) 波形

图 3-32　方波产生电路

由图可知，电路的输出电压为$\pm U_Z$，因此迟滞比较器的两个门限电压为

$$U_{TH2}=\frac{R_1}{R_1+R_2}U_{OH}=\frac{R_1}{R_1+R_2}U_Z \tag{3-76}$$

$$U_{TH1}=\frac{R_1}{R_1+R_2}U_{OL}=-\frac{R_1}{R_1+R_2}U_Z \tag{3-77}$$

电路无外接输入信号，输出电平由电容电压 u_C 与门限电压 U_{TH}相比较来决定。在电路接通电源的瞬间，输出电平究竟是高电平还是低电平，那是随机的。但一旦运放的两个输入端出现 $u_+>u_-$时，输出为高电平；反之，当 $u_+<u_-$时，输出为低电平。

假设电路接通电源的瞬间，电容上的初始电压 $u_C(0)=0$，且输出电压为高电平，即 $u_o=+U_Z$，同相端的电压为门限电压 U_{TH2}。这时，输出的高电平电压通过电阻 R_F 向电容 C 充电，电容电压 u_C 按指数规律增长。当电容上的电压充电到略大于同相端的门限电压 U_{TH2}时，即 $u_-=u_C>U_{TH2}$，输出电压即由高电平跃变到低电平，即 $u_o=-U_Z$，同时门限电压跳变为 U_{TH1}。此时 $u_C>u_o$，由于电容上的电压不能突变，因此，电容就通过 R_F 放电，电容电压 u_C 开始下降。经过一段时间后，当电容电压 u_C 下降到略小于同相端的门限电压 U_{TH1}时，即 $u_-=u_C<U_{TH1}$，输出电压又由低电平跃变到高电平，即 $u_o=+U_Z$，门限电压又跳回到 U_{TH2}，电容 C 又被充电，这样周而复始形成振荡，于是在输出端获得一定频率(或周期)的方波电压。

由于电容充放电时间常数相同，输出正负电压相等，两个门限电压绝对值相等，所以电路输出电压为对称的方波。如果在电路中让电容的充电时间常数与放电时间常数不等，则输出就变成矩形波。电容充放电波形及方波发生器的输出波形如图 3-32(b)所示[充电初始电压 $u_C(0)\neq0$]。

集成运放的非线性应用还有许多,在信号发生和变换电路中,还有三角波、锯齿波发生器等,这些内容将在第十章中讲述。

第六节　集成运算放大器使用注意问题

集成运算放大器自 1964 年问世以来,发展十分迅速,已经历了四代产品。第四代集成运放的主要特点是采用了调制和解调技术,即斩波稳零或动态稳零技术,使失调及其漂移大大减小,一般情况下,不需要调零即可使用。从集成度而言,第四代运放已达到中、大规模的水平。集成运放的种类很多,它们各有特点,选用时不能盲目求"新",要根据电路要求的额定值、直流参数、交流参数等综合因素来选择符合要求的产品。在使用前要查阅有关手册,了解引脚排列和所需的外接电路。使用中接线要正确,特别注意一些额定值,以免使运放特性明显恶化或永久性破坏。

一、调　　零

为了提高运放的运算精度,消除因失调电压和失调电流引起的误差,必须采用调零技术,使运放满足零输入零输出的要求。目前,集成运放除了第四代运放具有自动调零之外,一般都采用外部调零电路进行调零。对具有外部调零端的集成运放,可以依照生产厂家的说明书或器件数据手册外接调零元件。与差分放大电路相似,可以采用集电极调零、发射极调零。集电极调零是改变输入级集电极电阻的平衡以改变两个集电极之间电位差,达到调零的目的。发射极调零是改变输入级发射极电阻的平衡以改变两个发射极电位,达到调零的目的。对无调零端的运放,或不用厂家提供的调零端调零时,可以采用输入端调零电路。它的基本原理是在运放的输入端施加一个补偿电压,抵消运放本身的失调电压,以达到调零的目的。它的特点是不受运放内部电路结构的影响,调零范围较宽。图 3-33 所示为几种常用调零电路的实例,其中图 3-33(a)所示电路是同相输入端调零电路;图 3-33(b)所示电路是反相输入端调零电路。这两种调零电路要求电源电压波动小。在要求较高场合,可采用图 3-33(c)所示稳定的调零电路。

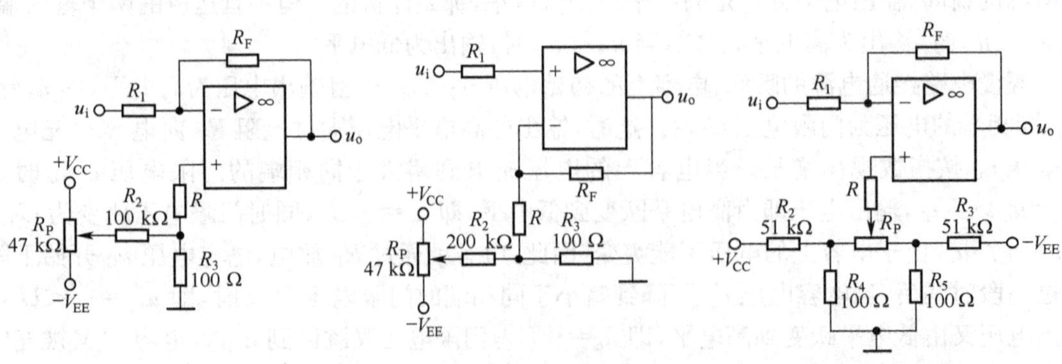

(a) 同相输入端调零　(b) 反相输入端调零　(c) 稳定的调零

图 3-33　调零电路

在弱信号作用下的运放，无论采用哪种形式的调零电路，在调零电路中都不宜采用碳膜电阻和碳膜电位器作调零元件，因为它们的温漂会产生新的失调，而应采用金属膜电阻、线绕电阻和线绕电位器作调零元件。对于在交流信号作用下工作的集成运放，因常有隔直元件，也可以不进行调零，但隔直电容最好选用无极性电容器或漏电小的电解电容器。

二、消除自激振荡

由于集成运放是一种直接耦合的高增益多级放大器，各种形式的寄生电容都可能引起自激振荡。为了使运放稳定地工作，使用前必须先解决自激振荡问题。消除自激振荡的方法可分为两种：一种是把消除振荡的元件直接制造在电路内部，称为内部消振；另一种是外接阻容元件破坏产生自激的条件，即利用阻容相移原理，在运放电路中加入适当的补偿电容或 RC 补偿网络，以改变运放的开环幅频特性和相频特性，破坏产生自激的条件，使之稳定地工作。

简单的电容补偿，常把补偿电容接在具有高增益的中间级，补偿电容大小与闭环增益有关。简单的电容补偿常常还会使运放的频带变窄太多，若采用阻容补偿效果就会更好一些，它既能消除自激，又能具有较宽频带。一般产品说明书都给出补偿电容、电阻的参考值，使用时可通过实际调整加以确定。

三、保护电路

集成运放使用中，有时会出现突然失效的问题，归结起来大致有以下五方面的原因：

(1)输出端不慎对地短路或接到电源造成过大的电流。

(2)输出端接有电容性负载，输出瞬间电流过大。

(3)输入信号过大，输入级造成过压或过流。

(4)电源极性接反或电源电压过高。

(5)焊接时，烙铁漏电造成高压击穿。

为此，在使用中除了精心操作，还可采取相应的保护措施。

1. 输入端保护电路

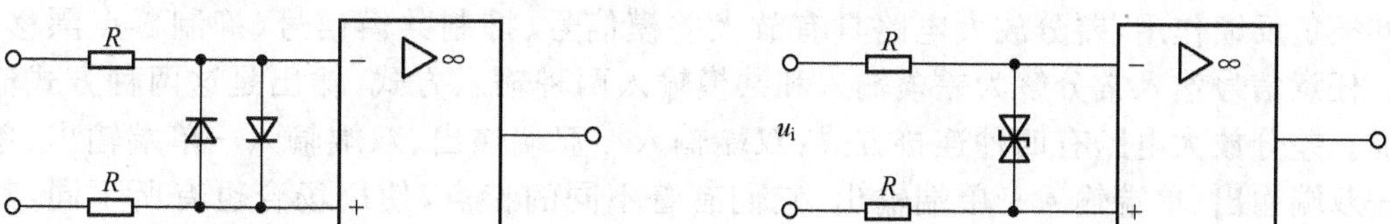

(a) 二极管保护电路　　(b) 稳压管保护电路

图 3-34　输入端保护电路

运放的差模输入电压有一定的范围，假如输入电压超过了最大差模电压，轻者可使输入级晶体管 β 值下降，使放大器特性变坏，重者使管子造成永久性损坏。为此，可在运放输入端加保护措施，图 3-34 为常用的输入端保护电路。当输入差模电压较大时，二极管 VD(或稳压管

VZ)导通，从而保护运放不致损坏。图 3-34 所示 R 为限流电阻。

2. 输出端保护电路

输出端保护电路起过载保护作用，即当运放过载或输出对地短路时，保护运放不致损坏。有些运放内部有过载保护电路，如 F007、F006、F010、F013 和 XFC-76、XFC-77、FXC-78 等，在过载或输出短路时，能保护运放不致损坏。而有些运放，例如 F001、F005、FC3 等，在内部没有过载保护电路，当输出端对地短路时，就可能损坏运放。为了保护这类运放，可以采用图 3-35 所示的输出端保护电路。

图 3-35(a)所示电路为限流保护电路，一般运放的输出电流应限制在 5 mA 以内，当负载电阻较小时，限流电阻 R_3 限制了运放的输出电流。图 3-35(b)所示电路为过电压保护电路，反馈回路由两背靠背的稳压管与电阻 R_F 并联组成。电路正常工作时，输出电压的幅值小于稳压管支路的稳定电压 U_Z，稳压管支路开路不起作用。当输出电压的幅值大于稳压管的稳定电压 U_Z 时，两稳压管中总有一个工作在反向击穿状态，另一个正向导通，负反馈加强，从而使输出电压限制在 $\pm U_Z$ 范围内。

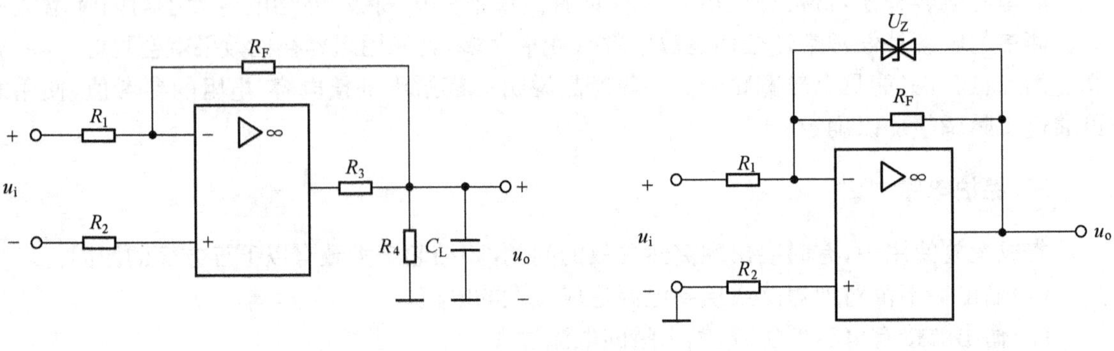

(a) 限流保护电路　　(b) 过压保护电路

图 3-35　输出端保护电路

本章小结

(1)差分放大电路是集成运放的一个组成单元。由于电路的对称性及公共发射极电阻的共模负反馈作用，差分放大电路具有放大差模信号、抑制共模信号(抑制零点漂移)的功能。任意信号输入常分解为差模输入和共模输入两种输入方式，输出是这两种方式输出的叠加。差分放大电路有四种连接方式：双端输入—双端输出、双端输入—单端输出、单端输入—双端输出、单端输入—单端输出，它们有着不同的特点，使用场合也有所不同，其主要性能指标 A_{ud}、A_{uc}、K_{CMR} 也不尽相同。差分放大电路采用双端输出方式，可以满足零输入、零输出的要求。

(2)集成运放是一种应用十分广泛的模拟集成电路，其主要特点是输入电阻高、开环增益大、零漂小。从内部结构上看，集成运放由四个部分组成：输入级、中间级、输出级及偏置电路。输入级通常采用带有恒流源的差分电路，用以克服零点漂移，提高集成运放的共模抑制比；中间级一般由共射(共源)放大电路组成，用以提高电压增益；输出级通常由互补对称电压跟随器组成，其作用是输出一定幅度的电压、电流去驱动负载；偏置电路由各种恒流源电路组成，用以提供各级电路的静态工作电流。

(3)集成运放的参数有很多,使用时应注意与器件数据手册给出的参数要求一致。为简化分析和应用,将参数理想化,得到理想运放。理想运放的特性主要有开环差模电压增益$A_{od}=\infty$、输入电阻$r_{id}=\infty$、输出电阻$r_o=0$、共模抑制比$K_{CMR}=\infty$。其在线性区工作时的两个重要特征是:虚短($u_+=u_-$)和虚断($i_+=i_-=0$)。在非线性区工作时,具有虚断($i_+=i_-=0$)特征,同时,输出电压只有两个值:当$u_+>u_-$时,输出高电平;当$u_+<u_-$时,输出低电平。

(4)集成运放工作在线性区时,电路必须接成负反馈的闭环形式。其典型的线性应用有比例运算、加法和减法运算、积分和微分运算等。这些数学运算是通过不同的反馈电路获得的。如果电路处于开环或正反馈状态,则运放工作在非线性区。运放非线性应用电路主要有基本的单限电压比较电路、迟滞比较器及方波发生器。

尽管集成运放性能相当优越,使用也十分灵活,但要正确使用,尤其要注意调零、消除自激振荡和增加保护电路等几个问题。

习 题 三

1. 什么叫直流放大器？直流放大器是否只能放大直流信号？

2. 零点漂移对直流放大器的性能有什么影响？产生零点漂移的主要原因是什么？克服零点漂移比较有效的方法是什么？

3. 何谓差分放大电路的差模输入信号和共模输入信号？它们对放大器性能有什么影响？

4. 双端输出和单端输出的差分放大电路各是怎样抑制零点漂移的？

5. 题图 3-1 所示为一差分放大电路,调零电位器R_P动点处于中间位置,两个三极管的电流放大系数$\beta_1=\beta_2=40$,发射结电阻$r_{be1}=r_{be2}=8.2\ k\Omega$。当$u_{i1}=603\ mV$,$u_{i2}=597\ mV$时,求电路在对称条件下的输出电压值$u_o$。

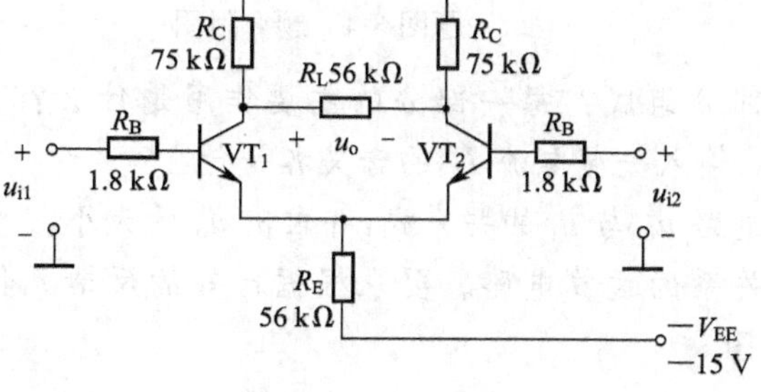

题图 3-1　题 5 附图

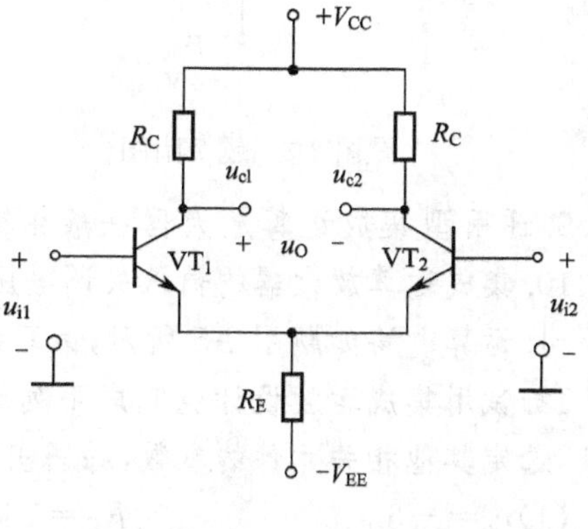

题图 3-2　题 6 附图

6. 题图 3-2 所示为一双端输入、双端输出的理想差分放大电路。

(1)若$u_{i1}=1.5\ mV$,$u_{i2}=0.5\ mV$,差模输入电压u_{id}和共模输入电压分别是多少？

(2)若$A_{ud}=100$,求输出电压u_o。

(3)当输入电压为u_{id}时,若从V_2的集电极输出,则输出电压u_{C2}与输入电压u_{id}的相位关系如何？

(4)若输出电压 $u_o=1\,000u_{i1}-999u_{i2}$ 时，求电路的 A_{ud}、A_{uc}、K_{CMR} 的值。

(5)电阻 R_E 起什么作用？

7. 题图 3-3 所示为一简单的晶体管直流毫伏表电路，设电流表满偏时电流为100 μA，电流表支路的内阻 $R_g=2\ \text{k}\Omega$，晶体三极管放大倍数 $\beta_1=\beta_2=50$，$U_{BE1}=U_{BE2}=0.7\ \text{V}$。

(1)当 $u_i=0$ 时，两管的静态电流 I_B、I_C 各为多少？

(2)要使电流表指针满偏，需要加多大的输入电压？

(3)求输入电阻、输出电阻各为多少？

(4)电位器 R_P 在电路中有何作用？

8. 差分放大电路如题图 3-4 所示，设三极管放大倍数 $\beta_1=\beta_2=60$，三极管发射结电阻 $r_{be1}=r_{be2}=1\ \text{k}\Omega$，$U_{BE1}=U_{BE2}=0.7\ \text{V}$。试求：

(1)电路的静态工作点。

(2)电路的差模电压放大倍数。

(3)电路的共模电压放大倍数和共模抑制比。

(4)电路的差模输入、输出电阻。

(5)负载电阻不变、双端输出改为单端输出时的差模电压放大倍数和共模抑制比。

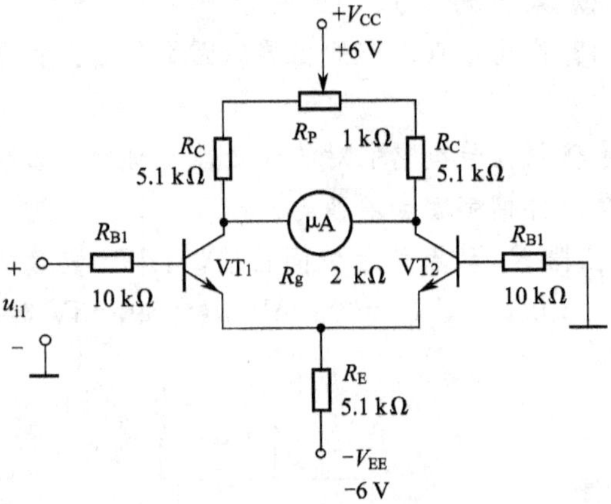

题图 3-3　题 7 附图

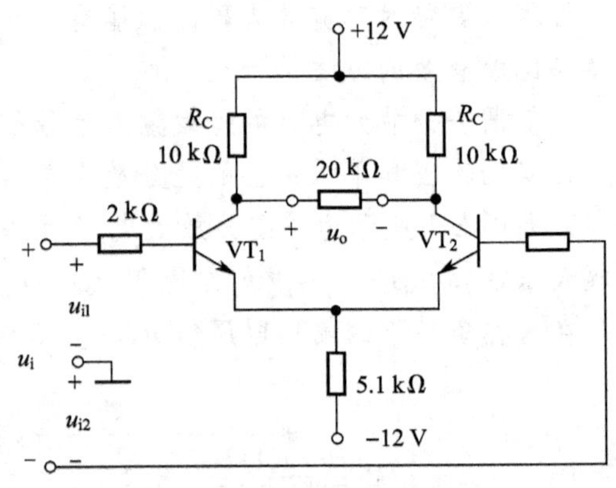

题图 3-4　题 8 附图

9. 通用型集成运算放大器一般由哪几部分组成？每一部分的主要作用是什么？

10. 集成运算放大器的输入失调电压 U_{IO}、输入失调电流 I_{IO} 的含义各是什么？

11. 运算电路如题图 3-5 所示，试写出各电路 u_o 与 u_i 的关系式，并求出 u_o 的大小。

12. 试用集成运放设计能完成下列运算关系的运算电路。要求根据已知的反馈元件 R_F 参数，选定其他相关元件的参数，并画出电路图。

(1) $u_o=-5u_i$　　　　　$R_F=5\ \text{k}\Omega$；

(2) $u_o=-(2u_{i1}-u_{i2})$　　　$R_F=10\ \text{k}\Omega$；

(3) $u_o=5(u_{i1}+u_{i2})$　　　$R_F=18\ \text{k}\Omega$；

13. 写出题图 3-6 所示运放电路的输出电压 u_o 与输入电压 u_i 关系，并分别求出电路的输出电压 u_o。

14. 电路如题图 3-7 所示，试求开关 S 闭合和断开两种情况下的闭环电压放大倍数 A_{uf}。

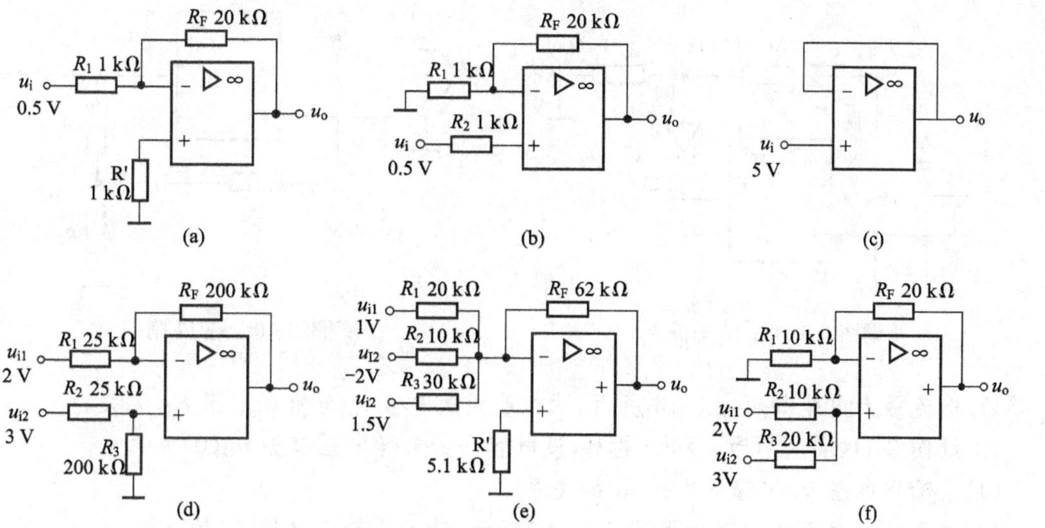

题图 3-5　题 11 附图

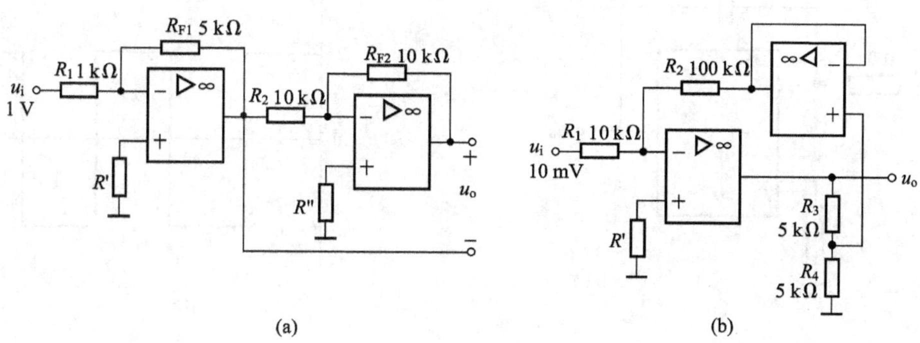

题图 3-6　题 13 附图

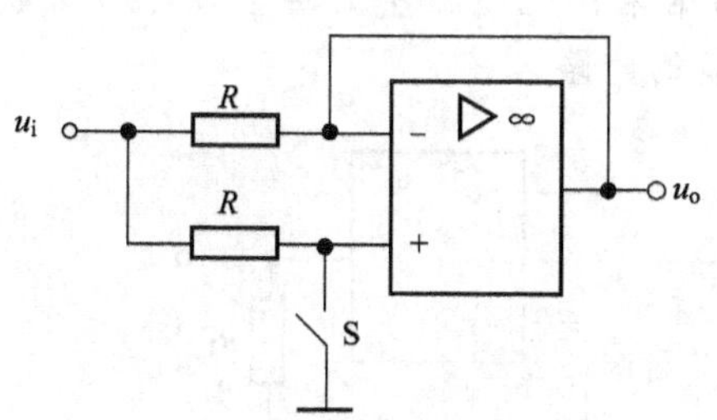

题图 3-7　题 14 附图

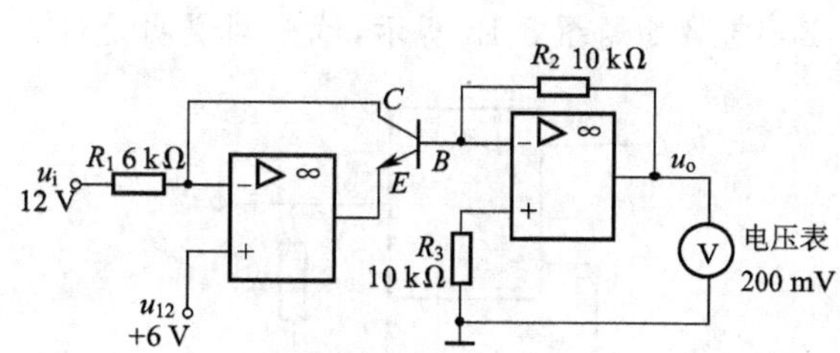

题图 3-8　题 15 附图

15. 由运放组成的三极管电流放大系数 β 的测试电路如题图 3-8 所示，设三极管的 $U_{BE}=0.7$ V。

(1)试求三极管各极的电位值；

(2)若电压表读数为 200 mV，测得的 β 是多少？

16. 题图 3-9 所示电路是由运放组成的电流放大器。光电池产生很微弱的电流 I_S，设 $I_S=0.1$ mA，经运放放大后足以推动发光二极管发光，图中 R_1 为反馈电阻，R_2 为输出电流取样电阻。试应用运放的“虚短”和“虚断”特征求使 LED 发光的电流 I_L 值。

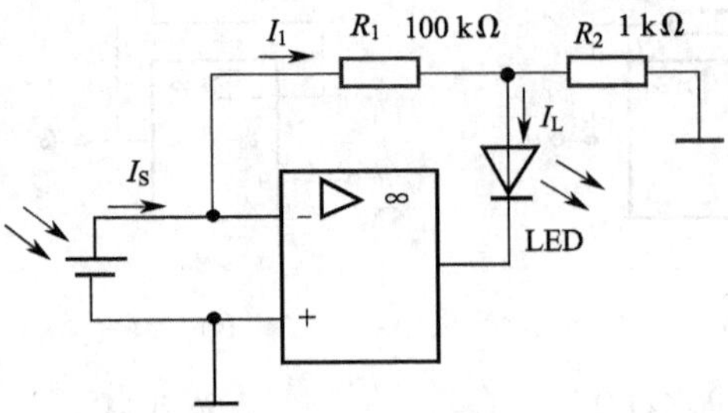

题图 3-9 题 16 附图

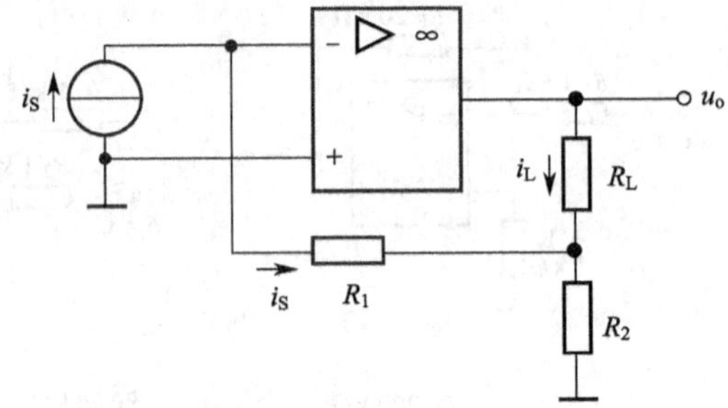

题图 3-10 题 17 附图

17. 电流放大电路如题图 3-10 所示，试证明负载电流 i_L 与负载电阻 R_L 无关。

18. 题图 3-11(a)所示为一积分电路，设电容上的初始电压值为 $u_C(0)=0$。

(1)求输出电压 u_o 与输入电压 u_i 的关系。

(2)如果输入电压的波形如题图 3-11(b)所示，请画出输出电压 u_o 的波形。

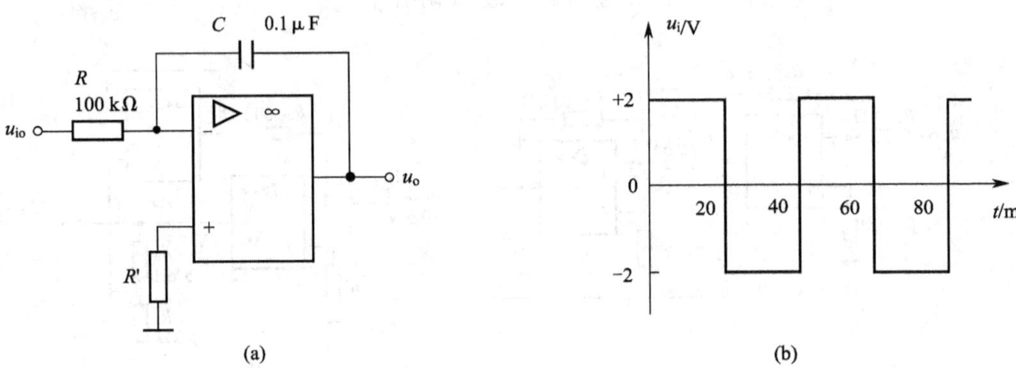

题图 3-11 题 18 附图

19. 电压比较器的功能是什么？怎样表示比较的结果？比较器中的运放处于什么状态？

20. 电路如题图 3-12 所示，试分别说明是什么功能的电路。

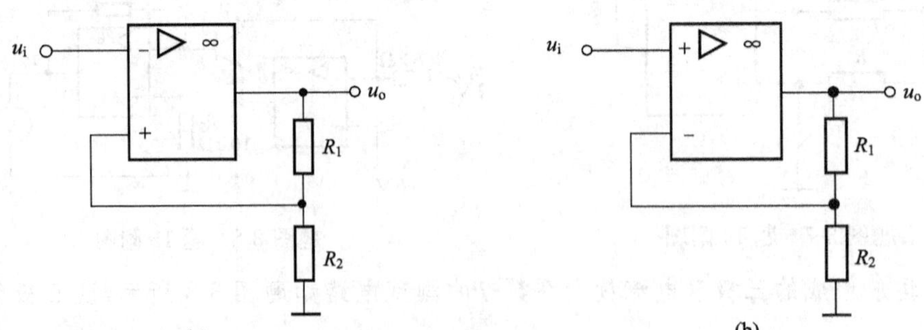

题图 3-12 题 20 附图

21. 题图 3-13(a)所示电路中，集成运放的 $U_{omax}=\pm10$ V，当输入信号波形如题图 3-13(b)所示时，画出电路输出信号的波形。

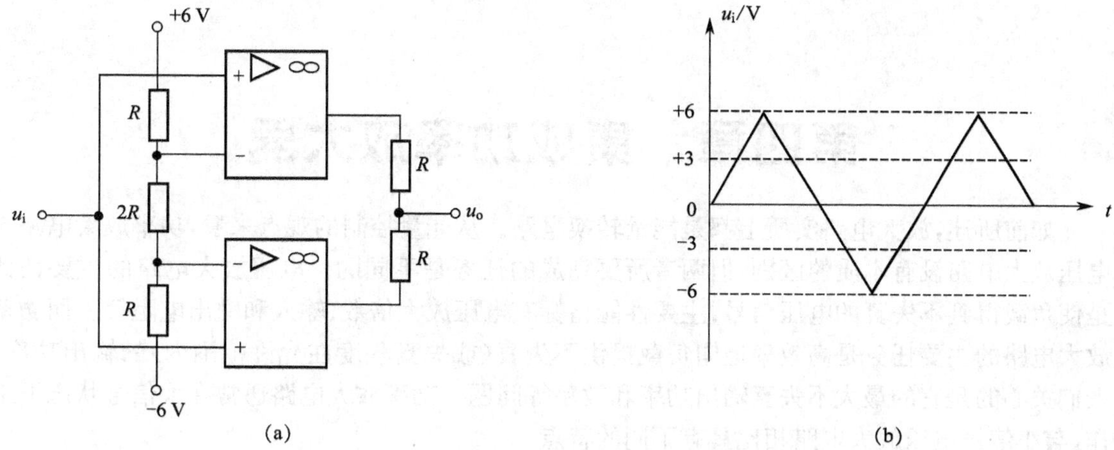

题图 3-13　题 21 附图

22. 电路如题图 3-14 所示，设稳压管的稳压值 U_Z=6 V，正向导通电压为 0，画出电路的传输特性。

23. 水位报警监控器电路如题图 3-15 所示，运放组成方波发生器，三极管组成电压跟随器，扬声器为负载。根据问题选择填空。（提示：在直流电流作用下，扬声器是不会发声的。）

(1) 水位正常时，两探测电极浸在水中而导通，0.01 μF 电容被短路，此时________。

(2) 水位下降到探测电极之下，电极开路，0.01 μF 电容充放电，此时________。

A 扬声器不发出声音　　　　B 扬声器发出声音

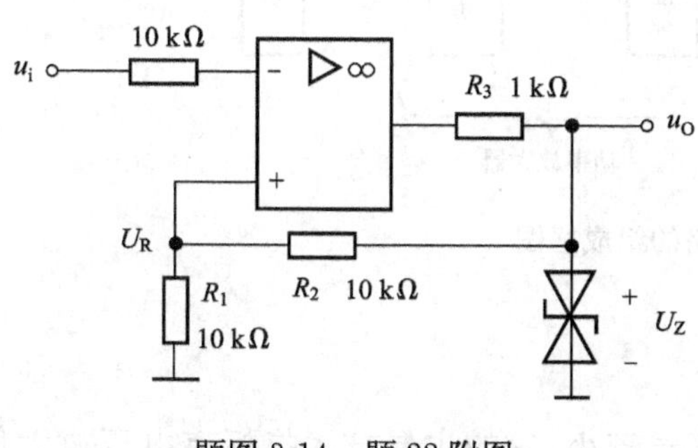

题图 3-14　题 22 附图

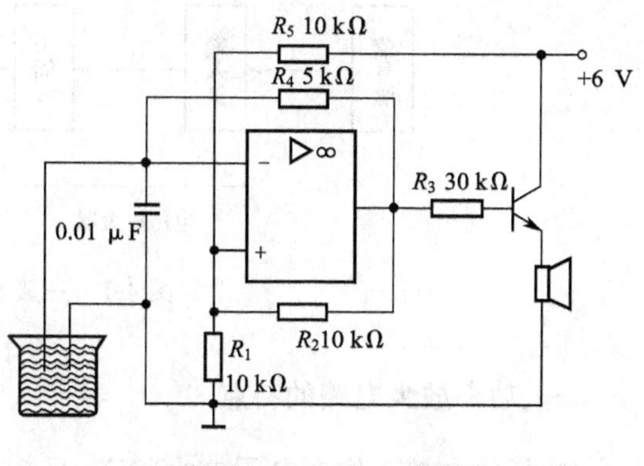

题图 3-15　题 23 附图

第四章　集成功率放大器

如前所述，放大电路实质上都是能量转换电路。从能量控制的观点来看，功率放大电路与电压放大电路没有本质的区别，但两者所要完成的任务是不同的。电压放大电路的主要任务是使负载得到不失真的电压信号，主要性能指标有电压放大倍数、输入和输出电阻等。而功率放大电路的主要任务是高效率地向负载提供不失真（或失真程度在允许范围内）的输出功率，人们关心的是它的最大不失真输出功率和效率等问题。功率放大电路通常在大信号状态下工作，与小信号电压放大电路相比具有不同的特点。

本章主要叙述功率放大器的特点和分类、互补对称功率放大器OCL、OTL，最后介绍几种常用的集成功率放大器及其典型应用。

第一节　概　　述

在实际的电路中，一般由电压放大器构成前置级，由功率放大器构成输出级，以输出一定的功率来带动负载。能向负载提供足够功率的放大电路称为功率放大器。一般电子电路的组成如图4-1所示。

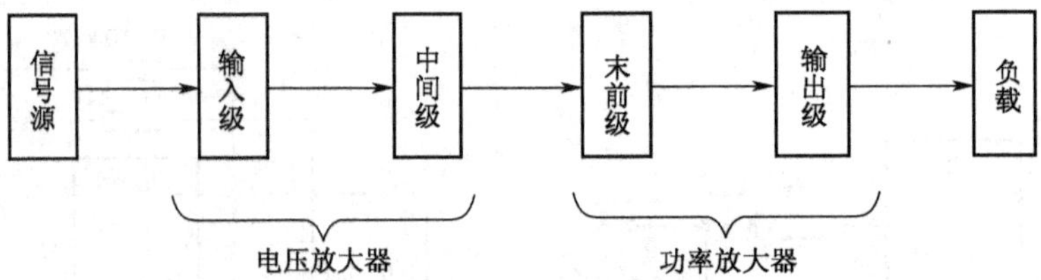

图4-1　一般电子电路的组成框图

一、功率放大电路的特点

电压放大器工作在电压放大状态，且接收的信号较小，它的主要技术指标有电压放大倍数，输入电阻、输出电阻等，其输出功率不一定要大。而功率放大器则工作在大电压、大电流情况下，人们关心的是它的最大不失真输出功率、效率等问题。为了达到这个目的，功率放大器应具备如下特点：

1. 输出功率尽可能大

为了获得尽可能大的输出功率，功放管的输出电压和电流就必须足够大，应尽可能在接近极限的条件下工作，以满足驱动负载的需要，但不能超过极限参数，即

$$U_{CEmax} < U_{(BR)CEO}$$

$$I_{cmax} < I_{CM}$$

$$P_{cmax} < P_{CM}$$

功放管的极限工作区如图4-2所示。如果超过极限参数，管子容易损坏。

2. 效率要高

功率放大器输出的大功率是依靠功放管将直流电源供给的直流电能转换成交流电能而来的。在转换中，由于功放管本身存在功耗，所以总有部分能量要消耗。因此，我们总是希望电源供给的直流电能应尽可能多的转换成随输入信号改变而改变的交流能量，来提供给负载，即转换效率应尽可能高。

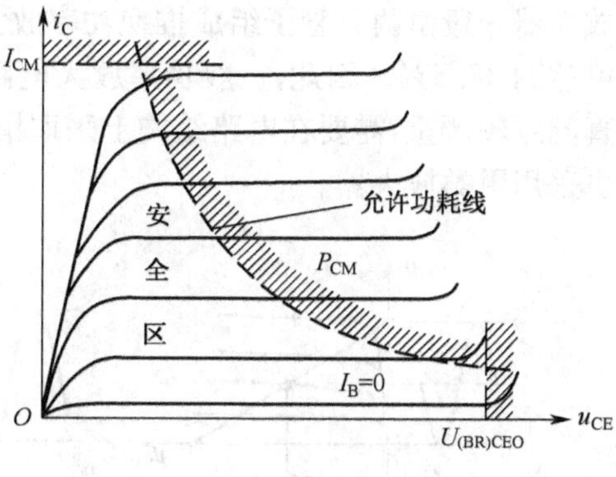

图 4-2 功放管的极限工作区

所谓效率，就是功放管提供负载的输出功率 P_o 与直流电源供给的功率 P_E 的比值。表达式为

$$\eta=\frac{P_o}{P_E}\times 100\%$$

上式比值越大，就意味着效率越高。

3. 失真要小

功放管要获得大的输出功率，就必须在大信号状态下工作。但由于晶体管的特性曲线是非线性的，工作时超出特性曲线的线性范围是常有的事，输出功率越大，非线性失真越严重。因此，失真就成了必须考虑的问题，要设法在输出尽可能大的情况下尽量减小非线性失真。

4. 散热要好

由于功放管工作时电流较大，其集电结的温度就会有较大升高，如果散热不好，管子就容易烧坏。因此，为了保证功放管长期稳定的工作，就必须考虑管子的散热问题。对大功率的功放管，一般都会加装散热板，以增大其输出功率。

由此可见，对功率放大器的基本要求是输出功率尽可能大；输出信号波形失真尽可能小；效率尽量高；管子散热尽可能好。

二、功率放大器的分类

1. 按晶体管工作状态分

根据功放管工作状态的不同，低频功率放大器一般分为甲类、乙类和甲乙类功率放大器三种。

甲类功率放大器的静态工作点设在交流负载线的中部。在输入信号的整个周期内，功放管均处于导通状态，其导通角为 $\theta=2\pi$。当输入信号为幅度适当的正弦波时，输出波形也为完整的正弦波形。其工作波形情况如图 4-3(a)所示。

乙类功率放大器的静态工作点设在交流负载线与 $I_B=0$ 的输出特性曲线的交点处。在输入信号的整个周期内，功放管只有半个周期处于导通状态，而另半个周期处于截止状态，其导通角为 $\theta=\pi$。当输入信号为幅度适当的正弦波时，输出波形为半个周期的正弦波形，其工作波形情况如图 4-3(c)所示。因此，只有采用两只晶体管轮流工作，分别放大正、负半周的信号，才能在输出端得到完整的波形输出。

甲乙类功率放大器的静态工作点靠近截止区的位置，略高于乙类。在输入信号的整个周期内，功放管的导通角为 $\pi\leqslant\theta\leqslant 2\pi$。在静态时，三极管处于微导通状态，工作波形情况如图 4-3(b)所示。利用两管轮流交替工作，可得到完整的波形输出。

甲类功率放大器具有结构简单、线性好、失真小等优点。但由于甲类功率放大器中，管子一直处在放大状态，电源就一直有功率输出，静态时，这些功率都消耗在管子上。因此，甲类功率放大器的管耗大、效率低，即使是在理想情况下，效率也只能达到 50%。乙类和甲乙类功率放大器一般由两只管子组成推挽功率放大电路。静态时，电流小，管耗小，效率较高，理想效率可达到 78.5%。因此，一般功率放大电路常采用后者。但乙类、甲乙类功率放大器的波形失真问题较严重，需要在电路结构上采取措施。有时，为了追求尽可能小的失真，有的功放电路也采用甲类放大器。

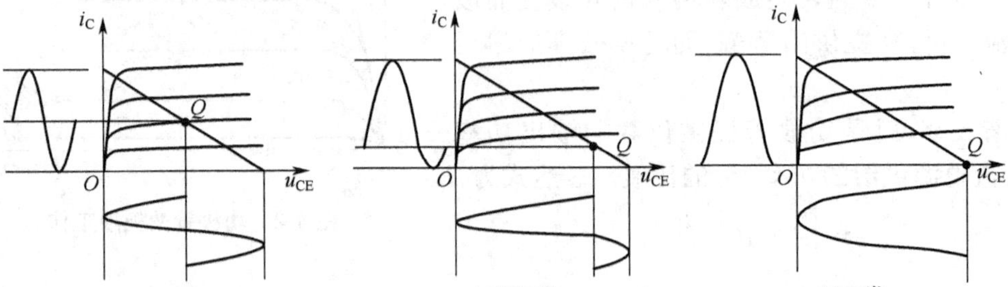

图 4-3　功放管的工作状态

2.按电路结构来分

根据电路结构的不同，功率放大器又分为单管功率放大器，变压器耦合功率放大器、无输出变压器的功率放大器(OTL)、无输出电容的功率放大器(OCL)和桥式推挽功率放大器(BTL)。

单管功率放大器由于输出功率和效率较低，很少使用。变压器耦合的功率放大器是利用变压器的阻抗变换特性，实现放大器与负载之间的最佳阻抗匹配，从而保证放大器、负载间的最大传输效率。但变压器存在体积大、笨重、价格贵、频响特性差、对电路干扰大、不容易集成等缺点，因此，这类电路多在一些特殊场合采用。目前使用较多的是互补对称功率放大电路，常见的有 OTL 电路和 OCL 电路，这两种电路具有结构简单、体积小、效率高、频响特性好、便于集成等优点，因此在集成功率放大电路中得到广泛的应用。

第二节　互补对称功率放大器

一、乙类互补对称 OCL 功率放大器

1.电路组成

OCL(output capacitor less)功率放大器是指无输出电容的互补对称功率放大电路，电路如图 4-4 所示。选用两只特性相同(两管参数一致)、型号相异(一只 NPN 管 VT_1、一只 PNP 管 VT_2)的晶体管，将两管基极相连作输入端，将两管发射极相连作输出端，接负载 R_L，两管都无偏置电路因而都工作在乙类状态。电路采用双电源供电，NPN 管的集电极接正电源，PNP 管的集电极接负电源，这样就构成了基本的 OCL 互补对称功率放大器。

OCL 电路可以看成是两个射极输出器的组合，如图 4-5 所示。由图可见，VT_1、VT_2 交替工作，正负电源交替供电，输出与输入之间双向跟随，形成了“互补”工作方式。

2.工作原理

(1)静态工作情况。因两个功放管均未加直流偏置电压，故 $i_{B1}=i_{B2}=0$，$i_{C1}=i_{C2}=0$，VT_1、VT_2 均截止，$u_o=0$，负载 R_L 中无电流流过，此时，输出端无需隔直电容 C。静态时电路无功率输出，也无静态功率损耗。

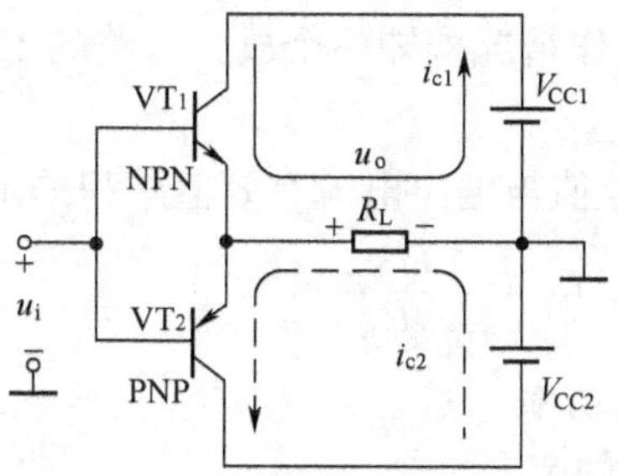

图 4-4　OCL 乙类功率放大器

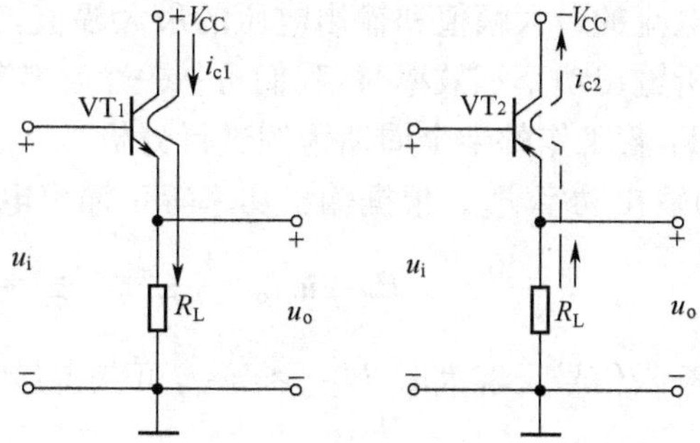

图 4-5　互补的射极输出器组成 OCL 电路

(2)动态工作情况。当输入正弦信号 u_i 处于正半周时,VT_1 导通、VT_2 截止,正电源 V_{CC1} 供电,电流如图中实线箭头所示。这时 VT_1 以射极输出的形式将正方向的信号传给负载,正半周的电流 i_{C1} 通过负载 R_L,使 R_L 得到输出信号 u_o 的正半周。

当输入正弦信号 u_i 处于负半周时,VT_2 导通、VT_1 截止,负电源 V_{CC2} 供电,电流如图中虚线箭头所示。这时 VT_2 以射极输出的形式将负方向的信号传给负载,负半周的电流 i_{C2} 通过负载 R_L,使 R_L 得到输出信号 u_o 的负半周。

由上可见,在输入信号的一个周期内,VT_1、VT_2 轮流工作,它们各导通半个周期,互相弥补了对方的不足,所以把这种电路称为互补对称式功率放大电路。如果两管特性完全对称,就能在 R_L 上得到完整的输出波形。

3. 输出功率和效率

由于两个功放管都工作在大信号状态下,所以适宜用图解法对电路进行分析计算。又因为 VT_1、VT_2 两管特性相同,且交替对称地各工作半个周期,所以为分析方便起见,通常将两个三极管的输出特性曲线相互倒置画出,以形成一个周期内的完整工作波形,如图 4-6 所示。

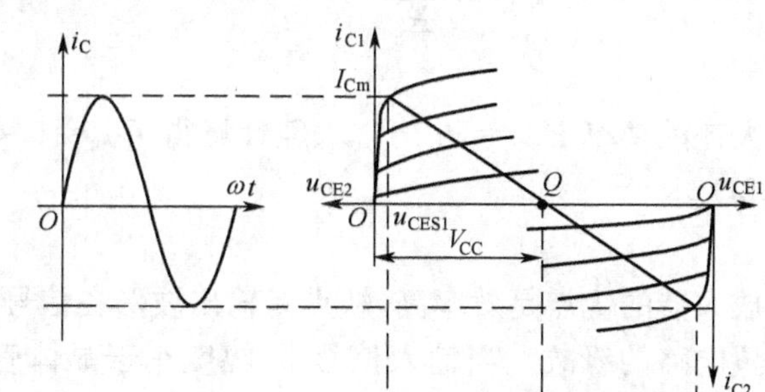

图 4-6　乙类互补对称 OCL 功率放大电路的图解分析

无输入信号时,$u_i=0$,因 $I_{BQ1}=I_{BQ2}=0$,$I_{CQ1}=I_{CQ2}=0$,$U_{CEQ1}=+V_{CC}$,$U_{CEQ2}=-V_{CC}$,两管的静态工作点在横轴上重合。

当 $u_i\neq0$ 时,过点 Q 作出一条斜率为 $-1/R_L$ 的交流负载线。当输入信号 u_i 足够大时,可求出 u_{CE} 的最大幅值为 $U_{CEm}=V_{CC}-U_{CES}\approx V_{CC}$,$i_C$ 的最大幅值为 $I_{cm}=U_{CEm}/R_L\approx V_{CC}/R_L$。有

了输出电流的最大幅值和输出电压的最大幅值，就可计算最大输出功率。

分析输出功率和效率时，我们可从一个功放管的工作情况推知整个放大电路的工作情况。现以 VT_1 管工作的半个周期为例进行分析。

(1)输出功率 P_o。根据输出功率等于输出电压有效值与输出电流有效值乘积的定义得

$$P_o = u_o i_o = \frac{U_{CEm}}{\sqrt{2}} \times \frac{I_{Cm}}{\sqrt{2}} = \frac{1}{2} U_{CEm} I_{Cm} = \frac{1}{2} \frac{U_{CEm}^2}{R_L} \tag{4-1}$$

当输入信号足够大时，$U_{CEm} \approx V_{CC}$，可获得最大输出功率：

$$P_{om} \approx \frac{V_{CC}}{\sqrt{2}} \times \frac{V_{CC}}{\sqrt{2} R_L} = \frac{1}{2} \frac{V_{CC}^2}{R_L} \tag{4-2}$$

(2)直流电源供给的功率 P_E。

由于两个管子轮流工作半个周期，每个电源只提供半个周期的电流，所以各管的集电极平均电流为

$$I_C = I_{C1} = I_{C2} = \frac{1}{2\pi} \int_0^{\pi} I_{Cm} \sin\omega t \, d(\omega t) = \frac{I_{Cm}}{\pi} \tag{4-3}$$

两个直流电源供给的总功率：

$$P_E = 2 I_C V_{CC} = \frac{2 I_{Cm} V_{CC}}{\pi} \tag{4-4}$$

当输出电压最大时，电源供给的总功率最大：

$$P_{Em} = \frac{2 V_{CC}^2}{\pi R_L} \tag{4-5}$$

(3)最大效率为

$$\eta = \frac{P_{om}}{P_{Em}} = \frac{\frac{1}{2} \frac{V_{CC}^2}{R_L}}{\frac{2}{\pi} \frac{V_{CC}^2}{R_L}} = \frac{\pi}{4} = 78.5\% \tag{4-6}$$

(4)管耗 P_V。

两只三极管总的最大耗散功率 $P_{Vm} = P_E - P_{om}$，经计算得 $P_{Vm} = 0.4 P_{om}$，每只功放管的最大管耗 $P_{Vm1} = P_{Vm2} = 0.2 P_{om}$。

4. 非线性失真

乙类互补对称功率放大器的优点是效率高，缺点是输出波形在信号过零处有失真，这是由于电路没有设置直流偏置电路的缘故。当输入信号 u_i 幅度小于晶体管的死区电压时，VT_1、VT_2 均截止，i_{c1}、i_{c2} 基本为零，负载 R_L 上无电流流过，$u_o = 0$。只有当输入信号 u_i 幅度大于管子的死区电压时，基极电流 i_B 才有显著变化。这种由于管子的死区电压使输出信号的波形在正、负半周的交界处发生失真，如图 4-7 所示，我们把这种失真称为交越失真。

二、甲乙类互补对称 OCL 功率放大器

为了克服交越失真，就必须设置基极偏置电路，使两管有一个较低的静态偏置电压。通常在两管基极间加二极管、电阻(或加二极管、电阻组合)的方法来解决，让 VT_1、VT_2 静态时处于微导通状态。这样，当输入信号有微小变化时，也能使管子正常导通放大，从而消除交越失真。

1. 电路组成

甲乙类互补对称 OCL 功率放大电路如图 4-8 所示。在两管的基极间加上两个二极管

VD_1、VD_2，电源通过 R_1、R_2 给二极管 VD_1、VD_2 提供直流电流，使二极管两端的正向导通电压刚好等于三极管的死区电压。这样，一旦在输入端加上信号，就可以使三极管迅速进入放大区，从而消除交越失真。由于电路完全对称，静态时 VD_1、VD_2 的电流相等，负载中无电流通过，两管的发射极电位为零。为提高效率，在设置偏置时，应尽可能接近乙类。

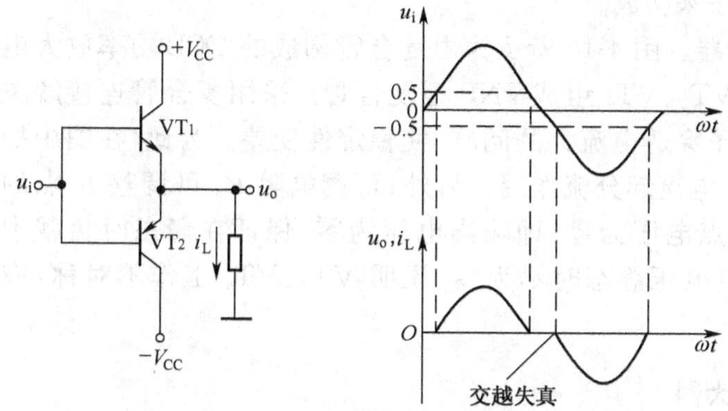

图 4-7　乙类互补对称功率放大电路的交越失真

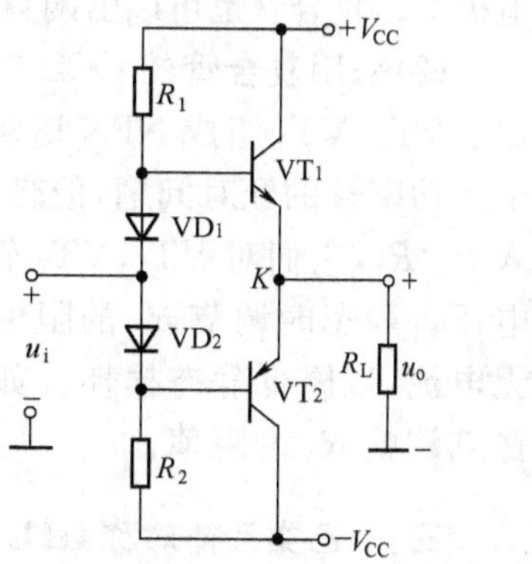

图 4-8　甲乙类互补对称 OCL 功率放大器

当有交流信号输入时，因 VD_1、VD_2 在导通时的动态电阻很小，因而可以认为两管基极加的交流信号是相等的。两管轮流工作在过零点附近，此时两管导通时间要比乙类长，导通角大于 π，它们交替工作时有一定的导通重叠时间，这样就克服了交越失真。

2. 采用复合管的 OCL 功率放大器

(1)复合管。在互补对称功率放大电路中，当输出功率较大时，功放管就要采用大功率的管子。为了使输出波形的正、负半周对称，两功放管的特性就必须一致。但要获得一对特性一致的异型大功率管是非常困难的，而获得一对特性一致的 NPN 和 PNP 型小功率管则相对较容易。因此，通常采用一对特性一致的异型小功率管和一对特性一致的同型大功率管组成复合管，来作为异型大功率三极管。复合管的连接形式如图图 4-9 所示，其连接规律及特点如下：

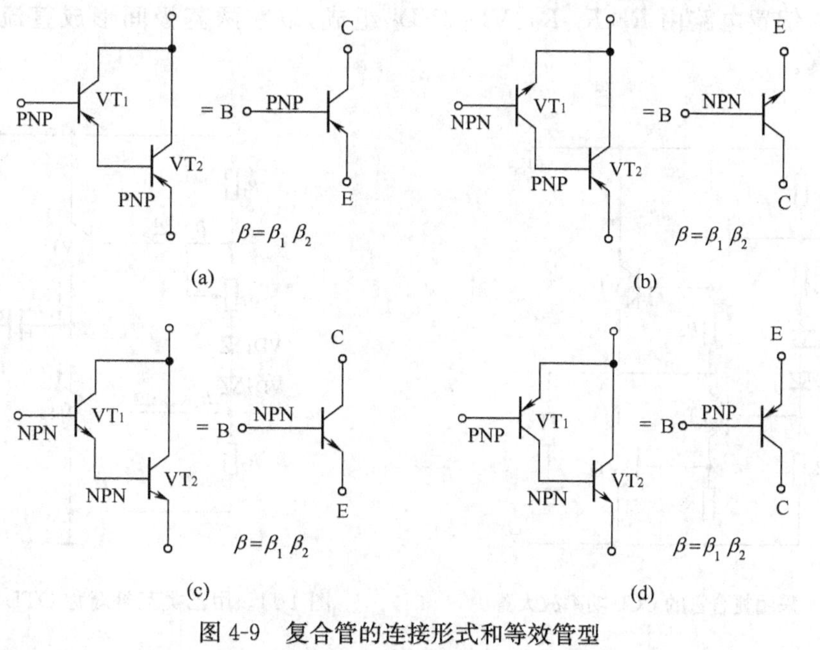

图 4-9　复合管的连接形式和等效管型

①复合管的类型取决于前一只三极管。

②复合管的电流放大系数β近似为两管电流放大系数的乘积，$\beta=\beta_1\beta_2$。

③两只三极管各极电流方向应一致。

一般来说，前管的基极必须单独引出，后管的发射极必须单独引出，前管连接在后管的集电极上。复合管也可以由两只以上管子来构成。

(2)采用复合管的OCL功率放大器。图4-10所示为由复合管构成的OCL功率放大电路。VT_1、VT_3组成NPN型复合管，VT_2、VT_4组成PNP型复合管。采用复合管连接解决了大功率管的配对问题，但带来了管子穿透电流大的问题，使稳定性变差。为此，在图中接入R_4、R_5，它们对VT_1、VT_2管的穿透电流起分流作用。另外，可调电阻R_3可调整K点的电压。静态时调节R_3的阻值，使K点电压为零，即输出电压为零，保证在静态时负载中无电流，以降低静态损耗。如果K点电压静态时不为零，说明VT_3、VT_4工作不对称，应仔细调整R_3的阻值。

三、甲乙类互补对称OTL功率放大器

双电源的互补对称OCL功率放大器虽然电路结构简单、效率高，但却需要用两个电源来供电，给使用带来不便。且电源利用率低，在输入信号的一个周期内，每个电源的工作时间只有半个周期，既不经济，也不方便。为了提高电源的利用效率，人们又设计出了单电源的互补对称功率放大器，即无输出变压器的功率放大器OTL(Output Transformer Less)。

1. 电路组成

甲乙类互补对称OTL功率放大电路如图4-11所示。功放电路由两个特性相同、型号相异的三极管VT_1、VT_2组成。由于两管的发射极(即K点)静态电压不再为零，因此，在输出端与负载电阻R_L间就必须串联一个大电容，起隔断直流、耦合交流的作用。静态时，由于两管对称，电容两端的电压为$1/2V_{CC}$。有信号时，若R_LC的乘积远大于信号周期，则V_K保持$1/2V_{CC}$不变，这样电容就可以等效为一个$1/2V_{CC}$的电源，作为VT_2的供电电源。偏置电路由R_1、R_2、R_P、VD_1、VD_2组成，以在两基极间形成直流偏置电压，消除交越失真。

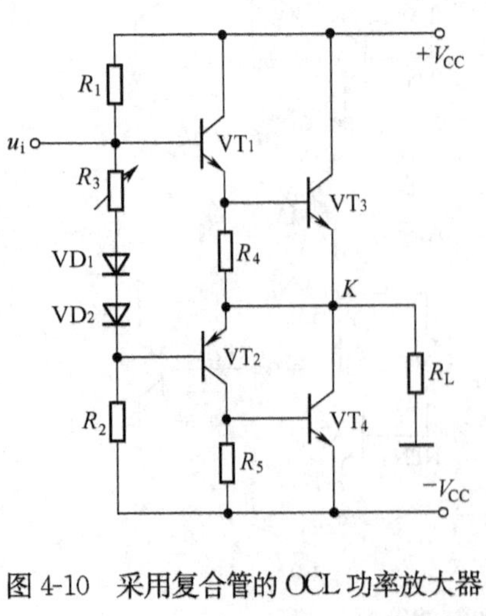

图4-10 采用复合管的OCL功率放大器

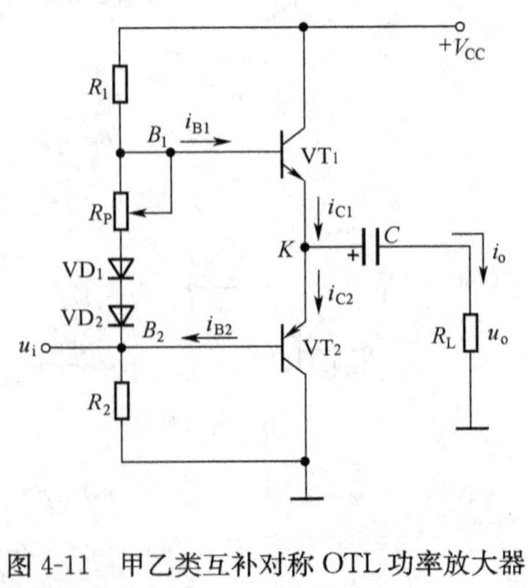

图4-11 甲乙类互补对称OTL功率放大器

2. 工作原理

静态时调整 R_1、R_2、R_P 的阻值，使 V_{B1} 比 V_K 高约 0.5 V，V_{B2} 比 V_K 低约 0.5 V，这样给 VT_1、VT_2 提供了一个合适的偏置，两管就处于微导通状态。静态时并调整 R_P，使 $V_K = 1/2V_{CC}$。

当输入信号 u_i 的正半周到来时，VT_1 导通、VT_2 截止。经 VT_1 放大后的电流 i_{C1} 由电源 V_{CC} 的正极流出，经 VT_1 集电极、VT_1 发射极到电容 C，再流入 R_L，最后回到电源的负极，使 R_L 得到输出电压的正半周波形，与此同时给电容 C 充电。

当输入信号 u_i 在负半周时，VT_2 导通、VT_1 截止，经 VT_2 放大后的电流 i_{C2} 由电容 C 的正极流出，经 VT_2 发射极、VT_2 集电极到负载 R_L，然后回到电容 C 的负极，使 R_L 得到输出电压的负半周波形。此时，电容 C 放电，且电容 C 充当了 VT_2 的电源。

由于输出回路的充放电时间常数 R_LC 远大于信号周期，因此，可以认为电容两端的电压基本保持不变。

从上面分析可以看出，在输入信号的一个周期里，VT_1、VT_2 轮流导通，两个不同类型的管子交替工作，互相弥补了对方的不足，在输入信号的整个周期内负载 R_L 上都有电流流过，可以得到一个完整的输出信号波形。因此，我们把这种电路称为单电源的互补对称功率放大电路。也就是说 OTL 电路是采用单电源供电的互补对称功率放大电路。

3. 功率、效率的计算

采用单电源供电后，由于每管的工作电压不是原来的 V_{CC}，而是 $1/2V_{CC}$，但计算输出功率和效率的方法仍然一样，只要对前面推出的计算公式进行修正，修正的方法就是将 $1/2V_{CC}$ 代替原公式中的 V_{CC}。

4. 用复合管的 OTL 功率放大电路

为解决异型大功率三极管的配对问题，大功率 OTL 功率放大电路的功放管也采用复合管的形式来构成。图 4-12 所示为 VT_2、VT_4 组成 NPN 型复合管，VT_3、VT_5 组成 PNP 型复合管。

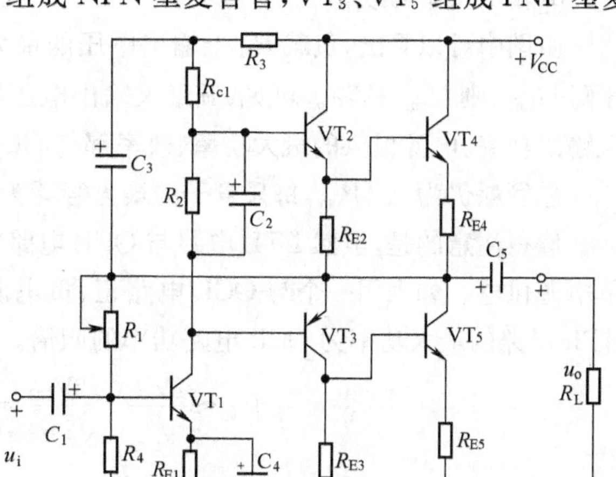

图 4-12　采用复合管的 OTL 功率放大器

同时为了改善大信号下，输出信号正半周的波形，电路中增加 R_3、C_3 组成的自举电路。当 R_L 上得到输出信号的正半周时，随着 u_o 的增大，将使 V_{E4} 的电压逐渐增大，但由于 V_{B2} 的增加受到 V_{CC} 的限制，因此，在 u_o 增大到接近 V_{CC} 时，由于 U_{BE2} 的减小，负载上就因为得不到足够的电流而出现顶部失真。接入一个较大的电容 C_3 后，C_3 两端的电压（约为 $1/2V_{CC}$）可以看成是一个电源。这样，当 u_o 增大到接近 V_{CC} 时，电容上端的电位也会跟着升高到接近 $3/2V_{CC}$，使 V_{B2} 增大，基极电流增大，从而克服输出电压波形的顶部失真。R_3 是为了让电容 C_3 的电压与 V_{CC} 隔开，使 VT_2 获得自举电压。图中由 VT_1 构成末前级放大电路，向末级功放电路提供足够的激励信号，它用分压偏置使电路工作在甲类状态，偏置电源取自中点电压，目的是引入负反馈，起到稳定静态工作点和改善输出波形的作用。

四、BTL 功率放大器

OTL 功率放大电路虽然使用了单电源，电源的利用效率也高了，但其最大输出电压也只有 $1/2V_{CC}$，这必然降低输出功率。为此，人们又设计出了 BTL 功率放大电路，即对称桥式推挽功率放大电路。

1. 电路组成

桥式推挽功率放大电路如图 4-13 所示，它可以看成两个 OCL 电路的输出端经负载电阻 R_L 背向对接构成，并采用单电源供电。

2. 工作原理

静态时，由于四只管子特性一致且构成了对称电路，所以 $V_A = V_B = 1/2V_{CC}$，负载 R_L 上无静态电流，R_L 两端的输出电压为零。

动态时，在两输入端分别加上一对大小相等，相位相反的正弦信号 u_{i1} 和 u_{i2}。

当 u_{i1} 的正半周（u_{i2} 为负半周）到来时，VT_1、VT_4 导通，VT_2、VT_3 截止。电流 i_1 如实线所示，R_L 得到输出电压的正半周。

当 u_{i1} 的负半周（u_{i2} 为正半周）到来时，VT_2、VT_3 导通，VT_1、VT_4 截止，电流 i_2 如虚线所示，R_L 得到输出电压的负半周。

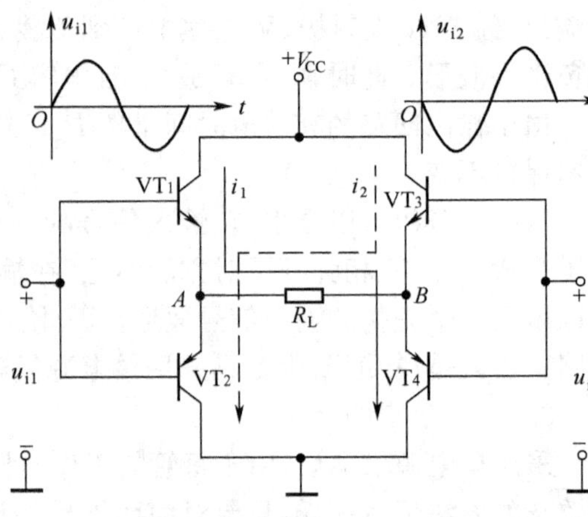

图 4-13　BTL 功率放大电路

这样，在输入信号的一个周期内，负载 R_L 上可获得完整的正弦波形输出。

3. 输出功率与效率

由图中可以看出，负载 R_L 上输出电压的最大幅值 $U_{om} = V_{CC} - 2U_{CES}$，若忽略两管的饱和压降 U_{CES}，则 $U_{om} \approx V_{CC}$。可见，其最大输出电压幅值与 OCL 功率放大电路一样。因此，其最大输出功率、电源提供的最大功率、效率都与 OCL 功率放大电路相同。

总管耗仍为 $0.4P_{om}$，每只管子的最大管耗为 $0.1P_{om}$。

值得注意的是，虽然 BTL 电路与 OCL 电路的最大输出功率一样，但 BTL 电路使用的是单电源供电。如采用一个与 OCL 电路正、负电源等效的电源（2Vcc）供电，则在相同负载时，BTL 电路的最大功率为 OCL 电路功率的四倍。

$$P_{om} \approx \frac{2V_{CC}}{\sqrt{2}} \times \frac{2V_{CC}}{\sqrt{2}R_L} = \frac{(2V_{CC})^2}{2R_L} = 4\frac{V_{CC}^2}{2R_L} \tag{4-7}$$

第三节　集成功率放大器

随着集成电子技术的发展，电子产品、设备日趋集成化，功率放大器的发展也是如此。集成功率放大器由集成运算放大器发展而来，它内部电路一般由前置级、中间级、输出级和偏置电路组成。为了保证器件在大功率状态下安全工作，集成功放还设有过压、过流及过热保护电路。集成功放具有安装调试方便、热稳定性好、可靠性高、电源适用范围宽、价格低、适应性广等优点。

目前，集成音频功率放大器有几十种，常用的集成功放器件如表 4-1 所示。为了能了解集成功放器件的性能，表中列出了它们的主要参数，供使用时选择比较。集成功放在收录机、扩音机、电视机等音视频设备中得到广泛应用。本节仅介绍集成功放 D2006、DG810、DG4100 的引脚功能及典型应用。

表 4-1　几种常用的集成功放器件主要参数

型　号	D2006	DG810	DG4100	LM386
电路类型	OCL	OTL	OTL	OTL
电源电压范围/V	±6～±15	+6～+20	6	+5～+18
静态电源电流 I_{CCO}/mA	40	12	15	4
输出功率 P_o/W	$R_L=4\ \Omega, P_o=12$ $R_L=8\ \Omega, P_o=8$	$V_{CC}=15\ V, R_L=4\ \Omega$, $P_o=6$	$R_L=4\ \Omega, P_o=1$ $R_L=8\ \Omega, P_o=0.6$	$R_L=32\Omega, P_o=1$
输出峰值电流 I_{om}/A	3	3.5		
输入阻抗 r_i/kΩ	5 000	5	20	50
开环增益 A_u/dB	75	80	70	26～46
谐波失真 T_{DH}/%	0.2	0.3	0.5	0.2

一、D2006 集成功率放大器

1. 器件外形和引脚功能

D2006 是一种我国自行生产的集成音频功率放大电路。其输出级为复合管构成的互补射极输出器电路，只需外接少量元件就可以构成各种实用电路。它具有失真小、噪音低、静态工作点无需调整、电源电压范围宽（±6～±15 V）等优点。可单电源供电，也可双电源供电。

D2006 采用单列直插塑封结构，其外形如图 4-14 所示。它有五个管脚，各引脚功能如下：

1 脚为同相输入端，信号一般从 1 脚输入；2 脚为反相输入端，一般用于引入负反馈；3 脚为 $-V_{EE}$ 负电源端；4 脚为输出端；5 脚为 $+V_{CC}$ 正电源端。

2. 典型应用电路

D2006 在外接适量元件后，就可方便地构成各种方式的应用电路。

(1)OCL 方式的应用。图 4-15 所示为 D2006 的 OCL 方式应用电路。图中采用双电源供电，输入端、输出端在静态时电位均为零，无需外接偏置电路。R_1、R_2、C_2 组成交流电压串联负反馈。R_4、C_5 用于平衡感性负载的影响，消除可能出现的高频自激。VD_1、VD_2 组成过压保护电路，用于释放感性负载上的自感电压，避免过压冲击损坏集成器件。输入信号在采用同相输入时，其闭环电压放大倍数为 $A_u=1+R_1/R_2\approx 33$。

(2)OTL 方式的应用。图 4-16 所示为 D2006 的 OTL 方式应用电路。它采用单电源供电，因此需要 R_1、R_2、R_3 构成分压偏置电路，静态时 1、4 脚的工作电压均为 $1/2V_{CC}$。信号通过 C_3 从同相输入端引入，C_7 为 OTL 的输出电容。R_4、R_5、C_5 组成交流电压串联负反馈。

C_1 用于电源滤波，C_2 用于消除高频自激。其他元件的作用与 OCL 电路相同，此处不再赘述。

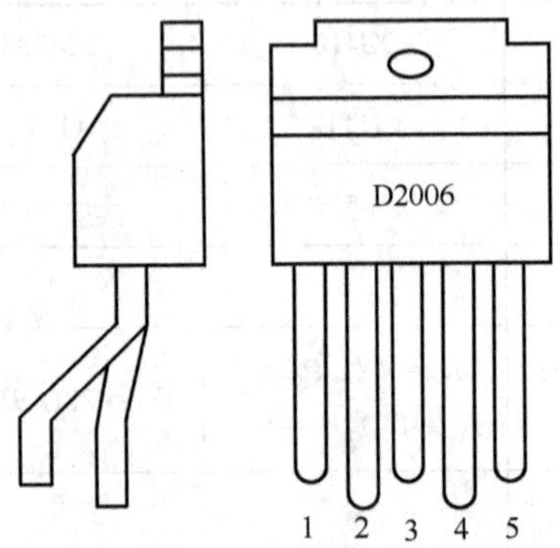

图 4-14　D2006 外形及管脚

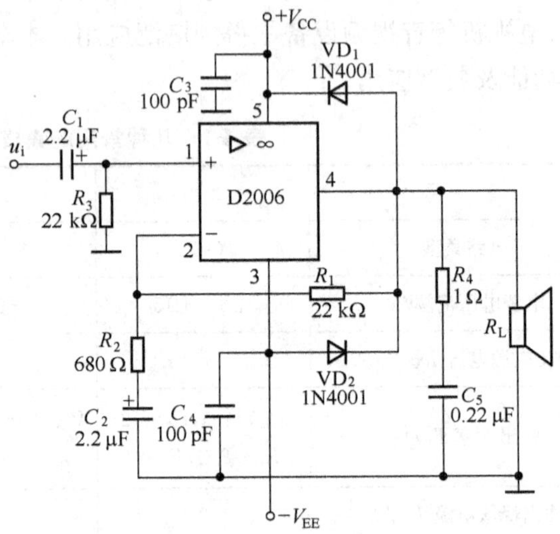

图 4-15　D2006 的 OCL 应用

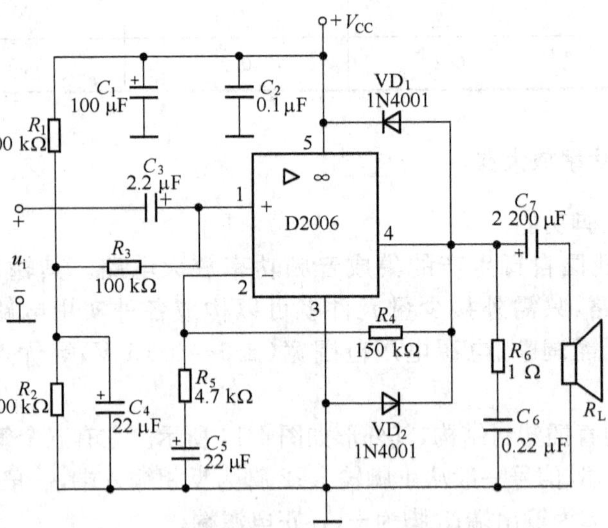

图 4-16　D2006 的 OTL 应用

(3)BTL 方式应用。图 4-17 所示为 D2006 组成的桥式推挽功率放大电路，即 BTL 功放电路。它采用两块 D2006 构成，负载 R_L 接在两个输出端之间。其每块集成电路的基本连接形式与 OCL 电路的相同，元器件的作用也相似。

由图可见，左边的 D2006 构成同相比例放大器，其输出电压为

$$u_{o1}=(1+R_3/R_2)u_i$$

右边的 D2006 构成反相比例放大器，经过 R_7 将 u_{o1} 的输出信号引入到输入端，其输出电压为

$$u_{o2}=-(R_6/R_7)u_{o1}=-u_{o1}$$

负载 R_L 两端的信号电压大小相等，极性相反，使合成的输出电压为

$$u_o = u_{o1} - u_{o2} = 2u_{o1}$$

即理论上讲 BTL 功率放大电路的输出电压为单个集成功放的两倍，输出功率则为单个集成功放的四倍。但实际输出功率则受集成功放最大输出功率的限制。

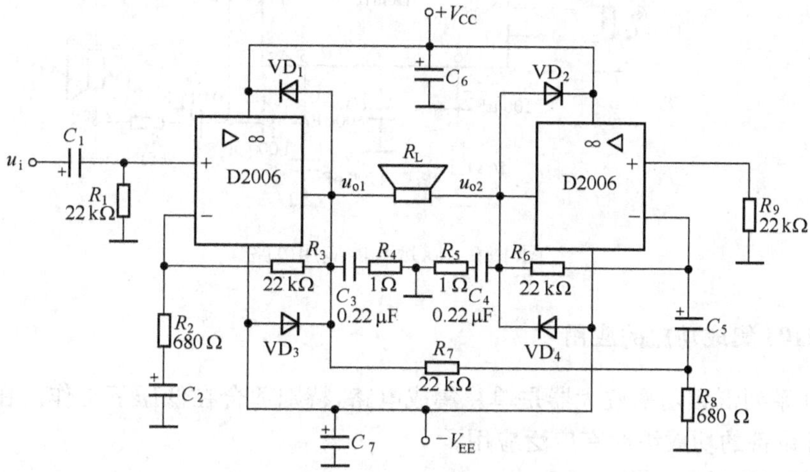

图 4-17　D2006 的 BTL 应用

二、DG810 集成功放的应用

DG810 是一种与美国仙童公司生产的 VTBA810S 相似的国产集成音频功率放大器。它具有输出功率大、失真小、频带宽、噪声小、电源电压范围宽、保护电路完善等优点。广泛应用于各种音响电路中。

1. 器件外形和引脚功能

DG810 的外形如图 4-18 所示，它有 12 个管脚，各引脚功能如下：

1 脚为 $+V_{CC}$ 电源端；2、3、11 脚为空脚；4 脚接自举电路；5 脚接频率补偿电路；6 脚接反馈电路；7 脚接纹波抑制电容；8 脚为输入端；9 脚衬底地；10 脚电源地；12 脚为输出端。

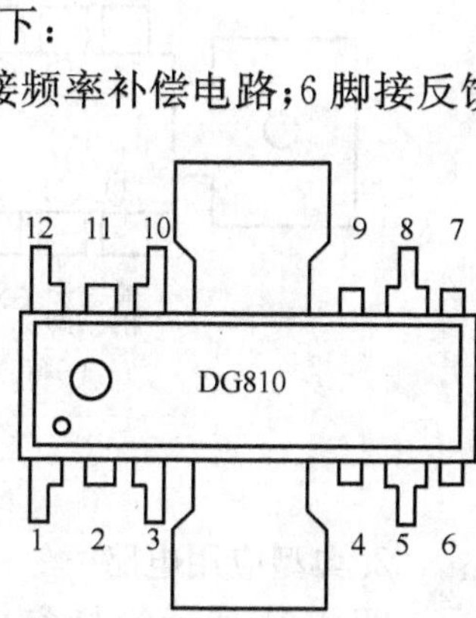

图 4-18　DG810 的外形及管脚

2. 应用电路

图 4-19 所示为 DG810 的典型应用电路。图中输入信号从 8 脚引入，C_1 为耦合电容，R_1 为输入管的偏置电阻，以提供基极电流。6 脚接的 C_2、R_2 为交流负反馈电路，选用不同阻值的 R_2，可得到不同的闭环增益。输出信号由 12 脚引出，C_{10} 为输出电容，用以构成 OTL 电路。输出端接的 R_4、C_4 为频率补偿电路，以改善电路的高频特性。7 脚的 C_5 用以旁路偏置电路的纹波电压，消除高频自激。5 脚接的 C_3、C_7 用以频率补偿，改善电路的频率特性，也能抑制高频自激。4 脚与 12 脚之间接的 C_8 为自举电容。1 脚接的 C_6、C_9 为滤波电容，用以减小电源的纹波电压，使电路的供电更加稳定。

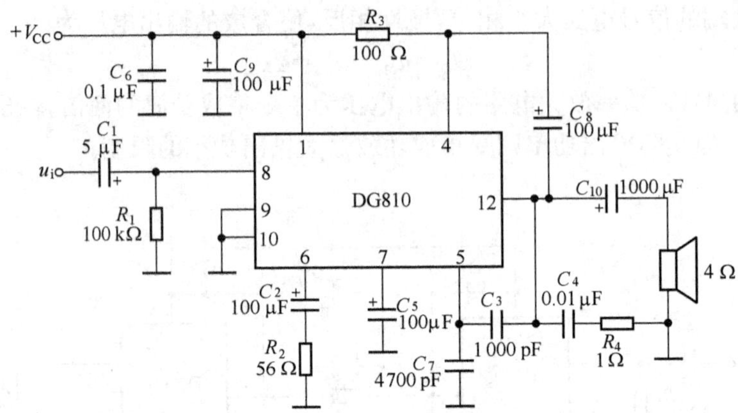

图 4-19　DG810 的应用电路

三、DG4100 集成功放的应用

DG4100 系列低频功率放大器是单片集成电路，特别适合在低压下工作。在收音机、录音机、对讲机等设备的功放级中有广泛应用。

1. 器件外形和引脚功能

DG4100 结构外形图如图 4-20(a)所示，它采用双列直插式塑封结构，带散热片。有 14 个引脚，引脚编号从外壳底部按逆时针编号。图 4-20(b)所示为它的电路符号。引脚功能为：1 脚为输出端；3 脚接地；4、5 脚接补偿电容；6 脚为反相输入端，接入反馈；9 脚为同相输入端；10 脚接旁路电容；12 脚供前级电源；13 脚接自举电容；14 脚接电源电压；2、7、8、11 为空脚。

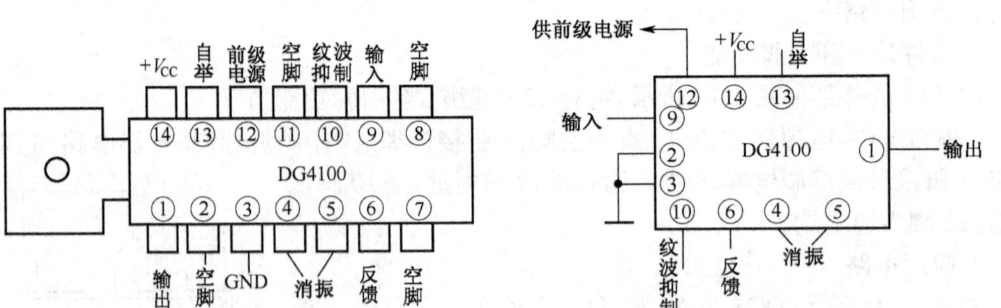

图 4-20　DG4100 结构外形图及引脚编号

2. 典型应用电路

图 4-21 所示为是集成功放 DG4100 组成的 OTL 功率放大器。输入信号从 9 脚引入，C_1 是输入耦合电容，C_5 为输出耦合电容，用以构成 OTL 功率放大器；C_3、C_7 为消振电容，用来抑制高频振荡；C_4 引入交流负反馈，也有消振作用；C_6 为自举电容，用于改善输出信号正半周的波形。C_8、C_9 为电源退耦电路中的滤波电容，用以消除电源干扰。R_1、C_2 构成电路的交流负反馈电路，改变 R_1 可改变反馈深度，从而改变整个电路的闭环增益。

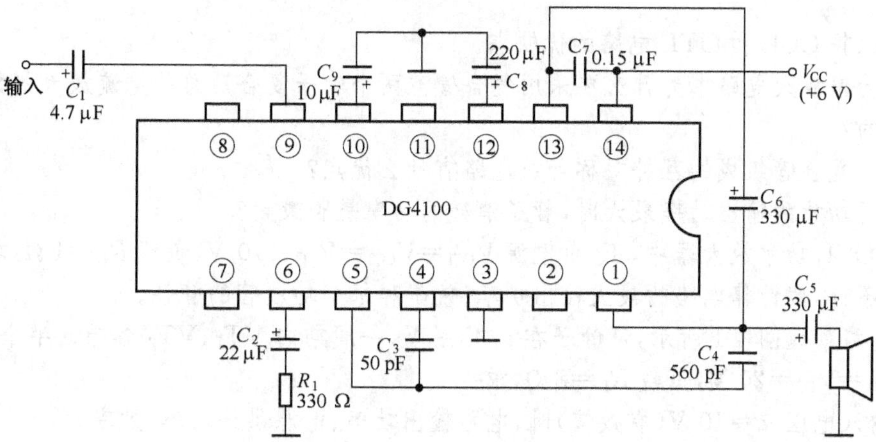

图 4-21　DG4100 的 OTL 应用

本章小结

(1)功率放大电路是一种工作在大信号下,为负载提供输出功率的放大电路。它与小信号下的电压放大器既有联系,又有区别。其主要任务是在非线性失真允许的范围内,高效率地向负载提供足够大的输出功率。由于工作在大信号条件下,因此,适用于图解法分析。

(2)低频功率放大器按工作点设置分甲类、乙类、甲乙类三种。按耦合方式分为变压器耦合功放、直接耦合功放和电容耦合功放。变压器耦合便于实现阻抗匹配,获得最佳负载。在理想情况下,甲类功率放大器的最大效率可以达到 50%;乙类功率放大器的最大效率可以达到 78.5%,但存在交越失真。消除交越失真的办法是给功放管提供一定的直流偏置,即构成甲乙类电路。

(3)互补对称功率放大器最常见的形式有 OCL 电路和 OTL 电路。它们利用一对互补的 NPN、PNP 功放管,实质上是由两个射极输出器组成,以推挽的方式轮流工作。OCL 电路采用双电源供电,输出端无电容耦合;OTL 电路采用单电源供电,输出端必须采用电容耦合。大功率下互补对称异型管很难选配,实际应用中可采用复合管来解决。

(4)集成功率放大器是当前功率放大器的发展方向,也是目前应用的主流产品。它具有体积小、重量轻、输出功率大、失真小、效率高、安装调试简单、使用方便的特点,且电源适用范围宽、价格低、适应性广。目前,在电子设备、家用电器、微机接口、测量仪表、控制电路中得到了广泛应用。仅集成音频功率放大器就多达数十种,D2006、DG4100 系列、DG810 仅是其中的部分代表。对于集成功放应掌握其引脚功能,利用少量的外围元件,就可灵活地接成各种实用电路。

习 题 四

1. 功放电路的主要任务是什么?与电压放大电路相比有哪些主要特点?

2. 什么是交越失真?交越失真是怎样产生的?如何消除交越失真?

3. 与甲类相比,乙类互补对称功放电路的主要优点是什么?功放电路采用甲乙类工作状态的目的是什么?

4. 画出简单的 OCL 和 OTL 电路,分析其工作原理,并写出理想条件下输出功率、效率表达式。

5. 试比较 OCL 和 OTL 电路的优缺点。

6. 大功率放大电路中为什么要采用复合管？两个管子复合后总的电流放大倍数及管型是如何决定的？

7. 采用复合管组成的互补对称功放电路有什么优点？

8. 乙类功放的输出功率最大时，管子消耗的功率是否最大？

9. 在 OCL 功率放大器中，正、负电源 $V_{CC1}=V_{CC2}=V_{CC}=10$ V，负载 $R_L=4\ \Omega$，功放管饱和压降忽略不计，试计算电路的最大输出功率、效率和每个功放管的管耗。

10. 电路如题图 4-1 所示，设管子在 u_i 作用下，一周期内 VT_1、VT_2 各导通半个周期，电源 $V_{CC1}=V_{CC2}=V_{CC}=20$ V，负载 $R_L=8\ \Omega$，求：

(1)输入电压 $u_i=10$ V(有效值)时，电路输出功率、电源供给功率、效率。

(2)输入信号 u_i 的幅值 $U_{im}=V_{CC}=20$ V 时，电路输出功率、电源供给功率、效率。提示：射极输出器的 $A_u=1$。

11. 简述图 4-11 中单电源互补对称功率放大电路 OTL 的工作原理及各主要元器件的作用？

12. 在图 4-11 中的 OTL 功率放大电路中，正常工作时，点 K 的静态工作电压是多少？在动态工作时又是多少？

13. 已知 OTL 功率放大电路的 $V_{CC}=16$ V，$R_L=16\ \Omega$，求电路的最大输出功率、电源供给的最大功率、电路效率。

14. 图 4-12 所示为带有自举电路的 OTL 互补对称功率放大器，在自举电路中为何采用了电容 C_3 外，还要加电阻 R_3，把 R_3 短路行不行？为什么？

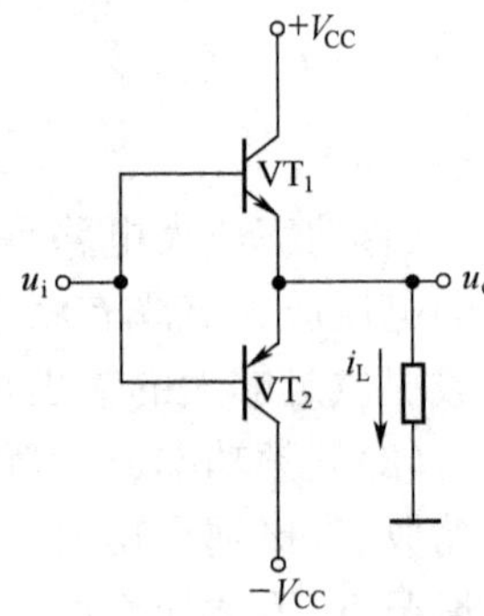

题图 4-1　题 10 附图

15. 一个理想的 OCL 电路的 $V_{CC1}=V_{CC2}=V_{CC}=10$ V，另一个理想的 OTL 电路的也是电源电压 $V_{CC}=10$ V。它们的 $R_L=4\ \Omega$，功放管的饱和管压降均可忽略不计，则 OCL 电路的输出功率是 OTL 电路输出功率的几倍？

16. 在电源电压及负载相同的情况下，BTL 功率放大器的输出功率是 OCL 功率放大器输出功率的几倍？

17. 简述图 4-17 中由 D2006 组成的 BTL 电路的工作原理。

18. 简述图 4-21 中由 DG4100 组成的应用电路各主要元器件的作用。

第五章　正弦波振荡电路

正弦波振荡电路是用来产生一定频率和幅度的正弦交流信号的电子电路,它在无线电技术、工业生产以及日常生活中都有广泛的应用。在通信、广播系统中,用它作为高频信号源。在工业生产中,除了经常用于测量、自动控制技术方面外,还应用在一些加工设备中作为高频能源,例如金属冶炼用的高频加热炉,金属淬火用的高频感应炉以及焊接用的超声波压焊机等。

本章将在反馈放大电路的基础上,先分析振荡电路的自激振荡条件,然后介绍 RC 和 LC 正弦波振荡电路并简要介绍石英晶体正弦波振荡电路。

第一节　自激振荡的基本工作原理

正弦波振荡电路不需要外加信号激励,通过自激振荡来产生正弦波交流电压。它实质上是一种能量转换电路,将直流电能转变为交流电能,也是一种特殊的放大电路。

通过前面对负反馈放大电路的分析讨论,可以了解到在放大电路中引入负反馈时,可能因为电路中电抗元件的存在而产生 180°的附加相移,从而由负反馈变成正反馈引发自激振荡。由此可见,要想人为使一个电路产生振荡,又没有外加输入信号,必须通过引入正反馈来实现,这种电路即为反馈式自激振荡电路。反馈式自激振荡电路一般由基本放大电路和反馈网络所组成,在基本放大电路或反馈网络中还应包含有一个具有选频特性的网络,以确定振荡频率。其原理框图如图 5-1 所示。

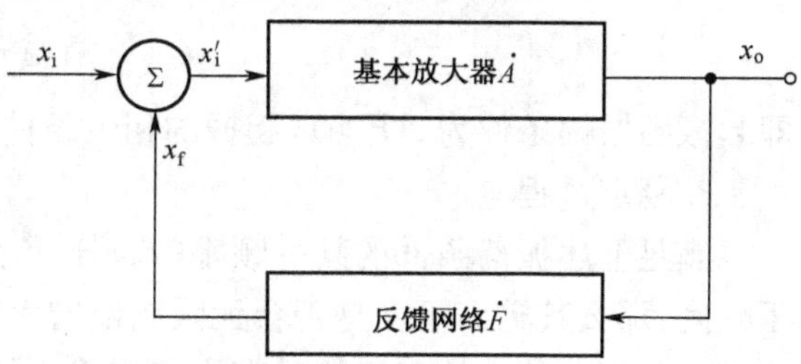

图 5-1　正弦波振荡电路的原理框图

反馈式振荡电路根据选频网络的形式不同,还可分为 RC 正弦波振荡电路、LC 正弦波振荡电路、石英晶体正弦波振荡电路等。

一、自激振荡的条件

由图 5-1 所示原理可见,基本放大电路的开环增益 $\dot{A}=\dfrac{x_o}{x_i}$,反馈网络的反馈系数为 $\dot{F}=\dfrac{x_f}{x_o}$,为使电路产生振荡,电路中应引入正反馈,用反馈信号取代输入信号,即有 $x_f=x_i'$,这时 $x_o=\dot{A}x_i'=\dot{A}x_f=\dot{A}\dot{F}x_o$,由此可得自激振荡的条件:

$$\dot{A}\dot{F}=1 \tag{5-1}$$

上式包含了两个方面的含义,即自激振荡的条件应包括振幅平衡条件和相位平衡条件:

1. 振幅平衡条件

$$|\dot{A}\dot{F}|=AF=1 \tag{5-2}$$

即基本放大器的放大倍数与反馈网络的反馈系数的乘积的模等于 1，使 x_f 和 x_i' 的大小相等。

2. 相位平衡条件

$$\varphi_A + \varphi_F = 2n\pi \tag{5-3}$$

即基本放大电路的相移 φ_A 和反馈网络的相移 φ_F 之和等于 $2n\pi$，其中 n 为整数，使 x_f 和 x_i' 的相位相等，以保证电路能构成正反馈。

二、自激振荡的建立与稳定

1. 自激振荡的建立过程

实际的振荡电路在合上电源的瞬间会有一个电流冲击，同时电路中还存在噪声等，这些因素会使放大电路的输入端产生一个扰动信号，它可作为放大器的初始输入信号。这些电扰动信号中含有丰富的各种频率成分，其中只有某一频率(f_o)成分能满足上述振荡条件，于是该频率(f_o)分量的电压经过放大、正反馈、再放大、正反馈……不断地增大电压幅度，保证每次反馈回送到输入端的信号 x_f 总是大于原输入信号 x_i'，即 $x_f > x_i'$，这就是振荡器的自激振荡建立过程。

2. 起振条件

从上面的起振过程可以知道，振荡电路起振的必要条件：

$$|\dot{A}\dot{F}| > 1 \tag{5-4}$$

即起振的振幅条件为 $AF>1$，起振的相位条件为 $\varphi_A + \varphi_F = 2n\pi$。

3. 稳定过程

满足上述振荡条件的某一频率(f_o)分量，经过放大、正反馈、再放大、正反馈不断地增大电压幅度，那么其输出幅度是否会无限制地增大呢？从前面所学过的章节知道，由于组成振荡器的基本放大电路中的三极管具有饱和与截止的非线性特性，因此振荡器的输出信号幅度最终是不会无限制地增大，但输出波形却严重失真。为此，振荡电路中需要有稳定输出幅度的环节，以使振荡器起振后，能自动地逐渐由起振条件过渡到平衡条件，使振荡器的输出波形既稳定又基本不失真。振荡电路中除了利用三极管的非线性失真来限制振幅外，通常还引入负反馈电路来稳幅。

综上所述，正弦波振荡电路一般有以下几个基本电路和环节组成：

(1)放大电路：能放大电压信号，并提供振荡器能量。

(2)反馈电路：在振荡器中形成正反馈满足相位平衡条件和幅度平衡条件。

(3)选频网络：使振荡器在各种频率的信号中，选择所需的频率信号进行放大、反馈，并使之满足振荡的条件，最终使振荡器输出为单一频率的正弦信号。

(4)稳幅环节：保证振荡器输出的正弦波稳定且基本不失真。

第二节　RC 正弦波振荡电路

采用电阻和电容作选频网络的振荡电路称为 RC 振荡电路。RC 振荡电路由阻容元件的组合方式不同可分为多种形式，其中应用较为广泛的是 RC 桥式正弦波振荡电路，其选频和反馈网络是由 RC 串并联网络构成的。RC 振荡电路常用来产生几赫至几百千赫的低频信号。

一、RC 串并联选频网络的选频特性

图 5-2 所示为 RC 串并联选频网络，Z_1 为 RC 串联电路阻抗，Z_2 为 RC 并联电路阻抗，它们在正弦波振荡电路中既作选频网络又作正反馈网络。下面对该电路的选频特性作一定性分析。由图 5-2 所示电路可知

$$Z_1=R+\frac{1}{j\omega C}=\frac{1+j\omega RC}{j\omega C}$$

$$Z_2=\frac{R\times\frac{1}{j\omega C}}{R+\frac{1}{j\omega C}}=\frac{R}{1+j\omega RC}$$

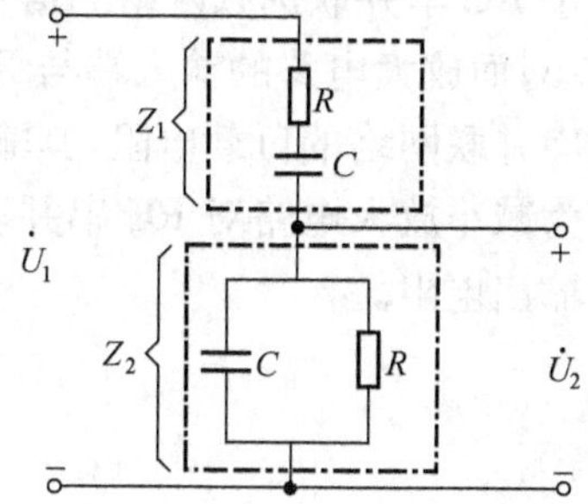

图 5-2　RC 串并联选频网络

RC 串并联网络的传递函数 $\dot{F}$ 为

$$\dot{F}=\frac{Z_2}{Z_1+Z_2}=\frac{\frac{R}{1+j\omega RC}}{\frac{1+j\omega RC}{j\omega C}+\frac{R}{1+j\omega RC}}$$

$$=\frac{R}{3R+j\left(\omega R^2C-\frac{1}{\omega C}\right)}=\frac{1}{3+j\left(\omega RC-\frac{1}{\omega RC}\right)} \tag{5-5}$$

如果令 $\omega_o=\frac{1}{RC}$，则上式变为

$$\dot{F}=\frac{1}{3+j\left(\frac{\omega}{\omega_o}-\frac{\omega_0}{\omega}\right)} \tag{5-6}$$

由此可得 RC 串并联选频网络的幅频响应和相频响应：

$$|\dot{F}|=F=\frac{1}{\sqrt{3^2+\left(\frac{\omega}{\omega_0}-\frac{\omega_0}{\omega}\right)^2}} \tag{5-7}$$

$$\varphi_F=-\arctan\frac{\left(\frac{\omega}{\omega_o}-\frac{\omega_o}{\omega}\right)}{3} \tag{5-8}$$

由式(5-7)和式(5-8)可知，当 $\omega=\omega_o=\frac{1}{RC}$ 或 $f=f_o=\frac{1}{2\pi RC}$ 时，幅频响应的幅值为最大值，即

$$|\dot{F}|_{max}=\frac{1}{3} \tag{5-9}$$

而相频响应的相位角为零，即

$$\varphi_F=0 \tag{5-10}$$

这就是说，在输入电压的幅值一定而频率可调时，若有 $\omega=\omega_o=\frac{1}{RC}$ 时，输出电压的幅值最大，且输出电压是输入电压的 $\frac{1}{3}$，同时输出电压与输入电压同相位，所以 RC 串并联电路具有选频特性。根据式(5-7)和式(5-8)可画出了串并联选频网络的幅频响应及相频响应，如图 5-3 所示。

二、RC 桥式振荡电路

图 5-4 所示为 RC 桥式振荡电路,它由同相输入的比例运算放大电路和 RC 串并联选频网络两部分组成。放大电路的输出电压作为 RC 串并联选频网络的输入电压,其输出电阻相当于 RC 串并联选频网络的信号源的内阻,其值越小对 RC 串并联选频网络的选频特性影响越小;而放大电路的输入端与 RC 串并联网络的输出端连接,即放大电路的输入电阻相当于 RC 串并联网络的负载电阻,其输入电阻越高对 RC 串并联选频网络的选频特性影响越小。因此,为减小放大电路对 RC 串并联选频网络的影响,要求放大电路具有较高的输入电阻和较低的输出电阻。

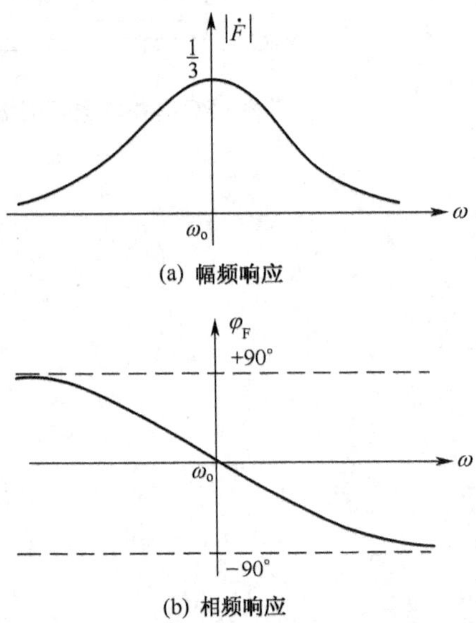

图 5-3　RC 串并联选频网络的频率响应

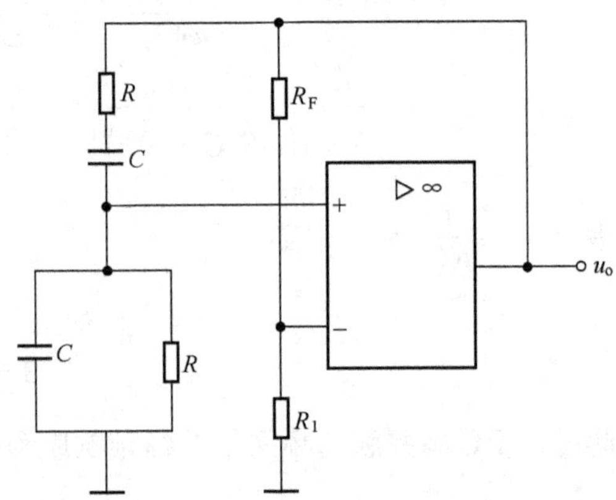

图 5-4　RC 桥式振荡电路

其工作原理分析如下:

从前面分析 RC 串并联选频网络的选频特性可知:当 $f=f_0$ 时,RC 串并联网络的相移为零,即 $\varphi_F=0$;放大电路又是由具有电压串联负反馈的同相运算放大电路组成,即有 $\varphi_A=0$,因此,$\varphi_F+\varphi_A=0$,满足振荡的相位平衡条件,而对于其他频率的信号,RC 串并联网络的相移不为零,不满足相位平衡条件。同时由于串并联网络在 $f=f_0$ 时的电压传输系数 $|\dot{F}|_{max}=\dfrac{1}{3}$,只要满足振幅条件 $|\dot{A}\dot{F}|>1$ 电路就能产生正弦振荡,因此要求放大电路的电压放大倍数 $A>3$,这对于集成运放算组成的同相输入比例运算电路来说很容易满足。由图 5-4 所示电路分析可得放大电路的电压放大倍数为

$$A=1+\frac{R_F}{R_1}$$

只要适当选择 R_F 与 R_1 的值(使 $R_F\geqslant 2R_1$),就能实现 $A>3$ 的要求。

由集成运算放大器构成的 RC 桥式振荡电路,具有性能稳定、电路简单等优点。其振荡频率由 RC 串并联正反馈选频网络的参数决定,即

$$f_o=\frac{1}{2\pi RC} \tag{5-11}$$

【例 5-1】 图 5-5 所示为实用 RC 桥式正弦振荡电路，已知集成运放的最大输出电压为±14 V。

(1)计算电路的振荡频率 f_o。

(2)图中用二极管 VD_1、VD_2 作为自动稳幅元件，试分析它的稳幅原理。

(3)试定性说明因不慎使 R_{F1} 短路时，输出电压 u_o 的波形（$1.1\ k\Omega<R_{F2}<10.2\ k\Omega$）。

(4)试定性画出当 R_{F2}、VD_1、VD_2 并联电路不慎开路时，输出电压 u_o 的波形（并标明振幅）。

解：(1)由式(5-11)可求得振荡频率 f_o 为

$$f_o=\frac{1}{2\pi RC}=\frac{1}{2\pi\times10\times10^3\times0.01\times10^{-6}}\ \text{Hz}=1.6\ \text{kHz}$$

(2)稳幅原理。

图中 VD_1、VD_2 的作用是当 u_o 幅值很小时，二极管 VD_1、VD_2 接近于开路，对电路不起作用，此时 $A=1+\frac{(R_{F1}+R_{F2})}{R_1}\approx3.3>3$，有利于起振；反之，当 u_o 幅值较大时，VD_1 或 VD_2 导通，此时相当于将由 R_{F2} 短路，负反馈加强，放大器的放大倍数 A 随之下降，u_o 幅值趋于稳定。

(3)当 $R_{F1}=0$，负反馈增强，$A<3$，电路停振，u_o 为一条与时间轴重合的直线。

(4)当 R_{F2}、VD_1、VD_2 并联电路开路时，负反馈环路断开，$A\to\infty$，在理想情况下，u_o 为方波，但由于受到实际运放参数的限制，输出电压 u_o 的波形将近似如图 5-6 所示。

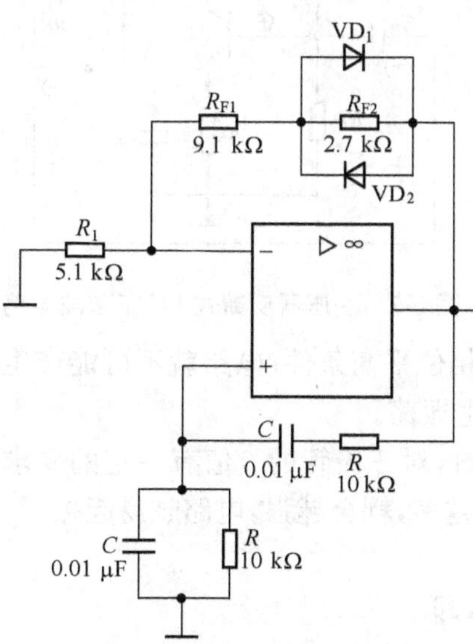

图 5-5　例 5-1 电路图

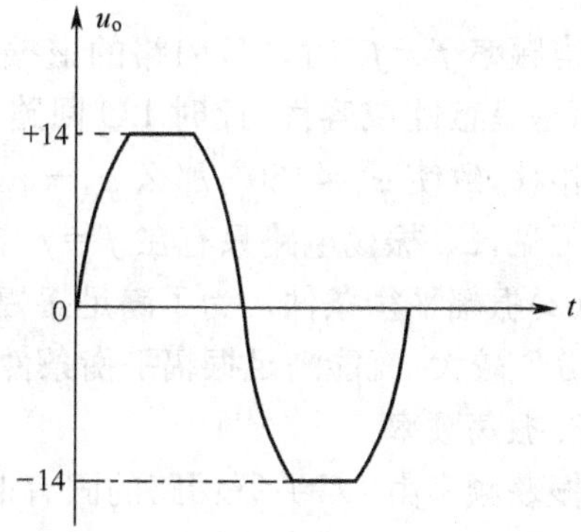

图 5-6　R_{F2} 开路时的输出电压波形

第三节　LC 正弦波振荡电路

采用 LC 谐振回路作为选频网络的振荡电路称为 LC 振荡电路。LC 振荡电路一般分为变压器反馈式振荡电路、电感三点式振荡电路、电容三点式振荡电路，常用来产生几兆赫兹以上的高、中频信号。LC 振荡电路和 RC 振荡电路的原理基本相同，它们在电路结构上的主要区别在于RC振荡电路的选频网络由电阻和电容组成，而LC振荡电路的选频网络由电感和电容组成。LC振荡电路的选频作用主要通过LC并联谐电路来实现。

这类振荡器常用来产生高频正弦信号，一般在数百千赫以上，例如收音机和电视机中所需要的本机振荡、高频淬火炉中的加热源，也常用在一些工业控制设备中。

一、变压器反馈式振荡电路

1. 电路组成

变压器反馈式LC振荡电路如图5-7所示。R_{B1}、R_{B2}组成放大电路的基极偏置电路，发射极电阻R_E具有直流负反馈作用，R_E与R_{B1}、R_{B2}给三极管提供一个稳定的静态工作点，保证三极管工作在放大状态，由图可见，放大器为共发射极放大电路。L_1和C组成LC谐振回路，它既是选频电路，又是三极管的集电极的负载，且L_1为集电极直流电流提供通路。L_2是振荡电路的反馈线圈，反馈信号是通过变压器线圈的互感作用，由L_2将反馈信号送回输入端。C_1是基极耦合电容，C_E为发射极旁路电容。

2. 振荡条件

(1)相位平衡条件。为满足相位平衡条件，变压器的初级、次级之间的同名端必须正确连接。例如图5-7所示电路，由瞬时极性法可以判断由L_2构成的反馈网络的反馈极性。假设某一瞬间基极对地信号电压极性为"+"，由于共射电路具有反相的作用，因此集电极的瞬时极性为"－"，即$\varphi_A=180°$。

当频率$f=f_o$时，LC回路的谐振阻抗为纯电阻，由图中变压器的同名端可知，反馈信号与放大器输出电压极性相反，即$\varphi_F=180°$。于是有$\varphi_A+\varphi_F=360°$，可见L_2线圈形成了正反馈，满足振荡的相位条件。

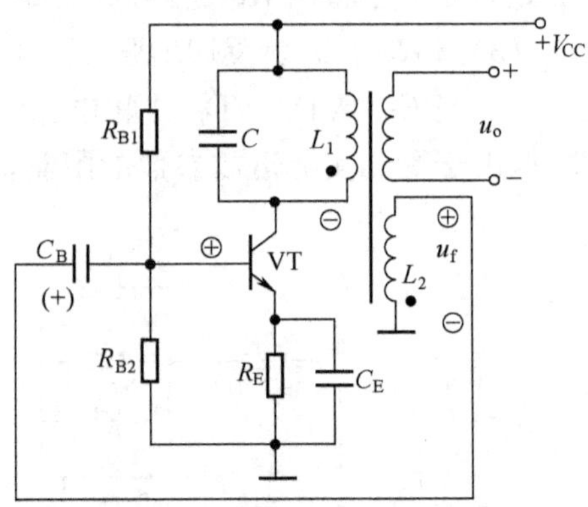

图5-7　变压器反馈式LC正弦波振荡电路

当频率$f\neq f_o$时，LC回路的谐振阻抗不是纯电阻，而是呈感性或容性，此时LC回路对信号会产生附加相移，致使$\varphi_A\neq180°$，那么$\varphi_A+\varphi_F\neq360°$，不满足相位平衡条件，电路就不可能产生振荡。由此可见，LC振荡电路只有在$f=f_o$时，才有可能产生振荡。

(2)振幅平衡条件。为了满足振幅平衡条件$AF\geqslant1$，对三极管的β值有一定的要求，一般只要β值较大，就能满足振幅平衡条件，反馈线圈匝数越多，耦合越强，电路越易起振。

3. 振荡频率

振荡频率由LC并联回路的固有谐振频率来确定，即

$$f_o=\frac{1}{2\pi\sqrt{LC}} \tag{5-12}$$

4. 电路的优缺点

(1)该电路易于起振，输出电压大。由于采用变压器耦合，易满足阻抗匹配的要求。

(2)调频方便。一般在LC回路中采用接入可变电容器的方法来实现，调频范围较宽，工作频率通常在几兆赫兹左右，一般常在收音机作本机振荡用。但因其频率稳定性较差，分布电容影响大，在高频段用得很少。

(3)输出波形不够理想。由于反馈电压取自线圈两端，它对高次谐波的阻抗大，反馈也强，

因此在输出波形中含有较多的高次谐波成分。

二、电感三点式振荡电路

1. 电路组成

图 5-8(a)所示电路是电感三点式 LC 振荡电路，又称哈特莱振荡电路。电路中 R_{B1}、R_{B2}、R_E 为三极管 VT 的直流偏置电阻，C_1、C_2 为耦合电容，C_E 为发射极极旁路电容。L_1、L_2、C 组成并联谐振回路，它既是选频电路又是反馈网络，其交流通路如图 5-8(b)所示。由于反馈电压通过电感 L_2 回送到基极，因此称为电感反馈式振荡电路。又由于电感的三个端子分别与三极管的三个电极相连，所以也称为电感三点式振荡电路。

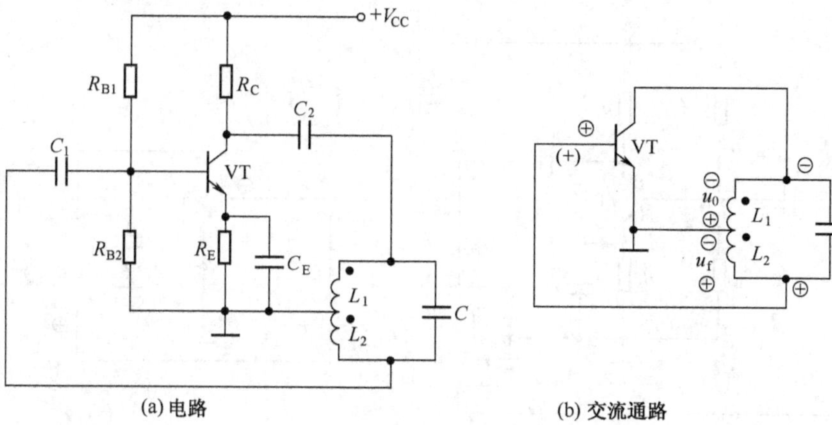

图 5-8　电感三点式振荡电路

2. 振荡条件

(1)相位平衡条件。在图 5-8(b)所示电路中，设基极输入信号的瞬间极性为正，由于共发射极放大电路的反相作用，集电极电压极性与基极相反，在 L_1 上的电压极性为上负下正，按照同名端极性则从电感 L_2 两端获得的反馈信号也为上负下正，这使电路构成正反馈，满足相位平衡条件。

(2)振幅平衡条件。从图 5-8(b)所示电路中可以看出，反馈电压取自电感 L_2 两端，并通过 C_1 耦合到三极管基极，所以改变线圈抽头的位置，即改变 L_2 的大小，当满足振幅条件$AF>1$时，电路便可以起振。通常 L_2 的匝数电感线圈总匝数的 1/8～1/4，就能满足振幅起振条件，线圈抽头的位置可通过调试决定。

3. 振荡频率

$$f_o=\frac{1}{2\pi\sqrt{LC}}=\frac{1}{2\pi\sqrt{(L_1+L_2+2M)C}} \tag{5-13}$$

上式中，L_1+L_2+2M 为 LC 回路的总电感，M 为 L_1、L_2 的互感系数。

4. 电路的优缺点

(1)因电感 L_1、L_2 之间的耦合很紧，反馈较强，故电路易于起振，输出幅度大。

(2)调频方便，电容 C 若采用可变电容器，就能获得较大的频率调节范围。

(3)因反馈电压取自电感 L_2 的两端，它对高次谐波的阻抗大，反馈也强，因此在输出波形中含有较多的高次谐波成分，输出波形较差。

三、电容三点式振荡电路

1. 电路组成

电容三点式 LC 振荡电路又称考比兹振荡电路，它也是应用十分广泛的一种正弦波振荡电路，电路的基本组成与电感三点式类似，只要将电感三点式电路的电感 L_1、L_2 分别用电容代替，而在电容的位置接入电感 L，就构成了电容三点式 LC 振荡电路，具体电路如图 5-9 所示。

从电路图中可以看出，电路中 R_{B1}、R_{B2}、R_E 构成三极管 VT 的直流偏置电阻，C_3、C_4 为耦合电容，C_E 为发射极极旁路电容。C_1、C_2、L 组成并联谐振回路，它既是选频电路又是反馈网络，其交流通路如图 5-9(b)所示。由于反馈电压由电容 C_2 回送到基极，因此是电容反馈式振荡电路。又由于电容的三个端子分别与三极管的三个电极相连，所以称为电容三点式振荡电路。

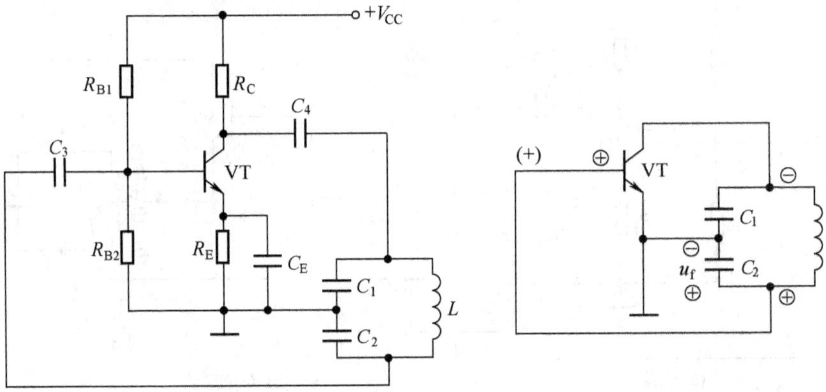

(a) 电路　　(b) 交流通路

图 5-9　电容三点式振荡电路

2. 振荡条件

(1)相位平衡条件。其分析方法与电感三点式振荡电路的相位分析相同，该电路也满足相位平衡条件。

(2)振幅条件。从图 5-9(b)所示电路中可以看出，反馈电压取自电容 C_2 两端，并通过 C_3 耦合到三极管基极，所以适当地选择 C_1、C_2 的数值，并使放大器有足够的放大倍数，电路便可以起振。

3. 振荡频率

$$f_o=\frac{1}{2\pi\sqrt{LC}}=\frac{1}{2\pi\sqrt{L\dfrac{C_1C_2}{C_1+C_2}}} \tag{5-14}$$

4. 电路的优缺点

(1)该电路容易起振，振荡频率高，一般可以达到 100 MHz 以上。

(2)输出波形好。这是由于电路的反馈电压取自电容 C_2 两端的电压，而电容 C_2 对高次谐波的阻抗小，反馈电路中的谐波成分少，故振荡波形较好。

(3)调节频率不方便。因为 C_1、C_2 的大小既与振荡频率有关，也与反馈量有关，改变 C_1(或 C_2)时会影响反馈系数，从而影响反馈电压的大小，造成工作性能不稳定。

5. 改进型电容三点式振荡电路

改进型电容三点式振荡电路具有电容三点式振荡电路的优点，同时又弥补了频率调节不便的缺点。

(1)串联改进型振荡电路，如图 5-10(a)所示。该电路的特点是在电感支路中串接一个容量较小的电容 C_3，此电路又称为克拉泼电路。其交流通路如图 5-10(b)所示。在满足 $C_3 \ll C_1$、$C_3 \ll C_2$ 时，回路总电容 C 主要取决于电容 C_3。在图中，不稳定电容主要是晶体管极间电容 C_{ce}、C_{be}、C_{cb}，在接入 C_3 后不稳定电容对振荡频率的影响将减小，而且 C_3 越小，极间电容影响越小，频率的稳定性就越高。

回路总电容 C 为

$$\frac{1}{C}=\frac{1}{C_1}+\frac{1}{C_2}+\frac{1}{C_3}\approx\frac{1}{C_3}$$

该振荡电路的振荡频率为

$$f_o=\frac{1}{2\pi\sqrt{LC}}\approx\frac{1}{2\pi\sqrt{LC_3}} \tag{5-15}$$

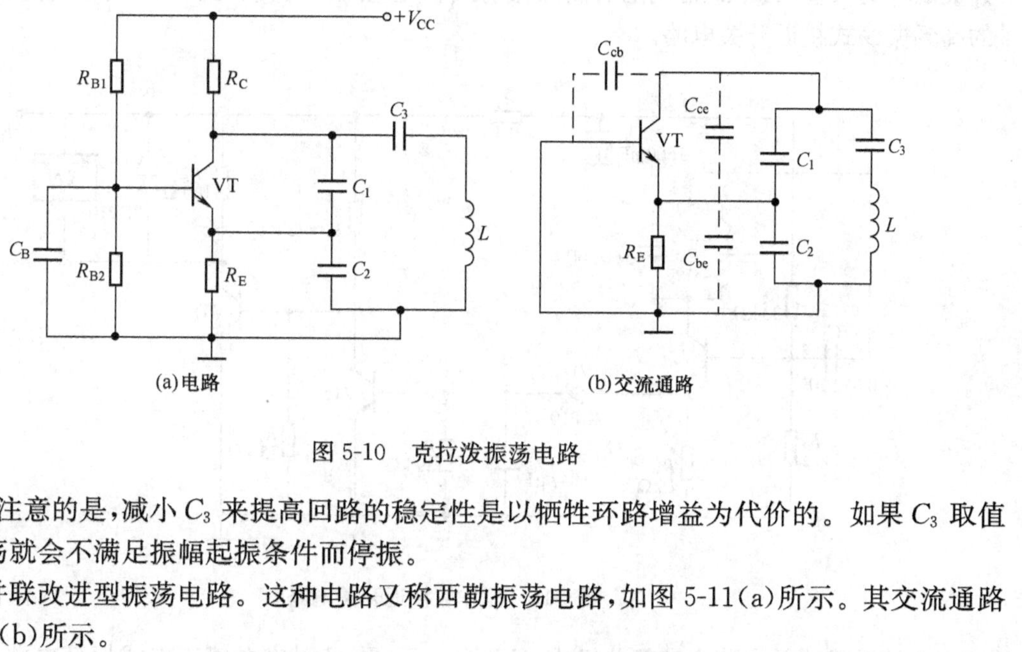

图 5-10　克拉泼振荡电路

值得注意的是，减小 C_3 来提高回路的稳定性是以牺牲环路增益为代价的。如果 C_3 取值过小，振荡就会不满足振幅起振条件而停振。

(2)并联改进型振荡电路。这种电路又称西勒振荡电路，如图 5-11(a)所示。其交流通路如图 5-11(b)所示。

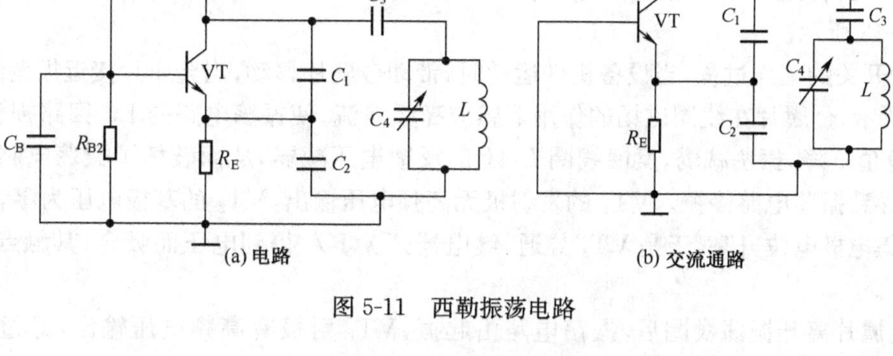

图 5-11　西勒振荡电路

该电路与克拉泼电路的差别仅在于电感 L 上又并联了一个调节振荡频率的可变电容 C_4。C_1、C_2、C_3 均为固定电容，且满足 $C_3 \ll C_1$、$C_3 \ll C_2$。通常，C_3、C_4 为同一数量级的电容，故回路总电容 $C \approx C_3 + C_4$。西勒电路的振荡频率为

$$f_o = \frac{1}{2\pi\sqrt{LC}} \approx \frac{1}{2\pi\sqrt{L(C_3+C_4)}} \tag{5-16}$$

与克拉泼电路相比，西勒电路不仅频率稳定性高，输出幅度稳定，频率调节方便，而且振荡频率范围宽，振荡频率高，因此，是目前应用较广泛的一种三点式振荡电路。

四、应用举例

LC 振荡电路应用十分广泛，这里介绍的接近开关是 LC 振荡电路的应用实例。接近开关是一种不需要机械接触，而是通过感应引起作用的开关。它具有寿命长、工作可靠、反应灵敏、定位准确、防爆性能好等优点，广泛应用于机械设备的定位、自动控制、检测等领域。目前接近开关的种类很多，其中最常用的有高频振荡式和光电式两大类。图 5-12 所示电路就是一实用的高频振荡式接近开关电路。

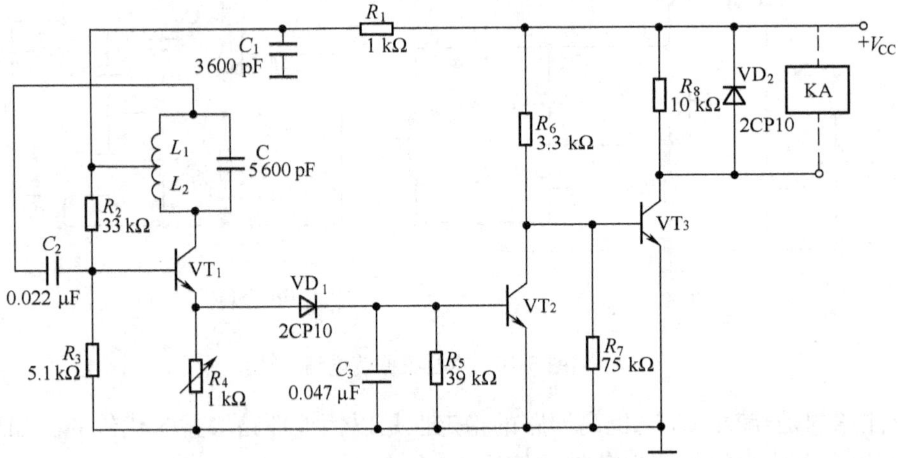

图 5-12　晶体管接近开关电路图

该接近式开关电路由三部分组成：VT_1、L_1、L_2 及 C 组成电感三点式振荡电路，VT_2 构成开关控制电路，VT_3 为功率输出级。

振荡线圈 L 是用高强度漆包线绕在罐形高频磁芯上，中间有一中心抽头，正反馈电压由线圈 L_1 取出，再送回 VT_1 的输入端，高频振荡电压从 VT_1 的射极输出。振荡电路的交流通路如图 5-13 所示。

接近开关的工作过程：当设备机件运动时，带动金属片移动，当金属片接近振荡线圈时，如图 5-14 所示，金属片在线圈磁场的作用下感应高频涡流，使振荡电路的 LC 回路损耗增加，品质因素 Q 值下降，振荡减弱，反馈线圈 L_1 上的反馈电压减弱，从而破坏了振荡电路的振幅平衡条件，导致振荡电路停振。VT_1 的发射极无高频电压输出，VT_2 的基极电压为零，因而 VT_2 截止，其集电极电位升高，于是 VT_3 导通，继电器开关 KA 得到电压而吸合，其触点带动执行机构动作。

当金属片离开振荡线圈后，振荡电路由起振，VT_1 射极有高频电压输出，经过整流滤波

(整流滤波电路由 VD_1 与 C_1 构成)后,VT_2 的基极获得一直流偏置电压,因而 VT_2 导通并进入饱和工作状态,其集电极电位下降到接近于零,于是 VT_3 截止,继电器开关 KA 释放,执行机构返回原状态。

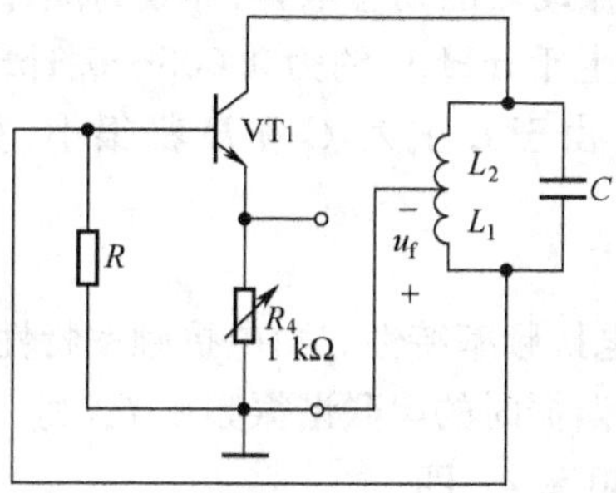

图 5-13 接近开关振荡电路的交流通路

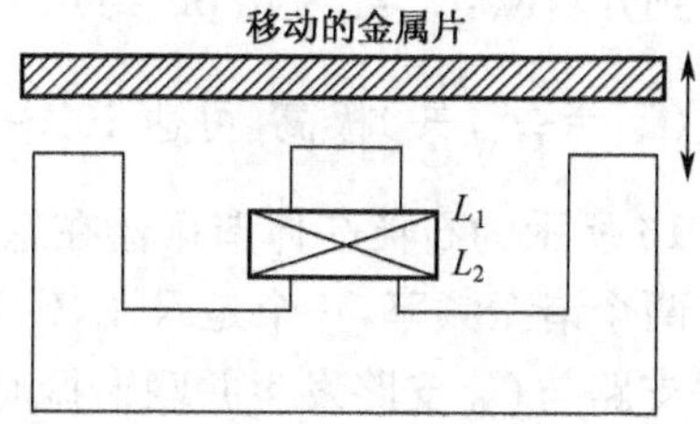

图 5-14 罐形磁芯断面图

图 5-12 所示电路中的 R_1、C_1 组成滤波电路,消除纹波,防止直流电源受高频干扰。VD_2 为续流二极管,用来防止 VT_3 截止时,继电器线圈产生的自感电动势击穿 VT_3 管,通过 VD_2 将自感电动势短接,从而避免了 VT_3 管的集电极与发射极之间施加的感应电压。

第四节 石英晶体正弦波振荡电路

实际应用中,往往要求正弦波振荡器的频率有一定的稳定度,一般 LC 振荡电路的频率稳定度只有 10^{-5}。如果采用石英晶体振荡器,它频率稳定度可达 $10^{-9}\sim10^{-11}$ 数量级,所以石英晶体振荡器能适用于频率稳定度要求较高的场合。

一、石英晶体谐振器

1. 石英晶体的基本特性

石英是一种硅石,其化学成分是二氧化硅(SiO_2),自然界中的石英是具有晶体结构(外形呈角椎形六棱体)的矿物质。它的物理及化学性能极为稳定,对周围环境条件(例如温度、湿度、大气压力)的变化极不敏感。若按一定方位角将石英晶体切割成晶片,晶片的形状有正方形、矩形或圆形等。切片的尺寸和厚度直接影响其工作频率,若选择合适形状的晶片,就可获得所需的频率。在石英晶片的两对应表面上涂敷银层作为电极,再用金属或玻璃外壳封装,就构成了石英晶体产品。

石英晶片具有压电效应和反压电效应。从物理学中知道,若在晶片两侧极板上施加机械力,就会在相应的方向上产生电场,电场的强弱与晶片的变形量成正比,这种现象称为压电效应;反之,若在晶片的两极板间加一电场,会使晶体产生机械变形,变形的大小与外加电压成正比,这便是反压电效应。如果在极板间所加的电压是交变电压,石英晶片就会按交变电压的频率产生机械振动,同时机械振动又会产生交变电场。但当外加交变电压的频率与晶片的固有机械振动频率(决定于晶片的尺寸)相等时,晶片发生共振,机械振动的幅度将急剧增加且最大,同时在晶片的两极板间产生的电场也最强,通过石英晶体的电流幅度达到最大,这种现象称为压电谐振。由于它与 LC 回路的谐振现象十分相似,因此石英晶体又称为石英晶体谐振器。石英晶体谐振器就是利用石英晶体的压电效应而制成的一种谐振元件。

2. 石英晶体的等效电路

石英晶体谐振器的电路符号和等效电路分别如图 5-15 所示。

在图 5-15(b)所示的等效电路中，C_0 等效为晶片不振动时两极板间的静态电容；L 为晶片振动时的动态电感，等效为机械振动的惯性；C 为晶片振动时的动态电容，等效为晶片的弹性；R 等效为晶片在振动中的损耗。L 一般为几十 mH 到上千 mH，C 约为 0.005～0.1pF 范围，R 约为几欧到几百欧，C_0 约为几 pF 到几十 pF，$C \ll C_0$。由于 L 很大，C 和 R 都很小，所以它的品质因数($Q_0=\frac{1}{R}\sqrt{\frac{L}{C}}$)极高，可达 $10^4 \sim 10^6$。

图 5-16 所示为石英晶体谐振器在忽略 R 以后的电抗频率特性。由电抗频率特性可知，石英晶体有两个谐振频率，一个是 R、L、C 串联支路发生谐振时的串联谐振频率 f_s，另一个是 R、L、C 串联支路与 C_0 支路发生并联谐振时的并联谐振频率 f_p，即

(1)当 R、L、C 串联支路发生谐振时，其串联谐振频率为

$$f_s=\frac{1}{2\pi\sqrt{LC}} \tag{5-17}$$

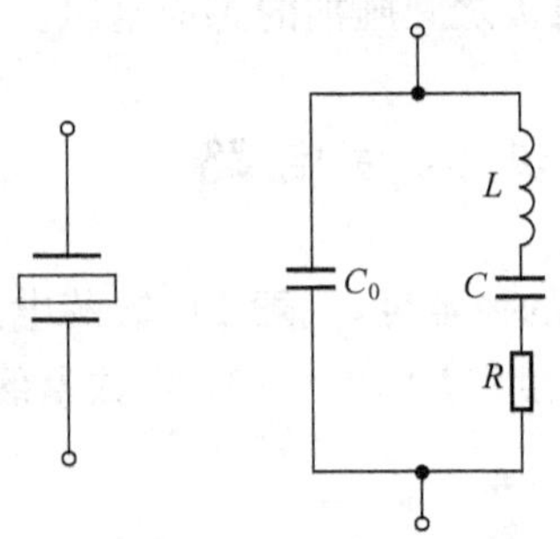

图 5-15　石英晶体电路符号及等效电路

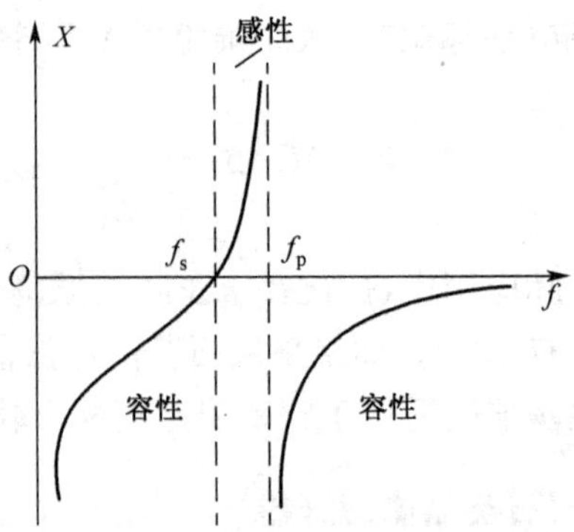

图 5-16　石英晶体电抗频率特性

串联谐振时该支路的等效电抗呈纯阻性，等效电阻为 R，其阻值很小。在谐振频率下，整个电路的电抗等于 R 和 C_0 容抗的并联，由于 C_0 很小，它的容抗比 R 大得多，因此，近似认为石英晶体也呈纯阻性，等效电阻为 R。

当工作频率小于串联谐振频率时，即 $f<f_s$ 时，电容容抗为主导，石英晶体呈容性。

当 $f>f_s$ 时，R、L、C 串联支路呈感性。

(2)当 R、L、C 串联支路呈感性时且与 C_0 发生并联谐振时，石英晶体呈纯阻性，其振荡频率为

$$f_p=\frac{1}{2\pi\sqrt{L\frac{CC_0}{C+C_0}}}=f_s\sqrt{1+\frac{C}{C_0}} \tag{5-18}$$

由于 $C \ll C_0$，因此 f_s 与 f_p 很接近。当 $f>f_p$ 时，电抗又取决于 C_0，石英晶体呈容性。

综上所述，频率在 $f_s \sim f_p$ 的窄小范围内，石英晶体呈感性；当频率为 f_s、f_p 时，石英晶体呈阻性；频率在此之外，石英晶体呈容性。

通常石英晶体产品所给出的标称频率既不是 f_s 也不是 f_p，而是外接一个小电容 C_L(又称为负载电容)时校正的振荡频率，C_L 与石英晶体串接如图 5-17 所示。利用 C_L 可以使石英晶体

的谐振频率在一个小范围内调整。实际使用时，C_L 是一微调电容，C_L 的值应选择得比 C 大，使得串联 C_L 后的新的谐振频率在 f_s 与 f_p 之间的一个狭窄范围内变动。

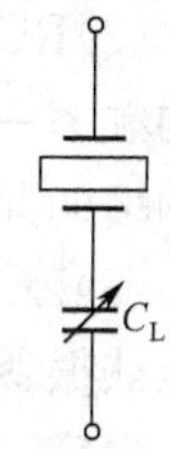

图 5-17　石英晶体谐振频率的调整

二、石英晶体正弦波振荡电路

石英晶体振荡电路的形式有许多，但其基本电路只有两类，即并联型晶体振荡器和串联型晶体振荡器，前者石英晶体是以并联谐振的形式出现，而后者则是以串联谐振的形式出现。

1. 并联型石英晶体振荡电路

并联型石英晶体振荡电路如图 5-18 所示。由上述分析知，频率在 f_s～f_p 的范围内，石英晶体呈感性，因此在图中石英晶体作为电感取代了 LC 电容三点式振荡电路中的 L。图中 C_1 和 C_2 串联后与石英晶体中的 C_0 并联，且 C、$C_0 \ll C_1$、C_2，故电路的振荡频率约等于为石英晶体的并联谐振频率 f_p，而与 C_1、C_2 的数值关系不大。

2. 串联型石英晶体振荡电路

串联型晶体振荡电路是利用石英晶体在串联谐振频率 f_s 处阻抗最小的特性工作的。它的石英晶体作为反馈元件来组成振荡器。

图 5-19 所示为一个串联型石英晶体振荡电路。当石英晶体发生串联谐振时，石英晶体才呈现很小的纯电阻性，此时振荡满足相位平衡条件，且电路的正反馈最强。因此，电路的振荡频率等于为石英晶体的串联谐振频率 f_S。调整 R_P 的阻值可满足振荡的幅值平衡条件。

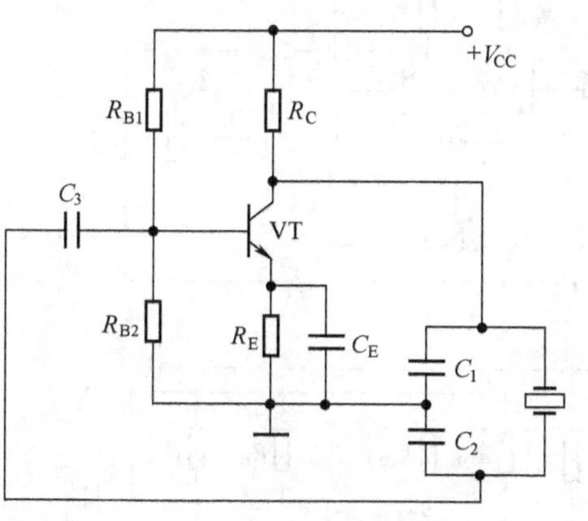

图 5-18　并联型石英晶体振荡电路

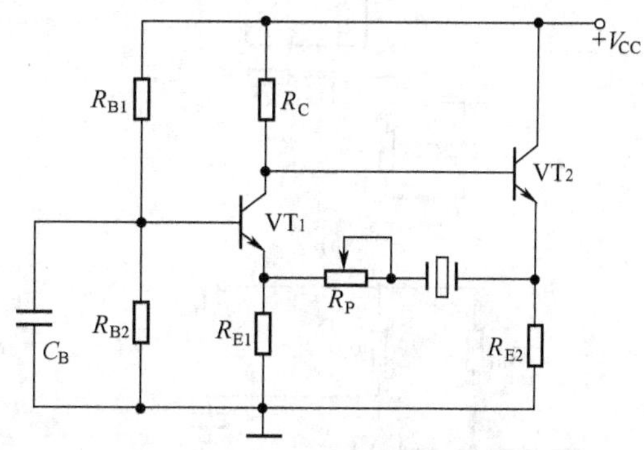

图 5-19　串联型石英晶体振荡电路

本章小结

(1)正弦波振荡电路实际上是一种特殊形式的正反馈放大电路。它由两大部分组成，即基本放大电路 $\dot{A}$ 和反馈网络 $\dot{F}$。基本放大电路完成放大作用，并将直流电源的能量转换成交流信号输出；反馈网络提供能满足振荡的相位平衡条件。基本放大电路或反馈网络还必须具有选频网络，根据构成选频网络的形式不同，振荡电路分为 RC 正弦波振荡电路、LC 正弦波振荡电路和石英晶体正弦波振荡电路。

正弦波振荡电路正常工作时必须满足振荡的平衡条件是 $\dot{A}\dot{F}=1$，即振幅平衡条件 $|\dot{A}\dot{F}|=1$ 和相位平衡条件 $\varphi_A+\varphi_F=2n\pi$。相位平衡条件是判别电路能否振荡的主要依据，

而振幅平衡条件一般电路中比较容易满足。

(2)RC 振荡电路是用 RC 串并联网络作选频网络,同时又作为反馈电路。RC 振荡电路产生的频率一般在几百千赫以下,常用作低频信号源。RC 桥式振荡电路的输出频率由 RC 串并联网络的元件参数决定。

(3)LC 振荡电路的种类较多,分为变压器反馈式、电感三点式和电容三点式。由于电容三点式振荡电路具有波形好、工作频率较高、频率易于调节等特点,因而应用较为广泛。为了克服电容三点式电路的缺点,进一步提高频率的稳定度,实用的电容三点式振荡电路都是改进型的克拉泼振荡电路和西勒振荡电路。

(4)石英晶体振荡器是利用石英晶体谐振器的压电效应来选频。它具有很高的品质因数和温度稳定性。一般用在频率稳定度要求很高的场合,适合于产生高频振荡信号。石英晶体振荡器按照谐振频率分并联型石英晶体振荡器和串联型石英晶体振荡器。

习 题 五

1. 正弦波振荡器一般由哪几部分组成?各部分的作用是什么?

2. 试用相位平衡条件判断题图 5-1 所示电路中,哪个电路可能振荡,并简述理由。

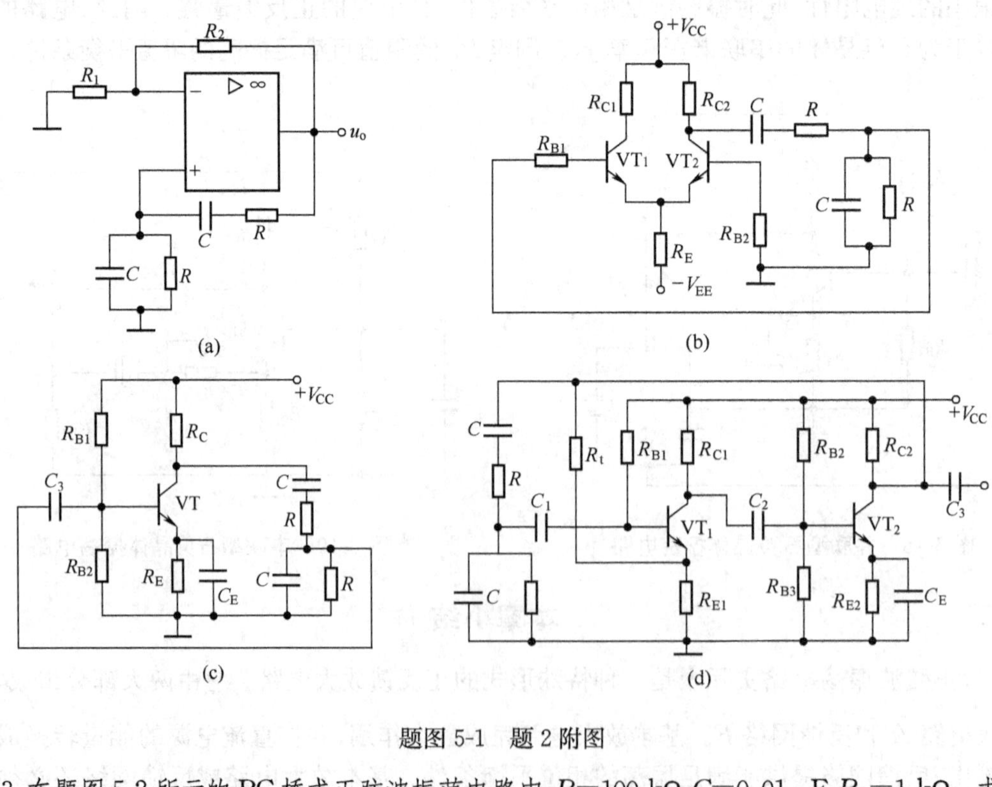

题图 5-1　题 2 附图

3. 在题图 5-2 所示的 RC 桥式正弦波振荡电路中,$R=100\ \text{k}\Omega$,$C=0.01\ \mu\text{F}$,$R_1=1\ \text{k}\Omega$。求:

(1)计算电路的振荡频率。

(2)估算 R_1 的阻值。

(3)如果将 R_1 改成热敏电阻 R_t,R_t 应采用正温度系数还是负温度系数?说明理由。

4. 试标出题图 5-3 所示电路中各变压器的同名端,使之满足产生振荡的相位条件。

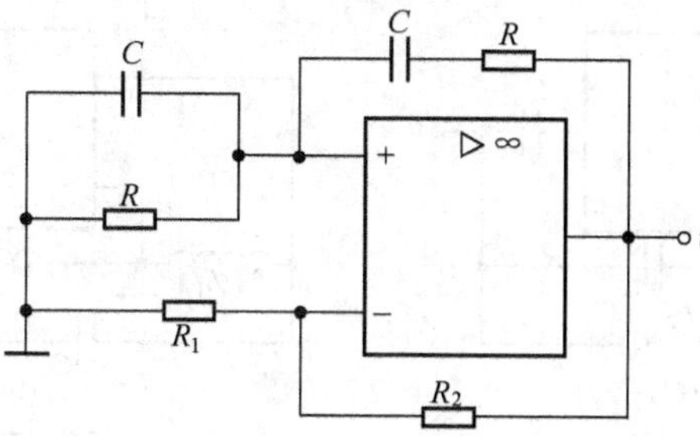

题图 5-2　题 3 附图

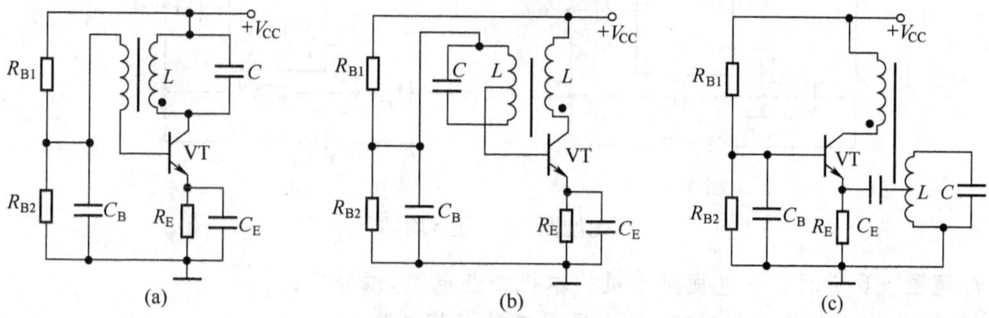

题图 5-3　题 4 附图

5. 试用相位平衡条件判断题图 5-4 所示电路中，哪些电路可能振荡，哪些不能，并简述理由。

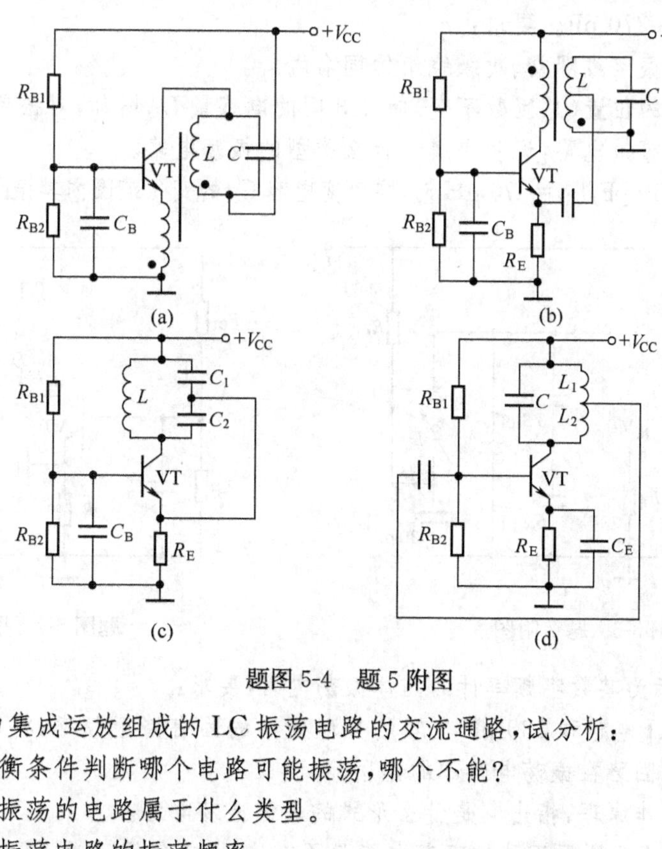

题图 5-4　题 5 附图

6. 题图 5-5 为集成运放组成的 LC 振荡电路的交流通路，试分析：

(1)用相位平衡条件判断哪个电路可能振荡，哪个不能？

(2)指出可能振荡的电路属于什么类型。

(3)写出可能振荡电路的振荡频率。

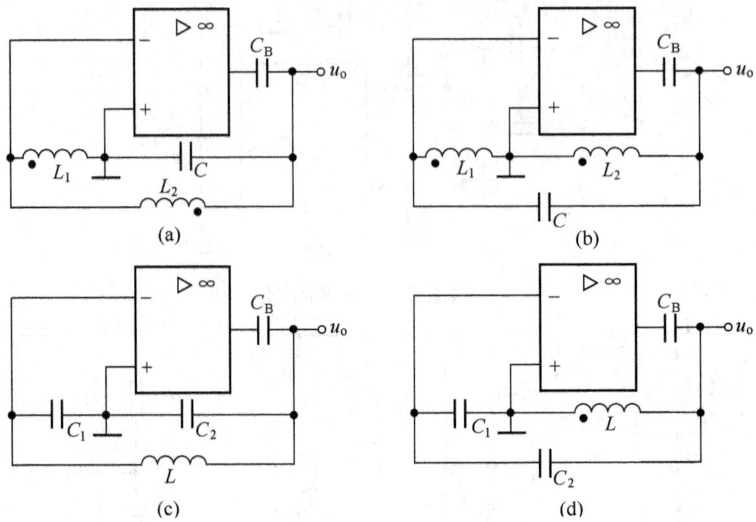

题图 5-5　题 6 附图

7. 题图 5-6 所示为一电视接收机的本机振荡电路，试分析：

(1)试分析电路的工作原理，指出属于何种振荡电路。

(2)写出振荡频率的表达式。

8. 题图 5-7 所示为某超外差式收音机中的本机振荡电路，其中，$R_{B1}=30\ k\Omega$、$R_{B2}=5.1\ k\Omega$、$R_E=1\ k\Omega$、$V_{CC}=6\ V$、$C_B=0.022\ \mu F$、$C_E=0.01\ \mu F$、$C_1=300\ pF$、C_2 的变化范围为 4～20 pF，C_3 的变化范围为 7～270 pF。要求：

(1)在图中标出振荡线圈初、次级绕组的同名端。

(2)改变抽头 2 的位置(总匝数不变)使 2、3 间的电感量 L_{23} 增加，对振荡电路有什么影响？

(3)画出其交流等效电路，说明它属于什么类型的振荡电路。

(4)计算当 $C_2=10\ pF$，$L_{13}=170\ \mu H$ 时，在可变电容 C_3 的变化范围内其振荡频率的可调范围。

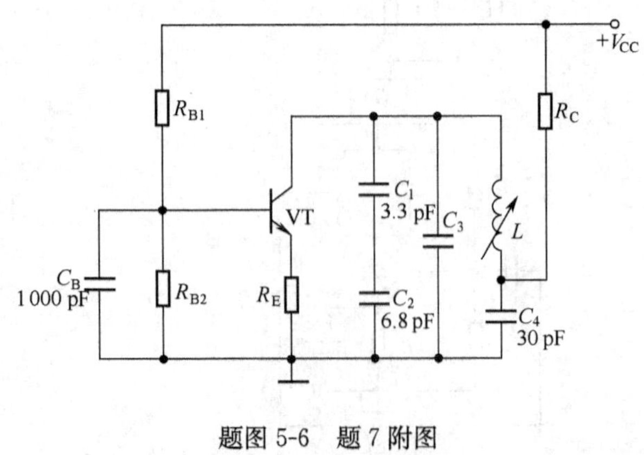

题图 5-6　题 7 附图

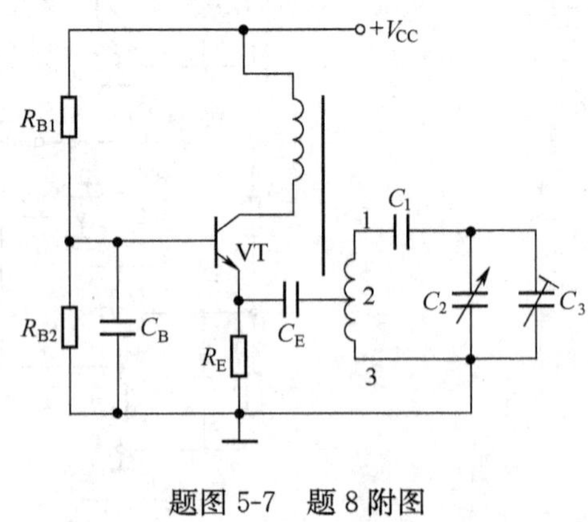

题图 5-7　题 8 附图

9. 题图 5-8 所示为某数字频率计的晶体振荡电路，要求：

(1)计算 4.7 μH 电感和 330 pF 电容的并联回路的固有谐振频率，将它和石英晶体的振荡频率比较，说明该回路在振荡电路中的作用。

(2)试分析其工作原理，指出它是什么形式的晶体振荡电路。

10. 试分析题图 5-9 所示正弦波振荡电路是否有错，如有错误请更正。

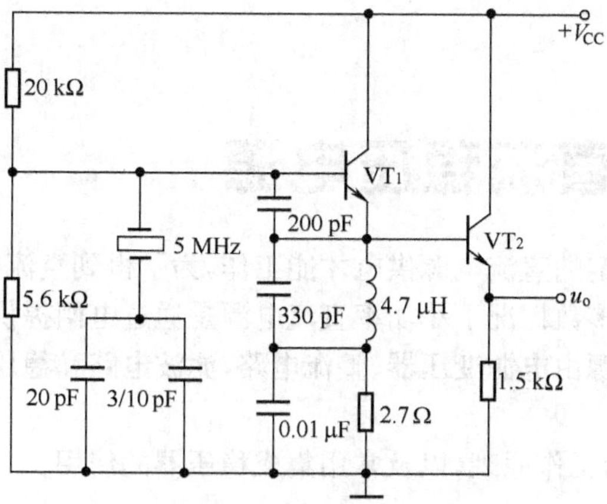

题图 5-8　题 9 附图

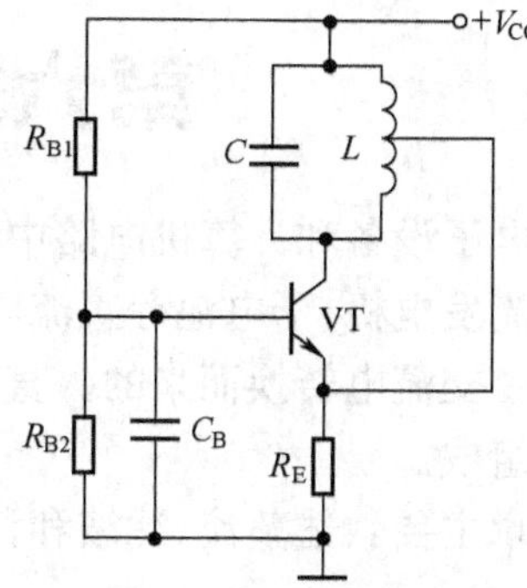

题图 5-9　题 10 附图

11. 两种石英晶体振荡电路原理图如题图 5-10 所示，试说明它属于哪类晶体振荡电路，为什么说这种电路结构有利于提高频率稳定度？

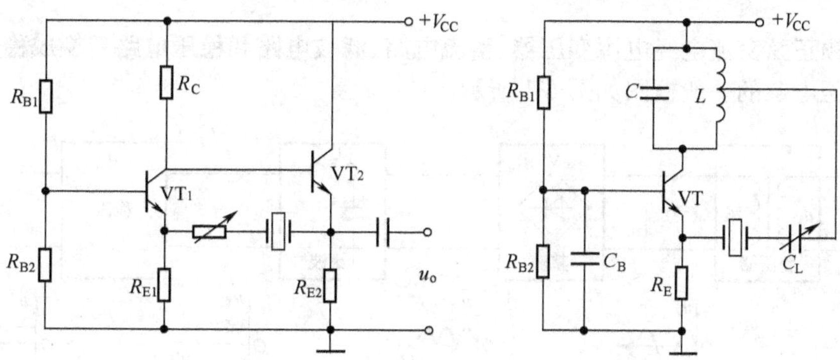

题图 5-10　题 11 附图

12. 分析题图 5-11 所示电路的工作原理，说明它属于哪种类型的振荡电路。

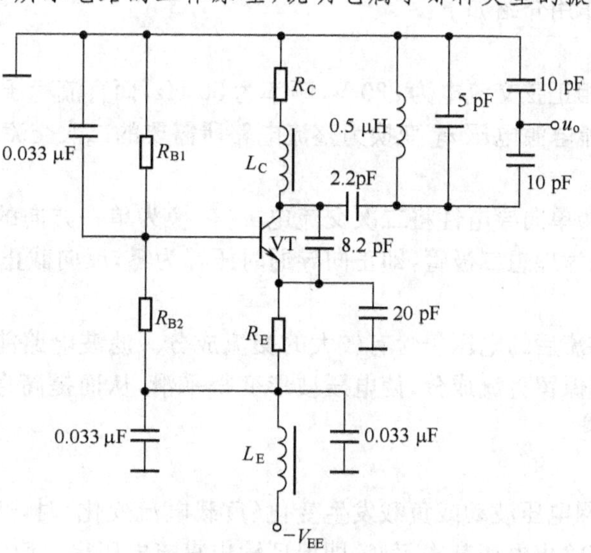

题图 5-11　题 12 附图

第六章　直流稳压电源

在电子设备和计算机电路中都需要稳定的直流电源供电才能工作，为了得到直流电，除了采用直流发电机、干电池等直流电源外，大多数情况下小功率直流电源是通过电网提供的单相工频正弦交流电转换而来的。直流稳压电源由电源变压器、整流电路、滤波电路和稳压电路四大部分组成。

本章主要叙述整流、滤波和稳压电路的工作原理，以及常用集成稳压器的使用。

第一节　直流稳压电源的组成

一、直流稳压电源的组成

单相工频正弦交流电经电源变压器、整流电路、滤波电路和稳压电路转换成稳定的直流电压。直流稳压电源的一般框图如图 6-1 所示。

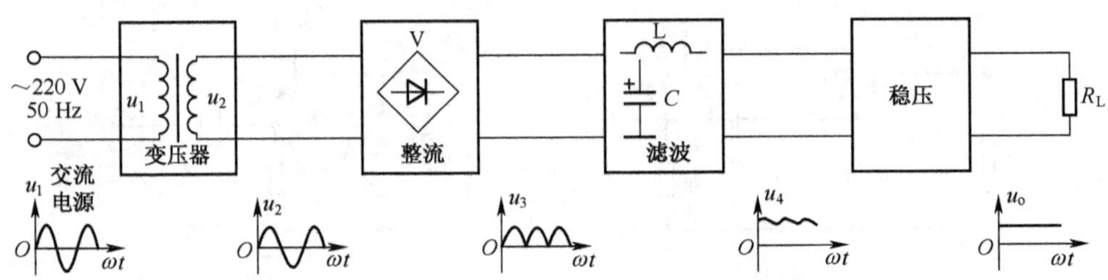

图 6-1　直流稳压电源组成原理框图

框图中各部分的作用介绍如下：

1. 电源变压器

电网上提供的单相正弦交流电为 220 V，频率为 50 Hz，而直流稳压电源所需的电压较低，电源变压器就是将交流电源电压 u_1 变换为整流电路所需要的二次交流电压 u_2。

2. 整流电路

利用整流二极管的单向导电性将二次交流电 u_2 变换为单一方向的脉动直流电。在电路分析时，常将二极管视为理想二极管，即正向导通时压降为零，反向截止时电流为零。

3. 滤波电路

由波形图可见，整流后的电压仍含有较大的交流成分。滤波电路能进一步滤除单向脉动直流电中的交流成分，保留直流成分，使电压波形变得平滑，从而提高直流电源的质量。常用滤波器件有电容和电感。

4. 稳压电路

稳压电路能在电网电压波动或负载发生变化（负载电流变化）时，通过电路内部的自动调节，维持稳压电源直流输出电压基本不变，即保证输出直流电压得以稳定。稳压器件有稳压二极管，或用三极管作电压调整管以及各种集成稳压器件。

二、直流稳压电路的质量指标

为衡量稳压电路的工作质量，一般引入以下参数作为其质量指标。

(1)稳压系数 S_r：S_r 定义为负载一定时稳压电路输出电压相对变化量与输入电压相对变化量之比，即

$$S_r=\left.\frac{\Delta U_o/U_o}{\Delta U_I/U_I}\right|_{R_L=\text{常数}} \tag{6-1}$$

它反映电网电压波动对输出电压的影响，S_r 越小，稳压性能越好。式中 U_I 为整流滤波后的直流电压。

工程上也常用电压调整率 S_U 来描述稳压性能。电压调整率 S_U 是指负载一定时，电网电压波动 ±10%时，输出电压的相对变化量。S_U 越小，稳压性能越好。

(2)输出电阻 r_o：r_o定义为输入电压一定时稳压电路输出电压变化量与输出电流变化量之比，即

$$r_o=\left.\frac{\Delta U_o}{\Delta I_o}\right|_{U_I=\text{常数}} \tag{6-2}$$

r_o 反映了负载电流变化所引起输出电压的变化，r_o 越小，带负载能力越强。

工程上也常用电流调整率 S_I 来描述稳压性能。电流调整率 S_I 定义为输入电压不变，输出电流从零变化到最大额定值时，输出电压的相对变化量。S_I 越小，输出电压受负载电流的影响越小。

除了上述两个主要指标外，还有一些指标。如纹波抑制比 S_R，它定义为输入纹波电压峰峰值与输出纹波电压峰峰值之比的分贝数。S_R 表示稳压电路对其输入端引入的交流纹波电压的抑制能力。S_R 越大抑制纹波的能力越强。另外还有温度对输出电压的影响，用温度系数 S_T 来反映，S_T 是输入电压和负载电流不变时，温度变化所引起输出电压的相对变化量，S_T 越小，稳压性能越好。

第二节　整 流 电 路

在小功率直流稳压电源中，常用单相半波整流电路和单相桥式整流电路来实现整流，单相桥式整流电路用得最为普遍。为了简单起见，分析计算整流电路时把二极管当做理想元件来处理，即认为二极管的正向导通电阻为零，反向电阻为无穷大。

一、单相半波整流电路

1. 电路组成与工作原理

(1)电路组成。图 6-2 所示为单相半波整流电路，其中 T 为电源变压器，二极管 VD 与负载电阻 R_L 串联接在二次交流电压 u_2 上(电路中忽略了电源变压器 T 和二极管 VD 构成的等效总内阻)。

(2)工作原理。设变压器二次交流电压为

$$u_2=\sqrt{2}U_2\sin\omega t$$

式中，U_2 为电源变压器二次交流电压有效值；ω 为交流电压角频率，$\omega=2\pi f$，工频 $f=$ 50 Hz。

当 u_2 为正半周时，即点 a 为正、b 为负，二极管因承受正向电压而导通，电流 i_D 从点 a 流出，经二极管 VD 和负载电阻 R_L，回到点 b。忽略二极管的正向压降，则负载输出电压 u_o 等于 u_2，即

$$u_o = u_2 = \sqrt{2}U_2\sin\omega t \qquad (0 \leqslant \omega t \leqslant \pi)$$

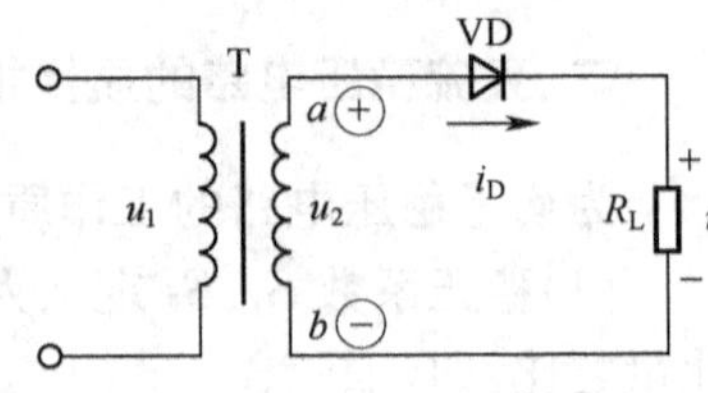

图 6-2　单相半波整流电路

当 u_2 负半周时，即 a 为负、b 为正，二极管反向截止，忽略二极管的反向饱和电流，电路中没有电流流过。此时负载输出电压 $u_o = 0$，变压器电压 u_2 全加在二极管两端，二极管承受的反向电压为

$$u_D = u_2 = \sqrt{2}U_2\sin\omega t \qquad (\pi \leqslant \omega t \leqslant 2\pi)$$

整流后的电压电流波形如图 6-3 所示。在 u_2 的一个周期内，因二极管的单向导电性，负载电阻 R_L 上得到的是半个周期的整流输出电压 u_o，故称这种电路为半波整流电路。

2. 直流输出电压和输出电流

图 6-3 所示为半波整流电压、电流波形图，负载上得到的是大小变化的单向脉动直流输出电压，可用一个周期内的电压平均值来表示。单相半波整流电路的输出电压平均值 U_o 为

$$U_o = \frac{1}{2\pi}\int_0^{\pi}\sqrt{2}U_2\sin\omega t\,\mathrm{d}(\omega t) = \frac{\sqrt{2}U_2}{\pi} \approx 0.45U_2 \tag{6-3}$$

输出电流平均值 I_o 为

$$I_o = \frac{U_o}{R_L} = \frac{0.45U_2}{R_L} \tag{6-4}$$

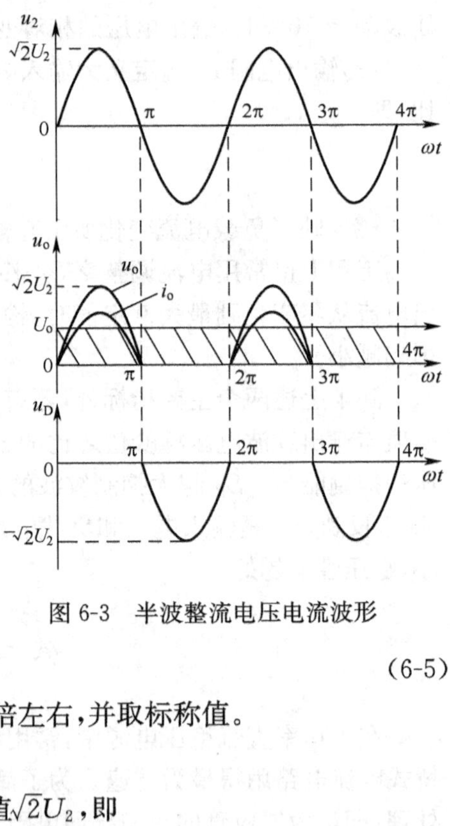

图 6-3　半波整流电压电流波形

3. 整流元件的选择

(1) 最大整流电流 I_{FM}。二极管与 R_L 串联，流经二极管的电流 I_D 与负载电流 I_o 相等，即

$$I_D = I_o \tag{6-5}$$

可查阅有关半导体器件手册，实际选 I_{FM} 应大于 I_D 的一倍左右，并取标称值。

(2) 最大反向工作电压 U_{RM}。

二极管截止时承受的最大反向电压就是 u_2 的最大值 $\sqrt{2}U_2$，即

$$U_{RM} = \sqrt{2}U_2 \tag{6-6}$$

实际选 U_{RM} 大于 $\sqrt{2}U_2$ 的一倍左右，并取标称值。

单相半波整流的优点是电路简单，只需一只二极管，其缺点是输出电压脉动大，电源利用效率低。这种电路仅适用于整流电流较小，对脉动要求不高的场合。

二、单相桥式整流电路

1. 电路组成与工作原理

(1) 电路组成。图 6-4 所示为单相桥式整流电路，在图中四只整流二极管接成桥式。u_2 和 R_L 的连接位置不能互换，否则 u_2 就会被二极管 VD_1—VD_4 或 VD_3—VD_2 短路。图 6-4 所示为单相桥式整流电路的不同画法。通常将四只二极管组合在一起做成四线封装的桥式整流器（或称“桥堆”），

四条外引线中有两条交流输入引线(有交流标志),有两条直流输出引线(有+、-标志)。

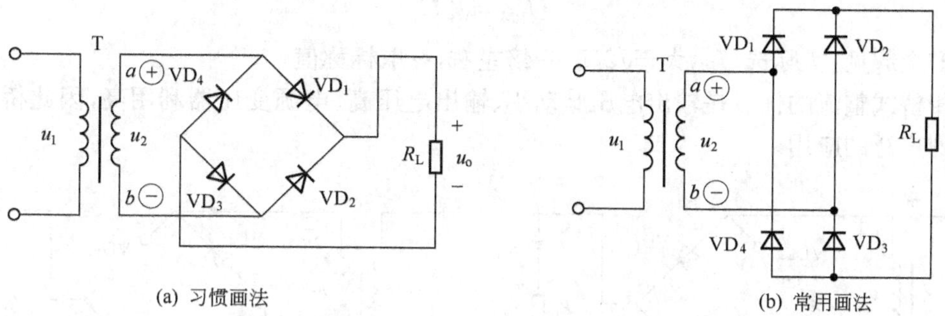

图 6-4　单相桥式整流电路

(2)工作原理。桥式整流电路工作原理可结合图 6-5所示的波形图来分析。

设在 u_2 的正半周时,极性 a 为正、b 为负,整流二极管 VD_1、VD_3 正偏导通,电流 i_{D1} 经 $a \to VD_1 \to R_L \to VD_3 \to b$,在 R_L 上得到上正下负的输出电压;同时 VD_2、VD_4 反向截止。

当 u_2 负半周时,极性 a 为负、b 为正,二极管 VD_2、VD_4 正偏导通,电流 i_{D2} 经 $b \to VD_2 \to R_L \to VD_4 \to a$,在 R_L 上得到的输出电压的方向与 u_2 正半周时相同;同时 VD_1、VD_3 反向截止。桥式整流电路的电流通路如图 6-6 所示。

在 u_2 的一个周期内,四只二极管分两组轮流导通或截止,在负载 R_L 上得到单方向全波脉动直流电压 u_o 和电流 i_o。

2. 直流输出电压和输出电流

直流输出电压和输出电流的波形如图 6-5 所示。与半波整流比较,单相桥式整流电路的输出电压 U_o 要大一倍:

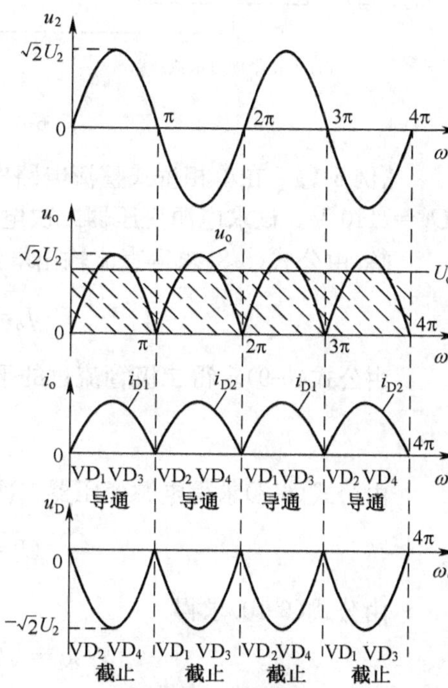

图 6-5　桥式整流电压电流波形

$$U_o = 2\frac{\sqrt{2}U_2}{\pi} \approx 0.9U_2 \tag{6-7}$$

输出电流平均值 I_o 为

$$I_o = \frac{U_o}{R_L} = \frac{0.9U_2}{R_L} \tag{6-8}$$

3. 整流元件的选择

(1)最大整流电流 I_{FM}。由图 6-6 所示电路可知,流经每只二极管的电流 I_D 是负载电流 I_o 的一半,即

$$I_D = \frac{1}{2}I_o \tag{6-9}$$

实际选 I_{FM}大于 I_D 的一倍左右,并取标称值。

(2)最大反向工作电压 U_{RM}。由图 6-6 所示电路可知,加在截止二极管上的最大反向电压

就是 u_2 的最大值$\sqrt{2}U_2$，即

$$U_{RM}=\sqrt{2}U_2 \tag{6-10}$$

为安全起见，实际选 U_{RM} 大于$\sqrt{2}U_2$ 一倍左右，并取标称值。

单相桥式整流的优点是输出电压脉动小、输出电压高、电源变压器利用高，因此桥式整流电路得到广泛的应用。

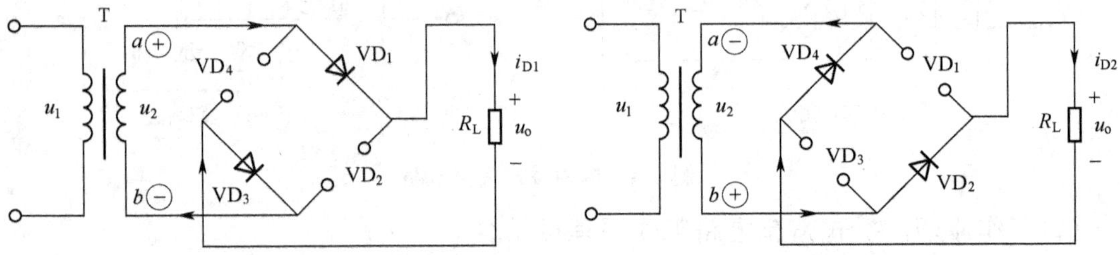

(a) u_2正半周时电流通路　　(b) u_2负半周时电流通路

图 6-6　单相桥式整流电路电流通路

【例 6-1】　在单相桥式整流电路中，已知负载电阻 $R_L=50\ \Omega$，用直流电压表测得输出电压 $U_o=110$ V。试求电源变压器二次电压有效值 U_2，并合理选择二极管的型号。

解：由公式(6-8)求得直流输出电流：

$$I_o=\frac{U_o}{R_L}=\frac{110\ \text{V}}{50\ \Omega}=2.2\ \text{A}$$

由公式(6-9)求得二极管流过的平均电流：

$$I_D=\frac{1}{2}I_o=1.1\ \text{A}$$

由公式(6-7)求得电源变压器二次电压有效值：

$$U_2=\frac{U_o}{0.9}=\frac{110\ \text{V}}{0.9}=122\ \text{V}$$

由公式(6-10)求得

$$U_{RM}=\sqrt{2}U_2=\sqrt{2}\times 122\ \text{V}=172.5\ \text{V}$$

查半导体器件手册可选择 2CZ56F(3 A，400 V)。

第三节　滤 波 电 路

单相桥式整流电路的直流输出电压中仍含有较大的交流分量，用来作为电镀、电解等对脉动要求不高的场合的供电电源还可以，但作为电子仪表、电视机、计算机、自动控制设备等场合的电源，就会出现问题，这些设备都需要脉动相当小的平滑直流电源。因此，必须在整流电路与负载之间加接滤波器，如电感或电容元件构成的滤波电路，利用它们对不同频率的交流量具有不同电抗的特点，使负载上的输出直流分量尽可能大，交流分量尽可能小，能对输出电压起到平滑作用。

一、电容滤波电路

1. 单相半波整流电容滤波电路

(1)电路组成。单相半波整流电容滤波电路如图 6-7 所示。由图可见，该电路与单相半波

整流电路比较，就是在负载两端并联了一只较大的电容器 C（几百～几千微法电解电容）。

(2)工作原理。电容滤波的工作原理可用电容器 C 的充放电过程来说明，如图 6-8 所示。若单相半波整流电路中不接滤波电容器 C，输出电压波形如图中 u'_o 所示；当加接电容器 C 后，直流输出电压的波形如图 6-8 的 u_o 所示。

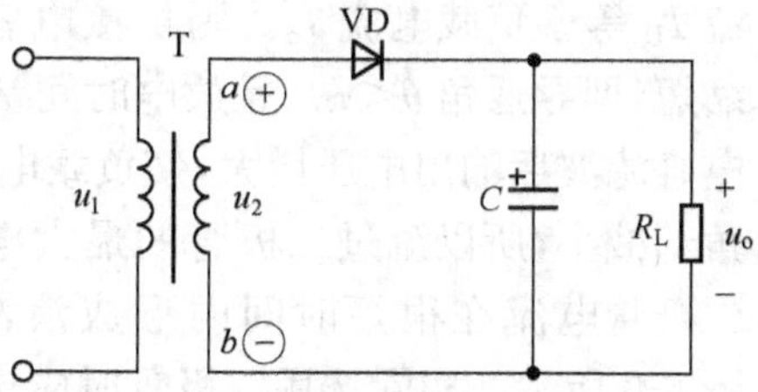

图 6-7　单相半波整流电容滤波电路

设电容 C 初始电压为零，当 u_2 正半周到来时，二极管 VD 正偏导通，一方面给负载提供电流，同时对电容 C 充电。忽略电源变压器 T 和二极管构成的等效总内阻，电容 C 充电时间常数近似为零，充电电压 u_C 随电源电压 u_2 升到峰值点 m。而后 u_2 按正弦规律下降，此时 $u_2 < u_C$，二极管承受反向电压由导通变为截止，电容 C 对负载 R_L 放电。

当 u_2 在负半周时，二极管截止，电容 C 继续对负载 R_L 放电，u_C 按放电时的指数规律下降，放电时间常数($\tau = R_L C$)一般较大，u_C 下降较慢，负载中仍有电流流过。当 u_C 下降到图中的点 n 后，交流电源已进入到下一个周期的正半周，当 u_2 上升且 $u_2 > u_C$ 时，二极管再次导通，电容器 C 再次充电，电路重复上述过程。

由于电容 C 与负载 R_L 直接并联，输出电压 u_o 就是电容电压 u_C。则加电容滤波后不仅输出电压脉动减小、波形趋于平滑，纹波电压减少，而且输出直流电压平均值 U_o 升高。

(3)直流输出电压和输出电流。由滤波后的输出电压波形可见，当电容 C 一定时，负载 R_L 大，放电时间常数($\tau = R_L C$)越大，放电越慢，直流输出电压越平滑，U_o 值越大。在负载开路时(即 $R_L = \infty$，$I_o = 0$)，如 $u_2 < u_C$，二极管处在截止状态，则电容 C 无处可放电，所以 $U_o = \sqrt{2} U_2 \approx 1.41 U_2$。负载增大时(即 R_L 减小，I_o 增大)，τ 减小，放电加快，U_o 值减小，U_o 的最小值为 0.45 u_2。

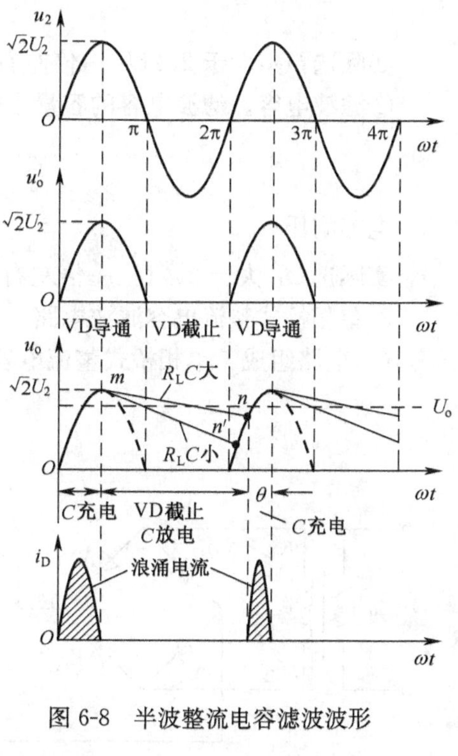

图 6-8　半波整流电容滤波波形

电路输出外特性如图 6-9 所示，与无电容滤波时相比，该种电路的外特性较软，带负载能力差。所以，单相半波整流电容滤波电路只用于负载电流 I_o 较小且变化不大的场合。

为取得良好的滤波效果，工程上一般取

$$R_L C \geqslant (3 \sim 5)T \tag{6-11}$$

式中，T 为二次交流电源 u_2 的周期($T = \frac{1}{f} = \frac{1}{50\ \text{Hz}} = 0.02\ \text{s}$)，则可认为放电时间常数 τ 足够大，这时直流输出电压平均值可按经验公式估算为

$$U_o \approx 1.0\, U_2 \tag{6-12}$$

输出电流平均值 I_o 为

$$I_o = \frac{U_o}{R_L} = \frac{U_2}{R_L} \tag{6-13}$$

(4)元件的选择。

①整流二极管。最大整流电流 I_{FM}：流经二极管的平均电流 I_D 等于负载电流 I_o。因加接电容 C 后，二极管的导通时间缩短（即导通角 $\theta<\pi$），且放电时间常数 τ 越大，θ 角越小。又因电容滤波后输出电压增大，使负载电流 I_o 增大，则 I_D 增大，但 θ 角却减小，所以流过二极管的最大电流要远大于平均电流 I_D，二极管电流在很短时间内形成浪涌现象，易损坏二极管，如图 6-8 所示。实际选用二极管时应选：

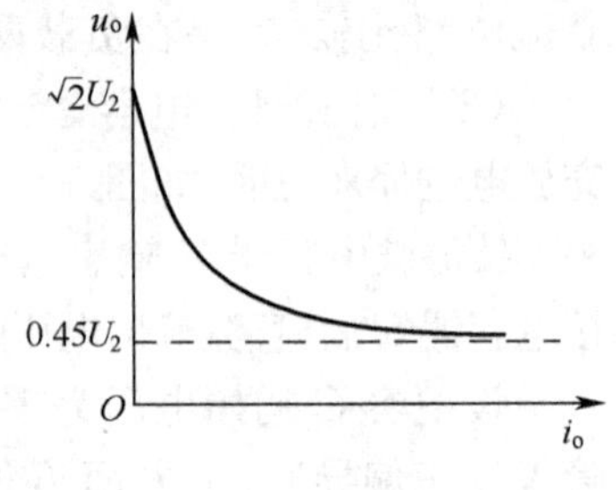

图 6-9　半波整流电容滤波外特性

$$I_{FM}=(2\sim3)I_D=(2\sim3)I_o \tag{6-14}$$

最大反向工作电压 U_{RM}：如图 6-7 所示，加在截止二极管上的最大反向电压为

$$U_{RM}=2\sqrt{2}U_2 \tag{6-15}$$

实际选 U_{RM} 大于 $2\sqrt{2}U_2$ 一倍左右，并取标称值。

②滤波电容。滤波电容的容量由公式(6-11)可得

$$C>(3\sim5)\frac{T}{R_L} \tag{6-16}$$

电容耐压

$$U_C=2\sqrt{2}U_2 \tag{6-17}$$

实际选 U_C 大于 $2\sqrt{2}U_2$ 一倍左右，并取标称值。

2. 单相桥式整流电容滤波电路

(1)电路组成。单相桥式整流电容滤波电路如图 6-10(a)所示。

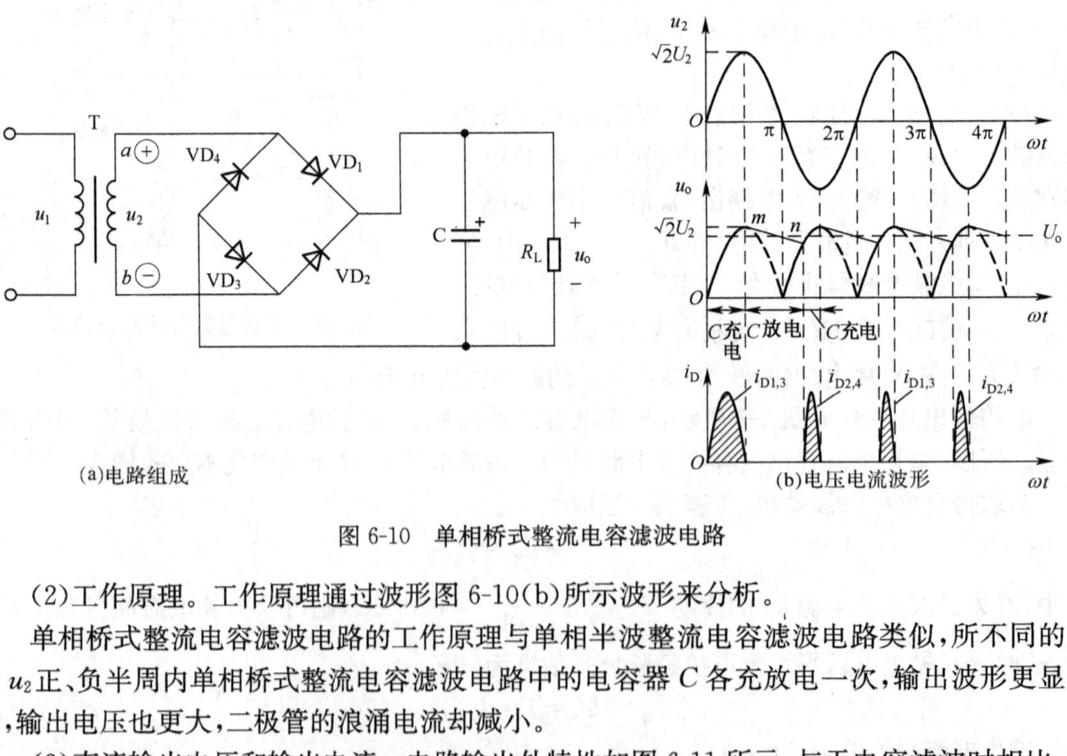

图 6-10　单相桥式整流电容滤波电路

(2)工作原理。工作原理通过波形图 6-10(b)所示波形来分析。

单相桥式整流电容滤波电路的工作原理与单相半波整流电容滤波电路类似，所不同的是在 u_2 正、负半周内单相桥式整流电容滤波电路中的电容器 C 各充放电一次，输出波形更显平滑，输出电压也更大，二极管的浪涌电流却减小。

(3)直流输出电压和输出电流。电路输出外特性如图 6-11 所示，与无电容滤波时相比，其特性较软，带负载能力较差。所以单相桥式整流电容滤波电路也只用于 I_o 较小的场合。

当 $R_LC\geqslant(3\sim5)T/2$ 时，直流输出电压的平均值仍按下式计算：

$$U_o \approx 1.2U_2 \tag{6-18}$$

输出电流平均值 I_o 为

$$I_o = \frac{U_o}{R_L} = 1.2\frac{U_2}{R_L} \tag{6-19}$$

(4)元件的选择。

①整流二极管的选择。

最大整流电流 I_{FM}：考虑二极管电流的浪涌现象，实际选：

$$I_{FM} \geqslant (2 \sim 3)I_D \tag{6-20}$$

$$I_D = \frac{1}{2}I_o$$

最大反向工作电压 U_{RM}：加在截止二极管上的最大反向电压为

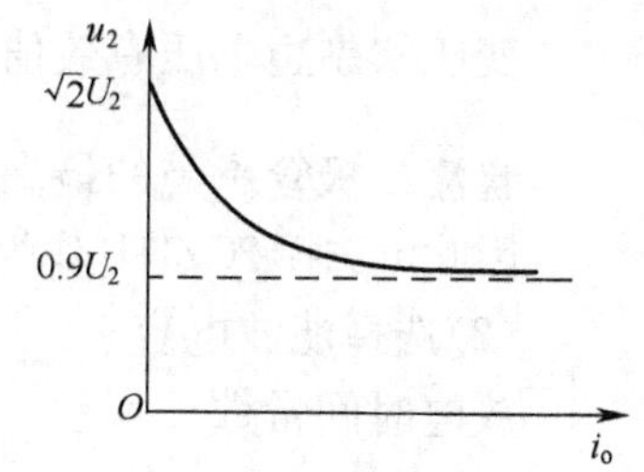

图 6-11　桥式整流电容滤波外特性

$$U_{RM} = \sqrt{2}U_2 \tag{6-21}$$

实际选 U_{RM} 大于 $\sqrt{2}U_2$ 一倍左右，并取标称值。

②滤波电容的选择。

滤波电容容量按公式 $C > (3 \sim 5)\frac{T}{2R_L}$ 计算。

电容耐压为

$$U_C = \sqrt{2}U_2 \tag{6-22}$$

实际选 U_C 大于 $\sqrt{2}U_2$ 一倍左右，并取标称值。

【例 6-2】　单相桥式整流电容滤波电路中，$f = 50$ Hz，$u_2 = 24\sqrt{2}\sin\omega t$(V)。试问：

(1)输出电压 U_o 应为多少？

(2)当 R_L 开路时，对输出电压 U_o 的影响。

(3)当滤波电容 C 开路时，对输出电压 U_o 的影响。

(4)若任意有一个二极管开路时，对输出电压 U_o 的影响。

(5)电路中若任意有一个二极管的正、负极性接反，将产生什么后果？

解：按单相桥式整流电容滤波电路的工作原理分析所提问题。

(1)电路正常情况下输出电压为

$$U_o = 1.2U_2 = 1.2 \times 24\ \text{V} = 28.8\ \text{V}$$

(2)只是 R_L 开路时，输出电压为

$$U_o = \sqrt{2}U_2 = 1.414 \times 24\ \text{V} = 34\ \text{V}$$

(3)只是滤波电容 C 开路时，输出电压等于单相桥式整流输出电压

$$U_o = 0.9U_2 = 0.9 \times 24\ \text{V} = 22\ \text{V}$$

(4)当电路中有任意一个二极管开路时，电路将变成半波整流电路。

①若电容也开路，则为半波整流电路，输出电压

$$U_o = 0.45U_2 = 0.45 \times 24\ \text{V} = 11\ \text{V}$$

②若电容不开路，则为半波整流电容滤波电路，输出电压

$$U_o = 1.0U_2 = 24\ \text{V}$$

(5)当电路中有任意一个二极管的正、负极性接反，都会造成电源变压器二次绕组和两只二极管串联形成短路状态，使变压器烧坏，相串联的二极管也烧坏。

【例 6-3】　设计一单相桥式整流、电容滤波电路，要求输出电压 $U_o = 48$ V，已知负载电阻

$R_L=100\ \Omega$,交流电源频率 $f=50$ Hz,试选择整流二极管和滤波电容器。

解:(1)选择整流二极管:

流过二极管的平均电流为　$I_D=\frac{1}{2}I_o=\frac{U_o}{2R_L}=0.24\ A=240\ mA$

变压器副边电压有效值为　$U_2=\frac{U_o}{1.2}=40\ V$

整流二极管承受的最高反向电压为 $U_{RM}=\sqrt{2}U_2=1.41\times 40\ V=56.4\ V$

因此可选择 2CZ11B 作为整流二极管,其最大整流电流为 1 A,最高反向工作电压为 200 V。

(2)选择滤波电容

放电时间常数　$\tau=R_LC=5\times T/2=0.05\ s$

则　$C=\frac{\tau}{R_L}=500\ \mu F$

选用 $C=1\ 000\ \mu F$、耐压为 100 V 的电解电容器。

二、电感滤波电路

电感滤波电路如图 6-12 所示,电感滤波电路中电感 L 与 R_L 串联。利用线圈中的自感电动势总是阻碍电流"变化"之原理,来抑制脉动直流电流中的交流成分,其直流分量则由于电感近似短路而全部加到 R_L 上,输出变得平滑。电感 L 越大,滤波效果越好。输出电压波形见图 6-12 所示。

若忽略电感线圈的电阻,即电感线圈无直流压降,则输出电压平均值为

$$U_o=0.45U_2(\text{半波}) \tag{6-23}$$

$$U_o=0.9U_2(\text{全波}) \tag{6-24}$$

电感滤波的优点是 I_o 增大时,U_o 减小较少,具有硬的外特性。电感滤波主要用于电容滤波难以胜任的负载电流大且负载经常变动的场合。如电力机车滤波电路中的电抗器。电感滤波因体积大、笨重,在小功率电子设备中不常用(常用电阻 R 替代)。

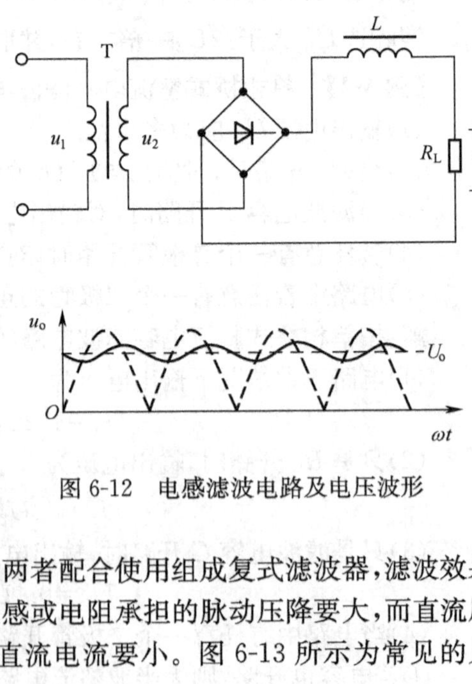

图 6-12　电感滤波电路及电压波形

三、复式滤波电路

滤波的目的是将整流后电压中脉动成分滤掉,使输出波形更平滑。电容滤波和电感滤波各有优点,两者配合使用组成复式滤波器,滤波效果会更好。构成复式滤波器的原则是:和负载串联的电感或电阻承担的脉动压降要大,而直流压降要小;和负载并联的电容分担的脉动电流要大,而直流电流要小。图 6-13 所示为常见的几种复式滤波器。

1. Γ 型滤波电路

电路如图 6-13(a)所示,将电容和电感两者组合,先由电感进行滤波,再经电容滤波。其特点是输出电流大,负载能力强,滤波效果好,适用于负载电流大且负载变动大的场合。

2. LC 形滤波电路

电路如图 6-13(b)所示,在 Γ 型滤波前再并联一个电容滤波,因电容 C_1、C_2 对交流的容抗很

小，而电感对交流阻抗很大，所以负载上纹波很小。设计时应使电感的感抗比 C_2 的容抗大的多，使交流成分绝大多数降在电感 L 上，负载上的交流成分很少。而电感对直流近似为短路，输出直流电压平均值为

$$U_o = 1.2U_2 \tag{6-25}$$

这种电路特点是输出电压高，滤波效果好，主要适用于负载电流较大而又要求电压脉动小的场合。

3. 阻容 π 形滤波电路

电路如图 6-13(c)所示，它相当于在电容滤波电路 C_1 后再加上一级 RC_2 低通滤波电路。R 对交、直流均有降压作用，与电容配合后，脉动交流分量主要降在电阻上，使输出脉动较小。而直流分量因 $R_L \gg R$，主要降在 R_L 上。R、C_2 越大，滤波效果越好。但 R 太大将使直流成分损失太大，输出电压将降低。所以要合适选择电阻值。这种电路结构简单，主要适用于负载电流较小而又要求输出电压脉动很小的场合。

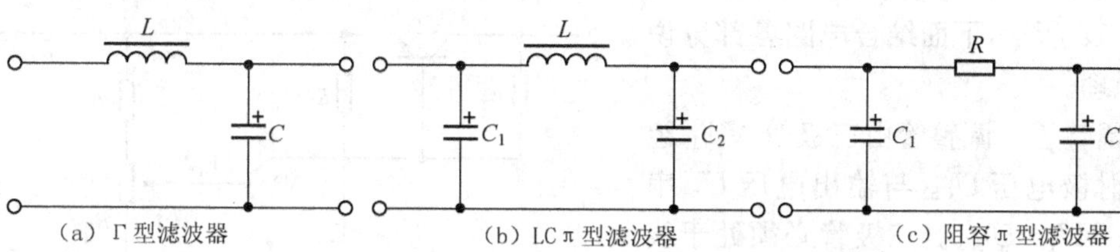

图 6-13　常见的几种复式滤波器

第四节　串联型直流稳压电路

硅稳压管稳压电路虽很简单，但受稳压管最大稳定电流的限制，负载电流不能太大，输出电压不可调且稳定性不够理想。若要获得稳定性高且连续可调的输出直流电压，就必须采用三极管或集成运算放大器组成的串联型稳压电路。

一、电路框图与基本稳压原理

1. 电路框图

串联型稳压电路组成框图如图 6-14 所示，主要由调整管、取样电路、基准电压和比较放大环节组成。因调整管与负载串联，故称为串联型稳压电路。

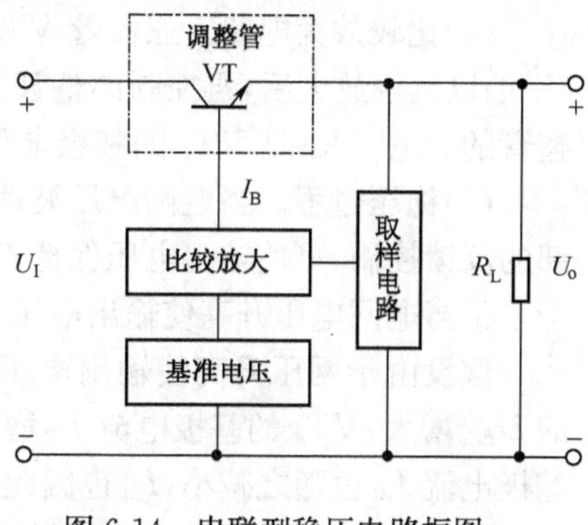

图 6-14　串联型稳压电路框图

2. 基本稳压原理

串联型稳压基本原理可用图 6-15 所示电路进行说明，当输入电压 U_I 波动或是负载电流变化引起输出电压 U_o 增大时，可增大 R_P 的阻值，使 U_I 增大的值落在 R_P 上，维持 U_o 不变；当 U_o 减小时，立即调小 R_P，使 R_P 上的直流压降减小，维持 U_o 不变。因为 U_I 变化和负载变化的快速性与复杂性，手动改变 R_P 是不现实的，所以用三极管（射极输出器）取代可变电阻。当基

极电流 I_B 变大时，三极管呈现的电阻变小，U_{CE}减小，U_o 增大；基极电流 I_B 变小时，三极管电阻变大，U_{CE}增大，U_o 变小。

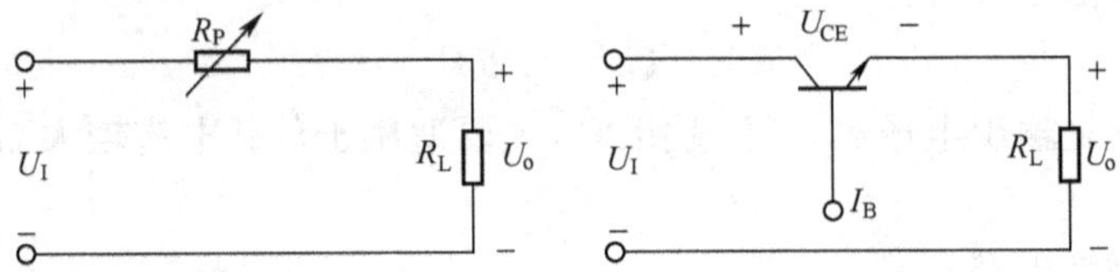

图 6-15　基本稳压原理

二、串联型直流稳压电路

1. 串联型直流稳压电路工作原理

具有放大环节的串联型直流稳压电路如图 6-16 所示，下面结合电路各部分说明工作原理。

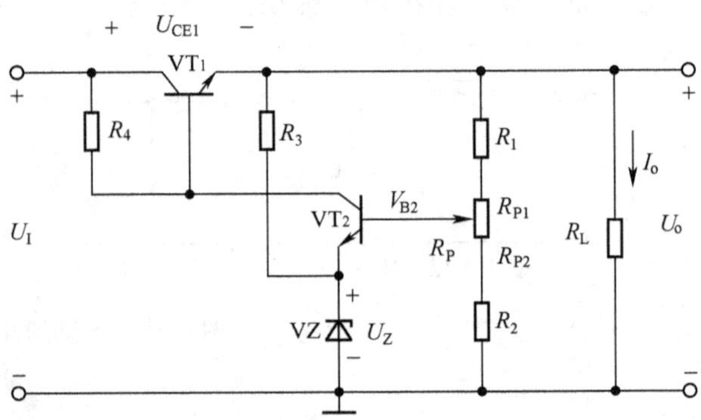

图 6-16　具有放大环节的串联型直流稳压电路

(1)调整管。调整管由三极管 VT_1 组成，其集射极电压 U_{CE1} 与输出电压 U_o 串联，即 $U_o=U_I-U_{CE1}$。三极管必须处于线性放大状态，相当于一只可变电阻的作用。调整管的基极电流接受放大环节的控制，以使调整管实现自动调节。

(2)取样电路。取样电路为电阻 R_1、R_P 和 R_2 组成的分压器。它对输出电压分压取样，并将反映输出电压 U_o 大小的取样信号送到比较放大电路。

若忽略 I_{B2}，则取样电压 V_{B2} 为

$$V_{B2}=\frac{R_2+R_{P2}}{R_1+R_2+R_P}U_o。\tag{6-26}$$

改变 R_P 的滑动端位置，可调节取样电压的大小，同时也调整了输出电压 U_o 的大小。

(3)基准电压。基准电压由稳压二极管 VZ 和限流电阻 R_3 组成。稳压二极管 VZ 上的稳定电压 U_Z 作为比较环节中的基准电压。

(4)比较放大电路。三极管 VT_2 接成共射极电压放大电路，将取样信号 V_{B2} 和基准电压 U_Z 加以比较放大后，再控制调整管 VT_1 的基极电位，以改变基极电流 I_{B1} 的大小，从而改变调整管的 U_{CE1}。R_4 是 VT_1 的基极电阻，也是 VT_2 的集电极电阻。

(5)稳压过程。当电网电压波动和负载电阻变动时，输出电压会随之改变，经稳压电路内部的反馈控制，可使输出电压保持不变。

①当电网电压升高使输出电压 U_o 升高时：

假设由于网压升高使输出电压增大时，取样电压 V_{B2} 随之增大，由于基准电压不变，VT_2 的 U_{BE2} 增大，VT_2 的基极电流 I_{B2} 增大而集电极电位 V_{C2} 减小，使 VT_1 的基极电位 V_{B1} 减小，其基极电流 I_{B1} 也随之减小，I_{C1} 也因此而减小，VT_1 向截止方向运行其管压降 U_{CE1} 增大，致使输出电压下降，这样就使输出电压保持不变。该过程可简述如下：

$U_o\uparrow\rightarrow V_{B2}\uparrow\rightarrow U_{BE2}\uparrow\rightarrow I_{B2}\uparrow\rightarrow U_{CE2}\downarrow\rightarrow V_{C2}\downarrow\rightarrow V_{B1}\downarrow\rightarrow I_{B1}\downarrow\rightarrow I_{C1}\downarrow\rightarrow U_{CE1}\uparrow\rightarrow$
$U_o\downarrow$

②当负载电流增大(R_L 变小)使输出电压 U_o 下降时：

$U_o\downarrow\rightarrow V_{B2}\downarrow\rightarrow U_{BE2}\downarrow\rightarrow I_{B2}\downarrow\rightarrow U_{CE2}\uparrow\rightarrow V_{C2}\uparrow\rightarrow V_{B1}\uparrow\rightarrow I_{B1}\uparrow\rightarrow I_{C1}\uparrow\rightarrow U_{CE1}\downarrow\rightarrow$
$U_o\uparrow$

从上述分析可见，电路能实现自动调整输出电压的关键是电路中引入了电压串联负反馈，使电压调整过程成为一个闭环控制。

(6)输出电压的调节范围。改变 R_P 的滑动端位置，可调整输出电压 U_o 的大小。由式(6-26)可得输出电压的调节范围：

$$U_o=\frac{R_1+R_2+R_P}{R_2+R_{P2}}V_{B2}=\frac{R_1+R_2+R_P}{R_2+R_{P2}}(U_Z+U_{BE2}) \tag{6-27}$$

当 R_P 滑动端调到最下端时，输出电压 U_o 调到最大：

$$U_{omax}\approx\frac{R_1+R_2+R_P}{R_2}U_Z \tag{6-28}$$

当 R_P 滑动端调到最上端时，输出电压 U_o 降到最小：

$$U_{omin}\approx\frac{R_1+R_2+R_P}{R_2+R_P}U_Z \tag{6-29}$$

此电路存在的不足之处：输入电压 U_I 通过 R_4 与调整管基极相接，易影响稳压精度；流过稳压管的电流受 U_o 波动的影响，U_Z 不够稳定；温度变化时，放大环节的输出有一定的温漂；调整管的负担过大。实际应用中，常用稳压管构成的辅助电源给放大环节供电、用复合管作调整管、用差分放大电路或集成运放作放大环节、可克服上述的不足。

2. 实用串联型稳压电路

目前多采用复合管作调整管，用集成运放作比较放大环节。其优点：复合管的 β 大，所需的驱动电流小，既能减轻放大环节的负担，又能减小电路的输出电阻；集成运放的 A_u 大、共模抑制比高。

实用的串联型稳压电路如图 6-17 所示。图中 VT_1、VT_2 组成复合管，R_3 为集成运放的输出限流电阻，R_5 与稳压管 VZ_4 组成辅助电源，为集成运放和稳压电路 VZ_3 供电，比较放大环节由集成运放 A 组成，其反相输入端接取样信号，同相输入端接基准电压，利用它们的差值作比较，放大后再控制调整管。电路的稳压原理和稳压调节过程基本同上述电路相同，不再赘述。

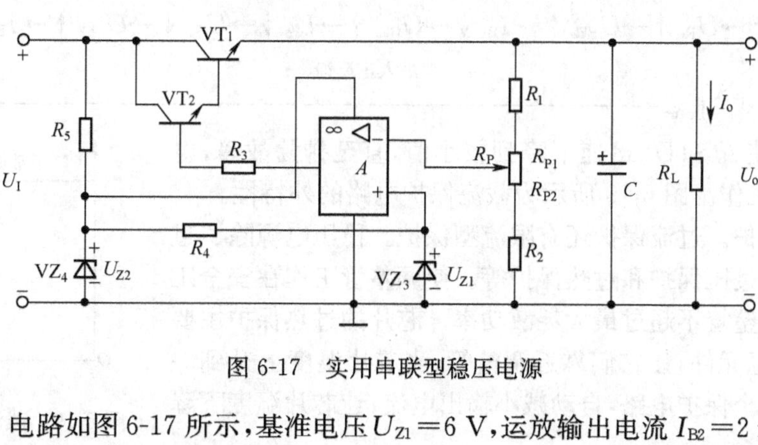

图 6-17　实用串联型稳压电源

【例 6-4】　电路如图 6-17 所示，基准电压 $U_{Z1}=6$ V，运放输出电流 $I_{B2}=2$ mA，$\beta_1\beta_2=900$，$R_1=R_P=R_2=500\ \Omega$，$U_I=15$ V，试求：

(1)输出电压 U_o 的范围。

(2)最大输出电流 I_o。

(3)若调整管的饱和压降为 3 V,电路正常工作时输入电压 U_I 最小应为多少?

解:(1)由式(6-27)得

$$U_{omax}\approx\frac{R_1+R_2+R_P}{R_2}U_{Z1}=\frac{500+500+500}{500}\times 6\ \text{V}=18\ \text{V}$$

$$U_{omin}\approx\frac{R_1+R_2+R_P}{R_2+R_P}U_{Z1}=\frac{500+500+500}{500+500}\times 6\ \text{V}=9\ \text{V}$$

则输出电压 U_o 的范围为 9~18 V。

(2)最大输出电流为

$$I_{omax}=I_{B2}\times\beta_1\beta_2=2\times 900\ \text{mA}=1.8\ \text{A}$$

(3)输入电压的最小值为

$$U_{Imin}=U_{omax}+3=(18+3)\ \text{V}=21\ \text{V}$$

考虑电网电压波动 10%,最小输入电压按经验公式应取 $U_{Imin}=21\times(1+10\%)\ \text{V}=23\ \text{V}$。

3. 稳压电源电路的保护措施

(1)过流保护。稳压电源工作时,如果负载端短路或过载,流过调整管的电流要比额定值大很多,调整管将烧坏,因此必须在电路中加过载和短路保护措施。下面简单介绍三极管截流型保护电路。

较大功率的稳压电源都希望一旦出现过载或短路时,输出电压和输出电流都能下降到一个较小值,以保护调整管。截流型保护电路能实现这一要求。

截流型保护电路如图 6-18 所示,保护电路由电流取样电阻 R_o 和 R_1、R_2、VT_2 组成。图中

$$U_{BE2}=U_{Ro}-U_{R1}\qquad(6\text{-}30)$$

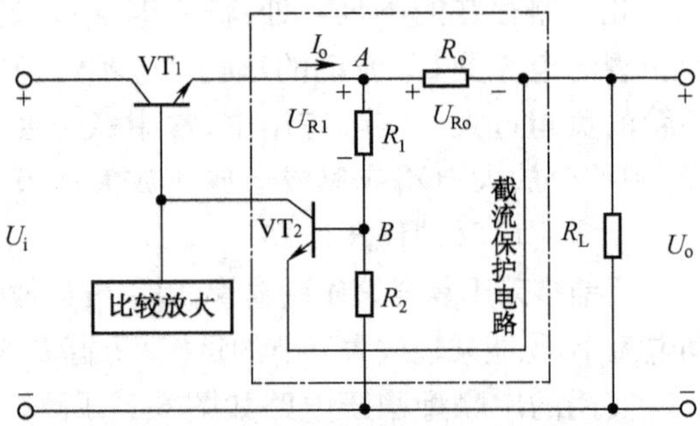

图 6-18　三极管截流型保护电路

稳压电源电路正常工作时,U_{Ro} 很小,U_{BE2} 很小,三极管 VT_2 处截止状态,保护电路不影响正常工作。当过载或短路时,I_o 急剧增大,U_{Ro} 随之增大,使 U_{BE2} 增大,三极管 VT_2 导通对调整管基极电流 I_{B1} 分流,并立即进入下面的正反馈过程:

$$I_o\uparrow\rightarrow I_{C1}\uparrow\rightarrow U_{Ro}\uparrow\rightarrow U_{BE2}\uparrow\rightarrow I_{B1}\downarrow\rightarrow U_{CE1}\uparrow\rightarrow U_o\downarrow\rightarrow U_{R1}\downarrow\rightarrow U_{BE2}\uparrow\rightarrow I_{B1}\downarrow\rightarrow$$

进入正反馈

$$I_o\downarrow$$

反馈过程使 I_o 和 U_o 迅速下降到较小值,直至排除故障,电路将再次正常工作。图 6-19 所示为截流保护电路的外特性。

(2)其他保护。过流保护还有限流型保护。稳压电源除了过流保护外,还有过压保护和过热保护等。使调整管工作在安全工作区内,保证调整管不超过最大耗散功率。芯片的过热保护主要利用半导体测温元件,让它们靠近调整管,当芯片温度上升到一定值时,启动一个保护电路,自动减小输出电流,让芯片温度下降到安全值。

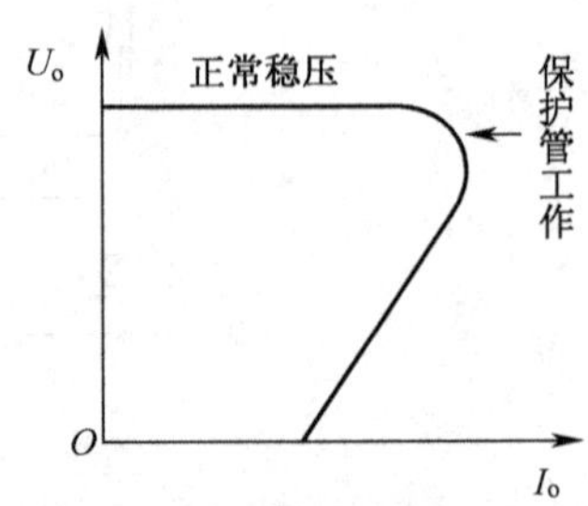

图 6-19　截流保护外特性

第五节　线性集成稳压器

随着半导体集成技术的发展，集成稳压器的应用已十分普遍。它具有外接元件少、体积小、重量轻、性能稳定、使用调整方便、价格便宜等优点。

线性集成稳压器种类很多。按工作方式分有串联、并联和开关型调整方式；按输出电压分有固定式、可调式集成稳压器。本节主要介绍三端固定输出集成稳压器 W7800、W7900 系列和三端可调输出集成稳压器 W317、W337 系列。

一、W7800、W7900 系列三端固定输出集成稳压器

1. W7800、W7900 内部电路框图和系列型号

所谓线性集成稳压器就是把调整管、取样电路、基准电压、比较放大器、保护电路、启动电路等全部制作在一块半导体芯片上。W7800 系列三端固定输出集成稳压器内部电路框图如图 6-20 所示。它属于串联型稳压电路，与典型的串联型稳压电路相比，除了增加了启动电路和保护电路外，其余部分与前述的电路一样。启动电路能帮助稳压器快速建立输出电压。它的保护电路比较完善，有过流保护、过压保护和过热保护等。

图 6-21 所示为 W7800、W7900 系列三端固定输出集成稳压器的外形和框图。封装形式有金属、塑料封装两种形式。集成稳压器一般有输入端、输出端和公共端三个接线端，故也称为三端集成稳压器。

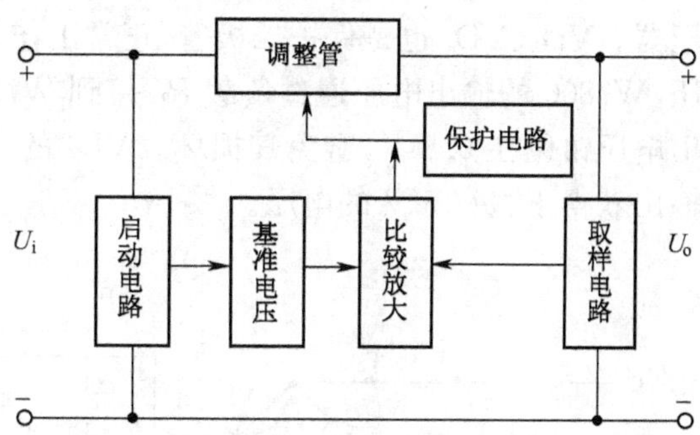

图 6-20　W7800 集成稳压器内部电路框图

三端固定输出集成稳压器通用产品有 W7800（正电压输出）和 W7900（负电压输出）两个系列，它们的输出电压有 5 V、6 V、9 V、12 V、15 V、18 V、24 V 七个档次，型号后面的两个数字表示输出电压的值。输出电流分三档，以 78（或 79）后的字母来区分，用 M 表示 0.5 A、用 L 表示 0.1 A 、无字母表示 1.5 A。例如，W7805，表示输出电压为 5 V、最大输出电流为 1.5 A；如 W78M15 表示输出电压为 15 V、最大输出电流为 0.5 A；又如 W79L06，表示输出电压为－6 V，最大输出电流为 0.1 A。

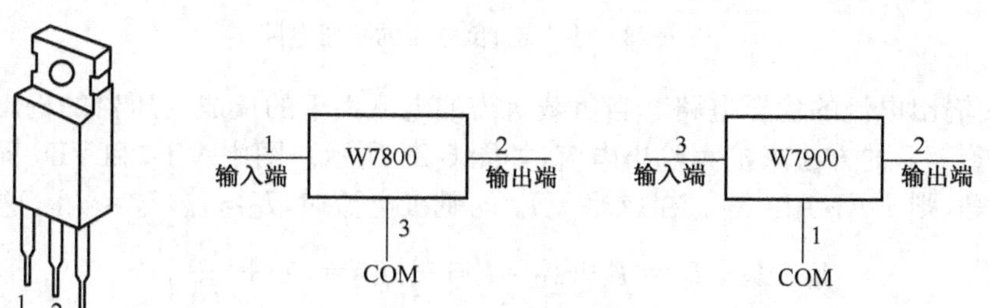

图 6-21　三端固定输出集成稳压器的外形和框图

使用时要注意管脚作用及编号，不能接错。集成稳压器接在整流滤波电路之后，最高输入电压为 35 V，一般输入电压 U_I 比输出电压 U_o 大 1/3～2/3，稳压器的输入、输出间的电压差最小在 2～3 V。

2. 固定输出集成稳压器应用

(1)固定输出电压的稳压电路。图 6-22(a)所示为固定正电压输出电路,图 6-22(b)所示为固定负电压输出电路。电路输出电压 U_o 和输出电流 I_o 的大小决定于所选的稳压器型号。图中 C_I 用于抵消输入接线较长时的电感效应,防止电路产生自激振荡,同时还可消除电源输入端的高频干扰,通常取 0.33 μF。C_o 用于消除输出电压的高频噪声,改善负载的瞬态响应,即在负载电流变化时不至于引起输出电压的较大波动,通常取 0.1 μF。

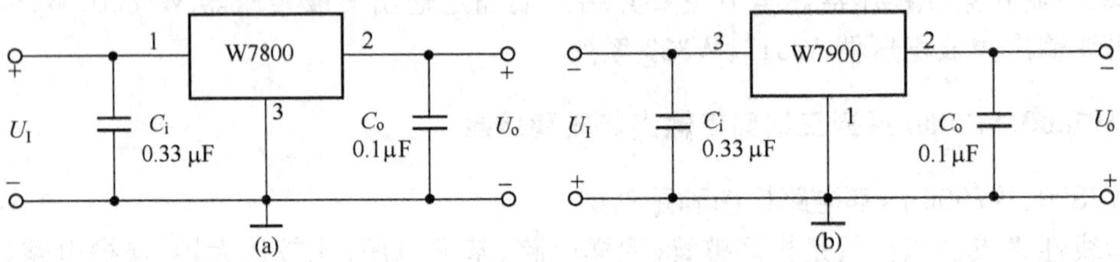

图 6-22　固定输出电压稳压电路

(2)固定输出正、负电压的稳压电路。将 W7900 与 W7800 相配合,可以得到正、负电压输出的稳压电源,如图 6-23 所示。图中电源变压器二次电压 u_{21} 与 u_{22} 对称,均为 24 V,中点接地。VD_5、VD_6 为保护二极管,用来防止稳压器输入端短路时输出电容向稳压器放电而损坏稳压器。VD_7、VD_8 也是保护二极管,正常工作处于截止状态,若 W7900 的输入端未接入输入电压,W7800 的输出电压通过负载 R_L 接到 W7900 的输出端,使 VD_8 导通,从而使 W7900 的输出电压钳位在 0.7 V,避免其损坏。VD_7 的作用同理。电路中采用 W78M15 和 W79M15,使输出获得正、负 15 V 的电压。

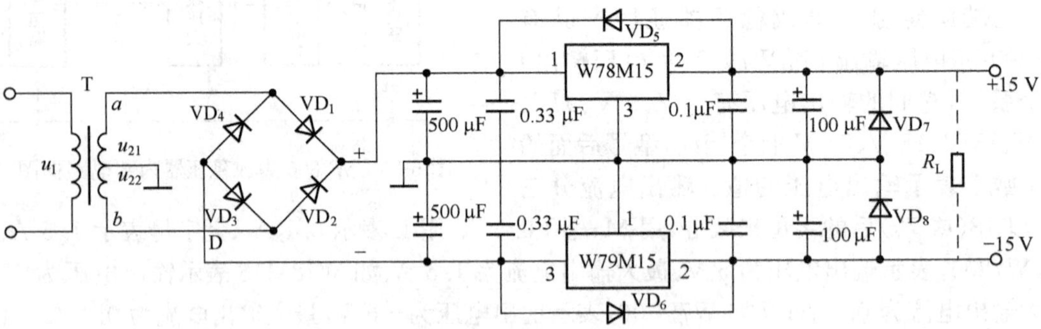

图 6-23　输出正、负电压的稳压电路

(3)扩大输出电流的稳压电路。当负载所需的电流大于的集成稳压器的输出电流时,可采用外接功率管 VT 的方法来扩大输出电流,如图 6-24 所示。图中 VT_1 和 VD_2 同为硅管,它们的管压降相等,则 $I_E R_1 = I_{D2} R_2$。在忽略 VT_1 的基极电流时,$I_C \approx I_E$,$I_o' \approx I_{D2}$,这时可得

$$I_o = I_o' + I_C' = I_o' + I_E' = I_o' + \frac{R_2}{R_1} I_{D2} = \left(1 + \frac{R_2}{R_1}\right) I_o' \tag{6-31}$$

可见只要适当选择 R_2 与 R_1 的比值,就可使电路的输出电流 I_o 比集成稳压器的输出电流 I_o' 大 $\left(1+\frac{R_2}{R_1}\right)$ 倍。

(4)提高输出电压的稳压电路。当负载所需的电压大于的集成稳压器的输出电压时,可采用外接元件的方法来提高输出电压,如图 6-25 所示。图中 U_o' 为集成稳压器的输出电压,I_W

是稳压器的静态电流，约几个 mA。R_1 上的电压为 U_o'，此时输出电压可表示为

$$U_o=U'_o+(I_W+I_{R1})R_2=U'_o+\left(I_W+\frac{U'_o}{R_1}\right)R_2=\left(1+\frac{R_2}{R_1}\right)U'_o+I_WR_2\approx\left(1+\frac{R_2}{R_1}\right)U'_o \tag{6-32}$$

可见只要适当选择 R_2 与 R_1 的比值，就可提高输出电压。据原理将 R_2 改成可调电阻，电路还可变成输出电压可调的稳压电路。

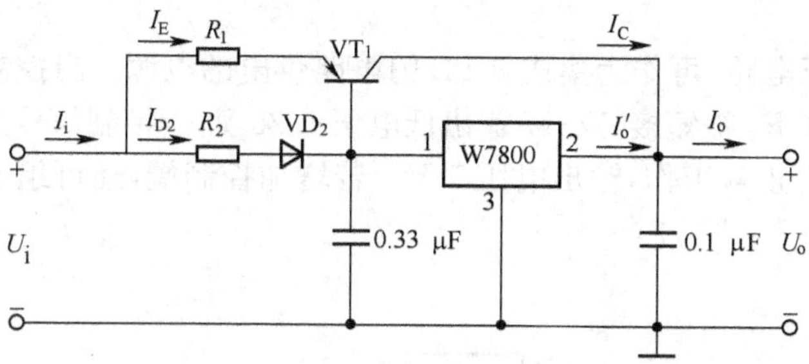

图 6-24　扩大输出电流的稳压电路

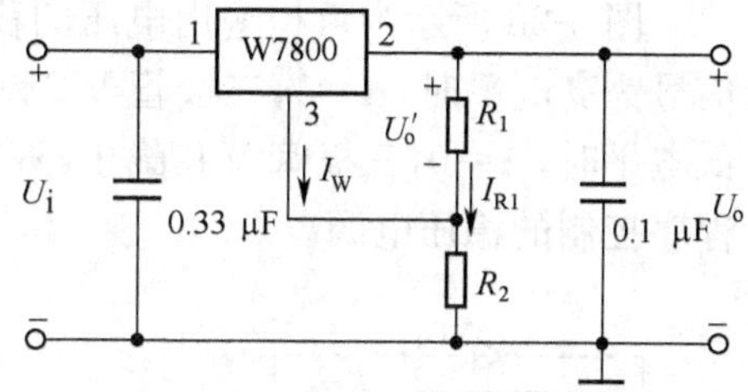

图 6-25　提高输出电压的稳压电路

二、W317、W337 系列三端可调输出集成稳压器

三端可调输出集成稳压器是在 W7800、W7900 的基础上发展而来，它有输入端、输出端和电压调整端 ADJ 三个接线端子，图 6-26 所示为 W317、W337 系列三端可调输出集成稳压器的外形和框图。三端可调输出集成稳压器典型产品有 W117、W217 和 W317 系列，它们为正电压输出；负电压输出有 W137、W237 和 W337 系列。W117、W217 和 W317 系列的内部电路基本相同，仅是工作温度不同。1 为军品级，金属外壳或陶瓷封装，工作温度范围 −55～+150 ℃；2 为工业品级，封装形式同 1，工作温度范围 −25～+150 ℃；3 为工业品级，多为塑料封装，工作温度范围 0～125 ℃。输出电流也分三档，L 系列为 0.1 A、M 系列为 0.5 A、无字母表示 1.5 A。

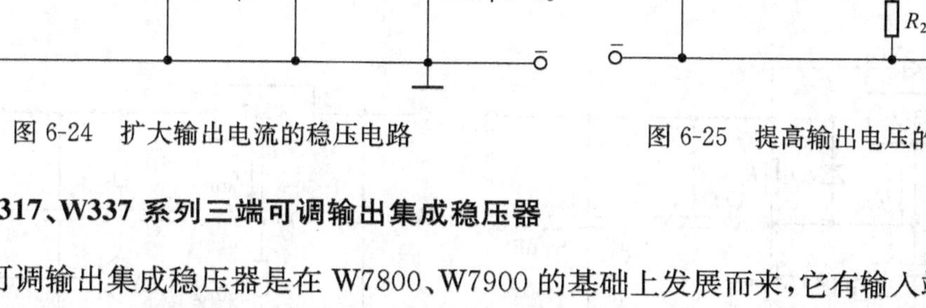

图 6-26　W317、W337 可调输出稳压器外形与符号

三端可调输出集成稳压器的输入电压在 2～40 V 范围变化时，电路均能正常工作。集成稳压器设有专门的电压调整端，静态工作电流 I_{ADJ} 很小，约为几毫安，输入电流几乎全部流入到输出端，所以器件没有接地端。输出端与调整端之间的电压等于基准电压 1.25 V，如果将调整端直接接地，输出电压就为固定的 1.25 V。在电压调整端外接电阻 R_1 和电位器 R_P，就能使输出电压在一定范围内连续可调。

图 6-27 所示为 W317 的典型应用电路。图中 R_1 和 R_P 组成取样电路；C_2 为交流旁路电容，用以减少 R_P 取样电压的波纹分量；C_4 为输出端的滤波电容；VD_2 是保护二极管，用于防止

输出端短路时 C_2 放电而损坏稳压器。VD_1、C_1、C_3 的作用与固定输出稳压器相同。R_1 一般选取 120～240 Ω，以保证稳压器空载时也能正常工作。R_P 的选取应根据对 U_o 的要求来定。在忽略 I_{ADJ} 的情况下：

$$U_o = 1.25 + 1.25 \times \frac{R_P}{R_1} = 1.25\left(1 + \frac{R_P}{R_1}\right) \tag{6-33}$$

调节 R_P 就可调节输出电压大小。当调整端直接接地时，即 $R_P = 0$，$U_o = 1.25$ V；当 $R_P = 2.2$ kΩ 时，$U_o = 24$ V。

图 6-28 所示为可控输出电压的稳压电路，可作为集成 TTL 门电路供电的电源。当控制信号为高电平时，$A=1$，三极管 VT 饱和，R_2 被短接，W317 输出低电压 1.25 V；当控制信号为低电平时，$A=0$，三极管 VT 截止，W317 正常工作，输出电压 5 V。若增加控制端，还可组成程序控制的稳压电源。

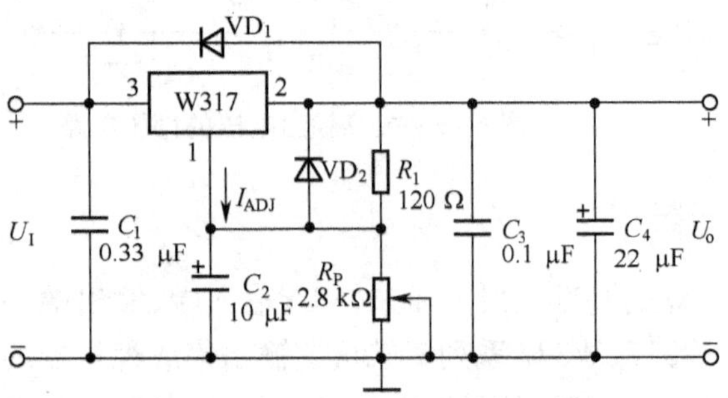

图 6-27 W317 的典型应用电路

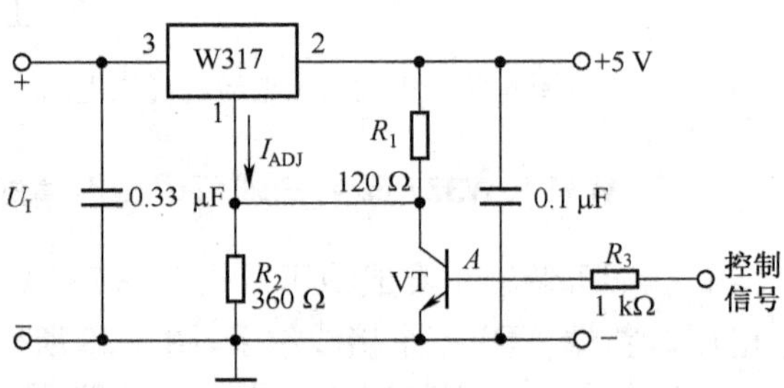

图 6-28 可控输出电压稳压电路

第六节 开关型稳压电源

线性稳压电源电路结构简单、输出电压稳定，但因其功率调整管总是处于线性放大状态，管压降大，负载电流全部经过调整管，管子消耗的功率较大，故电源工作效率低（一般为 40% 左右）；另外因调整管功耗大，需加较大面积的散热片，又增大了电源设备的体积和重量。

开关型稳压电源中的大功率高反压调整管工作在开关状态，调整管截止时尽管管压降 U_{CE} 大但其电流 I_{CEO} 接近零、饱和时尽管电流 I_{CS} 大但其管压降 U_{CES} 接近零，它的管耗始终很小。再者调整管的开关速度高，渡越放大区的时间很短，因此调整管的功耗很小，电源效率可达 80%。同时不需散热片，在许多场合可省掉电源变压器。开关工作频率在几十千赫到几兆赫兹，使滤波电容、电感的参数和体积大大减小。对电网的适应能力强，一般串联型稳压电源允许电网电压波动范围为 220 V+10%，而开关型稳压电源在电网电压从 110～260 V 范围内变化时，都可获得稳定的输出电压。开关型稳压电源的缺点是纹波较大，用于小信号放大电路还需采取二次稳压。随着开关电源的不断改进和集成化，这种新型电源以其功耗小、重量轻、体积小为特点，已在计算机、电视机和其他电子设备中广为应用。

开关型稳压电源的种类很多，按调整管的连接方式分有串联型和并联型；按稳压电源的启动方式分有自激型和他激型；按调整管的控制方式分有脉冲宽度调制方式（PWM）和脉冲频率调制方式（PFM）。脉宽调制式是指调整管的开关周期 T（$T = t_{on} + t_{off}$）不变，通过改变调整管的导通时间 t_{on} 来调节脉冲的高电平宽度，以改变脉冲的占空比来调整输出电压。脉频调制式是指调整管的导通时间 t_{on} 或截止时间 t_{off} 保持不变，而改变其工作频率 f 来控制输出电压。比较常用的是串联型脉宽调制式。

一、电路框图与工作原理

1. 电路框图

开关型稳压电源基本组成框图如图 6-29 所示。电网交流电压进入输入电路后，经线路滤波器、浪涌电流控制电路，以削弱由电网进入的噪声及浪涌电流，再经一次整流和滤波电路，变换成直流电压 U_I。该直流电压加到开关调整管，它将直流电压 U_I 变换成高频矩形脉冲电压 U_p，再由高频变压器将次级方波电压 U_p 经过高频整流滤波电路变换成单向脉动直流，最后经平滑滤波器成为直流输出电压 U_o，供给负载使用。

电路的关键部件为脉宽调制器，开关调整管根据脉宽调制器的控制脉冲信号自动调整输出电压。脉宽调制器由比较放大电路、基准电压、三角波振荡器和脉宽调制电压比较器组成。

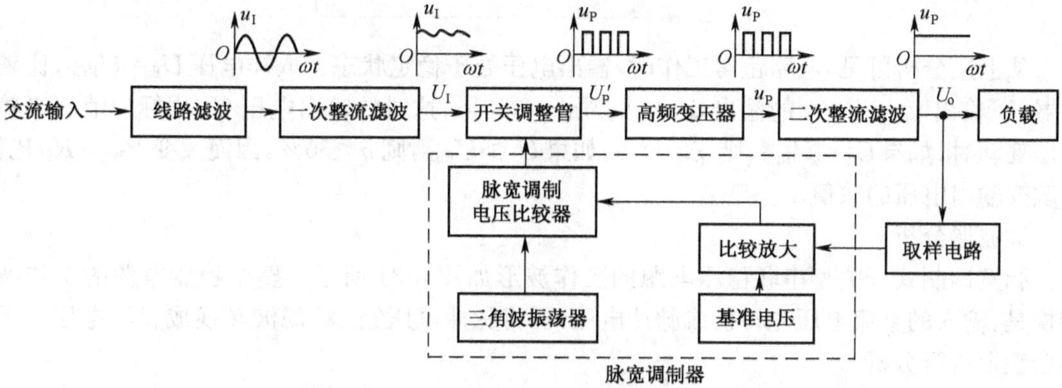

图 6-29　开关型稳压电源基本框图

脉宽调制式开关型串联稳压电源基本原理图如图 6-30 所示。VT_1 为与负载 R_L 串联的开关功率调整管；L、C 组成滤波器，VD_2 为续流二极管；R_1、R_2 组成取样电路；A_1 为比较放大器，将基准电压 U_{REF} 与取样电压 U_F 进行比较放大；A_2 为脉宽调制电压比较器，同相端接 A_1 的输出端 u_{o1}，反相端接三角波振荡器输出 u_T，u_{o1} 与 u_T 的电压比较决定 A_2 的输出 u_{o2}，而 u_{o2} 就是控制调整管开关状态的脉冲信号；三角波振荡器产生的三角波电压 u_T 频率决定了调整管的开、关工作频率。

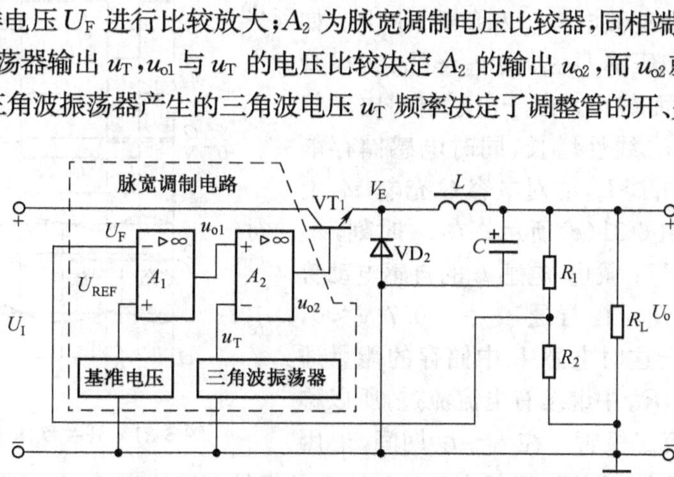

图 6-30　脉宽调制式开关型串联稳压电源原理图

2. 工作原理

当输入电压波动和负载电流变化时，输出电压随之变化。如果在输出电压 U_o 增大时减少占空比，而在U_o减少时增大占空比，那么输出电压就能得以稳定。将U_o的采样电压通过反馈来调节u_{o2}的占空比，即可达到稳压的目的。在忽略调整管的饱和压降和滤波器的直流压降时，输出电压与输入电压的关系为

$$U_o \approx \frac{t_{on}}{T} U_I = qU_I \tag{6-34}$$

当输出电压U_o升高时，取样电压U_F同时增大，与基准电压U_{REF}进行比较放大，使比较放大器A_1的输出端u_{o1}减少，经电压比较器A_2，使u_{o2}减少，调整管的导通时间t_{on}变小，占空比q变小，输出电压U_o下降，调节结果使U_o基本不变。闭环反馈的工作过程简述如下：

$$U_o\uparrow \rightarrow U_F\uparrow \rightarrow u_{o1}\downarrow \rightarrow u_{o2}\downarrow \rightarrow q\downarrow \rightarrow U_o\downarrow$$

当输出电压U_o降低时，与上述过程相反，即

$$U_o\downarrow \rightarrow U_F\downarrow \rightarrow u_{o1}\uparrow \rightarrow u_{o2}\uparrow \rightarrow q\uparrow \rightarrow U_o\uparrow$$

从上述分析可见，电路正常工作时，输出电压处于稳定状态。取样电压$U_F=U_{REF}$，比较放大器A_1输出$u_{o1}=0$，A_2的输出u_{o2}的占空比$q=50\%$，这时的输出电压U_o称标称值。当输出电压变动时，如果$U_F<U_{REF}$，则$q>50\%$；如果$U_F>U_{REF}$，则$q<50\%$，因而改变R_1与R_2比值，可改变输出电压的数值。

3. 波形分析

脉宽调制式开关型串联稳压电源的工作波形如图 6-31 所示。整个稳压电源的工作波形转换是：输入的直流电压先转换成脉冲电压，再将脉冲电压经 LC 滤波转换成直流电压。下面结合波形进行分析。

由电压比较器原理可知，当$u_{o1}>u_T$时，A_2的输出电压u_{o2}为高电平，调整管VT_1饱和导通；当$u_{o1}<u_T$时，u_{o2}为低电平，调整管VT_1截止，u_{o1}、u_T、u_{o2}波形如图 6-31(a)、(b)所示。

在u_{o2}为高电平时，因为调整管VT_1导通，输入电压U_I经L加在滤波电容C和负载R_L上。如果忽略VT_1的饱和压降U_{CES}，则$u_E\approx U_I$，二极管VD_2承受反向电压而截止。由于电感自感电动势的作用，电感电流i_L线性增长，同时电感储存能量。在$0\sim t_1$期间，$i_L>I_o$，i_L对电容C充电，u_C上升，则U_o上升，如图 6-31(e)所示。在t_1时刻，u_{o2}为低电平，调整管VT_1截止，电感L的自感电动势(右正左负)使二极管VT_2导通，$u_E=-0.7\ V\approx 0$，如图 6-31(c)所示。这时电感L中储存的能量通过VD_2向R_L释放，R_L中继续有电流流过，所以称二极管VD_2为续流二极管。在$t_1\sim t_2$期间，i_L因

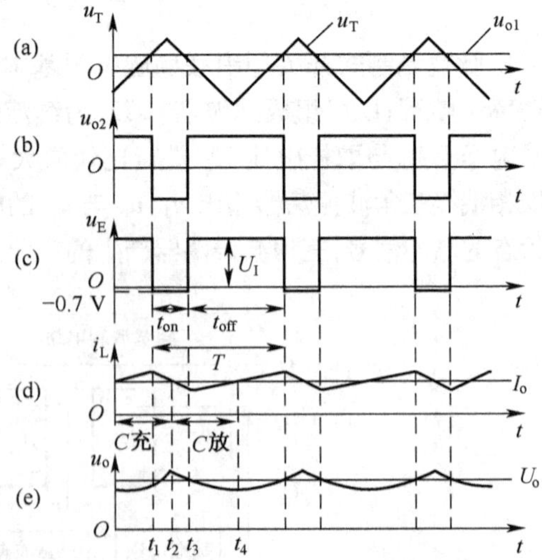

图 6-31　开关稳压电源工作波形

电感L释放能量而线性下降，但仍大于I_o，电容C仍处于充电状态，U_o继续上升。$t_2\sim t_3$期间，$i_L<I_o$，电容C开始放电，则U_o下降。t_3以后重复上述过程。

由此可见，尽管调整管工作在开关状态，但在二极管VD_2的续流作用和LC的滤波作用下，输出电压U_o仍能得到平滑的直流电压输出，如图 6-31(e)所示。

二、开关电源电路举例

目前集成开关型稳压器已广泛应用于计算机、彩电、航天设备、通信设备、数字电路系统等装置中。常用的集成开关型稳压器通常分两类，一类是单片脉宽调制器，例如SG3524；另一类是将脉宽调制器和开关功率调整管制作在同一芯片上的单片集成开关稳压器，例如美国动力(Power)公司推出的高效、小功率、低价格四端单片开关电源TinySwitch。单片脉宽调制器需外接开关功率管，电路复杂，但应用灵活；单片集成开关稳压器具有高集成度、高性价比、最简外围电路、最佳性能指标、能构成高效率无工频变压器的隔离式开关电源等优点。

SG3524是一个典型的性能优良的开关电源控制器，其内部结构框图和外引脚如图6-32所示。它的内部电路包括基准电压源、误差放大器、限流保护环节、比较器、振荡器、触发器、输出逻辑控制电路和输出三极管等环节，采用直插式16脚封装。6、7脚分别为振荡器外接定时电阻和定时电容C_T端，R_TC_T决定振荡频率。

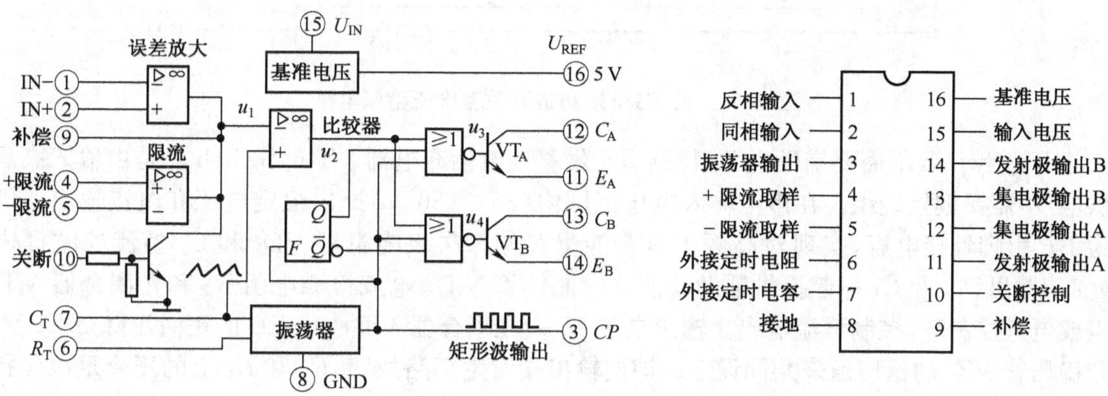

(a)内部结构框图　　(b) 外引脚

图6-32　SG3524内部结构框图和外引脚

图6-33所示为采用SG3524构成开关型降压稳压电源的实例。为扩大输出电流，采用外接开关调整管VT_1、VT_2，将芯片内部的输出管VT_A、VT_B并联使用，作为外接复合调整管VT_1、VT_2的驱动级。6、7脚外接R_5、C_2，故振荡器的振荡频率为$f_o=1.15/R_5C_2\approx20$ kHz。由16脚输出的5 V基准电压经R_3、R_4分压得$U_{REF}=2.5$ V，送误差放大器同相输入端2脚，而输出电压经取样电阻R_1、R_2分压后送1脚。根据正常工作时$U_F=U_{REF}$，则可求出输出电压：

$$U_F=U_o\frac{R_2}{R_2+R_1}=U_{REF}$$

$$U_o=U_{REF}\frac{R_2+R_1}{R_2}=2.5\,\frac{5+5}{5}\ \text{V}=5\ \text{V}$$

故输出电压的标称值为5 V。4脚与5脚(地)之间外接R_o为限流保护取样电阻，防止VT_1、VT_2管过载损坏。9脚外接R_6、C_3用于防止电路寄生振荡。15脚接入输入电压28 V。作为串联型开关稳压电源的稳压原理在此不再赘述。

图6-34所示为TinySwitch254的引脚排列图，图6-35所示为TinySwitch254的应用电路，TinySwitch254的调整管为MOSFET。各引脚功能：D为功率MOSFET漏极，为起动和稳态工作提供工作电流；S为功率MOSFET源极；BP为旁路端，内接5.8 V稳压器，外接旁路电容，正常工作时，旁路电容在MOSFET导通期间为控制电路提供能量；EN为使能端，是

功率 MOSFET 导通、关断的控制端。正常工作时，EN 端为高电平，MOSFET 导通；当 *EN* 端为低电平时，MOSFET 关断。

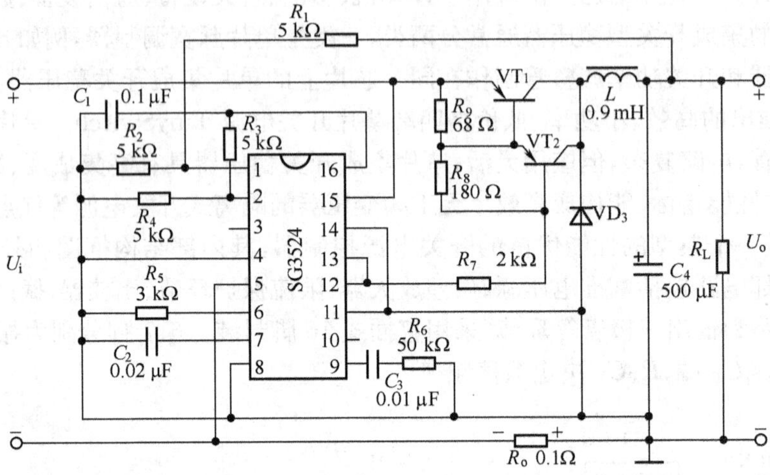

图 6-33　由 SG3524 组成开关型降压稳压电源

TinySwitch 不需要辅助电源，特别适于做移动电话充电器。TinySwitch 总是由输入高压供电，不需要偏置绕组。在市电输入电压范围内(85～256 V)提供恒定电压和电流输出。C_3 为 *BP* 引脚外接电容，实现对高频去耦合能量存储。次级绕组经 VD_5 和 C_5 整流滤波提供 5.2 V输出，L_2 和 C_6 一起提供辅助滤波。由晶体管 VT_1、电流检测电阻 R_4 和光耦合器 VT_1 组成电流控制环，控制恒流输出。输出电压 U_o 由光耦合器 VT_1 中 LED 的正向压降(约 1 V)和稳压管 VZ_9 的稳压值来共同设定。即使输出端发生短路故障，R_6 和 R_4 上的压降足以保持 VT_2 和 VT_1 中 LED 的正常工作，同时电阻 R_7 和 R_9 限制了输出短路时由 R_4 和 R_6 上的压降产生的通过 VZ_9 流入 VT_2 的正向电流。

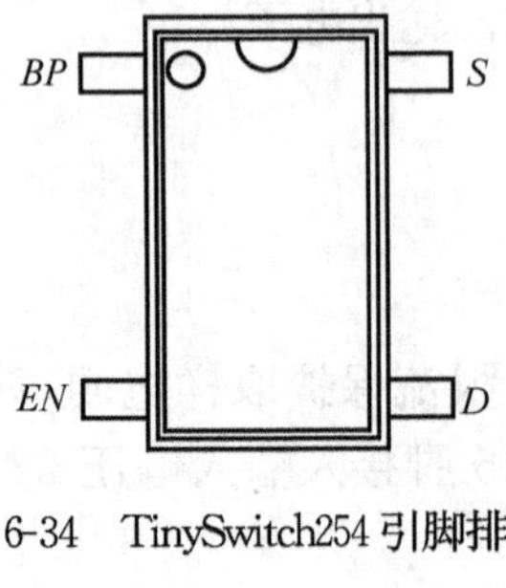

图 6-34　TinySwitch254 引脚排列图

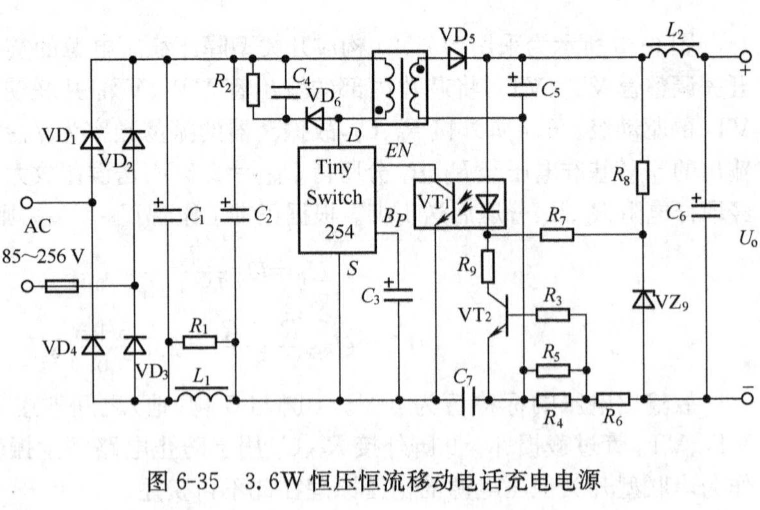

图 6-35　3.6W 恒压恒流移动电话充电电源

本章小结

(1)直流稳压电源是电子设备的重要部件之一，小功率直流稳压电源一般由电源变压器、整流、滤波和稳压等环节组成。对直流电源的要求是当输入电压变化及负载变化时，输出电压应保持稳定。

(2)利用二极管的单向导电性将工频交流电变为单一方向的脉动直流电,称为整流。整流电路广泛采用桥式整流电路。

(3)滤波电路能消除脉动直流电压中的纹波电压,提高直流输出电压质量。电容滤波适用于小电流负载及电流变化小的场合,电容滤波对整流二极管的冲击电流大;电感滤波适用于大电流负载及电流变化大的场合,电感滤波对整流二极管的冲击电流小。电容和电感组成的复式滤波效果更好,其中 LC π 型效果最好。

(4)稳压电路能在交流电源电压波动或负载变化时稳定直流输出电压。稳压管稳压电路最简单但受到一定限制;串联型稳压电路是直流稳压电路中最为常用的一种,它一般由调整管、取样电路、基准电压和比较放大等环节组成,利用反馈控制调节调整管的导通状态,从而实现对输出电压的调节。尽管因串联型稳压电路的调整管工作在线性放大状态,管耗大、效率较低,但作为一般电子设备中的电源,使用还是十分方便的,应用场合比较多。

(5)线性集成稳压器的稳压性能好、品种多、使用方便、安全可靠,可依据稳压电源的参数要求选择其型号,尤其是调试组装方便,因此使用较为普遍。

(6)为提高交、直流转换效率可用开关型稳压电源。开关型稳压电源中调整管工作在开关状态,功耗小。控制调整管的导通、截止时间的比例就可调节输出电压,有很宽的稳压范围。开关型稳压电源按调整管的控制方式分有脉冲宽度调制方式(PWM)和脉冲频率调制方式(PFM),常用的是串联型脉宽调制方式。

习题六

1. 一般小功率直流稳压电源主要由哪几部分组成?简述各部分的作用。

2. 电路如题图 6-1 所示,交流电压表的读数为 24 V,负载电阻为 800 Ω,问直流电压表和直流电流表的读数分别为多大?

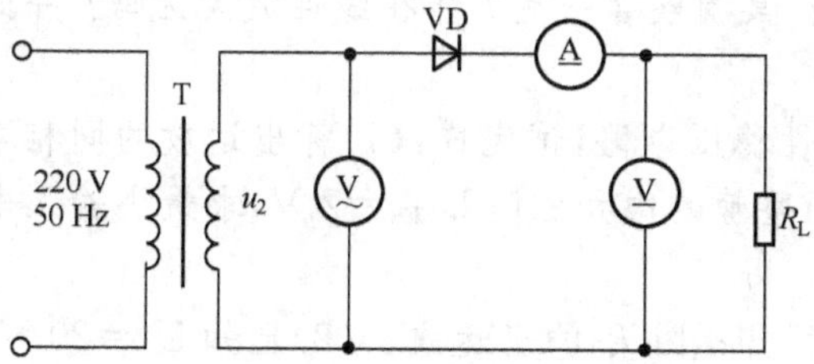

题图 6-1　题 2 附图

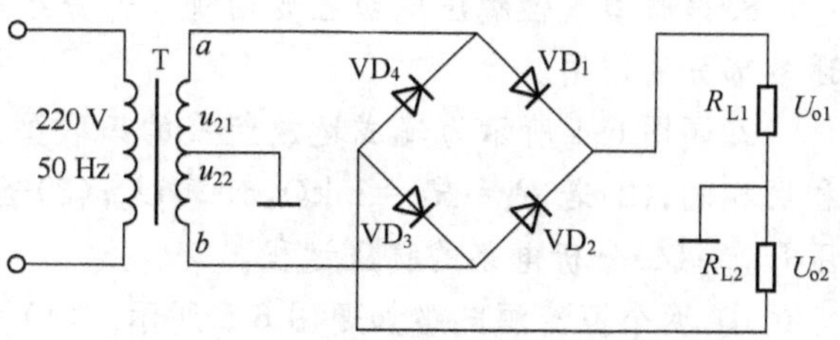

题图 6-2　题 4 附图

3. 单相桥式整流电容滤波电路如图 6-10 所示,已知 $u_2=20$ V,$R_L=80$ Ω,$C=500$ μF。若用直流电压表测得输出电压分别为(1)28 V;(2)9 V;(3)20 V;(4)18 V;(5)24 V。试分析可能出现的故障所在?并在正常输出情况下选择整流二极管及滤波电容。

4. 电路如题图 6-2 所示,试完成:(1)分别标出 U_{O1} 和 U_{O2} 对地的极性;(2)分析 U_{O1} 和 U_{O2} 是半波整流还是全波整流?(3)当 $u_{21}=u_{22}=20$ V 时,求出 U_{O1} 和 U_{O2} 的值;(4)当 $u_{21}=18$ V,$u_{22}=22$ V 时,画出 U_{O1}、U_{O2} 的波形;并求出 U_{O1} 和 U_{O2} 各为多少?

5. 根据下列题意,选择正确答案。

(1)能实现整流的元件是(　　)。

A. 二极管　　B. 晶闸管　　C. 三极管　　D. 稳压二极管

(2)交流电压经整流电路后得到的输出电压是(　　)。

A. 平滑直流电压　B. 交流电压　　C. 脉动直流电压　D. 稳定直流电压

(3)若单相桥式整流电路的输出电压为 18 V,则电源变压器二次绕组的电压有效值是(　　)。

A. 20 V　　B. 18 V　　C. 24 V　　D. 9 V

(4)在单相桥式整流电容滤波电路中,若负载开路,则负载两端的直流电压平均值将会(　　)。

A. 下降　　B. 升高　　C. 变为零　　D. 保持不变

(5)整流电路加上电容滤波后,电压波动减小,则输出电压(　　)。

A. 下降　　B. 升高　　C. 保持不变

6. 简述电容滤波和电感滤波的原理、特点和使用场合。

7. 题图 6-3 所示为 RCπ 型滤波电路,已知 $u_2=6$ V,现要求 $U_o=6$ V、$I_o=100$ mA,试计算 R 的大小。

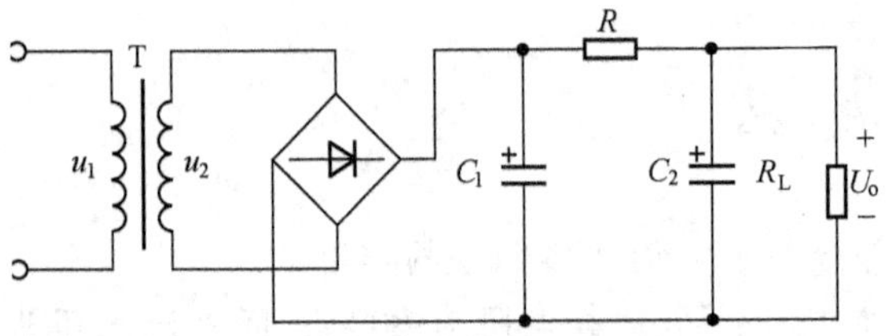

题图 6-3　题 7 附图

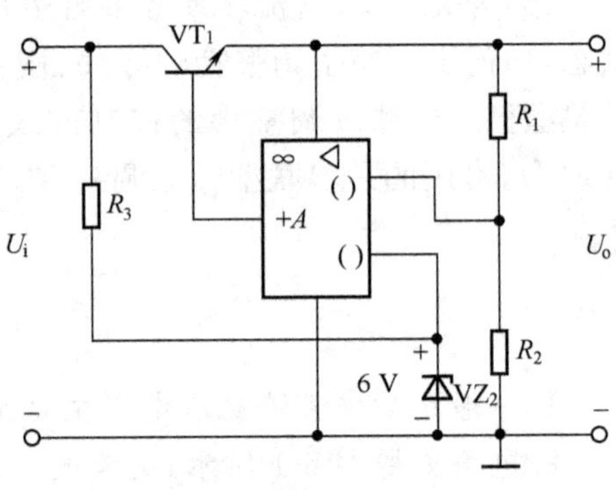

题图 6-4　题 9 附图

8. 串联型线性稳压电源主要由哪几部分组成？其调整管一定工作在线性放大区吗？并简述各部分的作用。

9. 题图 6-4 所示为集成运放组成的串联型线性稳压电路,试完成:(1)标出运放的同相端和反相端;(2)若 $R_1=R_2=1$ kΩ,计算 U_o;(3)若调整管的饱和压降 $U_{CES}=2$ V,求最小输入电压 U_{Imin};(4)分析电路的稳压过程。

10. 两个恒流源电路如题图 6-5 所示。(1)试写出各图 I_o 的表达式。(2)已知 $U_I=20$ V;题图 6-5(a)所示的调整管饱和压降为 3 V,U_{BE} 为 −0.7 V;W7805 输入端和输出端间的电压最小值为 3 V;稳压管的稳定电压 $U_Z=5$ V;$R_1=R=50$ Ω。求 R_{Lmax}。

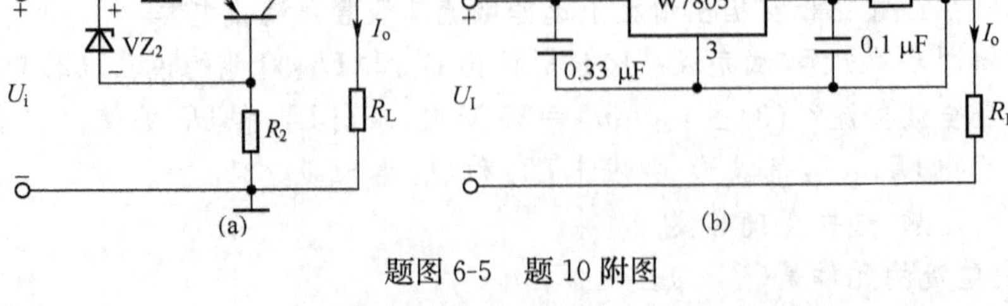

题图 6-5　题 10 附图

11. 现需要两个直流稳压电源，其输入电压均为 220 V/50 Hz，输出电压/电流分别为 +12 V/400 mA 、−5 V/10 mA。要求合理选择元器件。

12. 集成稳压器组成的稳压电源如题图 6-6 所示。试分别求出在正常输入电压下的输出电压 U_o；稳压器的输入电压一般选取几伏？

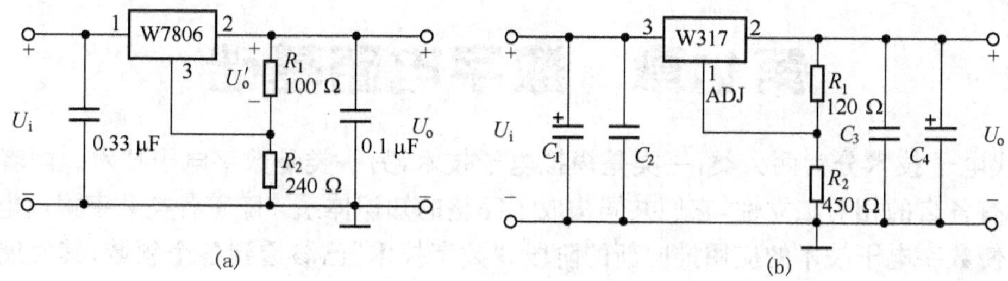

题图 6-6　题 12 附图

13. 开关型稳压电源主要由哪几部分组成？其调整管工作在什么状态？简述各部分的作用。

14. 何谓开关稳压电源的脉宽调制式、脉频调制式，一般采用什么方式？

15. 简述图 6-33 所示开关型稳压电路的稳压过程。

第二篇　数字电子技术

第七章　数字电路基础

现代电子技术分为两大类，一类是模拟电子技术，另一类是数字电子技术。两者既有联系，又具有各自的相对独立性，它们共同构成了完整的知识体系。随着各类数字集成电路的不断推出，使数字电子技术的应用推向新的阶段，“数字技术”已渗透到各个领域，其发展速度令世人瞩目。

本章先介绍数字电路的特点和常用数制，接着从分立元件门电路入手，分析逻辑门电路的工作原理，它是构成各种数字电路的基本单元，而逻辑代数则以数学形式来分析研究逻辑电路，然后讲述集成逻辑门电路，重点分析各种门电路的功能。

第一节　数字电路的概述

电子电路中，被传递和处理的信号可以分为两大类：一类是模拟信号，另一类是数字信号。信号在时间上和数值上都是连续变化的，称为模拟信号。例如温度、压力、速度等，如图 7-1(a)所示。处理模拟信号的电子电路称为模拟电路。信号在时间上和数值上都是离散的、不连续的，称为数字信号。例如信号的有和无、电位的高和低、电路的通和断等，如图 7-1(b)所示。处理数字信号的电子电路称为数字电路。

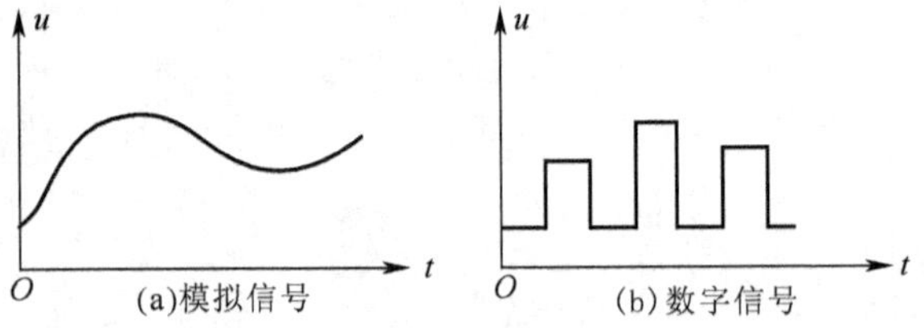

图 7-1　模拟信号和数字信号

一、数字电路的特点

为了更好地掌握数字电路的工作特点，不妨将模拟电路与数字电路作一比较。首先在研究问题的关注点上有所不同，在模拟电路中关注的是怎样不失真地放大模拟信号，而数字电路中关注的是电路的输入与输出之间的逻辑关系，即电路的逻辑功能。其次在分析方法上也有不同，模拟电路中分析的方法是利用图解法和微变等效电路法，对电路进行静态和动态分析；而数字电路中分析的方法是利用逻辑代数，主要用真值表、逻辑函数表达式、时序图等来描述电路的逻辑功能。第三是两者所用的电路单元不同，模拟电路中的基本单元是放大器，且晶体管一般处在放大状态；而数字电路中的基本单元是逻辑门电路、触发器及其他逻辑部件，晶体管一般工作在开关状态。

数字电路具有如下特点：

(1)数字信号是一种二值信号。数字信号常用 0 和 1 表示两种对立的逻辑状态，如表示信号的有或无、电位的高或低等。凡具有两个稳定状态的元器件都可用在数字电路的基本单元电路，它们都能产生 0 和 1 的二值信号。

(2)数字电路结构简单、稳定可靠、易于集成。数字电路由最基本的单元电路组成，在这些基本单元中，对元件参数要求不高，允许有一定的误差，只要能区分 0 和 1 两种状态就可以了，因此数字电路具有较高的稳定性和可靠性，这对实现数字电路集成化很有利。数字电路中元件处于开关状态，功耗比较小，集成电路的集成度越高，体积越小、重量越轻，相应的功耗会越小。

(3)数字电路抗干扰能力强、精度高、保密性好。由于数字信号在传送时采用二值信号，只涉及信号的有或无，外界干扰仅影响信号的幅度，不影响信号正常地传送，因而抗干扰能力强。数字电路中采用二进制，故电路具有算术运算和逻辑判断能力，还可以用增加数字的位数来提高电路精度。数字信号能长期存贮，使大量的信息资源得以保存，还可加密处理，使可贵的资源不易被盗窃。

由于数字电路具有上述特点，故发展十分迅速。在数字通信、数字控制技术、数字测量、数字仪表、电子计算机及家用电器等各个技术领域中都有广泛的应用。随着数字集成电路的迅速发展，更凸现出数字电路的主导地位。

二、数制与码制

数制是计数制的简称。选取一定的进位规则用多位数码来表示某个数的值，这就是所谓的数制。

1. 常用计数制

日常生活中常会遇到计数的问题，同一个数可以用不同的计数制来表示，人们习惯于使用十进制，而在数字电路中常采用二进制和十六进制，下面介绍最常用的十进制、二进制、十六进制。

(1)十进制。十进制是人们常用的计数体制。在十进制数中，每一位有 0～9 十个数码，超过 9 的数必须用多位数表示，这十个数码按不同的组合就可表示一个数，低位与高位间采用“逢十进一”的计数规则，故称为十进制。例如 326.58 这个十进数可写成：

$$326.58=3\times10^2+2\times10^1+6\times10^0+5\times10^{-1}+8\times10^{-2}$$

显然，任意一个十进制数 N，都可展开为

$$(N)_{10}=k_{n-1}\times10^{n-1}+k_{n-2}\times10^{n-2}+\cdots+k_1\times10^1 10^1+k_0\times10^0+k_{-1}\times10^{-1}+\cdots+k_{-m}\times10^{-m}$$

$$=\sum_{i=-m}^{n-1}k_i\times10^i \tag{7-1}$$

式中$(N)_{10}$用下标 10 表示为十进制数，也可以用 D 表示。k_i 为第 i 位的系数，它可以是 0～9 十个数码中的任何一个，10^i 为第 i 位的权，计数的基数为 10。n 为整数部分的位数，m 为小数部分的位数，则 i 包含从 $n-1$ 到 0 的所有正整数和从 -1 到 $-m$ 的所有负整数。

(2) 二进制。二进制是数字电路中应用最广泛的一种数制。在二进制数中，每一位数仅

有 0 与 1 两个可能的数码,所以计数基数为 2,低位向高位进位采用"逢二进一"的计数规则,故称为二进制。例如 1 011.01 这个二进制数可写成:

$$(1\,011.01)_2 = 1\times2^3+0\times2^2+1\times2^1+1\times2^0+0\times2^{-1}+1\times2^{-2}$$

和十进制相仿,任意一个二进制数 N,都可展开为

$$(N)_2 = \sum_{i=-m}^{n-1} k_i \times 2^i \tag{7-2}$$

其中$(N)_2$ 用下标 2 表示二进制数,也可以用 B 表示。k_i 为第 i 位的系数,只取 0 或 1 中的一个数码,2^i 为第 i 位的权。n 为整数部分的位数,m 为小数部分的位数。

由于二进制数中,仅有 0 与 1 两个"对立"的数码,这很容易与电路中的两种对立状态所对应,如三极管的饱和与截止、信号的有与无、电位的高与低等,都可以用 0 与 1 两个数码来表示。二进制运算规则简单、操作方便,这些特点使二进制在数字电路的应用带来许多方便。

(3) 十六进制。在十六进制中,每一位数有 16 个不同的数码,分别用 0～9、A(10)、B(11)、C(12)、D(13)、E(14)、F(15)表示,所以计数基数为 16,低位向高位进位采用"逢十六进一"的计数规则,故称为十六进制。例如 4AC.6F 这个十六进制数可写成:

$$(4AC.6F)_{16} = 4\times16^2+10\times16^1+12\times16^0+6\times16^{-1}+15\times16^{-2}$$

和十进制相仿,任意一个十六进制数 N,都可展开为

$$(N)_{16} = \sum_{i=-m}^{n-1} k_i \times 16^i \tag{7-3}$$

其中$(N)_{16}$用下标 16 表示为十六进制数,也可以用 H 表示。k_i 为第 i 位的系数,可取 0～F 中的任一个数码,16^i 为第 i 位的权。

目前,在微型计算机中较为普遍的采用 8 位、16 位和 32 位二进制并行运算,在编写程序时如用二进制数来表示,显得非常麻烦和冗长,若用十六进制数来表示,则非常简洁方便。例如 8 位、16 位和 32 位的二进制数可以用 2 位、4 位和 8 位的十六进制数来表示,因此在计算机中书写程序都用十六进制。

2. 数制转换

(1) 二—十进制数转换。将二进制数转换为等值的十进制数称为二—十进制数转换。转换时可按式(7-2)展开,然后把所有各项的值按十进制数相加,即采用按权展开相加法,就可得到相应的十进制数。

【例 7-1】 将二进制数 1 011.01 转换为十进制数。

解:
$$\begin{aligned}(1\,011.01)_2 &= 1\times2^3+0\times2^2+1\times2^1+1\times2^0+0\times2^{-1}+1\times2^{-2}\\ &= 8+0+2+1+0+0.25\\ &= (11.25)_{10}\end{aligned}$$

(2) 十—二进制数转换。将十进制数转换为等值的二进制数称为十—二进制数转换。十进制数转换为二进制数时,应按整数和小数两部分进行。整数部分可采用连续除 2 取余法,直到商等于零为止,各次所得的余数为二进制数由低位到高位的数字;小数部分可采用连续乘 2 取整数法,先取出的整数为二进制数的最高位小数,后取出的整数依次为二进制数的次低位小数。最后,将所得的二进制整数和小数合并,就可得到相应的二进制数。

【例 7-2】 将十进制数 147.815 转换成二进制数

解：

2 | 147 …… 余1即k_0=1
2 | 73 …… 余1即k_1=1
2 | 36 …… 余0即k_2=0
2 | 18 …… 余0即k_3=0
2 | 9 …… 余1即k_4=1
2 | 4 …… 余0即k_5=0
2 | 2 …… 余0即k_5=0
2 | 1 …… 余1即k_6=1
　　0

0.815 × 2 = 1.630 …… 取整 1　k_{-1}=1
0.630 × 2 = 1.260 …… 取整1　k_{-2}=1
0.260 × 2 = 0.520 …… 取整0　k_{-3}=0
0.520 × 2 = 1.040 …… 取整 1　k_{-4}=1

故$(147.815)_{10}=(10\ 010\ 011.110\ 1)_2$。

(3) 二—十六进制数转换。将二进制数转换为等值的十六进制数称为二—十六进制数转换。由于 4 位二进制数恰好有 16 个状态，把这 4 位二进制数看成一个整体时，它的进位输出正好是逢十六进一，所以只要从低位到高位按每 4 位二进制数划为一组，并代之以等值的十六进制数，即可得到相应的十六进制数。

【例 7-3】 将二进制数$(01\ 011\ 110.101\ 100\ 10)_2$转换成十六制数。

解：

$$(0101,1110.1011,0010)_2$$
$$\downarrow\quad\downarrow\quad\downarrow\quad\downarrow$$
$$(5\quad E.\quad B\quad 2)_{16}$$

故$(01\ 011\ 110.101\ 100\ 10)_2=(5E.B2)_{16}$。

反之，如果将十六进制数转换为等值的二进制数，则可将十六进制数的每一位用等值的 4 位二进制数代替即可，这里不再赘述。

3. 码制

在数字系统中，可用多位二进制数码来表示数量的大小，也可以用它来表示某种特定意义的信息。对于后者，这些数码已失去了数值的含意，只表示某种特定的信息，例如各种文字、符号等，这样的多位二进制数码称为代码。例如，在运动会上，为了便于识别运动员，通常给每个运动员编上一个号码，这些号码仅代表不同的运动员，已失去了数量大小的含意。

为了便于记忆和处理，在编制代码时需要遵循一定的规则。选取一定的编码规则用一组代码来表示某种特定的信息，这就是所谓的码制。码制是编码制的简称。

例如在用 4 位二进制数码来表示 1 位十进制数的 0～9 这十个状态时，就有许多不同的码制。常将这些代码称为二—十制代码，简称 BCD(Binary Coded Decimal)代码。它既有二进制数的形式，又有十进制数的特点。由于 4 位二进制数码能表示 16 个不同的状态，而十进制数中的 0～9 十个数码仅需其中的 10 个状态，其他的 6 个状态均为禁用码。究竟选用哪 10 个状态，它的编码规则有很多种。常见的 BCD 代码如表 7-1 所示。

(1) 8421 码。8421 码是 BCD 代码中最常见的一种，在数字系统中应用最多。在用 4 位二进制数码组成一个代码来表示 1 位十进制数码时，由于代码中从左到右每一位的 1 分别表示 8、4、2、1，因此将这种代码称为 8421 码。每一位的 1 代表的十进制数称为这一位的权。8421 码中每一位的权是固定不变的，它为恒权代码。在 8421 码中，将代码中每一位的 1 代表的十进制数加起来，所得的和就是它所代表的十进制数码。例如，表 7-1 所示 8421 码的代码为 0110 时，所对应的十进制数为 6，而代码 0111 对应的是 7。反之，在编写程序时也可将一个十进制数用 8421 码来表示。

【例 7-4】 将一个十进制数 568.37 用 8421 码表示

解：十进制数　　5　　6　　8　　3　　7

8421 码　　0101　　0110　　1000　　0011　　0111

即$(568.37)_{10}=(0101\ 0110\ 1000.\ 0011\ 0111)_{8421}$

由于 1 位十进制数需要用 4 位二进制数表示，那么 n 位十进制数就需要 n 个 4 位二进制数表示。在二—十进制数中，每组 4 位二进制数的位与位之间是二进制关系，而组与组之间是十进制关系。

表 7-1　常用的二—十进制编码

十进制数	8421 码	2421 码	5211 码	余 3 码	余 3 循环码
0	0000	0000	0000	0011	0010
1	0001	0001	0001	0100	0110
2	0010	0010	0100	0101	0111
3	0011	0011	0101	0110	0101
4	0100	0100	0111	0111	0100
5	0101	0101	1000	1000	1100
6	0110	0110	1001	1001	1101
7	0111	0111	1100	1010	1111
8	1000	1110	1101	1011	1110
9	1001	1111	1111	1100	1010
权	8421	2421	5211		

(2) 2421 码。2421 码也用 4 位二进制代码来表示 1 位十进制数，它也是恒权代码。它的特点是 0 和 9、1 和 8、2 和 7、3 和 6、4 和 5 的代码互为反码，这为二—十进制运算带了方便。

(3) 5211 码。5211 码也是恒权代码。它的每一位的权正好与 8421 码的十进制计数器 4 个触发器输出脉冲的分频比相对应，这种对应关系在某些数字系统中很有用。

(4) 余 3 码。余 3 码不是恒权代码，即它的代码中的位无固定权值。它的编码规则与 8421 码不同，如果把每一个余 3 码看作 4 位二进制数，则它的数值要比它所表示的十进制数码多 3，故称为余 3 码。它的特点和 2421 码相仿，即 0 和 9、1 和 8、2 和 7、3 和 6、4 和 5 的余 3 码互为反码，这对于求取对 10 的补码非常方便。另外，如果将两个余 3 码相加，所得的和将比十进制数和所对应的二进制数多 6，因此，用余 3 码作十进制加法运算时，若两数之和为 10，正好等于二进制的 16，于是便从高位自动产生进位信号。

(5) 余 3 循环码。余 3 循环码是一种变权码，代码中每一位的 1 并不代表固定的数值。

它的特点是相邻两个代码间仅有一位的状态不同。因此,按这种编码接成计数器时,每次状态转换中仅有一个触发器翻转,译码时可避免竞争—冒险现象。

第二节　逻辑门电路

一、逻辑电路及逻辑函数

1. 逻辑门电路

在数字电路中,我们常用 0 与 1 来表示某一事物的是与非、真与伪、有与无,也常常用来表示电路的通与断、电灯的亮与灭、电平的高与低、脉冲的有与无等现象。这里的 0 与 1 已不再表示数量的大小,只表示两种相互对立的逻辑状态。

通常,把反映条件与结果之间的关系称为逻辑关系。在数字电路中,用输入信号来反映条件,用输出信号来反映结果,此时,电路的输入与输出之间就建立了因果关系,即逻辑关系。数字电路就是实现特定逻辑关系的电路,因此,又称为逻辑电路。

逻辑电路的基本单元是逻辑门,它们反映了基本的逻辑关系。所谓逻辑门就是一种开关电路,它有若干输入端和一个输出端,输入与输出之间存在着一定的逻辑关系,条件满足时信号能允许通过,条件不满足时信号不能通过。它像一扇门一样,满足一定的逻辑条件时门打开,否则门关闭,故又称为逻辑门电路,也称为逻辑开关电路。

2. 逻辑函数与逻辑变量

为了描述事物相互对立的两个逻辑状态,常采用仅有两个取值的变量来表示,这种二值变量称为逻辑变量。在逻辑分析中用大写字母表示逻辑变量,如果用 A、B、C 等表示事件发生的条件,用 Y、L、F 等表示事件的结果。将条件具备和事件发生用逻辑 1 表示,条件不具备和事件不发生用逻辑 0 表示。

(1) 逻辑函数及表示方法。在逻辑函数中,通常将表示条件的变量叫做输入逻辑变量,将表示结果的变量叫做输出逻辑变量。一般的说,如果输入逻辑变量 A、B、$C\cdots$的取值确定之后,输出逻辑变量 Y 的取值也就确定了,那么,我们就称 Y 是 A、B、$C\cdots$的逻辑函数。逻辑函数的一般表达式可写成:

$$Y=f(A,B,C,\cdots) \tag{7-4}$$

在逻辑代数中,逻辑变量和逻辑函数均只有 0、1 两种取值,这与普通代数有明显的区别。

逻辑函数的表示方式通常有逻辑真值表、逻辑函数表达式、逻辑图、时序图和卡诺图等多种,它们各有特点,而且可以相互转换。

(2) 正逻辑与负逻辑。在逻辑电路中,存在着两种逻辑体制,即用 0 和 1 表示相互对立的逻辑状态时,可以有两种不同的表示方法:如果用 1 表示高电平、用 0 表示低电平时,这称为正逻辑体制(简称正逻辑);用 0 表示高电平,用 1 表示低电平,这称为负逻辑体制(简称负逻辑)。同一电路若采用了不同的逻辑体制,将会产生不同的逻辑功能。若无特别说明,本书中均采用正逻辑体制。

(3) 高电平与低电平。在数字电路中,人们习惯用高、低电平来描述电位的高、低。实际的高电平和低电平常因某些原因而发生变化,并不是一个固定的值,因此通常规定一个电平的范围。

在实际应用中,对各类逻辑门电路,都规定了不同的高电平下限值和低电平上限值,具体应用时应保证它的工作范围,以防止逻辑功能的破坏和器件的损坏。例如,高电平可在 2.4～5 V 之间波动,低电平可在 0～0.8 V 之间波动,则高电平的下限值为 2.4 V,低电平的上限值为 0.8 V。

二、逻辑门电路基础

1. 基本逻辑门

在逻辑关系中，最基本的逻辑关系有三种，与逻辑、或逻辑和非逻辑。因此，实现这三种基本逻辑关系的门电路有与门、或门和非门。

(1) 与门。

① 与逻辑。当决定某一事物结果的所有条件同时具备时，这件事才会发生，这种因果关系称为与逻辑关系。在图 7-2 所示电路中，以 Y 表示灯亮与灭的状态，$Y=1$ 表示灯亮，$Y=0$ 表示灯灭，即作为电路发生的结果；以 A、B 表示开关的状态，并以 1 表示开关闭合，以 0 表示开关断开，即作为电路动作的条件，显然，只有开关 A 与 B 都闭合时，灯才会亮，这种关系符合与逻辑关系。与逻辑关系的逻辑表达式为

$$Y=A\cdot B \tag{7-5}$$

读作 Y 等于 A 与 B(或 Y 等于 A 乘 B)，与逻辑又称为逻辑乘。

与逻辑关系还可以用真值表来表示，所谓真值表就是用表格形式列出输入变量和输出变量之间的逻辑关系。在真值表中，应将输入变量可能出现的状态排列出来，并列出对应的输出状态。与逻辑的真值表如表 7-2 所示。

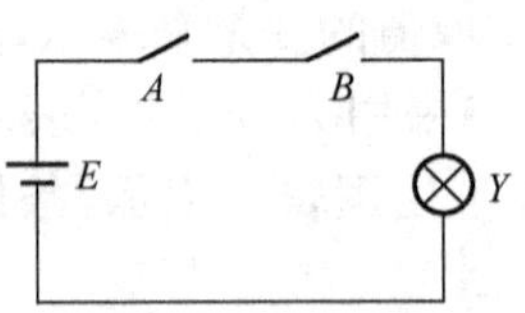

图 7-2　与逻辑关系电路

表 7-2　与逻辑真值表

A	B	C
0	0	0
0	1	0
1	0	0
1	1	1

②二极管与门电路。把实现与逻辑的单元电路称为与门。二极管与门电路如图 7-3(a)所示，与门的逻辑符号如图 7-3(b)所示。在二极管与门电路中 A、B 为输入端，Y 为输出端。当 A、B 两输入端均为高电平(设高电平为 3 V)时，两个二极管 VD_1、VD_2 导通，$u_o=3$ V(忽略二极管导通压降)，Y 也为高电平，即“全 1 出 1”；当 A、B 两输入端中有一个输入端为低电平(设低电平为 0 V)，或全为低电平时，与低电平连接的二极管就导通，$u_o=0$ V，Y 就为低电平，即“有 0 出 0”。以上分析表明，该电路具有与的逻辑功能。

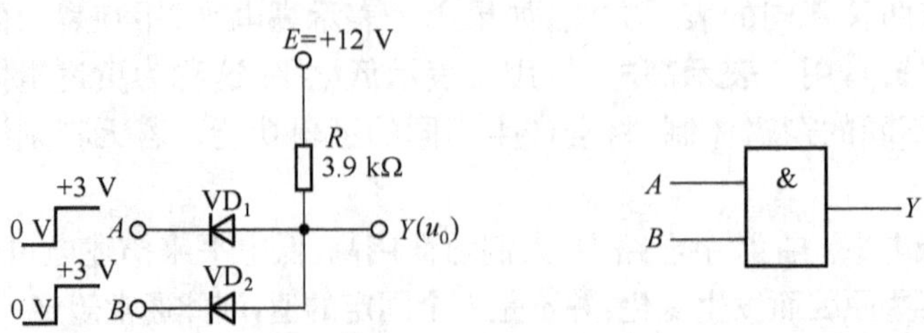

(a) 二极管与门电路　　(b) 与门逻辑符号

图 7-3　与门

（2）或门。

① 或逻辑。当决定某一事物结果的各个条件中，只要具备一个或者一个以上的条件，这件事就会发生，这种因果关系称为或逻辑关系。在图 7-4 所示电路中，只要开关 A 与 B 中有一个闭合，灯就会亮，这就符合或的逻辑关系。或逻辑关系的逻辑表达式为

$$Y=A+B \tag{7-6}$$

读作 Y 等于 A 或 B（或 Y 等于 A 加 B），或逻辑又称为逻辑加，或逻辑的真值表如表 7-3 所示。

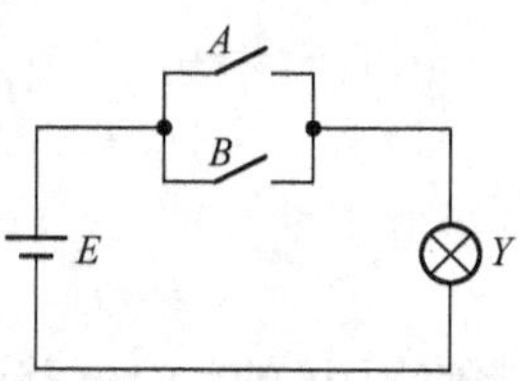

图 7-4　或逻辑关系电路

表 7-3　或逻辑真值表

A	B	C
0	0	0
0	1	1
1	0	1
1	1	1

②二极管或门电路。把实现或逻辑的单元电路称为或门。二极管或门电路如图 7-5(a)所示，或门的逻辑符号如图 7-5(b)所示。当 A、B 两输入端中有一个为高电平（设为 3 V）时，与该端连接的二极管就导通，$u_o=3$ V，Y 也为高电平，即"有 1 出 1"；当 A、B 两输入端全为低电平（设为 0 V），此时两个二极管均能导通，$u_o=0$ V，Y 就为低电平，即"全 0 出 0"，因此，该电路具有或的逻辑功能。

（3）非门。

①非逻辑。当某一条件具备时，这件事不发生；而条件不具备时，这件事却发生，这种因果关系称为非逻辑关系。在图 7-6 所示的电路中，开关 A 闭合，灯 Y 就会灭；而开关打开，灯就会亮。这种非逻辑关系中，结果与条件总是相反，非就是否定。非逻辑关系的表达式为

$$Y=\overline{A} \tag{7-7}$$

读作 Y 等于 A 非（或 A 反）。

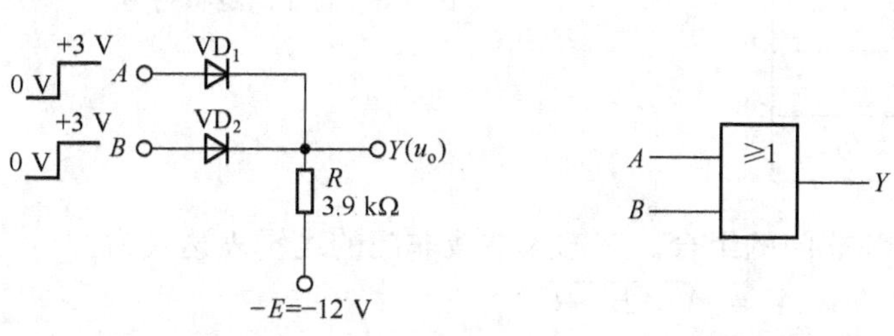

(a) 二极管或门电路　　(b) 或门逻辑符号

图 7-5　或门

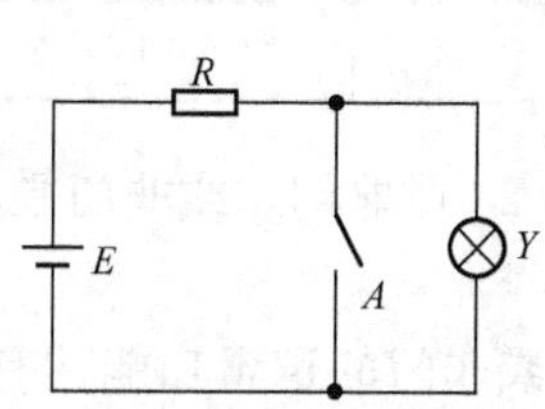

图 7-6　非逻辑关系电路

②三极管非门电路。把实现非逻辑的单元电路称为非门（也称为反相器），三极管非门电路如图 7-7(a)所示，非门的逻辑符号如图 7-7(b)所示。在三极管非门电路中，当输入 A 为高电平（设为 5 V），管子 VT 导通，输出 Y 为低电平，即"有 1 出 0"；当输入 A 为低电平，VT 截止，输出 Y 为高电平，即"有 0 出 1"。因此电路具有"非"的逻辑功能。

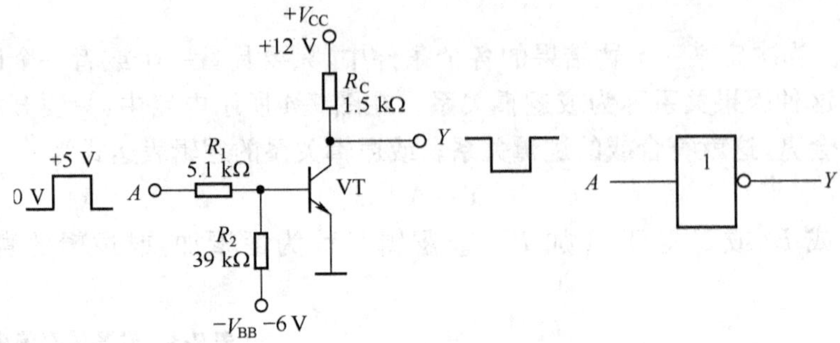

(a) 三极管非门电路　　　　(b) 非门逻辑符号

图 7-7　非门

2. 复合逻辑门

在数字电路中除了使用基本的与门、或门、非门外，还经常使用由基本门电路组成的复合门电路。常见的复合门电路有与非门、或非门、与或非门、异或门、同或门等。

(1) 与非门。与非门是与门和非门的组合。三输入端与非门的逻辑表达式为

$$Y=\overline{ABC} \tag{7-8}$$

与非门的逻辑功能是：所有输入端为高电平时，输出为低电平；而输入端中只要有一个为低电平时，输出就为高电平。可以概括为“有 0 出 1，全 1 出 0”。其真值表如表 7-4 所示，与非门逻辑符号如图 7-8 所示。

表 7-4　与非门真值表

A	B	C	Y
0	0	0	1
0	0	1	1
0	1	0	1
0	1	1	1
1	0	0	1
1	0	1	1
1	1	0	1
1	1	1	0

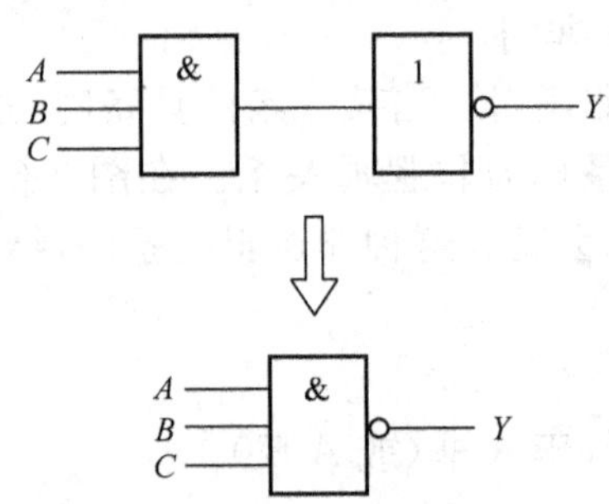

图 7-8　与非门逻辑符号

(2) 或非门。或非门是或门和非门的组合。三输入端或非门的逻辑表达式为

$$Y=\overline{A+B+C} \tag{7-9}$$

或非门的逻辑功能：“有 1 出 0，全 0 出 1”。其真值表如表 7-5 所示，或非门逻辑符号如图 7-9 所示。

(3) 与或非门。与或非门是与门、或门和非门的组合，如图 7-10(a)所示，与或非门的逻辑符号如图 7-10(b)所示。其逻辑表达式为

$$Y=\overline{AB+CD} \tag{7-10}$$

关于与或非门的真值表读者可自行列出。

表 7-5 或非门真值表

A	B	C	Y
0	0	0	1
0	0	1	0
0	1	0	0
0	1	1	0
1	0	0	0
1	0	1	0
1	1	0	0
1	1	1	0

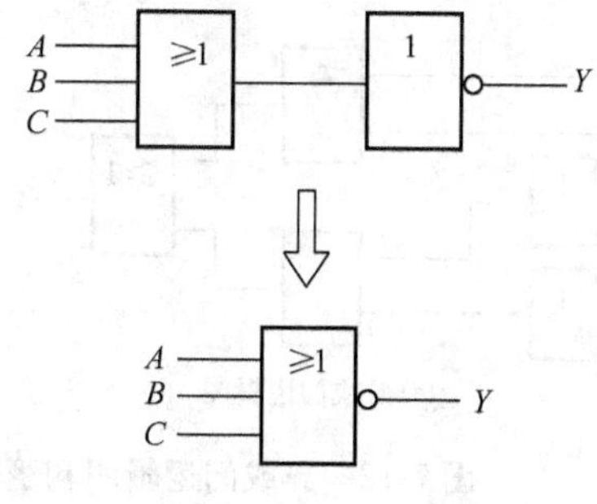

图 7-9 或非门逻辑符号

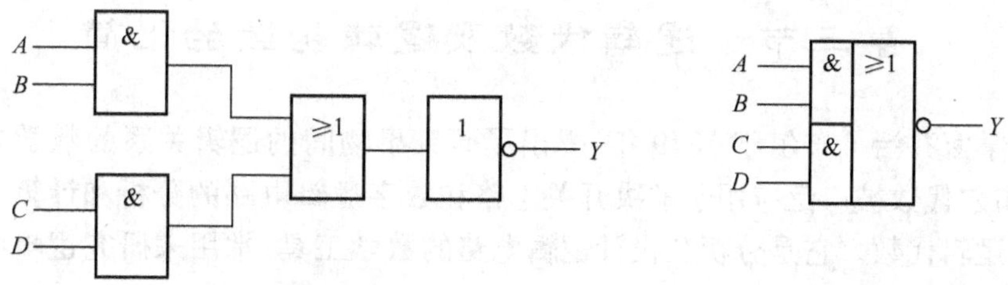

(a) 与或非逻辑图 (b) 逻辑符号图

图 7-10 与或非逻辑图和逻辑符号图

(4)异或门。异或门是数字电路中经常用到的一种逻辑门，它的逻辑图如 7-11(a) 所示，异或门的逻辑符号如图 7-11(b)所示。其逻辑表达式为

$$Y = A \oplus B = \overline{A}B + A\overline{B} \tag{7-11}$$

异或门的逻辑功能：当 A、B 两个输入端的电平不同时，输出为高电平；当 A、B 两个输入端的电平相同时，输出为低电平。因此，异或门常用来判断两个输入信号是否相同。其真值表如表 7-6 所示。

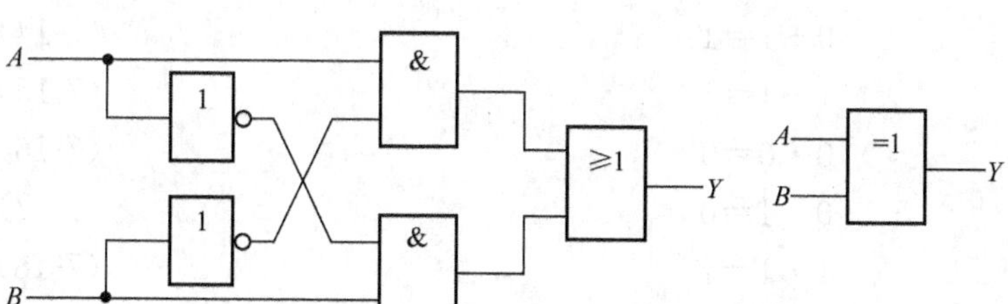

(a) 异或门逻辑图 (b) 逻辑符号图

图 7-11 异或门逻辑图和逻辑符号图

表 7-6 异或门真值表

A	B	Y
0	0	0
0	1	1
1	0	1
1	1	0

(5)同或门。同或门也是数字电路中经常要用的一种逻辑门，它的逻辑如图 7-12(a) 所示，同或门的逻辑符号如图 7-12(b)所示。其逻辑表达式为

$$Y = A \odot B = \overline{A}\,\overline{B} + AB \tag{7-12}$$

同或门的逻辑功能：当 A、B 两个输入端的电平相同时，输出为高电平；当 A、B 两个输入端

的电平不同时，输出为低电平。可见，同或门和异或门的逻辑关系刚好相反，$\overline{A\overline{B}+\overline{A}B}=\overline{A}\,\overline{B}+AB$，即($\overline{A\oplus B}=A\odot B$)，其真值表如表 7-7 所示。

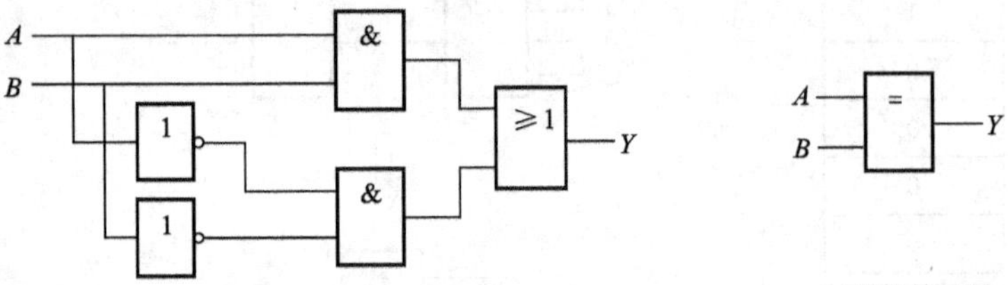

(a)异或门逻辑图　　(b)逻辑符号图

图 7-12　异或门逻辑图和逻辑符号图

表 7-7　同或门真值表

A	B	Y
0	0	1
0	1	0
1	0	0
1	1	1

第三节　逻辑代数及逻辑函数的化简

英国数学家乔治·布尔于 1849 年，提出了研究事物间的逻辑关系的数学方法—布尔代数。继而，布尔代数被广泛应用于解决开关电路和数字逻辑电路的分析和计算上，因此，布尔代数也称为逻辑代数。它是分析和设计逻辑电路的数学工具，常用来研究逻辑函数与逻辑变量之间的关系。

本节在介绍逻辑代数基本公式、基本定律、基本定理的基础上，讲述逻辑函数的四种表示方法，即真值表、逻辑函数表达式、逻辑图、卡诺图，以及逻辑函数的两种化简方法：公式法、卡诺图法。

一、逻辑代数的基本公式和定律

1. 基本公式

(1)常量之间的关系。

逻辑加：

$$0+0=0 \tag{7-13}$$
$$0+1=1 \tag{7-14}$$
$$1+1=1 \tag{7-15}$$

逻辑乘：

$$0\cdot 0=0 \tag{7-16}$$
$$0\cdot 1=0 \tag{7-17}$$
$$1\cdot 1=1 \tag{7-18}$$

逻辑非：

$$\overline{0}=1 \tag{7-19}$$
$$\overline{1}=0 \tag{7-20}$$

常量之间的关系，体现了逻辑代数中的基本运算规则，也称为公理。

(2)常量与变量之间的关系。

逻辑加：

$$A+0=A \tag{7-21}$$
$$A+1=1 \tag{7-22}$$
$$A+\overline{A}=1 \tag{7-23}$$

逻辑乘：

$$A\cdot 0=0 \tag{7-24}$$
$$A\cdot 1=A \tag{7-25}$$

$$A \cdot \overline{A}=0 \tag{7-26}$$

2.基本定律

交换律
$$A+B=B+A \tag{7-27}$$
$$A \cdot B=B \cdot A \tag{7-28}$$

结合律
$$(A+B)+C=A+(B+C) \tag{7-29}$$
$$(A \cdot B) \cdot C=A \cdot (B \cdot C) \tag{7-30}$$

分配律
$$A+B \cdot C=(A+B) \cdot (A+C) \tag{7-31}$$
$$A \cdot (B+C)=A \cdot B+A \cdot C \tag{7-32}$$

同一律
$$A+A=A \tag{7-33}$$
$$A \cdot A=A \tag{7-34}$$

德·摩根定律(又称反演律)
$$\overline{A+B}=\overline{A} \cdot \overline{B} \tag{7-35}$$
$$\overline{A \cdot B}=\overline{A}+\overline{B} \tag{7-36}$$

还原律
$$\overline{\overline{A}}=A \tag{7-37}$$

3.基本定理

(1)代入定理。在任何一个含有变量 A 的逻辑等式中,若以一个逻辑式 Y 代入等式两边所有的 A,则等式仍然成立,这就称为代入定理。利用代入定理可以扩大公式的应用范围。

【例 7-5】 在 $\overline{A \cdot B}=\overline{A}+\overline{B}$ 中,用 $Y=AC$ 代入等式两边中 A 的位置,等式仍成立。

解: $\overline{(A \cdot C) \cdot B}=\overline{A \cdot C}+\overline{B}=\overline{A}+\overline{C}+\overline{B}$

可见,德·摩根定律也适用于多变量的情况。这里需要说明,为了书写方便,乘法运算的"·"可以省略。另外,对一个乘积项求反时,乘积项外边的括号也可以省略。

(2)反演定理。对于任意一个逻辑式 Y,若将逻辑式 Y 中所有的"·"换成"+","+"换成"·";"1"换成"0","0"换成"1";原变量换成反变量,反变量换成原变量,则得到的结果就是反逻辑式 $\overline{Y}$。这个规律称为反演定理。这个定理为求取已知逻辑式的反逻辑式提供了方便。

在使用反演定理时需注意两点:一是注意运算符号的先后次序,即先括号、然后乘、最后加;二是注意不属于单个变量上的反号应保持不变。

【例 7-6】 求 $Y=\overline{A}+\overline{B}+C+\overline{D+\overline{E}}$ 反逻辑式。

解: $\overline{Y}=A \cdot B \cdot \overline{C} \cdot \overline{\overline{D} \cdot E}$。同样也可以用摩根定律来求反逻辑式。

(3)对偶定理。若两个逻辑式相等,则它们的对偶式也相等,这就是对偶定理。对于任意一个逻辑式 Y,若将其中的"·"换成"+";"+"换成"·";"0"换成"1";"1"换成"0",则得到一个新的逻辑式 Y',这个 Y' 就称为 Y 的对偶式。

【例 7-7】 用对偶定理证明 $A+BC=(A+B)(A+C)$。

解: 等式左边的对偶式为　　$Y'=A(B+C)$

等式右边的对偶式为　　$Y'=AB+AC$

由分配律可知,这两个对偶式是相等的,则它们的逻辑式也相等。

4.常用公式

$$A+AB=A \tag{7-38}$$
$$A+\overline{A}B=A+B \tag{7-39}$$
$$AB+A\overline{B}=A \tag{7-40}$$

$$AB+\overline{A}C=(A+C)(\overline{A}+B) \tag{7-41}$$

$$AB+\overline{A}C+BC=AB+\overline{A}C \tag{7-42}$$

$$A\overline{AB}=A\overline{B};\overline{A}\ \overline{AB}=\overline{A} \tag{7-43}$$

公式的证明可用基本公式，也可分别列出公式两边的真值表，若两边的真值表相等，则公式成立。

【例 7-8】 证明公式(7-39)：$A+\overline{A}B=A+B$

证明： $A+\overline{A}B=(A+AB)+\overline{A}B=A+(A+\overline{A})B=A+B$

公式(7-38)表明，两个乘积项相加时，如果一个乘积项的反是另一个乘积项的因子，则这个因子是多余的。

【例 7-9】 证明公式(7-42)：$AB+\overline{A}C+BC=AB+\overline{A}C$

证明：

$$\begin{aligned}AB+\overline{A}C+BC&=AB+\overline{A}C+BC(A+\overline{A})\\&=AB+\overline{A}C+ABC+\overline{A}BC\\&=AB(1+C)+\overline{A}C(1+B)\\&=AB+\overline{A}C\end{aligned}$$

公式(7-42)表明，若两个乘积项中分别包含 A 和$\overline{A}$ 两个因子，而这两个乘积项的其余因子组成第三个乘积项时，则第三个乘积项是多余的。不难发现，公式(7-41)和公式(7-42)是如出一辙，仅是表示方式不同而已。

【例 7-10】 证明公式(7-43)：$A\overline{AB}=A\overline{B};\overline{A}\,\overline{AB}=\overline{A}$

证明：(1) $A\overline{AB}=A(\overline{A}+\overline{B})=A\overline{A}+A\overline{B}=A\overline{B}$

上式表明，当 A 和一个乘积项的非相乘，且 A 为乘积项的因子时，则 A 这个因子可以消去。

(2) $\overline{A}\,\overline{AB}=\overline{A}(\overline{A}+\overline{B})=\overline{A}\,\overline{A}+\overline{A}\,\overline{B}=\overline{A}(1+\overline{B})=\overline{A}$

上式表明，当$\overline{A}$ 和一个乘积项的非相乘，且$\overline{A}$ 为乘积项的因子时，其结果就等于$\overline{A}$ 。

二、逻辑函数的公式化简法

1. 化简的意义

前面已介绍，一个逻辑函数的表示方式通常有好多种，而且它们之间可以相互转换。在实际的工程设计中，往往根据解决实际问题的逻辑功能，列出逻辑真值表，并由真值表归纳出逻辑表达式，再经过适当化简，设计出逻辑电路图。要完成科学、合理的设计工作，化简这一步是非常必要的。我们经常看到，一个逻辑函数可以写成不同的逻辑表达式，而这些表达式的繁简程度相差较大。例如有两个逻辑函数：

$$Y=\overline{A}B+AB\overline{C}+C$$

$$Y=B+C。$$

将它们的真值表分别列出后，可以看到实际上他们是同一个逻辑函数，所实现的功能完全一样。但通过比较分析，两个逻辑表达式所对应的逻辑电路图，如图 7-13 所示，其繁简程度也大不相同。显然，图 7-13(b)所示的逻辑电路简单明了，所用器件也少。因此，化简的意义就在于能得到最简的逻辑电路图，而且能节约器件，提高电路设计的合理性、经济性和可靠性。

2. 逻辑函数的最简形式

一个逻辑函数确定后，其真值表是唯一的，实现的逻辑功能也是唯一的，但其函数表达形式却有许多种。各种函数表达式有繁有简，其表达形式越简单，电路设计就越容易，所以要寻求最简的表达形式。

与—或表达式是常见的最简表达式，它由几个乘积项相加组成，称之为“积之和”。所谓最简与—或表达式是指乘积项的项数最小，且每个乘积项中的变量数也最少。化简逻辑函数的目的就是要消去多余的乘积项和多余的变量数。因为，乘积项数目少，可减少或门的器件数量，而乘积项中的变量数少，可减少与门的输入端和连接线的数量。

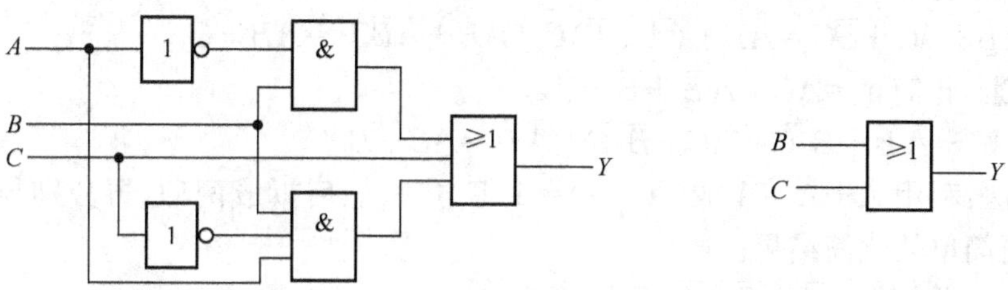

(a)化简前的逻辑电路　　(b)化简后的逻辑电路

图 7-13　逻辑函数化简前后的电路比较

由于逻辑代数的基本公式和常用公式多以与—或表达式给出，用于化简与—或表达式比较方便。有了与—或表达式就能方便地同其他表达式进行变换，逻辑函数表达式的变换类型可分为五种形式。例如，$Y=A\overline{B}+BC$，可以有以下五种表达形式：

$Y=A\overline{B}+BC$　　与—或表达式

$Y=(A+B)(\overline{B}+C)$　　或—与表达式(利用公式 7-41 可得)

$Y=\overline{\overline{A\overline{B}}\cdot\overline{BC}}$　　与非—与非表达式(用摩根定律，对原式两次求反)

$Y=\overline{\overline{(A+B)}+\overline{(\overline{B}+C)}}$　　或非—或非表达式(对或—与表达式两次求反)

$Y=\overline{\overline{A}\,\overline{B}+B\overline{C}}$　　与—或—非表达式(用摩根定律，对或—与表达式两次求反)

从上可见，一个逻辑函数的表达形式不是唯一的，在电路设计时可以用不同的逻辑电路、逻辑器件来实现同一逻辑功能。究竟选用何种表达形式(决定电路形式)，由实际情况来确定，有时为了使用某种逻辑器件，就必须采用某种表达形式。但应该注意，用最简与—或表达式变换为其他表达形式时，得到的结果不一定是最简的。

3. 公式化简法

公式化简法就是利用逻辑代数的基本公式和常用公式对逻辑函数进行化简，消去逻辑表达式中多余的乘积项和多余的变量数，以求得逻辑表达式的最简形式。公式化简法没有固定的步骤，经常使用的方法有以下几种。

(1)合并项法：利用 $AB+A\overline{B}=A$，将两项合并成一项，消去 B 和$\overline{B}$一对因子。且根据代入定理 A 和 B 可以是任何复杂的逻辑式。

【例 7-11】　化简 $Y=A\overline{\overline{B}CD}+A\overline{B}CD$

解：$Y=A\overline{\overline{B}CD}+A\overline{B}CD=A(\overline{\overline{B}CD}+\overline{B}CD)=A$

【例 7-12】　化简 $Y=\overline{A}B\,\overline{C}+A\overline{C}+\overline{B}\,\overline{C}$

解：$Y=\overline{A}B\,\overline{C}+A\overline{C}+\overline{B}\,\overline{C}=\overline{A}B\,\overline{C}+(A+\overline{B})\overline{C}=\overline{A}B\,\overline{C}+\overline{\overline{A}B}\,\overline{C}=\overline{C}$

(2)吸收法：利用 $A+AB=A$，消去多余的 AB 项。A 和 B 同样也可以是任何一个复杂的逻辑式。

【例 7-13】 化简 $Y=A\overline{B}+A\overline{B}CD$

解:$Y=A\overline{B}+A\overline{B}CD=A\overline{B}(1+CD)=A\overline{B}$

【例 7-14】 化简 $Y=AB+AB\overline{C}+ABD+AB(\overline{C}+\overline{D})$

解:$Y=AB+AB[\overline{C}+D+(\overline{C}+\overline{D})]=AB$

(3)消去法:利用 $A+\overline{A}B=A+B$,消去多余因子。利用 $AB+\overline{A}C+BC=AB+\overline{A}C$,消去多余项。

【例 7-15】 化简 $Y=AB+\overline{A}C+\overline{B}C$

解:$Y=AB+\overline{A}C+\overline{B}C=AB+(\overline{A}+\overline{B})C=AB+\overline{AB}C=AB+C$

【例 7-16】 化简 $Y=AC+A\overline{B}+\overline{B+C}$

解:$Y=AC+A\overline{B}+\overline{B}\,\overline{C}=AC+\overline{B}\,\overline{C}+A\overline{B}=AC+\overline{B}\,\overline{C}$

(4)配项法:利用 $A+A=A$ 或 $(A+\overline{A})=1$ 等方法,然后拆成两项,再分别与其他项合并,有时能获得更简单的化简结果。

【例 7-17】 化简 $Y=\overline{A}B\overline{C}+\overline{A}BC+ABC$

解:$Y=(\overline{A}B\overline{C}+\overline{A}BC)+(\overline{A}BC+ABC)$(多写一个$\overline{A}BC$)

$=\overline{A}B(\overline{C}+C)+BC(\overline{A}+A)$

$=\overline{A}B+BC$

【例 7-18】 化简 $Y=A\overline{B}+\overline{A}B+B\overline{C}+\overline{B}C$

解:$Y=A\overline{B}+\overline{A}B(C+\overline{C})+B\overline{C}+\overline{B}C(A+\overline{A})$

$=A\overline{B}+\overline{A}BC+\overline{A}B\overline{C}+B\overline{C}+A\overline{B}C+\overline{A}\,\overline{B}C$

$=(A\overline{B}+A\overline{B}C)+(B\overline{C}+\overline{A}B\overline{C})+(\overline{A}BC+\overline{A}\,\overline{B}C)$

$=A\overline{B}+B\overline{C}+\overline{A}C$

应该指出,利用上述方法进行化简所取得的结果不是唯一的,有时还需要综合运用以上几种方法及相关的公式、定律来进行。由于实际的逻辑表达式有多种多样,化简时又没有固定的步骤可循,需要我们多做练习,积累经验,掌握一定的技巧,才能迅速的求得最简逻辑表达式。

三、逻辑函数的卡诺图化简法

公式化简法需要反复运用一些公式,并掌握一定的技巧,而且所得的结果是否为最简,往往难以判断,下面介绍一种比较简便、直观的卡诺图化简法,也称图形法。在介绍卡诺图化简法之前,先介绍一些相关知识。

1. 逻辑函数的最小项

(1)最小项定义:在 n 变量的逻辑函数中,若 m 为包含 n 个变量的一个乘积项,而且这 n 个变量都以原变量或反变量的形式在 m 中出现一次,则称这个 m 为这组变量的一个最小项。

例如,在 A、B、C 三个变量的逻辑函数中,共有 8 个(即 2^3 个)乘积项,$\overline{A}\,\overline{B}\,\overline{C}$、$\overline{A}\,\overline{B}C$、$\overline{A}B\overline{C}$、$\overline{A}BC$、$A\overline{B}\,\overline{C}$、$A\overline{B}C$、$AB\overline{C}$、$ABC$ 这 8 个乘积项都符合最小项定义,即每个乘积项都有三个变量,每个变量都以原变量或反变量的形式仅出现一次,因此,这 8 个乘积项是三变量 A、B、C 的最小项。n 个变量的最小项有 2^n 个,如果 $n=4$,就有 2^4 个最小项,依此类推。

(2)最小项性质:为了分析最小项的性质,列出了三变量所有最小项取值表,如表 7-8 所示。由该表及最小项定义可见最小项具有以下性质:

① 每个最小项对应一组变量取值,对任意一个最小项,只有一组变量取值使它为 1,其他取值均为 0。例如,当 $A=0$、$B=0$、$C=1$ 时,$\overline{A}\,\overline{B}C=1$。

② 任意两个最小项之积恒为 0。

③ 全体最小项之和恒为 1。

④ 具体相邻性的两个最小项之和可以合并成一项并消去一对变量。

(3)最小项编号：为了使用方便，常给最小项进行编号。编号的方法是把该最小项所对应的那一组变量取值的二进制数，转成相应的十进制数，就是该最小项的编号。例如，在三变量 A、B、C 的各最小项中，$\overline{A}\,\overline{B}\,\overline{C}$对应的变量取值的二进制数为 000，其十进制数为 0，因此，$\overline{A}\,\overline{B}\,\overline{C}$最小项的编号为 m_0。$\overline{A}BC$ 对应的取值为 011，编号为 m_3，依此类推。

(4)最小项表达式。任何一个逻辑函数都可以表示成最小项之和的形式，而且对某个逻辑函数来说，这种表达式只有一个，这种表达形式称为最小项表达式。

【例 7-19】 某逻辑函数的真值表如表 7-9 所示，求它的最小项表达式。

解：将函数 $Y=1$ 的变量取值所对应的各最小项，用和的形式来表达，就能求得最小项表达式。根据表 7-9 所示真值表，逻辑函数的最小项表达式为

$$\begin{aligned} Y &= \overline{A}B\overline{C}+A\overline{B}C+AB\overline{C}+ABC \\ &= m_2+m_5+m_6+m_7 \\ &= \sum m(2,5,6,7) \end{aligned}$$

可见，由真值表求得的逻辑表达式就是最小项表达式。

表 7-8　三变量所有最小项取值表

最小项	变量取值	对应十进制数	编号
$\overline{A}\,\overline{B}\,\overline{C}$	0 0 0	0	m_0
$\overline{A}\,\overline{B}C$	0 0 1	1	m_1
$\overline{A}B\overline{C}$	0 1 0	2	m_2
$\overline{A}BC$	0 1 1	3	m_3
$A\overline{B}\,\overline{C}$	1 0 0	4	m_4
$A\overline{B}C$	1 0 1	5	m_5
$AB\overline{C}$	1 1 0	6	m_6
ABC	1 1 1	7	m_7

表 7-9　【例 7-19】逻辑函数真值表

A	B	C	Y
0	0	0	0
0	0	1	0
0	1	0	1
0	1	1	0
1	0	0	0
1	0	1	1
1	1	0	1
1	1	1	1

【例 7-20】 将 $Y=AB+AC+BC$ 展开为最小项表达式。

解：
$$\begin{aligned} Y &= AB(C+\overline{C})+AC(B+\overline{B})+BC(A+\overline{A}) \\ &= ABC+AB\overline{C}+ABC+A\overline{B}C+ABC+\overline{A}BC \\ &= ABC+AB\overline{C}+A\overline{B}C+\overline{A}BC \\ &= m_7+m_6+m_5+m_3 \\ &= \sum m(3,5,6,7) \end{aligned}$$

2. 逻辑函数的卡诺图表示法

将 n 个变量的全部最小项用小方格表示出来，并按逻辑相邻性的规则排列起来，所得的图形称为卡诺图。这里所谓的逻辑相邻性，是指两个相邻小方格内所代表的最小项仅有一个变量不同，且互为反变量，其余变量均相同。例$\overline{A}B\overline{C}$和$AB\overline{C}$这两个最小项，仅变量 A 不同，且 A 与$\overline{A}$互为反变量，所以他们具有逻辑相邻性。

(1)卡诺图的画法。卡诺图中小方格的个数取决于逻辑变量的个数，n 个变量有 2^n 个小方格。两个变量有 4 个小方格，各方格分别代表$\overline{A}\,\overline{B}$、$\overline{A}B$、$A\overline{B}$、$AB$ 四个最小项，记作 m_0、m_1、m_2、m_3。三变量逻辑函数有 8 个小方格，四变量有 16 个小方格，2～4 变量的卡诺图画法如

图 7-14 所示。

为画图方便，一般在卡诺图的左上角标注变量，在左边与上边标注对应变量的取值。为了使相邻的最小项具有逻辑相邻性，变量的取值不能按 00→01→10→11 的顺序排列，而应以 00→01→11→10 的顺序排列。按照这样的排列，不难发现相邻小方格的左右、上下、最左与最右、最上与最下都具有逻辑上的相邻性。按这样的规律，每个小方格所对应的最小项编号，即为该最小项的二进制代码的十进制数，并在此方格内标出相应的编号。

A \ B	0	1
0	m_0	m_1
1	m_2	m_3

(a) 二变量

A \ BC	00	01	11	10
0	m_0	m_1	m_3	m_2
1	m_4	m_5	m_7	m_6

(b) 三变量

AB \ CD	00	01	11	10
00	m_0	m_1	m_3	m_2
01	m_4	m_5	m_7	m_6
11	m_{12}	m_{13}	m_{15}	m_{14}
10	m_8	m_9	m_{11}	m_{10}

(c) 四变量

图 7-14　二～四变量卡诺图

(2)用卡诺图表示逻辑函数。既然任何一个逻辑函数都能表示为若干最小项之和的形式，而各最小项与卡诺图中的各小方格相对应，自然可以用卡诺图来表示任何一个逻辑函数。具体的方法是先根据变量数画出卡诺图，然后将逻辑函数化成最小项之和的形式，找出这些最小项与小方格的对应位置，并在对应方格内填入 1，其余的位置上填 0(或空白)，这就得到表示该逻辑函数的卡诺图。

【例 7-21】　用卡诺图表示逻辑函数 $Y=AB+AC+BC$。

解：先将逻辑函数展开成最小项和的形式。

$$
\begin{aligned}
Y &= AB+AC+BC \\
&= AB(C+\overline{C})+AC(B+\overline{B})+BC(A+\overline{A}) \\
&= ABC+AB\overline{C}+ABC+A\overline{B}C+ABC+\overline{A}BC \\
&= ABC+AB\overline{C}+A\overline{B}C+\overline{A}BC \\
&= m_7+m_6+m_5+m_3
\end{aligned}
$$

将上述最小项填入卡诺图，如图 7-15 所示。但应该注意的是上式中有三个 ABC，只要在对应方格内填上一个 1 就够了。

A \ BC	00	01	11	10
0			1	
1		1	1	1

图 7-15　例 7-21 的卡诺图

3. 逻辑函数的卡诺图化简法

利用卡诺图化简逻辑函数的方法称为卡诺图化简法。化简时依据的原理就是具有相邻性的最小项可以合并，并消去不同的变量。由于卡诺图上几何位置相邻与逻辑上的相邻性是一致的，因而可在卡诺图上直接找出那些具有相邻性的最小项并将其合并。

(1)合并最小项的规律。

①若两个最小项相邻，则可合并为一项，并消去一个变量，得到由相同变量组成的乘积项。图 7-16 所示为两个相邻最小项合并的例子。合并时可将两个为 1 的相邻小方格用圈圈起来。

在图 7-16(a)所示卡诺图中，合并后消去了$\overline{A}$和 A 一对变量，只剩下公共变量 B 和 C，即

$$\overline{A}BC+ABC=(\overline{A}+A)BC=BC$$

在图 7-16(b)所示卡诺图中，$\overline{A}\,\overline{B}CD+\overline{A}BCD=(\overline{B}+B)\overline{A}CD=\overline{A}CD$

$$AB\overline{C}D+ABCD=(\overline{C}+C)ABD=ABD$$

在图 7-16(c)所示卡诺图中，$\overline{A}\,\overline{B}C\overline{D}+A\overline{B}C\overline{D}=(\overline{A}+A)\overline{B}C\overline{D}=\overline{B}C\overline{D}$

$$\overline{A}B\overline{C}\,\overline{D}+\overline{A}BC\overline{D}=(\overline{C}+C)\overline{A}B\overline{D}=\overline{A}B\overline{D}$$

② 若四个最小项相邻，合并为一项时可消去两个变量。图 7-17 所示为四个相邻最小项合并的例子。

在图 7-17(a)所示卡诺图中，$\overline{A}\,\overline{B}\,\overline{C}\,\overline{D}+\overline{A}\,\overline{B}\,\overline{C}D+A\overline{B}\,\overline{C}\,\overline{D}+A\overline{B}\,\overline{C}D=\overline{B}\,\overline{C}$

$$\overline{A}\,\overline{B}C\overline{D}+\overline{A}BC\overline{D}+ABC\overline{D}+A\overline{B}C\overline{D}=C\overline{D}$$

在图 7-17(b)所示卡诺图中$\overline{A}B\overline{C}D+\overline{A}BCD+AB\overline{C}D+ABCD=BD$

$$\overline{A}\,\overline{B}\,\overline{C}\,\overline{D}+\overline{A}\,\overline{B}C\overline{D}+A\overline{B}\,\overline{C}\,\overline{D}+A\overline{B}C\overline{D}=\overline{B}\,\overline{D}$$

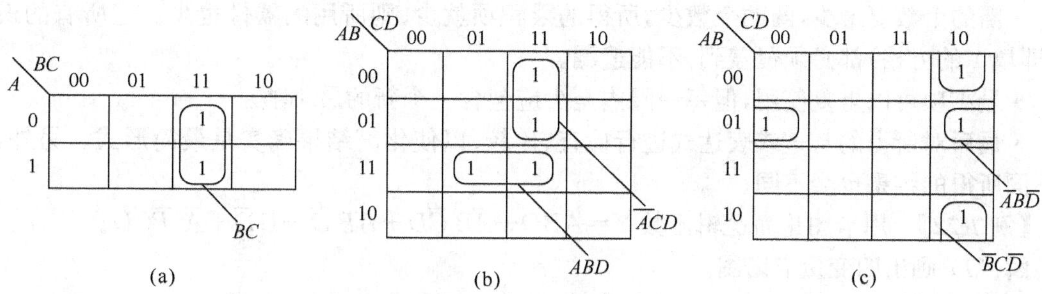

图 7-16　两个最小项的合并

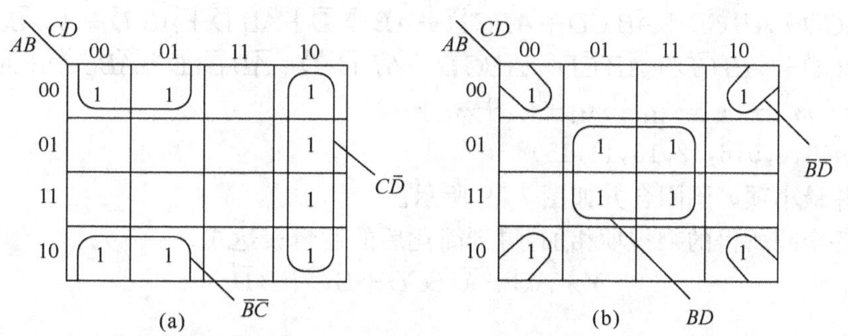

图 7-17　四个最小项的合并

③若八个最小项相邻，合并为一项时可消去三个变量，图 7-18 所示为八个相邻最小项合并的例子。在图中可以用相邻性原理直观比较得出其结果。

一般的说，2^n 个最小项合并时，可消去 n 个变量。

(2)卡诺图化简法的步骤。用卡诺图化简逻辑函数时，一般按以下四个步骤进行：

① 根据逻辑变量数画出卡诺图。

② 将函数化成最小项之和，并在所有最小项对应的方格内填入 1。

③ 找出可以合并的最小项，将相邻为 1 的方格圈起来。

④ 将各个圈所得的乘积项相加，就得到化简后的逻辑表达式。

应该指出，尽管卡诺图化简比较直观，容易掌握，但还是要有一定的技巧和方法。选取化简后的乘积项应掌握以下几个原则：

· 圈要越大越好，圈所包围的最小项越多，消去的变量越多，所得的乘积项越简单，对应的输入端数就越少。

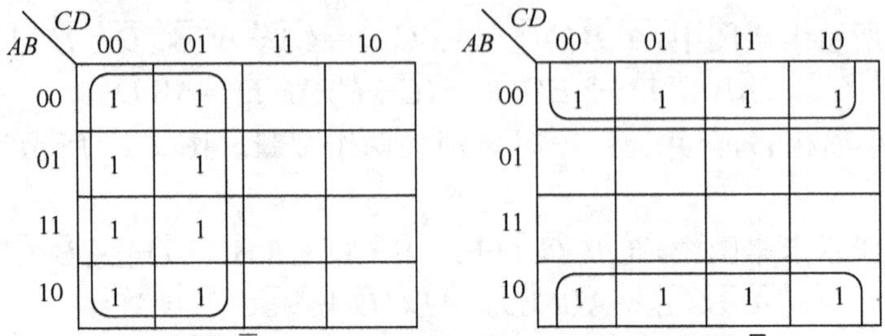

(a) $Y=\overline{C}$　　　　(b) $Y=\overline{B}$

图 7-18　八个最小项的合并

· 圈的个数要最少，圈的个数少，所得的乘积项就少，则所用的器件也少。但所有的最小项（即填 1 的方格）都必须覆盖到，不能遗漏。

· 最小项可以重复使用，但每一圈内至少应包含一个新的最小项。

· 最后对所得的与—或表达式进行检查、比较，以使化简结果确实是最简形式。另外，圈法不同所得的结果也会不同。

【例 7-22】　用卡图化简逻辑函数 $Y=ABD+\overline{A}B\overline{C}D+AB\overline{D}+B\overline{D}+\overline{A}\ \overline{B}CD$。

解：(1) 画出四变量卡诺图。

(2) 将函数化成最小项和的形式，并在卡诺图对应的方格内填 1。

$$
\begin{aligned}
Y &= ABD(C+\overline{C})+\overline{A}B\overline{C}D+AB\overline{D}(C+\overline{C})+B\overline{D}(A+\overline{A})+\overline{A}\ \overline{B}CD \\
&= ABCD+AB\overline{C}D+\overline{A}B\overline{C}D+ABC\overline{D}+AB\overline{C}\ \overline{D}+AB\overline{D}+\overline{A}B\overline{D}+\overline{A}\ \overline{B}CD \\
&= ABCD+AB\overline{C}D+\overline{A}B\overline{C}D+ABC\overline{D}+AB\overline{C}\ \overline{D}+\overline{A}B\overline{C}\ \overline{D}+\overline{A}BC\overline{D}+\overline{A}\ \overline{B}CD \\
&= m_{15}+m_{13}+m_5+m_{14}+m_{12}+m_4+m_6+m_3 \\
&= \sum m(3,4,5,6,12,13,14,15)
\end{aligned}
$$

(3) 合并最小项。画圈合并如图 7-19 所示。

(4) 将各个圈所得的乘积项相加，得到简化后的逻辑表达式。

$$Y=AB+\overline{A}\ \overline{B}CD+B\overline{C}+B\overline{D}$$

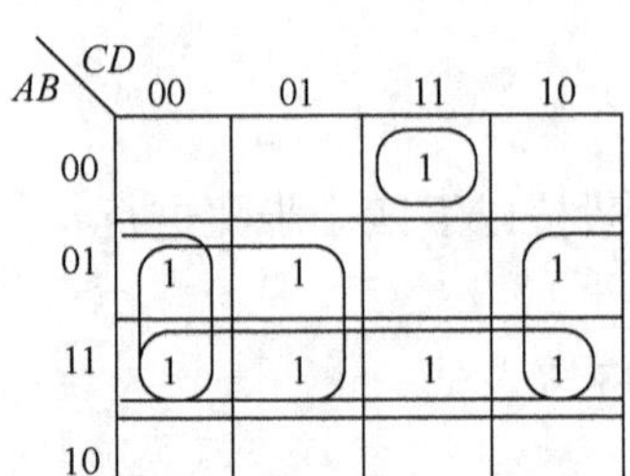

图 7-19　例 7-22 的卡诺图

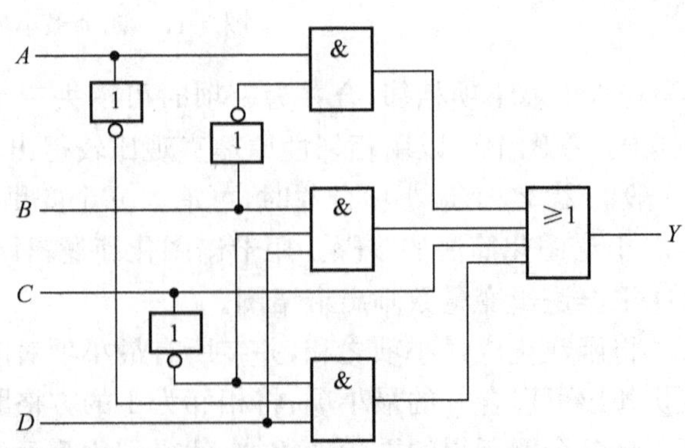

图 7-20　例 7-23 的逻辑电路

【例 7-23】　试化简图 7-20 所示逻辑电路图所表示的逻辑函数，并以化简后的逻辑表达式，画出用与或非门器件组成的逻辑电路图。

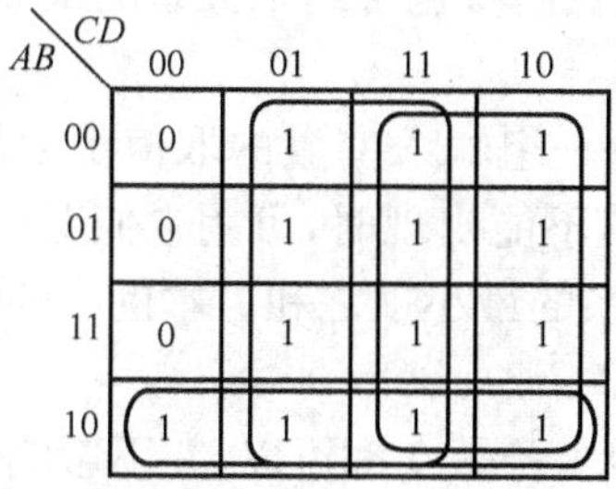

图 7-21　例 7-23 的卡诺图

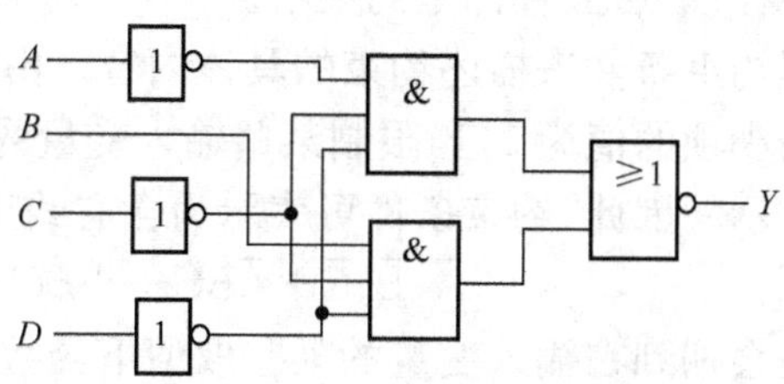

图 7-22　例 7-23 的简化电路图

解：(1) 画出四变量卡诺图

(2) 根据给定逻辑电路图，写出函数最小项表达式，并填入卡诺图内。

$$
\begin{aligned}
Y &= A\overline{B}+C+B\overline{C}D+\overline{A}\,\overline{C}D \\
&= \overline{A}\,\overline{B}\,\overline{C}D+\overline{A}\,\overline{B}CD+\overline{A}\,\overline{B}C\overline{D}+\overline{A}B\overline{C}D+\overline{A}BCD+\overline{A}BC\overline{D}+AB\overline{C}D \\
&\quad +ABCD+ABC\overline{D}+A\overline{B}\,\overline{C}\,\overline{D}+A\overline{B}\,\overline{C}D+A\overline{B}CD+A\overline{B}C\overline{D} \\
&= m_1+m_2+m_3+m_5+m_6+m_7+m_{13}+m_{14}+m_{15}+m_8+m_9+m_{10}+m_{11} \\
&= \sum m(1,2,3,5,6,7,8,9,10,11,13,14,15)
\end{aligned}
$$

(3) 合并最小项，画圈合并如图 7-21 所示。

(4) 将各圈所得的乘积项相加，得到最简的逻辑函数与或表达式：

$$Y=A\overline{B}+C+D$$

(5) 因为要用与或非器件，就需要对最简与—或表达式进行变换：

$$Y=\overline{\overline{Y}}=\overline{\overline{A\overline{B}+C+D}}=\overline{\overline{A\overline{B}}\;\overline{C}\;\overline{D}}=\overline{(\overline{A}+B)\overline{C}\;\overline{D}}=\overline{\overline{A}\;\overline{C}\;\overline{D}+B\overline{C}\;\overline{D}}$$

最后画出经过化简、变换后，用与或非器件组成的逻辑电路图，如图 7-22 所示。

值得注意的是本例中采用圈 1 的方法来化简逻辑函数，反而显得不简捷，因为 1 的最小项较多，书写表达式不便。如采用圈 0 的方法更为方便，尤其当 0 的数目远大于 1 的数目时，这种方法更为简单。其原理是因为全部最小项恒为 1，将全部最小项分成两部分，一部分是为 1 的那些最小项 Y，另一部分是为 0 的那些最小项$\overline{Y}$，则 $Y+\overline{Y}=1$。例如在图 7-21 所示卡诺图中，如采用圈 0 法，立即可得

$$\overline{Y}=\overline{A}\;\overline{C}\;\overline{D}+B\overline{C}\;\overline{D},\quad Y=\overline{\overline{Y}}=\overline{\overline{A}\;\overline{C}\;\overline{D}+B\overline{C}\;\overline{D}}$$

所得结果与用圈 1 法一致。

通过对【例 7-23】的分析，不但使我们了解了卡诺图化简逻辑函数的方法，还可以证明三个问题：首先，用卡诺图化简逻辑函数时可以通过合并为 1 的最小项，即用圈 1 法，也可以通过合并为 0 的最小项，即用圈 0 法，尤其对要求为与或非表达时，圈 0 法更简便，究竟用何种方法应视具体情况而定。其次，一个逻辑函数可以用不同的形式来表示，例如，与—或表达式可转换为与或非表达式。最后，一个逻辑函数表达式可以与逻辑电路图、真值表进行互相转换。

4. 具有约束的逻辑函数的化简

(1) 逻辑函数中的约束项。在实际的逻辑问题中，经常会遇到输入变量的取值不是任意的，而是具有一定的制约关系。因此，约束是指输入变量取值组合受到的限制。

例如，有三个变量 A、B、C，它们分别代表交通路口的信号灯红、绿、黄三种，$A=1$ 表示红灯亮禁止通行，$B=1$ 表示绿灯亮可通行，$C=1$ 表示黄灯亮作准备，三个灯中不允许有两个以

上的灯同时亮，那么 ABC 的取值只能是 001、010、100 中的一种，而 000、011、101、110、111 等取值是不可能的。这样，ABC 之间存在着约束关系。我们将包含约束关系的最小项称为约束项，像上面所述的后五种都是约束项。

通常用约束条件来描述约束的具体内容。由于每一组输入变量的取值都使用一个，而且仅有一个最小项的值为 1，当限制某些输入变量的取值不能出现时，可用它们对应的最小项恒等于 0 来表示。因此，约束条件可表示为含有约束关系的最小项之和。本例中的约束条件为

$$\overline{A}\ \overline{B}\ \overline{C}+\overline{A}BC+A\overline{B}C+AB\overline{C}+ABC=0$$

有时还会遇到在输入变量的某些取值下函数值是 1 还是 0 都可以，并不影响电路功能，这些最小项称为任意项。任意项和约束项统称无关项，它们的最小项可以写入逻辑函数式，也可以不写入。

(2)具有约束条件的逻辑函数的化简。对具有约束条件的逻辑函数，可以利用约束项进行化简，使化简更简单。约束项在卡诺图中用“×”表示，在化简中既可将某些约束项看作 0，也可看作 1，因为，加上约束项与不加上约束项对函数的取值不会影响。

【例 7-24】 用 8421BCD 码表示十进制数 0～9，要求当十进制为奇数时，输出为 1，即对应的 m_1、m_3、m_5、m_7、m_9 均为 1，求此函数的最简表达式。

解：在用 8421BCD 码表示十进制数 0～9 时，其中 1010～1111 六个状态是不会出现的，为约束项。

(1) 若不考虑约束项，由图 7-23 的卡诺图可得

$$Y=\overline{A}D+\overline{B}\ \overline{C}D$$

(2) 若考虑约束项，由图 7-22 所示的卡诺图的虚线部分可得

$$Y=D$$

显然，利用约束项化简后得到的结果比较简单。

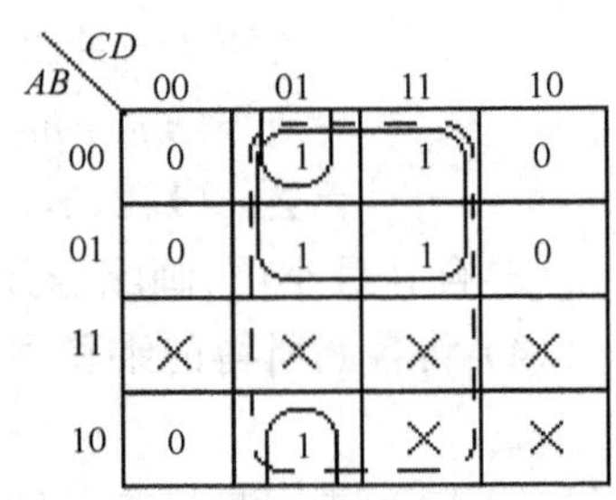

图 7-23　例 7-24 的卡诺图

第四节　集成逻辑门电路

前面讨论的各种逻辑门电路称为分立元件门电路，讲述它们的目的，主要是为了分析各种门电路的原理和功能。由于集成电路体积小、重量轻、可靠性好等优点，目前，几乎取代分立元件门电路。将一个逻辑门电路的所有元件和连线都制作在一块半导体基片上，这种门电路称为集成逻辑门电路。

随着集成电路制造工艺的日益完善，以及科学技术的飞速发展，集成技术不断采用新技术、新工艺，沿着高速、低耗、体积小的方向努力，新产品层出不穷。近几十年里，数字电路按集成度分就经历了四个时期，有小规模集成电路 SSI(可包含十几个门电路的全部元器件和连线)、中规模集成电路 MSI(可包含上百个门电路的全部元器件和连线)、大规模集成电路 LSI(可包含上千个门电路的全部元器件和连线)、超大规模集成电路 VLSI(可包含上万个门电路的全部元器件和连线)。其体积越来越小，功耗越来越低，集成度越来越高，速度越来越快。

数字集成电路按结构和工艺的不同，分为薄膜、厚膜集成电路，混合集成电路和半导体集成电路。按导电类型分为双极型集成电路和单极型集成电路两大类。TTL 电路是目前双极型半导体集成电路中应用最广泛的一种，而 CMOS 电路是单极型 MOS 集成电路中的主导

产品。

TTL 电路以双极型晶体管为开关元件，电路的输入端和输出端都是三极管结构，故称为三极管—三极管逻辑门电路，简称 TTL 电路。它与分立元件电路相比，具有体积小、功耗低、可靠性好、速度高等优点。

一、TTL 集成逻辑门电路

1. TTL 集成与非门电路

(1) 电路组成。图 7-24 所示为 74 系列与非门的典型电路，该电路由三部分组成。

① 输入级：由多发射极三极管 VT_3、R_1 和 VD_1、VD_2 组成，VT_3 和 R_1 组成与逻辑电路，VT_3 的等效电路如图 7-25 所示。VD_1、VD_2 为输入保护二极管，在正常的输入电压 0.3～3.6 V 下，VD_1、VD_2 处于反偏状态，对电路无影响。当输入端出现负向干扰电压时，VD_1、VD_2 导通，保证负向输入电平在 −0.7 V 以内，防止 VT_3 发射极电流过大，从而起到保护作用。

② 倒相级：由 VT_4、R_2 和 R_3 组成，从 VT_4 的集电极和发射极输出相位相反的电压信号。倒相级对电路的工作速度有较大影响。

③ 输出级：由 VT_5、VD_6、VT_7 和 R_4 组成，VT_5 和 VT_7 构成推拉式的输出电路，VT_5 导通时 VT_7 截止，VT_5 截止时 VT_7 导通，为保证 VT_7 导通时 VT_5 可靠截止，在 VT_5 发射极中串入 VD_6。采用这种电路结构可降低输出级静态损耗、提高带负载能力，并改善输出电压波形。

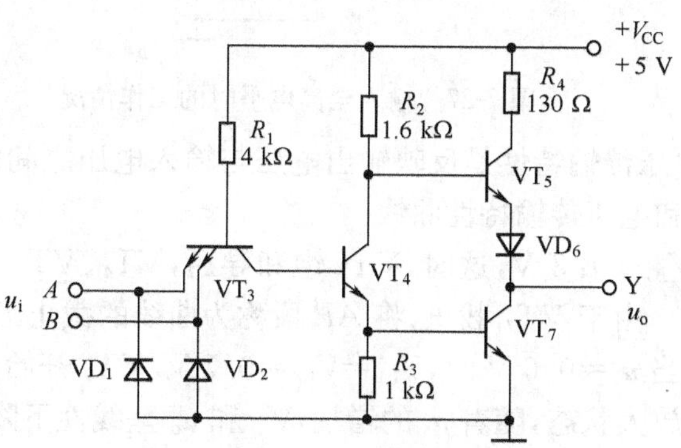

图 7-24　TTL 与非门电路

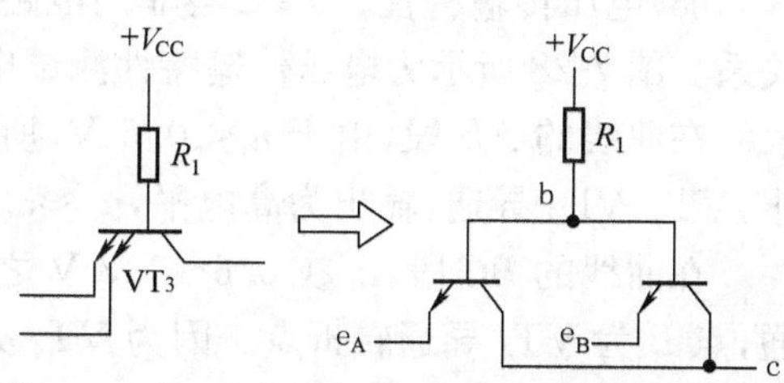

图 7-25　多发射极三极管的等效电路

(2)工作原理。当输入端有一个为低电平时，输出就为高电平，工作情况如图 7-26 所示。只要输入端 A、B 中有一个为低电平 0.3 V 时，则 VT_3 的发射结正向导通，I_{B3} 较大，并将 VT_3 的基极电位钳位在 $V_{B3}=u_i+U_{BE3}=0.3\ V+0.7\ V=1\ V$，而 VT_3 集电极回路的电阻是 R_2 和 VT_4 的 b—c 结反向电阻之和，其阻值非常大，故 I_{C3} 很小，即 VT_3 处于深度饱和状态，它的饱和压降为 $U_{CES3}=0.1$ V。这时：

$$V_{C3}=V_{B4}=U_{CES3}+u_i=(0.1+0.3)V=0.4\ V$$

因此，VT_4 处于截止状态，VT_7 也处于截止状态。由于 VT_4 截止，V_{C4} 接近 $+V_{CC}$，使 VT_5 与 VD_6 导通，输出为高电平：

$$u_o=V_{CC}-U_{BE5}-U_{VD6}=(5-0.7-0.7)V=3.6\ V$$

通常将 VT_7 截止电路输出高电平时，称为 TTL 与非门的关门状态，或称截止状态。

当输入端全为高电平时，输出就为低电平，工作情况如图 7-27 所示。如果输入端 A、B 均为高电平 3.6 V 时,如不考虑 VT_4 的存在,则 $V_{B3}=u_i+U_{BE3}=3.6\ V+0.7\ V=4.3\ V$,这个电位必然使 VT_4 和 VT_7 的发射结充分导通。一旦它们导通,VT_3 的基极电位就钳位在 $V_{B3}=U_{BC3}+U_{BE4}+U_{BE7}=2.1\ V$,这时 VT_3 各极的电位是 $V_{B3}=2.1\ V$,$V_{E3}=3.6\ V$,$V_{C3}=1.4\ V$,所以 VT_3 处于倒置工作状态,即集电极与发射极颠倒使用。由于 VT_4 饱和导通,其集电极电压为

$$V_{C4}=U_{BE7}+U_{CES4}=(0.7+0.3)V=1\ V$$

这个电位不能使 VT_5 与 VD_6 导通,因此 VT_5 与 VD_6 截止。相反 VT_4 饱和导通给 VT_7 送入足够大的基极电流,使 VT_7 也处于饱和导通,输出为低电平

$$u_o=U_{CES7}=0.3\ V$$

通常将 VT_7 饱和导通电路输出低电平时,称为 TTL 与非门的开门状态,或称导通状态。

综上所述,该 TTL 电路的输入与输出之间为与非逻辑关系,即 $Y=\overline{AB}$。

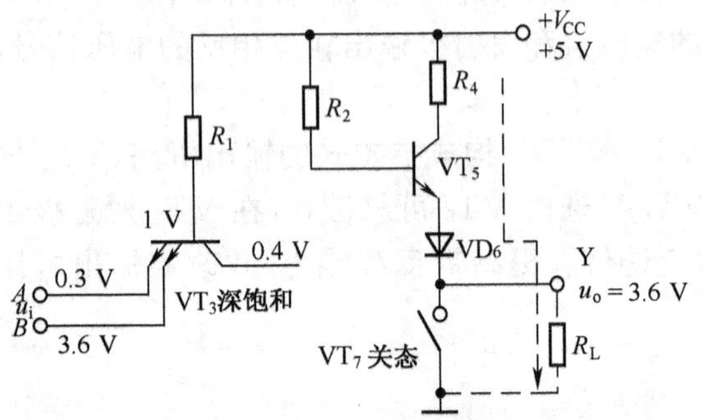

图 7-26 输入有低电平时的工作情况

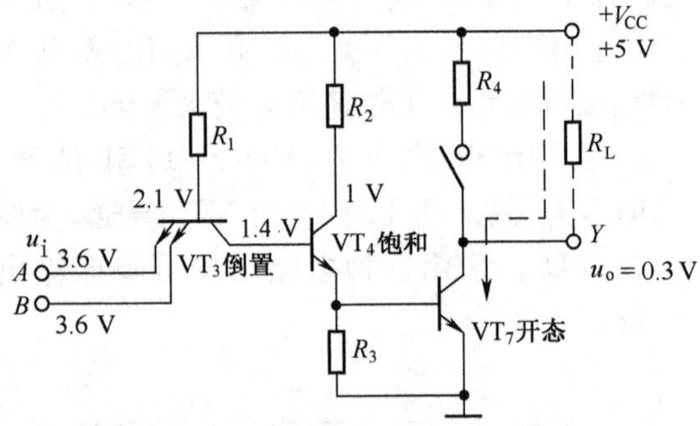

图 7-27 输入全高电平时的工作情况

(3)电压传输特性。TTL 与非门电路的电压传输特性是反映输出电压与输入电压之间的关系。图 7-28 所示为电压传输特性测试电路和电压传输特性曲线。

在曲线的 AB 段,由于 $u_i<0.6\ V$,所以 $V_{B3}<1.3\ V$,这时,VT_3 饱和导通,VT_4、VT_7 截止,VT_5、VD_6 导通,输出为高电平,$u_o\approx3.6\ V$。由于 VT_7 截止,将 AB 段称为曲线的截止区。

在曲线的 BC 段,u_i 在 0.6~1.3 V 之间,当 $u_I=0.6\ V$ 时,$V_{B4}=V_{C3}=0.7\ V$,VT_4 开始导通,点 B 为 VT_4 导通转折点。因为 VT_4 处于放大状态,随着 u_i 的增加,V_{C4} 和 u_o 呈线性下降,将 BC 段称为线性区。在 $u_i<1.3\ V$ 之前,VT_7 仍依旧截止。

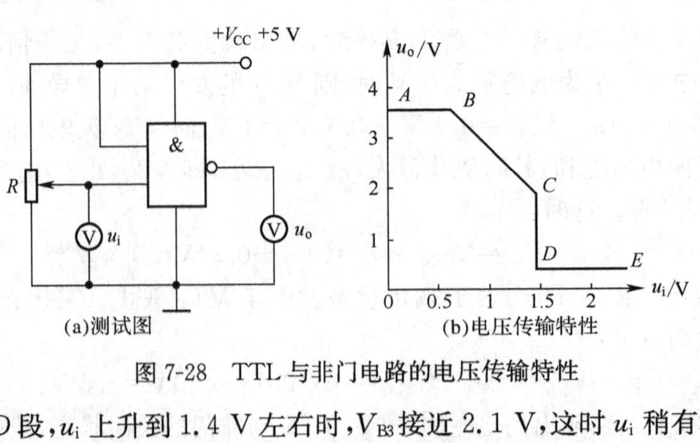

图 7-28 TTL 与非门电路的电压传输特性

在曲线的 CD 段,u_i 上升到 1.4 V 左右时,V_{B3} 接近 2.1 V,这时 u_i 稍有增加,会使 VT_4 充分饱和导通,VT_7 也同时导通,造成 u_o 迅速下降到低电平,$u_o\approx0.3\ V$。VT_4 饱和后致使

VT_5、VD_6 截止。将 CD 段称为转折区，而点 C 为 VT_4 进入饱和转折点，点 D 为 VT_7 进入饱和转折点。

在曲线的 DE 段，$u_i>1.4\ V$ 以后，u_i 的增加只能使 VT_7 的饱和程度加深，u_o 已基本不变，因此将 DE 段称为饱和区。此时，VT_3 处于倒置工作状态。

(4)主要参数。主要参数是衡量产品性能的技术指标，也是使用的主要依据，应注意各项参数的含义。

① 电压电流参数。

输出高电平 U_{oH}：当输入端中有低电平时，在输出端得到的高电平值。它对应于电压传输特性曲线上的 AB 段。74 系列门电路的 $U_{oH}\geqslant 2.4\ V$，典型值为 3.6 V。

输出低电平 U_{oL}：当输入端全为高电平时，在输出端得到的低电平值。它对应于电压传输特性曲线上的 DE 段。74 系列门电路的 $U_{oL}\leqslant 0.4\ V$，典型值为 0.3 V。

开门电平 U_{ON}：在保证输出为低电平时的最小输入高电平值。当输入电平 u_i 大于 U_{ON} 时，与非门处于导通状态。通常要求 $U_{ON}\leqslant 2\ V$。

关门电平 U_{OFF}：在保证输出为高电平时的最大输入低电平值。当输入电平小于 U_{OFF} 时，与非门处于截止状态。通常要求 $U_{OFF}\geqslant 0.8\ V$。

输入短路电流 I_{IS}：与非门的一个输入端接地，其他输入端悬空时，流经该输入端的电流值。I_{IS} 的典型值为 1.1 mA。

高电平输入电流 I_{IH}：与非门一个输入端接高电平，其他输入端接低电平时，流经该输入端的电流值。通常要求 $I_{IH}\leqslant 70\ \mu A$。

②负载驱动能力。

扇出系数 N_O：表示与非门能够驱动同类门电路的最大数目，它表示与非门的带负载能力。对 TTL 与非门而言 $N_O\geqslant 8$。各类 TTL 电路的驱动能力比较如表 7-10 所示。

表 7-10　各类 TTL 电路驱动能力

系列	输入低电平电流(mA)	输入高电平电流(μA)	输出低电平电流(mA)	输出高电平电流(μA)	输出低电平状态扇出数/输出高电平状态扇出数			
					74	74H	74S	74LS
74	−1.6	40	16	−400	10/10	8/8	8/8	44/20
74H	−2	50	20	−500	12.5/12.5	10/10	10/10	55/25
74S	−2	50	20	−1 000	12.5/12.5	10/20	10/20	55/50
74LS	−0.4	20	8	−400	5/4	4/8	4/8	20/20

③噪声容限—抗干扰能力。在数字集成电路中常以噪声容限来表示门电路的抗干扰能力。它是指保证 TTL 与非门实现正常逻辑功能下，允许输入端出现的最大干扰电压值。这儿所讲的干扰电压含有输入电平的波动，且输入电平有高、低之分，在保证输出的高、低电平功能不变的条件下，可允许输入电平有一个波动范围。因此，输入端噪声容限分低电平噪声容限 U_{NL} 和高电平噪声容限 U_{NH}。

低电平噪声容限 U_{NL} 定义：在保证输出为高电平时输入低电平的最大值与输入低电平之差，即

$$U_{NL}=U_{OFF}-U_{IL}$$

高电平噪声容限 U_{NH} 定义：在保证输出为低电平时输入高电平的最小值与输入高电平之

差，即

$$U_{NH}=U_{IH}-U_{ON}$$

74 系列门电路的标准参数为 $U_{OFF}=0.8\ V$，$U_{ON}=2\ V$，而输入电平值即为输出电平值，因为前级电路的输出就是后级电路的输入，所以 $U_{IH}=U_{OH}=3.6\ V$，$U_{IL}=U_{OL}=0.3\ V$，故得 $U_{NL}=0.5\ V$，$U_{NH}=1.6\ V$。

为提高门电路的抗干扰能力，应尽可能提高输入电平的噪声容限。

④ 平均传输延迟时间 t_{pd}。平均传输延迟时间用来表示与非门的开关速度。在与非门工作时，输出波形相对于输入波形有一定的时间延迟，如图 7-29 所示。因为 TTL 与非门中二极管、三极管的状态转换需要一定时间，且电路中存在着寄生电容，使得理想矩形波加到输入端时，不仅使输出波形滞后于输入波形，而且波形的上升沿和下降沿也变坏。我们将输出波形滞后于输入波形的时间称传输延迟时间。常将输入波形上升沿的 50％到输出波形下降沿的 50％的这段时间称为导通延迟时间 t_{pd1}，将输入波形下降沿的 50％到输出波形上升沿的 50％的这段时间称为截止延迟时间 t_{pd2}，手册上只给出平均传输延迟时间 t_{pd} 并规定为

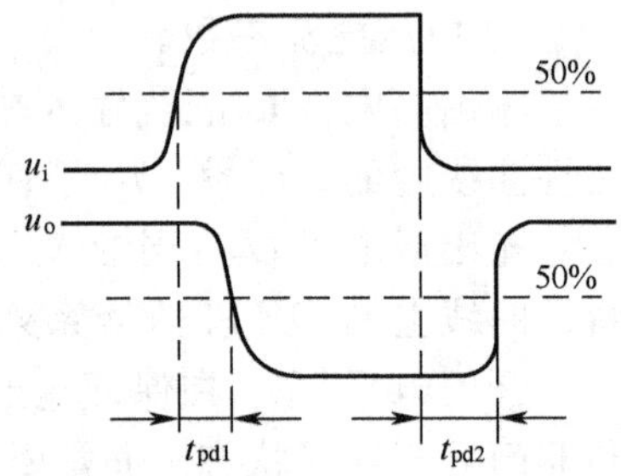

图 7-29　TTL 与非门传输延迟时间

$$t_{pd}=\frac{t_{pd1}+t_{pd2}}{2}$$

一般 t_{pd} 通过实验方法测定，t_{pd} 越小，开关速度越高。74H 系列的 t_{pd} 在 6～10 ns。

2. TTL 电路的改进系列

随着数字集成电路应用领域的不断扩大，对数字集成电路提出了更高要求，主要体现在提高工作速度、减少功耗、增强抗干扰能力等方面。继 74 系列之后，又研制和生产了许多改进的 TTL 系列产品，它们沿着 74→74H→74L→74S→74LS→74AS→74ALS 系列向高速、低耗方向快速发展。

74 系列是早期开发的 TTL 中速器件，为标准系列，现仍在使用；74H 系列为高速系列，采用复合三极管作输出级，并减小了电路中电阻的阻值，其开关速度与 74 系列相比提高近一倍，但因为减小阻值造成功耗增大，改进效果不理想；74S 系列为肖特基系列，采用了抗饱和三极管（肖特基三极管），并采用了有源泄放电路，使它的开关速度比 74H 更高，但功耗仍然较大，其品种比 74LS 系列少；74LS 系列为低功耗肖特基系列，它沿用了 74S 的两项改进措施，提高了工作速度，同时为了降低功耗，加大了电路中电阻的阻值，因此 74LS 系列兼顾了速度和功耗，是比较理想的 TTL 器件，是目前 TTL 数字集成电路中的主导产品，且品种较多，价格较低；74AS 系列为高速肖特基系列，是 74S 的后继产品，结构与 74LS 相同，但电路中采用了低值电阻，从而提高了速度，但功耗较大。74ALS 系列为高速低功耗肖特基系列，通过在电路中加大电阻阻值和缩小器件尺寸等措施，取得了提高速度、减少功耗的双重效果，在所有的系列中它的功耗—延迟积最小。

集成电路型号命名方法、国产 TTL 与国外 TTL 型号对照说明见附录一。从说明中可见国产 TTL 系列与国外 TTL 系列是完全可以互换的，两者有着一一对应的关系，即不同系列的 TTL 器件，只要器件后缀代号一样，则它们的逻辑功能、外形尺寸、引脚排列就完全相同，完全可以直接互换。例 7420、74S20、74LS20 都是双 4 输入与非门。

54 系列的 TTL 和 74 系列具有相同的电路结构，不同的是 54 系列（为军品）的工作环境温度和电源允许范围更大。54 系列的工作环境温度为－55～＋125 ℃，电源电压工作范围为

5(1±10%)V；而 74 系列的工作环境温度为 0～70 ℃，电源电压工作范围为 5(1±5%)V。国产 TTL 系列常用 CT1000、CT2000、CT3000、CT4000 命名，常将 CT 简写成 T，它们依次对应国际优选系列 74、74H、74S 和 74LS，并互相兼容。

性能理想的集成门电路既要工作速度快，又要功耗小。然而，提高开关速度即缩短传输延迟时间和降低功耗对电路要求又往往是互相矛盾的，只有用功耗和传输延迟时间的乘积（简称功耗—延迟积）才能全面评价门电路性能的优劣。功耗—延迟积越小，电路的综合性能越好。表 7-11 所示为不同系列 TTL 门电路的两个主要性能指标。由表可见，74LS、74ALS 的性能较好，因此使用较多。

表 7-11　不同系列 TTL 门电路的性能比较

参　数	74	74H	74S	74LS	74AS	74ALS
平均传输延迟时间 t_{Pd}/门(ns)	10	6	4	10	1.5	4
平均功耗 P /门 (mw)	10	22	20	2	20	1
延迟—功耗积 dp(ns—mw)	100	132	80	20	30	4

3. 典型集成 TTL 与非门的引脚排列和外形封装

在数字电路中与非门的应用十分广泛，现介绍几种常用的集成 TTL 与非门型号，如表 7-12 所示。

表 7-12　常用集成 TTL 与非门型号

功能	常用器件型号					
四 2 输入与非门	7400	74L00	74H00	74S00	74LS00	74ALS00
三 3 输入与非门	7410	74L10	74H10	74S10	74LS10	74ALS10
双 4 输入与非门	7420	74L20	74H20	74S20	74LS20	74ALS20

下面介绍 74LS00、74LS20 两种与非门。74LS00 为四 2 输入与非门，即该芯片内有 4 个独立的与非门，每个门各有两个输入端，使用时根据需要任选其中若干个与非门，其芯片引脚排列如图 7-30 所示。凡是四 2 输入与非门的其他型号芯片，其引脚排列都与 74LS00 相同，互相间可以直接代换。74LS20 为双 4 输入与非门，该芯片内有两个独立的与非门，每个门电路各有 4 个输入端，其芯片引脚排列如图 7-31 所示。

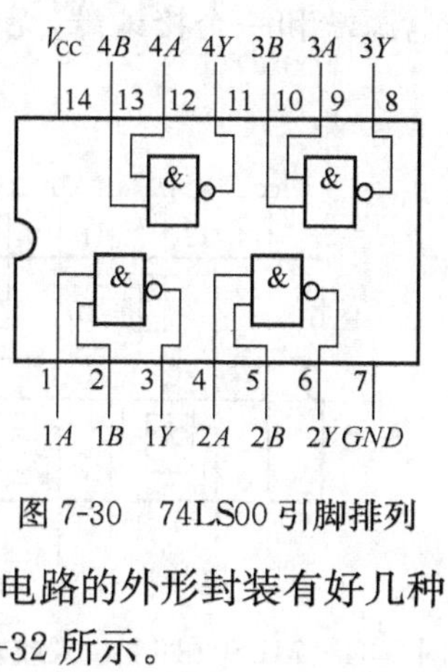

图 7-30　74LS00 引脚排列

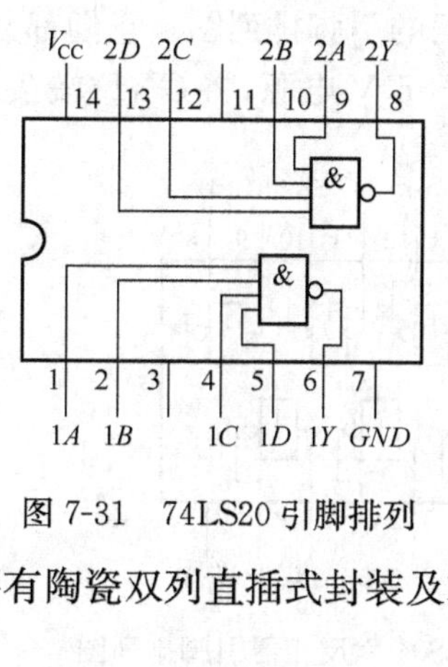

图 7-31　74LS20 引脚排列

TTL 与非门电路的外形封装有好几种，但主要有陶瓷双列直插式封装及塑料双列直插式封装两种，如图 7-32 所示。

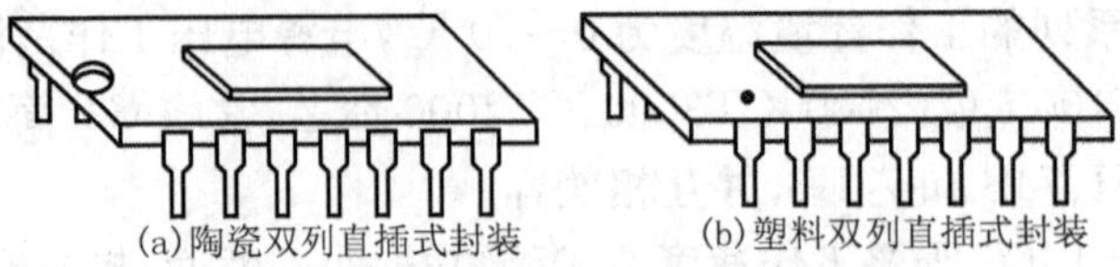

图 7-32　TTL 与非门电路的外形封装

二、其他类型的 TTL 门电路

在数字电路中，需要各种门电路来实现不同的逻辑功能，因此，在 TTL 门电路的系列产品中，除了与非门以外，还有与门、或门、非门、或非门、与或非门、异或门、集电极开路门(OC门)、及三态门(TS 门)等。

1. 几种常用的 TTL 集成门电路

为了扩大对 TTL 门电路的视野，介绍几种常用的 TTL 门电路，各类门电路的典型产品型号见表 7-13 所示。虽然，它们的功能各异，但其电路结构均和与非门相似，或是在与非门的基础上稍加变动而得到的。只要掌握了与非门电路的原理，就不难对其他各类门电路进行分析。从应用的角度讲，关键是掌握各类门电路的逻辑功能，特别是它们的引脚连接显得尤为重要。选用 TTL 集成门电路时，可从产品手册上查找其封装方法、引脚排列、逻辑功能和主要参数。

表 7-13　常用各类 TTL 门电路型号

非门	74LS04(六反相器)	74LS14(六反相器)	74LS19(六反相器)
与门	74LS08(四 2 输入)	74LS11(三 3 输入)	74LS21(双四输入)
或门	74LS32(四 2 输入)		
或非门	74LS02(四 2 输入)	74LS27(三 3 输入)	74LS28(四 2 输入)
与或非门	74LS51(双 2/3 输入)		
异或门	74LS86(四 2 输入)		

图 7-33 所示为 74LS04 六反相器的引脚排列图，图 7-34 所示为 74LS02 四 2 输入或非门的引脚排列图，图 7-35 所示为 74LS51 双 2/3 输入与或非门的引脚排列图，图 7-36 所示为 74LS86 四异或门的引脚排列图。它们都共有一个电源端和一个接地端，无论使用哪种门，都必须将 V_{CC}端接+5 V 电源，将 GND 端接地。

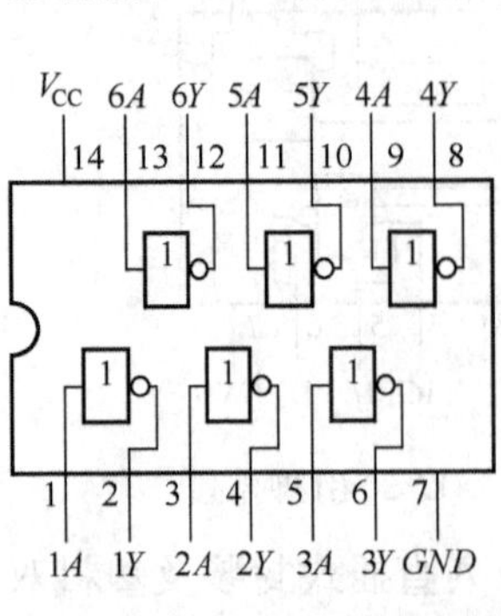

图 7-33　74LS04 六反相器引脚排列图

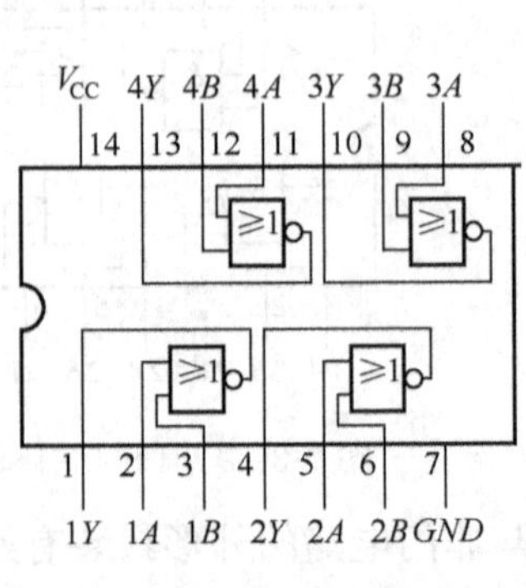

图 7-34　74LS02 四 2 输入或非门引脚排列图

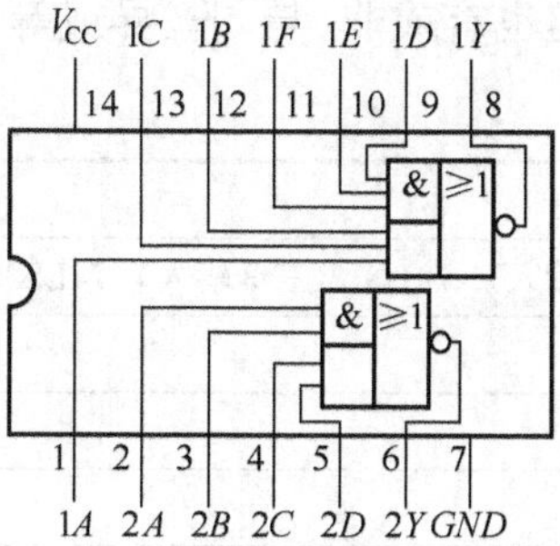

7-35　74LS51 双 2×2 与或非门引脚排列图

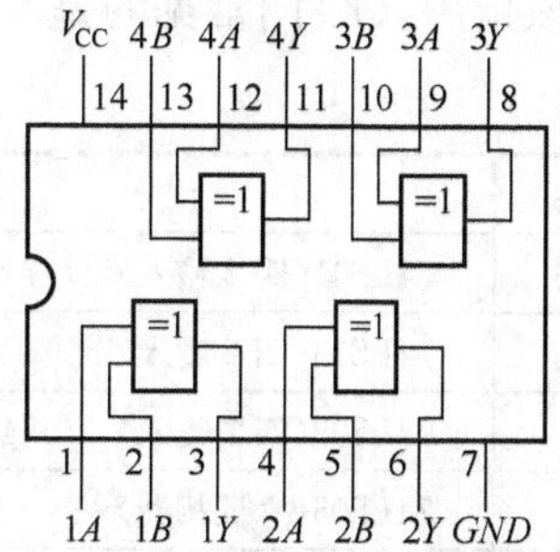

图 7-36　74LS86 四异或门引脚排列图

2. 集电极开路的门电路(Open Collector Gate,简称 OC 门)

由于 TTL 与非门的输出级是采用推拉式的结构,当需要将几个与非门的输出端直接并联使用时,会出现一些问题。分析图 7-37 所示电路可知,假如上面的与非门输出为高电平,下面的与非门输出为低电平,则两个输出端并联后,有一个很大的电流同时流过这两个门的输出级,这个电流远大于正常的工作电流,这不仅会损坏门电路,而且会破坏逻辑关系,使输出电平非“高”非“低”。造成这种情况的原因是 TTL 与非门的输出电阻非常小,无论与非门输出高电平还是低电平,输出电阻都很小。当两个门的输出端直接并联时,由于两个门输出的电压差,就必然会产生较大的电流。为解决这个问题,专门生产了一种集电极开路与非门,简称 OC 门。

(1) 电路组成。图 7-38 所示电路给出了 OC 结构与非门的电路结构和逻辑符号。由图可见,输出管 VT_5 的集电极开路,使用 OC 门时,需在电源 $+V_{CC}$ 和输出端之间外接一个上拉电阻 R_L。只要 R_L 的阻值和 $+V_{CC}$ 电压数值选取恰当,就能保证 VT_5 在饱和时输出为低电平,而 VT_5 在截止时因有上拉电阻使输出为高电平,确保其逻辑关系符合要求,并保证输出级的负载电流不会过大。

当输入端 A、B 中有一个为低电平时,VT_3 管饱和,VT_4、VT_5 管截止,输出为高电平。当输入端 A、B 全为高电平时,VT_3 管倒置放大,VT_4、VT_5 管饱和,输出为低电平。因此,OC 门仍具有与非逻辑关系。

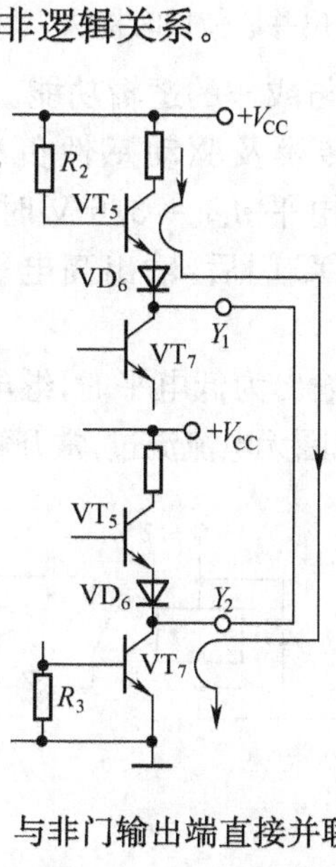

图 7-37　与非门输出端直接并联的情况

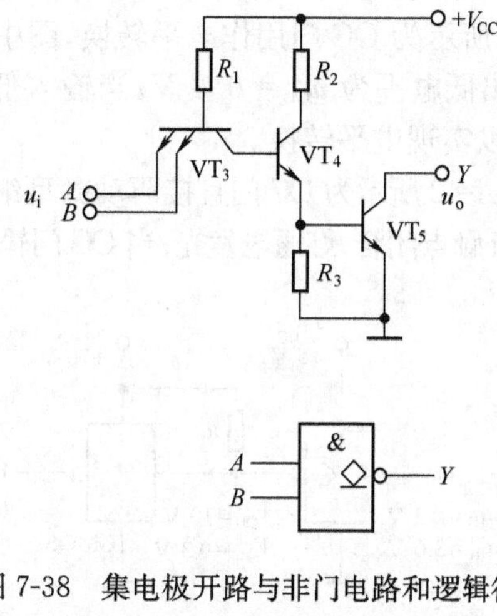

图 7-38　集电极开路与非门电路和逻辑符号

常用的 OC 门产品型号如表 7-14 所示。图 7-39 所示为双 4 输入 OC 门 74LS22 引脚排列图。应该指出，OC 门常见的是与非门，其产品型号较多，但也有或非、与、非、异或等形式。

表 7-14 常用 OC 门型号

功 能	常用器件型号
与非门	74LS01(四 2 输入) 74LS03(四 2 输入) 74LS38(四 2 输入) 74LS12(三 3 输入) 74LS22(双 4 输入)
或非门	74LS33(四 2 输入)
与门	74LS09(四 2 输入) 74LS15(三 3 输入)
非门	74LS05(六反相器)
异或门	74LS136(四 2 输入)

(2) OC 结构的与非门应用。利用 OC 结构的与非门能实现线与关系。图 7-40(a)所示为单个 OC 结构的与非门使用的接法，图 7-40(b)所示为三个 OC 结构的与非门直接并联使用的接法。显然，只有三个 OC 结构的与非门的输出 Y_1、Y_2、Y_3 均为高电平时，输出端 Y 才为高电平；若有一个 OC 门输出为低电平时，输出端 Y 就为低电平。这种连接方式称为"线与"，线与逻辑关系为

$$Y=Y_1\cdot Y_2\cdot Y_3=\overline{AB}\cdot\overline{CD}\cdot\overline{EF}=\overline{AB+CD+EF}$$

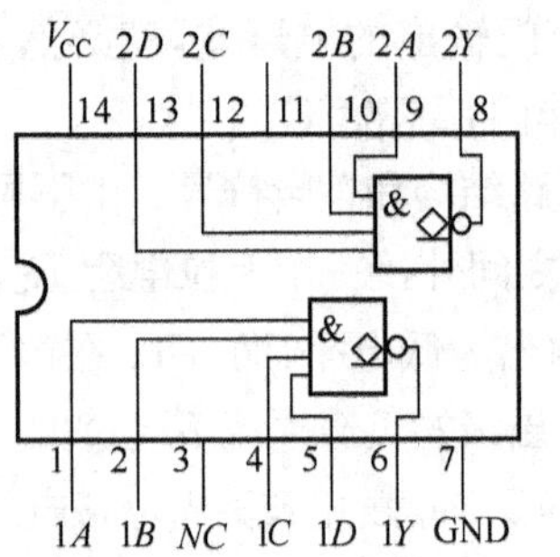

图 7-39 74LS22 引脚排列图

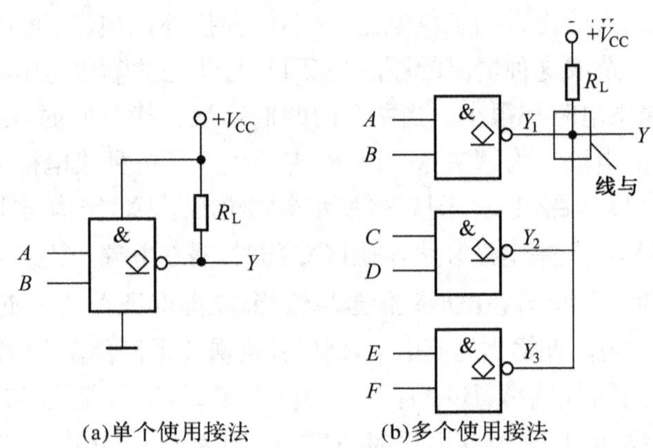

图 7-40 OC 门输出并联使用时接法

由上式可见，将多个 OC 结构的与非门进行线与时，可得到与或非的逻辑功能。

OC 结构的与非门除了实现线与逻辑外，还可用作电平转换及驱动感性负载等场合。图 7-41所示为 OC 门用作电平转换，图中 $V_{DD}=10$ V，当输入高电平 $u_{IH}=3.6$ V 时，经 OC 门后，输出低电平为 $u_{OL}=0.3$ V；当输入低电平 $u_{IL}=0.3$ V，经 OC 门后，输出高电平为 $u_{OH}=10$ V，以实现电平转换。

图 7-42 所示为 OC 门直接驱动微型继电器的电路，当 OC 门输出为低电平时，继电器线圈得电，常开触点闭合，灯通电发光；当 OC 门输出为高电平时，继电器线圈无电流流过，常开触点断开。

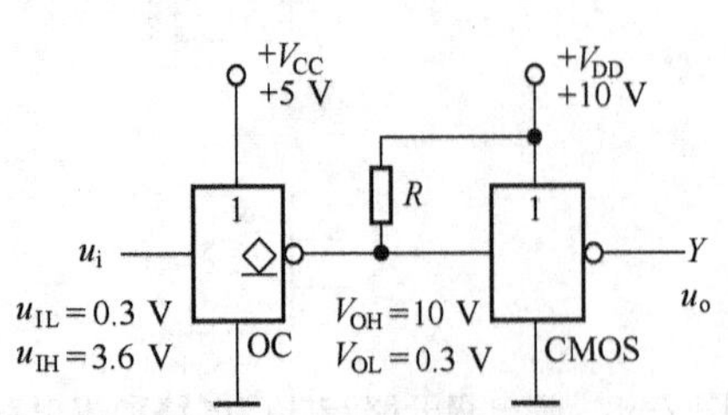

图 7-41 OC 门实现电平转换

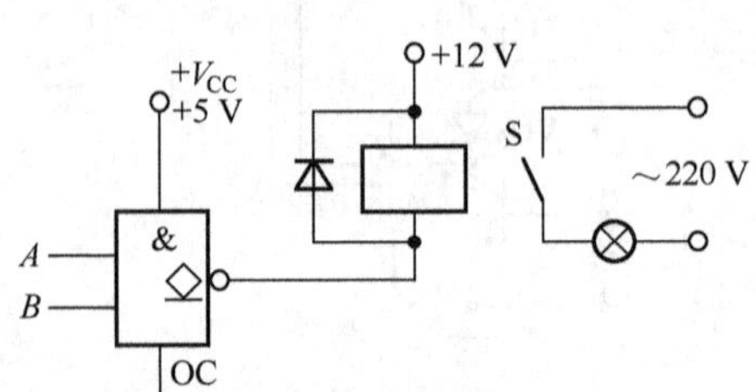

图 7-42 OC 驱动感性负载

3. 三态输出门电路(Three State Output Gate,简称 TS 门)

TS 门是数字电路中使用较多的一种特殊门电路。它有三种输出状态,即输出高电平、输出低电平和高阻状态,故称三态输出门电路。

(1)电路组成。三态输出门电路是在 TTL 与非门的基础上附加控制电路 VD_8 和反相器而构成的。电路组成与逻辑符号如图 7-43 所示。

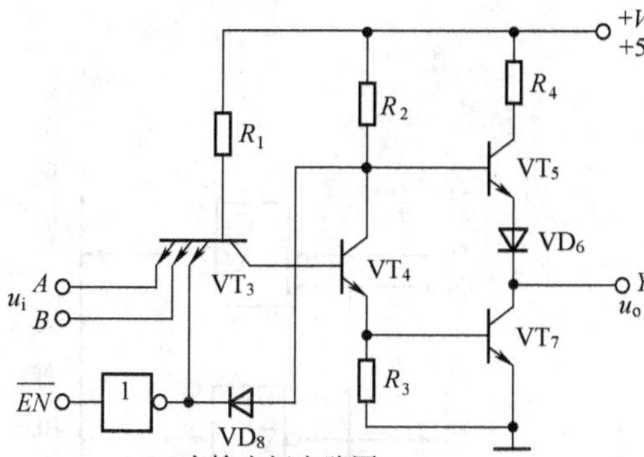

(a)三态输出门电路图

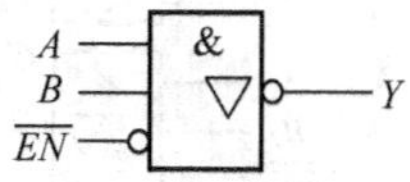

(b)逻辑符号

图 7-43　三态输出门

当 $\overline{EN}$(低电平有效)为低电平时,VD_8 截止,此时电路工作状态与原与非门没有区别,这时 $Y=\overline{AB}$,输出端 Y 状态仍取决于输入端 A、B 的状态。当 $\overline{EN}$ 为高电平时,经非门后为低电平,VD_8 导通,VD_8 导通后使 V_{B5} 电位下降,致使 VT_5、VD_6 无法导通,同时,VT_3 发射极因处于低电位而饱和,$V_{B4}\leqslant 1$ V,使 VT_4、VT_7 也无法导通,由于上下输出管均截止,所以输出端呈高阻状态。这就是 TS 门的第三个状态。

此电路由于 $\overline{EN}=0$ 时,为正常的与非门工作状态,所以称为低电平有效。事实上也有 $EN=1$ 时为正常的与非门工作状态,这时称为高电平有效,只要在它的控制电路中再加一个非门即可,其基本原理相同,就不再重复了。它们的真值表如表 7-15 所示。

常用的 TS 门产品型号有 74LS244、74LS245、74LS240、74LS241、74LS230、74LS231 等。三态门除了与非逻辑外,也做成了缓冲器、寄存器、数据选择器等。

表 7-15　三态门真值表

输入		输出		输入		输出	
控制$\overline{EN}$	数据 A · B	Y		控制 EN	数据 A · B	Y	
0 0	0 1	1 0	$\overline{AB}$	1 1	0 1	1 0	$\overline{AB}$
1 1	0 1	× ×	高阻	0 0	0 1	× ×	高阻

(2)三态门的应用。三态门的主要用途是实现数据单向或双向传送,这在计算机数据传送和数字通讯中应用相当广泛。

① 多路信息分时传送。在微型计算机中,为减少各单元电路间的连接线,希望在一条总路线上分时传送若干个门电路的输出信号,采用多路信息分时传送的方式,连接方式如图 7-44所示。工作时只要按顺序控制各个门的 $\overline{EN}$ 端轮流为低电平,且任何时刻仅有一个门

的 $\overline{EN}$ 端为低电平，就可以将各个门的输出信号轮流送到总线上。例如当$\overline{EN_1}=0$ 时，则 G_1 将输入信号 A_1B_1 传送到总线上，而其余控制端均为 1，则 $G_2 \sim G_n$ 处高阻状态，它们与总线隔离，使总线上的信号互不干扰。

②实现信息双向传送。信息双向传送如图 7-45 所示。当 $EN=1$ 时，G_1 工作，G_2 为高阻状态，信息 D_1 经 G_1 反相后送到总线上，当 $EN=0$ 时，G_2 工作，G_1 为高阻状态，总线上的数据经 G_2 反相后由$\overline{D_2}$ 端送出。

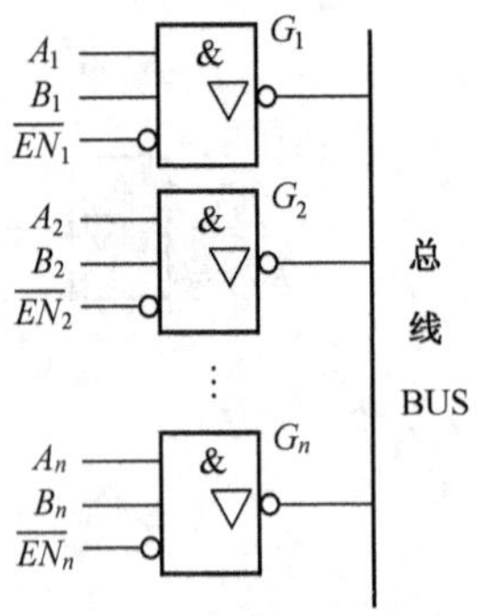

图 7-44　多路信息分时传送

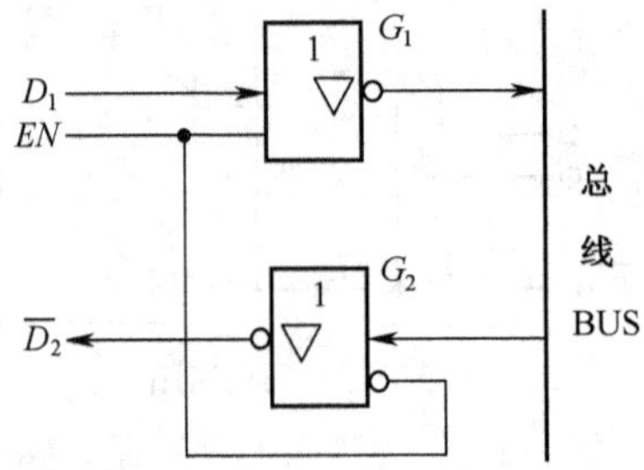

图 7-45　信息双向传送

三、CMOS 集成逻辑门电路

以单极型 MOS 管作开关元件的门电路称为 MOS 门电路。就逻辑功能而言，它们与 TTL 电路并无区别，但 MOS 管制造工艺简单、体积小、集成度高，尤其在大规模集成电路中更显出优越性。另外 MOS 管的输入阻抗高（达 10^{10} Ω 以上），直流功耗小，因而发展迅速，具有广阔的应用前景。

MOS 门电路按导电沟道分有 PMOS、NMOS、和 CMOS 三种形式。由 P 沟道 MOS 管构成的逻辑门称为 PMOS 门电路；由 N 沟道 MOS 管构成的逻辑门称为 NMOS 门电路；由 PMOS 管与 NMOS 管构成的互补逻辑门称为 CMOS 门电路。由于 CMOS 门电路具有工作电压范围宽、抗干扰能力强、扇出系数大、功耗低、速度快等优点，目前在 MOS 电路中处主导地位。

1. CMOS 门电路主要系列简介

CMOS 门电路系列沿着 CC4000A→CC4000B/ CC4500B→74HC→74HCT 系列方向发展，既保持了低功耗的优势，又提高了工作速度。HC、HCT 为高速 CMOS 器件，它们能与 54/74LS 系列的 TTL 电平相兼容。目前，国内外生产的 TTL 和 CMOS 产品，由于各国都采用了相同的器件系列和品种代号，型号上区别仅在于前缀的不同，只要器件系列的后缀代号相同，其功能和引脚排列也就相同，可直接互换和互相兼容，这为 74HC 、74HCT 系列产品替代 74LS 系列产品提供了方便。

2. 常用 CMOS 集成门电路

在 CMOS 门电路的系列产品中，根据逻辑功能的不同，有 CMOS 反相器（非门）、与门、或门、与非门、或非门、与或非门、异或门、漏极开路门（OD 门）、三态门、传输门和模拟开关等。下面分别介绍有关 CMOS 门电路。常用的各类 CMOS 门电路型号如表 7-16 所示。

表 7-16 常用各类 CMOS 门电路型号

非门	CC4007(双互补对反相器)	CC4009(六反相缓冲器)	CC4069(六反相器)
与门	CC4081(四 2 输入)	CC4073(三 3 输入)	CC4082(双 4 输入)
或门	CC4071(四 2 输入)	CC4075(三 3 输入)	CC4072(双 4 输入)
与非门	CC4011(四 2 输入)	CC4023(三 3 输入)	CC4012(双 4 输入)
或非门	CC4001(四 2 输入)	CC4025(三 3 输入)	CC4002(双 4 输入)
与或非门	CC4086(四 2 输入可扩展)		CC4085(双 2 路 2 输入)
异或门	CC4070(四异或)		

(1)CMOS 反相器。

① 电路组成。图 7-46 所示为 CMOS 有源负载反相器的电路图,VT_1 为增强型 NMOS 管,作驱动管,VT_2 为增强型 PMOS 管,作负载管,两管的栅极相连作为反相器的输入端,漏极相连作输出端,VT_1 的源极接地,VT_2 的源极接$+V_{DD}$。VT_1、VT_2 的开启电压分别为 U_{TN}、U_{TP},通常取电源电压 $V_{DD}>U_{TN}+|U_{TP}|$。

②工作原理。当输入为低电平 $U_{IL}=0$ V 时,$U_{GS1}=0$ V,VT_1 截止,其等效电阻极大,而 $U_{GS2}=-V_{DD}$,VT_2 导通,其等效电阻极小,故输出为高电平,$U_{OH}\approx V_{DD}$;当输入为高电平$U_{IH}=V_{DD}$时,$U_{GS2}=0$ V,VT_2 截止,而$U_{GS1}=V_{DD}$,VT_1 导通,输出为低电平,$U_{OL}\approx 0$ V。可见输出与输入之间为逻辑非的关系。

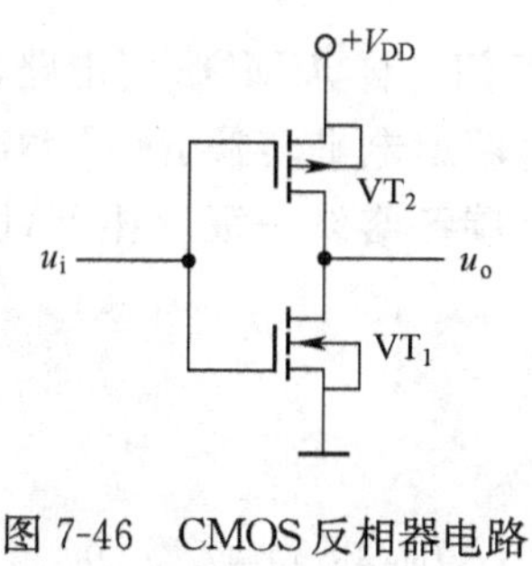

图 7-46 CMOS 反相器电路

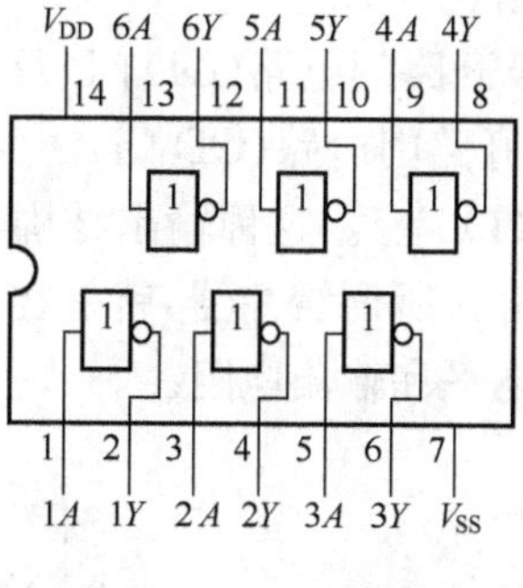

图 7-47 CC4069 引脚排列图

由于 CMOS 反相器工作时,总是一个管导通另一个管截止,所以称为互补工作方式。由于总处于互补工作状态,总有一个管子截止,所以静态功耗较小。又因为 CMOS 反相器不管在输出高电平还是低电平时,其导通管的等效电阻很小,加快了负载电容的充放电,因此其开关速度较高。

常用 CMOS 反相器型号如表 7-16 所示。图 7-47 所示为 CC4069 的外引脚排列图。

(2)CMOS 与非门和或非门。

① CMOS 与非门。

CMOS 与非门电路如图 7-48 所示。由两个增强型 NMOS 管 VT_1、VT_2 串联作驱动管,两个增强型 PMOS 管 VT_3、VT_4 并联作负载管。A、B 为输入端,Y 为输出端。

当 A、B 均为高电平时,VT_1、VT_2 同时导通,VT_3、VT_4 同时截止,输出端 Y 为低电平;当 A、B 中有一个或全为低电平时,VT_1、VT_2 中必有一个截止,VT_3、VT_4 中必有一个导通,输出端 Y 为高电平。这就实现了与非功能。

常用的 CMOS 与非门如表 7-16 所示。图 7-49 所示为三 3 输入 CMOS 与非门 CC4023 的外引脚排列图。

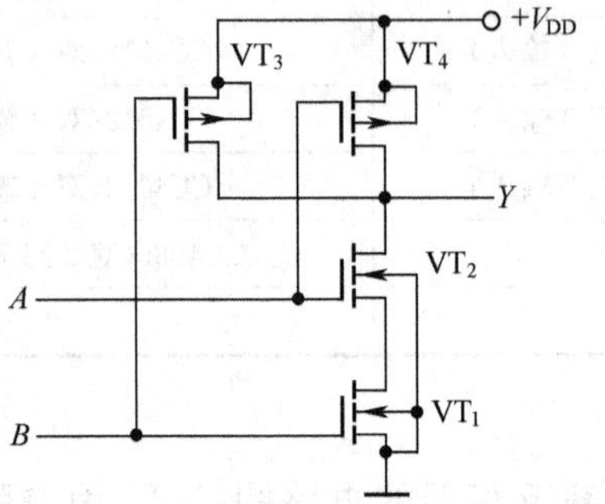

图 7-48　CMOS 与非门电路

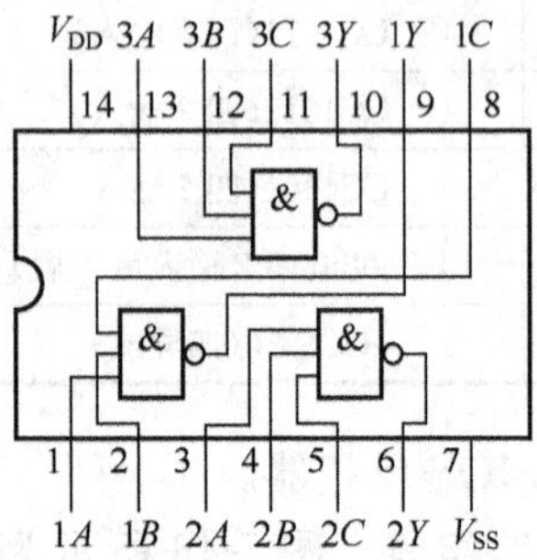

图 7-49　CC4023 引脚排列图

②CMOS 或非门。CMOS 或非门电路如图 7-50 所示。由两个增强型 NMOS 管 VT_1、VT_2 并联作驱动管，两个增强型 PMOS 管 VT_3、VT_4 串联作负载管。

当 A、B 均为低电平时，VT_1、VT_2 同时截止，VT_3、VT_4 同时导通，输出端 Y 为高电平；当 A、B 中有一个或全为高电平时，则 VT_1、VT_2 中至少有一个导通，而 VT_3、VT_4 中至少有一个截止，输出端 Y 为低电平。这就实现了或非门功能。

常用的 CMOS 或非门如表 7-16 所示。图 7-51 所示为四 2 输入 CMOS 或非门 CC4001 的外引脚排列图。

(3) 漏极开路门电路(OD 门)及 CMOS 三态门。

① 漏极开路门电路(OD 门)。如同 TTL 电路的 OC 门一样，CMOS 门电路也有漏极开路门电路，简称 OD 门。这种输出结构常用在输出缓冲器、输出电平转换、满足大负载电流及实现线与等场合。所谓缓冲器，就是在门电路的输入、输出端各增设一级反相器，以保持门电路正常的输出电平和输出电阻。

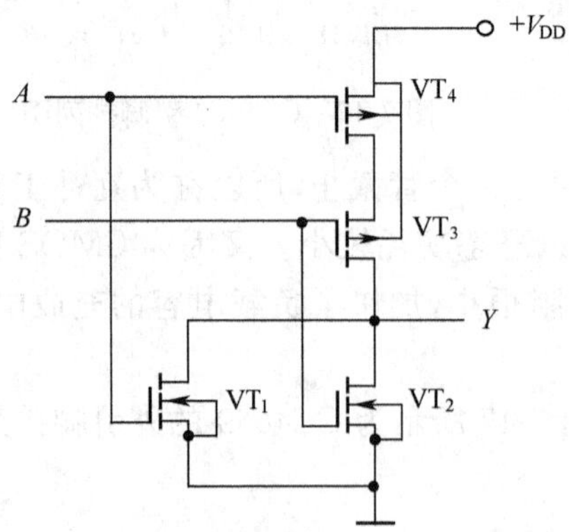

图 7-50　CMOS 或非门电路

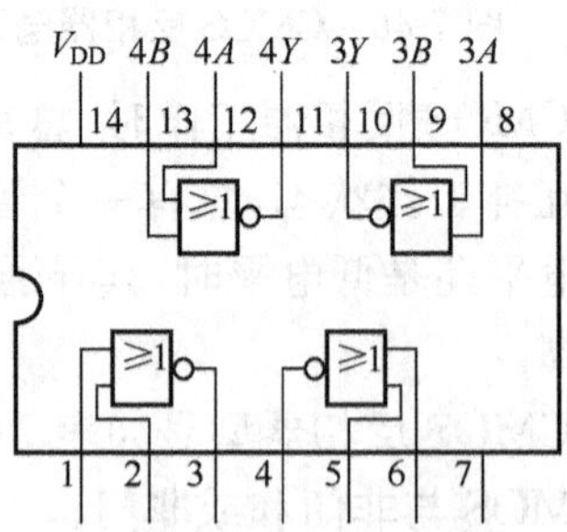

图 7-51　CC4001 引脚排列图

图 7-52 所示为 CC40107 双 2 输入与非缓冲器的电路图，其输出电路为漏极开路的增强型 NMOS 管。在输出低电平 $U_{OL}<0.5$ V 的情况下，它能吸收最大负载电流 50 mA。

如果输入的高电平 $U_{IH}=V_{DD1}$，而输出端外接电源为 V_{DD2}，则输出的高电平将为 $U_{OH}=V_{DD2}$。这就将 V_{DD1}—0 的输入高、低电平转换成 0—V_{DD2} 的输出电平了。

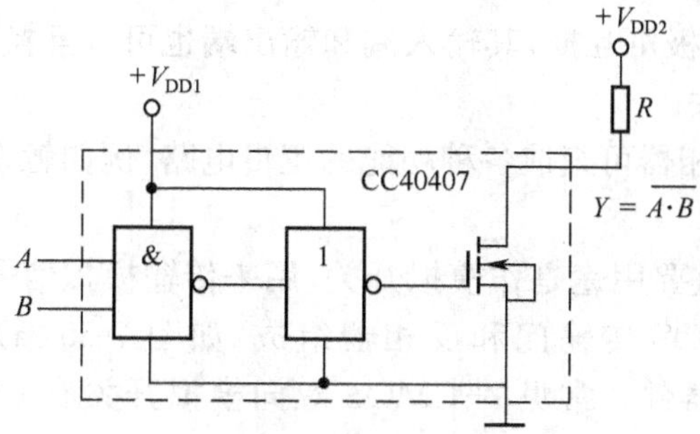

图 7-52　漏极开路输出的 CC40107

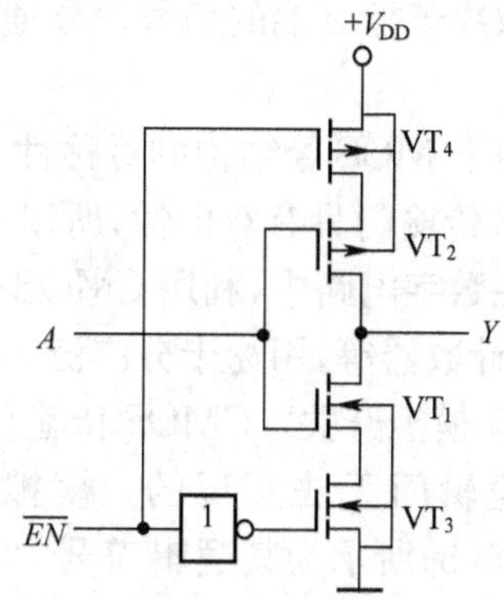

图 7-53　CMOS 三态门

②CMOS 三态门。从逻辑功能上讲，CMOS 三态门与 TTL 电路的三态门一样，但 CMOS 三态门的电路结构更简单。

图 7-53 所示为 CMOS 三态门的电路。它是在 CMOS 反相器上增加一对附加管 VT_3 和 VT_4，通过控制附加管的导通和截止，可实现三态控制。当控制端 $\overline{EN}=1$ 时，附加管 VT_3 和 VT_4 同时截止，将电源和地与输出端同时隔离，输出端呈高阻状态；当控制端 $\overline{EN}=0$ 时，附加管 VT_3 和 VT_4 同时导通，反相器正常工作，输出 Y 与输入 A 反相，即 $Y=\overline{A}$。

(4) CMOS 传输门和模拟开关。

①CMOS 传输门。CMOS 传输门(TG)是一种传输信号的可控开关电路。CMOS 传输门的电路如图 7-54(a)所示，逻辑符号如图 7-54(b)所示。它由一个增强型的 PMOS 管与一个增强型的 NMOS 管并联而成，两管的源极相接作为输入端，漏极相接作为输出端，两管的栅极作为控制端，分别接互为反相的控制信号 CP 和 $\overline{CP}$。

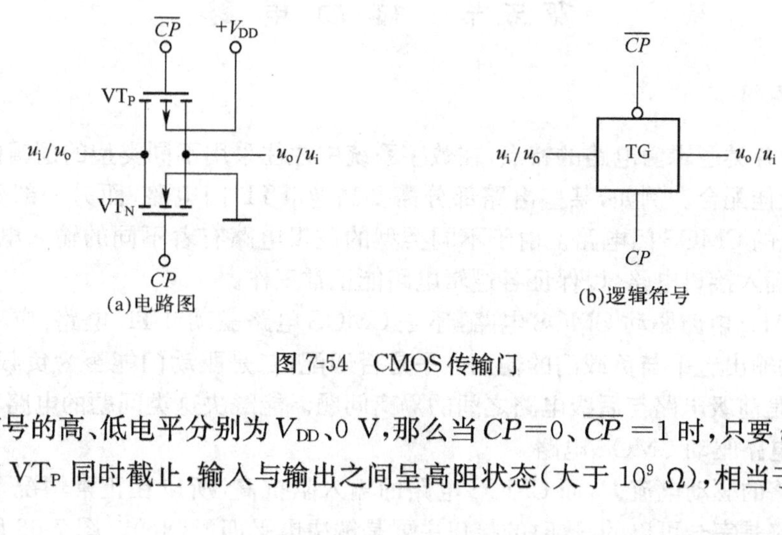

(a)电路图　　(b)逻辑符号

图 7-54　CMOS 传输门

设控制信号的高、低电平分别为 V_{DD}、0 V，那么当 $CP=0$、$\overline{CP}=1$ 时，只要 u_i 在 0～V_{DD}之间，则 VT_N 和 VT_P 同时截止，输入与输出之间呈高阻状态(大于 $10^9\ \Omega$)，相当于开关断开，传输门截止。

反之，若 $CP=1$、$\overline{CP}=0$，且当 $0\ V\leqslant u_i\leqslant V_{DD}-U_{TN}$ 时，则 VT_N 导通；而当 $|U_{TP}|\leqslant u_i\leqslant V_{DD}$ 时，则 VT_P 导通。因此，$\overline{EN}$在 0～V_{DD}之间变化时，总有一个管子导通，使传输门打开，输入与输出之间呈低阻状态(约几百 Ω)，相当于开关接通。

综上所述，$CP=0$、$\overline{CP}=1$ 时，传输门截止；$CP=1$、$\overline{CP}=0$，传输门导通，传输门的导通与

截止取决于控制端的信号。导通时，输入信号可传送到输出端，即

$$u_o = u_i$$

由于 MOS 管结构的对称性，即源极和漏极可互换，其输入端和输出端也可以互换，因此，CMOS 传输门具有双向性，所以可作双向开关。

在数字电路中，利用 CMOS 传输门和反相器可组成各种功能的逻辑电路，例如触发器、寄存器、计数器等，用途十分广泛。

② 模拟开关。CMOS 传输门的另一个重要用途是作模拟开关，用来传输模拟信号，这是一般逻辑门无法实现的。模拟开关由 CMOS 传输门和反相器组成，如图 7-55(a)所示，图 7-55(b)所示为其逻辑符号，它也是双向器件。常见的 CMOS 双向模拟开关有 CC4016、CC4066，它们均为四双向模拟开关。

当控制端 $CP=1$ 时，开关接通，输入电压 u_I 几乎可以无衰减地传送到输出端，使 $u_o = u_i$；当 $CP=0$ 时，开关截止，输出和输入之间被隔断。

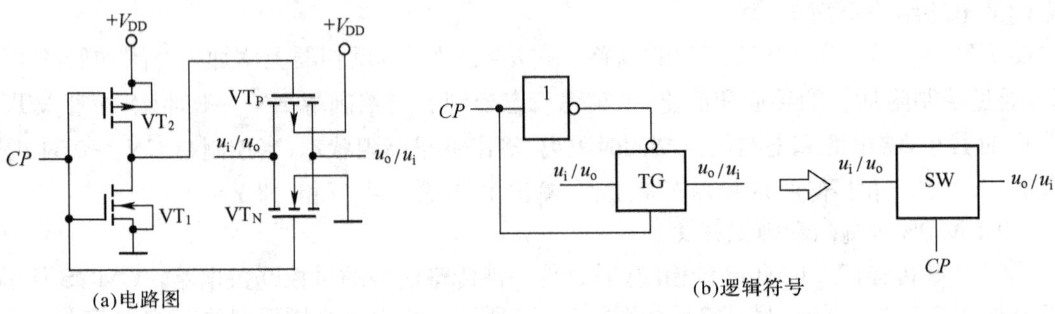

图 7-55　模拟开关

第五节　接 口 电 路

一、接口电路

为了发挥各类逻辑门电路的特点，在数字系统中往往采用不同类型的逻辑门电路，以实现数字系统的最佳配合。例如，某些电路部分需要高速 TTL 门电路，而另一部分需要低功耗、抗干扰能力强的 CMOS 门电路。由于不同类型的逻辑电路有着不同的输入电平及输入电流值，所以必须插入接口电路，以保证各逻辑电路能正常工作。

无论是 TTL 电路驱动 CMOS 电路，还是 CMOS 电路驱动 TTL 电路，应考虑三个问题：一是驱动门的输出电平与负载门的输入电平是否匹配；二是驱动门能否为负载门提供足够的输入电流；三是前级电路与后级电路之间的隔离问题。能解决这类问题的电路称为接口电路。

1. TTL 电路驱动 CMOS 电路

TTL 电路的驱动电流大，而 CMOS 电路的输入阻抗高，所以在正常情况下 TTL 电路驱动 CMOS 电路是完全可以的，这时的接口主要是解决电平匹配问题。图 7-56 所示为 TTL 与非门电路驱动 CMOS 电路常用的几种接口方式。

在图 7-56(a)所示电路中，TTL 和 CMOS 电路的电源相同，可直接相连。但 TTL 的输出高电平 $U_{OH} \geqslant 2.4$ V，不能满足 CMOS 的输入高电平 $U_{IH} \geqslant 3.5$ V 的要求，解决的办法是在 TTL 输出端和电源之间接一个上拉电阻 2～6 kΩ，可将 TTL 的输出高电平提到 5 V。目前生

产的 74HCT 系列 CMOS 电路，其输入高电平 V_{iH} 降到 2 V，完全可以直接对接。在图 7-56(b)所示电路中，CMOS 电路的电源大于 5 V，此时可采用 OC 门作接口电路，将上拉电阻接到 $+V_{DD}$ 处，使 OC 门的输出电平值与 CMOS 电路的输入电平值一致。在图 7-56(c)所示电路中，用反相器作接口，实现电平转换。在图 7-56(d)所示电路中，采用了双电源供电的电平转换器 CC40109，电源分别接 $+V_{DD}$ 和 $+V_{CC}$，实现电平转换。

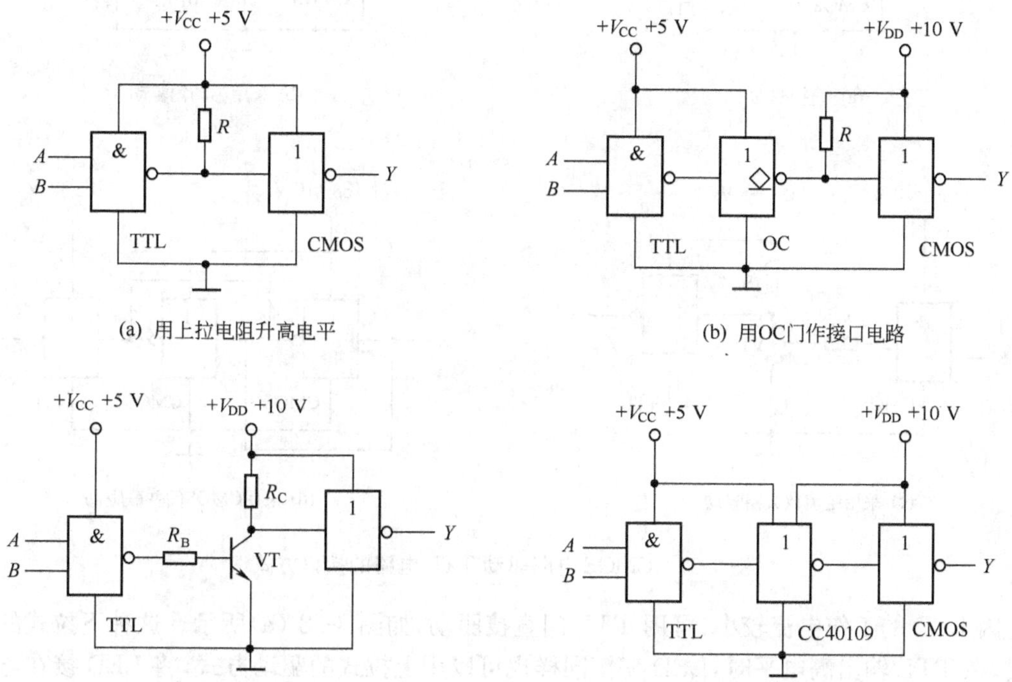

(a) 用上拉电阻升高电平

(b) 用OC门作接口电路

(c) 用反相器作接口电路

(d) 用电平转换器作接口电路

图 7-56　TTL 电路驱动 CMOS 电路的接口方式

2. CMOS 电路驱动 TTL 电路

CMOS 电路驱动 TTL 电路时，主要考虑怎样降低电平和 CMOS 能够提供驱动 TTL 的负载电流的问题。图 7-57 所示为几种常用的接口方式。

在图 7-57(a)所示为中，CMOS 电路的电源为 +5 V 时，可用 CC4000 系列的 CMOS 电路直接驱动一个 74LS 系列的 TTL 电路。如果驱动多个 TTL 电路，则可用 74HC 或 74HCT 的 CMOS 电路，直接驱动 74 系列或 74LS 系列的 TTL 电路。在图 7-57(b)所示为中，在 CMOS 电路的输出级增加一级 CMOS 驱动器 CC40107，可同时驱动十个 74 系列的 TTL 电路。若采用 CC4049(反相)或 CC4010(同相)驱动器，可驱动两个 74 系列的 TTL 电路。在图 7-57(c)所示为中，采用三极管电流放大的反相器作缓冲级，实现电平移动及增加驱动电流。在图 7-57(d)所示为中，将同一芯片内两个相同的 CMOS 电路并联使用，以扩大输出低电平时的带负载能力。

3. 门电路和其他电路的连接

实际应用中，门电路所带的负载种类很多，常见的有以下几种：

(1)门电路与 LED 的连接。门电路与 LED 的连接要考虑门电路的驱动能力、LED 的工作电流。一般情况下 CMOS 门电路比 TTL 门电路的驱动力要差。门电路与 LED 的电路连接方式如图 7-58 所示。

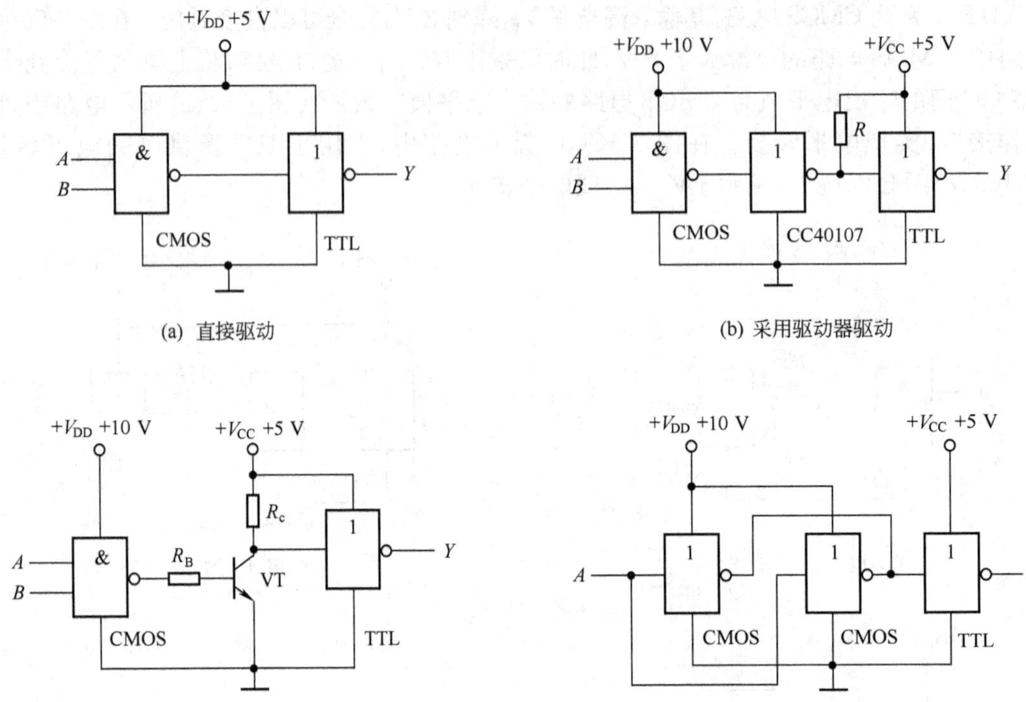

(a) 直接驱动　(b) 采用驱动器驱动　(c) 采用电流放大器驱动　(d) 采用CMOS门并联驱动

图 7-57　CMOS 电路驱动 TTL 电路的接口方式

因 LED 的工作电流较小，可用 TTL 门直接驱动，如图 7-58 (a)所示。这种下拉式的驱动方式，在 TTL 输出高电平时，LED 亮。同样也可以用上拉式的驱动方式，将 LED 接在电源与 TTL 输出端之间，此时，LED 在 TTL 输出低电平时亮。如果 TTL 的输出电流不能满足 LED 的要求时，可增加电流放大器驱动 LED，如图 7-58 (b)所示。在用 CMOS 电路作驱动门时，同样要增加电流放大器，如图 7-58 (c)所示。

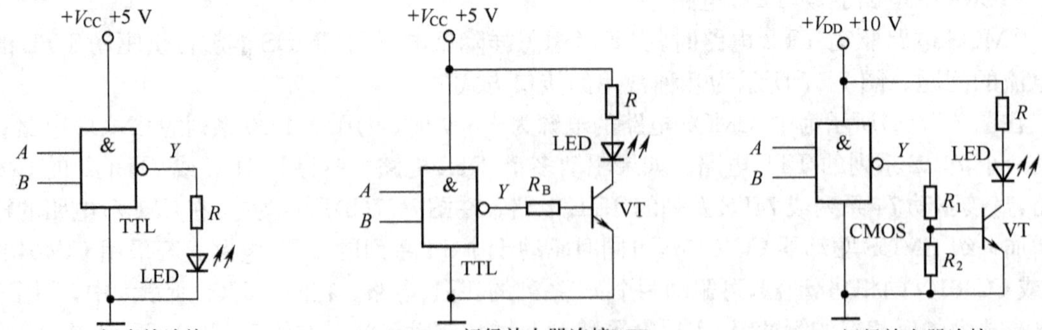

(a)TTL门直接连接LED　(b)TTL门经放大器连接LED　(c)CMOS门经放大器连接LED

图 7-58　门电路与 LED 的几种连接方式

(2)门电路与继电器的连接。门电路与继电器的连接因继电器种类不同，所以，采用的接口也不相同。图 7-59(a)所示为 TTL 电路驱动＋12 V 继电器的连接方式，当 Y 端为高电平时，VT_1 饱和导通，继电器开关 S 吸合，常开触点闭合，灯亮。VD_2 为续流二极管。图 7-59(b)所示为 CMOS 电路驱动继电器的连接方式，工作原理与 TTL 电路相同。

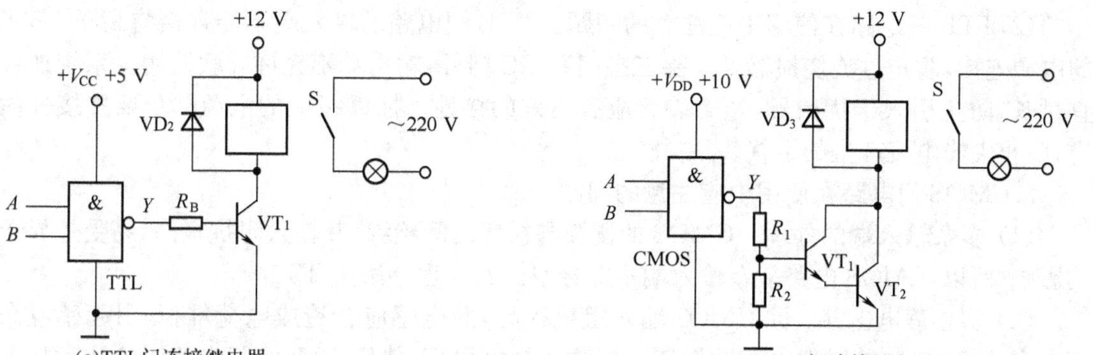

(a)TTL门连接继电器　　(b)CMOS门连接继电器

图 7-59　门电路与继电器的连接

(3)光电耦合器的连接。在许多场合中，有时需要将低压的控制电路与高压主电路在电气上进行隔离，这就需要在它们之间插入接口电路，光电耦合器是一种理想的接口电路。图 7-60所示为晶闸管触发电路与主电路的接口电路(有关晶闸管的内容在后续课程内介绍)。

触发控制信号 A、B 经过与非门后，输入光电耦合器(TI117)，光电耦合器将电信号转换成光信号，再经放大电路去控制晶闸管。当控制信号 A、B 使与非门输出为低电平时，光电二极管亮，在光激发下使光电三极管导通，放大电路输出信号，晶闸管就能触发导通。

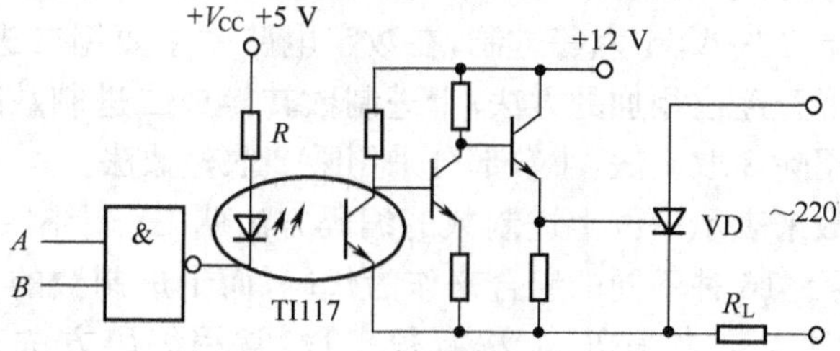

图 7-60　光电耦合器连接

二、TTL 和 CMOS 电路在使用中应注意的问题

1. TTL 门电路在使用中应注意的问题

(1) 多余输入端的处理。对多余输入端处理的原则是不改变电路的逻辑功能和电路的可靠性。一般不宜用悬空办法处理，除非在干扰信号很小时才可采用悬空。对多余输入端有以下两种处理方法：

① 并联使用。将多余输入端和已用输入端并联，如图 7-61(a)所示。但这种方法会影响前级负载并增加输入电容，降低工作速度。

② 将多余输入端接电源或接地。这种方法较为可取，如图 7-61(b)、(c)所示。对 TTL 与非门，则将多余输入端接电源，当电源电压较高时，可通过上拉电阻接电源。对 TTL 或非门，则将多余输入端接地。

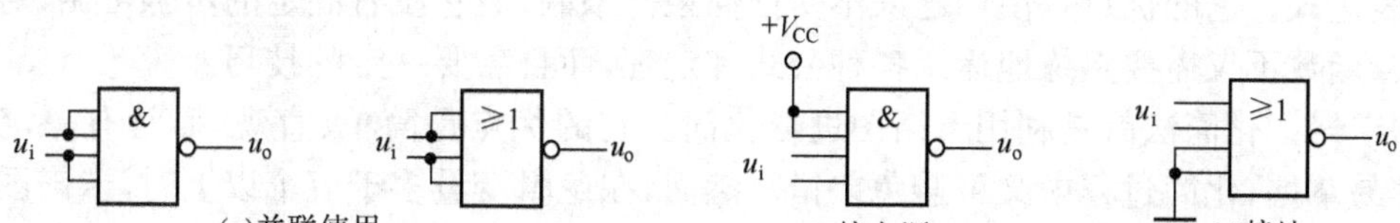

(a)并联使用　　(b)接电源　　(c)接地

图 7-61　TTL 门多余端处理

(2)TTL门电路在使用中应注意的问题。TTL门电路的输入端不能直接与高于+5.5 V的电源连接,防止过流烧损器件。除三态门和OC门外,输出端不允许并联使用。系统连线不宜过长,防止引入干扰信号,整个装置应有良好的接地。插件板上的电源部分要并接去耦电容,防止尖峰电流产生的干扰。

2.CMOS门电路在使用中应注意的问题

(1) 多余输入端的处理。CMOS的栅极与衬底之间绝缘,其输入阻抗很高,易受外界干扰的影响,所以,CMOS电路多余输入端不能悬空。其处理办法同TTL。

(2) 防止静电击穿。因CMOS输入阻抗很高,静电感应会造成电荷堆积,引起感应高电压击穿绝缘层,造成器件永久性损坏。为防止静电损坏,使用CMOS门电路时应注意如下的安全措施:

①CMOS器件应存放在金属包装容器内,在安装、使用过程中应尽量避免栅极悬空。使用和测量之前,应先用导线将三个极短接。操作人员应避免穿着产生静电的化纤物。

②测试仪器和电烙铁要可靠接地。焊接时电烙铁不要带电,用余热焊接。

本章小结

(1)数字电路不同于模拟电路,它的特点首先表现在数字信号是一种二值信号,其次数字电路结构简单、稳定可靠、易于集成,第三数字电路抗干扰能力强、精度高、保密性好。

(2)常用计数制有十、二、八、十六等进制,在数字电路中主要用二进制。二进制数转换成十进制数时,采用按权展开逐位相加的方法;十进制数转换成二进制数时,应分整数和小数两部分进行,整数部分采用除2取余法,小数部分采用乘2取整数法。

(3)用四位二进制数来表示一位十进制数的编码方法叫二—十制编码,简称BCD码。由于四位二进制数码能表示16种不同的组合来作为代码,而十进制数的0~9只需其中的十种组合作代码,选用哪十种组合来编码,方法有很多种,常用编码方法有8421、5421、2421等几种。

(4)所谓逻辑关系就是因果关系,因此将数字电路中输入与输出之间的因果关系称为逻辑关系。在逻辑电路中,通常将表示条件的输入量叫做输入逻辑变量,将表示结果的输出量叫做输出逻辑变量。输入逻辑变量A、B、C…与输出逻辑变量Y之间是一种逻辑函数关系。

(5)基本逻辑门电路有与门、或门、非门三种,在数字电路中,还经常使用由基本门电路组成的复合门电路,它们有与非门、或非门、与或非门和异或门等。学习分立元件构成的门电路,主要是了解它们的逻辑功能,因为它们是构成各种集成门电路的基础。

(6)逻辑代数是分析和设计逻辑电路的数学工具,用来研究逻辑函数与逻辑变量之间的关系。因此必须熟悉逻辑代数的基本定律、基本公式、基本运算规则,掌握逻辑函数的四种表示方法—真值表、逻辑函数表达式、逻辑图、卡诺图,以及逻辑函数的两种化简方法—公式法、卡诺图法。

(7)公式化简法就是利用逻辑代数的公式、定理,经过运算对逻辑表达式进行化简,以求得最简的表达式。它的优点是使用起来不受任何条件限制,但它没有固定的步骤可循,对一些复杂的逻辑函数不仅需要熟练地运用各种公式和定理,而且需要一定的技巧。

(8)卡诺图化简法就是利用卡诺图进行化简。它的优点是简单、直观,而且有一定的步骤可循,容易掌握,化简过程中又可避免差错。然而,在逻辑变量多于五个以上时,卡诺图化简法的优点也难以体现了。

(9)集成逻辑门电路按导电类型分为双极型和单极型两大类,双极型主要介绍了TTL电路，单极型主要介绍了 CMOS 电路。TTL 电路是目前双极型集成电路中用得最多的，而 CMOS 门电路是单极型集成电路中用得最多的。TTL 主要系列有 74、74H、74S、74LS、74AS、74ALS，CMOS 主要系列有 CC4000、74HC、74HCT。

（10）由于 TTL 电路具有开关速度高、抗干扰能力强、带载能力好等优点，因此发展快、应用广。在 TTL 中与非门的应用最多，但实际的数字电路中，需要实现的逻辑功能是多种多样的，因此，在 TTL 系列产品中，除了与非门以外，还有或非门、与或非门、与门、或门、异或门、集电极开路门（OC 门）、及三态门（TS 门）等。虽然它们的功能各异，但其电路的输入与输出结构均和与非门基本相同。从应用的角度讲，关键是掌握各类门电路的逻辑功能，特别是掌握它们的引脚连接显得更为重要。

（11）CMOS 门是由 PMOS 管与 NMOS 管构成的互补逻辑门。由于 CMOS 门电路具有制造工艺简单、体积小、集成度高，输入阻抗大等优点，且工作电压范围宽、噪声容限大、扇出系数大、功耗低、速度快，因此发展也很快，应用也很广泛。CMOS 门电路除了基本逻辑门以外，还有 CMOS 传输门、模拟开关、OD 门、三态门等，使用时应注意它们各自的逻辑功能及引脚连接。

（12）接口电路是为了发挥各类逻辑门电路的特点，以实现数字系统的最佳配合。设计接口电路应考虑三个问题：一是驱动门与负载门的电平匹配，二是为负载门提供足够的输入电流，三是前后级之间的隔离问题。TTL 电路驱动 CMOS 电路时主要考虑电平匹配问题，CMOS 电路驱动 TTL 电路时主要考虑驱动电流问题。

习　题　七

1. 数字电路与模拟电路相比较有哪些不同？数字电路的主要特点是什么？

2. 将下列二进制数转换成十进制数：

(1) 11011.001。

(2) 101101.11。

3. 将下列十进制数转换成二进制数：

(1) 47.56。

(2) 156.34。

4. 将十进制数 178.24 转换成 8421BCD 码。

5. 将 8421BCD 码 1001 0111 0101 转换成十进制数。

6. 将十六进制数 3AE.6B 转换成十进制数。

7. 电路如题图 7-1 所示，已知 A、B 波形如图所示，试画出输出 Y_1、Y_2 的波形。

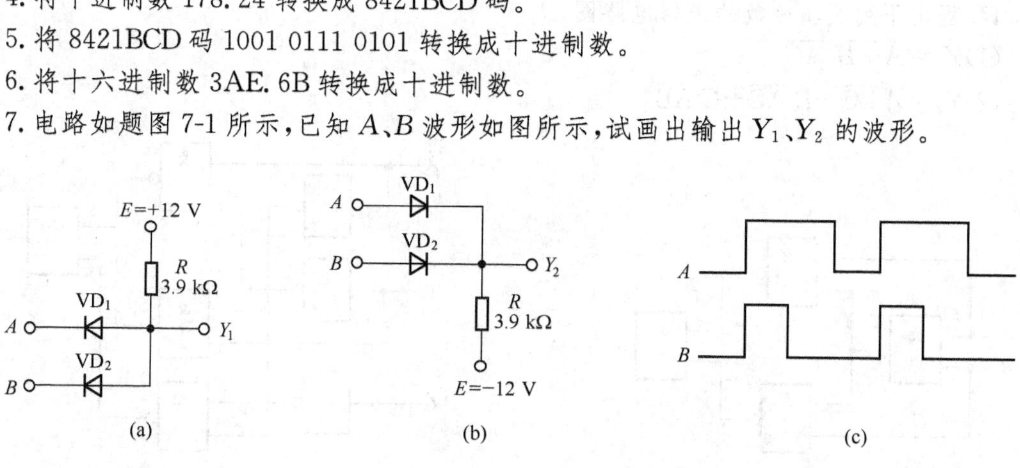

题图 7-1　题 7 附图

8. 各种门电路如题图 7-2 所示，已知 A、B 波形如图所示，试求：

(1) Y_1、Y_2、Y_3、Y_4 的逻辑表达式。

(2) 画出 Y_1、Y_2、Y_3、Y_4 的波形。

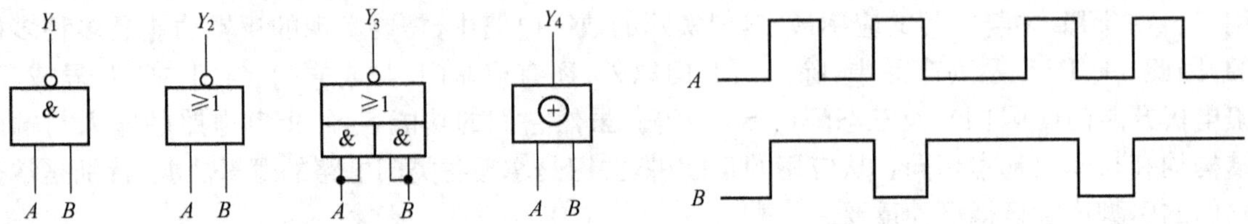

题图 7-2　题 8 附图

9. 已知某逻辑函数的真值表如题表 7-1 所示，试写出 Y 的逻辑表达式。

题表 7-1　题 9 附表

A	B	C	Y
0	0	0	0
0	0	1	1
0	1	0	1
0	1	1	0
1	0	0	1
1	0	1	0
1	1	0	0
1	1	1	1

题表 7-2　题 10 附表

A	B	C	Y
0	0	0	0
0	0	1	1
0	1	0	1
0	1	1	0
1	0	0	0
1	0	1	1
1	1	0	0
1	1	1	1

10. 试根据题表 7-2 所示的逻辑函数真值表，写出它的与或表达式。

11. 已知同或门的逻辑表达式为 $Y=\overline{A}\,\overline{B}+AB$，试列出 Y 的真值表。并归纳出逻辑关系。

12. 写出题图 7-3 所示逻辑电路的函数表达式。

13. 写出题图 7-4 所示逻辑电路的函数表达式

14. 画出下列逻辑函数的逻辑电路图。

(1) $Y_1=\overline{A+B}\;\overline{AC}$

(2) $Y_2=A\,\overline{BC}+B\,\overline{AC}+C\,\overline{AB}$

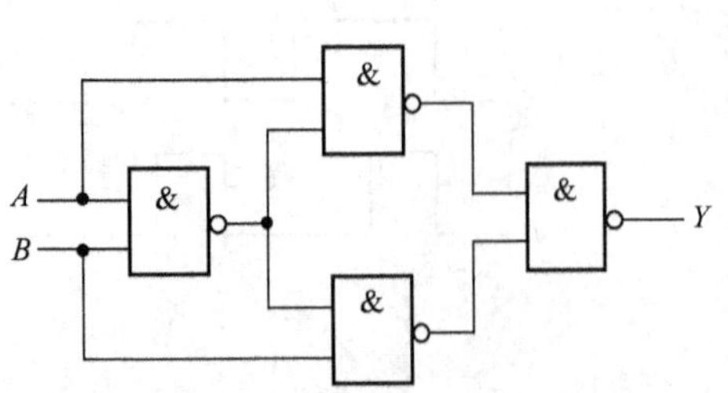

题图 7-3　题 12 附图

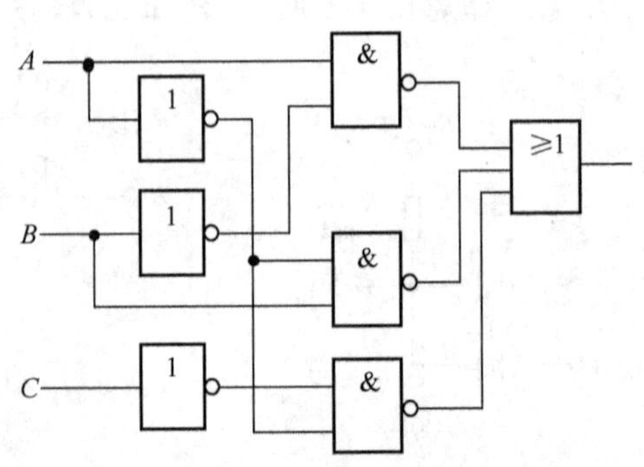

题图 7-4　题 13 附图

15. 在下列各个函数表达式中，变量 A、B、C 为哪些取值组合时，函数 Y 的值为 1。

(1)$Y=\overline{A}B+BC+AC$

(2)$Y=A\overline{B}C+A\overline{B}\,\overline{C}+\overline{A}\,\overline{B}C+ABC$

16. 证明下列等式成立：

(1)$AB+A\overline{B}+\overline{A}B=A+\overline{B}$

(2)$\overline{A+B+C}=\overline{A}\,\overline{B}\,\overline{C}$

(3)$AB+BCD+\overline{A}C+BC=AB+C$

(4)$\overline{A\oplus B}=\overline{A}\oplus B+A\oplus\overline{B}$

17. 用公式法化简下列逻辑函数：

(1)$Y=A\overline{B}+B\overline{C}+\overline{B}C+\overline{A}B$

(2)$Y=ABC+A\overline{B}C+AB\overline{C}$

(3)$Y=\overline{A}\,\overline{B}\,\overline{C}+A+B+C$

(4)$Y=(A\oplus B)C+ABC+\overline{A}\,\overline{B}C$

(5)$Y=AD+A\overline{D}+AB+\overline{A}C+BD+ACEF+\overline{B}EF+DEFG$

18. 什么是最小项？若逻辑函数有三个变量，其最小项有哪些？哪些最小项是逻辑相邻的？

19. 将下列函数展开成最小项表达式。

(1)$Y=AB+BC+CA$

(2)$Y=\overline{AB+AD+BC}$

(3)$Y=AB\overline{C}+D$

(4)$Y=\overline{A+\overline{B}C}(A+B)$

20. 用卡诺图法化简下列逻辑函数：

(1)$Y=\overline{A}\,\overline{B}\,\overline{C}+\overline{A}B\overline{C}+\overline{A}C$

(2)$Y=\overline{A}\,\overline{B}\,\overline{C}+\overline{A}\,\overline{B}C+\overline{A}B\overline{C}+\overline{A}BC+A\overline{B}C+ABC$

(3)$Y=A\overline{B}C\overline{D}+\overline{A}B+\overline{A}B\overline{D}+B\overline{C}+BCD$

(4)$Y=A\overline{B}CD+A\overline{B}+\overline{A}+A\overline{D}$

(5)$Y=\overline{(\overline{A}+\overline{B})D}+(\overline{A}\,\overline{B}+BD)\overline{C}+\overline{A}B\overline{C}D+\overline{D}$

21. 用卡诺图法化简下列逻辑函数，写出最简与或表达式，后转换成与非—与非表达式。

(1)$Y(A,B,C)=\sum m(0,1,3,4,5)$。

(2)$Y(A,B,C)=\sum m(1,4,5,6,7)$。

(3)$Y(A,B,C,D)=\sum m(3,4,5,7,9,13,14,15)$。

22. 用卡诺图法化简下列具有约束条件的逻辑函数。约束条件为 $AB+AC=0$。

(1)$Y(A,B,C,D)=\sum m(1,2,3,5,6,8,9)$。

(2)$Y(A,B,C,D)=\sum m(0,2,4,5,6,7,8)$。

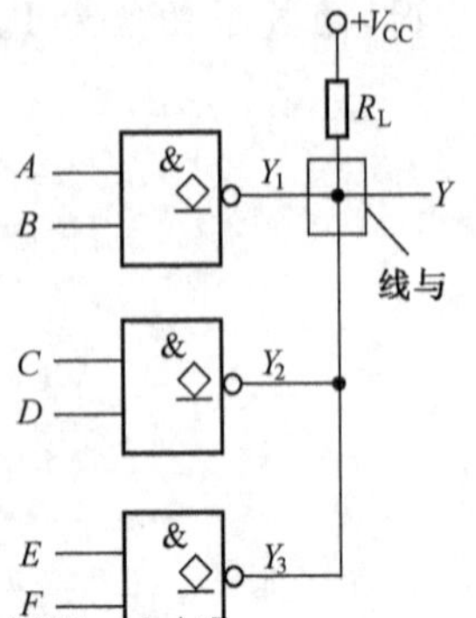

23. KH * 3/4]

题图 7-5　题 25 附图

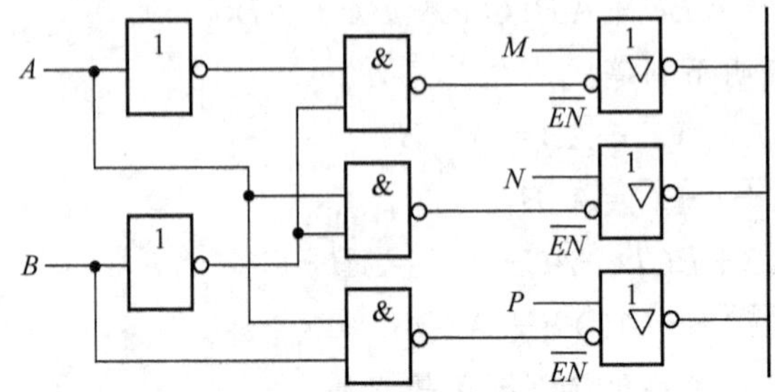

题图 7-6　题 26 附图

24. 有两个同型号的 TTL 与非门，甲门的 $U_{ON}=1.4$ V，乙门的 $U_{ON}=1.6$ V，试问输入高电平时的抗干扰能力 U_{NH} 哪个大？若甲门的 $U_{OFF}=1.1$ V，乙门的 $U_{OFF}=0.9$ V，试问输入低电平时的抗干扰能力 U_{NL} 哪个大？

25. 写出题图 7-5 所示门电路的逻辑表达式。当 $A=B=C=E=1, D=F=0$ 时，判断输出端 Y 的状态。

26. 试分析题图 7-6 所示电路，将不同输入组合时的输出状态填入题表 7-3 中。

题表 7-3　题 26 附表

A	B	Y
0	0	
0	1	
1	0	
1	1	

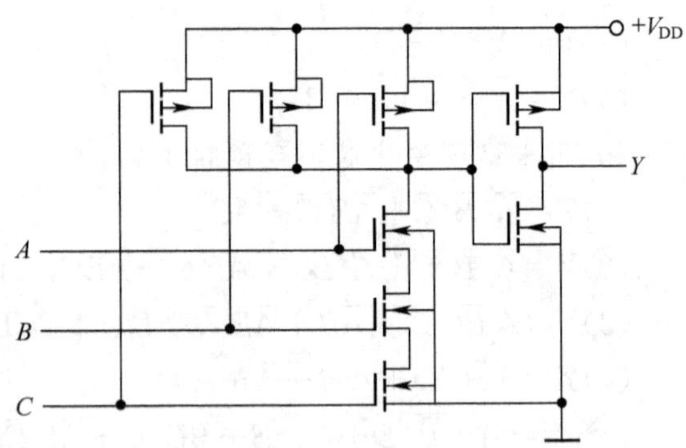

题图 7-7　题 28 附图

27. 什么叫 MOS 门电路？MOS 门电路有哪几种形式？CMOS 门电路有哪些优点？

28. 试列出题图 7-7 所示电路的真值表，分析其逻辑功能，写出输出 Y 的逻辑函数表达式。

29. CMOS 模拟开关电路如题图 7-8(a)所示，根据输入端 A、B 的波形如题图 7-8(b)所示，试画出对应于输出 Y 的波形。

30. 在检修某一数字电路时，发现一个 CMOS 异或门已损坏，为应急处理，试用两片 CC4023(三 3 输入与非门)和一片 CC4001(四二输入或非门)组成异或门来代替，试画出电路的连接图，并注意多余脚的处理。

31. 题图 7-9 所示的 TTL 门电路中，对于多余脚的处理，哪些接法是正确的？

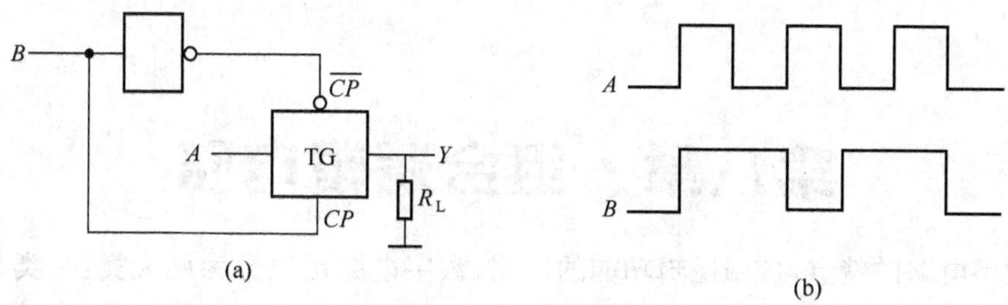

题图 7-8　题 29 附图

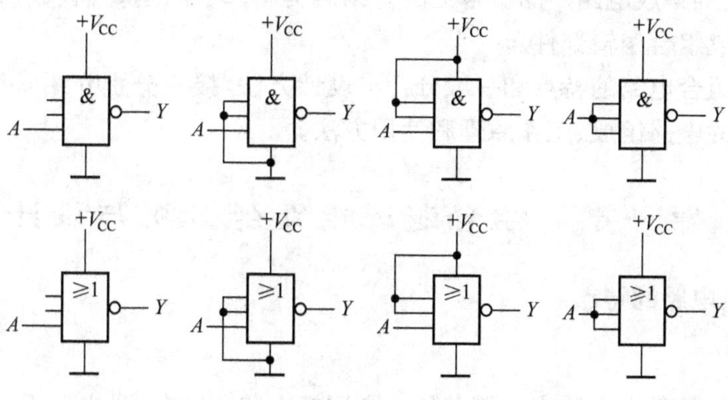

题图 7-9　题 31 附图

第八章　组合逻辑电路

根据数字电路的特点，按照逻辑功能的不同，数字电路可以分为两大类：一类是组合逻辑电路，简称组合电路；另一类是时序逻辑电路，简称时序电路。组合逻辑电路有着十分广泛的应用，随着数字集成电路的发展，目前已把某些具有特定逻辑功能的组合电路设计成标准化电路，并制成中规模的集成电路产品。常见的有编码器、译码器、运算器、数据选择器和分配器、数值比较器等集成组合逻辑部件。

本章先介绍组合电路的特点和一般分析与设计方法，接着分别介绍常用的各种中规模集成组合逻辑电路的电路组成、工作原理和使用方法。

第一节　组合逻辑电路的分析与设计

一、组合逻辑电路的特点

1. 基本特点

组合逻辑电路是数字电路中最简单的一类逻辑电路，其特点是电路无记忆功能，无反馈环节，电路任一时刻的输出状态只决定于该时刻各输入状态的组合，而与电路的原状态无关。从电路结构上看，组合逻辑电路仅由门电路组成，电路中无记忆单元，输入与输出之间无反馈。由上述特点可知，前面介绍的各种门电路都可以看成是最简单的组合电路。

2. 逻辑功能的描述

组合逻辑电路逻辑功能的描述常用逻辑函数表达式、真值表、逻辑图、卡诺图等表示，也可以用工作波形图或时序图来表示。这五种方式可互相转换，只要知道其中一种，就可推出其他形式。在未知电路结构和逻辑功能的情况下，可采用测量输入与输出的波形，来归纳分析电路的逻辑功能。

组合逻辑电路一般有多个输入端和多个输出端，其结构如图 8-1 所示。图中 $X_1, X_2, \cdots, X_n$ 表示输入变量，$Y_1, Y_2, \cdots, Y_m$ 表示输出变量，输出与输入间的函数关系可表示为

$$
\begin{aligned}
Y_1 &= f_1(X_1, X_2, \cdots, X_n) \\
Y_2 &= f_2(X_1, X_2, \cdots, X_n) \\
&\vdots \\
Y_m &= f_m(X_1, X_2, \cdots, X_n)
\end{aligned}
$$

图 8-1　组合逻辑电路结构示意图

二、组合逻辑电路的分析

分析组合逻辑电路的任务是找出给定组合电路的逻辑功能，用逻辑函数表达式或真值表的形式表示，并用文字表述出来。要完成分析任务，必须会由电路写出输入、输出间的逻辑表达式，并准确地计算出真值表，用真值表分析其逻辑功能。组合逻辑电路的分析步骤如图 8-2 所示。

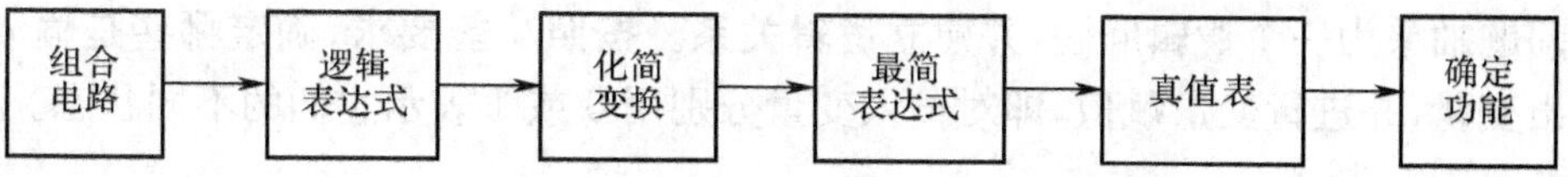

图 8-2　组合逻辑电路分析步骤框图

1. 分析步骤

(1)写出逻辑函数表达式。根据已知的逻辑电路图，从输入到输出逐级写出逻辑函数表达式。

(2)化简逻辑函数。由电路图直接写出的逻辑表达式通常不是最简形式，需要用公式法或卡诺图法进行化简，以得到最简逻辑表达式。

(3)列出真值表。根据最简逻辑表达式，给出所有输入状态组合，计算输出，列出真值表。

(4)确定电路功能。根据真值表或最简逻辑表达式确定或归纳电路的逻辑功能。

2. 分析举例

【例 8-1】　试分析图 8-4 所示电路的逻辑功能。

解：(1)写出表达式 $Y=A\overline{ABC}+B\overline{ABC}+C\overline{ABC}$

(2)化简：$Y=A(\overline{A}+\overline{B}+\overline{C})+B(\overline{A}+\overline{B}+\overline{C})+C(\overline{A}+\overline{B}+\overline{C})$

$=A\overline{B}+A\overline{C}+B\overline{A}+B\overline{C}+C\overline{A}+C\overline{B}$

用卡诺图化简，如图 8-3 所示。

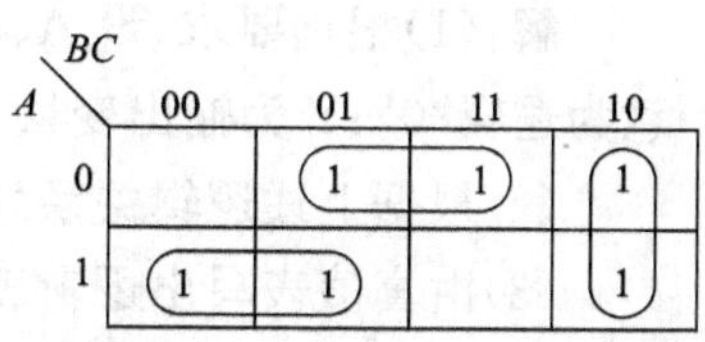

图 8-3　例 8-1 卡诺图

根据卡诺图得出最简表达式为 $Y=A\overline{B}+B\overline{C}+\overline{A}C$

(3)列出真值表。其真值表如表 8-1 所示。

(4)确定功能。从真值表看出，当输入 A、B、C 三个变量不一致时，电路输出为“1”，所以这个电路称为“不一致鉴别器”。当电路输入信号 A、B、C 相同时，电路正常工作，而输入信号不同时，发出告警信号，这种电路在数字系统中常会遇到。

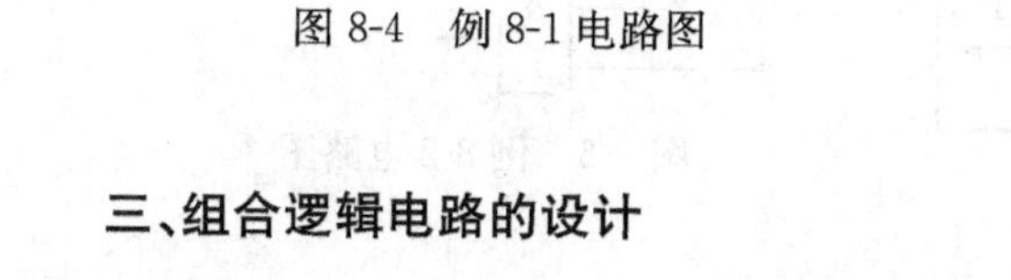

图 8-4　例 8-1 电路图

表 8-1　例 8-1 电路真值表

A	B	C	Y	A	B	C	Y
0	0	0	0	1	0	0	1
0	0	1	1	1	0	1	1
0	1	0	1	1	1	0	1
0	1	1	1	1	1	1	0

三、组合逻辑电路的设计

组合逻辑电路的设计就是根据给出的实际逻辑问题，设计出能实现该功能的最简逻辑电路。设计中一般以电路简单、利用器件最少为目标，并尽量减少所用集成器件的种类。设计步骤一般与分析步骤相反，如图 8-5 所示。

1. 设计步骤

(1)分析设计要求，确定输入变量、输出变量及二者的因果关系。分析的目的就是将给出的实际问题抽象为一个逻辑问题，并建立逻辑关系。按照功能要求，确定哪些是输入变量，哪些是输出变量，并进行变量赋值，即对输入变量分别用 0 或 1 表示它们的不同状态。这是设计过程中的关键一步。

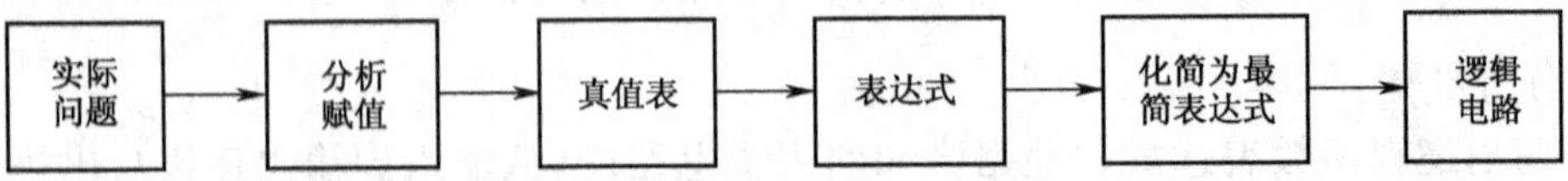

图 8-5 组合逻辑电路设计框图

(2)列出真值表。将全部输入可能出现的状态分别根据赋值给输入变量，根据分析得到的输入与输出之间的逻辑关系列出真值表。

(3)写出表达式。根据真值表写出相应的逻辑表达式，用公式法或卡诺图法进行化简，并根据所用器件要求，变换成所需要的逻辑表达式。

(4)画逻辑电路图。根据化简变换后的最简表达式，画出逻辑电路图。

应当指出，上述这些步骤并不是固定不变的，在实际设计中，应根据具体情况灵活应用。

2. 设计举例

【例 8-2】 用与非门设计一个三人表决电路，结果按“少数服从多数”的原则确定。

解：(1)根据要求，设 A、B、C 为三个表决按钮，作为输入变量，并设同意为逻辑“1”，不同意为逻辑“0”；Y 为输出变量，通过为“1”，不通过为“0”。

(2)根据上述逻辑关系列出真值表，如表 8-2 所示。

(3)由真值表写出逻辑表达式，并进行化简，再变换成与非形式。由真值表写出的逻辑表达式为

$$\begin{aligned} Y &= \overline{A}BC + A\overline{B}C + AB\overline{C} + ABC \\ &= \overline{A}BC + A\overline{B}C + AB\overline{C} + ABC + ABC + ABC \\ &= BC + AC + AB \end{aligned}$$

(4)根据上述表达式，画出相应的逻辑电路图，如图 8-6 所示。

表 8-2 例 8-2 真值表

A	B	C	Y	A	B	C	Y
0	0	0	0	1	0	0	0
0	0	1	0	1	0	1	1
0	1	0	0	1	1	0	1
0	1	1	1	1	1	1	1

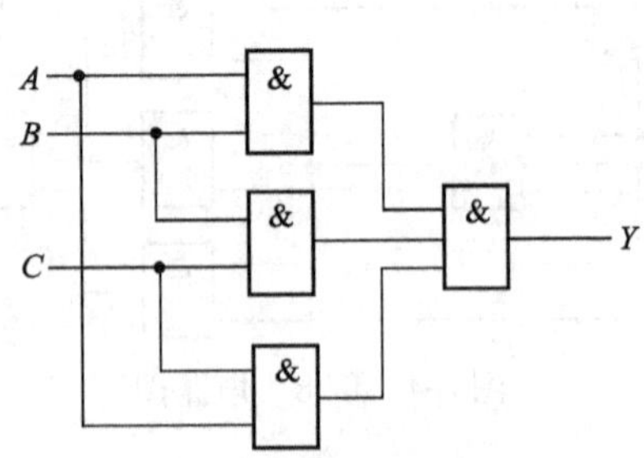

图 8-6 例 8-2 电路图

第二节 编 码 器

在数字系统中，经常需要把某种特定含义的信号变换成二进制代码。所谓编码就是用一组代码来表示文字、符号或者数码等特定信息对象的过程。能够实现编码功能的组合电路称为编码器。例如计算机的键盘就是由编码器组成的，每按一次键编码器就将该键信号转换成

二进制代码。

在编码器中采用二进制数作代码，一位二进制数仅有0和1两个代码，表示两个相反的信号；两位二进制数有00、01、10、11四个代码，可以表示四个不同的信号；一般地说，n位二进制数有2^n个代码，可表示2^n个信号。所以，对N个信号进行编码时，可用公式$2^n \geqslant N$来确定所需的二进制代码的位数n。常见的编码器有二进制编码器、二—十进制编码器和优先编码器等。

一、二进制编码器

将$N=2^n$个输入信号变换成n位二进制代码的编码电路，称为二进制编码器。图8-7所示为3位二进制编码器示意图。现以8-3线编码器为例说明二进制编码器的工作原理。

图8-7　二进制编码器示意图

这种编码器有8条输入信号线I_0、I_1、…、I_7，有三条输出线Y_2、Y_1、Y_0，所以称为8-3线编码器。对于每个输入信号都有一组相应的输出代码，其真值表如表8-3所示。

由真值表可得

$$Y_0=I_1+I_3+I_5+I_7=\overline{\overline{I_1}\,\overline{I_3}\,\overline{I_5}\,\overline{I_7}}$$
$$Y_1=I_2+I_3+I_6+I_7=\overline{\overline{I_2}\,\overline{I_3}\,\overline{I_6}\,\overline{I_7}}$$
$$Y_2=I_4+I_5+I_6+I_7=\overline{\overline{I_4}\,\overline{I_5}\,\overline{I_6}\,\overline{I_7}}$$

根据逻辑表达式可画出用与非门组成的3位二进制编码器，如图8-8所示。在图中I_0的编码是隐含着的，当$I_1 \sim I_7$均为0时，电路的输出就是I_0的编码。应当指出，编码器在任一时刻只能对一个输入信号进行编码，在输入端不允许出现两个同时为1的信号，否则输出将发生混乱，所以输入信号之间是互相排斥的。

表8-3　三位二进制编码器真值表

输　入	输出
$I_0\ I_1\ I_2\ I_3\ I_4\ I_5\ I_6\ I_7$	$Y_2\ Y_1\ Y_0$
1 0 0 0 0 0 0 0	0 0 0
0 1 0 0 0 0 0 0	0 0 1
0 0 1 0 0 0 0 0	0 1 0
0 0 0 1 0 0 0 0	0 1 1
0 0 0 0 1 0 0 0	1 0 0
0 0 0 0 0 1 0 0	1 0 1
0 0 0 0 0 0 1 0	1 1 0
0 0 0 0 0 0 0 1	1 1 1

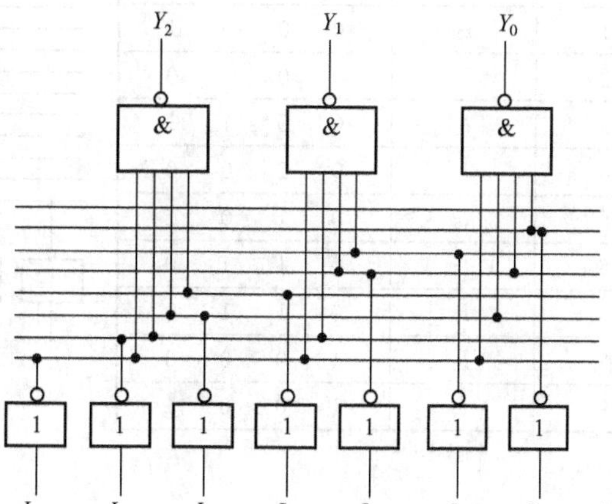

图8-8　3位二进制编码器

二、二—十进制编码器

将十进制数0～9的10个数码编成相应的二进制代码的电路，称为二—十进制编码器。图8-9所示为二—十进制编码器示意图，其输入信号有$N=10$个，用I_0、I_1、…、I_9表示，根据

$2^n \geq 10$ 确定编码位数，则 $n=4$。这样的输出就是一组四位二进制代码，用 Y_3、Y_2、Y_1、Y_0 表示。

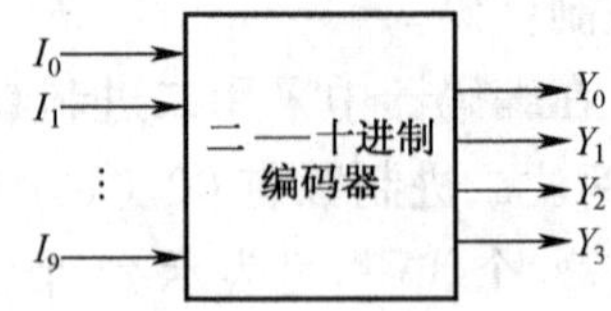

图 8-9 二—十进制编码器示意图

由于四位二进制代码共有 16 个不同组合，可任选其中 10 种表示 0～9 的 10 个数码，这就有不同的编码方式。现以常用的 8421BCD 编码器为例说明其电路结构与工作原理。

8421BCD 编码器有十条输入线 I_0、I_1、…、I_9，用它们表示一位十进制数的 10 个数码，有四条输出线 Y_3、Y_2、Y_1、Y_0，表示四位二进制代码。电路在任一时刻只允许对输入的一个十进制数进行编码，不允许出现两个或两个以上输入信号同时为 1 的情况。编码器的真值表如表 8-4 所示。

由真值表可得

$$Y_0 = I_1 + I_3 + I_5 + I_7 + I_9 = \overline{\overline{I_1}\,\overline{I_3}\,\overline{I_5}\,\overline{I_7}\,\overline{I_9}}$$

$$Y_1 = I_2 + I_3 + I_6 + I_7 = \overline{\overline{I_2}\,\overline{I_3}\,\overline{I_6}\,\overline{I_7}}$$

$$Y_2 = I_4 + I_5 + I_6 + I_7 = \overline{\overline{I_4}\,\overline{I_5}\,\overline{I_6}\,\overline{I_7}}$$

$$Y_3 = I_8 + I_9 = \overline{\overline{I_8}\,\overline{I_9}}$$

根据逻辑表达式可画出 8421BCD 编码器逻辑电路图，如图 8-10 所示。由电路图可知，当 I_8 端有信号（$I_8=1$），而其他输入端无信号时，输出代码为 $Y_3Y_2Y_1Y_0=1000$，完成对 I_8 的编码，其余类似。当输入端全无信号时，即 I_1～I_9 均为 0，则输出代码为 $Y_3Y_2Y_1Y_0=0000$，隐含对 I_0 的编码。

表 8-4 8421BCD 编码器真值表

十进制数	输入变量	8421BCD 编码输出			
		Y_3	Y_2	Y_1	Y_0
0	I_0	0	0	0	0
1	I_1	0	0	0	1
2	I_2	0	0	1	0
3	I_3	0	0	1	1
4	I_4	0	1	0	0
5	I_5	0	1	0	1
6	I_6	0	1	1	0
7	I_7	0	1	1	1
8	I_8	1	0	0	0
9	I_9	1	0	0	1

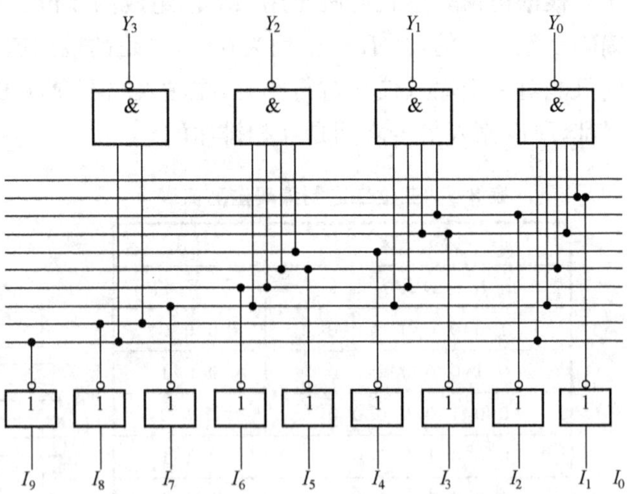

图 8-10 二—十进制编码器逻辑图

三、8421BCD 码优先编码器

前面讨论的编码器其输入信号是相互排斥的。实际应用中，有时存在两个以上的输入信号同时输入，要求输出不出现混乱，而且能按预定的优先顺序对信号进行编码，这种组合电路称为优先编码器。至于优先级别的高低，可由设计人员根据问题的轻重缓急决定。

例如，旅客列车分特快、直快和普快三种，它们的优先级顺序是特快最高，其次是直快，最低级是普快。显然，在同一时刻只允许一趟列车从车站开出，只能给出一个发车信号，用优先编码器可满足上述要求。

在计算机中，常有许多输入设备，可能同时向主机发出中断请求，而在同一时刻只能给其中一个设备发出操作指令。因此，必须事先对这些设备规定优先级别。所以，计算机的优先中断系统也会用到优先编码器。

常用的集成优先编码器如表 8-5 所示。现讨论 8421BCD 码优先编码器 74LS147 的工作原理。

表 8-5　常用集成优先编码器组件型号

功　能	常用器件型号		
8-3 线编码器	74148	74LS148	74HC148
10-4 线编码器	74147	74LS147	74HC147
8-8 线编码器	74LS149	74HC149	

图 8-11(a)所示为 74LS147 的逻辑图，图 8-11(b)所示为它的引脚排列图。它有十条输入信号线$\overline{I}_0$、$\overline{I}_1$、…、$\overline{I}_9$，输入低电平有效，即$\overline{I}_0$～$\overline{I}_9$ 为 0 时表示有信号，为 1 时表示无信号。有四条输出线$\overline{Y}_3$、$\overline{Y}_2$、$\overline{Y}_1$、$\overline{Y}_0$，输出是 8421BCD 码的反码。根据逻辑图可写出$\overline{Y}_3$、$\overline{Y}_2$、$\overline{Y}_1$、$\overline{Y}_0$，的逻辑表达式：

$$\overline{Y}_0=\overline{I_9+I_7\overline{I_8+I_9}+I_5\overline{I}_6\overline{I_8+I_9}+I_3\overline{I}_4\overline{I}_6\overline{I_8+I_9}+I_1\overline{I}_2\overline{I}_4\overline{I}_6\overline{I_8+I_9}}$$

$$\overline{Y}_1=\overline{I_7\overline{I_8+I_9}+I_6\overline{I_8+I_9}+I_3\overline{I}_4\overline{I}_5\overline{I_8+I_9}+I_2\overline{I}_4\overline{I}_5\overline{I_8+I_9}}$$

$$\overline{Y}_2=\overline{I_7\ \overline{I_8+I_9}+I_6\ \overline{I_8+I_9}+I_5\ \overline{I_8+I_9}+I_4\ \overline{I_8+I_9}}$$

$$\overline{Y}_3=\overline{I_8+I_9}$$

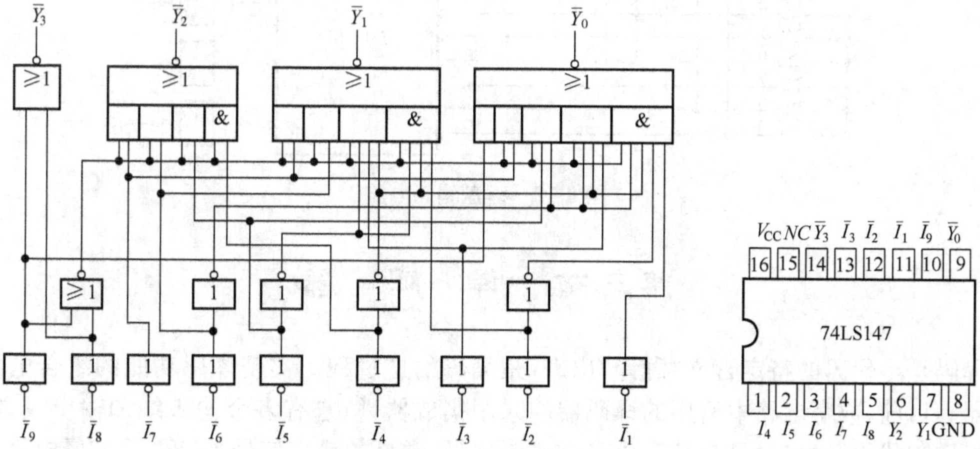

(a)74LS147逻辑图　　(b)74LS147引脚排列图

图 8-11　二—十进制优先编码器 74LS147

表 8-6 所示为 10-4 线 74LS147 优先编码器的真值表，$\overline{I}_9$ 的优先权最高，$\overline{I}_8$ 次之，依此类推$\overline{I}_0$ 为最低。当几个输入端同时出现为 0 的信号时，编码器只对优先级别最高的进行编码。即编码器只对优先级别最高位出现 0 的输入端进行编码，而不管优先级别比它低的各位是否出现 0，因此比它级别低的输入端均用“×”表示。例如，当$\overline{I}_9=0$ 时，不管其他输入端

是什么，输出的是与$\overline{I}_9$相对应的8421BCD码的反码，即$\overline{Y}_3\ \overline{Y}_2\ \overline{Y}_1\ \overline{Y}_0=0110$，而不是1001。如果$\overline{I}_1\sim\overline{I}_9$均为1时，则$\overline{Y}_3\ \overline{Y}_2\ \overline{Y}_1\ \overline{Y}_0=1111$，它是8421BCD码“0”的反码，隐含着对$\overline{I}_0$的编码。

表 8-6　8421BCD 码优先编码器真值表

输　入	输出	输　入	输出
$\overline{I}_1\ \overline{I}_2\ \overline{I}_3\ \overline{I}_4\ \overline{I}_5\ \overline{I}_6\ \overline{I}_7\ \overline{I}_8\ \overline{I}_9$	$\overline{Y}_3\ \overline{Y}_2\ \overline{Y}_1\ \overline{Y}_0$	$\overline{I}_1\ \overline{I}_2\ \overline{I}_3\ \overline{I}_4\ \overline{I}_5\ \overline{I}_6\ \overline{I}_7\ \overline{I}_8\ \overline{I}_9$	$\overline{Y}_3\ \overline{Y}_2\ \overline{Y}_1\ \overline{Y}_0$
× × × × × × × × 0	0 1 1 0	× × × 0 1 1 1 1 1	1 0 1 1
× × × × × × × 0 1	0 1 1 1	× × 0 1 1 1 1 1 1	1 1 0 0
× × × × × × 0 1 1	1 0 0 0	× 0 1 1 1 1 1 1 1	1 1 0 1
× × × × × 0 1 1 1	1 0 0 1	0 1 1 1 1 1 1 1 1	1 1 1 0
× × × × 0 1 1 1 1	1 0 1 0	1 1 1 1 1 1 1 1 1	1 1 1 1

74LS147用作键盘编码器的电路如图8-12所示。通过编码器将按键表示的十进制数转换成相应的二进制数，送入计算机系统。由于编码器的输入信号与输出信号均为低电平有效，故在按键的一端接地，另一端通过电阻接电源，当按键按下时为低电平，表示有信号输入，而按键松开时，为高电平，表示无有效信号输入。对于输出端则采用反相器输出，使输出信号反相为高电平。

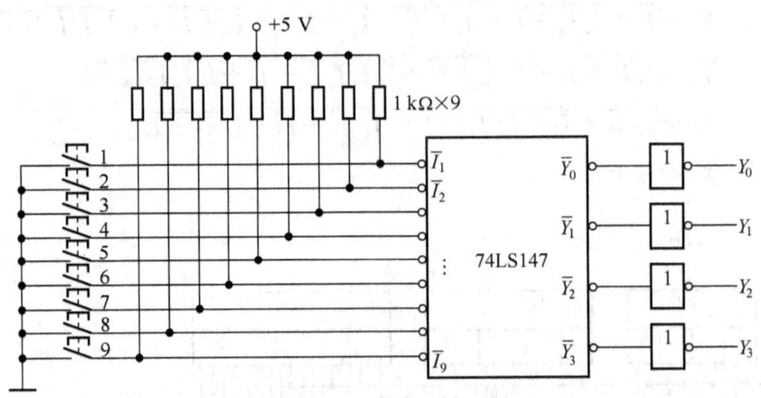

图 8-12　键盘编码电路

第三节　译　码　器

译码是将代码的特定含义“翻译”出来，是编码的逆过程。实现译码功能的组合电路称为译码器。目前，数字电路中所用的译码器均采用集成器件，它有多个输入线和输出线，输入是一组二进制代码，输出是具有特定含义的逻辑信号，常见的输出信号是高电平或低电平。每个输出信号只对应于一组输入代码，因此一个输出信号与一组输入代码有着一一对应关系。

译码器的用途很广，种类很多，按照功能的不同，可分三类：

(1)变量译码器：用于表示输入变量状态，如二进制译码器。常见的有2-4线译码器、3-8线译码器、4-16线译码器等。

(2)码制变换译码器：用于同一个数据的不同代码间的变换，如二—十进制译码器。常见的有BCD—十进制译码器。

(3)显示译码器：将数字、文字或符号的代码按其原意译成相应的输出信号，并通过显示器件显示。常见的有七段数码显示器。

二进制译码器和二—十进制译码器等又统称为通用译码器。

一、二进制译码器

将二进制代码按其原意翻译成相应的输出信号的组合电路，称为二进制译码器。也称为 n-2^n 线译码器，即它有 n 个输入线，2^n 个输出线。其功能是将 n 位二进制代码译成 2^n 种输出状态。图 8-13 所示为 3-8 线译码器的示意图，有 3 个输入线，即输入变量数为 3，可组成 3 位二进制代码。有 8 个输出线，分别对应于 8 个输出状态。每个输出线对应于一组输入代码，在某一时刻只有一个输出线为有效电平，其余输出线为无效电平。

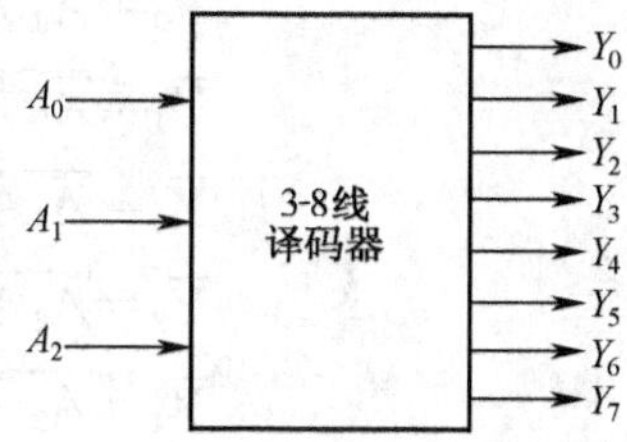

图 8-13　3-8 线译码器示意图

常用的中规模集成二进制译码器型号如表 8-7 所示。现以 3-8 线 74LS138 译码器为例说明译码器的工作原理。

表 8-7　常用二进制译码器组件型号

功　能	常用器件型号					
2-4 线译码器	74LS139	74LS539	74LS155	74LS156	74LS239	
3-8 线译码器	74LS138	74LS548	74LS131	74LS137	74LS237	74LS238
4-16 线译码器	74LS154					

74LS138 集成译码器的逻辑图、引脚排列图如图 8-14 所示。A_0、A_1、A_2 为 3 条输入线，$\overline{Y}_0 \sim \overline{Y}_7$ 为 8 条输出线，输出低电平有效，即输出低电平时表示有信号，高电平时表示无信号。输出信号与输入代码有着对应关系，只有对应于某组输入代码的输出线才会输出有效电平。例如，当 $A_2A_1A_0=000$ 时，输出 $\overline{Y}_0=0$，因此 $\overline{Y}_0$ 为有效电平，而此时 $\overline{Y}_1 \sim \overline{Y}_7$ 均为 1，它们均为无效电平。当 $A_2A_1A_0=001$ 时，输出 $\overline{Y}_1=0$，而 $\overline{Y}_0$、$\overline{Y}_2 \sim \overline{Y}_7$ 均为 1，此时只有 $\overline{Y}_1$ 是有效电平。依次类推，其真值表如表 8-8 所示。

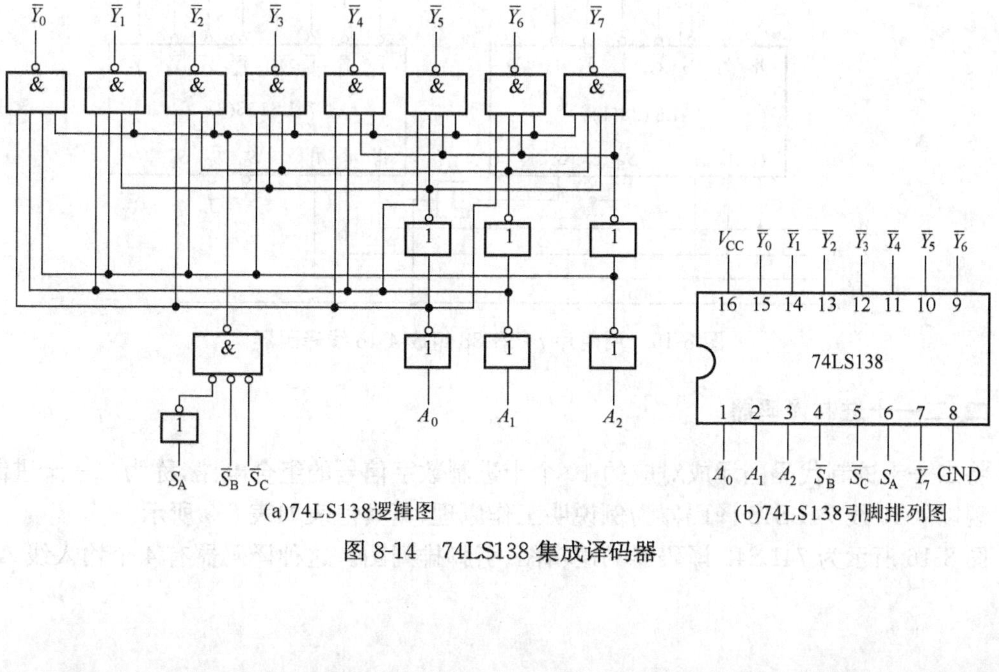

图 8-14　74LS138 集成译码器

电路附加 3 个使能端 S_A、$\overline{S}_B$、$\overline{S}_C$，用来控制电路的工作状态。当 $S_A=1$，$\overline{S}_B=\overline{S}_C=0$ 时，译码器处于正常译码状态，这时输出 $\overline{Y}_0 \sim \overline{Y}_7$ 的状态由输入变量确定，由逻辑图可写出各输出的逻辑表达式：

$$\overline{Y}_0=\overline{\overline{A}_2\,\overline{A}_1\,\overline{A}_0}$$
$$\overline{Y}_1=\overline{\overline{A}_2\,\overline{A}_1 A_0}$$
$$\overline{Y}_2=\overline{\overline{A}_2 A_1\,\overline{A}_0}$$
$$\overline{Y}_3=\overline{\overline{A}_2 A_1 A_0}$$
$$\overline{Y}_4=\overline{A_2\,\overline{A}_1\,\overline{A}_0}$$
$$\overline{Y}_5=\overline{A_2\,\overline{A}_1 A_0}$$
$$\overline{Y}_6=\overline{A_2 A_1\,\overline{A}_0}$$
$$\overline{Y}_7=\overline{A_2 A_1 A_0}$$

表 8-8　74LS138 译码器真值表

输　入					输　出							
使能		数码										
S_A	$\overline{S}_B+\overline{S}_C$	A_2	A_1	A_0	$\overline{Y}_0$	$\overline{Y}_1$	$\overline{Y}_2$	$\overline{Y}_3$	$\overline{Y}_4$	$\overline{Y}_5$	$\overline{Y}_6$	$\overline{Y}_7$
×	1	×	×	×	1	1	1	1	1	1	1	1
0	×	×	×	×	1	1	1	1	1	1	1	1
1	0	0	0	0	0	1	1	1	1	1	1	1
1	0	0	0	1	1	0	1	1	1	1	1	1
1	0	0	1	0	1	1	0	1	1	1	1	1
1	0	0	1	1	1	1	1	0	1	1	1	1
1	0	1	0	0	1	1	1	1	0	1	1	1
1	0	1	0	1	1	1	1	1	1	0	1	1
1	0	1	1	0	1	1	1	1	1	1	0	1
1	0	1	1	1	1	1	1	1	1	1	1	0

当 $S_A=0$，$\overline{S}_B+\overline{S}_C=1$ 时，译码禁止，所有输出端同时出现高电平。S_A、$\overline{S}_B$、$\overline{S}_C$ 端又称选通端，合理使用，可以实现片选功能，可以将多片译码器连接起来，以扩展译码器的位数。例如用两片 74LS138 可组成 4-16 线译码器，如图 8-15 所示。将输入的 4 位二进制代码 $A_3A_2A_1A_0$ 译成 16 个独立的低电平信号 $\overline{Y}_0 \sim \overline{Y}_{15}$。由图 8-15 所示译码器可见，74LS138 仅有 3 个地址输入端 $A_2A_1A_0$。如果想对 4 位二进制代码译码，只能利用一个选通端（S_A、$\overline{S}_B$、$\overline{S}_C$ 当中的一个）作为第四个地址输入端。我们希望当输入为 0000～0111 时，第一片 74LS138 工作；当输入为 1000～1111 时，第二片 74LS138 工作。可见，用代码最高位控制两片译码器的选通端实现片选功能，可以使它们接替工作。

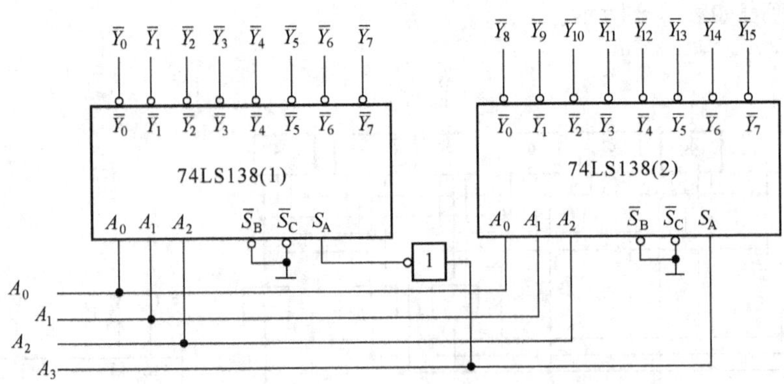

图 8-15　用两片 74LS138 组成 4-16 线译码器

二、二—十进制译码器

将二—十进制代码翻译成对应的 10 个十进制数字信号的组合电路，称为二—十进制译码器。现以 4-10 线 74LS42 译码器为例说明工作原理，其真值表如表 8-9 所示。

图 8-16 所示为 74LS42 译码器的逻辑图、引脚排列图。这种译码器有 4 个输入线 A_0、A_1、

A_2、A_3，输入是四位 BCD 码，有 10 个输出线$\overline{Y}_0$～$\overline{Y}_9$，分别对应十进制的十个数字，输出低电平有效。当 $A_3A_2A_1A_0=0110$ 时，输出$\overline{Y}_6=0$，其余均为 1，只有$\overline{Y}_6$ 为有效电平。当 $A_3A_2A_1A_0=1001$ 时，输出$\overline{Y}_9=0$，其余均为 1，$\overline{Y}_9$ 为有效电平，以此类推。根据逻辑图可写出各输出端的逻辑表达式：

$$\overline{Y}_0=\overline{\overline{A}_3\ \overline{A}_2\ \overline{A}_1\ \overline{A}_0}$$

$$\overline{Y}_1=\overline{\overline{A}_3\ \overline{A}_2\ \overline{A}_1A_0}$$

$$\overline{Y}_2=\overline{\overline{A}_3\ \overline{A}_2A_1\ \overline{A}_0}$$

$$\overline{Y}_3=\overline{\overline{A}_3\ \overline{A}_2A_1A_0}$$

$$\overline{Y}_4=\overline{\overline{A}_3A_2\ \overline{A}_1\ \overline{A}_0}$$

$$\overline{Y}_5=\overline{\overline{A}_3A_2\ \overline{A}_1A_0}$$

$$\overline{Y}_6=\overline{\overline{A}_3A_2A_1\ \overline{A}_0}$$

$$\overline{Y}_7=\overline{\overline{A}_3A_2A_1A_0}$$

$$\overline{Y}_8=\overline{A_3\ \overline{A}_2\ \overline{A}_1\ \overline{A}_0}$$

$$\overline{Y}_9=\overline{A_3\ \overline{A}_2\ \overline{A}_1A_0}$$

表 8-9　二—十进制译码器真值表

序号	输入				输出									
	A_3	A_2	A_1	A_0	$\overline{Y}_0$	$\overline{Y}_1$	$\overline{Y}_2$	$\overline{Y}_3$	$\overline{Y}_4$	$\overline{Y}_5$	$\overline{Y}_6$	$\overline{Y}_7$	$\overline{Y}_8$	$\overline{Y}_9$
0	0	0	0	0	0	1	1	1	1	1	1	1	1	1
1	0	0	0	1	1	0	1	1	1	1	1	1	1	1
2	0	0	1	0	1	1	0	1	1	1	1	1	1	1
3	0	0	1	1	1	1	1	0	1	1	1	1	1	1
4	0	1	0	0	1	1	1	1	0	1	1	1	1	1
5	0	1	0	1	1	1	1	0	1	0	1	1	1	1
6	0	1	1	0	1	1	1	1	1	1	0	1	1	1
7	0	1	1	1	1	1	1	1	1	1	1	0	1	1
8	1	0	0	0	1	1	1	1	1	1	1	1	0	1
9	1	0	0	1	1	1	1	1	1	1	1	1	1	0
伪码	0	1	0	0	1	1	1	1	1	1	1	1	1	1
	0	1	0	1	1	1	1	1	1	1	1	1	1	1
	0	1	1	0	1	1	1	1	1	1	1	1	1	1
	0	1	1	1	1	1	1	1	1	1	1	1	1	1
	1	0	0	0	1	1	1	1	1	1	1	1	1	1
	1	0	0	1	1	1	1	1	1	1	1	1	1	1

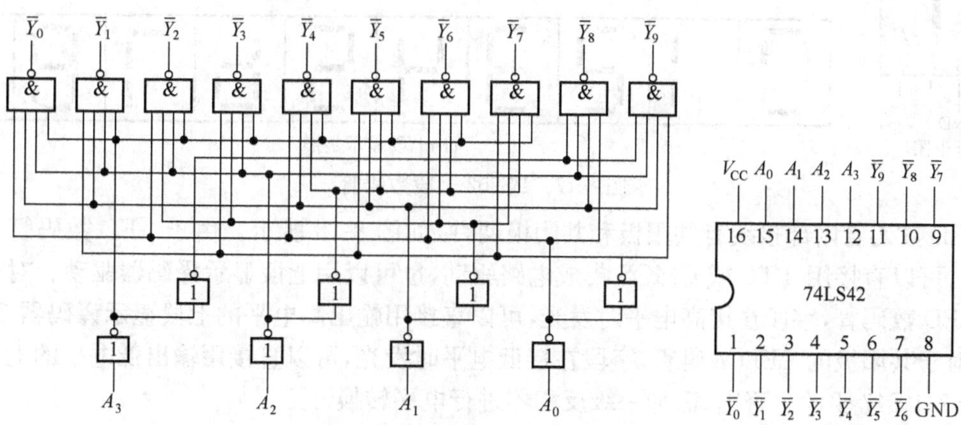

(a)74LS42逻辑图　(b)74LS42引脚排列图

图 8-16　74LS42 集成译码器

74LS42 译码器采用完全译码方式，未使用约束项，故能自动拒绝伪码输入，当输入为 1010～1111 六个无效状态时，输出端$\overline{Y}_0$～$\overline{Y}_9$ 均为 1，译码器拒绝译出。

若输出$\overline{Y}_8$ 和$\overline{Y}_9$ 闲置不用时，可将 $A_2A_1A_0$ 作为三位代码输入线，而将 A_3 作为使能端(低电平有效)，此时，74LS42 译码器可作 3-8 线译码器使用。按这种使用方法，还可将两片 74LS42 接成 4-16 线译码器。

三、显示译码器

将数字、符号或文字的二进制编码翻译成人们习惯的形式，并能直观显示的电路，称显示译码器。数字显示电路一般由译码器、驱动器和显示器组成。用于数字测量仪表、计算机和其他数字系统中。目前，显示器件种类较多，现仅介绍几种常用的数码显示器件和七段显示译码器。

1. 常用的数码显示器

数码显示器是用来显示数字、符号和文字的器件。常用的数码显示器件有辉光数码管、荧光数码管、半导体数码管、液晶显示器等。

(1)半导体数码管(LED)。半导体数码管是用发光二极管组成的字形显示器件。常用磷砷化镓、磷化镓、砷化镓等半导体制成 PN 结，并且其掺杂浓度很高。当 PN 结外加正向电压而导通时，能辐射发光。发出光线的波长与磷和砷的比例有关，磷的比例越大波长越短，通常能发出红、绿、黄等不同颜色的可见光。

将七个条形的发光二极管排列成“日”字形，封装在一起即构成了半导体数码管。七个条形的发光二极管组成七个字段，利用七个字段的组合，便可显示 0～9 十个数字。图 8-17(a)所示为国产 BS202 七段数码管的外形及管脚排列图，图 8-17(b)所示为各段组合显示的字形。有些数码管的右下角还增加了一个小数点 D_P，成为字形的第八段。当译码器输入代码为 0011 时，a、b、c、d、g 段亮，显示“3”字；当译码器输入代码为 1000 时，七段全亮，显示“8”字。

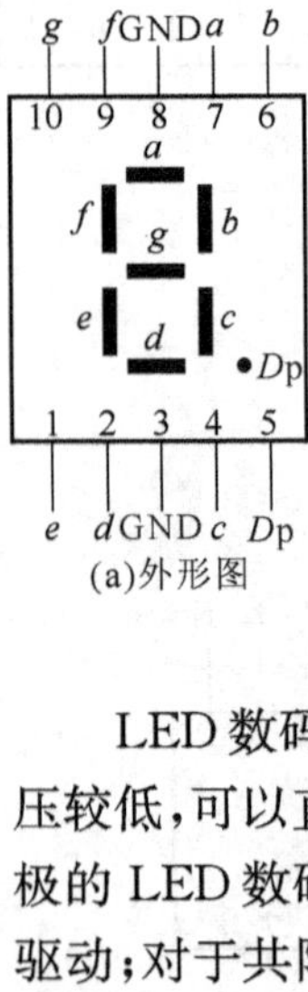

(a)外形图

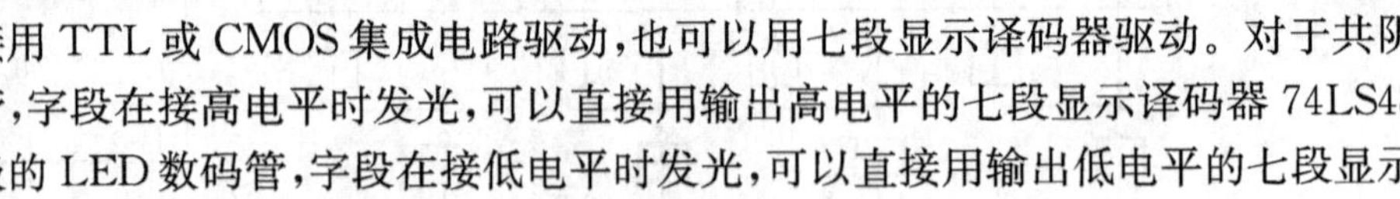
(b)七段显示字形

图 8-17　BS202 七段数码管

LED 数码管内部接线有共阳极和共阴极两种，如图 8-18 所示。由于 LED 数码管工作电压较低，可以直接用 TTL 或 CMOS 集成电路驱动，也可以用七段显示译码器驱动。对于共阴极的 LED 数码管，字段在接高电平时发光，可以直接用输出高电平的七段显示译码器 74LS48 驱动；对于共阳极的 LED 数码管，字段在接低电平时发光，可以直接用输出低电平的七段显示译码器 74LS47 驱动。否则，需加一级反相器进行电平转换。

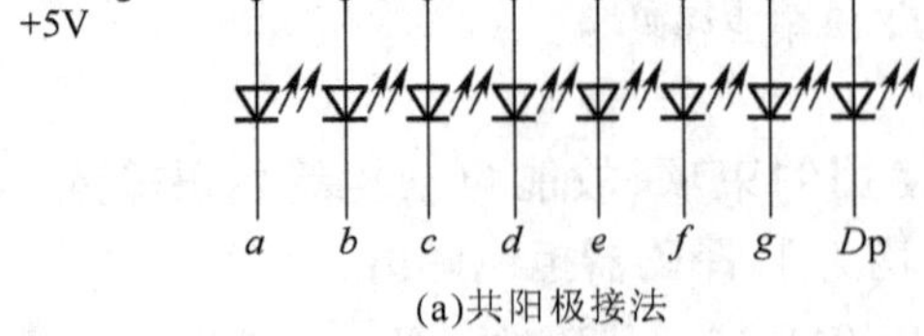

(a)共阳极接法

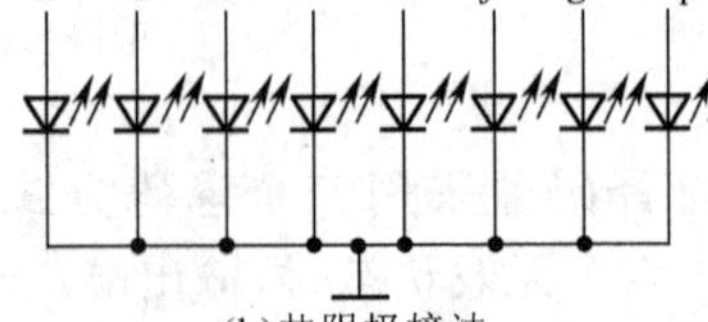

(b)共阴极接法

图 8-18　LED 数码管内部电路接法

LED 数码管的优点是工作电压低(1.5～3 V)、字形清晰、亮度高、体积小、寿命长、可靠性强、响应速度快、颜色种类多，能与集成电路直接连接，在各种数字系统和数字仪表中应用广泛，缺点是工作电流比较大。常用的 LED 数码管如表 8-10 所示。

表 8-10　常用 LED 数码管型号

类型	型　号					
共阴极	BS201	BS202	BS207	LC5011—11	LC5012—11	LDD580
共阳极	BS204	BS206	BS211	BS212	LA5011—11	LA5012—11

(2)液晶显示器(LCD)。液晶显示器是利用液态晶体在电场作用下对光的反射变化的原理实现显示的。液态晶体简称液晶，是一种介于晶体和液体之间的有机化合物。液晶具有液体的流动性，又具有晶体的光学特性，利用液晶的颜色和透明度受电场影响的特点制成显示器。液晶显示器有分段式和点阵式显示屏两种。它是一种被动式显示器件，液晶本身不发光，仅借助环境光来显示字形，因此不能在黑暗中显示。

在无外加电场下，液晶分子取向规则排列，如图 8-19(a)所示。液晶呈透明状态，射入的光线大部分由反射电极反射回来，显示器呈白色。当各段电极外加电场后，液晶因电离而产生正离子，这些正离子在电场下运动并碰撞其他液晶分子，破坏了液晶分子的规则排列，使液晶呈混浊状态，如图 8-19(b)所示。对入射光产生散射，仅有少量光反射回来，显示器呈暗灰色，可显示相应的字形。当外加电场消失，液晶又恢复规则状态。

液晶分段式显示屏的结构示意图如图 8-19(c)所示。它在一块很平整的玻璃上喷上二氧化锡透明导电层，将它光刻成七段透明电极，作为正面电极。用同样的方法在另一块玻璃上制成“日”字形电极，作为反面电极(公共电极)，然后封装成间隙约为 10 μm 的液晶盒，注入液晶后密封，即成了液晶显示器。如果在正面电极的某些段和公共电极间加上适当的电压时，这些段的夹层液晶就会受到电场作用，吸收环境光后就把字形显示出来。只要选择不同的电极组合，并加上适当电压，就能显示 0～9 各个字形。

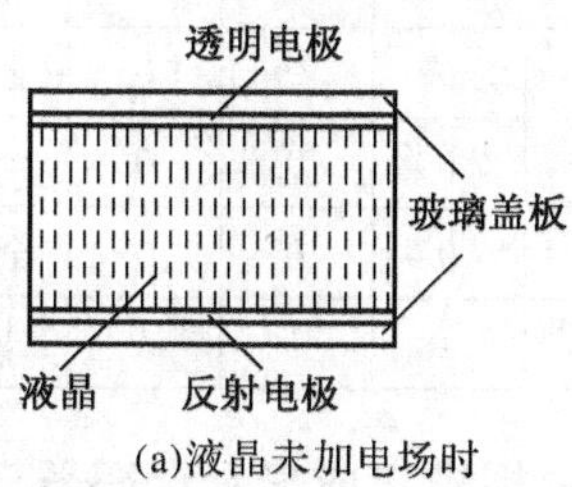

(a)液晶未加电场时

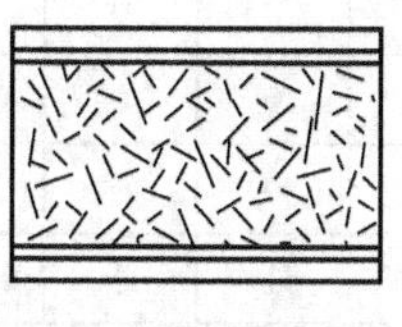
(b)液晶加电场时

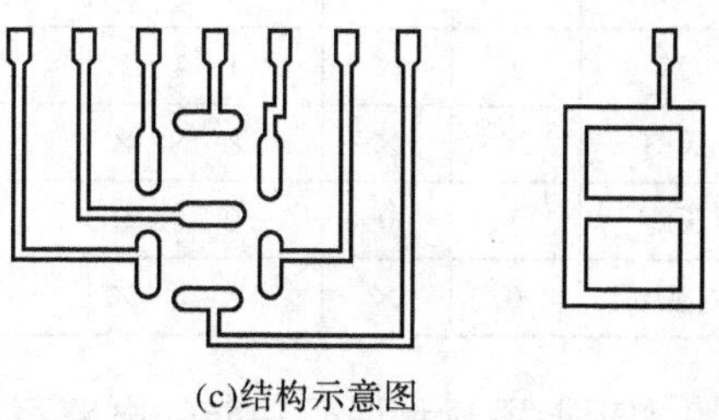
(c)结构示意图

图 8-19　液晶显示器结构

液晶显示器的最大优点是工作电流极小，功耗很低，工作电压也很低，但它的缺点是亮度差，响应速度慢。一般使用在电子钟表、电子计算器以及各种便携式仪器仪表中。液晶显示器需专用译码器驱动，常用的有 C4055、C4056、C306 等。图 8-20 所示为用 C4056 直接驱动 LCD 的电路。

2. 七段显示译码器

使用半导体数码管和液晶显示器时，必须配合使用七段显示译码器。通过七段显示译码器先将输入的 BCD 码译出，然后经驱动电路点亮对应的字段。因此，七段显示译码器的功能就是将四个输入端的 BCD 码翻译成可驱动七段数码管所需的电平，以显示 BCD 码所对应的十进制数。

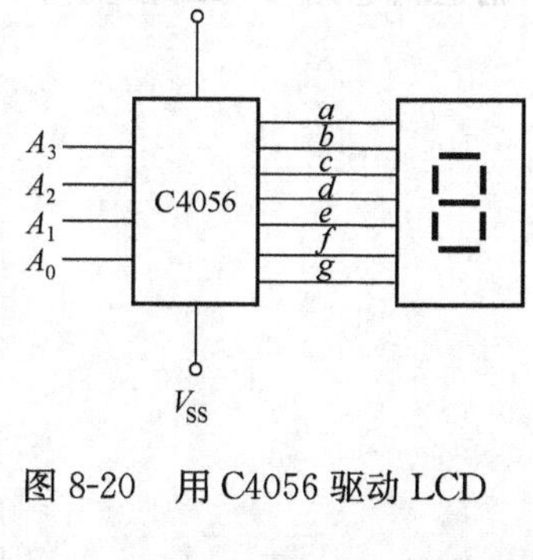

图 8-20　用 C4056 驱动 LCD

现以 $A_0 \sim A_3$ 表示输入的 8421BCD 码，以 $Y_a \sim Y_g$ 表示输出的驱动七段数码管对应段的电平信号，并以 1 表示显示段亮，以 0 表示灭。七段显示译码器 74LS48 的真值表以及相应显示字形如表 8-11 所示，其中还规定了 1010～1111 这六种状态的字形。

表 8-11　七段显示译码器 74LS48 真值表

十进制数或功能	输入			$\overline{BI}/\overline{RBO}$	输出							
	$\overline{LT}$	$\overline{RBI}$	$A_3\ A_2\ A_1\ A_0$		Y_a	Y_b	Y_c	Y_d	Y_e	Y_f	Y_g	字形
0	1	1	0 0 0 0	1	1	1	1	1	1	1	0	0
1	1	×	0 0 0 1	1	0	1	1	0	0	0	0	1
2	1	×	0 0 1 0	1	1	1	0	1	1	0	1	2
3	1	×	0 0 1 1	1	1	1	1	1	0	0	1	3
4	1	×	0 1 0 0	1	0	1	1	0	0	1	1	4
5	1	×	0 1 0 1	1	1	0	1	1	0	1	1	5
6	1	×	0 1 1 0	1	0	0	1	1	1	1	1	6
7	1	×	0 1 1 1	1	1	1	1	0	0	0	0	7
8	1	×	1 0 0 0	1	1	1	1	1	1	1	1	8
9	1	×	1 0 0 1	1	1	1	1	0	0	1	1	9
10	1	×	1 0 1 0	1	0	0	0	1	1	0	1	
11	1	×	1 0 1 1	1	0	0	1	1	0	0	1	
12	1	×	1 1 0 0	1	0	1	0	0	0	1	1	
13	1	×	1 1 0 1	1	1	0	0	1	0	1	1	
14	1	×	1 1 1 0	1	0	0	0	1	1	1	1	
15	1	×	1 1 1 1	1	0	0	0	0	0	0	0	全暗
灭灯	×	×	× × × ×	0	0	0	0	0	0	0	0	全暗
灭零	1	0	0 0 0 0	0	0	0	0	0	0	0	0	全暗
灯测试	0	×	× × × ×	1	1	1	1	1	1	1	1	8

实现七段显示译码功能的电路可以用若干与非门组成，目前，中规模集成显示译码器已广泛使用，且品种也比较多。现以 74LS48 为例说明其工作原理。74LS48 的逻辑电路和引脚排列图如图 8-21 所示，它由字段译码电路和辅助控制电路两部分组成。

(1)字段译码电路。在辅助控制信号 $\overline{LT}$、$\overline{RBI}$、$\overline{BI}/\overline{RBO}$ 均为 1 时，电路实现正常译码。根据逻辑电路可写出各段输出信号的逻辑表达式：

$$Y_a = \overline{A_2\overline{A}_0 + A_3A_1 + \overline{A}_3\overline{A}_2\overline{A}_1A_0}$$

$$Y_b = \overline{A_2\overline{A}_1A_0 + A_3A_1 + A_2A_1\overline{A}_0}$$

$$Y_c = \overline{A_3A_2 + \overline{A}_2A_1\overline{A}_0}$$

$$Y_d = \overline{A_2\overline{A}_1\overline{A}_0 + \overline{A}_2\overline{A}_1A_0 + A_2A_1A_0}$$

$$Y_e = \overline{A_0 + A_2\overline{A}_1}$$

$$Y_f=\overline{A_1A_0+\overline{A}_2A_1+\overline{A}_3\ \overline{A}_2A_0}$$

$$Y_g=\overline{A_2A_1A_0+\overline{A}_3\ \overline{A}_2\ \overline{A}_1\ \overline{LT}}$$

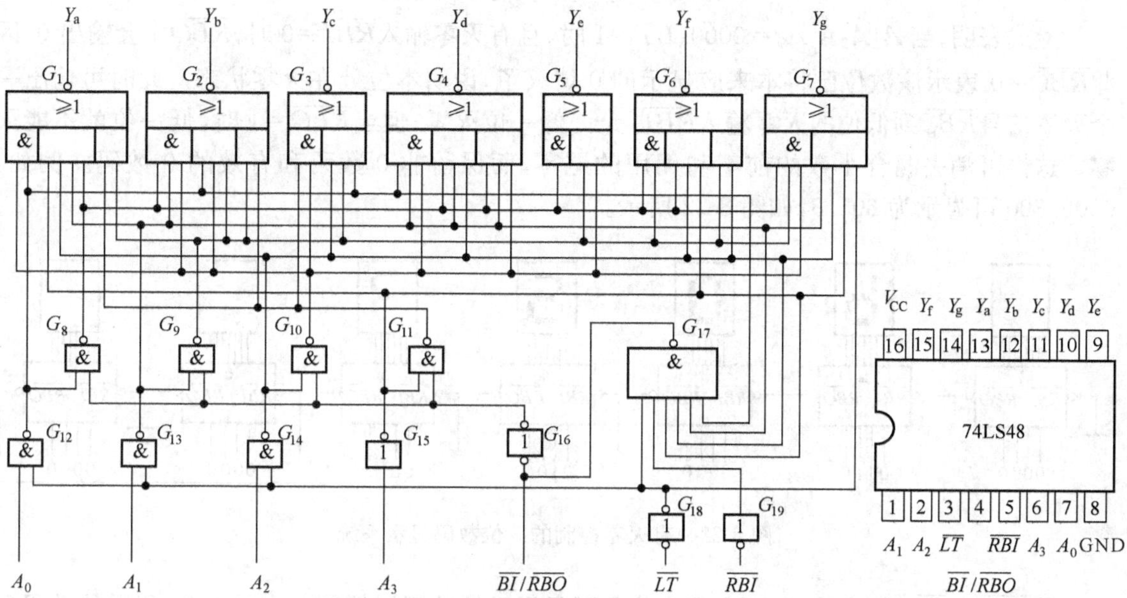

图 8-21　七段显示译码器 74LS48 逻辑图和引脚排列图

(2)辅助控制电路。为了增加器件的功能，电路中增加了试灯、灭灯、灭零辅助功能。各辅助控制信号均为低电平有效，当它们接高电平或悬空时，不影响译码电路的正常工作。

①试灯输入$\overline{LT}$。$\overline{LT}$的功能是用来测试数码管各段能否正常发光。当$\overline{LT}=0$、$\overline{BI}/\overline{RBO}=1$时，$G_{12}\sim G_{14}$输出均为 1，而 $G_8\sim G_{10}$ 输出均为 0，等效于 $A_2A_1A_0=000$，由 $Y_a\sim Y_f$ 逻辑表达式可知，各表达式中的所有乘积项都至少带有 $A_0\sim A_2$ 的一个因子，使 $Y_a\sim Y_f$ 输出均为 1，而 Y_g 逻辑表达式中因有$\overline{LT}=0$，所以 Y_g 输出也为 1，这时七段全亮，显示"8"。若某一段不亮，说明该段有问题，以此达到测试的目的。

②灭灯输入$\overline{BI}$。$\overline{BI}$的功能是用来控制数码管的显示或消隐。当$\overline{BI}=0$时，G_{16}输出为 0，$G_8\sim G_{11}$的输出均为 1，与试灯情况恰好相反，等效于 $A_3A_2A_1A_0=1111$，译码输出 $Y_a\sim Y_g$ 均为 0，七段全暗，实现了灭灯作用。$\overline{BI}$信号为高电平时，能正常显示，这样可利用$\overline{BI}$信号实现显示或消隐。

③灭零输入$\overline{RBI}$。$\overline{RBI}$的功能是用来熄灭不希望显示的零。例如由 6 个数码管连成 6 位十进制数字显示系统时，在显示 46.8 时将出现 046.800 字样，为了显示清晰，应将前后多余的零熄灭。

当输入 $A_3A_2A_1A_0=0000$ 时，本该显示 0，如果需要将这个零熄灭，可加入$\overline{RBI}=0$的信号。从逻辑图可知，当$\overline{RBI}=0$，$\overline{LT}=1$时，若输入 $A_3A_2A_1A_0=0000$，则 G_{17}的输入全为 1，使 G_{17}、G_{16}为 0，$G_8\sim G_{11}$的输出均为 1，$Y_a\sim Y_g$ 输出均为 0，使本该显示的 0 熄灭，实现了灭零要求。

当输入其他非零数码时，$G_{12}\sim G_{15}$的输出中至少有一个为 0，G_{17}输出就为 1，解除了对 $G_8\sim G_{11}$门的封锁，所以对非零数码可正常显示。

④灭零输出$\overline{RBO}$。灭零输出$\overline{RBO}$与灭灯输入$\overline{BI}$共用一个引出端，$\overline{RBO}$的功能是用作灭零指示，又称动态灭零，其输出表达式为

$$\overline{RBO}=\overline{\overline{A}_3\,\overline{A}_2\,\overline{A}_1\,\overline{A}_0\,\overline{LT}RBI}$$

上式表明，当$A_3A_2A_1A_0=0000$、$\overline{LT}=1$时，且有灭零输入$\overline{RBI}=0$时，$\overline{RBO}$才会输出0，因此$\overline{RBO}=0$表示该数位已将本来应显示的0熄灭了，说明本位处在灭零状态。此时可输出一个灭零信号$\overline{RBO}$到低位的灭零输入$\overline{RBI}$，允许低一位灭零；但当$\overline{RBO}=1$时，低一位就不能灭零。这样可消去混合小数的前零和无用的尾零，而保留非0数码和有效的0数码。例如，0605.300可显示为605.3，如图8-22所示。

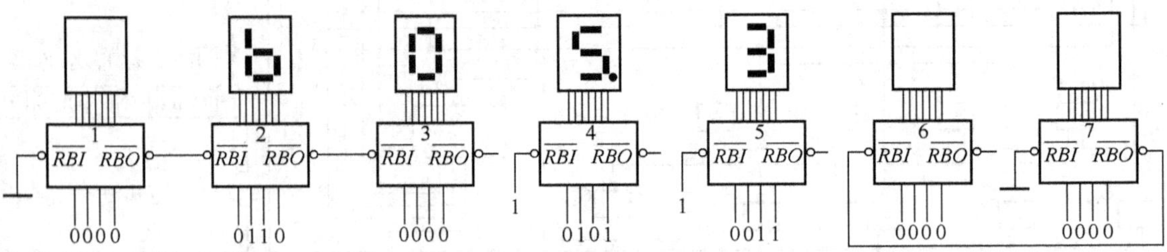

图8-22　有灭零控制的6位数码显示系统

将$\overline{RBO}$与$\overline{RBI}$配合使用，可实现多位数码显示系统的灭零控制。在图8-22所示的数码显示系统中使各译码器的$\overline{LT}=1$，并使整数部分的最高位$\overline{RBI}$接0，最低位$\overline{RBI}$接1，高位的$\overline{RBO}$接低位的$\overline{RBI}$；而对小数部分的最高位$\overline{RBI}$接1，最低位$\overline{RBI}$接0，低位$\overline{RBO}$接高位的$\overline{RBI}$，这样就能将前后多余的零灭掉。

在这种连接方式下，只有整数部分的最高位的零会灭掉，并且在熄灭的情况下，低位才有灭零输入信号；而小数部分的最低位的零会灭掉，在熄灭的情况下，高位才有灭零输入信号。本例中片1的零会熄灭，片3的零不会熄灭，而片6、片7的零会熄灭。如果各位全为0，则只有小数点的前一位和后一位的零被显示，即显示为0.0。这种灭零控制方法使显示结果更醒目。

常用的七段显示译码器如表8-12所示。其中47与48显示字形相同，46与49显示字形相同，48与49的差别仅在于显示6和9的字形不同，另外46与246、47与247、48与248的差别也在于显示6和9的字形不同，它们的显示译码原理相同。

表8-12　常用七段显示译码器型号

型号	特　点
7446A	BCD码输入，低电平OC输出，输出电压30 V，吸收电流40 mA，16脚，字形与246不同
74LS47	BCD码输入，低电平OC输出，输出电压15 V，吸收电流24 mA，16脚，字形与247不同
74LS48	BCD码输入，高电平输出，输出电压5.5 V，吸收电流6 mA，16脚，字形与47同
74LS49	BCD码输入，高电平OC输出，输出电压5.5 V，吸收电流8 mA，14脚，字形与46同

七段显示译码器74LS48可直接驱动共阴极的LED数码管。74LS48的输出端内部有上拉电阻(2 kΩ)，因此在与LED数码管连接时无需外接电阻。但当$V_{CC}=5$ V时，输出电流仅2 mA，如果数码管需要较大电流时，需在上拉电阻上并联适当电阻，图8-23所示为74LS48驱动BS202数码管的连接方法。

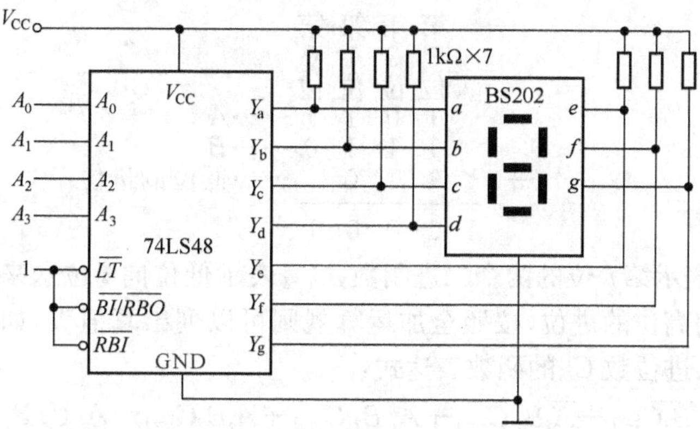

图 8-23　74LS48 驱动 BS202 的连接方法

第四节　运　算　器

在数字系统中,实现算术运算和逻辑运算的电路称为运算电路。算术运算电路一般能实现加、减、乘、除等四则运算,而逻辑运算电路主要实现逻辑加、逻辑乘、逻辑非等功能。目前在计算机中都是将算术运算分解成若干步加法运算来完成,因此,加法器是构成算术运算器的基本单元。

一、加 法 器

1. 半加器

不考虑低位来的进位将两个 1 位二进制数相加,称为半加。实现半加运算的组合电路称半加器。

按照二进制加法运算规则可以列出两个 1 位二进制数相加的真值表,如表 8-13 所示。其中 A、B 是两个加数,S 为相加的和,CO 为向高位的进位。半加器的逻辑图及逻辑符号见图 8-24所示。由真值表可得出和 S、进位 CO 的函数表达式:

$$S=\overline{A}B+A\overline{B}=A\oplus B$$

$$CO=AB$$

表 8-13　半加器真值表

A	B	C	CO
0	0	0	0
0	1	1	0
1	0	1	0
1	1	0	1

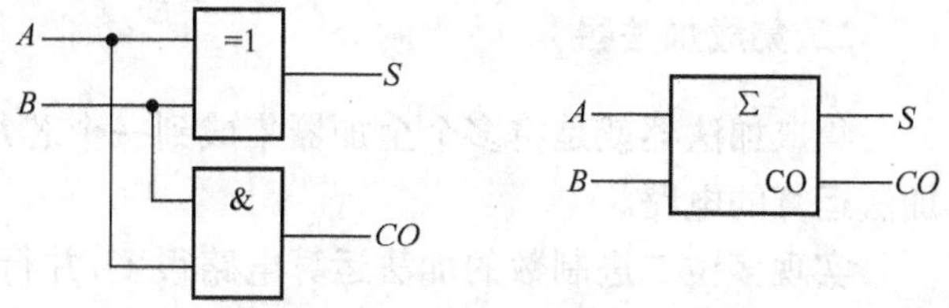

(a)逻辑图　(b)符号

图 8-24　半加器

2. 全加器

两个同位的二进制数和来自低位的进位三个数相加,称为全加,实现全加运算的组合电路称全加器。

例如,两个四位二进制数 $A=1011$,$B=1110$ 相加,运算如下:

		第3位	第2位	第1位	第0位	
		1	0	1	1	……A
		1	1	1	0	……B
+	1	1	1	0		……低位的进位
	1	1	0	0	1	

如果用 A_i、B_i 表示第 i 位的两个二进制数，C_{i-1} 表示低位向 i 位送来的进位，S_i 表示 i 位的全加和，C_i 表示向高位的进位，按照全加运算规则可以列出真值表，如表 8-14 所示。由真值表可得出和数 S_i、进位数 C_i 的函数表达式：

$$S_i=\overline{A}_i\,\overline{B}_iC_{i-1}+\overline{A}_iB_i\,\overline{C}_{i-1}+A_i\,\overline{B}_i\,\overline{C}_{i-1}+A_iB_iC_{i-1}=A_i\oplus B_i\oplus C_{i-1}$$

$$C_i=\overline{A}_iB_iC_{i-1}+A_i\,\overline{B}_iC_{i-1}+A_iB_i\,\overline{C}_{i-1}+A_iB_iC_{i-1}=A_iB_i+(A_i\oplus B_i)C_{i-1}$$

根据上式就可以用异或门组成全加器。C_i 的表达式中不直接写出最简与或表达式，而是利用 S_i 中已存在的 $A_i\oplus B_i$，从而简化整体电路。全加器的逻辑图和逻辑符号如图 8-25 所示。

表 8-14　全加器真值表

A_i	B_i	C_{i-1}	S_i	C_i
0	0	0	0	0
0	0	1	1	0
0	1	0	1	0
0	1	1	0	1
1	0	0	1	0
1	0	1	0	1
1	1	0	0	1
1	1	1	1	1

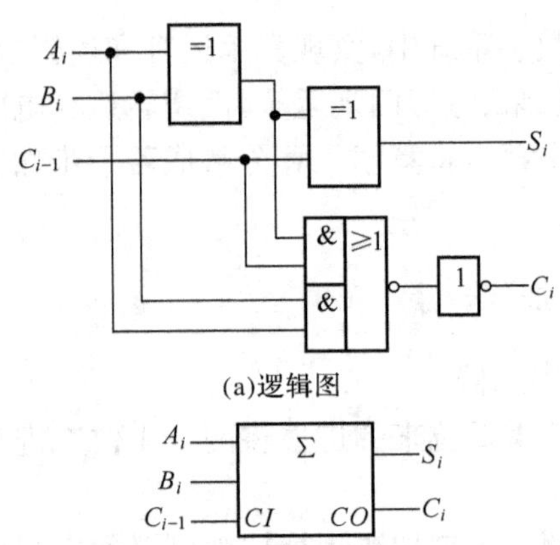

图 8-25　全加器

对上述表达式进行适当变换，这样全加器还可以用与非门组成，也可制成专用的集成全加器。如双全加器 74LS183 就是在对上述表达式进行变换后，用异或非门制成的集成全加器。

二、集成加法器

集成加法器就是将多个全加器集成到一个芯片上，是利用多个全加器组成多位二进制数加法运算的电路。

实现多位二进制数的加法运算电路很多，并行相加逐位进位的加法器是其中的一种。例如有两个 4 位二进制数 $A_3A_2A_1A_0$ 和 $B_3B_2B_1B_0$ 相加，可采用 TTL 集成加法器 T692 来完成。

图 8-26 所示为 T692 的逻辑图和引脚排列图，其功能是实现 4 位二进制数并行相加逐位进位。它由四个全加器组成，它们之间的级连方式已在电路内部解决，即依次将低位的进位输出端 CO 接到高位的进位输入端 CI，这样就构成了 4 位加法器。显然，每一位的加法运算，都必须等到低位加法完成并送来进位之后才能进行，这种进位方式称为串行进位。

这种加法器的优点是电路结构简单，缺点是运算速度低。在速度要求不高的情况下，这种加法器仍不失为一种可取的电路。

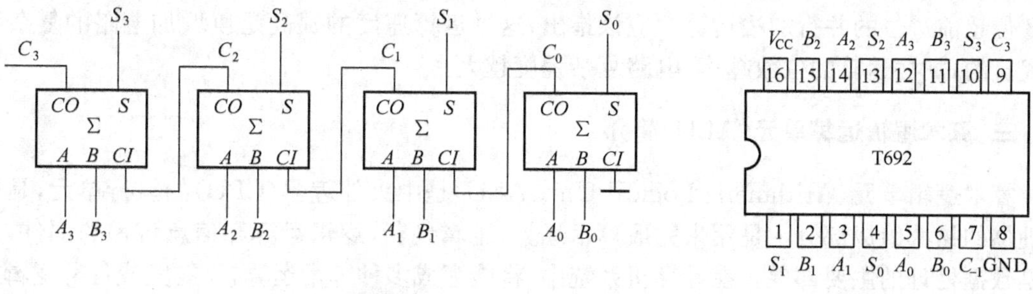

(a)逻辑图　　(b)引脚排列图

图 8-26　四位串行进位加法器

为了提高运算速度，必须设法减小由于进位信号逐级传送所消耗的时间。这样就产生了超前进位（又称先行进位或并行进位）的加法器。集成电路加法器 74LS283、T693、CC4008 等就是 4 位超前进位二进制并行加法器。图 8-27 所示为中规模集成 4 位全加器 74LS283 的引脚排列图和逻辑符号图。

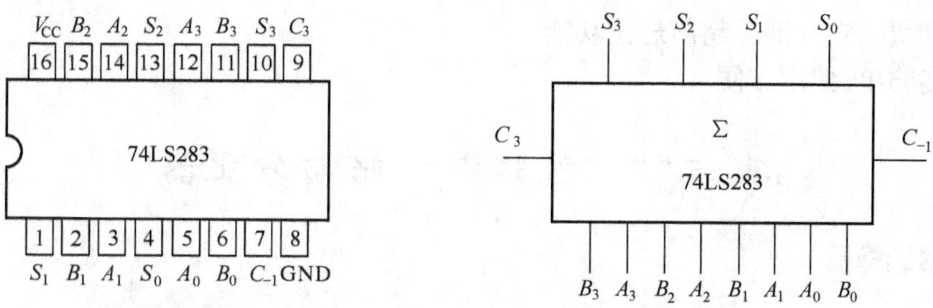

(a)引脚排列图　　(b)逻辑符号图

图 8-27　74LS283 全加器

超前进位的加法器在电路设计时增加一个逻辑判断电路，使之超前得出每一位全加器的进位输入信号。这种超前进位输入信号，可根据全加器真值表的运算规则得到，当 $AB=1$ 或 $A+B=1$ 且 $CI=1$ 时，在这两种情况下会产生进位信号。有了超前进位信号后就不必逐位传递进位信号了，这就提高了运算速度。

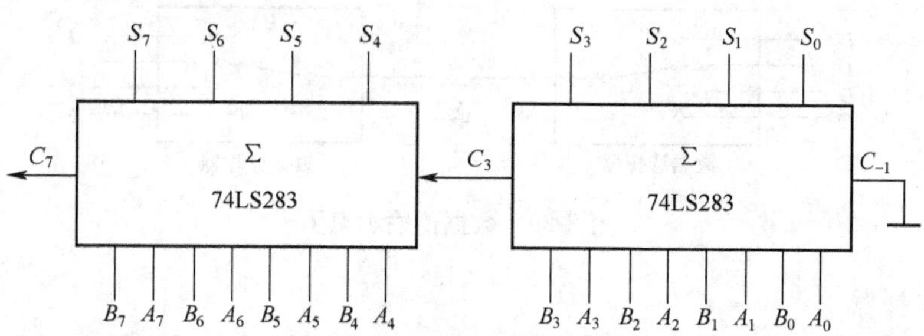

图 8-28　8 位超前进位的并行加法器

在计算机系统中常用 4 位二进制加法器作运算单元。计算机中的一个字节是由 8 位二进制数组成，而字长是指参与算术运算的二进制位数，一般是字节的整数倍。在 8 位机中，可用两块 74LS283 构成，其电路如图 8-28 所示。电路连接时，将低 4 位集成片的 C_{-1} 接地，C_3 进位接到高 4 位的 C_{-1} 端，两个二进制数 A、B 分别从低位到高位依次接到相应的输入端，就可实现 8 位超前进位的并行加法运算。应该指出，这种运算速度的提高是以增加电路的复杂程度为代价的，加法运算的位数越多，电路复杂程度越大。

三、算术逻辑运算单元（ALU）简介

算术逻辑单元（Arithmetic Logical Unit，ALU）是中央处理器（CPU）的执行单元，是中央处理器的核心组成部分。是用来完成算术运算，逻辑判断，逻辑运算和信息传递的部件，或者说是数据处理的主要部件。在计算机系统中，将能完成多种算术运算，又能完成各种逻辑操作功能的电路称为算术逻辑运算单元，简称 ALU。对 ALU 来说任何数学运算都可以由加法运算和逻辑移位操作来实现，所以 ALU 主要由加法器、移位电路、逻辑运算部件，寄存器和控制电路组成，而加法器是 ALU 的核心部件。在指令译码器产生的操作控制信号作用下，完成各种算术运算、逻辑运算或其他操作。执行运算后，运算结果送到某寄存器，或送到芯片外的存储器进行保存。

算术逻辑运算单元与超前进位的加法器相比，具有下列特点：

(1)功能强。可实现多种算术运算和逻辑运算。

(2)速度快。它内部有超前进位功能。

(3)级连简单，使用方便。

第五节　数据选择器与分配器

一、数据选择器

在数字信号的传送中，经常会遇到多个数据通道共用一条传输总线。因此需要从多个数据通道中将需要的信号挑选出来，传送到共用传输总线上，实现这种功能的电路称为数据选择器（MUX）。反之，将共用传输总线上的信号，有选择地传送到不同的数据输出端的电路称为数据分配器（DMUX）。数据选择器和数据分配器分别位于共用传输总线的两端，其作用相当于一个多路开关，至于多路开关“拨”向何处，是由地址控制信号所决定的。如图 8-29 所示。

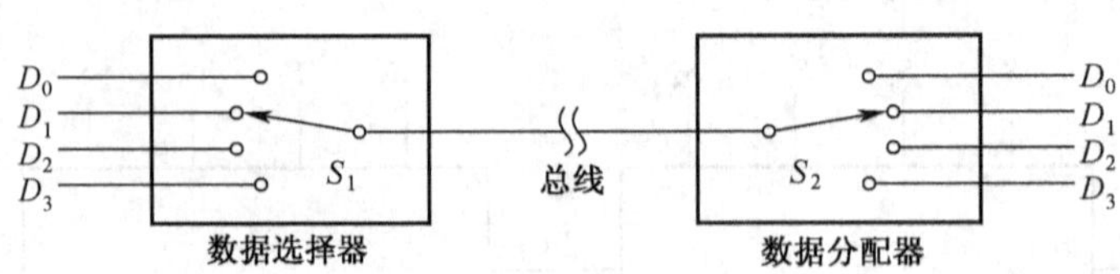

图 8-29　数据传输示意图

1. 数据选择器

数据选择器的基本功能是在选择信号（又称地址输入信号）的控制下，从多个数据输入通道中选取所需的信号。数据选择器由译码器和门电路组成。

图 8-30 所示为一个 4 选 1 数据选择器原理图。图中 $D_0 \sim D_3$ 称为数据输入端，A_0、A_1 为地址输入端，当 A_1A_0 取不同的数值时，经 2-4 线译码器译出，可从 4 个数据输入端中选取所要的一个，并送到输出端 Y。$\bar{E}$为使能端（又称控制端、选通端），用于控制电路的工作状态和扩展功能。

由逻辑电路图可写出输出逻辑表达式：

$$Y=E(\overline{A}_1\ \overline{A}_0 D_0+\overline{A}_1 A_0 D_1+A_1\ \overline{A}_0 D_2+A_1 A_0 D_3)$$

表 8-15 所示为数据选择器的真值表。当$\overline{E}=1$时，不论 4 个输入数据为何值，输出 $Y=0$，选择器被禁止，不工作。当$\overline{E}=0$时，选择器正常工作，选择哪一路数据作为输出取决于地址输入状态。当 $A_1A_0=00$ 时，$Y=D_0$，即输入数据 D_0 被选中，并出现在输出端 Y；依此类推当 $A_1A_0=01$ 时，$Y=D_1$；$A_1A_0=10$ 时，$Y=D_2$；$A_1A_0=11$ 时，$Y=D_3$。

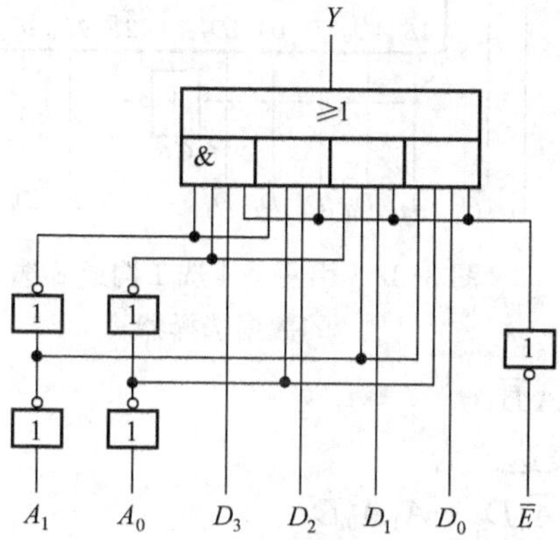

图 8-30　四选一数据选择器

表 8-15　数据选择器真值表

使能端	选择端		输出
$\overline{E}$	A_1	A_0	Y
1	×	×	0
0	0	0	D_0
0	0	1	D_1
0	1	0	D_2
0	1	1	D_3

实现 4 选 1 功能的集成数据选择器有 74LS153（双 4 选 1）等，图 8-31 所示为 74LS153 的引脚排列图。数据选择器除了 4 选 1 外，还有 2 选 1、8 选 1、16 选 1 等几种类型。常用集成数据选择器的产品型号如表 8-16 所示。

2. 应用

数据选择器广泛应用于计算机、数字仪表等程序控制电路中，用来传送数据、完成数据并行到串行的转换等。下面举例说明中规模集成数据选择器的一些应用。

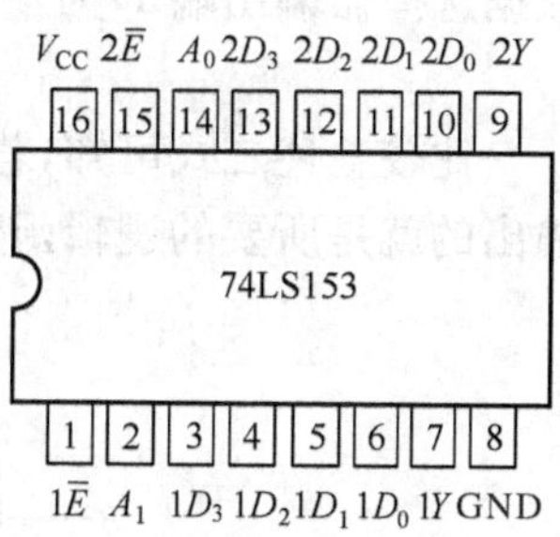

图 8-31　74LS153 引脚排列图

表 8-16　常用集成数据选择器组件型号

功能	常用器件型号				
四 2 选 1	74LS157（同相）	74LS158（反相）	74LS257（三态同相）	74LS258（三态反相）	
双 4 选 1	74LS153	74LS253（三态）	74LS352（反相）	74LS353（三态反相）	CC14539
8 选 1	74LS151（双输出）	74LS152（反相）	74LS351（双三态）	74LS356（三态锁存）	
16 选 1	74LS150（反相）	74850	T578		

（1）扩展数据通道。当某一数据选择器的实际通道数不能满足所需通道数时，可进行数据通道扩展。扩展的方法有很多，现介绍用一片 74LS153 双 4 选 1 数据选择器构成 8 选 1 的数据选择器，如图 8-32 所示。

8 选 1 的数据选择器需要 3 个地址输入端，此时可用芯片的公共地址输入端 A 和 B 作为低位地址输入端 A_0 和 A_1，$1\overline{E}$作高位地址输入端 A_2，$2\overline{E}$通过一个非门接 A_2，同时将两个输出端相加。

当 $A_2=0$ 时，左边的数据选择器工作，按照地址 A_0、A_1 的状态，可从 $1D_0\sim1D_3$ 的四个数据通道中选取某一数据，并经过门 G_2 送到输出端 Y。反之当 $A_2=1$ 时，右边的数据选择器工作，左边的被禁止，按照地址 A_0、A_1 的状态，可从 $2D_0\sim 2D_3$ 中选取一个数据，再经过门 G_2 送到输出端 Y，这样就实现了 8 选 1 的功能。

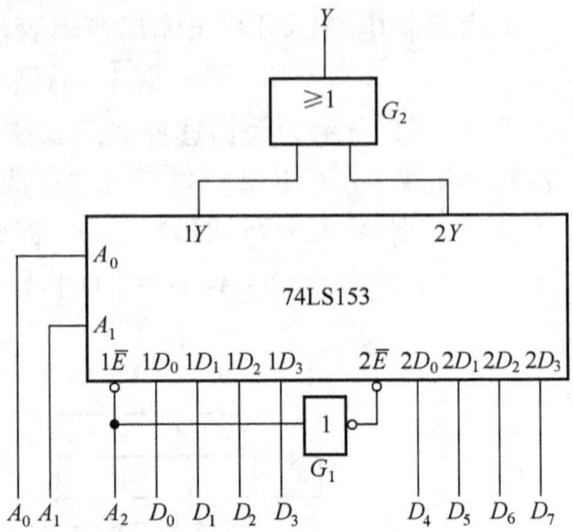

图 8-32 用两个 4 选 1 构成 8 选 1 的数据选择器

同理，也可以用两个 8 选 1 的数据选择器构成 16 选 1 的数据选择器；用“5 个 4 选 1”来构成“16 选 1”等，读者可自行分析。

(2)用数据选择器构成组合电路。用 4 选 1 数据选择器可构成两变量的组合电路，用 8 选 1 可构成三变量的组合电路，由此类推，一个 n 变量的组合电路，可用 2^n 选 1 的数据选择器构成。

例如，用 4 选 1 数据选择器实现下列逻辑函数：

$$Y=\overline{A}\ \overline{B}+\overline{A}B+A\overline{B}$$

当 4 选 1 数据选择器在 $\overline{E}=0$ 时，其输出端 Y 的表达式为

$$Y=\overline{A}_1\ \overline{A}_0D_0+\overline{A}_1A_0D_1+A_1\ \overline{A}_0D_2+A_1A_0D_3$$

若将逻辑函数变量 A 作地址输入 A_1，则 $A_1=A$，变量 B 作地址输入 A_0，则 $A_0=B$，这时数据选择器输出端 Y 为

$$Y=\overline{A}\ \overline{B}D_0+\overline{A}BD_1+A\overline{B}D_2+ABD_3$$

比较上述二式可知，若要二式相等，可令 $D_0=1,D_1=1,D_2=1,D_3=0$，这时，数据选择器输出的就是所要的逻辑函数。实现该逻辑函数的电路连接如图 8-33(a)所示。

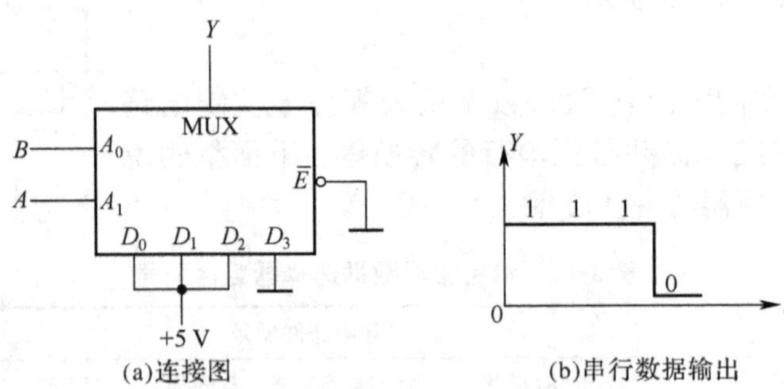

图 8-33 用四选一实现 $Y=\overline{A}\ \overline{B}+\overline{A}B+A\overline{B}$ 的连接图

实际应用中数据输入端可接 0 或 1，也可接入某个变量，利用这种接法可构成函数发生器。用数据选择器构成组合电路，设计简单，使用方便，应用广泛。

(3)将数据并行输入转成串行输出。数据选择器能实现数据传送，将多位数据并行输入转换成串行输出，如图 8-33(b)所示，将 4 位并行数据预置在数据输入端 $D_0\sim D_3$，当地址输入 A_1A_0 依次由 00 递增到 11 时，4 个通道的并行数据依次传送到输出端，转换成串行数据。

(4)构成可编序列信号发生器。在数字传输与数字测试中，有时需要一组特定的串行数字信号，这种串行数字信号称序列信号，产生序列信号的电路称为序列信号发生器。用数据选择器可构成序列信号发生器。如果要产生 00010111 的序列信号，可按图 8-34 所示连接电路，在数据输入端按所需的序列码顺序设置高、低电平，当地址输入 $A_2A_1A_0$ 依次由 000 递增到 111，

并反复循环时,则序列信号 00010111 连续不断重复产生。在需要修改序列信号时,只要修改数据输入端的高、低电平即可,所以又称可编序列信号发生器。

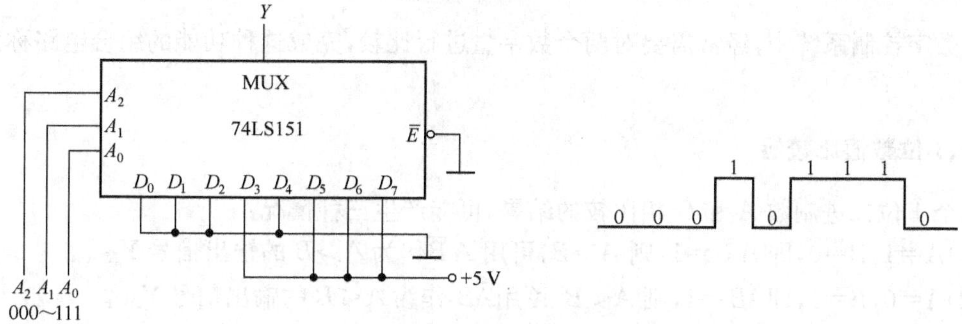

图 8-34 序列信号发生器

二、数据分配器

数据分配器是数据选择器操作过程的逆过程。它能根据地址输入信号将输入数据传送到所指定的输出通路上去。图 8-35 所示为四路数据分配器,它有一个数据输入端 D,有两个地址输入端 A_0、A_1,有 4 个数据输出端 $Y_0 \sim Y_3$,并有一个使能端$\overline{E}$。

当$\overline{E}=0$ 时,电路能正常进行数据传送,这时若 $A_1A_0=00$,数据 D 送入 Y_0 通道;若 $A_1A_0=01$,数据 D 送入 Y_1 通道;$A_1A_0=10$,数据 D 送入 Y_2 通道;$A_1A_0=11$,数据 D 送入 Y_3 通道。当$\overline{E}=1$,电路被禁止。

由上述分析可以看出,若将数据分配器的使能端$\overline{E}=0$,这时数据分配器就可作二进制译码器使用,A_1A_0 相当于译码输入,D 相当于译码使能端。反之,具有"使能端"的二进制译码器可用作数据分配器。

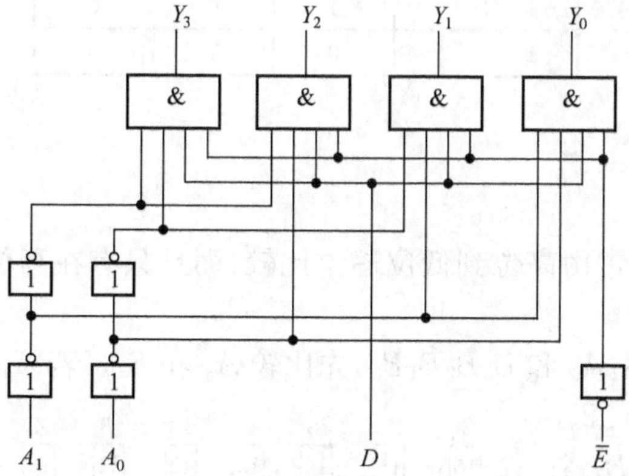

图 8-35 四路数据分配器

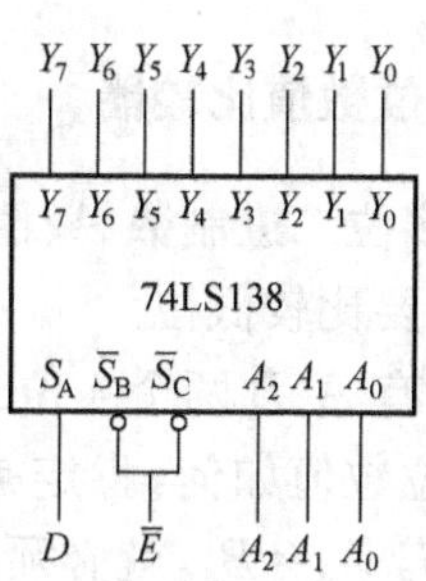

图 8-36 74LS138 用作 8 路数据分配器

例如,74LS138 可用作 8 路数据分配器,使用时,将译码器的使能端 S_A 作数据分配器的数据输入端 D,将$\overline{S}_B$、$\overline{S}_C$ 并接作数据分配器的使能端$\overline{E}$,译码器的代码输入端 A_0、A_1、A_2 作数据分配器的地址输入端 A_0、A_1、A_2,图 8-36 所示为 74LS138 用作 8 路数据分配器的连接方法。当 $A_2A_1A_0=000$ 时,输入数据 D 被送入 Y_0 通道,而其他通道不接通。当 $A_2A_1A_0=001$ 时,D 被送入 Y_1 通道,依此类推,完成数据分配的功能。

第六节　数值比较器

在数字控制系统中，经常需要对两个数字量进行比较，完成这种功能的组合电路称为数值比较器。

一、1 位数值比较器

两个 1 位二进制数 A 和 B 相比较的结果，可能产生三种情况：

(1)$A=1,B=0$，即 $A\overline{B}=1$，则 $A>B$，可用 $A\overline{B}$ 作为 $A>B$ 的输出信号 $Y_{A>B}$。

(2)$A=0,B=1$，即 $\overline{A}B=1$，则 $A<B$，可用 $\overline{A}B$ 作为 $A<B$ 的输出信号 $Y_{A<B}$。

(3)$A=B=0$ 或 $A=B=1$，即 $A\odot B=1$，则 $A=B$，可用 $A\odot B$ 作为 $A=B$ 的输出信号 $Y_{A=B}$。

根据以上分析，可列出 1 位数值比较器的真值表，如表 8-17 所示。

根据真值表可写出输出信号的表达式：

$$Y_{A>B}=A\overline{B}$$

$$Y_{A<B}=\overline{A}B$$

$$Y_{A=B}=\overline{A}\ \overline{B}+AB$$

由表达式可画出其逻辑图，如图 8-37 所示。

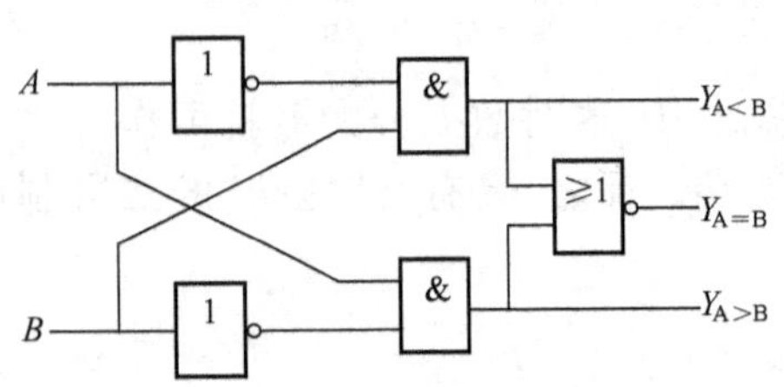

图 8-37　1 位数值比较器

表 8-17　1 位数值比较器真值表

输入		输出		
A	B	$Y_{A>B}$	$Y_{A=B}$	$Y_{A<B}$
0	0	0	1	0
0	1	0	0	1
1	0	1	0	0
1	1	0	1	0

二、多位数值比较器

两个多位二进制数 A、B 进行比较时，通常由高位到低位逐位比较，而且只有在高位相等时，才有必要比较低位。

例如，有 A、B 两个 4 位二进制数 $A_3A_2A_1A_0$ 和 $B_3B_2B_1B_0$，先比较 A_3 和 B_3。若 $A_3>B_3$，不论其余位数值如何，肯定是 $A>B$；若 $A_3<B_3$，则 $A<B$；若 $A_3=B_3$，就必须继续比较 A_2 和 B_2 来确定 A、B 的大小。若 $A_2\neq B_2$，则结果可定，若 $A_2=B_2$，还须比较 A_1 和 B_1，依此类推，直到得出比较结果。

中规模集成 4 位数值比较器 74LS85 就是按这种思路设计的，图 8-38 所示为它的引脚排列图，表 8-18 所示为它的真值表。

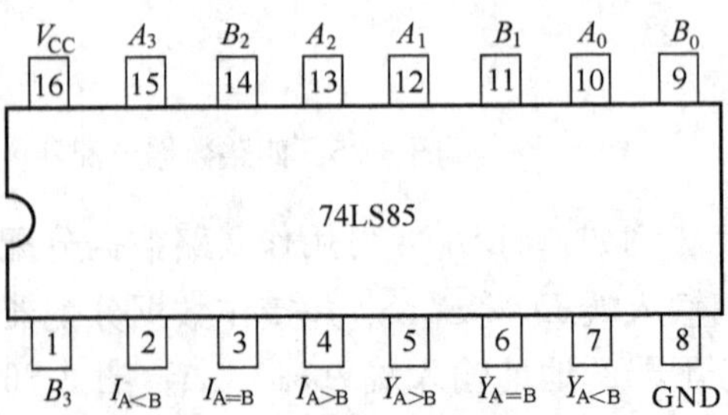

图 8-38　74LS85 引脚排列图

表 8-18　74LS85 真值表

输　入							输　出		
A_3B_3	A_2B_2	A_1B_1	A_0B_0	$I_{A>B}$	$I_{A=B}$	$I_{A<B}$	$Y_{A>B}$	$Y_{A=B}$	$Y_{A<B}$
$A_3>B_3$	×	×	×	×	×	×	1	0	0
$A_3<B_3$	×	×	×	×	×	×	0	0	1
$A_3=B_3$	$A_2>B_2$	×	×	×	×	×	1	0	0
$A_3=B_3$	$A_2<B_2$	×	×	×	×	×	0	0	1
$A_3=B_3$	$A_2=B_2$	$A_1>B_1$	×	×	×	×	1	0	0
$A_3=B_3$	$A_2=B_2$	$A_1<B_1$	×	×	×	×	0	0	1
$A_3=B_3$	$A_2=B_2$	$A_1=B_1$	$A_0>B_0$	×	×	×	1	0	0
$A_3=B_3$	$A_2=B_2$	$A_1=B_1$	$A_0<B_0$	×	×	×	0	0	1
$A_3=B_3$	$A_2=B_2$	$A_1=B_1$	$A_0=B_0$	1	0	0	1	0	0
$A_3=B_3$	$A_2=B_2$	$A_1=B_1$	$A_0=B_0$	0	0	1	0	0	1
$A_3=B_3$	$A_2=B_2$	$A_1=B_1$	$A_0=B_0$	×	1	×	0	1	0
$A_3=B_3$	$A_2=B_2$	$A_1=B_1$	$A_0=B_0$	1	0	1	0	0	0
$A_3=B_3$	$A_2=B_2$	$A_1=B_1$	$A_0=B_0$	0	0	0	1	0	1

图中 $Y_{A>B}$、$Y_{A<B}$ 和 $Y_{A=B}$ 是比较结果的输出端，$A_3A_2A_1A_0$ 和 $B_3B_2B_1B_0$ 是两个 4 位数的输入端，$I_{A>B}$、$I_{A<B}$ 和 $I_{A=B}$ 是扩展端，供片间连接使用。在只比较两个 4 位数时，将扩展端 $I_{A<B}$ 和 $I_{A>B}$ 接低电平，$I_{A=B}$ 接高电平。

在比较两个 4 位以上的二进制数时，需要两片以上的 74LS85 组成位数更多的数值比较器。连接方法如图 8-39 所示。

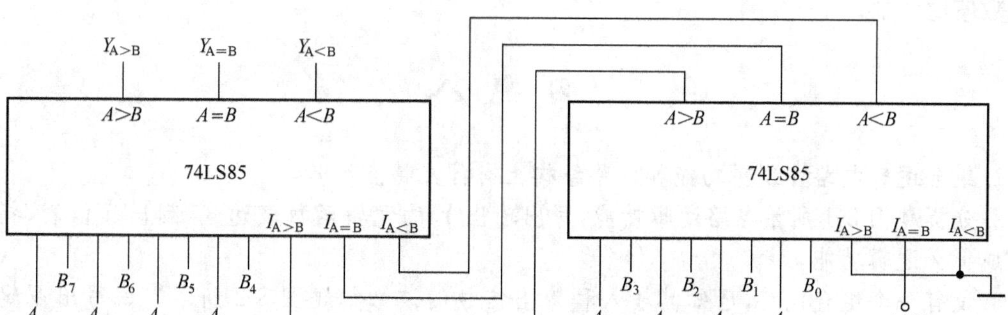

图 8-39　用两片 74LS85 构成 8 位数值比较器

由图可见，连接时将低位比较器的 3 个比较结果输出端 $Y_{A>B}$、$Y_{A<B}$ 和 $Y_{A=B}$ 对应接到高位比较器的扩展端 $I_{A>B}$、$I_{A<B}$ 和 $I_{A=B}$，当高位比较器的两个数值相等时，低位比较器输出的比较结果决定总的比较结果，最后比较结果由高位比较器输出端取出。

目前，已有的 8 位集成数值比较器有 74HC682、74LS686、74LS687(OC)、74LS688、74LS689(OC)。

本章小结

(1)组合逻辑电路由门电路组成，它的特点是电路在任一时刻的输出信号仅取决于当前的输入信号，而与原来状态无关。分析组合电路的方法是根据给定的逻辑电路，找出输入与输出信号间的逻辑关系。组合电路的设计是根据命题要求，去设计一个符合要求的最佳逻辑电路，其关键是将实际问题抽象为一个逻辑问题，列出其真值表，写出表达式。在市场上，组合逻辑电路已有标准化的中规模集成逻辑器件。尽管它们在逻辑功能上有很大差别，但分析方法和设计方法是一致的。学习时应着重掌握它们的工作原理、功能特点与使用方法，对电路结构不必硬性记忆。

(2)编码是用一组代码来表示文字、符号或者数码等特定信息对象的过程。常采用二进制数作代码，n 位二进制数有 2^n 个代码，可表示 2^n 个信号，在任一时刻只能对一个输入信号进行编码。常见的编码器有二进制编码器、二—十进制编码器和优先编码器等。

(3)译码是将代码的特定含义“翻译”出来。译码器的种类很多，按照功能可分成三类：变量译码器，典型的有 3-8 线 74LS138 译码器；码制变换译码器，典型的有 4-10 线 BCD-十进制译码器 74LS42；显示译码器，常用的显示器件有半导体数码管、液晶显示器等，七段显示译码器 74LS48 可直接驱动共阴极的 LED 数码管。

(4)实现算术运算的电路称为运算电路。加法器是构成算术运算器的基本单元，它有半加器和全加器两种。而集成加法器分串行进位和超前进位两种。超前进位的加法器增加一个逻辑判断电路，能事先得到每位全加器的进位输入信号，提高了运算速度。

(5)数据选择器的基本功能是在地址输入信号的控制下，从多个数据输入通道中选取所需的信号。它由译码器和门电路组成。它的应用十分广泛，可用于数据通道的扩展、构成组合电路，实现传送数据能完成数据并行到串行的转换、构成序列信号发生器和函数发生器等。数据分配器是数据选择器的逆操作，它根据地址输入信号将输入数据传送到所指定的输出通路上。

(6)数值比较器的功能是实现两个数字量的比较。两个多位二进制数比较时，通常由高位到低位逐位比较。在比较两个 4 位以上的二进制数时，需要两片以上的 74LS85 组成位数更多的数值比较器。

习题八

1. 组合逻辑电路在逻辑功能和电路结构上有什么特点？

2. 分析题图 8-1 所示电路逻辑功能，写出输出 Y 的逻辑函数表达式，列出真值表，指出电路完成什么逻辑功能。

3. 设有一个组合电路，已知其输入和输出信号的波形如题图 8-2 所示。试写出逻辑函数表达式，并用与非门组成最简逻辑电路。

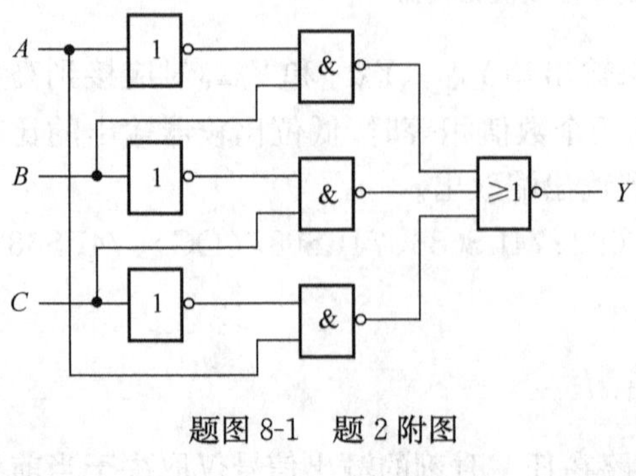

题图 8-1 题 2 附图

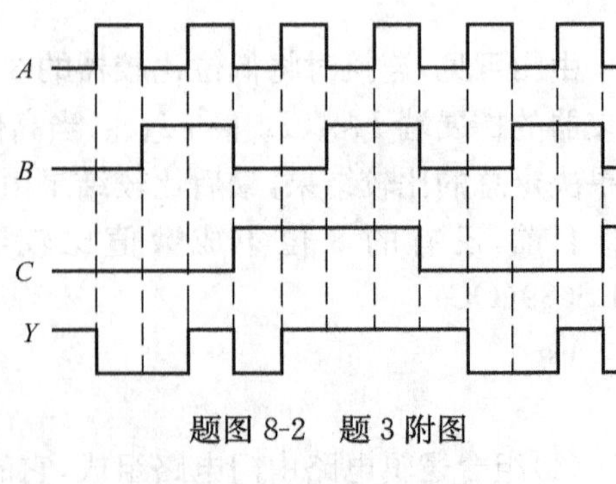

题图 8-2 题 3 附图

4. 设计一个奇偶数校验电路，它有三个输入端一个输出端，其逻辑功能是当三个输入信号中有奇数个 1 时，输出为 1；否则输出为 0。

5. 设有三台电机 A、B、C，要求：(1)A 开机时则 B 必须也开机；(2)B 开机时则 C 必须也开机。如果不满足上述要求，即发出报警信号。试写出报警信号的逻辑表达式，并画出用与非门实现的逻辑电路图。

6. 何谓编码、何谓编码器？对编码器的输入信号有什么要求？

7. 分析题图 8-3 所示编码器的工作原理，并说明：

(1)这是几进制编码器？

(2)当开关 S_3 闭合时，输出 Y_0、Y_1、Y_2 为何状态？S_7 闭合时，输出 Y_0、Y_1、Y_2 又处何状态？

8. 何谓译码、何谓译码器？简述 74LS138 译码器的译码工作原理。

9. 分析题图 8-4 所示电路的逻辑功能。列出真值表，指出电路完成什么逻辑功能。

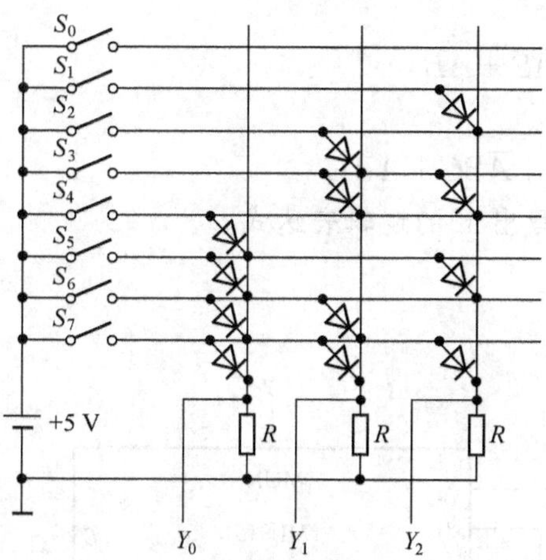

题图 8-3　题 7 附图

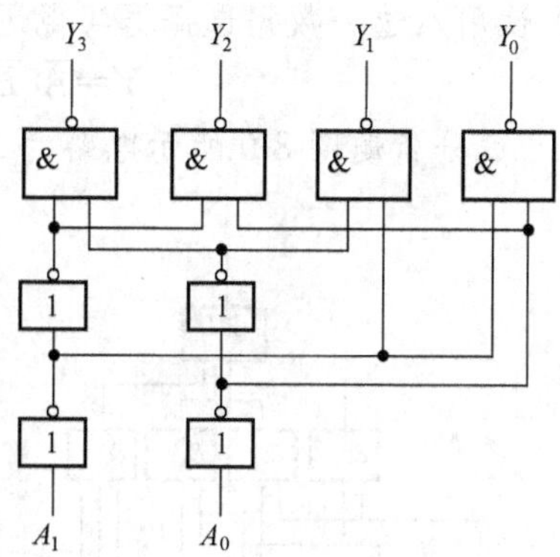

题图 8-4　题 9 附图

10. 试用两片 74LS42 译码器组成一个 4-16 线译码器，画出电路连接图。

11. 题图 8-5 所示为 74LS138 译码器作函数发生器，试写出输出 Y 与输入变量 A、B、C 的逻辑函数。

12. 一组交通灯有红黄绿灯各一个，设灯都不亮或两个、三个灯同时亮为故障情况，试用 3-8 线译码器和门电路组成的故障指示电路。

13. 设计一个如题图 8-6 所示的五段荧光数码管显示电路。要求在输入变量 AB＝00、01、10、11 时依次能显示 E、F、H、O 四个字符。列出真值表，用与非门画出逻辑电路图。

14. 写出题图 8-7 所示电路输出 S_i、C_i 的逻辑表达式。通过验证分析，检查该电路能否实现全加器的功能。

15. 试用两片 74LS283 构成 8 位二进制加法器，画出逻辑电路图。

16. 何谓数据选择器、分配器？它们的基本功能是什么？

17. 题图 8-8 所示为一个四通道的数据选择器，试分析当 A_1、A_0 取不同值时，输出 Y 与输入信号 D_3、D_2、D_1、D_0 的关系。

18. 试用两片 8 选 1 构成一个 16 选 1 的数据选择器。

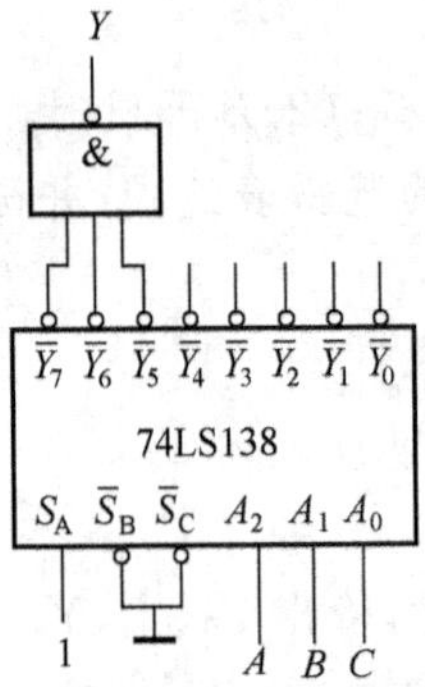

题图 8-5　题 11 附图

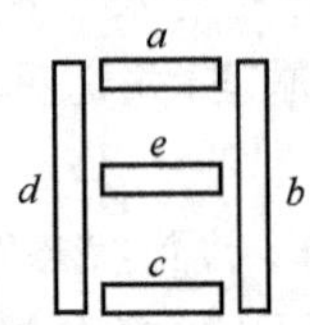

题图 8-6　题 13 附图

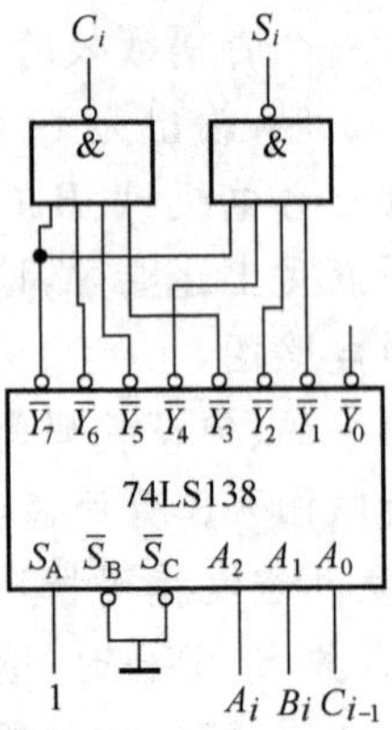

题图 8-7　题 14 附图

19. 试用四选一数据选择器实现逻辑函数：

$$Y=\overline{A}\ \overline{B}+\overline{A}B+AB$$

20. 试用八选一数据选择器实现逻辑函数：

$$Y=\overline{A}\ \overline{B}\ \overline{C}+ABC+\overline{A}BC+AB\overline{C}$$

21　试分析题图 8-9 所示电路的工作原理，写出 Y 的逻辑表达式。

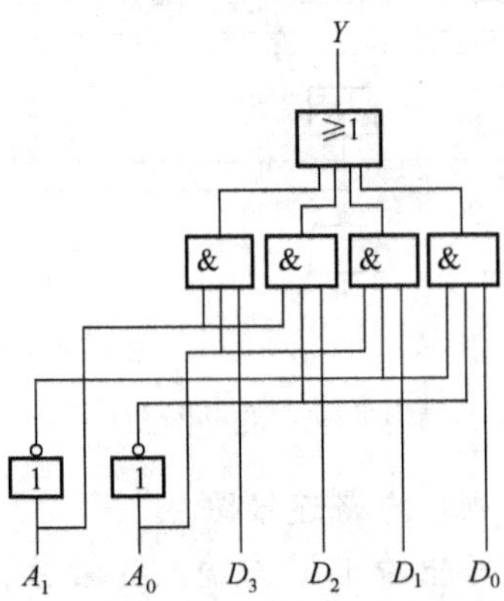

题图 8-8　题 17 附图

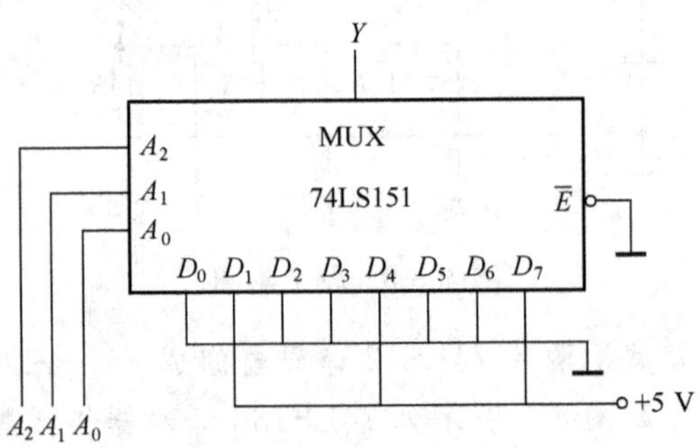

题图 8-9　题 21 附图

22　试分析题图 8-10 所示电路的工作原理，问图中三个发光二极管哪个发光？

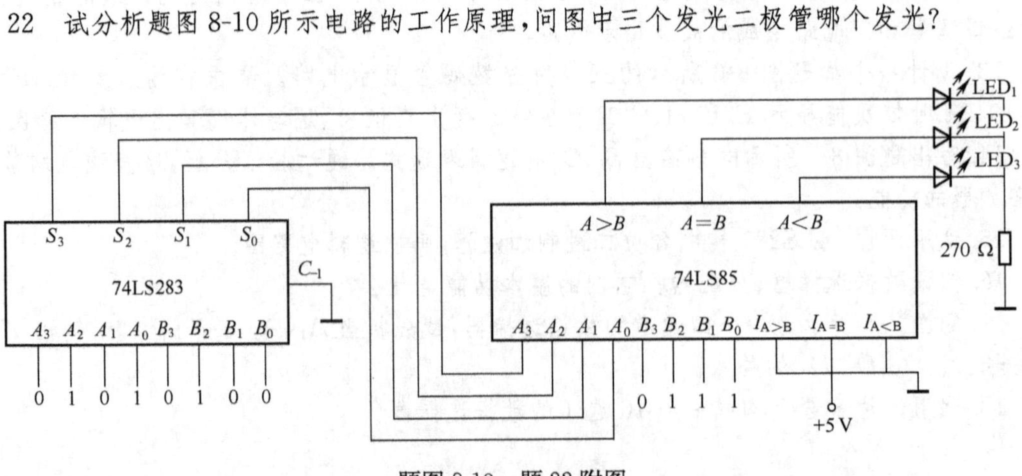

题图 8-10　题 22 附图

第九章　时序逻辑电路

在数字电路中，除了需要对二值信号进行算术和逻辑运算外，还经常需要将这些信号和运算的结果保存起来，这就需要具有记忆功能的基本逻辑单元。把含有这种基本单元的逻辑电路称为时序逻辑电路，把这种能够存储1位二值信号的基本逻辑单元称作触发器。存储器件的使用扩大了逻辑设计的领域，解决了仅用组合逻辑电路无法解决的问题，使时序逻辑电路成为数字电路的主要电路，在数字系统中得到了十分广泛的应用。

本章首先介绍时序逻辑电路的基本概念、特点、一般分析方法和具体步骤，然后介绍各种具有记忆功能的触发器，以及由触发器为基本单元构成的寄存器、计数器等时序逻辑电路，重点介绍常用时序逻辑电路芯片功能及其应用，最后介绍数字电路的几种典型应用。

第一节　概　　述

一、时序逻辑电路的特点与结构

1. 时序逻辑电路的特点

数字逻辑电路分为组合逻辑电路和时序逻辑电路两大类。组合逻辑电路由各种门电路组成，电路的输出状态仅取决于即时的输入状态，与电路的原来状态无关，故没有记忆功能。时序逻辑电路由组合逻辑电路和存储电路组成，电路任何一个时刻的输出状态不仅取决于当时的输入状态，而且还与电路原来的状态有关，因此具有记忆功能。含有存储电路，具有记忆功能是时序逻辑电路的主要特点，把具有这种逻辑功能特点的电路称为时序逻辑电路，简称时序电路。

2. 时序逻辑电路的结构

时序电路的基本结构框图如图9-1所示。由图可见，与组合逻辑电路比较，时序电路中必须包含有存储电路，而且存储电路的输出必须反馈到组合电路的输入端，与输入信号一起共同决定电路的输出。这就是时序逻辑电路在电路结构上的特点。通常，存储电路由触发器组成，组合电路由门电路组成。

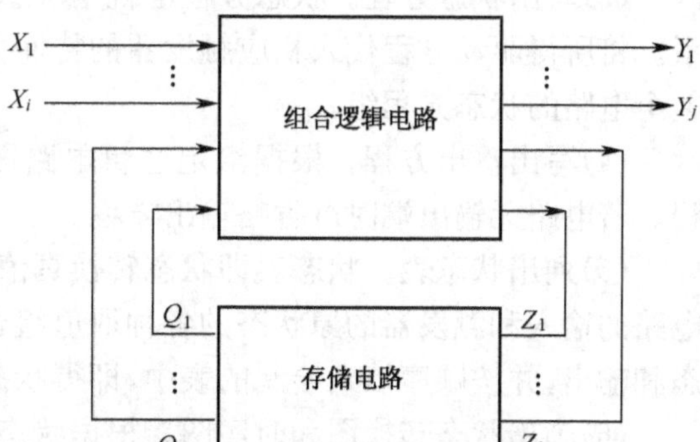

图9-1　时序逻辑电路结构框图

图中 X_1、X_2、…、X_i代表外部输入信号；Y_1、Y_2、…、Y_j 代表外部输出信号；Z_1、Z_2、…、Z_k 代表存储电路的输入信号，也是组合电路的内部输出信号；Q_1、Q_2、…、Q_l 代表存储电路输出信号，同时也是组合电路的内部输入信号。它们之间的逻辑关系可用下列三个逻辑函数方程式表示：

$$Y=F[X,Q] \tag{9-1}$$

$$Z=G[X,Q] \tag{9-2}$$

$$Q^{n+1}=H[Z,Q^n] \tag{9-3}$$

式(9-1)称为输出方程，式(9-2)称为驱动方程，式(9-3)称为状态方程。把输入信号作用前触发器的原状态称为现态(也称为初态)，用 Q^n 表示，输入信号作用后的新状态称为次态，用 Q^{n+1} 表示。

根据存储电路中触发器的动作特点不同，时序电路分为同步时序电路和异步时序电路。在同步时序电路中，所有触发器的时钟脉冲输入端连在一起，所有触发器在同一个时钟脉冲控制下同步工作。而在异步时序电路中，各触发器的时钟脉冲输入端不全部连接在一起，时钟脉冲只触发部分触发器，其余触发器由电路内部信号触发，因此，各触发器的状态变化不是同时发生的。

二、时序逻辑电路的分析方法

分析一个时序电路，其主要目的就是要找出给定时序电路的逻辑功能。时序电路的功能可用逻辑方程式、状态转换表、状态转换图和时序图等方法描述。

时序电路的分析方法一般采用如下的步骤：

(1)确定时序电路工作方式，触发器的类型等。时序电路有同步电路和异步电路之分，同步电路的时钟脉冲只有一个，分析方法比较简单。而异步电路则不同，需要先找出那些触发器有时钟脉冲，即先要写出时钟方程，以确定各触发器的动作条件。与此同时应确定所用触发器的类型，写出其特性方程。

(2)写出驱动方程。驱动方程为各触发器输入信号的逻辑表达式，它们决定着触发器的未来状态，从给定的逻辑电路图的中写出每个触发器的驱动方程，从而得到整个电路的驱动方程组。

(3)写出状态方程。状态方程也就是次态方程，它反映了触发器次态与现态之间的逻辑关系。将所得驱动方程代入相应触发器的特性方程中，便得到各触发器的状态方程，也就得到了整个电路的状态方程组。

(4)写出输出方程。根据给定逻辑电路图写出电路输出信号的逻辑表达式，即为输出方程。若电路无输出端时可省略输出方程。

(5)列出状态表。状态表即状态转换真值表，是反映电路状态转换规律与条件的表格。将电路的输入和触发器的原状态的各种取值组合代入到状态方程和输出方程中，求出相应的次态和输出，并按顺序填入绘制的表中，即得状态表。

(6)画出状态转换图和时序图。根据状态表，用圆圈表示状态，箭头表示方向，箭头旁标注表示条件，画出电路由一种状态到另一种状态转换的示意图即为状态转换图。时序图是根据状态表画出的在时钟脉冲作用下，各触发器状态变化的波形图。

对于时序电路的分析举例，将通过后续的具体电路来介绍，这里仅给出分析时序电路的一般方法和步骤，以便学习后续内容时使用。

第二节 集成触发器

触发器是构成时序逻辑电路存储部分的基本单元，它具有记忆功能，我们将能够存储 1 位二值信号的基本单元称为触发器。触发器有两个稳定的工作状态，两个输出端分别用 Q 和 $\overline{Q}$ 表示，通常以 Q 端的状态表示触发器的输出状态，例如 $Q=1,\overline{Q}=0$ 时称为触发器的“1”态；

$Q=0,\overline{Q}=1$ 时称为触发器的"0"态。正常情况下两输出端的状态是互补的，在输入信号的作用下，触发器可从一种稳定状态转换到另一种稳定状态—称为触发器的翻转，输入信号消失后，新的状态可保持不变。

触发器按其结构形式可分为基本 RS 触发器、同步 RS 触发器、主从触发器、维持阻塞触发器和边沿触发器等；按其逻辑功能可分为 RS 触发器、JK 触发器、D 触发器、T 触发器等；根据触发方式不同可分为电平触发器、主从触发器和边沿触发器；按使用的开关器件类型可分为 TTL 触发器和 CMOS 触发器。

触发器的种类很多，目前大量使用的都是集成触发器，对学习者来说，应重点掌握触发器的逻辑功能及特点，而对触发器的内部电路可作一般了解。所有触发器都是在基本 RS 触发器的基础上发展而来的。

一、RS 触发器

1. 基本 RS 触发器

(1)电路组成及逻辑符号。基本 RS 触发器是各种触发器中结构最简单的一种，通常作为构成各种功能触发器的最基本单元，所以也称为基本触发器。它由两个与非门首尾交叉连接构成，基本触发器如图 9-2(a)所示，图 9-2(b)所示为它的逻辑符号。

$\overline{R}_D$、$\overline{S}_D$ 是触发器的两个输入端，它们以低电平作输入信号，即低电平有效，因此在其逻辑符号的输入端用小圆圈表示。其中 $\overline{R}_D$ 称为直接置 0 端或复位端(下标 D 表示直接)，$\overline{S}_D$ 称为直接置 1 端或置位端。Q 和 $\overline{Q}$ 为两个互补的输出端，输出端 $\overline{Q}$ 在逻辑符号上用小圆圈表示，以表示 Q 和 $\overline{Q}$ 状态相反。

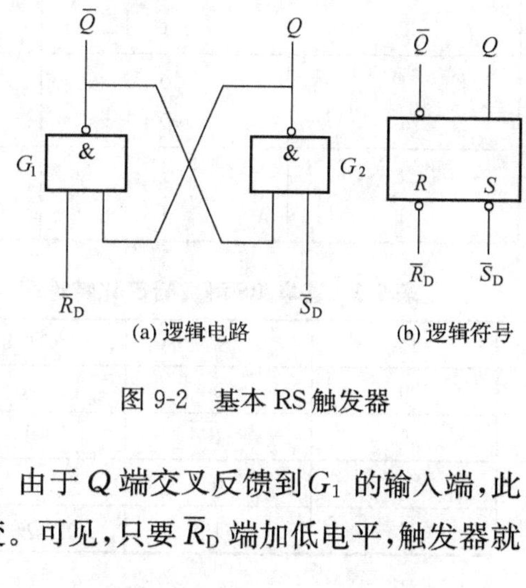

(a) 逻辑电路　　(b) 逻辑符号

图 9-2 基本 RS 触发器

(2)逻辑功能分析。

①置 0 功能。当 $\overline{R}_D=0$、$\overline{S}_D=1$ 时，不论触发器初态如何，由与非门的逻辑关系可知，G_1 有一输入端为 0，所以输出 $\overline{Q}=1$，而 G_2 的两个输入端全为 1，故输出 $Q=0$，于是触发器进入 $Q=0$、$\overline{Q}=1$ 的稳定状态。由于 Q 端交叉反馈到 G_1 的输入端，此时即使将 $\overline{R}_D$ 的低电平撤除，触发器的状态也维持不变。可见，只要 $\overline{R}_D$ 端加低电平，触发器就处在稳态 0，所以将 $\overline{R}_D$ 将为置 0 端或复位端。

②置 1 功能。当 $\overline{R}_D=1$、$\overline{S}_D=0$ 时，不论触发器初态如何，$\overline{S}_D=0$ 将使 $Q=1$、$\overline{Q}=0$，即触发器处在另一稳态 1，故称 $\overline{S}_D$ 为置 1 端或置位端。

③保持功能。当 $\overline{R}_D=\overline{S}_D=1$ 时，触发器的状态将保持不变，若初态为 1，它将仍保持在 1；若初态为 0，它将继续保持在 0，也就是说此时触发器的状态取决于初态。

设触发器初态为 0，即 $Q=0$、$\overline{Q}=1$，则 $Q=0$ 送到 G_1 的输入必将使 G_1 输出为 1，而 G_2 的两个输入全为 1 又保持了 $Q=0$，这样触发器的状态就仍保持在 0。同样，如设触发器初态为 1，即 $Q=1$、$\overline{Q}=0$，则 $\overline{Q}=0$ 必将使 G_2 输出为 1，而 $Q=1$、$\overline{S}_D=1$ 又使 G_1 输出为 0，保持了 $\overline{Q}=0$，这样触发器的状态就保持在 1。

其实要理解触发器的保持功能不难，因为当 $\overline{R}_D=\overline{S}_D=1$ 时，触发器根本就无有效信号输入，当然触发器状态就不会变。可见触发器在无有效信号输入时，有 0 和 1 两种稳定状态，因此基本 RS 触发器具有存储 1 位二值信号的能力，即具有记忆的功能。

④状态不确定(禁用)。当 $\overline{R}_D=\overline{S}_D=0$ 时，使 Q 和 $\overline{Q}$ 同时为 1，这不但破坏了 Q 和 $\overline{Q}$ 的互补关系，更使触发器进入不确定状态，因此这种情况是不允许出现的。因为一旦 $\overline{R}_D$、$\overline{S}_D$ 同时返回 1 时，触发器的状态肯定要转变，不可能仍使 G_1 和 G_2 同时为 1，它们均要向 0 转变，从而产生了竞争，究竟那个为 0 或为 1 是随机的，是不确定的。为此，在正常情况下，输入信号应遵守 $R_DS_D=0(\overline{R}_D+\overline{S}_D=1)$ 的约束条件，不允许 $\overline{R}_D=\overline{S}_D=0$ 的情况出现。

(3)逻辑功能描述。描述触发器的逻辑功能有五种形式。

①特性表。在描述触发器逻辑功能时，不仅要考虑输入信号，还要考虑触发器初态 Q^n，才能确定次态 Q^{n+1}，所以要将 Q^n 作为一个变量列入真值表，这种描述逻辑功能的真值表称为特性表，或称状态转换真值表。基本 RS 触发器的特性表如表 9-1 所示，其简化特性表如表 9-2所示。

表 9-1　基本 RS 触发器特性表

$\overline{R}_D$	$\overline{S}_D$	Q^n	Q^{n+1}	说明
0	0	0	×	禁止
0	0	1	×	
0	1	0	0	置 0
0	1	1	0	
1	0	0	1	置 1
1	0	1	1	
1	1	0	0	保持
1	1	1	1	

表 9-2　基本 RS 触发器简化特性表

$\overline{R}_D$	$\overline{S}_D$	Q^{n+1}
0	0	×
0	1	0
1	0	1
1	1	Q^n

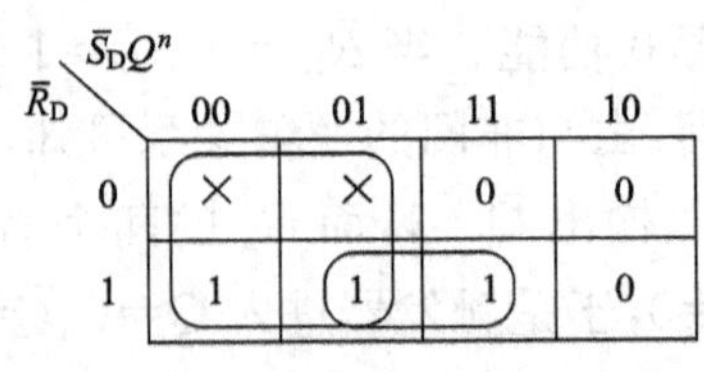

图 9-3　基本 RS 触发器次态卡诺图

②特性方程。描述触发器逻辑功能的逻辑表达式称为特性方程。它反映了在时钟控制下，次态 Q^{n+1} 和初态 Q^n 及输入变量间的逻辑关系。由特性表可画出基本 RS 触发器的卡诺图，如图 9-3 所示。化简后的特性方程为

$$\begin{cases} Q^{n+1}=S_D+\overline{R}_DQ^n \\ \overline{R}_D+\overline{S}_D=1 \qquad \text{(约束条件)} \end{cases}$$

③状态转换图及时序图。基本 RS 触发器的状态转换图如图 9-4 所示，时序图如图 9-5 所示。

需要指出，用两个或非门也可构成基本 RS 触发器，其功能和与非门构成的基本 RS 触发器相似，但触发信号是高电平有效，不允许出现 $R_D=S_D=1$，否则无法确定输出状态。若不加说明，本书提到的基本 RS 触发器，都是指由与非门构成的。

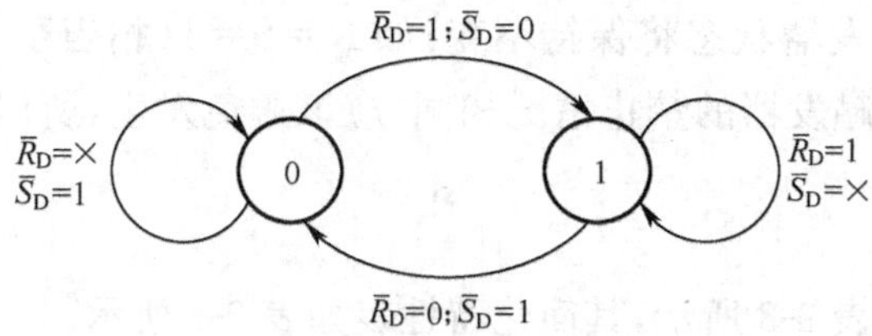

图 9-4　基本 RS 触发器状态转换图

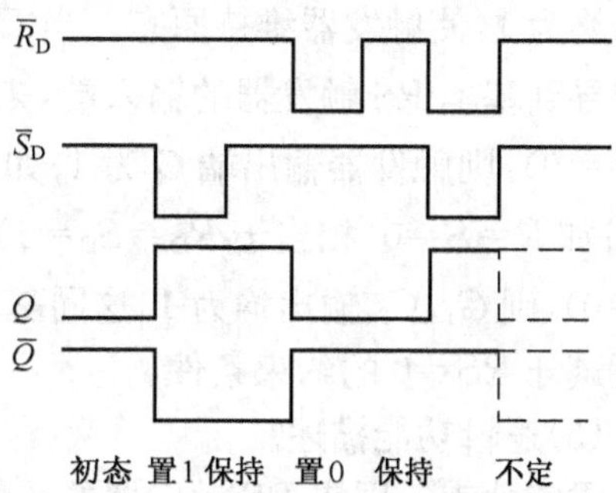

图 9-5　基本 RS 触发器波形图

2. 同步 RS 触发器

基本 RS 触发器具有置"0"和置"1"的功能，这种触发器的输出状态由输入信号直接决定的，一旦 $\overline{R}_D$ 或 $\overline{S}_D$ 信号到来，触发器就会随之翻转，这在实际应用中会有许多不便。在由多个触发器构成的电路系统中，各个触发器之间会有所联系，只要有一个发生翻转，其他与之连接的触发器会陆续翻转，这使各触发器的控制带来困难，甚至会使各触发器的状态转换关系造成错乱。在实际的数字系统中，常要求触发器能在控制触发信号作用下同步动作，控制触发信号是指挥系统中各触发器协同工作的主控脉冲，各触发器根据主控脉冲的标准节拍，按一定顺序同步翻转，主控脉冲像时钟一样，给各触发器提供准确的翻转时刻，故称为时钟脉冲，用 CP 表示。这种受时钟脉冲信号控制的触发器称为时钟触发器或同步触发器。同步触发器的状态更新时刻由 CP 脉冲决定，更新为何种状态由触发输入信号决定。

(1)电路组成。同步 RS 触发器如图 9-6(a)所示，它是在基本 RS 触发器的基础上，增加了两个导引控制门 G_3、G_4，同时加入时钟脉冲 CP 而构成。图 9-6(b)所示为它的逻辑符号。输入端 R 称为置 0 端，S 称为置 1 端，高电平有效，故 R 和 S 上面没有非号，逻辑符号上也不画小圆圈。

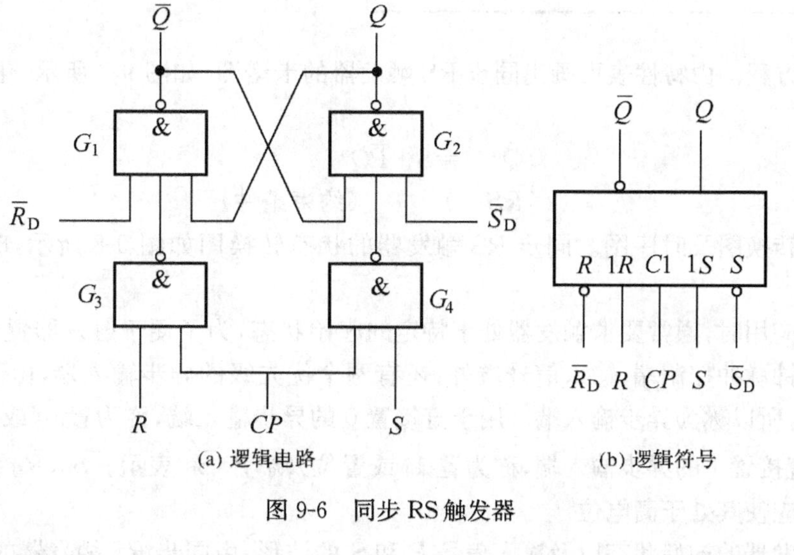

(a) 逻辑电路　　　(b) 逻辑符号

图 9-6　同步 RS 触发器

(2)逻辑功能分析。当 CP=0 时，G_3、G_4 门被封锁，不管输入信号 R、S 如何变化，输出状态始终为 1，使触发器维持原态。当 $CP=1$ 时，G_3、G_4 门被打开，输入信号 R、S 通过 G_3、G_4 门被引导到基本 RS 触发器的输入端，来决定触发器的状态。若此时 $R=0$、$S=1$（相当于 $\overline{R}_D=1$，$\overline{S}_D=0$），则触发器输出端 Q 为 1；如 $R=1$、$S=0$（相当于 $\overline{R}_D=0$，$\overline{S}_D=1$），则触发器输出端 Q 为 0；如 $R=S=0$（相当于 $\overline{R}_D=\overline{S}_D=1$），则触发器状态将保持不变；如 $R=S=1$（相当于 $\overline{R}_D=\overline{S}_D=0$），则 G_1、G_2 输出均为 1，这同基本 RS 触发器的禁止情况相同，应该避免发生，所以它也需要遵守 $RS=0$ 的约束条件。

(3)逻辑功能描述。

①特性表。同步 RS 触发器的特性表如表 9-3 所示，其简化特性表如表 9-4 所示。

表 9-3　同步 RS 触发器特性表

R	S	Q^n	Q^{n+1}	说明
0	0	0	0	保持
0	0	1	1	
0	1	0	1	置 1
0	1	1	1	
1	0	0	0	置 0
1	0	1	0	
1	1	0	×	禁止
1	1	1	×	

表 9-4　同步 RS 触发器简化特性表

R	S	Q^{n+1}
0	0	Q^n
0	1	1
1	0	0
1	1	×

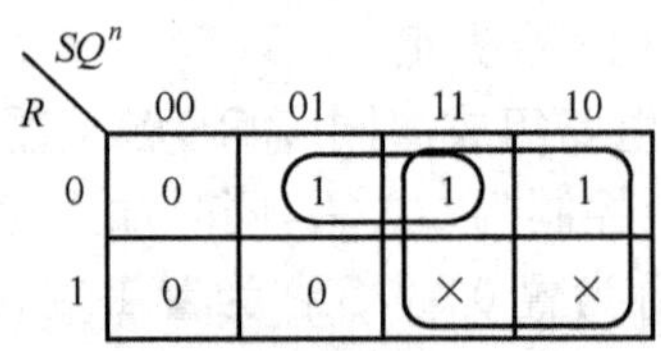

图 9-7　同步 RS 触发器次态卡诺图

②特性方程。由特性表可画出同步 RS 触发器的卡诺图，如图 9-7 所示，化简后的特性方程为

$$\begin{cases} Q^{n+1}=S+\overline{R}Q^n \\ RS=0 \qquad \text{（约束条件）} \end{cases}$$

③状态转换图及时序图。同步 RS 触发器的状态转换图如图 9-8 所示，时序图如图 9-9 所示。

在实际应用时，通常要求触发器处于特定的起始状态，为了便于触发器置于所需状态，触发器除了时钟脉冲控制端、输入信号端外，还有两个优先级的异步输入端，由于它们不受 CP 脉冲的控制，所以称为异步输入端。用于直接置 0 的异步输入端，称为置 0（或复位）端，用 $\overline{R}_D$ 表示；用于直接置 1 的异步输入端，称为置 1（或置位）端，用 $\overline{S}_D$ 表示。$\overline{S}_D$、$\overline{R}_D$ 为低电平有效，初态预置后应使其处于高电位。

已知触发器的初始状态以及输入信号 R 和 S 的波形，由同步 RS 触发器的逻辑功能可画出如图 9-10 所示的输出波形。

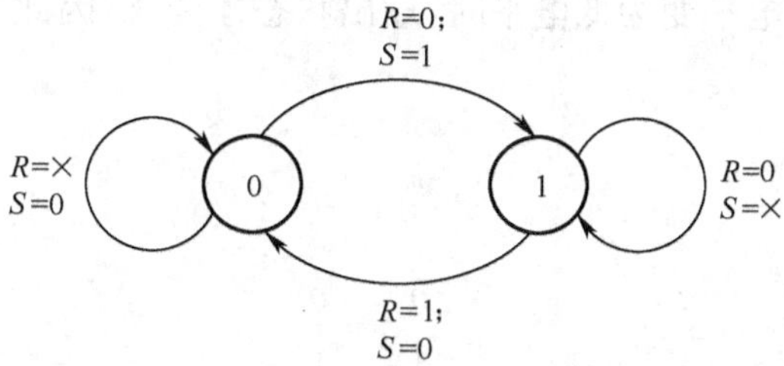

图 9-8　同步 RS 触发器状态转换图

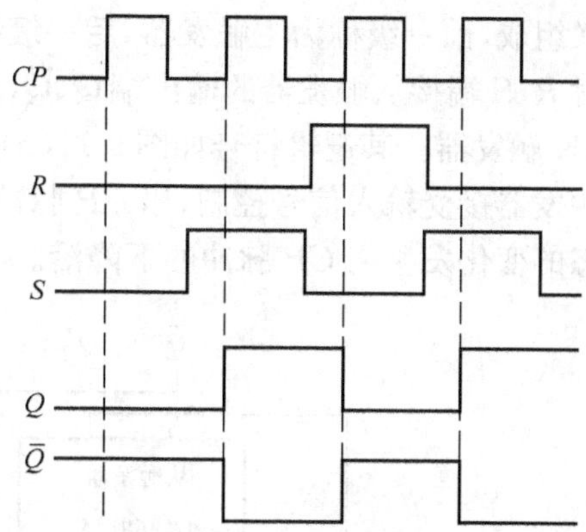

图 9-9　同步 RS 触发器时序图

在图 9-10 所示波形图中，第 1、2、3 个 CP 脉冲，触发器分别执行的是保持、置 1、置 0 功能，在第 4 个 CP 脉冲期间，R、S 同时为 1，不满足约束条件，造成逻辑混乱，使 Q 和 $\overline{Q}$ 同时为 1，这样在 CP 变为 0 后，输出状态就不能确定，直致第 5 个 CP 到来，触发器置 1。在第 6、7 个 CP 脉冲期间，触发信号 R、S 发生变化，输出状态亦随之发生变化。

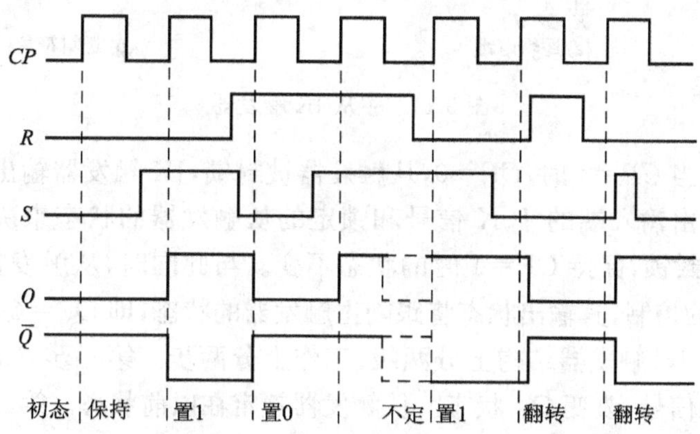

图 9-10　不同输入条件下同步 RS 触发器的波形图

(4)同步 RS 触发器的空翻问题。同步 RS 触发器在 $CP=1$ 的全部时间里，R 和 S 的变化都将引起触发器输出端状态的变化，造成触发器在一次时钟期间发生多次翻转，这种现象称为空翻，如图 9-10 所示。空翻违背了构造时钟触发器的初衷，每来一次时钟，最多允许触发器翻转一次，若多次翻转，电路会发生状态的差错，造成触发器动作混乱，因而是不允许的。为了解决这一问题，可采用主从结构和维持阻塞结构的时钟触发器，如主从 JK 触发器、维持阻塞 D 触发器等，使触发器的翻转时刻限定在 CP 脉冲的上升沿或下降沿。

二、JK 触发器

JK 触发器是一种功能比较完善，应用广泛的触发器。JK 触发器按电路结构不同，分为同步 JK 触发器、主从 JK 触发器和边沿 JK 触发器。尽管 JK 触发器有不同的结构形式、不同的触发方式，但逻辑功能是相同的。

1. 主从 JK 触发器

(1)电路组成。主从 JK 触发器的逻辑电路如图 9-11(a)所示。它由两个同步 RS 触发器串联组成，前一级称为主触发器，后一级称为从触发器，它们的时钟信号相位相反，主触发器的一对 R、S 端接从触发器的输出端 Q、$\overline{Q}$，另一对 R、S 端作输入端 J、K，这样就组成了主从结构的 JK 触发器。其逻辑符号如图 9-11(b)所示，输出端加“┐”表示延迟输出，即 CP 为高电平时主触发器接受输入信号控制，当 CP 脉冲由高电平变为低电平时，输出状态才变化，因此，输出状态的变化发生在 CP 脉冲的下降沿。

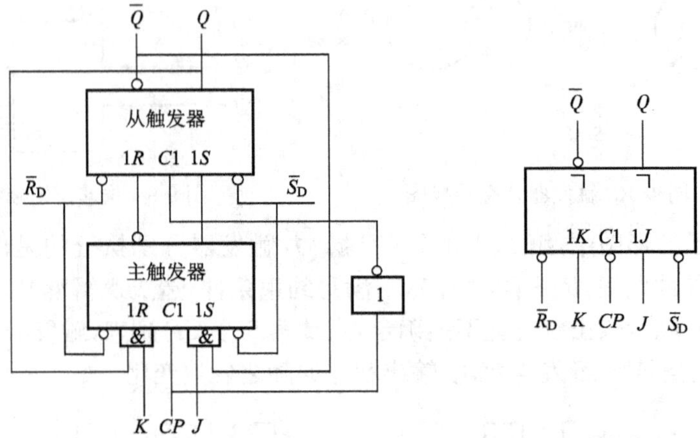

(a) 逻辑电路　　(b) 逻辑符号

图 9-11　主从 JK 触发器

(2)逻辑功能。当 $CP=1$ 时，$\overline{CP}=0$，从触发器被封锁，JK 触发器输出状态不变。此时主触发器打开，其状态由输入端的 J、K 信号和锁定的从触发器的状态来决定。当 $CP=0$ 时，$\overline{CP}=1$，主触发器被封锁，保持 $CP=1$ 时的状态不变。与此同时，从触发器解除封锁，并接收主触发器输出状态的控制，其输出状态将跟随主触发器的状态，即 $Q_{从}=Q_{主}$。

由此可见，主从 JK 触发器结构上分两级，工作上分两步。第一步，CP 为高电平时，主触发器工作，接受输入信号，改变 $Q_{主}$ 状态。从触发器锁定在以前状态。第二步，CP 下降到低电平时，主触发器锁定在第一步最后状态。从触发器工作，接受主触发器的状态控制，使 $Q=Q_{主}$。总之，触发器的输出 Q 只在 CP 由 1 变 0 时刻才可能发生翻转，称之为下降沿触发。这种主、从结构的延时作用，有效地防止了空翻现象。

基于主从型 JK 触发器的结构，分析其逻辑功能时只需看主触发器的功能即可，从触发器仅复制主触发器的状态。而主触发器的 $R=KQ$，$S=J\overline{Q}$，据此可推出主从 JK 触发器的逻辑功能。

当 $J=K=0$ 时，主触发器保持初态不变，当 CP 下降沿到来时，从触发器的状态也不变，即 $Q^{n+1}=Q^n$。

当 $J=0$、$K=1$ 时，设初态 $Q^n=1$，当 $CP=1$ 时，主触发器置 0，当 CP 下降沿到来时，从触发器置 0，即 $Q^{n+1}=0$。如初态 $Q^n=0$，当 $CP=1$ 时，主触发器保持在 0，当 CP 下降沿到来时，从触发器仍置 0。因此，不论原来是何种状态，当 $J=0$、$K=1$ 时，输出均为 0。

当 $J=1$、$K=0$ 时，分析类同上面，不论原来是何种状态，当 $CP=1$ 时，主触发器置 1，当 CP 下降沿到来时，从触发器跟随主触发器的状态亦为 1，即 $Q^{n+1}=1$。

当 $J=K=1$ 时，设初态 $Q^n=0$，当 $CP=1$ 时，主触发器置 1，当 CP 下降沿到来时，从触发器置 1。如初态 $Q^n=1$，当 $CP=1$ 时，主触发器置 0，当 CP 下降沿到来时，从触发器置 0。可见触发器的次态总是与初态相反，触发器总是处在翻转状态，即 $Q^{n+1}=\overline{Q}^n$。在这种情况下，触发器具有计数功能。

2. JK 触发器逻辑功能的描述

(1)特性表与特性方程。按照上述分析可列出 JK 触发器的特性表，如表 9-5 所示。由表可知，JK 触发器具有保持、置 0、置 1、翻转功能。是一种功能强、性能好、使用灵活的触发器。其简化特性表如表 9-6 所示。

表 9-5　JK 触发器特性表

J	K	Q^n	Q^{n+1}	说明
0	0	0	0	保持
0	0	1	1	
0	1	0	0	置 0
0	1	1	0	
1	0	0	1	置 1
1	0	1	1	
1	1	0	1	翻转
1	1	1	0	

表 9-6　JK 触发器简化特性表

J	K	Q^{n+1}
0	0	Q^n
0	1	0
1	0	1
1	1	$\overline{Q^n}$

特性方程：$Q^{n+1}=J\overline{Q^n}+\overline{K}Q^n$

(2)状态转换图与时序图。图 9-12 所示为 JK 触发器的状态转换图，图 9-13 所示为 JK 触发器的时序图。

由 JK 触发器的功能分析和描述，可归纳出三句话来记忆其功能特性："有沿才有变，高变低不变，一高一低随 J 变"。"有沿才有变"是指只有在 CP 脉冲的上升沿或下降沿到来时，触发器的状态才能发生变化；"高变低不变"是指 $J=K=1$(高)时，$Q^{n+1}=\overline{Q^n}$(变)，而 $J=K=0$(低)时，$Q^{n+1}=Q^n$(不变)；"一高一低随 J 变"是指当 J、K 一个为 1，一个为 0 时，$Q^{n+1}=J$。

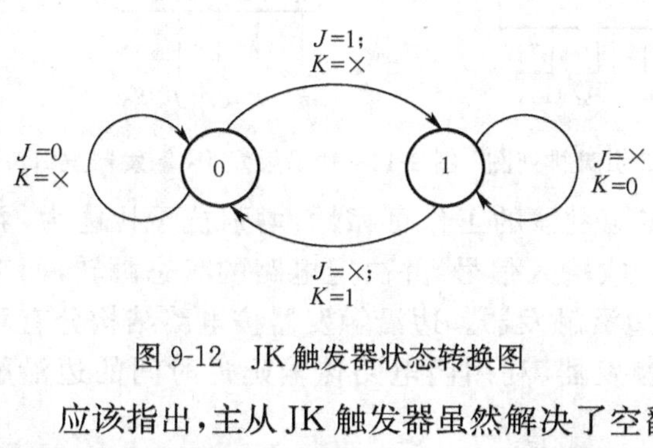

图 9-12　JK 触发器状态转换图

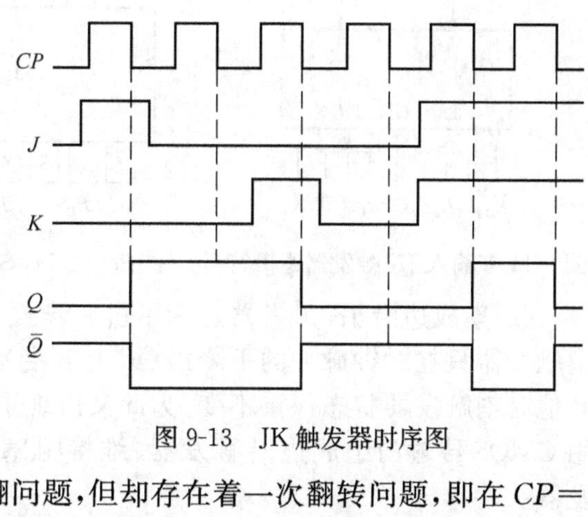

图 9-13　JK 触发器时序图

应该指出，主从 JK 触发器虽然解决了空翻问题，但却存在着一次翻转问题，即在 $CP=1$ 期间，主触发器能且仅翻转一次，一旦翻转后无论 J、K 状态如何变化，也不能再翻回来，这种现象称为一次翻转。假设 CP 上升沿到来之前，$J=0$、$K=1$，且触发器处于 0，即 $Q^n=0$。当

CP 脉冲的上升沿到来时，主触发器置 0 保持不变。如果在 $CP=1$ 期间，由于外界干扰，使 $J=1$，则主触发器被置成 1，发生了一次空翻。当干扰消失后输入信号恢复为 $J=0$，主触发器将维持 1 态不再变化，这样当 CP 脉冲下降沿到来时，从触发器跟随主触发器状态亦为 1，则 $Q^{n+1}=1$，而不是按原来的输入（$J=0$、$K=1$）变为 0，造成触发器的状态出错。

主从触发器一次翻转现象的要害在于，在 $CP=1$ 期间，如果本不应翻转，但由于有干扰使主触发器发生翻转，则后果无法挽回，即一次翻转降低了主从 JK 触发器的抗干扰能力，使它的使用受到了限制。使用中为了避免一次翻转，要求在 $CP=1$ 期间，J、K 状态不能改变，这对输入信号提出了高的要求。克服一次翻转的有效方法是采用边沿触发的 JK 触发器。

3. 集成 JK 触发

集成触发器与其他数字集成电路相同，也分 TTL 和 CMOS 两类，虽然它们的内部结构不同，但逻辑功能是相同的，采用的逻辑符号也相同。对使用者而言，主要应掌握其逻辑功能。实际应用时，可通过查阅产品手册，了解其引脚排列和有关参数。下面介绍几种常用的集成 JK 触发器。

（1）集成主从 JK 触发器。常用的集成主从 JK 触发器型号见表 9-7。例如，74LS72 为 TTL 集成主从 JK 触发器，它具有在时钟脉冲下降沿翻转的特点（个别芯片也有上升沿翻转）。为扩大触发器的使用范围，常做成多输入结构，如 74LS72 有 3 个 J 输入端和 3 个 K 输入端，且为与的逻辑关系，即 $J=J_1J_2J_3$，$K=K_1K_2K_3$。对于空余的 JK 输入端处理方法同 TTL 门电路相似，即空余端一般接高电平。图 9-14 所示为多输入端的 JK 触发器逻辑符号，图 9-15 所示为 74LS72 芯片引脚排列图。

表 9-7　常用主从集成 JK 触发器型号

功　能	型　号				
单 JK（下降沿翻转）	74H71	74LS72	74LS110		
双 JK（下降沿翻转）	74LS73	74LS76	74LS78	74LS107	74LS111

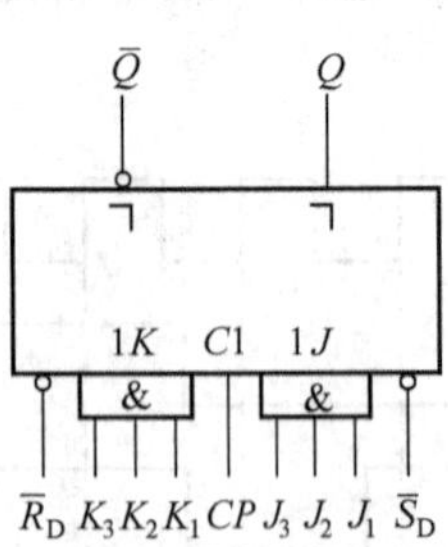

图 9-14 多输入 JK 触发器逻辑符号

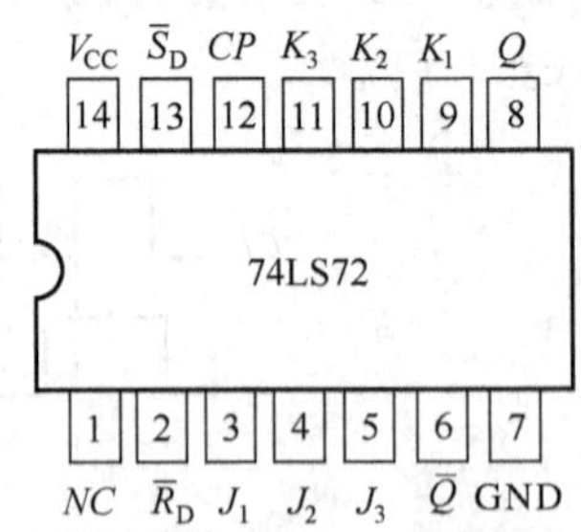

图 9-15　74LS72 引脚排列图

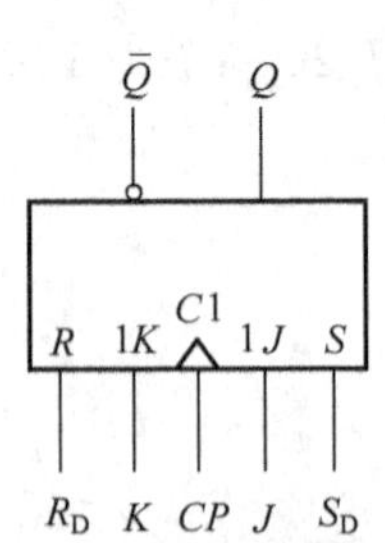

图 9-16　边沿触发 JK 触发器逻辑符号

（2）集成边沿 JK 触发器。为了进一步提高触发器的工作可靠性，增强抗干扰能力，希望触发器只在时钟脉冲的下降沿（或上升沿）接收输入信号，并决定电路的状态翻转，而在其他时刻触发器状态保持不变，为此又出现了边沿触发器。边沿触发器按电路结构分有利用 CMOS 传输门组成边沿触发器、维持阻塞触发器、利用门电路传输延迟时间的边沿触发器。

常用的集成边沿 JK 触发器型号如表 9-8 所示。CC4027 为 CMOS 集成 JK 触发器，它用 CMOS 传输门组成边沿触发器，在电路结构上是由 CMOS 主从触发器转换而来。其动作特点是在时钟脉冲上升沿触发。为表示边沿触发的动作特点，在图形符号中以 CP 输入端处的“∧”表示，且 CP 输入端加小圈表示下降沿触发，不加小圈表示上升沿触发。如图 9-16 为边沿触发的 JK 触发器逻辑符号，为上升沿触发。

表 9-8　常用边沿集成 JK 触发器型号

功　能	型　号						
单 JK(下降沿触发)	74LS101	74LS102					
单 JK(上升沿触发)	74LS70						
双 JK(下降沿触发)	74LS103	74LS106	74LS108	74LS112	74HC112	74HC113	74HC114
双 JK(上升沿触发)	74LS109	CC4027					

CC4027 为双 JK 触发器，芯片内有两个 JK 触发器单元，可单独使用，也可级联使用。它的芯片引脚排列图如图 9-17 所示。在数字系统中，考虑到与 TTL 集成芯片的兼容，一般取 TTL 的 V_{CC}＝5 V，而 CMOS 的 V_{DD}在 3～18 V。

74LS112 为 TTL 集成边沿双 JK 触发器，它利用门电路的传输延迟时间实现边沿触发，其动作特点是在时钟脉冲下降沿触发，同类型的 CMOS 产品有 74HC112，图 9-18 所示为 74LS112 芯片的引脚排列图。

74LS109 为 TTL 集成边沿双 JK 触发器，它的电路形式为维持阻塞型，其动作特点是在时钟脉冲上升沿触发，图 9-19 所示为 74LS109 芯片的引脚排列图。

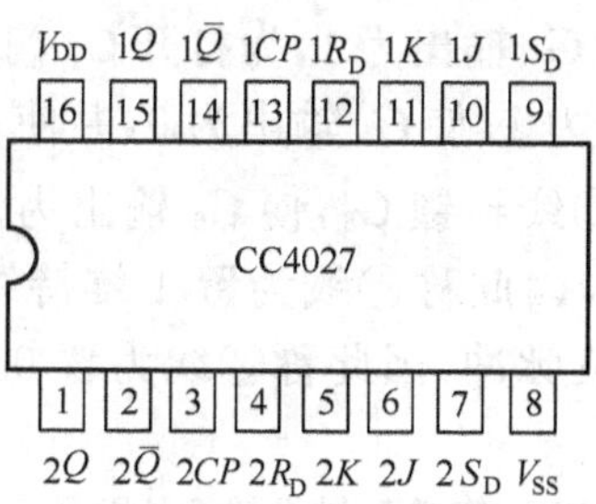

图 9-17　CC4027 引脚排列图

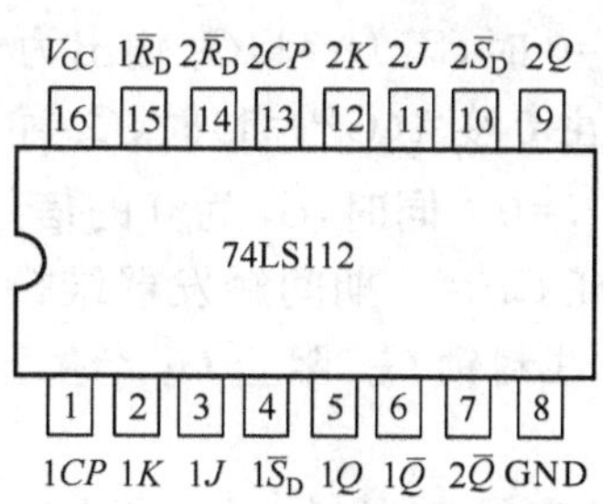

图 9-18　74LS112 引脚排列图

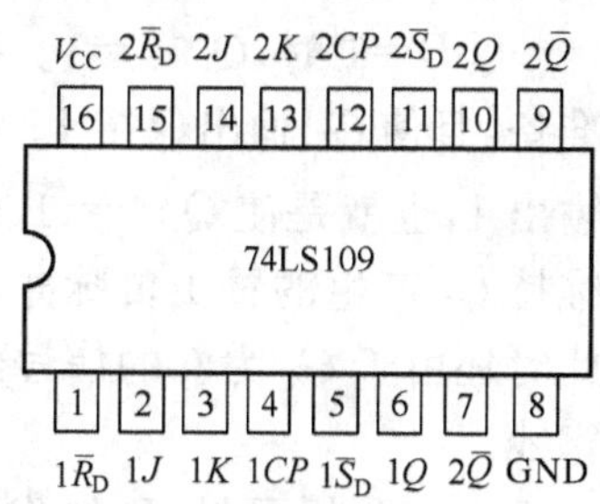

图 9-19　74LS109 引脚排列图

三、D 触发器

常见的 D 触发器有 TTL 维持阻塞型结构和 CMOS 边沿触发结构两种。它们都属于边沿触发的触发器，在一个时钟脉冲下触发器只动作一次，都不存在空翻和一次翻转，因此工作可靠性高，抗干扰能力强，所以 D 触发器应用也比较广泛。

1. 集成维持阻塞 D 触发器

(1)电路组成。国产 D 触发器大多采用 TTL 维持阻塞型电路结构，且都为上升沿触发。图 9-20(a)所示为维持阻塞型 D 触发器的逻辑电路，图 9-20(b)所示为其逻辑符号，图 9-20(c)所示为维持阻塞型双 D 集成触发器 74LS74 的引脚排列图。图中 $\overline{R}_D$、$\overline{S}_D$ 为直接置 0、置 1 端，D 为信号输入端，CP 为时钟脉冲输入端，CP 端“∧”表示边沿触发，不加小圈表示上升沿触发。

(2)逻辑功能。工作时 $\overline{R}_D=\overline{S}_D=1$，当 $CP=0$ 时，G_3、G_4 均输出为 1，因此由 G_1、G_2 组成的基本 RS 触发器保持原状态不变。下面讨论输入信号 $D=0$，$D=1$ 两种情况。

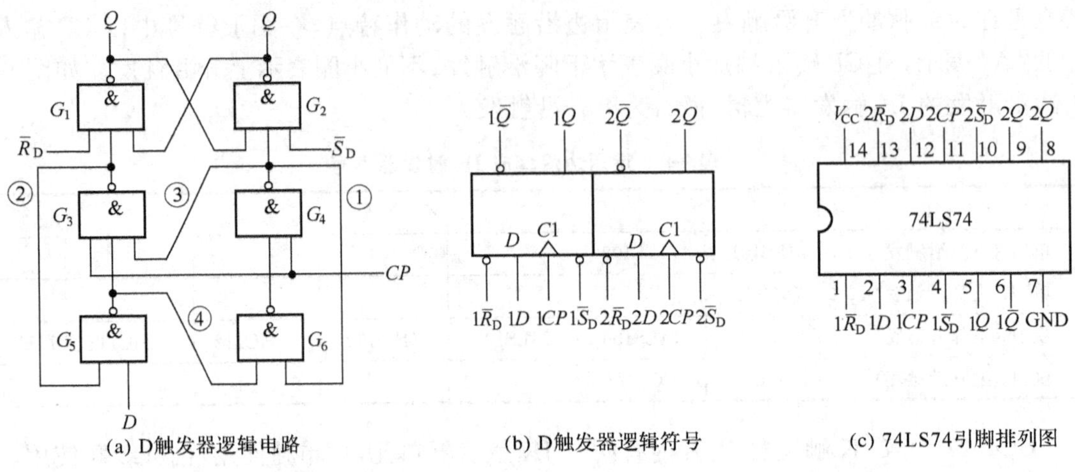

(a) D触发器逻辑电路　　(b) D触发器逻辑符号　　(c) 74LS74引脚排列图

图 9-20　维持阻塞型 D 触发器及 74LS74 引脚排列

①$D=0$ 时，$Q^{n+1}=0$。$CP=0$ 时，因 $D=0$，G_5 输出为 1，G_6 输出为 0，使 G_4 输出保持 1。CP 由 0 变 1（$CP=1$）时，G_3 输入全为 1，使 G_3 输出为 0，并使 G_1 输出 1，也就是使 $\overline{Q^{n+1}}=1$、$Q^{n+1}=0$。同时，G_3 为 0 的信号经②线使 G_5 被封锁，此时即使 D 的信号发生变化，也不改变触发器的状态，保证 $CP=1$ 期间触发器维持在 0，因此称②线为置 0 维持线。与此同时，还由于 G_5 输出为 1，经④线使 G_6 输出为 0，封锁 G_4，使 G_4 输出仍为 1，阻塞了置 1 的产生，因此称④线为置 1 阻塞线。

②$D=1$ 时，$Q^{n+1}=1$。$CP=0$ 时，因 $D=1$，G_5 输出为 0，使 G_6 输出为 1，为打开 G_4 门作准备，且使 G_3 输出保持 1。CP 由 0 变 1（$CP=1$）时，G_4 输入全为 1，使 G_4 输出为 0，并使 G_2 输出 1，也就是使 $Q^{n+1}=1$、$\overline{Q^{n+1}}=0$。同时，G_4 为 0 的信号经①线封锁 G_6，使 G_6 输出为 1，维持 G_4 产生的置 1 负脉冲，保证 $CP=1$ 期间触发器维持在 1，因此称①线为置 1 维持线。此时还由于 G_4 为 0 的信号经③线封锁 G_3，阻止 G_3 产生置 0 负脉冲，因此称③线为置 0 阻塞线。

由上分析可见，D 触发器具有置 0、置 1 功能。触发器在 CP 上升沿前接受 D 的输入信号，在上升沿到来时触发翻转，触发器翻转后的状态取决于输入信号 D 的状态，即 $Q^{n+1}=D$。而在 $CP=0$ 或 $CP=1$ 期间触发器状态都不会变化，这种维持阻塞作用有效地防止了空翻和一次翻转。

常用的 TTL 集成 D 触发器组件如表 9-9 所示。

表 9-9　常用 TTL 集成 D 触发器组件型号

功　能	型　号		
双 D	74LS74		
四 D	74LS175	74LS379	
六 D	74LS174	74LS378	
八 D	74LS273	74LS377	
八 D 三态	74LS364	74LS374	74LS574
八 D 三态反相	74LS534	74LS564	

2. 集成 CMOS 边沿 D 触发器

(1)电路组成。集成 CMOS 边沿 D 触发器是利用 CMOS 传输门和门电路组成，内部电路为主从结构形式，但这种主从结构与前面的主从触发器有不同的动作特点。图 9-21(a)所示为 CC4013 主从边沿 D 触发器的逻辑电路，图 9-21(b)所示为 CMOS 型双 D 触发器的逻辑符号，图 9-21(c)所示为 CC4013 的引脚排列图。图中 R_D、S_D 为直接置 0、置 1 端，高电平有效。

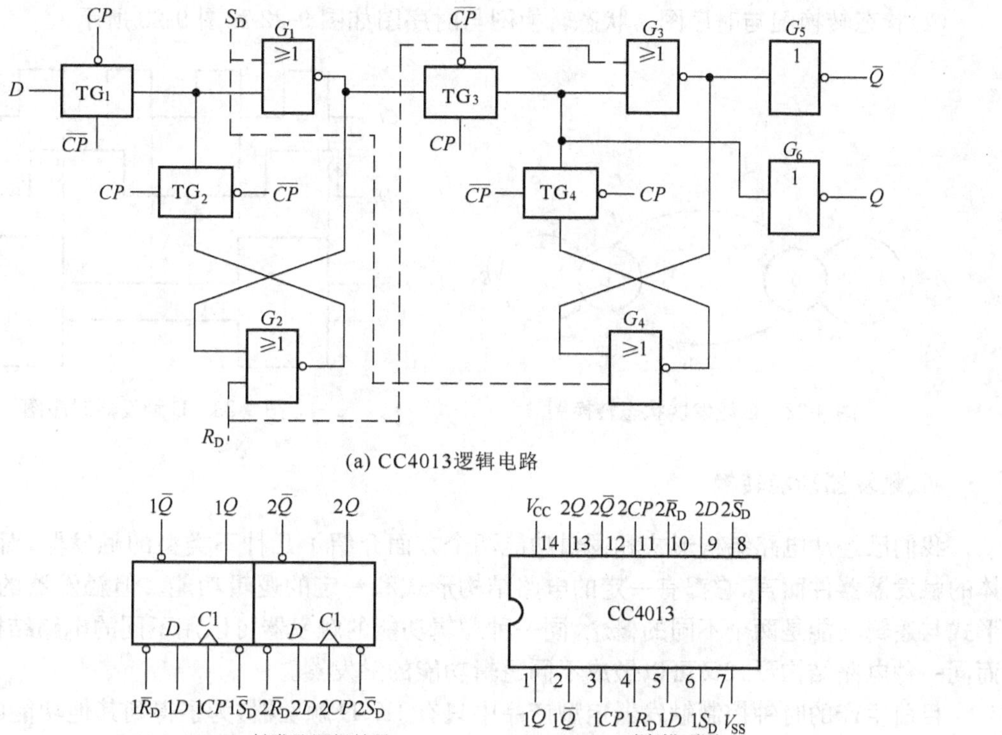

(a) CC4013逻辑电路

(b) CMOS双D触发器逻辑符号　　(c) CC4013引脚排列图

图 9-21　CC4013 边沿 D 触发器

由图可见，或非门 G_1、G_2 和传输门 TG_1、TG_2 组成主触发器，由或非门 G_3、G_4 和传输门 TG_3、TG_4 组成从触发器。G_5、G_6 为输出缓冲门，用以隔离负载对触发器的影响，增强带负载能力。时钟脉冲 CP 用以控制传输门的接通与断开。

(2)逻辑功能。当 $CP=0$、$\overline{CP}=1$ 时，TG_1、TG_4 接通，TG_2、TG_3 断开，主触发器输入通道打开，D 端的输入信号送入主触发器。但由于 TG_2 处断开状态，主触发器未构成基本触发器，主触发器状态不能保持，使 G_1 输出状态跟随 D 的状态。同时由于 TG_3 断开、TG_4 接通，从触发器构成基本触发器，其状态维持不变，且它与主触发器之间的通道被 TG_3 切断。

当 CP 上升沿到达时(CP 由 0 跳到 1)，TG_1、TG_4 断开，TG_2、TG_3 接通，主触发器输入通道被切断，由于 TG_2 已接通，使主触发器构成基本触发器，其状态保持在前状态不变。同时主触发器的信号经 TG_3 送入从触发器，使整个触发器的状态输出 $Q^{n+1}=D$(CP 上升沿到达时 D 的状态)。

综上所述，在 CP 上升沿之前，D 的信号存入主触发器，当 CP 上升沿到达时，D 的信号送到输出端 Q，所以该触发器为上升沿触发的边沿触发器。

常用的 CMOS 集成 D 触发器组件有 74HC74(双 D)、CC4013(双 D)、CC40174(六 D)、CC40175(四 D)。

3. D 触发器逻辑功能的描述

(1)特性表与特性方程。按照上述分析可列出 D 触发器的特性表，如表 9-10 所示。

表 9-10　D 触发器特性表

D	Q^n	Q^{n+1}	说明
0	0	0	置 0
0	1	0	
1	0	1	置 1
1	1	1	

D 触发器的特性方程为

$$Q^{n+1}=D$$

(2)状态转换图与时序图。状态转换图与时序图如图 9-22 和图 9-23 所示。

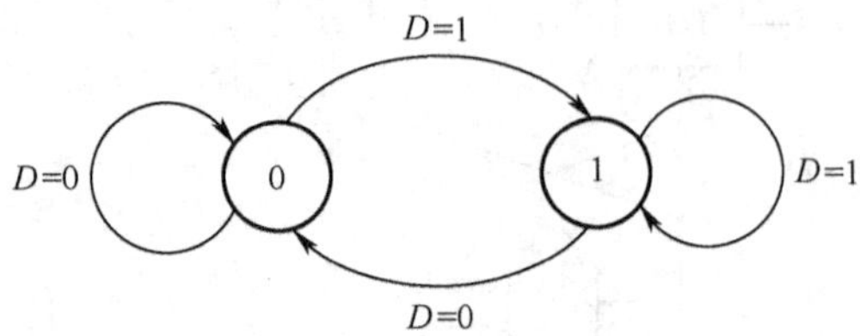

图 9-22 D 触发器状态转换图

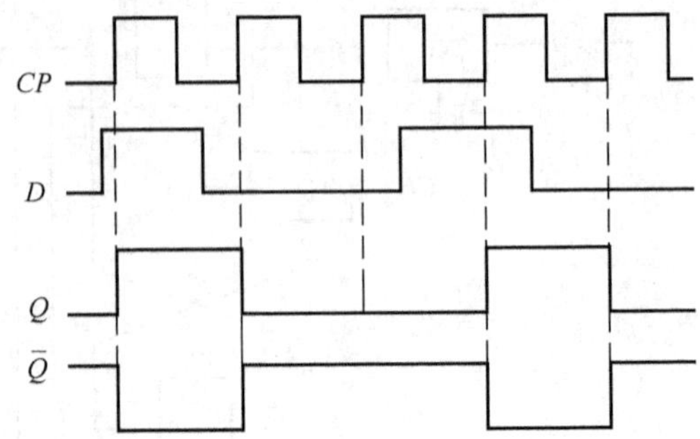

图 9-23 D 触发器时序图

四、触发器功能转换

我们已经从电路结构形式和逻辑功能两个方面介绍了几种不类型的触发器，对每一个具体的触发器器件而言，它都有一定的电路结构形式和一定的逻辑功能。但触发器的电路结构形式与逻辑功能是两个不同的概念，同一种逻辑功能的触发器可以用不同的电路结构来实现，而同一种电路结构形式又可以做成不同逻辑功能的触发器。

目前生产的时钟控制触发器定型产品中只有 JK、D 触发器，为了得到其他功能的触发器，可将 JK、D 触发器通过适当的连接和附加门电路，即可实现逻辑功能的转换。

转换的一般方法：写出待求触发器和给定触发器的特性方程；将待求触发器的特性方程变换成给定触发器特性方程的形式，得出以待求触发器输入信号为变量的给定触发器输入信号的表达式；画出用给定触发器实现待求触发器的逻辑图。

1. JK 触发器转换成 D、RS、T、T′触发器

(1)JK 触发器转换成 D 触发器。

JK 触发器特性方程为 $Q^{n+1}=J\overline{Q^n}+\overline{K}Q^n$

D 触发器特性方程为 $Q^{n+1}=D$

将 D 触发器特性方程化为 $Q^{n+1}=D=D(\overline{Q^n}+Q^n)=D\overline{Q^n}+DQ^n$

将上式与 JK 触发器特性方程比较后可得：$J=D, K=\overline{D}$

根据 J、K 表达式画出逻辑电路图即得待转换的触发器，如图 9-24(a)所示。

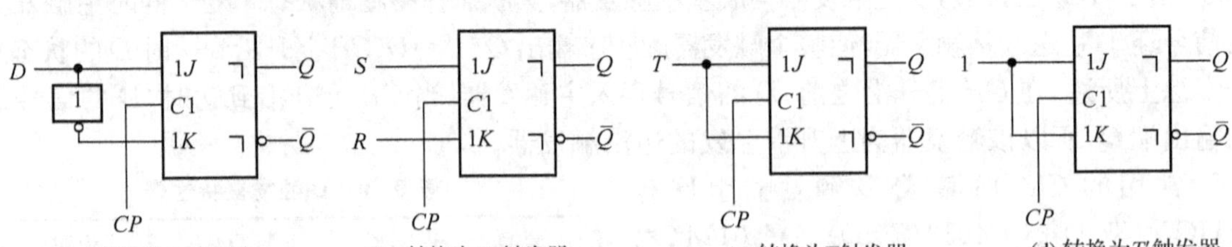

图 9-24 将 JK 触发器转换为 D、RS、T、T′触发器

(2)JK 触发器转换成 RS 触发器。对 RS 触发器特性方程进行变换：

$$Q^{n+1}=S+\overline{R}Q^n=S(\overline{Q^n}+Q^n)+\overline{R}Q^n=S\overline{Q^n}+\overline{\overline{S}R}Q^n$$

将上式与 JK 触发器特性方程比较后可知，$J=S, K=\overline{S}R$

再利用约束条件 $RS=0$ 可将上式进一步简化，得到 $J=S, K=\overline{S}R+RS=R$。

据此得到所需的转换逻辑电路，如图 9-24(b)所示。

(3)JK 触发器转换成 T、T′触发器。T 触发器是在 CP 控制下具有保持及翻转功能的触发器，它有一个输入端 T，其逻辑功能是当 $T=0$ 时，$Q^{n+1}=Q^n$，有保持功能；当 $T=1$ 时，$Q^{n+1}=\overline{Q^n}$，具有计数功能。

其特性方程为　　$Q^{n+1}=T\overline{Q^n}+\overline{T}Q^n$

将上式与 JK 触发器特性方程比较后可得 $J=K=T$。

即将 J、K 连在一起作为一个输入端便得 T 触发器，如图 9-24(c)所示。

T′触发器是在 CP 的控制下，具有翻转功能的触发器。每来一个脉冲翻转一次，可用作计数器。

其特征方程为　　$Q^{n+1}=\overline{Q^n}$

取 $T=1$，即 $J=K=1$，即得 T′触发器，如图 9-24(d)所示。

2. D 触发器转换成 JK、RS、T、T′触发器

(1)D 触发器转换成 JK 触发器。

D 触发器特性方程为　　$Q^{n+1}=D$

JK 触发器特性方程为　　$Q^{n+1}=J\overline{Q^n}+\overline{K}Q^n$

比较上述两式，可令 $D=J\overline{Q^n}+\overline{K}Q^n$，按此表达式连接电路即可将 D 触发器转换成 JK 触发器，如图 9-25(a)所示。

(2)D 触发器转换成 RS 触发器以及 T 和 T′触发器。

用同样的方法可将给定的 D 触发器分别转换成 RS、T、T′触发器，对应的表达式分别为

RS 触发器特性方程为　　$Q^{n+1}=S+\overline{R}Q^n$

T 触发器特性方程为　　$Q^{n+1}=T\overline{Q^n}+\overline{T}Q^n$

T′触发器的特性方程为　　$Q^{n+1}=\overline{Q^n}$

将给定 D 触发器的输入端按这些表达示连接电路，分别可得待转换的 RS 、T、T′触发器，如图 9-25(b)、(c)、(d)所示。

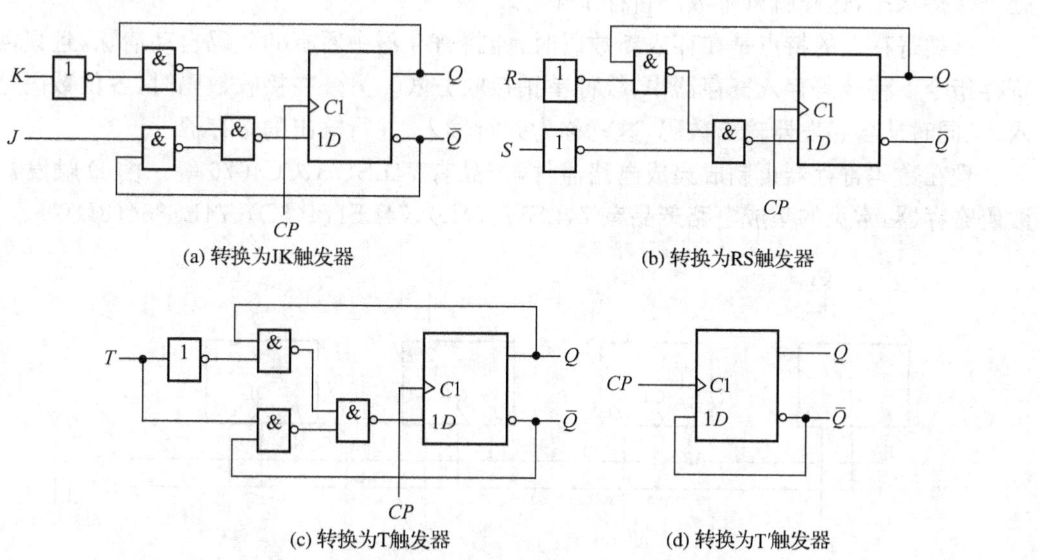

(a) 转换为JK触发器　　(b) 转换为RS触发器

(c) 转换为T触发器　　(d) 转换为T′触发器

图 9-25　将 D 触发器转换为 JK、RS、T、T′触发器

第三节　寄　存　器

在数字系统和计算机中，经常需要将一些数据信息暂时存放起来，然后根据需要取出数据进行处理或运算。通常将能够寄存数码的逻辑部件称为寄存器，寄存器主要由具有记忆功能的触发器组成。一个触发器可存储1位二进制代码，用N个触发器组成的寄存器能够存储一组N位二进制代码。

触发器在寄存器中仅起置0置1功能，因此无论用同步RS触发器，还是用主从触发器或边沿触发器，都可组成寄存器。

根据寄存器的功能，可分为数码寄存器和移位寄存器两种。

一、数码寄存器

数码寄存器是最简单的寄存器，只具有接收、暂存数码和清除原有数码的功能。数码寄存器按接收方式分单拍接收和双拍接收，现有集成寄存器中大多采用单拍接收。

图9-26所示为四个边沿D触发器组成的4位数码寄存器。四个触发器的CP连在一起，作为接收数码的控制端，上升沿触发。D_3、D_2、D_1、D_0是待存数码的输入端，Q_3、Q_2、Q_1、Q_0是数码输出端。各触发器的复位端接在一起，作为寄存器的总清零端$\overline{R}_D$，低电平有效。

该电路的数码接收过程为将需要存储的4位二进制数码送到数据输入端$D_3 \sim D_0$，在CP端送一个时钟脉冲，脉冲上升沿作用后，4位数码同时出现在4个触发器的Q端。如待寄存的数码为1010，将其送到各触发器的输入端，即$D_3=1$、$D_2=0$、$D_1=1$、$D_0=0$，当接收指令CP的上升沿到达时，根据D触发器的特性方程$Q^{n+1}=D$，可知各触发器的状态为$Q_3Q_2Q_1Q_0=D_3D_2D_1D_0=1\ 010$，这样就将待寄存的数码存入寄存器中。只要使$\overline{R}_D=1$，$CP=0$，寄存器就处于保持状态，这样就可将数码暂存下来。

这类寄存器的特点是在存入新数码时，能将寄存器中原有的数码自动清除，且只需在一个寄存指令下将数码存入寄存器中，故称单拍接收方式。另外在接收数码时，各位数码是同时输入，又同时从各触发器输出数码，这就称为并行输入、并行输出的寄存器。

现在数码寄存器也制成集成电路器件，产品有74LS173、CC4076等。由D触发器构成的数码寄存器，常见的集成电路产品有74LS175(4D)、74LS174(6D)、74LS364(8D)等。

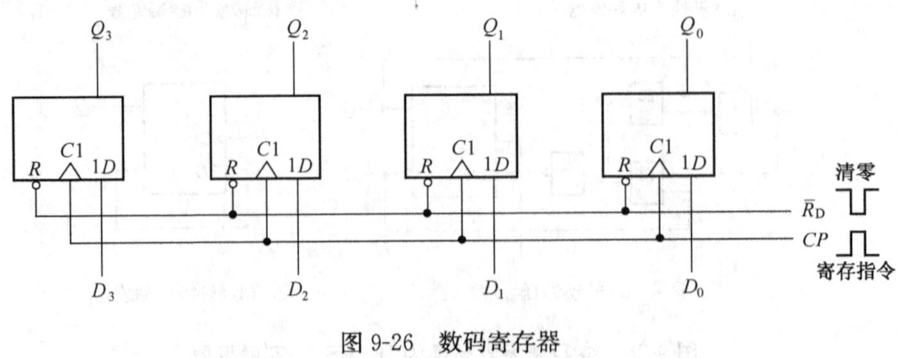

图9-26　数码寄存器

数码寄存器也可以由基本 RS 触发器、D 锁存器、JK 触发器等构成。如 74LS373 就是由电平触发的 D 型锁存器组成，这是一种三态输出的 8 位锁存器。其引脚排列如图 9-27 所示。$\overline{EN}$为三态输出控制端，CP 为接收数码控制端。当$\overline{EN}=0$ 时，8 个输出三态门导通，若 $CP=1$，则输出 Q^{n+1} 跟随输入 D 而变；若 $CP=0$ 时，则输出状态被锁存。当$\overline{EN}=1$ 时，Q 端呈高阻状态。其逻辑功能如表 9-11 所示。

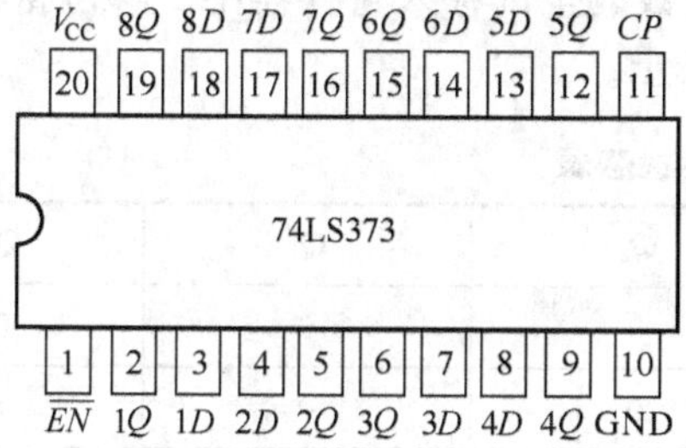

图 9-27　74LS373 引脚图

表 9-11　74LS373 功能表

输入			输出
$\overline{EN}$	CP	D	Q^{n+1}
0	1	1	1
0	1	0	0
0	0	1	Q^n
1	×	×	高阻

当$\overline{EN}=1$ 时，输出虽然为高阻，但已有的锁存数据仍保留，新的数据也可输入，因而$\overline{EN}$信号不影响内部锁存功能。这种锁存器广泛应用在微型计算机中。

二、移位寄存器

移位寄存器不仅可以存放数码还具有移位功能。所谓移位就是在移位脉冲作用下实现所存数码的依次左移或右移。因此，移位寄存器可进行数据的串行—并行转换、数据的运算及处理。按移位方式移位寄存器分为单向移位和双向移位。

1. 单向移位寄存器

单向移位寄存器，是指仅具有左移功能或右移功能的移位寄存器。

(1)左移寄存器。图 9-28 所示为边沿 D 触发器组成的 4 位左移寄存器。图中 $\overline{R}_D$ 为异步清零端，各位触发器的 CP 端连接在一起作移位脉冲控制端，最低位触发器 F_0 的输入端 D_0 作为串行数码输入端，每个触发器的输出端依次接高位触发器的输入。Q_3 为串行数码输出端，$Q_3Q_2Q_1Q_0$ 为并行数码输出端。

由图可得该寄存器的时钟方程、驱动方程和状态方程为

时钟方程：$CP_0=CP_1=CP_2=CP_3=CP$

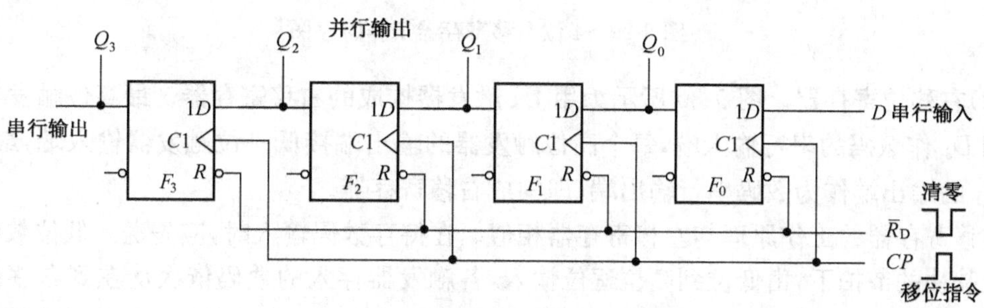

图 9-28　用 D 触发器组成的左移寄存器

驱动方程：$D_0=D$、$D_1=D_0^n$、$D_2=Q_1^n$、$D_3=Q_2^n$

状态方程：$Q_0^{n+1}=D$、$Q_1^{n+1}=Q_0^n$、$Q_2^{n+1}=Q_1^n$、$Q_3^{n+1}=Q_2^n$

D 为寄存器的串行输入数码，从 D_0 端输入。从状态方程可看出，各触发器在 CP 作用下，其状态有一个 $D \to D_0 \to D_1 \to D_2 \to D_3$ 的向左传递过程，故为左移寄存器。设要存入的数码为 1101，根据左移的特点，数码的最高位在最左侧，所以应从高位到低位依次送入寄存器的输入端 D。设寄存器的原始状态为 0000。当第一个 CP 上升沿到来时，寄存器状态为 $Q_3Q_2Q_1Q_0=$ 0001；第二个 CP 到来时，$Q_3Q_2Q_1Q_0=0011$；第三个 CP 到来时，$Q_3Q_2Q_1Q_0=0110$；第四个 CP 到来时，$Q_3Q_2Q_1Q_0=1101$。经过四个 CP 脉冲后，4 位数码全部移入寄存器中。移位寄存器中数码移动情况如表 9-12 所示，工作时序图如图 9-29 所示。

表 9-12　移位寄存器的状态表

CP	D	Q_3	Q_2	Q_1	Q_0
0	0	0	0	0	0
1	1	0	0	0	1
2	1	0	0	1	1
3	0	0	1	1	0
4	1	1	1	0	1

数码可从四个触发器的输出端 $Q_3Q_2Q_1Q_0$ 同时输出，即并行输出，实现由 4 位串行数据输入转换成并行输出的过程。也可从 Q_3 端串行输出，只需要再连续送入四个 CP 脉冲，就可输出原输入数码，这就是串行输出方式。可见，该寄存器具有串行输入，并行输出或串行输出的功能。

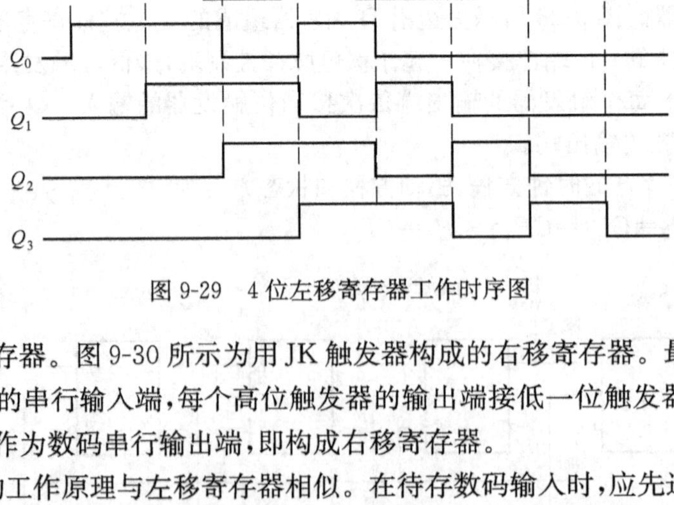

图 9-29　4 位左移寄存器工作时序图

(2)右移位寄存器。图 9-30 所示为用 JK 触发器构成的右移寄存器。最高位触发器 F_3 的输入端 D_3 作数码的串行输入端，每个高位触发器的输出端接低一位触发器输入端，最低位触发器 F_0 的输出端作为数码串行输出端，即构成右移寄存器。

右移寄存器的工作原理与左移寄存器相似。在待存数码输入时，应先送入低位数码，然后在移位脉冲的节拍下，由低位到高位逐位输入，各触发器存入的数码依次从左到右逐位传送，形成 $D \to Q_3 \to Q_2 \to Q_1 \to Q_0$ 的数码传递过程。具体情况读者自行分析，应该指出的是所用 JK 触发器是下降沿触发的，在画时序图时应注意它的翻转时刻。

在移位寄存器的实际应用中，都采用集成移位寄存器。常用的集成移位寄存器如表 9-13 所示。

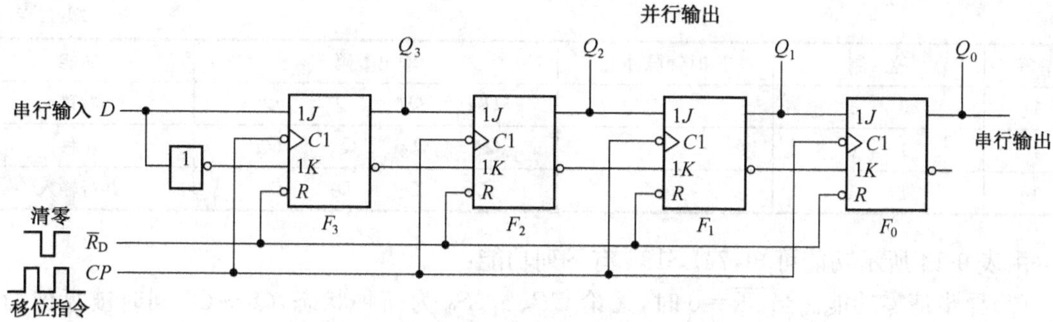

图 9-30　用 JK 触发器组成的右移寄存器

表 9-13　常用集成移位寄存器型号

功　能	型　号				
4 位移位寄存	74LS178 并行存取	74LS95 并行存取	74LS94		
8 位移位寄存	74LS164 串入/并出	74LS165 并入/串出	74LS166 串并入/串出	74LS91	74LS199
16 位移位寄存	74LS673 串入/串出	74LS674 并入/串出			

2. 双向移位寄存器

双向移位寄存器就是既能把数码左移又能把数码右移的移位寄存器。在单向移位寄存器的基础上加上移位方向控制电路就可得到双向移位寄存器。方向控制电路可由组合逻辑电路组成，但电路较复杂。下面介绍一种常用的集成 4 位双向移位寄存器 74LS194，其逻辑功能示意图及引脚排列如图 9-31 所示。

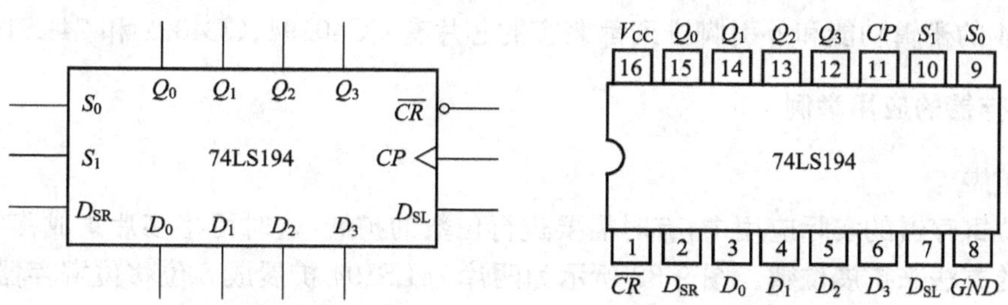

(a)逻辑功能示意图　　(b)引脚排列图

图 9-31　集成 4 位双向移位寄存器 74LS194

各引脚功能：$\overline{CR}$为异步清零端，低电平有效；CP 为时钟脉冲输入端；$D_0 \sim D_3$ 为数码并行输入端；D_{SR}为数码右移串行输入端；D_{SL}为数码左移串行输入端；Q_0 和 Q_3 分别是左移和右移时的串行输出端，$Q_0 \sim Q_3$ 为数码并行输出端；S_0、S_1 为工作方式控制端，用来控制区分四种工作方式，对应于寄存器就有四个功能。74LS194 的功能表如表 9-14 所示。

表 9-14　4 位双向移位寄存器 74LS194 功能表

清零	控　制		时钟脉冲	输出数码				功能
$\overline{CR}$	S_1	S_0	CP	Q_0^{n+1}	Q_1^{n+1}	Q_2^{n+1}	Q_3^{n+1}	说明
0	×	×	×	0	0	0	0	异步清零
1	0	0	↑	Q_0^n	Q_1^n	Q_2^n	Q_3^n	保持

续上表

清零	控　制	时钟脉冲	输出数码	功能
1	0　1	↑	D_{SR}　Q_0^n　Q_1^n　Q_2^n	右移
1	1　0	↑	Q_1^n　Q_2^n　Q_3^n　D_{SL}	左移
1	1　1	↑	D_0　D_1　D_2　D_3	并行输入

由表 9-14 所示功能可知，74LS194 有下列功能：

(1)异步清零功能。当$\overline{CR}=0$时，无论 CP、S_1、S_0 为何种状态，$Q_0 \sim Q_3$ 同时被复位为 0。因为清零不需要 CP 脉冲作用，所以称为异步清零。清零功能的优先级别最高，故正常工作时$\overline{CR}$应处高电平。

(2)保持功能。当 $S_1S_0=00$ 时，不论有无 CP 到来，各触发器状态不变，寄存器所存数码处于保持状态。

(3)右移寄存功能。当 $S_1S_0=01$ 时，寄存器执行右移功能。此时，待存数码从右移串行输入端 D_{SR}送入，在 CP 上升沿到达时，各触发器所存数码依次右移一位，流向是 $D_{SR} \to Q_0 \to Q_1 \to Q_2 \to Q_3$。

(4)左移寄存功能。当 $S_1S_0=10$ 时，寄存器执行左移功能。此时，待存数码从左移串行输入端 D_{SL} 送入，在 CP 上升沿到达时，各触发器所存数码依次左移一位，流向是 $D_{SL} \to Q_3 \to Q_2 \to Q_1 \to Q_0$。

(5)并行输入功能。当 $S_1S_0=11$ 时，在 CP 的上升沿作用下，并行数码被送入相应的输出端，即 $D_0 \to Q_0$，$D_1 \to Q_1$，$D_2 \to Q_2$，$D_3 \to Q_3$，完成并行输入数码的功能。此时，串行输入 D_{SR}、D_{SL} 被禁止。

74LS194 是一种功能很强的通用寄存器，TTL 的还有 74LS295(4 位通用型三态输出)，与 74LS194 的逻辑功能和外引脚排列都兼容的芯片有 CC40194、CC4022 和 74LS198 等。

三、寄存器的应用举例

1. 位扩展

在移位寄存器的实际应用中，有时需要进行位数的扩展，这时可将多片集成移位寄存器通过用级连的方法来扩展位数。图 9-32 所示为两片 74LS194 扩展成 8 位移位寄存器的连接图。

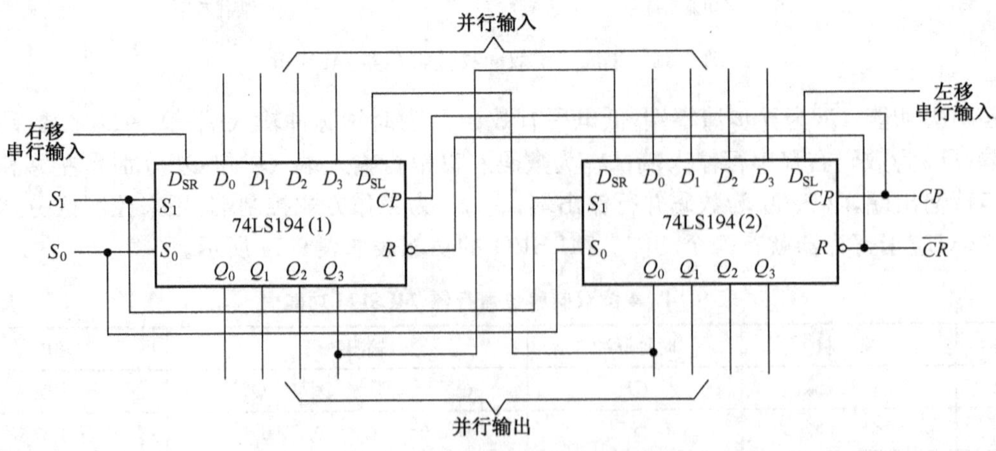

图 9-32　两片 74LS194 接成 8 位双向移位寄存器

连接时将两片的 S_1、S_0、CP 和 $\overline{R}_D$ 分别并联接在一起，将左边一片的 D_{SL} 端接到右边一片的 Q_0 端，构成左移，将右边一片的 D_{SR} 端接到左边一片的 Q_3 端，构成右移，这样就构成了 8 位双向移位寄存器。当需要右移时，令 $S_1S_0=01$，且数码从左边的 D_{SR} 输入，在 CP 作用下数码逐位右移，左边 4 位移位结束后转送到右边的 D_{SR}，右边 4 位移位结束后从右边的 Q_3 端串行输出。当需要左移时，令 $S_1S_0=10$，其移位过程与右移相似。

2. 数据的串—并行转换

在数字系统中，对传输的数据经常要进行串行—并行转换或并行—串行转换。串行传送仅需一条传输线（一根双芯电缆）就可将一组数据按序逐位传送，能节省硬件设备，但传输速度慢。并行传送是在传输线（需多芯电缆）上将一组数据同时传送，传输速度快，但硬件设备投入大。例如计算机进行远动控制时，一般采用串行传送，事先进行并行—串行转换，再可串行传送。远动设备接收到数据后要进行串行—并行转换，以提高数据处理的速度。具有移位功能的寄存器都可用作串行—并行转换。

图 9-33 所示为 7 位并行—串行的数码转换器，其功能是将 7 位数据 $D_6 \sim D_0$ 并行输入到寄存器，通过转换再由第二片的 Q_3 端逐位串行输出。

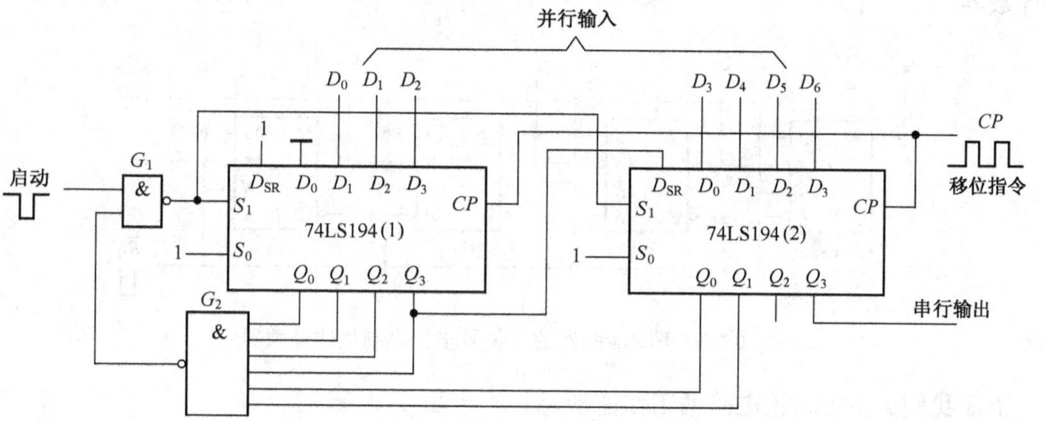

图 9-33　7 位并行—串行数据转换器

启动时，在 G_1 门输入端加一启动负脉冲，使寄存器处于并行输入状态，即 $S_1S_0=11$，在 CP 的作用下将数据并行输入寄存器，这时第一片的 $Q_3Q_2Q_1Q_0=D_2D_1D_0 0$，第 2 片的 $Q_3Q_2Q_1Q_0=D_3D_4D_5D_6$。由于第一片的 $Q_0=0$，所以 G_2 的输出为 1，并使 G_1 输出为 0，则 $S_1=0$、$S_0=1$，寄存器自动处于右移状态。在以后的 5 个 CP 脉冲中，由于 G_2 的输入总有一个为 0，所以方式 1 不变，所有数据在移位脉冲下逐位右移，并由第二片的 Q_3 端依次输出。当第七个 CP 脉冲到达时，G_2 的输入全部为 1，G_2 输出为 0，则 $S_1=S_0=1$，寄存器又自动处于并行输入状态，重新输入数据，开始新的移位循环。这样就实现了将七位数据 $D_6 \sim D_0$ 并行输入，转换到串行输出的目的。

第四节　计　数　器

在数字电路中，能够统计输入时钟脉冲个数的时序电路称为计数器。计数器在数字系统中有着广泛的应用，除了计数功能外，还具有分频、定时、数字测量与计算等功能，是重要的时序逻辑部件。

计数器的种类很多。按计数进位制可分为二进制计数器、十进制计数器和任意进制计数器；按计数时数字的增减可分为加法计数器、减法计数器和可逆计数器（或称为加/减计数器）；按计数器中各触发器的动作步调可分为同步计数器、异步计数器。

一、二进制计数器

计数状态按二进制数的规律变化，来累计时钟脉冲的个数时，称为二进制计数器。如果计数器的位数为 n，则将 2^n 称为计数器的模，也称计数长度。计数器也称为 n 位二进制计数器或 2^n 进制计数器。

1. 异步二进制计数器

(1)异步二进制加法计数器。由下降沿触发的 JK 触发器构成的异步 4 位二进制加法计数器如图 9-34 所示。根据 JK 触发器的功能，当 $J=K=1$ 时，则可组成 T′触发器，处于计数状态。电路中最低位触发器 F_0 的时钟脉冲输入端接计数脉冲 CP，其他各触发器的时钟脉冲输入端接相邻低位触发器的 Q 端。由于这种计数器的各触发器不采用同一个时钟脉冲，各触发器不是同时翻转，触发器状态的更新有先有后，与 CP 脉冲并不同步，所以称为异步计数器。

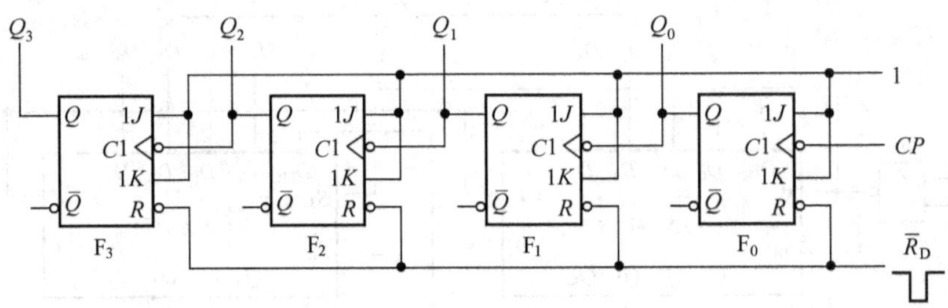

图 9-34　下降沿触发的 4 位异步二进制加法计数器

下面我们分析方讨论电路的工作原理。

①写出时钟方程：

$CP_0=CP, CP_1=Q_0, CP_2=Q_1, CP_3=Q_2$。

②求状态方程：

$Q_0^{n+1}=\overline{Q_0^n}; Q_1^{n+1}=\overline{Q_1^n}; Q_2^{n+1}=\overline{Q_2^n}; Q_3^{n+1}=\overline{Q_3^n}$。

③进行状态计算并列出状态表。在计数脉冲输入前首先清零，使 $Q_3Q_2Q_1Q_0=0000$。由于每个触发器都处在计数状态，即其时钟脉冲每来一个下降沿，触发器就翻转一次。由电路连接知各触发器的时钟脉冲来自于相邻低位触发器的输出 Q，即 $CP_i=Q_{i-1}$，最低位触发器的时钟脉冲为计数脉冲 CP，所以很容易分析得出计数器的状态转换，如表 9-15 所示。

这里的状态计算实质上就是要找出每个触发器得到的有效触发脉冲，从而确定触发器的翻转状态。从状态转换表可看出，当第一个 CP 脉冲输入后，触发器 F_0 的状态由 0 翻转为 1，Q_0 产生的上升沿不能触发 F_1，而 F_2、F_3 的 CP 端无触发信号，因此 F_1、F_2、F_3 都保持在 0 不变，所以第一个 CP 脉冲过后，计数器状态为 $Q_3Q_2Q_1Q_0=0001$。当第二个 CP 输入后，F_0 的状态由 1 翻转为 0，Q_0 产生了下降沿，以此作为进位信号加到 F_1 的 CP 端，使 F_1 翻转为 1，而 F_2 的 CP 端得到的是上升沿，F_2 不能翻转，因此 F_2、F_3 都保持在 0 不变，所以第二个 CP 脉冲过后，计数器状态为 $Q_3Q_2Q_1Q_0=0010$。依此类推，第三个 CP 输入后，计数器状态为 $Q_3Q_2Q_1Q_0=0011$，第 15 个 CP 输入后，计数器状态为 $Q_3Q_2Q_1Q_0=1111$。第 16 个 CP 输入后，F_0 的状态变为 0，Q_0 产生的下降沿使 F_1 的状态也变为 0，同时使 F_2、F_3 都变为 0，于是计数器重新回到 $Q_3Q_2Q_1Q_0=0000$。以后计数器又进入下一个循环。

④画出状态转换图。根据状态表可画出状态转换图，如图 9-35 所示。由状态图可见，从初态 0000(由清零所置)开始，每输入一个计数脉冲，计数器的状态按二进制加法规律加 1，所以是二进制加法计数器(4 位)。又因为该计数器有 0000～1111 共 16 个状态，所以也称 16 进制加法计数器或模 16($M=16$)加法计数器。

⑤画时序图。图 9-36 所示为下降沿触发的 4 位异步二进制加法计数器的时序图。图中各触发器的状态翻转发生在相应的时钟脉冲下降沿。如第四个 CP 到来时，有效时钟脉冲为 CP_0、CP_1、CP_2，这三个时钟脉冲的下降沿使三个触发器 F_0、F_1、F_2 同时翻转，翻转后计数器的状态为 $Q_3Q_2Q_1Q_0=0100$。第 16 个 CP 到来时，四个触发器同时翻转，计数器状态回复到 $Q_3Q_2Q_1Q_0=0000$。

表 9-15　4 位异步二进制加法计数器状态表

CP 序号	各触发器状态				十进制数	有效时钟
	Q_3^{n+1}	Q_2^{n+1}	Q_1^{n+1}	Q_0^{n+1}		
0	0	0	0	0	0	
1	0	0	0	1	1	CP_0
2	0	0	1	0	2	CP_0、CP_1
3	0	0	1	1	3	CP_0
4	0	1	0	0	4	CP_0、CP_1、CP_2
5	0	1	0	1	5	CP_0
6	0	1	1	0	6	CP_0、CP_1
7	0	1	1	1	7	CP_0
8	1	0	0	0	8	CP_0、CP_1、CP_2、CP_3
9	1	0	0	1	9	CP_0
10	1	0	1	0	10	CP_0、CP_1
11	1	0	1	1	11	CP_0
12	1	1	0	0	12	CP_0、CP_1、CP_2
13	1	1	0	1	13	CP_0
14	1	1	1	0	14	CP_0、CP_1
15	1	1	1	1	15	CP_0
16	0	0	0	0	0	CP_0、CP_1、CP_2、CP_3

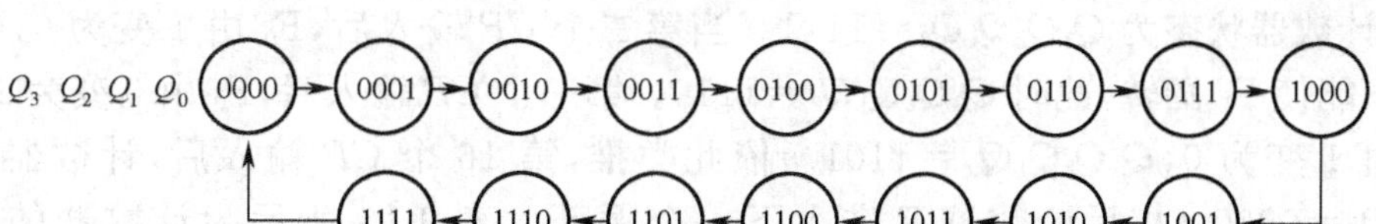

图 9-35　4 位异步二进制加法计数器状态转换图

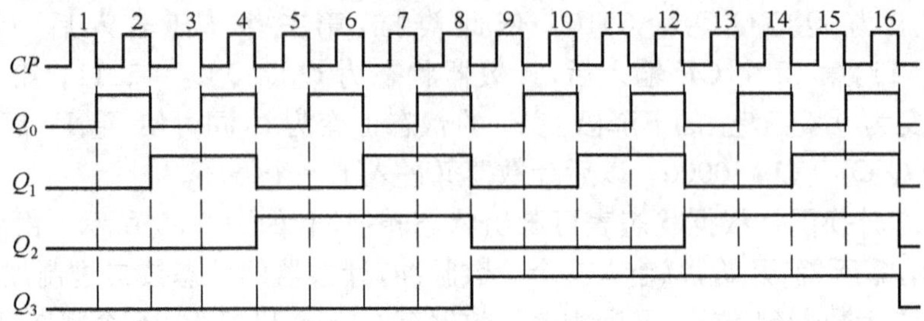

图 9-36 下降沿触发的 4 位异步二进制加法计数器时序图

从时序图可以看出，Q_0、Q_1、Q_2、Q_3 波形的周期分别是计数脉冲 CP 周期的 2 倍、4 倍、8 倍、16 倍，也就是说，Q_0、Q_1、Q_2、Q_3 分别对 CP 波形进行了二分频、四分频、八分频、十六分频，因而计数器可作为分频器使用。

综上所述，在采用下降沿触发的触发器组成异步二进制加法计数器时，触发器的极间连接必须是低位的 Q 端与高位的 CP 端相连，才能保证计数器按二进制加法运算规则计数。改变级联触发器的个数，就可以很方便地改变二进制计数器的位数，n 个触发器构成 n 位二进制计数器或模 2^n 计数器，具有 2^n 个状态，可实现 2^n 分频。

如用上升沿触发的 T′触发器也可以构成异步二进制加法计数器，但每级触发器的时钟脉冲输入端接低位触发器的 $\overline{Q}$ 端。当低位触发器 Q 端由 1 变为 0 时，$\overline{Q}$ 端则由 0 变为 1，这个上升沿使高位触发器翻转。

(2)异步二进制减法计数器。图 9-37 所示为由上降沿触发的 D 触发器构成的异步 4 位二进制减法计数器。根据 D 触发器的功能，当 $D=\overline{Q}^n$时，也就是 T′触发器，D 触发器处于计数状态。电路中最低位触发器 F_0 的时钟脉冲输入端接计数脉冲 CP，其他各触发器的时钟脉冲输入端接相邻低位触发器的 Q 端，故也是异步计数器。

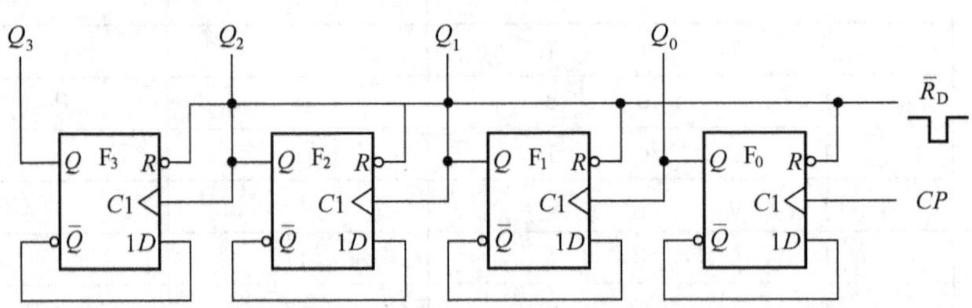

图 9-37 上升沿触发的 4 位异步二进制减法计数器

电路的工作原理分析与加法计数器相似，在计数之前先清零，使 $Q_3Q_2Q_1Q_0=0000$。当第一个 CP 脉冲输入后，触发器 F_0 的状态由 0 翻转为 1，Q_0 产生的上升沿触发 F_1，使 F_1 由 0 变为 1，Q_1 的上升沿再触发 F_2，使 F_2 由 0 变为 1，同理 F_3 也由 0 变为 1，这样第一个 CP 脉冲过后，计数器状态为 $Q_3Q_2Q_1Q_0=1111$。当第二个 CP 输入后，F_0 由 1 变为 0，Q_0 产生的下降沿不能使 F_1 翻转，此时 $Q_3Q_2Q_1Q_0=1110$。第三个 CP 输入后，F_0 由 0 变为 1，而 F_1 受触发后由 1 变为 0，$Q_3Q_2Q_1Q_0=1101$。依此类推，第 16 个 CP 输入后，计数器重新回到 $Q_3Q_2Q_1Q_0=0000$。以后计数器又进入下一个循环。表 9-16 所示为计数器的状态变化过程。

表 9-16　4 位异步二进制减法计数器状态表

CP 序号	各触发器状态				十进制数	有效时钟
	Q_3^{n+1}	Q_2^{n+1}	Q_1^{n+1}	Q_0^{n+1}		
0	0	0	0	0	0	
1	1	1	1	1	15	CP_0、CP_1、CP_2、CP_3
2	1	1	1	0	14	CP_0
3	1	1	0	1	13	CP_0、CP_1
4	1	1	0	0	12	CP_0
5	1	0	1	1	11	CP_0、CP_1、CP_2
6	1	0	1	0	10	CP_0
7	1	0	0	1	9	CP_0、CP_1
8	1	0	0	0	8	CP_0
9	0	1	1	1	7	CP_0、CP_1、CP_2、CP_3
10	0	1	1	0	6	CP_0
11	0	1	0	1	5	CP_0、CP_1
12	0	1	0	0	4	CP_0
13	0	0	1	1	3	CP_0、CP_1、CP_2
14	0	0	1	0	2	CP_0
15	0	0	0	1	1	CP_0、CP_1
16	0	0	0	0	0	CP_0

图 9-38 所示为上升沿触发的 4 位异步二进制减法计数器时序图。由状态表和时序图可以看出，每输入一个计数脉冲，计数器的状态按二进制减法规律减 1，所以是二进制减法计数器(4 位)，模值 $M=16$，Q_0、Q_1、Q_2、Q_3 对 CP 脉冲也分别具有分频作用。

通过上述异步二进制加法和减法计数器的分析，可以归纳出异步二进制计数器的构成特点。将所选用触发器接成 T′计数触发器，然后级联，将计数脉冲 CP 从最低位触发器的时钟端输入，其他各位触发器时钟端接法如表 9-17所示。

表 9-17　异步二进制计数器连接规律

计数规律	触发器的触发方式	
	上升沿触发	下降沿触发
加法计数	$CP_i=\overline{Q_{i-1}}$	$CP_i=Q_{i-1}$
减法计数	$CP_i=Q_{i-1}$	$CP_i=\overline{Q_{i-1}}$

异步二进制计数器的优点是电路结构简单，缺点是由于触发器的翻转是逐位进行的，因此存在延迟，级数越多，延迟时间越长，计数速度就越慢。为了提高计数速度，可采用同步计数器。

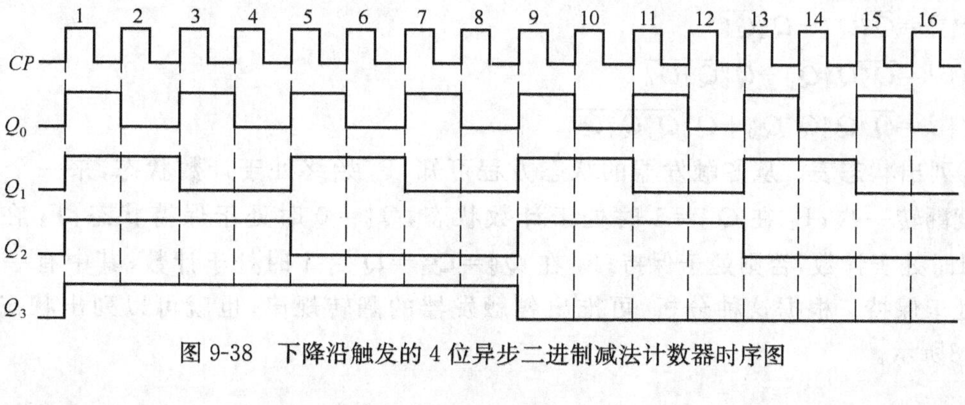

图 9-38　下降沿触发的 4 位异步二进制减法计数器时序图

2. 同步二进制计数器

为了提高计数速度，应将计数脉冲同时送到每个触发器的时钟脉冲输入端，由同一计数脉冲 CP 控制各个触发器的状态变化，即各触发器的翻转均在计数脉冲 CP 的作用下同时完成，用这种方式构成的计数器称为同步计数器。

(1)同步二进制加法计数器。由 4 个下降沿触发的 JK 触发器组成的 4 位同步二进制加法计数器，如图 9-39 所示。图中各触发器的时钟脉冲输入端均接到计数脉冲 CP，所以这是一个同步时序电路。

同步计数器既可用 T′触发器构成，也可用 T 触发器构成。图中采用 T 触发器构成(每个触发器的 JK 输入端并接在一起)，根据 JK 触发器转换成 T 触发器的关系，当 $T=0(J=K=0)$时，$Q^{n+1}=Q^n$，为保持功能；当 $T=1(J=K=1)$时，$Q^{n+1}=\overline{Q^n}$，为计数功能。因此，欲使某个触发器翻转，应当将该触发器置成 $J=K=CP=1$。

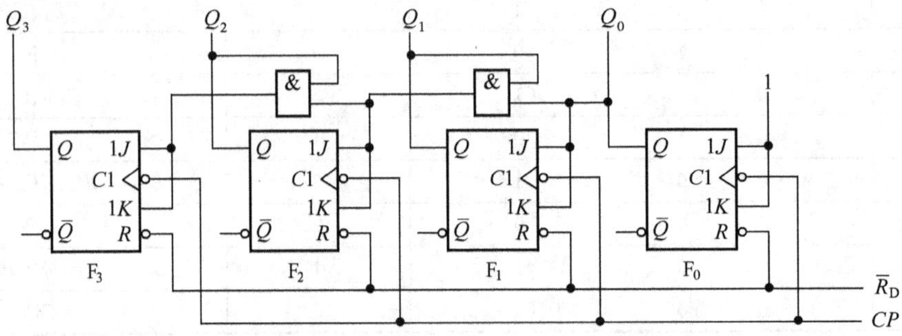

图 9-39　4 位同步二进制加法计数器

下面我们用时序电路的分析方法来讨论电路的工作原理。

①写出驱动方程。

$J_0=K_0=1$

$J_1=K_1=Q_0^n$

$J_2=K_2=Q_1^nQ_0^n$

$J_3=K_3=Q_2^nQ_1^nQ_0^n$

②求出状态方程。

将驱动方程代入 JK 触发器的特性方程即可求出状态方程。

$Q_0^{n+1}=\overline{Q_0^n}$

$Q_1^{n+1}=\overline{Q_1^n}Q_0^n+Q_1^n\overline{Q_0^n}$

$Q_2^{n+1}=\overline{Q_2^n}Q_1^nQ_0^n+Q_2^n\overline{Q_1^nQ_0^n}$

$Q_3^{n+1}=\overline{Q_3^n}Q_2^nQ_1^nQ_0^n+Q_3^n\overline{Q_2^nQ_1^nQ_0^n}$

③列出状态表。从各触发器的状态方程可知，F_0 始终处于计数状态，来一个 CP 脉冲它就翻转一次；F_1 在 $Q_0^n=1$ 时处于计数状态，$Q_0^n=0$ 时处于保持状态；F_2 在 $Q_1^n=Q_0^n=1$时处于计数，否则处于保持；F_3 在 $Q_2^n=Q_1^n=Q_0^n=1$ 时处于计数，其中有一个为 0 时就处于保持。根据这种分析，可推出各触发器的翻转规律，也就可以列出状态表，如表 9-18所示。

表 9-18　4 位同步二进制加法计数器状态表

CP	Q_3^n	Q_2^n	Q_1^n	Q_0^n	Q_3^{n+1}	Q_2^{n+1}	Q_1^{n+1}	Q_0^{n+1}
1	0	0	0	0	0	0	0	1
2	0	0	0	1	0	0	1	0
3	0	0	1	0	0	0	1	1
4	0	0	1	1	0	1	0	0
5	0	1	0	0	0	1	0	1
6	0	1	0	1	0	1	1	0
7	0	1	1	0	0	1	1	1
8	0	1	1	1	1	0	0	0
9	1	0	0	0	1	0	0	1
10	1	0	0	1	1	0	1	0
11	1	0	1	0	1	0	1	1
12	1	0	1	1	1	1	0	0
13	1	1	0	0	1	1	0	1
14	1	1	0	1	1	1	1	0
15	1	1	1	0	1	1	1	1
16	1	1	1	1	0	0	0	0

由状态表可见，每输入一个计数脉冲，计数器的状态 $Q_3Q_2Q_1Q_0$ 按二进制加法规律加 1，所以该电路是 4 位二进制加法计数器。

④画状态转换图和时序图。4 位同步二进制加法计数器的状态转换图和时序图，同异步二进制加法计数器一样。由于各触发器的状态翻转也发生在时钟脉冲下降沿，因此，它的状态转换图和时序图，如图 9-35 和图 9-36 所示。

(2)同步二进制减法计数器。图 9-40 所示为同步 4 位二进制减法计数器。与同步二进制加法计数器比较，除了 F_0 以外，各触发器的 J、K 输入端由低位触发器的 Q 端输出相与，改为 $\overline{Q}$ 输出端相与，即构成同步二进制减法计数器。

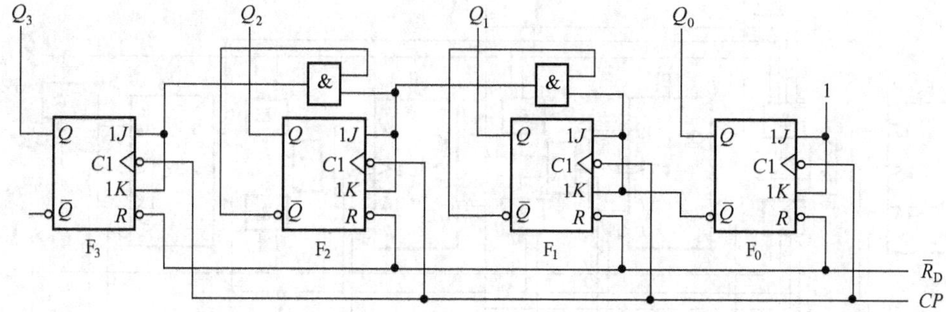

图 9-40　4 位同步二进制减法计数器

当时钟脉冲连续输入时，4 位同步二进制减法计数器的状态表如表 9-19 所示，从表中可看出其输出状态是按照二进制规律递减变化的，所以是一个减法计数器。与 4 位二进制同步加法计数器相比较，很容易写出该电路的驱动方程、状态方程，画出状态转换图和时序图，具体分析过程请读者自行完成。

表 9-19　4 位同步二进制减法计数器状态表

Q_3^n	Q_2^n	Q_1^n	Q_0^n	Q_3^{n+1}	Q_2^{n+1}	Q_1^{n+1}	Q_0^{n+1}
0	0	0	0	1	1	1	1
1	1	1	1	1	1	1	0
1	1	1	0	1	1	0	1
1	1	0	1	1	1	0	0
1	1	0	0	1	0	1	1
1	0	1	1	1	0	1	0
1	0	1	0	1	0	0	1
1	0	0	1	1	0	0	0
1	0	0	0	0	1	1	1
0	1	1	1	0	1	1	0
0	1	1	0	0	1	0	1
0	1	0	1	0	1	0	0
0	1	0	0	0	0	1	1
0	0	1	1	0	0	1	0
0	0	1	0	0	0	0	1
0	0	0	1	0	0	0	0

(3)二进制同步可逆计数器。既能作加计数又能作减计数的计数器称为可逆计数器。通过对同步二进制计数器的分析发现，无论是加法计数还是减法计数，都将触发器接成 T 触发器形式，各触发器都用计数脉冲 CP 触发，最低位触发器的 T 输入为 1，只是其他触发器的 T 输入在加法计数与减法计数中不同而已。加法计数时使 $T_0=1$、$T_i=Q_{i-1}^n\cdot Q_{i-2}^n\cdot\cdots\cdot Q_0^n$；减法计数时使 $T_0=1$、$T_i=\overline{Q_{i-1}^n}\cdot\overline{Q_{i-2}^n}\cdot\cdots\cdot\overline{Q_0^n}$。将这样的二进制同步加法计数器和减法计数器合并起开，并引入一个加/减控制信号便构成了 4 位二进制同步可逆计数器，如图 9-41 所示。

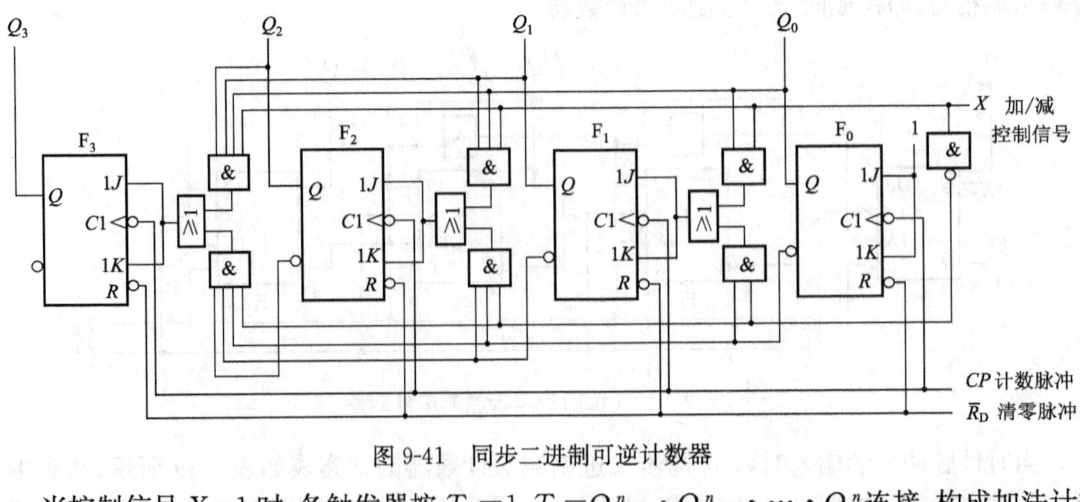

图 9-41　同步二进制可逆计数器

当控制信号 $X=1$ 时，各触发器按 $T_0=1$、$T_i=Q_{i-1}^n\cdot Q_{i-2}^n\cdot\cdots\cdot Q_0^n$ 连接，构成加法计数器；当控制信号 $X=0$ 时，各触发器按 $T_0=1$、$T_i=\overline{Q_{i-1}^n}\cdot\overline{Q_{i-2}^n}\cdot\cdots\cdot\overline{Q_0^n}$ 连接，构成减法计数器。实现了可逆计数器的功能。

二、十进制计数器

数字系统中经常使用十进制计数器，但在电路中要实现真正的十进制计数是不太现实的，因为在电路中很难用电平的方式将十进制数表示出来，所以在数字电路中一般都是采用二进制编码的方式来表示十进制数，即 BCD 码，因此十进制计数器的准确提法应该是二—十制计数器，或称为 BCD 码计数器。在十进制计数器中，应用最多的 BCD 码是 8421BCD 码，本节主要介绍 8421 编码的十进制计数器。

用十进制计数时它的每一位需要 10 个状态，分别用 0～9 十个数码表示。如用 M 表示计数器的模数，用 n 表示组成计数器的触发器个数，则应有 $M \leqslant 2^n$。对十进制计数器而言 $M=10$，则 $n=4$，即用 4 个触发器可组成 1 位十进制计数器。

1. 异步十进制加法计数器

由 4 个下降沿触发的 JK 触发器组成的 8421BCD 码异步十进制加法计数器，如图 9-42 所示。电路中 J、K 端悬空相当于接高电平 1，各触发器翻转除受 J、K 端控制外，还要看是否具备翻转的时钟条件。

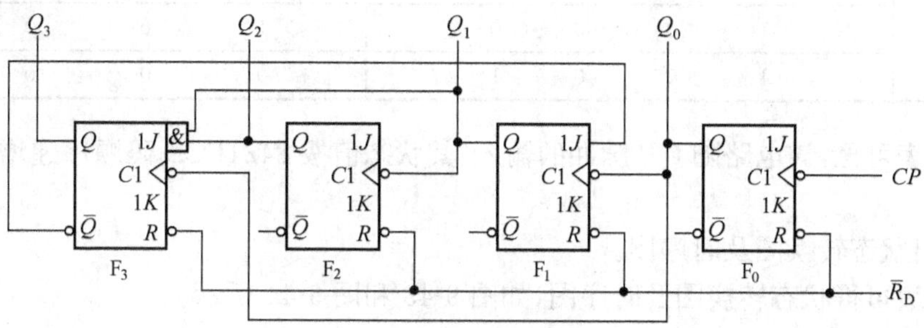

图 9-42　1 位异步十进制加法计数器

用时序逻辑电路分析方法对该电路分析如下：

(1)写出时钟方程：

$CP_0=CP$；$CP_1=Q_0$；$CP_2=Q_1$；$CP_3=Q_0$。

(2)写出驱动方程：

$J_0=K_0=1$；$J_1=\overline{Q_3^n}$，$K_1=1$；$J_2=K_2=1$；$J_3=Q_2^nQ_1^n$，$K_3=1$。

(3)求状态方程：

$Q_0^{n+1}=J_0\overline{Q_0^n}+\overline{K_0}Q_0^n=\overline{Q_0^n}$，　　CP 下降沿到时有效；

$Q_1^{n+1}=J_1\overline{Q_1^n}+\overline{K_1}Q_1^n=\overline{Q_3^n}\ \overline{Q_1^n}$，　　Q_0 下降沿到时有效；

$Q_2^{n+1}=J_2\overline{Q_2^n}+\overline{K_2}Q_2^n=\overline{Q_2^n}$，　　Q_1 下降沿到时有效；

$Q_3^{n+1}=J_3\overline{Q_3^n}+\overline{K_3}Q_3^n=Q_2^nQ_1^n\overline{Q_3^n}$，　　Q_0 下降沿到时有效；

(4)进行状态计算，并列出状态表。依次设定现态，代入状态方程进行计算，得相应次态，计算时要注意状态方程中每一个表达式有效的时钟条件。只有当相应触发沿到达时，触发器状态才会按状态方程来决定次态的转换，否则状态将保持不变。

设初态为 $Q_3Q_2Q_1Q_0=0000$，代入状态方程中进行计算，得次态为 0001。在输入第八个 CP 脉冲前，触发器 F_0、F_1、F_2 的 J 和 K 始终为 1，这期间它们均工作在计数状态，其工作过程和异步二进制加法计数器相同，这期间 F_3 一直保持 0 状态不变。当第八个 CP 脉冲输入后，

$J_3=Q_2^nQ_1^n=1,K_3=1$，所以 Q_0 的下降沿到达后，F_3 由 0 变为 1，同时 $J_1=\overline{Q_3^n}=0$，使 F_1 在以后的 CP 脉冲输入后不能翻成 1。第九个 CP 脉冲输入后，计数器状态为 $Q_3Q_2Q_1Q_0=1001$。第 10 个 CP 脉冲输入后，F_0 翻成 0，同时 Q_0 的下降沿使 F_3 也变为 0，于是计数器状态重新回到 0000，跳过了 1010～1111 这 6 个状态，成为十进制计数器，其计数状态表如表 9-20 所示。

表 9-20　异步十进制加法计数器状态表

CP	Q_3^n	Q_2^n	Q_1^n	Q_0^n	Q_3^{n+1}	Q_2^{n+1}	Q_1^{n+1}	Q_0^{n+1}
1	0	0	0	0	0	0	0	1
2	0	0	0	1	0	0	1	0
3	0	0	1	0	0	0	1	1
4	0	0	1	1	0	1	0	0
5	0	1	0	0	0	1	0	1
6	0	1	0	1	0	1	1	0
7	0	1	1	0	0	1	1	1
8	0	1	1	1	1	0	0	0
9	1	0	0	0	1	0	0	1
10	1	0	0	1	0	0	0	0

由状态表可见，该电路随 CP 脉冲的输入，其状态值按 8421BCD 码顺序递增，所以为加法计数器。

(5)画出状态转换图及时序图。

由状态表可得状态转换图及时序图，如图 9-43 和图 9-44 所示。

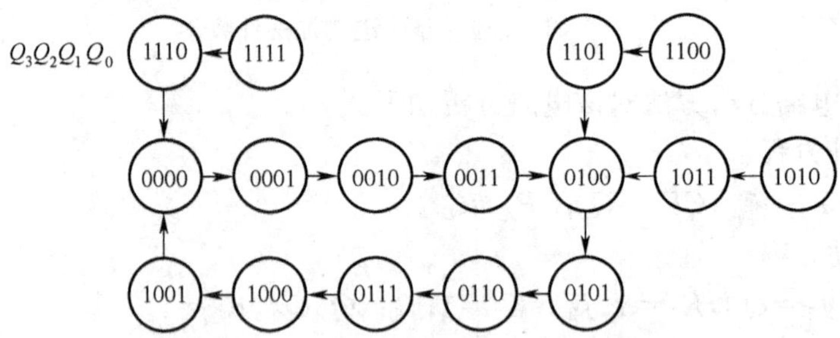

图 9-43　异步十进制加法计数器状态转换图

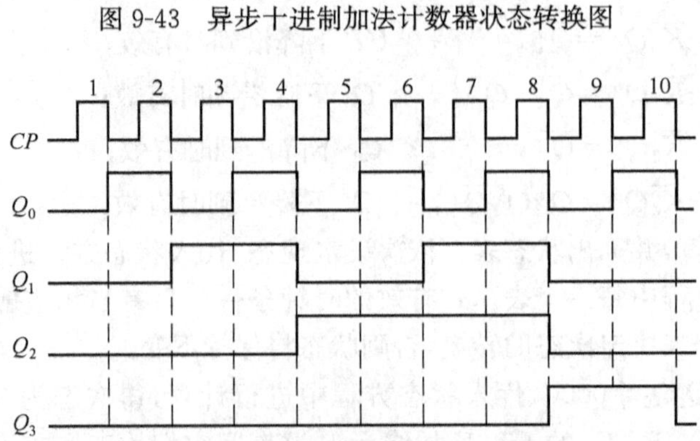

图 9-44　异步十进制加法计数器时序图

(6)电路的自启动功能。由前面的分析可知,四个触发器的状态组合共有 16 种,而在 8421BCD 码计数器中只用了 10(0000～1001)种,这 10 种称为有效状态,其余 6(1010～1111)种状态称为无效状态。正常计数中,计数器处于有效的状态循环中,六个无效状态是不会出现的。如果由于某种原因使计数器进入无效状态时,经过计算在 CP 脉冲作用下,计数器能从任何一个无效状态自动返回到有效状态,这叫做计数器具有自启动功能。

2. 同步十进制加法计数器

由四个下降沿触发的 JK 触发器组成的 8421BCD 码 1 位同步十进制加法计数器,如图 9-45所示。

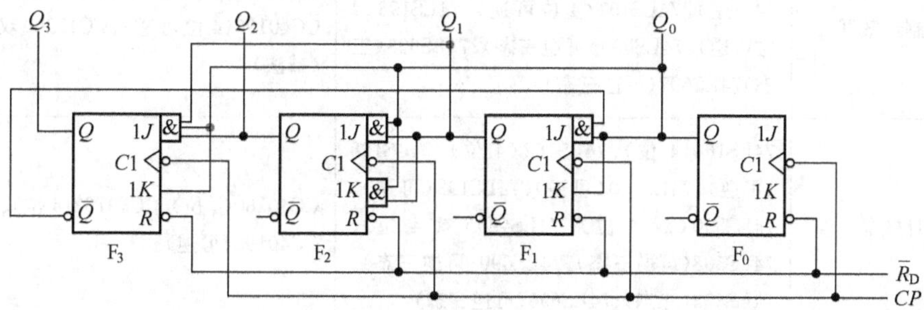

图 9-45　1 位同步十进制加法计数器

可用前面介绍的同步时序逻辑电路分析方法对该电路进行分析:

(1)写出驱动方程:

$J_0=K_0=1$;$J_1=\overline{Q_3^n}Q_0^n$,$K_1=Q_0^n$;$J_2=K_2=Q_1^nQ_0^n$;$J_3=Q_2^nQ_1^nQ_0^n$,$K_3=Q_0^n$。

(2)将驱动方程代入特性方程,求出状态方程:

$$Q_0^{n+1}=\overline{Q_0^n}$$

$$Q_1^{n+1}=\overline{Q_3^n}Q_0^n\overline{Q_1^n}+\overline{Q_0^n}Q_1^n$$

$$Q_2^{n+1}=Q_1^nQ_0^n\overline{Q_2^n}+\overline{Q_1^nQ_0^n}Q_2^n$$

$$Q_3^{n+1}=Q_2^nQ_1^nQ_0^n\overline{Q_3^n}+\overline{Q_0^n}Q_3^n$$

(3)进行状态计算,并列出状态表。依次设定现态,代入状态方程进行计算,求出相应的次态。设计数器从 $Q_3Q_2Q_1Q_0=0000$ 开始计数,直到输入第八个 CP 脉冲为止,其工作过程与同步二进制加法计数器相同。当第八个 CP 脉冲输入后,因 $J_3=Q_2^nQ_1^nQ_0^n=1$,$K_3=Q_0^n=1$,F_3 由 0 变为 1。第九个 CP 脉冲输入后,计数器状态为 $Q_3Q_2Q_1Q_0=1001$。第 10 个 CP 脉冲输入后,F_0 自然翻成 0;而 F_1 由于 $J_1=\overline{Q_3^n}Q_0^n=0$,使其保持在 0 状态;同时 F_2 也保持在 0 状态;这时 F_3 的 $J_3=0$,$K_3=1$,使 F_3 由 1 置成 0,于是计数器又回到 $Q_3Q_2Q_1Q_0=0000$,跳过了 1010～1111 这六个状态,其计数状态表如表 9-19 所示。

同样,通过分析可以看到该计数器具有自启动功能,它的状态转换图和时序图相同于异步十进制加法计数器,这里不再赘述。

三、集成计数器及其应用

集成计数器按触发方式可分为同步计数器和异步计数器,按制作工艺可分为 TTL 型和 CMOS 型,通常的集成芯片以二—十进制计数器和四位二进制计数器居多,这些计数器功能比较完善，如有预置数、清零、保持、计数等多种功能，因此，通用性强，便于扩展，应用十分方便。常用的集成计数器器件型号如表 9-21 所示。

表 9-21　常用的集成计数器器件型号

功　能	型　号	
	TTL	CMOS
异步二进制计数器	74LS293(4 位)、74LS393(双 4 位)、74LS177(4 位)、74LS197(4 位)	74HC293(4 位)、CC4024(7 位)、CC4040(12 位)、CC4060(14 位)
同步二进制计数器	74LS161(4 位)、74LS163(4 位)、74LS169(4 位可逆)、74LS191(4 位可逆)、74LS193(4 位可逆)、74LS569(可逆三态)、74LS693(三态)74LS697(可逆三态)	CC40161(4 位)、CC40163(4 位)、CC40193(4 位可逆)、CC4520(双 4)、CC4526(减法)
十进制计数器	74LS160(4 位)、74LS162(4 位)、74LS168(可逆)、74LS190(可逆)、74LS192(可逆)、74LS390(双 4 位)、74LS490(双 4 位)、74LS568(可逆三态)、74LS690(可逆三态)、74LS692(三态)、74LS696(可逆三态)	CC40160(4 位)、CC40162(4 位)、CC40192(可逆)
二—五—十进制计数器	74LS176、74LS290、74LS196(二—五进制)	

1. 集成二进制计数

(1)4 位二进制同步加法计数器 74LS161。TTL 型集成同步 4 位二进制加法计数器 74LS161 的逻辑功能示意图及引脚排列如图 9-46 所示。

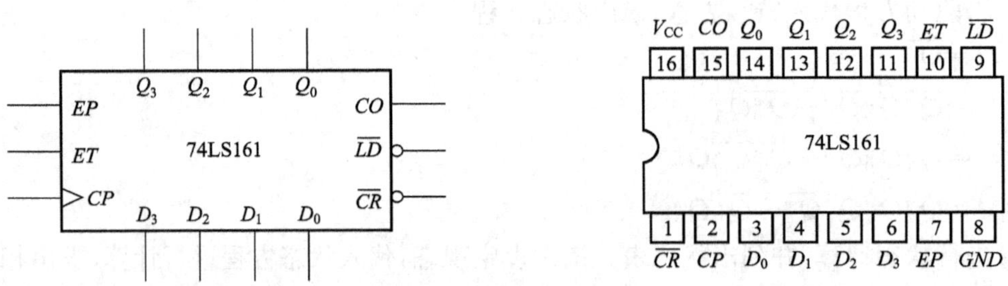

(a)逻辑功能示意图　　(b)引脚排列图

图 9-46　集成 4 位二进制同步加法计数器 74LS161

74LS161 为同步预置、异步清零的同步二进制加法计数器，各引脚功能：$\overline{CR}$为异步清零端，低电平有效；$\overline{LD}$为同步并行置数控制端，低电平有效；ET、EP 为计数使能控制端；CP 为时钟脉冲输入端；$D_0 \sim D_3$ 为预置数的数据输入端；$Q_0 \sim Q_3$ 为数码输出端；CO 为进位输出端。74LS161 的功能表如表 9-22 所示。

表 9-22　4 位二进制同步计数器 74LS161 功能表

清零	预置	使能	时钟	预置数据输入	输出	工作模式
$\overline{CR}$	$\overline{LD}$	EP　ET	CP	D_3　D_2　D_1　D_0	Q_3　Q_2　Q_1　Q_0	
0	×	×　×	×	×　×　×　×	0　0　0　0	异步清零
1	0	×　×	↑	D_3　D_2　D_1　D_0	D_3　D_2　D_1　D_0	同步置数

续上表

清零	预置	使能	时钟	预置数据输入	输出	工作模式
$\overline{CR}$	$\overline{LD}$	EP ET	CP	D_3 D_2 D_1 D_0	Q_3 Q_2 Q_1 Q_0	
1	1	0 ×	×	× × × ×	保持	数据保持
1	1	× 0	×	× × × ×	保持	数据保持
1	1	1 1	↑	× × × ×	计数	加法计数

下面结合功能表，分析介绍 74LS161 的四个功能。

①异步清零功能。当$\overline{CR}=0$时，不论其他控制端为何种状态，计数器的内容全部清除，即$Q_3Q_2Q_1Q_0=0000$。

②预置数功能。当$\overline{CR}=1$时，若预置数控制端$\overline{LD}=0$，在输入时钟脉冲CP上升沿的作用下，并行输入端的数据$D_3D_2D_1D_0$被置入计数器中端，即$Q_3Q_2Q_1Q_0=D_3D_2D_1D_0$。由于这个操作要与$CP$上升沿同步，所以称为同步预置数。

③保持功能。当$\overline{CR}=\overline{LD}=1$时，只要$EP$、$ET$中有一个为 0，则不论有无计数脉冲输入，计数器的状态都保持不变。而进位输出CO有两种情况，当$EP=0$、$ET=\times$时，进位输出CO为保持不变；当$EP=\times$、$ET=0$时，进位输出$CO=0$。

④计数功能。当$\overline{CR}=\overline{LD}=EP=ET=1$时，在$CP$脉冲上升沿作用下，计数器作 4 位二进制加法计数。当计数到$Q_3Q_2Q_1Q_0=1111$时，进位输出$CO=1$，作为向高位的进位信号。

(2)4 位二进制同步可逆计数器 74LS191。图 9-47 所示为集成 4 位二进制同步可逆计数器 74LS191 的逻辑功能示意图及引脚排列图。

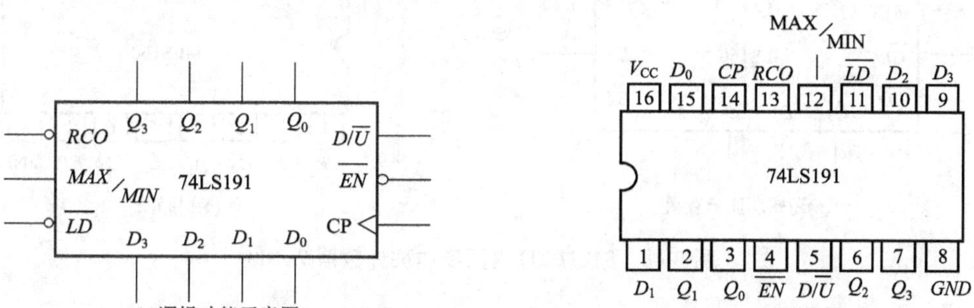

(a)逻辑功能示意图 (b)引脚图

图 9-47 集成 4 位二进制同步可逆计数器 74LS191

各引脚功能：$\overline{LD}$是异步预置数控制端；D_3、D_2、D_1、D_0是预置数据输入端；$\overline{EN}$是使能端，低电平有效；$D/\overline{U}$是加/减控制端，$D/\overline{U}=0$时为加法计数，$D/\overline{U}=1$时为减法计数；MAX/MIN 是最大/最小输出端，RCO是进位/借位输出端。其功能表如表 9-23 所示。

表 9-23 4 位二进制同步可逆计数器 74LS191 功能表

预置	使能	加/减控制	时钟	预置数据输入	输出	工作模式
$\overline{LD}$	$\overline{EN}$	$D/\overline{U}$	CP	D_3 D_2 D_1 D_0	Q_3 Q_2 Q_1 Q_0	
0	×	×	×	D_3 D_2 D_1 D_0	D_3 D_2 D_1D_0	异步置数
1	1	×	×	× × × ×	保持	数据保持
1	0	0	↑	× × × ×	加法计数	加法计数
1	0	1	↑	× × × ×	减法计数	减法计数

由表 9-23 所示功能可知，74LS191 具有以下功能：

①异步置数。当$\overline{LD}=0$ 时，不管其他输入端的状态如何，不论有无时钟脉冲 CP，并行输入端的数据 $D_3D_2D_1D_0$ 被直接置入计数器，输出端 $Q_3Q_2Q_1Q_0=D_3D_2D_1D_0$。由于该操作不受 CP 控制，所以称为异步置数。注意该计数器无清零端，需清零时可用预置数的方法置零。

②保持。当$\overline{LD}=1$ 且$\overline{EN}=1$ 时，则计数器保持原来的状态不变。

③计数。当$\overline{LD}=1$ 且$\overline{EN}=0$ 时，在 CP 端输入计数脉冲，计数器进行二进制计数。当 $D/\overline{U}'=0$ 时作加法计数；当 $D/\overline{U}=1$ 时作减法计数。

另外，该电路还有最大/最小控制端 MAX/MIN 和进位/借位输出端 RCO。它们的逻辑表达式为

$$\text{MAX/MIN}=\overline{D/\overline{U}}\cdot Q_3Q_2Q_1Q_0+D/\overline{U}\cdot\overline{Q}_3\overline{Q}_2\overline{Q}_1\overline{Q}_0$$

$$RCO=\overline{EN\cdot\overline{CP}\cdot\text{MAX/MIN}}$$

即当加法计数，计到最大值 1111 时，MAX/MIN 端输出 1，如果此时 CP=0，则 RCO=0，发一个进位信号；当减法计数，计到最小值 0000 时，MAX/MIN 端也输出 1。如果此时 CP=0，则 RCO=0，发一个借位信号。

2. 集成十进制计数器

(1)8421BCD 码同步加法计数器 74160。图 9-48 所示为集成 8421BCD 码同步加法计数器 74160 的逻辑功能示意图及引脚排列图。

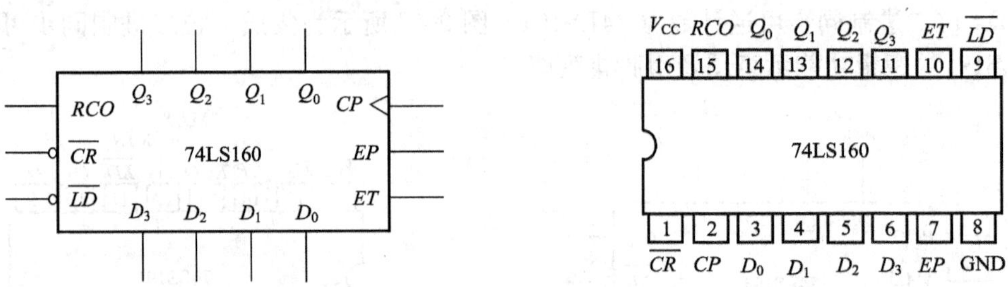

(a)逻辑功能示意图　　(b)引脚图

图 9-48　8421BCD 码同步加法计数器 74160

表 9-24　同步加法计数器 74160 功能表

清零	预置	使能	时钟	预置数据输入	输出	工作模式
$\overline{CR}$	$\overline{LD}$	EP ET	CP	D_3 D_2 D_1 D_0	Q_3 Q_2 Q_1 Q_0	
0	×	× ×	×	× × × ×	0 0 0 0	异步清零
1	0	× ×	↑	D_3 D_2 D_1 D_0	D_3 D_2 D_1 D_0	同步置数
1	1	0 ×	×	× × × ×	保持	数据保持
1	1	× 0	×	× × × ×	保持	数据保持
1	1	1 1	↑	× × × ×	十进制计数	加法计数

该计数器为同步预置、异步清零的同步十进制加法计数器。各引脚功能：$\overline{CR}$为异步清零端，低电平有效；$\overline{LD}$为同步并行置数控制端，低电平有效；ET、EP 为计数使能控制端；CP 为时钟脉冲输入端；$D_0\sim D_3$ 为预置数的数据输入端；$Q_0\sim Q_3$ 为数码输出端；RCO 为进位输出端。

(2)二—五—十进制异步计数器 74LS290。74LS290 的逻辑电路图如图 9-49 所示。它包含一个独立的 1 位二进制计数器和一个独立的异步五进制计数器。二进制计数器的时钟输入端为 CP_0，输出端为 Q_0；五进制计数器的时钟输入端为 CP_1，输出端为 Q_1、Q_2、Q_3。如果将 Q_0 与 CP_1 相连，CP_0 作时钟脉冲输入端，$Q_3 \sim Q_0$ 作输出端，则为 8421BCD 码十进制计数器；若将 Q_3 与 CP_0 相连，并将 CP_1 作为计数脉冲输入端，$Q_3 \sim Q_0$ 作输出端，则可构成 5421 码十进制计数器。所以电路称为二—五—十进制异步计数器。

74LS290 的逻辑功能示意图、引脚排列图如图 9-50 所示。其功能表如表 9-25 所示。

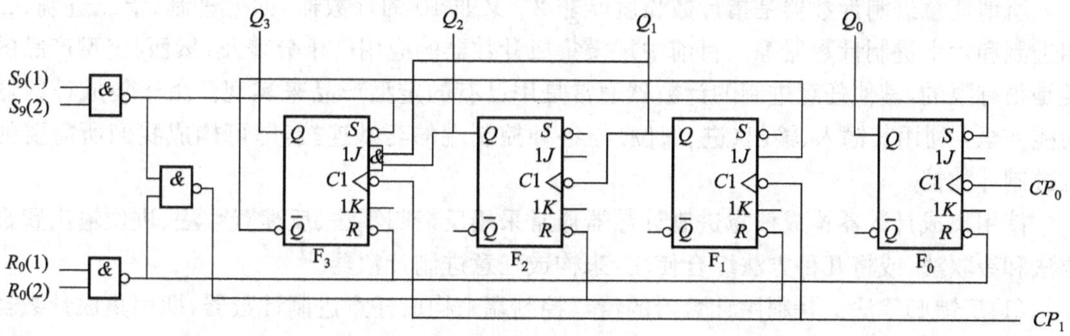

图 9-49　二—五—十进制异步计数器 74LS290 逻辑电路图

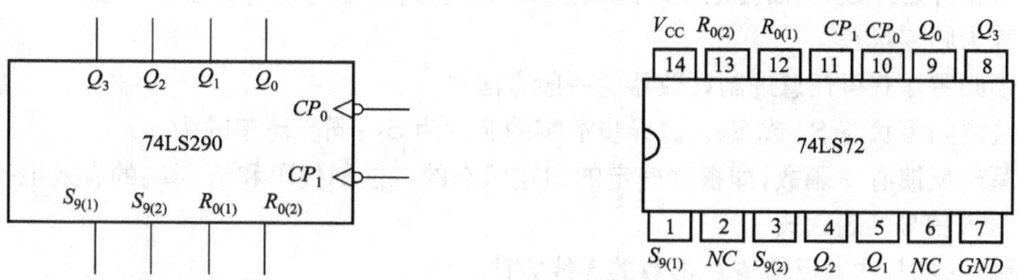

(a)逻辑功能示意图　　(b)引脚图

图 9-50　二—五—十进制异步计数器 74LS290

表 9-25　异步计数器 74LS290 功能表

复位输入 $R_{0(1)}$ $R_{0(2)}$		置位输入 $S_{9(1)}$ $S_{9(2)}$		时钟 CP	输出 Q_3 Q_2 Q_1 Q_0	工作模式
1	1	0	×	×	0 0 0 0	异步清零
1	1	×	0	×	0 0 0 0	
×	×	1	1	×	1 0 0 1	异步置数
0	×	0	×	↓	计数	加法计数
0	×	×	0	↓	计数	
×	0	0	×	↓	计数	
×	0	×	0	↓	计数	

由功能表可见，74LS290 有三个功能。

①清零功能。$R_{0(1)}$、$R_{0(2)}$ 是异步清零端，高电平有效。当 $R_{0(1)}$、$R_{0(2)}$ 全为 1 时，而置 9 控制端 $S_{9(1)}$、$S_{9(2)}$ 中至少有一个为 0 时，计数器实现清零。这种清零方法不需要时钟脉冲 CP，因此

为异步方式。

②置 9 功能。当 $S_{9(1)}$、$S_{9(2)}$ 全为 1 时，不论其他控制端为何状态，计数器被置成 9，即 $Q_3Q_2Q_1Q_0=1001$。置 9 功能也是异步方式。

③计数功能。当 $R_{0(1)}$、$R_{0(2)}$ 和 $S_{9(1)}$、$S_{9(2)}$ 中至少有一个为 0 时，计数器处于计数状态。在计数脉冲(下降沿)作用下，进行二—五—十进制加法计数。究竟是几进制计数，由外部接线情况决定。

3. 集成计数器的应用—构成任意(N)进制计数器

所谓任意进制计数器是指计数长度既非 2^n，又非 10 的计数器，如七进制、十二进制、二十四进制和六十进制计数器等。目前中规模集成计数器的应用已十分普及，然而，定型产品的种类是很有限的，其他任意进制的计数器通常是用已有的定型产品来实现。由于集成计数器的功能齐全，利用其输入、输出(进、借位)与各种控制端的巧妙连接，即可构成我们所需要的任意进制计数器。

使用集成计数器构成任意进制计数器通常采用反馈归零法、反馈置数法、进位输出置最小数法和级联法，或将几种方法综合使用，来构成任意进制计数器。

(1)反馈归零法。是利用计数器的清零控制端来构成任意进制计数器，即用集成计数器的某一计数状态产生清零信号，加至集成计数器的清零控制端，使计数器计数到此状态后即返回零状态重新开始计数，从而让电路跳过某些状态来获得任意进制计数器。产生归零信号的计数状态称为归零状态。

反馈归零法获得任意进制计数器的一般方法：

①选定归零状态 S_N 或 S_{N-1}。异步清零的芯片为 S_N；同步清零的为 S_{N-1}。

②写出反馈清 0 函数，即根据确定的归零状态的二进制代码和清 0 端的有效电平写出反馈清 0 输入信号的表达式。

③画连线图：注意反馈清 0 函数的连线方法。

图 9-51(a)所示为用 74LS161 构成的 12 进制计数器的逻辑图。74LS161 为异步清零的 4 位二进制计数器，所以归零状态应确定为 $S_{12}=1100$，由此可写出反馈清 0 函数为$\overline{CR}=\overline{Q}_3\overline{Q}_2$，最后根据反馈清 0 函数表达式画出连线图，同时将集成计数器的其他功能端接：$\overline{LD}=1$，使计数器的预置数状态无效；$EP=ET=1$，则计数器处在计数状态。这样计数器在 $Q_3Q_2Q_1Q_0=0000\sim1011$ 期间正常计数，当第 12 个计数脉冲输入后，计数器状态为 $Q_3Q_2Q_1Q_0=1100$，输出 Q_3Q_2 端通过与非门接到$\overline{CR}$端，$\overline{CR}=\overline{Q_3Q_2}=0$，使计数器各位全部清 0，复位到起始状态 0000，这样就构成了 12 进制计数器。在这里 $S_{12}=1100$ 不是有效计数状态，只是一个过渡状态。因为采用异步清零方式的芯片，只要清零端出现有效电平(74LS161 为低电平)，无论是否有 CP 的触发边沿，计数器都立刻归零，所以归零状态应选定为 S_N。对于本电路归零状态为 $S_{12}=1100$，当其计数到 S_{12}时，计数器并不会停留在该状态上，而是在归零状态产生的反馈清 0 信号作用下实时归零，使计数循环的有效状态为 0000～1011 共 12 个，所以称 S_{12}为过渡状态。

如果用 74LS163 来构成 12 进制计数器，电路如图 9-51(b)所示。74LS163 为同步清零的 4 位二进制计数器，所以归零状态应确定为 $S_{12-1}=1011$，由此可写出反馈清 0 函数为$\overline{CR}=\overline{Q_3Q_1Q_0}$，最后根据反馈清 0 函数表达式画出连线图即得所需 12 进制计数器。采用同步清零方式的芯片，虽然清零端出现了有效电平(74LS163 为低电平)，但计数器并不能立刻清 0，只是为清 0 做好了准备，需要再输入一个 CP 脉冲，才能清 0，所以归零状态选定为 S_{N-1}。本电

路归零状态确定为 $S_{12-1}=1011$，计数循环的有效状态为 0000～1011，没有过渡状态。

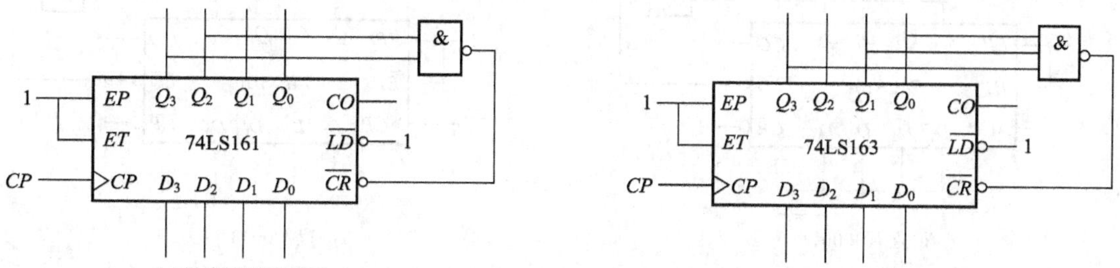

(a)异步清零逻辑图　　(b)同步清零逻辑图

图 9-51　反馈归零法构成的 12 进制计数器

(2)反馈置数法。反馈置数法是利用预置数控制端 $\overline{LD}$ 构成任意进制计数器，即用集成计数器的某一计数状态产生置数控制信号，加至集成计数器的预置数控制端，使计数器计数到此状态后即返回起始状态重新开始计数，从而让电路跳过某些状态来获得任意进制计数器。产生置数控制信号的计数状态称为置数状态。

反馈归零法构成的任意进制计数器的起始状态值必须是零，而反馈置数法则可以任意指定某个状态为计数的起始状态，起始状态值就是预置数的值，可以是零，也可以非零，因此应用更灵活。使用反馈置数法构成任意进制计数器所选用的集成计数器必须有预置数功能，构成的步骤如下：

①确定 N 进制计数器需用的 N 个计数状态，并由选定的计数循环的起始状态确定预置数。

②选定置数状态 S_N 或 S_{N-1}。异步置数方式的芯片为 S_N；同步置数方式的为 S_{N-1}。

③写出反馈置数函数：根据 S_N（或 S_{N-1}）和置数端的有效电平写出置数信号的逻辑表达式。

④画连线图。

图 9-52(a)所示为用 74LS161 构成的 10 进制计数器的逻辑图。74LS161 为 4 位二进制计数器，首先选定 0000～1001 十个计数状态，同时确定预置数为 $D_3D_2D_1D_0=0000$，又由于 74LS161 是同步置数的，所以置数状态应确定为 $S_{10-1}=1001$，由此可写出反馈置数函数为 $\overline{LD}=\overline{Q_3Q_0}$，最后根据反馈置数函数表达式画出连线图，同时将集成计数器的其他功能端接为：$\overline{CR}=EP=ET=1$。与同步清零一样，同步置数也与时钟脉冲有关，当同步置数端出现有效电平时，并不能立刻置数，只是为置数创造了条件，需再输入一个 CP 脉冲才能进行置数。因此在第 9 个 CP 脉冲前，计数器正常计数，当第 9 个脉冲到来时，$Q_3Q_2Q_1Q_0=1001$，$\overline{LD}=0$，为置数做好准备，在第 10 个 CP 脉冲到达时计数器置入 0000，使 $Q_3Q_2Q_1Q_0=0000$。一旦计数器转换到 0000，$\overline{LD}=1$，计数器又继续计数，在连续 CP 脉冲作用下，计数器从 0000～1001 循环计数，得到自然序态的 10 进制计数。

图 9-52(b)所示为构成 10 进制计数器的另一种接法。选用 0011～1100 十个状态为计数状态，因此预置数为 $D_3D_2D_1D_0=0011$，而用 $Q_3Q_2Q_1Q_0=1100$ 状态译码产生预置数控制信号，$\overline{LD}=\overline{Q_3Q_2}$。当计数到 1100 时，$\overline{LD}=0$，在下一个 CP 脉冲上升沿到达时使计数器置入 0011。这样，在连续 CP 脉冲作用下，计数器是从 0011～1100 循环计数，得到非自然序态的 10 进制计数。

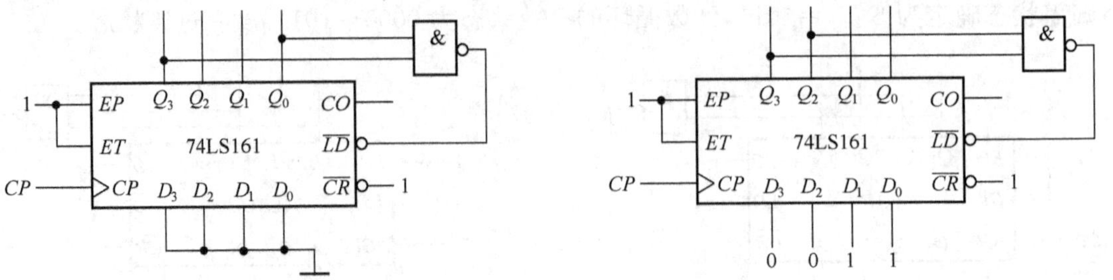

(a)置入0000　　　　　　　　(b)置入0011

图 9-52　用反馈置数法构成的 10 进制计数器

图 9-53(a)所示为用集成计数器 74LS191 和与非门组成的 10 进制计数器。该电路的有效状态是 0011～1100，故预置数 $D_3D_2D_1D_0=0011$，又 74LS191 为异步预置，所以选 1100 的下一个状态 $S_{10}=1101$ 为置数状态，得$\overline{LD}=\overline{Q_3Q_2Q_0}$。图 9-53(b)所示为电路的状态图，其中 1101 为过渡状态。

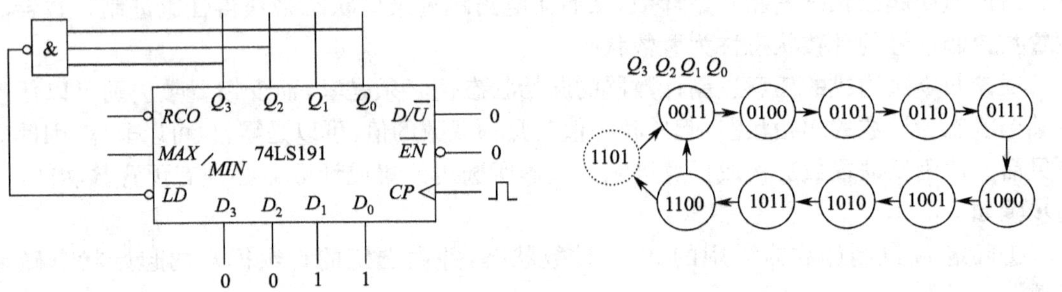

(a)逻辑电路图　　　　　　　　(b)状态图

图 9-53　异步预置 74LS191 组成的十进制计数器

反馈归 0 法和反馈置数法的主要不同点为反馈归 0 法将反馈控制信号加至置清 0 端；而反馈置数法则将反馈控制信号加至置数控制端，且必须给置数输入端加上计数起始状态值。无论哪种方法，设计时，应明确清 0 或置数功能是同步还是异步的，同步则反馈控制信号取自的计数状态是 S_{N-1}；异步则反馈控制信号取自 S_N。

(3)进位输出置最小数法。进位输出置最小数法是利用进位输出端 CO 构成任意进制计数器。图 9-54 所示为用这种方法构成的 10 进制计数器的逻辑图。在图中初态预置成 0110，当计数到 1111 状态时进位输出端 $CO=1$，$\overline{LD}=0$，下一个 CP 到来后，计数器被置成 $Q_3Q_2Q_1Q_0=0110$。当计数器状态为 0110 时，进位输出端 $CO=0$，$LD=1$，计数器又正常计数，即计数器以 0110 为计数的起始状态。因此，计数器状态的循环顺序为 0110～1111，这样得到了非自然序态的 10 进制计数。

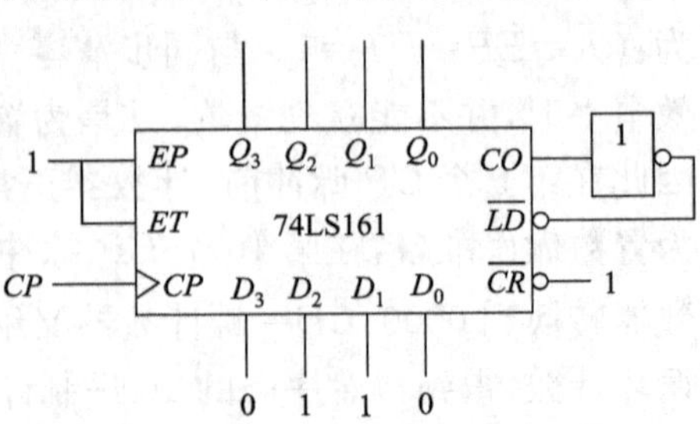

图 9-54　用 CO 置最小数法构成构成 10 进制计数器

用进位输出置最小数法来构成 N 进制计数器时，其数据输入所预置的最小数可由 2^n-N 来确定。如果 $N=10$，则预置数为 $2^4-10=6$，即 $D_3D_2D_1D_0=0110$。因为预置的数是计数循环序列中最小的数，故称为置最小数法。

(4)级联法构成任意进制计数器。前面介绍的方法都是实现模 N 小于集成计数器模 M

的任意进制计数器，即 $N<M$ 的情况。当要实现 $N>M$ 的计数器时，一片集成计数器的容量就不够了，这时需将多片模 M 的计数器串接起来(称为计数器的级联)，可获得模 $N=M^i$ 的大容量任意进制计数器。

同步计数器有进位或借位输出端，可以选择合适的进位或借位输出信号来驱动下一级计数器计数。同步计数器级联的方式有两种，一种级间采用串行进位方式，这种方式是将低位计数器的进位输出直接作为高位计数器的时钟脉冲，这种方式的速度较慢；另一种级间采用并行进位方式，这种方式一般是把各计数器的 CP 端连在一起接统一的时钟脉冲，而低位计数器的进位输出送高位计数器的计数控制端。

图 9-55 所示为两片 74LS161 采用并行进位方式级联构成的模值 16×16＝256 计数器。低位片的进位输出 CO 作为高位片的 ET 输入，每当低位片计成 15(1111)时 CO 变为 1，使高位片 $ET=1$ 而进入计数状态，第 16 个 CP 到来时，高位片计入 1，而低位片计成 0(0000)，其 CO 亦变回低电平。

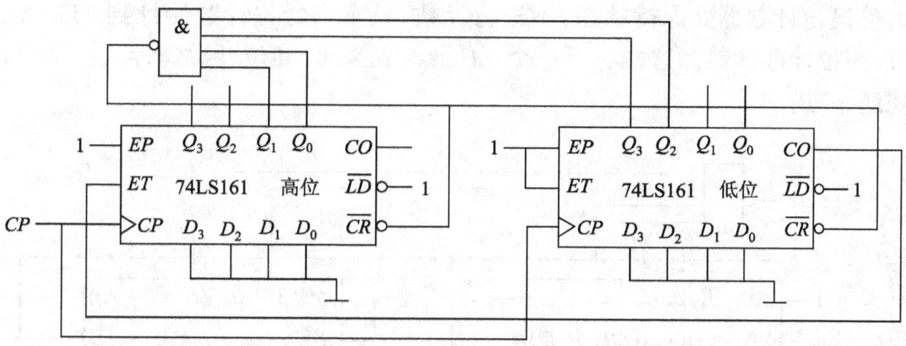

图 9-55　并行进位方式级联组成 8 位二进制加法计数器

图 9-56 所示为两片 74LS161 采用串行进位方式级联构成的模值 16×16＝256 计数器。两片的 $EP=ET=1$，都处于计数状态。当低位片计到 15(1111)时 CO 端输出变为高电平，经非门后使高位片的 CP 为低电平，第 16 个 CP 到达后，低位片记成 0(0000)，其 CO 跳回低电平，经非门后使高位片的 CP 产生一个上升沿，使高位片计入 1。

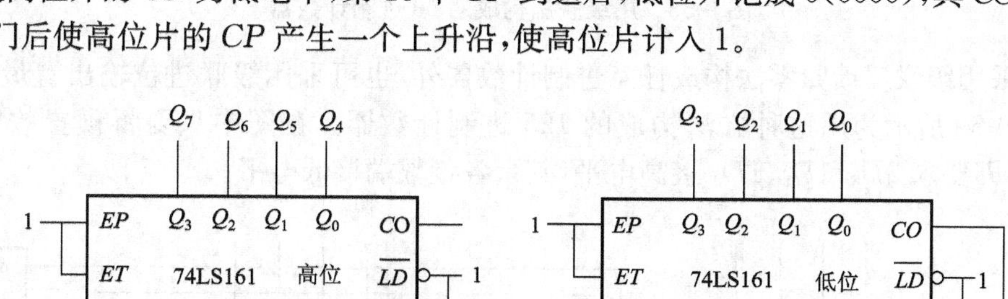

图 9-56　串行进位方式级联组成 8 位二进制加法计数器

异步计数器一般没有专门的进位信号输出端，通常可以用本级的高位输出信号驱动下一级计数器计数，即采用串行进位方式来扩展容量。由两片 74LS290 构成的百进制计数器如

图 9-57所示。

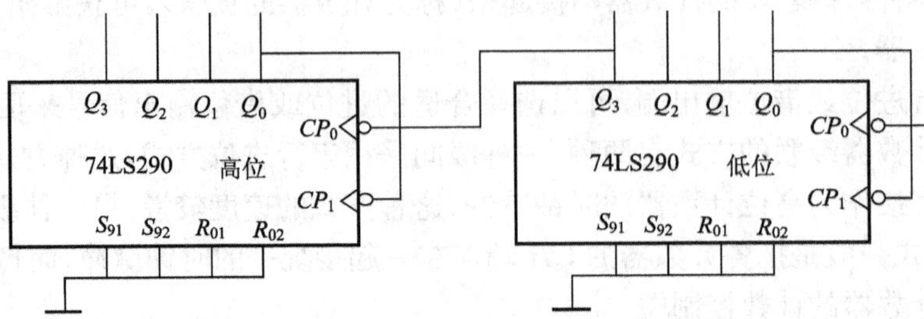

图 9-57　异步集成计数器的级联

将级联法和前面介绍的几种方法综合运用，可构成模值 $M<N<M^i$ 的任意进制计数器。

图 9-58 所示为用两片 74LS161 级联构成的 60 进制计数器，每片采用的是反馈归零法。在连接电路时将低位的进位输出端 CO 接高位的使能端 ET，这样当低位计数未计到 1111 时，其 $CO=0$，使高位计数器处保持状态，不进行计数，只有当低位计数器计到 1111 时，CO 才为 1，才可允许高位计数计数。这样在下一个 CP 脉冲到来时，高位计数器计入一个数，同时低位清零，实现逢 16 进 1。

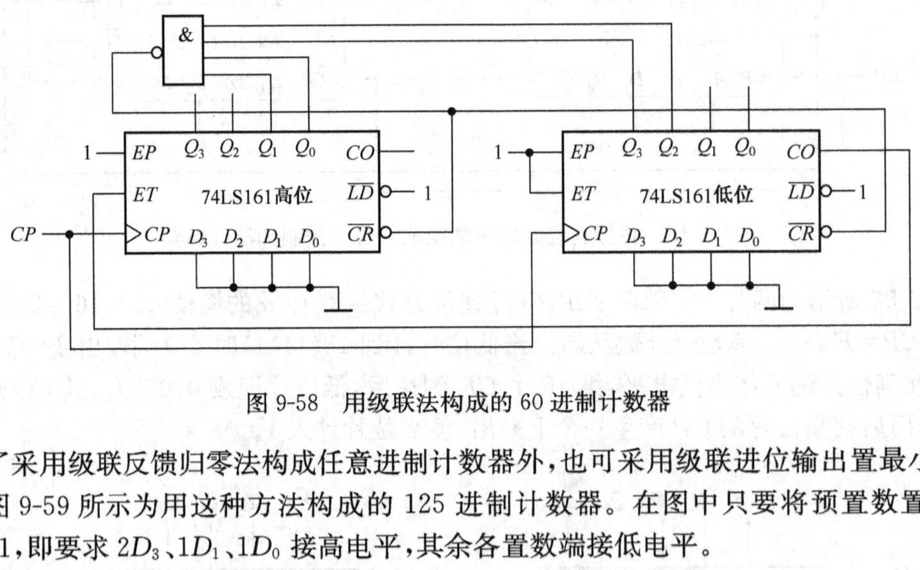

图 9-58　用级联法构成的 60 进制计数器

除了采用级联反馈归零法构成任意进制计数器外，也可采用级联进位输出置最小数法来实现。图 9-59 所示为用这种方法构成的 125 进制计数器。在图中只要将预置数置为 $2^8-125=131$，即要求 $2D_3$、$1D_1$、$1D_0$ 接高电平，其余各置数端接低电平。

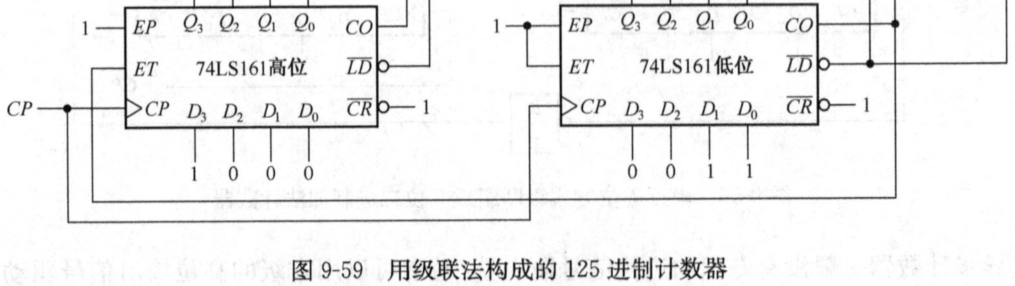

图 9-59　用级联法构成的 125 进制计数器

第五节　数字电路应用举例

一、数字显示电子钟

数字显示电子钟是一种用数字显示时、分、秒的电子计时装置，有的还带有自动报时、自动打铃、定时控制等功能。它具有走时精确、显示直观、使用方便等优点，广泛应用于车站、机场、学校、工厂等公共场所。数字电子钟一般由秒信号发生器及分频器、计数器、译码器、显示器、校时电路等组成。数字电子钟原理框图如图 9-60 所示。

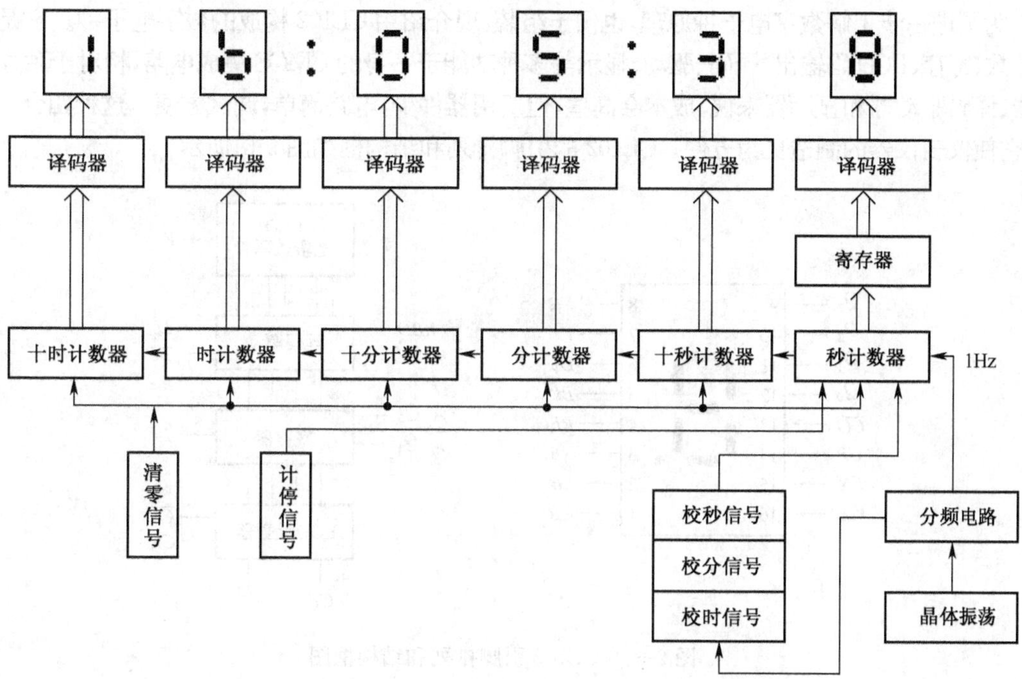

图 9-60　数字电子钟原理框图

1. 原理框图中各部分的作用

秒信号发生器产生的方波信号经分频处理后成为秒时基信号，再经计数、寄存、译码和驱动电路，最后由显示器显示时间。

（1）秒信号发生器及分频器。作为时钟计时信号最重要的是准确，因此秒信号发生器是数字钟的关键，它的作用是产生一个标准频率的脉冲信号，经分频器处理为标准的秒时基信号。采用石英晶体振荡器可产生频率稳定的脉冲信号，当石英晶体振荡器产生标准的 1 MHz 方波信号时，则经 6 级十分频后可得到标准的 1 Hz 秒脉冲。分频器采用六个 74LS290 构成的 10 进制计数器来完成 6 级十分频。

（2）计数器。计数器对秒脉冲信号进行计数，并将累计结果以时、分、秒的数字显示出来。秒位计数由两级计数器构成 60 进制计数器，其中秒个位为 10 进制计数器，秒十位为 6 进制计数器。秒位计数满 60 个脉冲则向分计数器进位，作为分脉冲。分计数器的构成与秒计数器相同，分位计数满 60 个脉冲向时计数器进位，作为时脉冲。时位计数由两级计数器构成 24 进制计数器。

（3）译码器和显示器。时、分、秒计数器的个位和十位分别与六个显示译码器连接，并经相应的显示器显示，可随时显示时、分、秒的数值。

(4)校时电路。为了校对时间，分别设置了“校时”、“校分”、“校秒”三个按钮。按下“校时”或“校分”按钮，秒脉冲直接进入时个位和分个位，使时和分以秒的速度快速校时，当所显示的数值符合要求时，松开按钮，时或分就已校对好。按下“校秒”按钮时，秒个位清零，待正确的时间到达零秒时，松开按钮，使秒个位开始计数。正常工作时，三个按钮均与校时电路断开，各计数器正常计时。

实际的数字钟电路有很多，但基本原理相同，例如 PMOS 大规模专用集成电路 LM8361、M55501 等。这些集成电路功耗小、电压低、亮度大、计时精确，功能扩展强，调试也方便。

2. 用 CL102 构成的数字电子钟

为了进一步了解数字电子钟原理，也便于组装，现介绍用 CL102 构成的数字电子钟。它是一种集计数、寄存、BCD 码输出、译码、驱动、显示等多种功能于一身的 CMOS 集成电路，相对于独立的计数器、译码驱动器和显示器来说，成本会高些，但所用器件少，电路简单，调试方便。这种四合一的器件，它使仪表仪器的制造更为方便。CL102 的引脚排列和结构框如图 9-61所示。

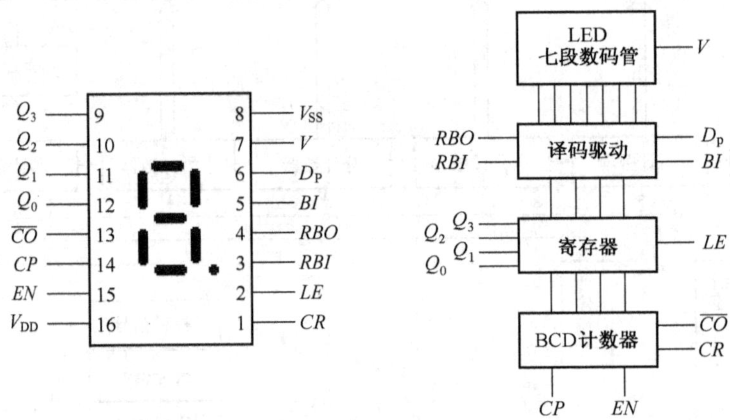

图 9-61　CL102 引脚排列和结构框图

各引脚功能介绍如下：

第 1 脚为复位端 R，当 $R=1$ 时，该位清零。

第 2 脚为寄存器锁存控制端 LE，当 $LE=1$ 时寄存，$LE=0$ 时送数，将用 BCD 码计的数送至译码、驱动器。另外，第 9～12 脚的 $Q_3Q_2Q_1Q_0$ 端同时送出 BCD 代码。

第 3 脚为无效零的熄灭控制输入端 RBI，第 4 脚为无效零的熄灭控制输出端 RBO。将 RBO 与 RBI 配合使用，可实现多位数码显示的灭零控制。高位的 RBO 接低位的 RBI，可控制低位的无效零熄灭。当 $RBI=0$ 且 $D_P=0$ 时，无效零消隐。这种无效零的熄灭原理与 74LS48 相似。

第 5 脚为灭灯输入端 BI，用来控制数码管的显示或消隐。当 $BI=0$ 时数字显示，$BI=0$ 时消隐。

第 6 脚为小数点控制端，当 $D_P=1$ 时小数点显示，当 $D_P=0$ 时消隐。

第 7 脚为数码管公共负极，其电位高低可调节数码管亮度，一般串接几百欧电阻，以调整工作电流。

第 8 脚 V_{SS} 一般接地，第 16 脚 V_{DD} 接电源正极，电压为 4～10 V。

第 13 脚为进位输出端 $\overline{CO}$，下降沿输出。如秒个位计数到 10 个脉冲时，就向秒十位的

EN 端输入进位脉冲。

第 14 脚为计数脉冲输入端 *CP*。第 15 脚为使能端 *EN*。可在两种条件下计数，一是当 $EN=1$ 并从 *CP* 端输入脉冲，为上升沿有效；二是当 $CP=0$ 并从 EN 端输入脉冲，为下降沿有效。

用 CL102 构成数字电子钟需要六个四合一器件，其逻辑电路如图 9-62 所示。

由于秒个位、分个位和时个位为 10 进制计数，它们的进位直接由 *CO* 端向高位输出。因为 *CO* 输出为下降沿，所以接高位的下降沿计数输入端 EN。而秒十位、分十位为 6 进制计数，它们的进位由 BCD 码输出，并用与门控制进位。如秒十位的 BCD 码为 0110 时，与门 G_1 输出高电平，这高电平信号一是作进位的分脉冲，使分个位加 1，二是使秒十位清零，也就是置 0 复位法，这样就实现了满 60 秒进一分的计数规则。在分十位上的 G_2 作用与 G_1 相同。而时位为 24 进制计数，当时十位为 2、时个位为 4 时，发出信号使时十位、时个位清零。

电路中四个与门采用四 2 输入的集成电路 CC4081。

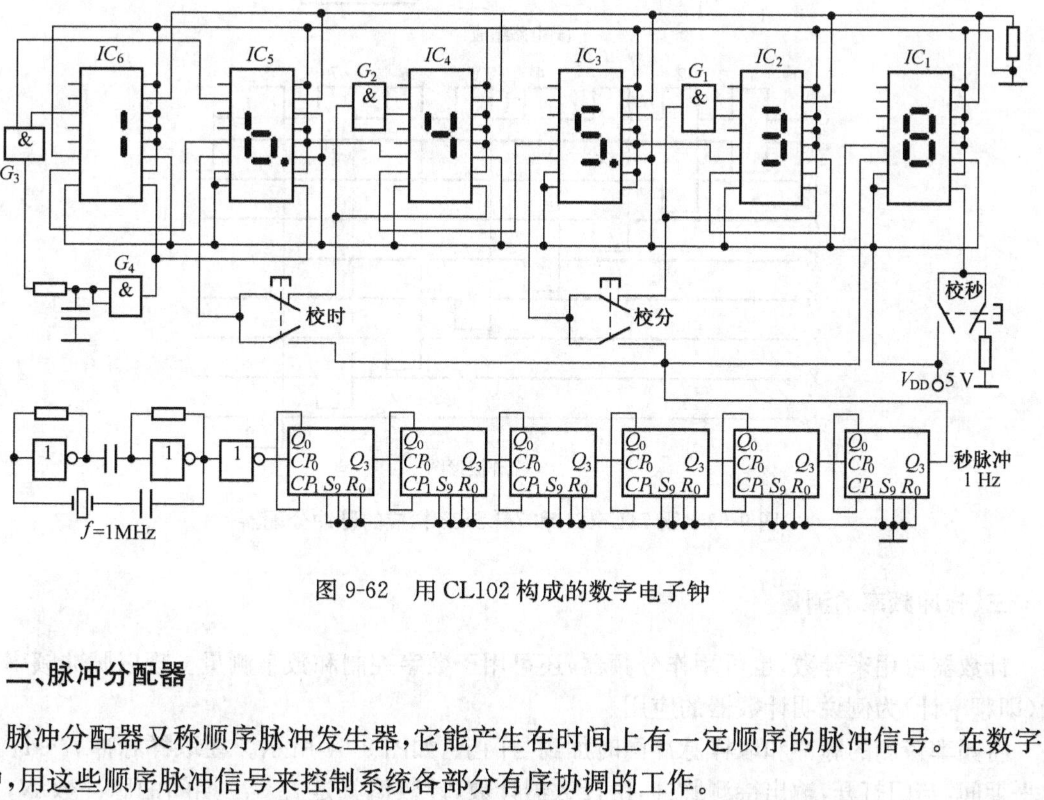

图 9-62　用 CL102 构成的数字电子钟

二、脉冲分配器

脉冲分配器又称顺序脉冲发生器，它能产生在时间上有一定顺序的脉冲信号。在数字系统中，用这些顺序脉冲信号来控制系统各部分有序协调的工作。

脉冲分配器一般由计数器和译码器组成。它可以用与门组成译码器，并采用 JK 触发器组成计数器，然后再组成脉冲分配器。现介绍直接用 4 位同步二进制计数器 74LS161 和 3-8 线译码器 74LS138 构成的脉冲分配器，如图 9-63(a)所示。

图中以 74LS161 的低三位输出 $Q_0Q_1Q_2$ 作为 74LS138 的三位输入信号。为使 74LS161 处计数状态，$\overline{CR}$、$\overline{LD}$、*EP* 和 *ET* 端均接高电平。由于它的低 3 位触发器为 8 进制计数，所以在连续 *CP* 脉冲的输入下，$Q_2Q_1Q_0$ 的状态按 000～111 的顺序反复循环，其状态的不断改变，使译码器的输出端依次输出脉冲，如图 9-63(b)所示。即在时钟脉冲 *CP* 的作用下，脉冲分配器的输出端按一定顺序轮流输出脉冲信号。

虽然 74LS161 在同一 *CP* 脉冲作用下工作，但各触发器的传输延迟时间不可能完全，所以在将计数器的状态译码时会产生竞争—冒险现象。为消除这一现象，图中在 74LS138 的 S_A 端加入选通脉冲$\overline{CP}$，使选通脉冲的有效时间与触发器的翻转时间错开。

除了用 74LS161 和 74LS138 构成脉冲分配器外，也有专用的集成脉冲分配器，如十进制的 74HC4017。

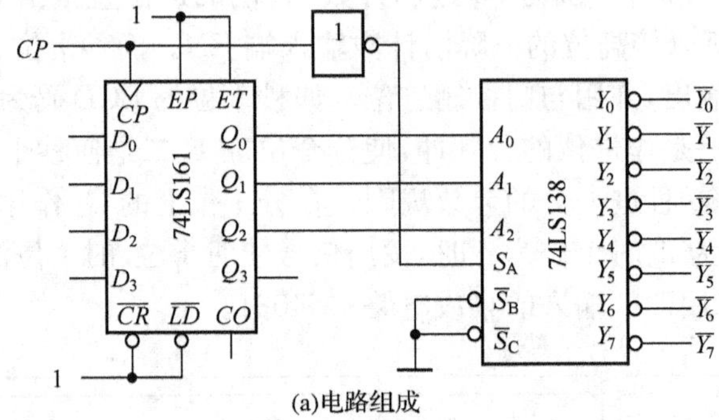

(a)电路组成

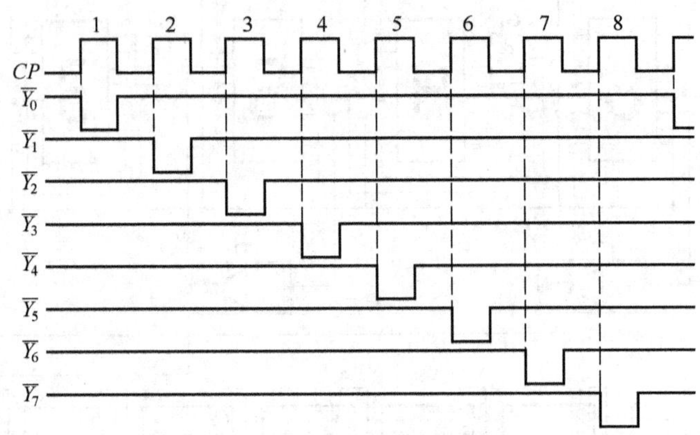

(b) 工作波形图

图 9-63　用 74LS161 和 74LS138 构成的脉冲分配器

三、脉冲频率的测量

计数器可用来计数，也可用作分频器，还可用于数字控制和数字测量。现以脉冲频率的测量(即频率计)为例说明计数器的应用。

将频率待测的脉冲和取样脉冲同时加到与门上，如图 9-64 所示。在取样脉冲 $t_1 \sim t_2$ 的高电平期间，与门打开，输出待测脉冲，由计数器计数，计数值就是 $t_1 \sim t_2$ 期间的脉冲数 N，那么被测频率为

$$f=\frac{N}{t_1-t_2}$$

例如，若脉冲频率为 8 600 Hz，则在 $t_2-t_1=1$ s 内计数值为 860；在 0.1 s 内计数值为 86。

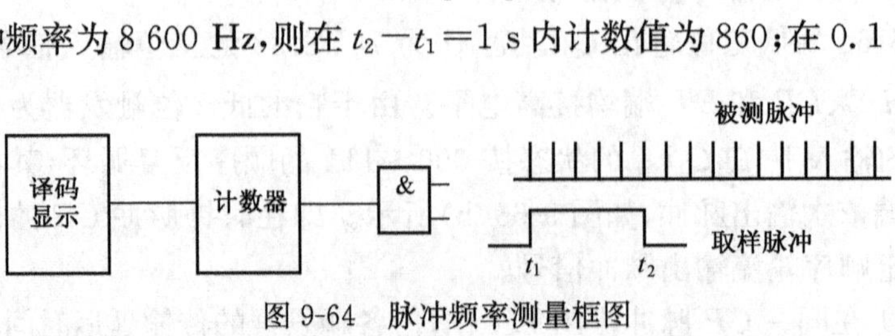

图 9-64　脉冲频率测量框图

显然，这种方法的测量精度取决于取样脉冲的时间间隔 t_2-t_1。为了提高测量精度，可采用图 9-65 所示的方法，它由石英晶体振荡器产生频率精确的 100 kHz 的方波信号，经十进制计数器逐级分频，得到周期为 100 μs、1 ms、10 ms、0.1 s 和 1 s 的方波信号，将此信号加到 JK 触发器的时钟输入端，经 JK 触发器二分频后，得到脉冲宽度分别为 100 μs、1 ms、10 ms、0.1 s 和 1 s 的取样脉冲。

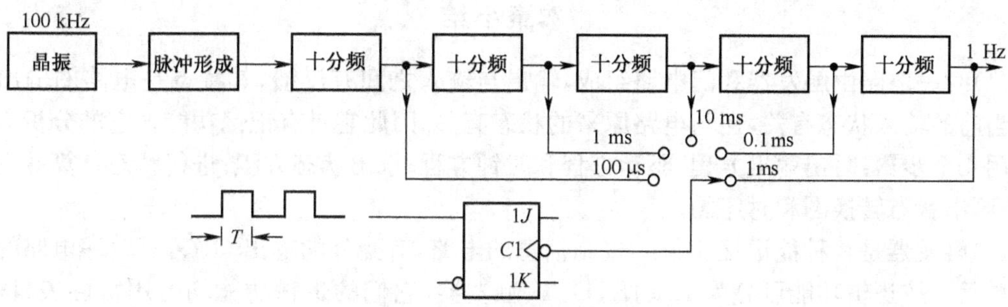

图 9-65　脉冲频率测量框图

图 9-66(a)所示为频率计的框图，图 9-66(b)所示为它的时序图。为了保证测量的准确性，在每次计数之前，应先将计数器清零，使计数器从零开始计数。清零脉冲由单稳态触发器产生。

测量开始时，JK 触发器处于 0 态，第一个取样脉冲到来时（$t_1 \sim t_2$），与门未开启，在取样脉冲的下降沿（t_2）时将 JK 触发器置 1，JK 触发器的这个输出上跳沿使单稳态触发器发出一个清零脉冲，将计数器清零。当第二个取样脉冲到来时（$t_3 \sim t_4$），与门开启，输出待测频率脉冲，经计数器计数后，通过译码器驱动显示器件，显示脉冲的频率值。

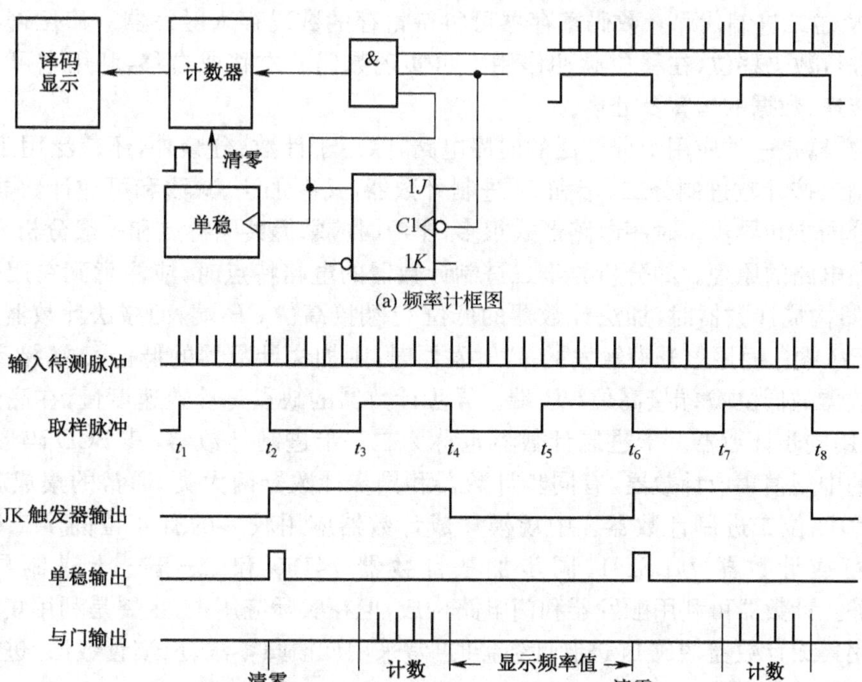

(a) 频率计框图

(b) 工作波形图

图 9-66　频率计工作原理

取样脉冲结束(t_4)后,JK 触发器又置 0,与门关闭,(t_4~t_6)这段时间显示器保持其显示值不变。到 t_6 时刻,再重复上述过程。

从上述分析可知,频率计以计数、显示、清零的工作过程循环往复。它的缺点是显示的数字有闪烁,易使观察者眼睛疲劳。为改变这一缺点,可用 D 触发器保存其计数值,使显示的数值比较稳定,遇有新的被测频率,显示数值将被新的频率值取代。

本章小结

(1)时序电路由触发器和门电路组成,输出与输入之间有反馈,其特点是电路的输出状态既与当前的输入状态有关,还与电路原来的状态有关,因此它具有记忆功能。它的分析方法一般采用 4 个步骤:写出输出方程、驱动方程和时钟方程;求出状态方程;进行状态计算并列出状态表;画出状态转换图和时序图。

(2)触发器是一种能记忆 1 位二进制信息的电路,有互补的输出 Q、$\overline{Q}$,是时序电路的基本存储单元。按逻辑功能可分为 RS、JK、D、T、触发器,它们的逻辑功能均可用特性表、特性方程和状态转换图来描述。按电路结构分为基本 RS 触发器、同步 RS 触发器、主从触发器、维持阻塞触发器和边沿触发器。不同的电路结构带来不同的动作特点。基本 RS 触发器是构成各种触发器的基础,为电平触发,它有两个稳态 0 和 1,可存储两值信号。同步 RS 触发器为时钟控制的触发器,但存在空翻问题。JK 触发器有同步结构、主从结构和边沿结构,主从结构有一次翻转问题,而边沿结构既无空翻又无一次翻转问题。JK 触发器功能完善,具有保持、置 0、置 1、计数等功能。D 触发器有 TTL 维持阻塞触发器和 CMOS 主从触发器两种。各类触发器之间可进行功能转换。

(3)寄存器分数码寄存器和移位寄存器,电路组成主要是触发器,N 个触发器组成的寄存器能存储 N 位二进制代码。数码寄存器可将待寄存的数码存入触发器。移位寄存器可存放数码还可进行数码移位,在移位脉冲作用下可实现数码的左移或右移,利用它可实现数据的串—并行转换、数据的运算及处理。

(4)计数器是一种应用十分广泛的时序电路,除用于计数、分频外,还广泛用于数字测量、运算和控制。按计数进制分二、十和 N 进制计数器,又有加法、减法和可逆计数器之分,按触发动作还分同步和异步。时序电路形式很多,学习时应掌握共同特点和一般分析方法,才能理解各类时序电路的原理。如分析异步二进制计数器的电路特点时,应注意到在用下降沿触发的 T′触发器构成计数器时,加法计数器的低位 Q 端接高位 CP 端,而减法计数器则为低位 $\overline{Q}$ 端接高位 CP 端。而用上升沿触发的 T′触发器时,则加法计数器的低位 $\overline{Q}$ 端接高位 CP 端,而减法计数器的低位 Q 端接高位 CP 端。异步计数器的缺点是计数速度慢,在高速数字系统中,大多采用同步计数器。十进制计数器也称为二—十进制计数器,其 BCD 码形式有很多。目前生产的中规模集成计数器,有同步计数器和异步计数器两大类,通常的集成芯片为 BCD 码十进制和四位二进制计数器。中规模集成计数器应用较多的有 4 位同步二进制计数器 74LS161、可逆计数器 74LS191、同步加法计数器 74160 和二—五—十进制异步计数器 74LS290 等。计数器可利用触发器和门电路构成,但在实际应用中,主要是利用集成计数器来构成。在用集成计数器构成 N 进制计数器时,常采用反馈归零法、反馈置数法、进位输出置最小数法和级联法等方法。

习 题 九

1. 选择题

(1)同步计数器和异步计数器比较,同步计数器的显著优点是________。

A. 工作速度高　B. 触发器利用率高

C. 电路简单　D. 不受时钟 CP 控制。

(2)把一个五进制计数器与一个四进制计数器串联可得到________进制计数器。

A. 4　B. 5

C. 9　D. 20

(3)下列逻辑电路中为时序逻辑电路的是________。

A. 变量译码器　B. 加法器

C. 数码寄存器　D. 数据选择器

(4)N 个触发器可以构成最大计数长度(进制数)为________的计数器。

A. N　B. $2N$　C. N^2　D. 2^N

(5)N 个触发器可以构成能寄存________位二进制数码的寄存器。

A. $N-1$　B. N　C. $N+1$　D. $2N$

(6)同步时序电路和异步时序电路比较,其差异在于后者________。

A. 没有触发器　B. 没有统一的时钟脉冲控制

C. 没有稳定状态　D. 输出只与内部状态有关

(7)一位 8421BCD 码计数器至少需要________个触发器。

A. 3　B. 4　C. 5　D. 10

(8)触发器是________的数字部件。

A. 组合逻辑　B. 具有记忆功能

C. 无记忆功能　D. 只由与非门组成

(9)CP 脉冲下降沿有效的主从触发器,当 CP 由高电平回到低电平时,此时是________。

A. 主触发器接收输入信号　B. 从触发器状态不变

C. 主触发器状态改变　D. 从触发器接收主触发器的状态

(10)由 JK 触发器组成的计数器,其中一个触发器的状态方程为 $Q^{n+1}=Q^n$,则________。

A. $J=0;K=1$　B. $J=K=0$

C. $J=K=1$　D. $J=1;K=0$

(11)主从 JK 触发器,当 $J=K=1$ 时,每来一个 CP 脉冲,触发器将________。

A. 翻转一次　B. 翻转两次

C. 空翻　D. 保持状态不变

(12)由与或非门组成的基本 RS 触发器,当________时出现不定态。

A. $R=0;S=1$　B. $R=S=0$　C. $R=S=1$　D. $R=1;S=0$

2. 判断题(正确打√,错误的打×)

(1)同步时序电路由组合电路和存储器两部分组成。　(　　)

(2)组合电路不含有记忆功能的器件。　(　　)

(3)同步时序电路具有统一的时钟 CP 控制。　(　　)

(4)异步时序电路的各级触发器类型不同。 ( )

(5)计数器的模是指构成计数器的触发器的个数。 ( )

(6)一个 5 进制计数器与一个 10 进制计数器串联可得到 15 进制计数器。 ( )

(7)为了防止主从 JK 触发器出现一次翻转现象，必须在 CP 脉冲为 1 期间，保持 J、K 号不变。 ( )

(8)脉冲边沿触发方式的触发器，不会出现空翻，可以用于计数。 ( )

(9)JK 触发器的功能有置 0、置 1、保持、取反。 ( )

(10)时钟同步的 RS 触发器，只要 R、S 变化，触发器状态就要变化。 ( )

(11)维持阻塞边沿触发器在 CP 脉冲为 0 或 1 期间，允许输入信号变化。 ( )

(12)电平触发方式的触发器存在空翻现象，可以用于计数触发器。 ( )

(13)电平触发的触发器存在空翻现象，边沿触发的触发器无空翻和一次翻转。 ( )

3. 填空题

(1)寄存器按照功能不同可分为两类：________寄存器和________寄存器。

(2)数字电路按照是否有记忆功能通常可分为两类：________、________。

(3)由四位移位寄存器构成的顺序脉冲发生器可产生____个顺序脉冲。

(4)时序逻辑电路按照其触发器是否有统一的时钟控制分为____时序电路和____时序电路。

(5)描述触发器功能的方法有________、________、________和________。

(6)一个与非门组成的 RS 触发器，$\overline{R}_D$ 和 $\overline{S}_D$ 分别称为____和____端，____电平有效，通常用____端的逻辑电平来表示触发器的状态。

(7)基本触发器的状态有________、________和________。时钟控制的触发器有________、________、________三种触发方式。

(8)通常同一时钟脉冲引起触发器两次或更多次翻转的现象称为________现象，具有这种现象的触发器是________触发方式的触发器，如________。

4. 时序电路有何特点？它与组合电路相比较有哪些不同？

5. 试比较同步时序电路和异步时序电路在电路结构上和动作特点上有何不同。

6. 触发器有哪几种电路结构形式？有哪几种触发方式？

7. 题图 9-1 所示为与非门组成的基本 RS 触发器，试根据给出的 $\overline{R}_D$、$\overline{S}_D$ 输入信号波形，画出触发器输出 Q、$\overline{Q}$ 的波形。

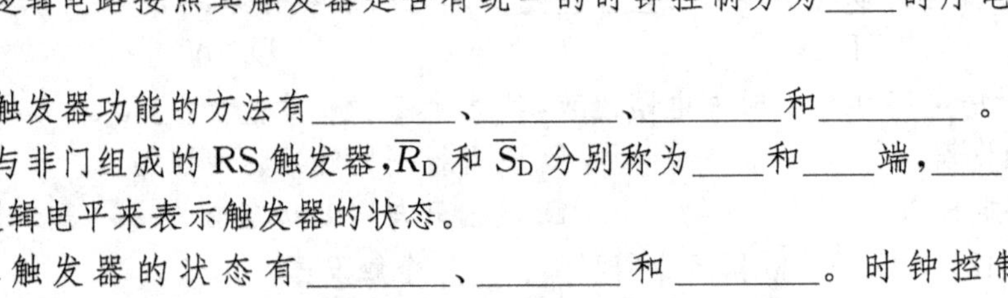

题图 9-1 题 7 附图

8. 题图 9-2 所示为或非门组成的基本 RS 触发器，试分析其工作原理，并根据给出的 R_D、S_D 输入信号波形，画出触发器输出 Q、$\overline{Q}$ 的波形。

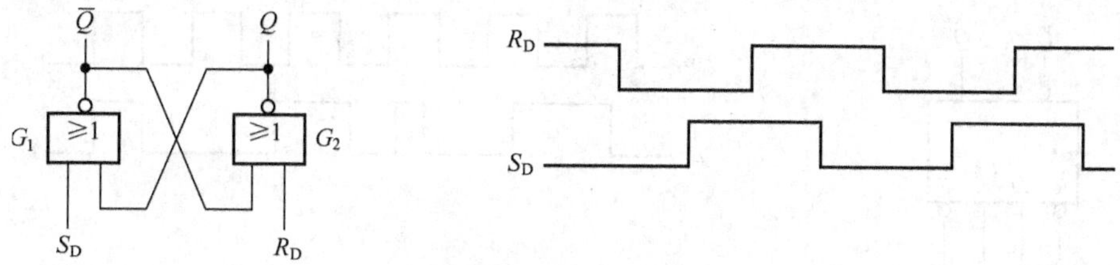

题图 9-2　题 8 附图

9. 在题图 9-3 所示框图中，设同步 RS 触发器初态为 $Q=0$，试根据给出的 CP、R、S 的波形，画出触发器输出 Q、$\overline{Q}$ 的波形。

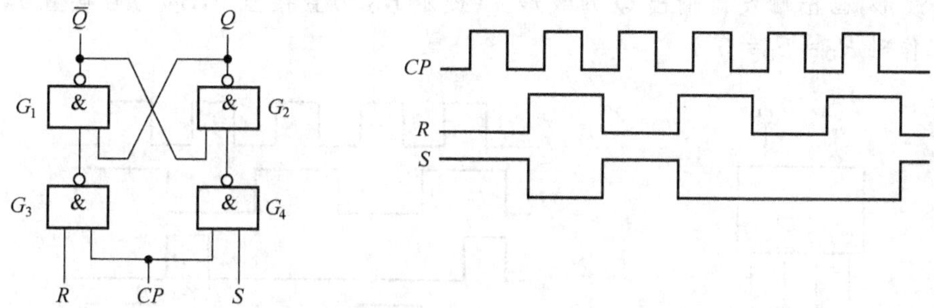

题图 9-3　题 9 附图

10. 有一主从 JK 触发器，其初态为 $Q=0$，$\overline{R}_D=\overline{S}_D=1$，试根据题图 9-4 所示的 CP、J、K 波形，画出触发器输出 Q、$\overline{Q}$ 的波形。

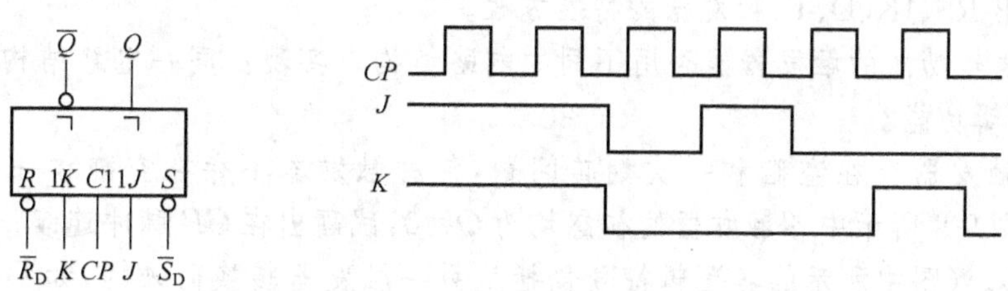

题图 9-4　题 10 附图

11. 有一 CMOS 边沿触发的集成 JK 触发器 CC4027，设初态为 $Q=0$，试根据题图 9-5 所示的 CP、J、K 波形，画出触发器输出 Q、$\overline{Q}$ 的波形。（提示若要设置初态为 0 时，可使用直接置 0 端为 $R=1$，正常工作时可令 $S=R=0$。）

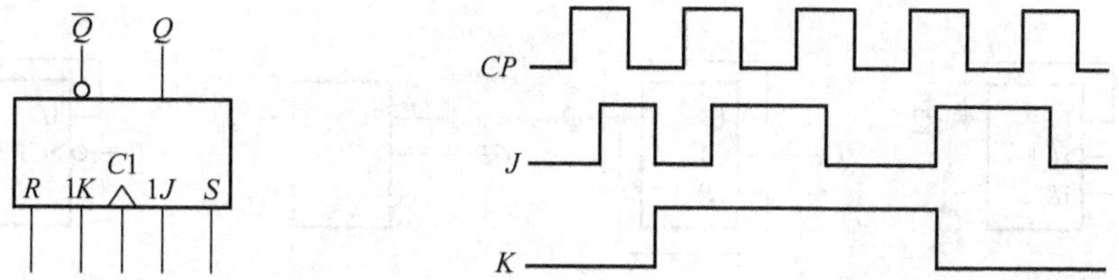

题图 9-5　题 11 附图

12. 有一维持阻塞结构的 D 触发器，设初态为 $Q=0$，试根据题图 9-6 所示的 CP、D 波形，画出触发器输出 Q 的波形。

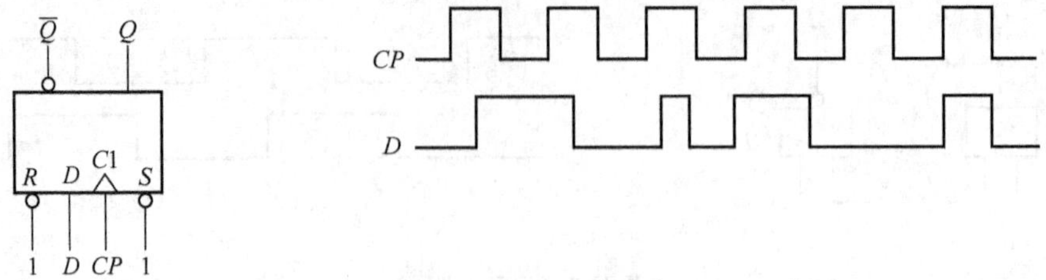

题图 9-6　题 12 附图

13. 有一 CMOS 边沿集成 D 触发器 CC4013，设初态为 $Q=0$，试根据题图 9-7 所示的 CP、D、R_D、S_D 波形，画出触发器输出 Q 的波形。（提示 R_D 为直接置 0，S_D 为直接置 1，高电平有效，正常工作时 $R_D=S_D=0$。）

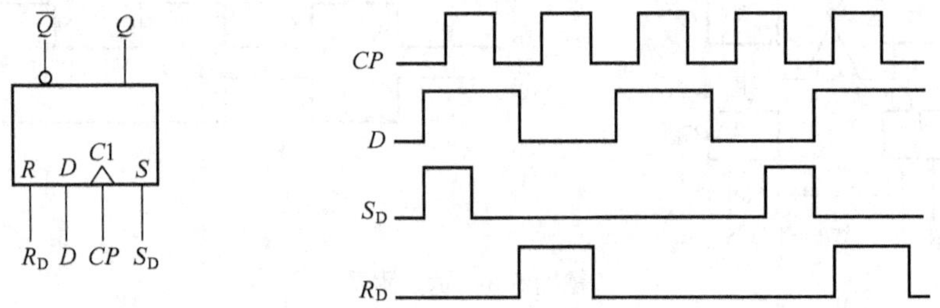

题图 9-7　题 13 附图

14. 试写出 RS、JK、D、T、触发器的特性方程。

15. 同一逻辑功能的触发器能否用不同的电路结构来实现？同一电路结构的触发器能否做成不同的逻辑功能？

16. 何种触发器存在空翻和一次翻转问题，何种触发器不存在空翻和一次翻转问题。

17. 设题图 9-8 所示中各触发器的初态均为 $Q=0$，试画出在 CP 脉冲连续作用下各触发器输出 Q 的波形。（图中所示的各逻辑符号包括从另一触发器转换而来的，如 D 触发器一般均为上升沿触发，如用其他类型触发器转换而来，它也可为下降沿触发。）

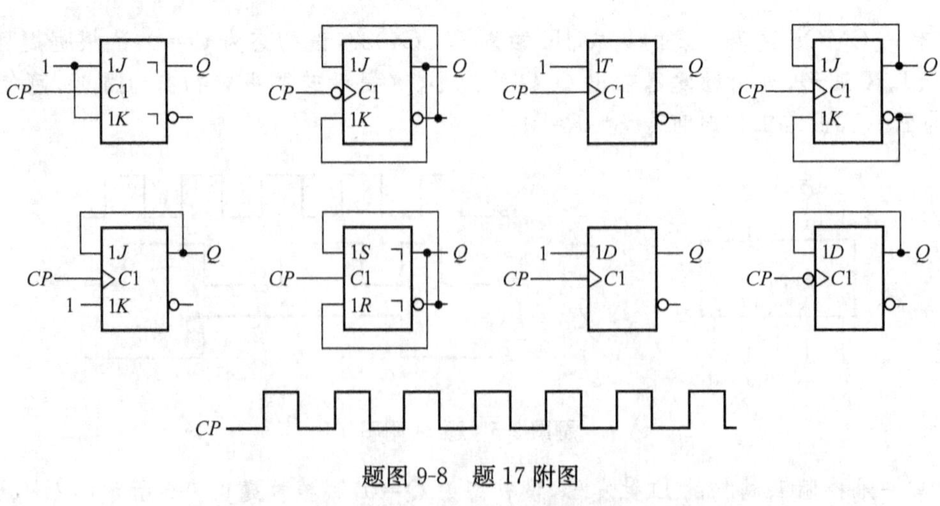

题图 9-8　题 17 附图

18. 在题图 9-9 所示电路中，设各触发器初态为 $Q=0$，试根据输入信号 A、B、C 的波形，画

出触发器输出 Q_1、Q_2 的波形。

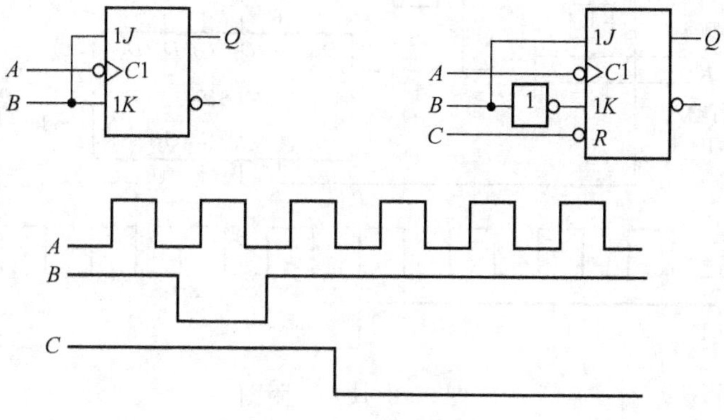

题图 9-9　题 18 附图

19. 在题图 9-10 所示电路中，设各触发器初态为 $Q=0$，试画出 Q_1、Q_2 的波形。

20. 在题图 9-11 所示电路中，设各触发器初态为 $Q=0$，试画出 Q_1、Q_2 的波形。

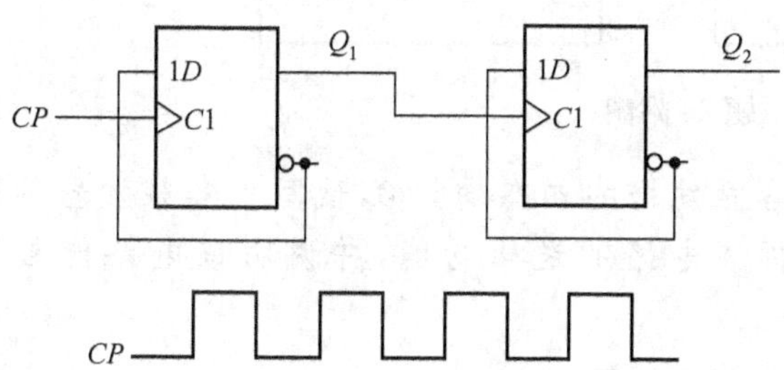

题图 9-10　题 19 附图

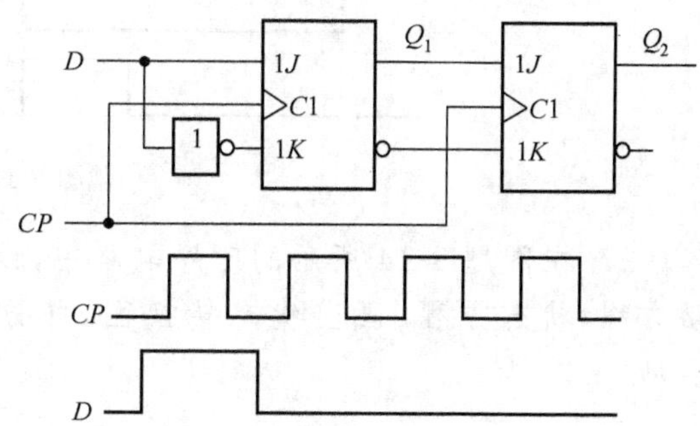

题图 9-11　题 20 附图

21. 数码寄存器和移位寄存器在功能上有何区别？在数码存入和数码取出上有何不同？

22. 下列各类触发器中哪些能构成移位寄存器？

(1)基本 RS 触发器；(2)同步 RS 触发器；(3)主从结构触发器；(4)维持阻塞触器；(5)CMOS传输门结构的边沿触发器。

23. 试画出用上升沿触发的维持阻塞 D 触发器组成 4 位右移寄存器；用主从结构 JK 触发器组成的左移寄存器。

24. 题图 9-12 所示为用集成移位寄存器组成的循环右移寄存器，试分析其工作原理。设串行输入端 D 输入数码为 1 100，在控制端 C 的波形下，列出状态表，画出波形图。

25. 试用上升沿触发的维持阻塞 D 触发器组成 4 位异步二进制加法计数器，用主从 JK 触发器组成 4 位异步二进制减法计数器，画出相应的逻辑电路图。

26. 用示波器测得某计数器输出端波形如题图 9-13 所示，试画出其状态转换图，确定计数器的模(为几进制计数器)。

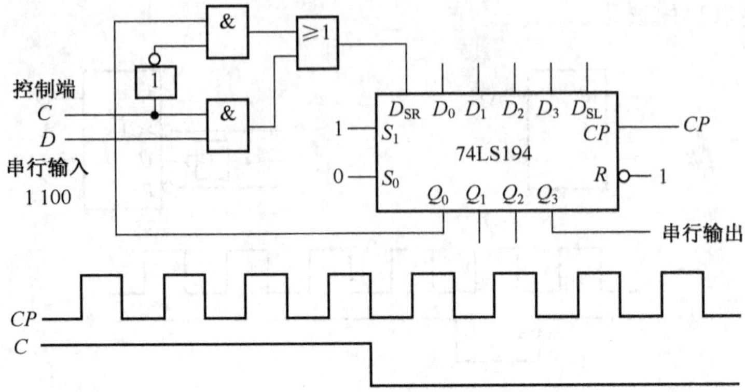

图 9-12　题 24 附图

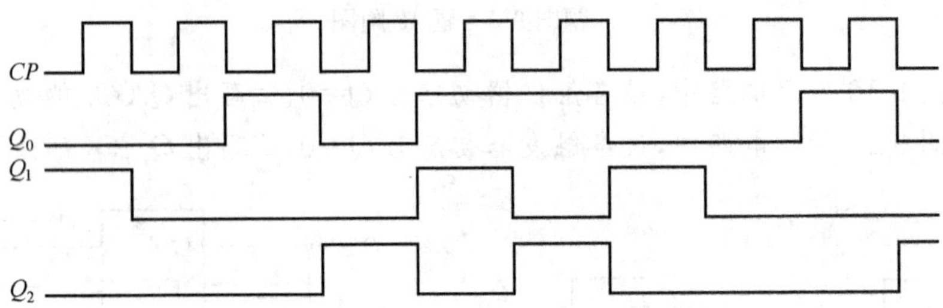

题图 9-13　题 26 附图

27. 在图题 9-14 所示的时序电路中，设各触发器的初态均为 0，试写出各触发器的驱动方程、状态方程、画出状态转换图，并分析该电路的逻辑功能，并说明该电路能否自启动。

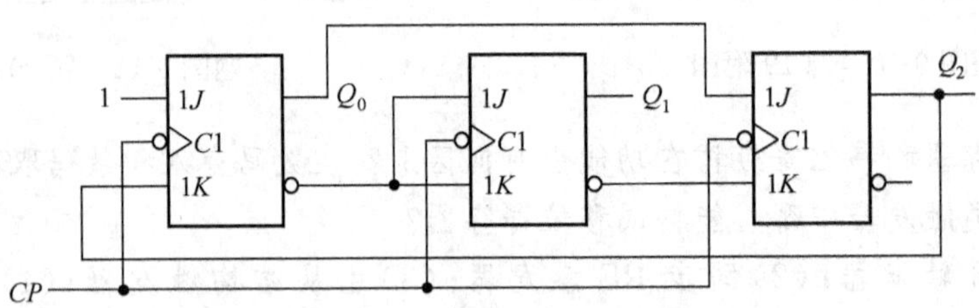

题图 9-14　题 27 附图

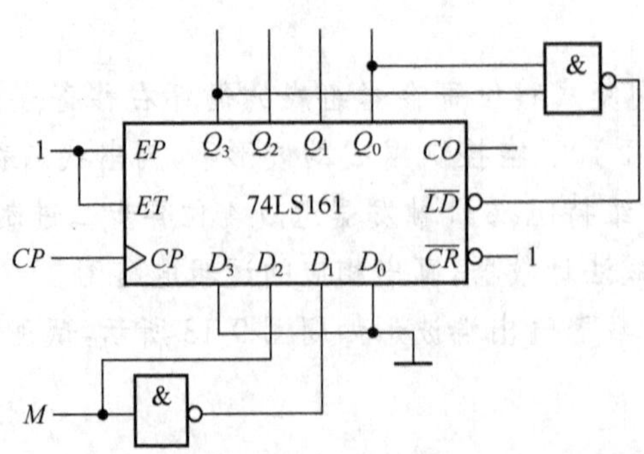

题图 9-15　题 33 附图

28. 采用置 0 复位法将 74LS161 构成 10 进制计数，画出它的逻辑图。

29. 采用预置数复位法将 74LS161 构成 14 进制计数，画出它的逻辑图。

30. 采用进位输出置最小数法将 74LS161 构成 6 进制计数，画出它的逻辑图。

31. 采用级联置 0 复位法将 74LS161 构成 24 进制计数，画出它的逻辑图。

32. 采用级联进位输出置最小数法将 74LS161 构成 100 进制计数，画出它的逻辑图。

33. 题图 9-15 所示为可变进制计数器，试分析当 $M=0$ 和 $M=1$ 时各为几进制。

34. 在题图 9-16 所示框图中，各电路均由 74LS161 构成计数器，试分析它们是几进制计数器，并列出相应的状态图。

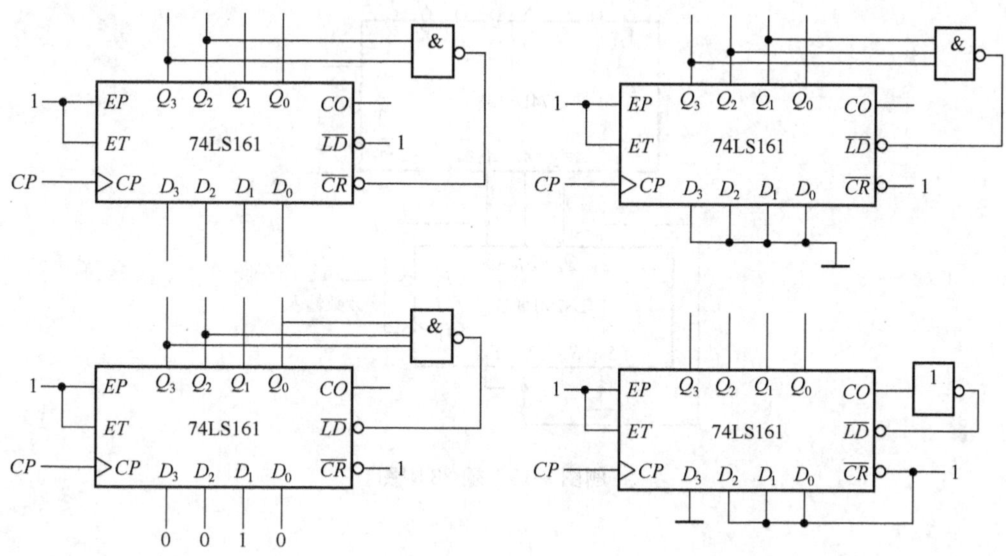

题图 9-16　题 34 附图

35. 题图 9-17 所示为两片 74LS161 构成的计数器，试分析输出端 Y 的脉冲频率与时钟脉冲 CP 的频率比值？

36. 试用两片 74LS290 构成 24 进制加法计数器，画出电路连接图。

37. 题图 9-18 所示为 74LS290 构成的计数器，试分析它是几进制计数器。

38. 题图 9-19 所示为 74LS290 和 74LS138 构成的时序电路，试分析它的功能；若清零后输入 8 个 CP，74LS138 输出端的状态依次是怎样的？

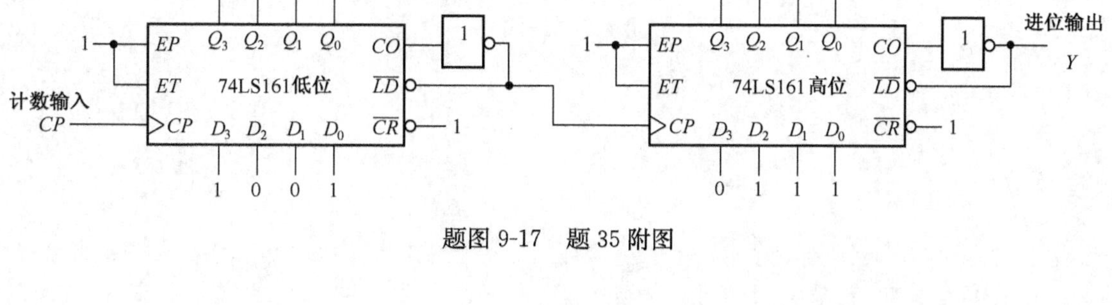

题图 9-17　题 35 附图

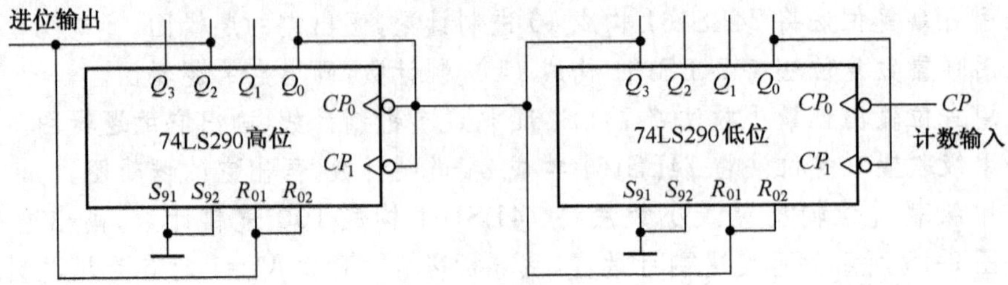

题图 9-18　题 37 附图

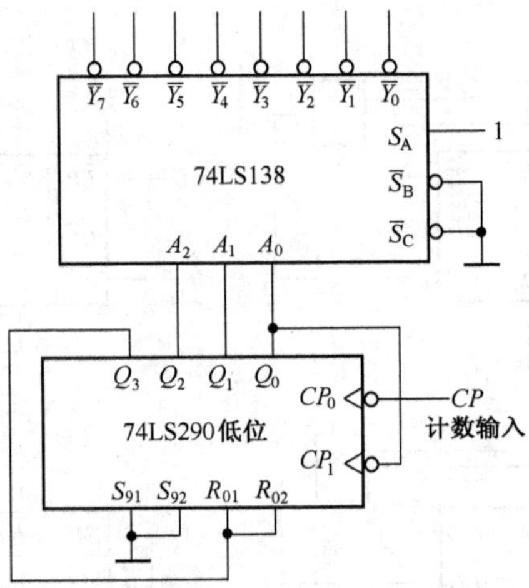

题图 9-19　题 38 附图

第十章　脉冲波形的产生与变换电路

脉冲信号广泛地存在于数字系统中，如触发器的时钟信号、计数器的计数脉冲信号等。所谓脉冲信号，从狭义上讲，是指一种持续时间极短的电压或电流信号；从广义上讲，凡不具有连续正弦波形状的信号，几乎都可以统称为脉冲信号，如矩形波、方波、锯齿波和微分波等各种波形都是脉冲信号。

在数字系统中，常需要各种不同类型的脉冲信号。脉冲电路就是产生不同脉冲信号和进行脉冲信号变换的电路。脉冲技术是现代电子技术的一个重要内容，在计算机、自动控制、自动检测、信息传送等方面有着广泛的应用。脉冲电路主要研究的是脉冲波形的产生、整形、变换与控制等。随着集成电路技术的迅速发展，用于波形的产生、整形、变换的电路形式有很多，它们可以由门电路或 TTL、CMOS 集成门电路组成，也可以由 555 集成定时器组成，目前广为应用的是 555 集成定时器。

本章主要介绍 555 集成定时器的结构特点、功能，重点介绍由 555 定时器构成的多谐振荡器、单稳态触发器、施密特触发器及它们的主要应用。

第一节　概　　述

一、常见的脉冲波形

在数字系统中，常常需要各种不同频率、不同宽度和不同幅值的脉冲信号。为了保证数字电路中的脉冲信号有足够的幅度和一定的转换速度，必须对脉冲信号的波形提出一定的要求。

1. 脉冲信号

“脉冲”含有脉动和短促的意思。在电子技术中，脉冲是指作用时间极短的电压或电流。通常广义地把各种非正弦波的信号都称为脉冲信号。脉冲信号可以是周期的，也可以是非周期的。

2. 常见的脉冲波形

常见的脉冲波形有方波、矩形波、锯齿波、阶梯波、钟形波、尖顶波等，其波形如图 10-1 所示。

不同的脉冲信号有着不同的用途。方波、矩形波和尖顶波可以作自动控制系统中的开关信号或触发信号；锯齿波可以作电视、雷达、示波器等设备中的扫描信号；钟形波可作导航信号；阶梯波可以作阶梯扫描仪的扫描信号等。

各种脉冲波形的形成，需要有相应的脉冲电路来产生。脉冲电路一般由两部分组成，即开关电路与线性电路。利用开关电路（例如晶体管、集成逻辑门电路）产生脉冲的瞬态过程，以实现脉冲的突变性；利用线性电路（例如电阻、电容构成的 RC 电路）控制瞬态过程的快慢和状态，以得到不同脉冲波形。

二、矩形脉冲波形的参数

由于脉冲波形种类很多，用以描述各种脉冲波形特征的参数就不一样。我们仅以矩形脉冲波形为例，介绍其波形的参数。矩形脉冲在时序电路中常作为时钟信号，它的波形好坏关系到电路能否正常工作。为定量描述矩形脉冲的特性，通常使用图 10-2 所示的几个主要参数。

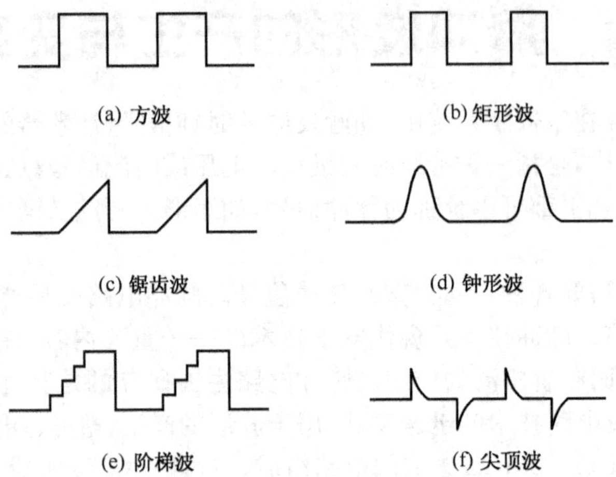

图 10-1　常见的脉冲波形

(1) 脉冲幅度 U_m——脉冲电压的最大变化幅度。

(2) 上升时间 t_r——脉冲上升沿从 $0.1U_m$ 上升到 $0.9U_m$ 所需的时间。

(3) 下降时间 t_f——脉冲下降沿从 $0.9U_m$ 下降到 $0.1U_m$ 所需的时间。

(4) 脉冲宽度 t_w——从脉冲前沿的 $0.5U_m$ 到后沿的 $0.5U_m$ 之间的时间，又称脉冲持续时间。

(5) 脉冲周期 T——周期性连续脉冲中，两个相邻脉冲间的时间间隔。有时也采用频率 $f=\frac{1}{T}$ 来表示每秒内脉冲重复的次数。

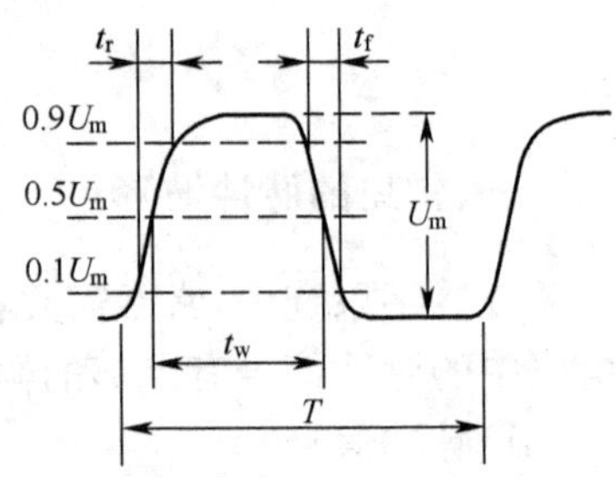

图 10-2　矩形脉冲波形参数

(6) 占空比 q——脉冲宽度 t_w 与脉冲周期 T 的比值：

$$q=\frac{t_w}{T} \tag{10-1}$$

利用这些参数就可以清楚地描述一个矩形脉冲的基本特性。获取矩形脉冲的方法有两种，一种是利用多谐振荡器直接产生所需的矩形脉冲；另一种是通过整形电路将已有的周期变化的波形变换成所需的矩形脉冲。

第二节　555 集成定时器

555 定时器是一种将模拟电路和数字电路集成于一体的中规模集成器件。它始于 70 年代初，当时仅作定时器用，所以称为 555 定时器或 555 时基电路。它是一种产生时间延迟和多种脉冲信号的控制电路，其应用十分广泛，通常只需外接几个阻容元件就构成多谐振荡器、单稳态触发器、施密特触发器及各种波形的脉冲发生器。能实现脉冲的产生、整形与变换、定时与延时等功能。由于使用灵活、控制方便，广泛应用在自动控制、测量技术、家用电器及仿真玩具等方面。

555 定时器有双极型和 CMOS 型两大类。典型的双极型定时器型号为 5G555，CMOS 型定时器型号为 CC7555，这两种型号的芯片内仅有一个时基电路，称单时基电路。双时基电路的型号有 5G556、CC7556 等。

一、电路组成

现以 5G555 定时器为例分析其工作原理和逻辑功能，它的内部电路组成和引脚排列图如图 10-3 所示。它由分压器、电压比较器、基本 RS 触发器、放电开关及输出缓冲器等五个部分组成。下面分析各部分电路的作用。

1. 分压器

由三个阻值相同的电阻组成分压器，为电压比较器提供参考电压。由于分压器的三个电阻均为 5 kΩ，故称为 555 电路。电压比较器 A_1 的参考电压为 $U_{R1}=2/3V_{CC}$，电压比较器 A_2 的参考电压为 $U_{R2}=1/3V_{CC}$。如在控制电压端 CO 上外接电压 U_{CO} 时，可调整参考电压值，此时 $U_{R1}=V_{CO}$，$U_{R2}=1/2V_{CO}$。不用 CO 端引脚时，一般通过 0.01 μF 的电容接地，以旁路高频干扰。

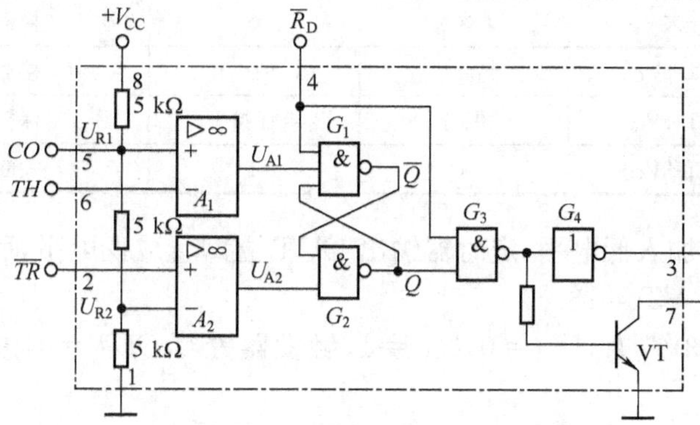

(a)5G555 电路组成

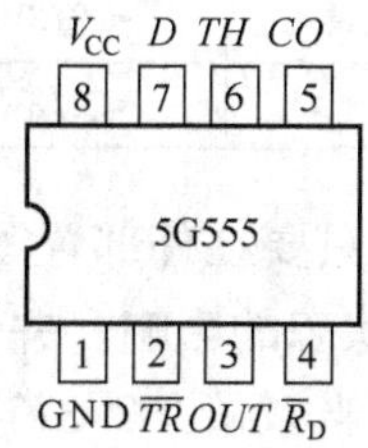

(b)引脚排列图

图 10-3 5G555 电路组成和引脚排列图

2. 电压比较器

电压比较器由两个结构相同的集成运放 A_1、A_2 组成。其作用是将触发电压与参考电压进行比较，比较后的结果用数字“1”、“0”在输出端表示出来。由图可见 A_1 的同相输入端接 U_{R1}，反相输入端接阈值端 TH；而 A_2 的同相输入端接触发端 $\overline{TR}$，反相输入端接 U_{R2}。根据电压比较器输入电压与输出电压的关系，可知 $U_+>U_-$ 时，比较器输出为高电平；$U_+<U_-$ 时，输出为低电平。

3. 基本 RS 触发器

它由两个与非门交叉组成。电压比较器的输出 U_{A1}、U_{A2} 是基本 RS 触发器的输入信号，因而两个电压比较器的输出状态决定基本 RS 触发器的工作状态。当 $U_{TH}>U_{R1}$、$U_{\overline{TR}}>U_{R2}$ 时，$U_{A1}=0$，$U_{A2}=1$，基本 RS 触发器置 0；当 $U_{TH}<U_{R1}$、$U_{\overline{TR}}>U_{R2}$ 时，$U_{A1}=1$，$U_{A2}=1$，基本 RS 触发器状态保持不变；当 $U_{TH}<U_{R1}$、$U_{\overline{TR}}<U_{R2}$ 时，$U_{A1}=1$，$U_{A2}=0$，基本 RS 触发器置 1。

$\overline{R}_D$ 是外部置零输入端。当 $\overline{R}_D=0$ 时，$G_3=1$，$G_4=0$，使定时器输出 OUT 立即置成低电平。正常工作时必须使 $\overline{R}_D$ 处于高电平。

4. 放电开关

在555定时器的实际应用中，都会利用外接电容的充放电过程来实现定时控制。为了能准确定时，在完成一次定时控制后，应及时将电容上已充的电荷放掉，保证电容每次充电从零开始。因此，电路中设置了一个放电开关VT。当基本RS触发器置0时，VT导通，放电开关呈闭合状态，放电端D近似接地，为电容放电提供通路。当触发器置1时，VT截止，放电开关呈打开状态。

5. 输出缓冲器

G_4为输出缓冲器，它的作用是提高电路的带负载能力，并隔离负载对定时器的影响。

二、定时器的功能

根据定时器各个部分的作用可列出它的功能表，如表10-1所示。下面结合功能表进行分析。

表10-1　555定时器功能表

$\overline{R}_D$	U_{TH}	$U_{\overline{TR}}$	Q	OUT	D
0	×	×	×	0	接通
1	$>2/3V_{CC}$	$>1/3V_{CC}$	0	0	接通
1	$<2/3V_{CC}$	$>1/3V_{CC}$	保持	保持	保持
1	$<2/3V_{CC}$	$<1/3V_{CC}$	1	1	关断

(1)只要在外部置零输入端$\overline{R}_D$加入低电平，定时器输出OUT立即置成低电平，而不受其他输入状态的影响。并使放电开关VT导通。

(2)当$U_{TH}>2/3V_{CC}$、$U_{\overline{TR}}>1/3V_{CC}$时，$U_{A1}=0$，$U_{A2}=1$，触发器置0，$OUT=0$，放电开关VT导通。

(3)当$U_{TH}<2/3V_{CC}$、$U_{\overline{TR}}>1/3V_{CC}$时，$U_{A1}=1$，$U_{A2}=1$，触发器状态保持不变，因而输出状态和放电开关状态也维持不变。

(4)当$U_{TH}<2/3V_{CC}$、$U_{\overline{TR}}<1/3V_{CC}$时，$U_{A1}=1$，$U_{A2}=0$，触发器置1，$OUT=1$、放电开关VT截止。

CMOS型555定时器的电路结构与双极型有较大差别，但从引脚的功能上看，两者是完全相同的，可以互相兼容。双极型555定时器的优点是驱动能力强，而CMOS型定时器的优点是输入阻抗高，功耗小，在定时要求较长的场合下应选用CMOS型定时器。

三、555定时器的主要参数

5G555及CC7555的主要参数如表10-2所示。

表10-2　定时器的主要参数

参数	单位	5G555	CC7555
电源电压$V_{CC}(V_{DD})$	V	4.5～16	3～18
静态电流I	mA	10	0.12
定时精度	%	1	2
阈值端触发电压U_{TH}	V	$2/3V_{CC}$	$2/3V_{DD}$

续上表

参数	单位	5G555	CC7555
阈值端触发电流 I_{TH}	μA	0.1	50×10^{-6}
触发端触发电压 $U_{\overline{TR}}$	V	$1/3V_{CC}$	$1/3V_{DD}$
触发端触发电流 $I_{\overline{TR}}$	μA	0.5	50×10^{-6}
放电端放电电流 I_D	mA	200	10~50
输出端驱动电流 I_L	mA	200	1~20
最高工作频率 f_{max}	kHz	500	500

第三节　施密特触发器

施密特触发器是一种脉冲整形、变换电路，它又称为电平触发双稳态触发器。它具有如下特点：

(1)具有两个稳定的工作状态，当输入信号达到某一阈值时，输出电平发生突变，触发器状态会从一个稳态翻转到另一稳态。

(2)输出由低电平翻转到高电平，及输出由高电平翻转到低电平，所需的输入触发电平是不同的，即具有回差特性。

(3)无记忆功能，触发器的某一稳态需外加触发脉冲来维持，如撤除外加脉冲会导致电路状态的改变。

利用施密特触发器的这些特点，可以将边沿变化缓慢的波形整形成为边沿陡峭的矩形波，同时由于它具有回差特性，使电路的抗干扰能力增强。因此，被广泛应用于脉冲的整形、脉冲的变换和幅度鉴别等场合。

一、电路组成

555 定时器组成的施密特触发器如图 10-4(a)所示。图中将定时器的阈值端 TH 和触发端$\overline{TR}$连接后作为触发器的输入端，复位端$\overline{R}_D$ 接电源，控制电压端 CO 接 0.01 μF 的电容。

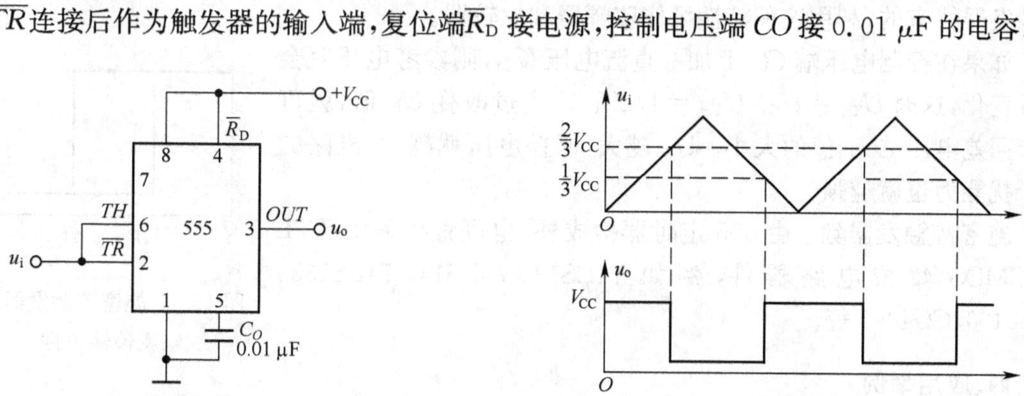

(a)电路组成　　　　(b)工作波形

图 10-4　555 定时器组成的施密特触发器

二、工作原理

设输入信号 u_i 为三角波，则以 u_i 上升和下降两个情况来分析施密特触发器的工作过程。

先分析 u_i 从零逐渐上升的过程：

当 $u_i<1/3V_{CC}$时，基本 RS 触发器置 1，输出 u_o 为高电平，这是触发器的第一个稳态。

当 u_i 继续上升，在 $1/3V_{CC}<u_i<2/3V_{CC}$ 时，基本 RS 触发器状态不变，输出 u_o 仍为高电平。

当 u_i 继续上升，在 $u_i\geqslant 2/3V_{CC}$时，基本 RS 触发器状态翻转为 0，输出 u_o 为低电平，即电路由第一个稳态翻转到第二个稳态。我们将输出 u_o 由高电平变为低电平所对应的 u_i 值称为正向阈值电压 U_{T+}。

再分析 u_i 从最大值逐渐下降的过程：

当 u_i 逐步下降，但只要在 $u_i>1/3V_{CC}$这个阶段中，基本 RS 触发器状态不变，输出 u_o 仍为低电平。

当 u_i 继续下降，并下降到 $u_i=1/3V_{CC}$时，基本 RS 触发器置 1，输出 u_o 又变为高电平，电路由第二个稳态又翻转到第一个稳态。我们将输出 u_o 由低电平变为高电平所对应的 u_i 值称为负向阈值电压 U_{T-}。

以后 u_i 继续下降，即使 $u_i<1/3V_{CC}$，输出 u_o 状态也不变。除非第二个三角波又来到并使 $u_i\geqslant 2/3V_{CC}$时，输出 u_o 才由高电平变为低电平。

根据上述分析可画出施密特触发器的工作波形，如图 10-4(b)所示。

三、电压传输特性与回差电压

由工作原理分析可知，u_i 上升过程的阈值电压和下降过程的阈值电压是不相等的，上升过程的阈值电压 $U_{T+}=2/3V_{CC}$，下降过程的阈值电压 $U_{T-}=1/3V_{CC}$，这种现象称回差。其电压差值称为回差电压 ΔU_T，即

$$\Delta U_T=U_{T+}-U_{T-}=2/3V_{CC}-1/3V_{CC}=1/3V_{CC} \tag{10-2}$$

根据输出电压与输入电压之间的关系，可画出施密特触发器的电压传输特性，如图 10-5 所示。从曲线中可看到电路在传输中具有回差特性，又称为滞后特性。这种回差特性是施密特触发器特有的，利用这种特性可作鉴幅器和比较器。

如果在控制电压端 CO 上加一直流电压 U_{Co}，则参考电压就会相应变化，这时 $U_{T+}=U_{Co}$，$U_{T-}=1/2U_{Co}$。通过改变 U_{Co} 值，就可调节回差电压 ΔU_T 值的大小。U_{Co}越大，回差电压就越大，电路的抗干扰能力也就越强。

施密特触发器除了由 555 定时器构成外，也可直接采用 TTL 或 CMOS 集成电路器件，例如 74LS13、74LS14、74LS132、CC40106、CC4093 等。

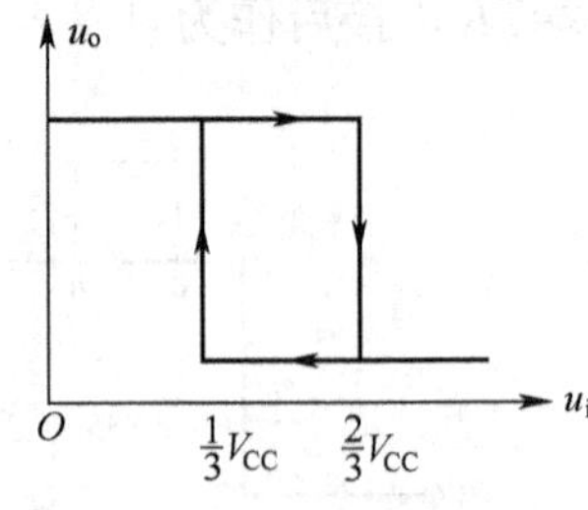

图 10-5 施密特触发器的电压传输特性

四、应用举例

1. 波形变换

施密特触发器可以将边沿变化缓慢的波形整形成为边沿陡峭的矩形波，因此施密特触发器可将正弦波、三角波变换成矩形波。图 10-6 所示为正弦波变换成矩形波的例子。当输入电压 $u_i>U_{T+}$，输出 u_o 由高电平变为低电平；当输入电压 $u_i<U_{T-}$，输出 u_o 由低电平变为高电平，这样输出就得到矩形脉冲。

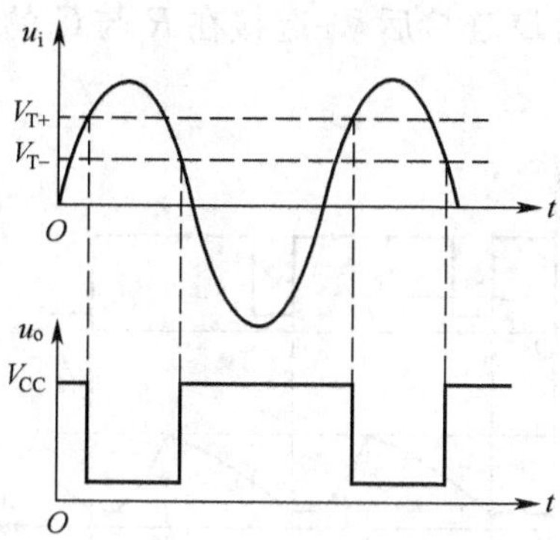

图 10-6　波形变换

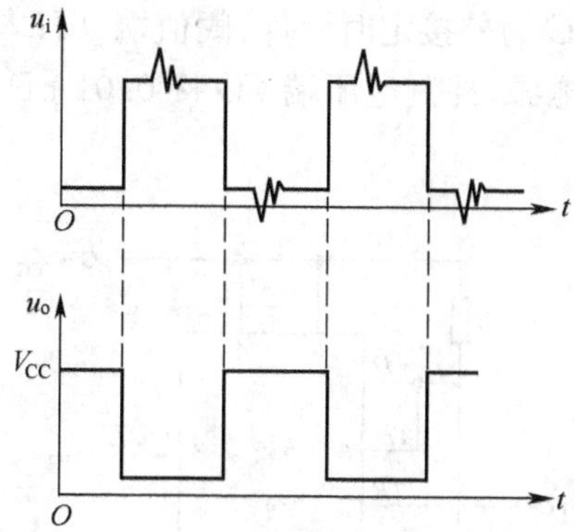

图 10-7　脉冲整形

2. 脉冲整形

所谓整形就是将不规则的或因传输过程中受到干扰而使波形变坏的输入信号，经过整形电路后，使它成为一定宽度和幅度的规则矩形波。利用施密特触发器可对脉冲进行整形，使畸变的波形得以矫正。图 10-7 所示为对叠加在矩形波上的噪声进行整形的例子。

3. 幅度鉴别

因施密特触发器的输出状态取决于输入信号幅度，可用来作幅度鉴别。对输入幅度不等的一串的脉冲信号，只有信号幅度大于 U_{T+} 的脉冲才能使施密特触发器由高电平翻转到低电平；当信号幅度小于 U_{T-} 时，电路又恢复到高电平，这样有一矩形脉冲输出。而信号幅度小于 U_{T+} 的脉冲，不能使施密特触发器翻转，此时，输出状态不变，也就无脉冲输出，从而达到了幅度鉴别的作用。图 10-8 所示就是从一串脉冲中选出幅度大于 U_{T+} 的脉冲。如果在控制电压端 CO 接一直流电压 U_{CO}，调节 U_{CO} 的值即可调节鉴幅值的大小。

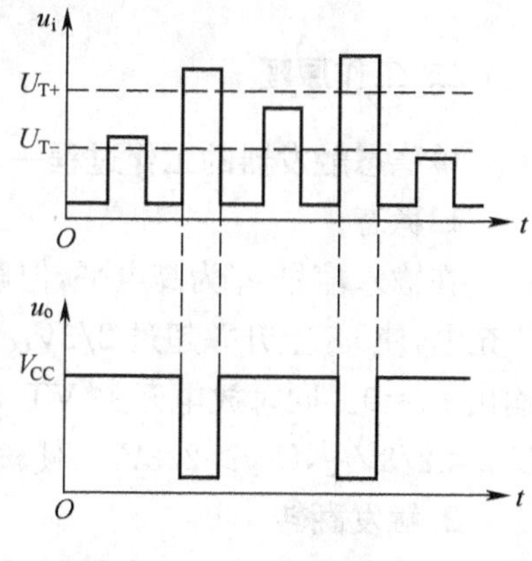

图 10-8　幅度鉴别

幅度鉴别常用在测量技术、自动保护电路中，也可用来抑制干扰信号，因此应用场合较多。

第四节　单稳态触发器

单稳态触发器有如下工作特点：

(1) 有一个稳定状态和一个暂稳状态。

(2) 在无外加触发脉冲时电路处于稳定状态，在有外加触发脉冲下电路将从稳定状态翻转到暂稳状态，暂稳状态持续一段时间后，又自动返回稳定状态。

(3) 暂稳状态持续时间 t_w 的长短取决于电路本身的参数，而与触发脉冲无关。

由于单稳态触发器具有上述三个特点，被广泛应用于脉冲的整形、延时和定时等场合。

一、电路组成

555 定时器组成的单稳态触发器如图 10-9(a)所示。图中触发端 $\overline{TR}$ 作为外加触发脉冲的输入端，R、C 为外接定时元件，阈值端 TH 与放电端 D 连接后，一起接在 R 与 C 的连接处，复位端$\overline{R}_D$ 接电源，控制电压端 CO 接 0.01 μF 的电容。

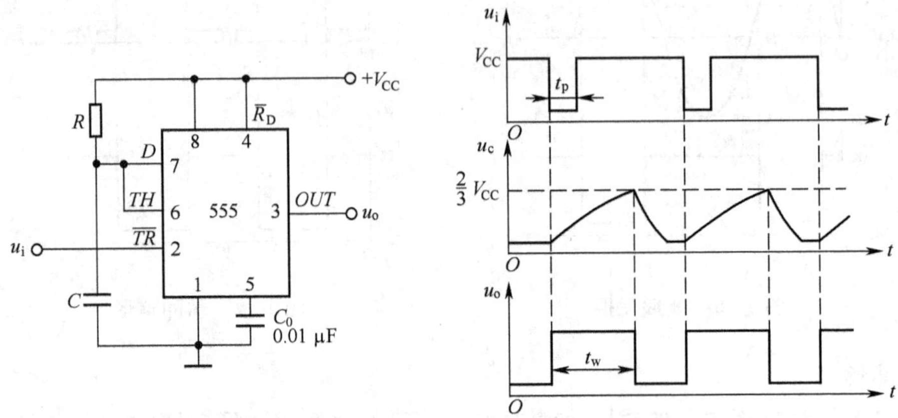

(a)电路组成　　(b)工作波形

图 10-9　555 定时器组成的单稳态触发器

二、工作原理

单稳态触发器的工作过程一般分为五个阶段。

1. 稳态

在输入信号 u_i 为高电平，但触发负脉冲未到前，此时电路接通电源，电源 V_{CC} 经 R 给电容 C 充电，使 u_C 上升并超过 $2/3V_{CC}$ 时，则 $U_{TH}>2/3V_{CC}$，$U_{\overline{TR}}>2/3V_{CC}$，使基本 RS 触发器置 0，输出 $u_o=0$。同时放电开关 VT 导通，电容 C 经放电端 D 迅速放电，u_C 很快下降到零。此后 $U_{TH}<2/3V_{CC}$，$U_{\overline{TR}}>2/3V_{CC}$，使输出 u_o 保持在低电平，电路处于稳定状态。

2. 触发翻转

当输入信号 u_i 出现负脉冲后，使 $U_{\overline{TR}}<1/3V_{CC}$，此时基本 RS 触发器由 0 翻转到 1，输出 u_o 也由低电平翻转到高电平。

3. 暂稳态

在电路触发翻转的同时，放电开关 VT 截止，电路进入暂稳态，定时开始，电容又开始充电，电容电压 u_C 按指数规律上升并趋向 V_{CC}，充电时间常数 $\tau_w=RC$。在这个阶段内输出 u_o 暂时保持在高电平。

4. 自动返回

当电路经过一段时间的暂稳态后，触发负脉冲已撤销，u_i 又为高电平。当电容电压 u_C 上升到 $2/3V_{CC}$时，则 $U_{TH}>2/3V_{CC}$，$U_{\overline{TR}}>2/3V_{CC}$，又使基本 RS 触发器置 0，输出 u_o 自动返回到低电平。同时放电开关 VT 导通，定时结束，即暂稳态结束。

5. 恢复

放电开关 VT 导通后，电容 C 放电，该放电时间常数较小，放电电流仅经过放电开关。放电过程结束后，电路恢复在稳定状态，在此阶段内，输出 u_o 保持在低电平。

下一个负脉冲到达后，又重复上述过程。根据上述分析可画出电路的工作波形图，如图 10-9(b)所示。

三、输出脉冲宽度的计算

由工作波形可见，输出脉冲宽度 t_w 等于暂稳态持续时间，也就是定时电容 u_C 从 0 充电到 $2/3V_{CC}$所需的时间。根据 RC 电路过渡过程的三要素法可求出输出脉冲宽度 t_w：

$$t_w = \tau_w \ln 3 \approx 1.1RC \tag{10-3}$$

由上式可知，单稳态触发器输出脉冲宽度与定时元件 R、C 有关，调节定时元件 R、C 的大小，就可改变输出脉冲宽度。一般电阻的取值在几百欧到几兆欧，电容的取值在几百皮法到几百微法，t_w 的范围在几微秒到几分钟。

单稳态触发器输出脉冲的周期取决于输入脉冲的周期，而输出脉冲的幅度近似等于电源电压，即 $U_{om}=V_{CC}$。

值得注意的是，触发负脉冲到达后，在 t_w 时间内不能再次输入负脉冲，故输入触发脉冲的宽度 t_p 应小于 t_w。实际应用时，如 t_p 大于 t_w 时，可在输入端加接 RC 微分电路以缩短输入触发脉冲的宽度，以微分后的负尖脉冲来触发电路。

单稳态触发器除了由 555 定时器构成外，还可用 TTL 或 CMOS 集成电路器件，例如 74121、74122、74123、74221、CC14528 等。

四、应用举例

1. 整形

当单稳态触发器的定时元件参数一定时，其输出脉冲宽度是一定的，而输出脉冲幅度近似为电源电压，利用这一特性可对脉冲进行整形，如图 10-10 所示。图中 u_i 为形状和幅度已受干扰影响而使波形变坏的输入矩形波，u_o 为宽度和幅度规则的输出矩形波。

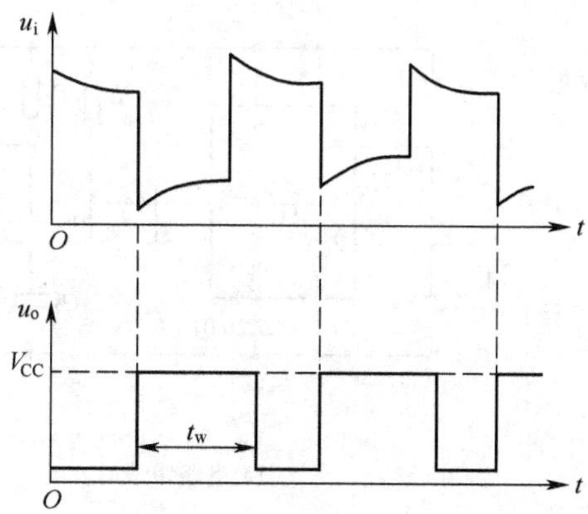

图 10-10　单稳态作整形

2. 定时

单稳态触发器能输出一定宽度 t_w 的矩形脉冲，利用它可作与门的控制信号，实现定时控制。图 10-11 所示为定时控制在测量信号频率中的应用，调节单稳态触发器的定时元件参数，使暂态时间 $t_w=1$ s。当单稳态触发器的输出 u_B 为低电平时，封锁与门，被测信号 u_A 不能通过；当 u_B 在高电平时，即 $t_w=1$ s 的时间内，开启与门，被测信号 u_A 通过与门并使计数器计数，则计数器在 1 s 内所计得的输入脉冲数即为被测信号的频率。

3. 延时

定时与延时是相对的，只要在使用中适当安排就可实现定时或延时。定时控制一般利用单稳态电路的暂稳态时间，而延时控制一般利用在暂稳态后，即利用暂态持续时间作延时时间。图 10-12 所示为两个单稳态电路组成的延时电路。在级间采用了 RC 微分环节，以减少输入第二级的负脉冲宽度。由工作波形可见，u_{o2} 的下降沿比 u_i 滞后了 $t_w=t_{w1}+t_{w2}$。使用中可分别调整 t_{w1}（由 R_1 和 C_1 决定）和 t_{w2}（由 R_2 和 C_2 决定），即可调整延时时间。

4. 分频

脉冲电路可以对脉冲波形进行变换，也可以对脉冲频率进行变换。分频就是将较高频率的信号变换成较低频率的信号。如有一输入信号频率为 f_1，对它进行 n 分频后的频率为 $f_2=f_1/n$，而 n 分频后的信号周期则为 $T_2=nT_1$。如对频率为 $f_1=10$ kHz($T_1=0.1$ ms)的输入脉冲进行 5 分频，则分频后的频率为 $f_2=2$ kHz($T_2=0.5$ ms)。原来 1 ms 内有 10 个连续脉冲，经 5 分频后，1 ms 内仅有两个脉冲。

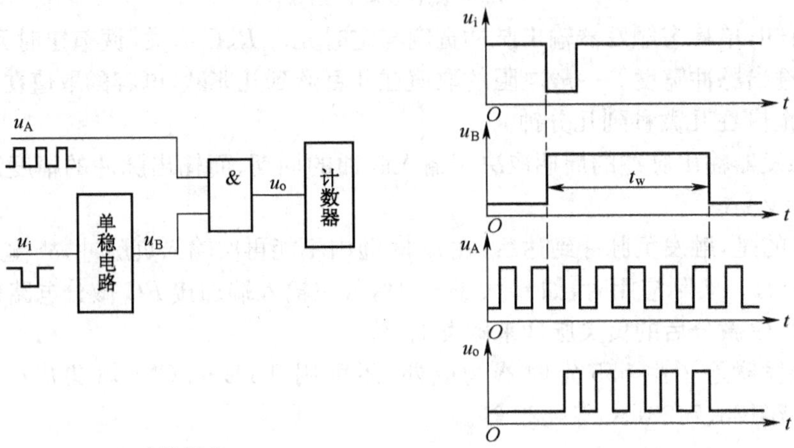

图 10-11 单稳态作定时

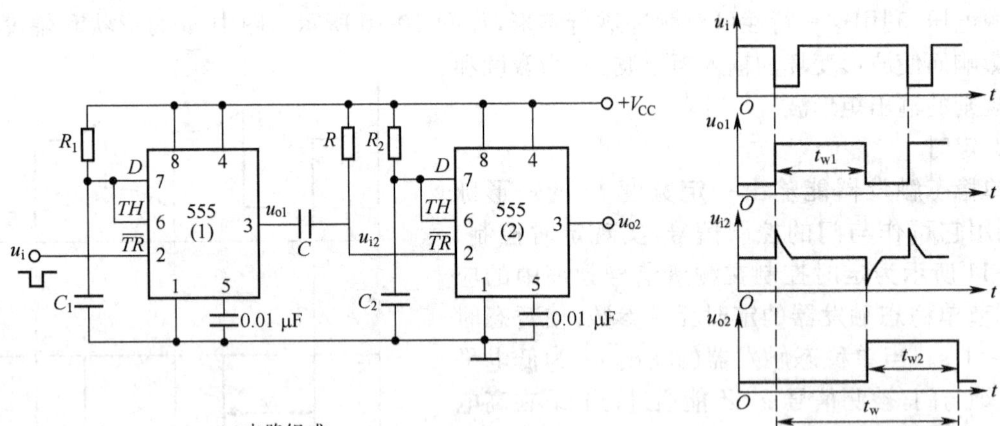

图 10-12 单稳态作延时

利用 555 单稳态触发器构成的分频电路如图 10-13(a)所示。输入信号先经 RC 微分电路，以产生负尖脉冲去触发单稳态电路。

当定时时间 t_w 大于输入信号的周期 T 时，仅第一个输入负尖脉冲能对电路起触发作用，使电路由稳态翻转到暂稳态，输出 $u_o=1$。在暂稳态时间内的后续输入脉冲均不能使电路触发翻转。进入暂稳态后，放电开关截止，定时电容开始充电，当 $u_C=U_{TH}\geqslant 2/3V_{CC}$，且输入脉冲使 $U_{\overline{TR}}\geqslant 1/3V_{CC}$时，输出 u_o 由 1 翻转到 0，放电开关导通，电容放电，暂稳态结束。以后只有在电路恢复到稳态后，再输入的第一个脉冲才能再次使电路触发。利用这种分频特性可以将 555 单稳态电路做成任意数的分频电路。其波形为如图 10-13(b)所示。

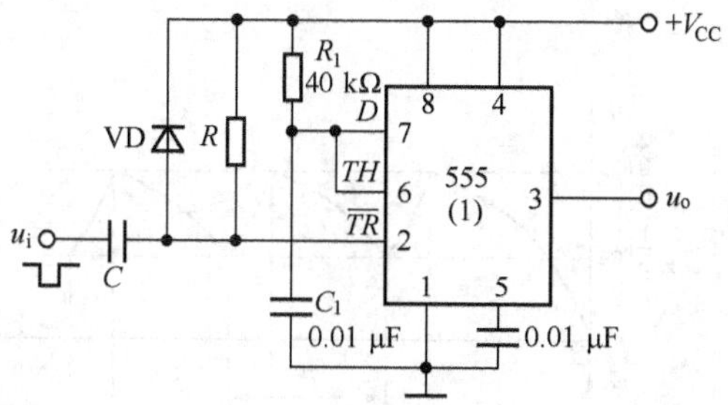

(a)分频电路

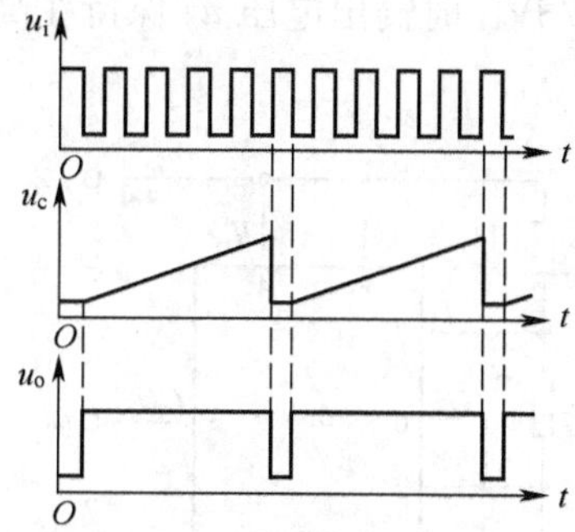

(b)波形图

图 10-13　用 555 单稳态触发器构成的分频电路

分频电路中的定时电阻 R_1 和定时电容 C_1 的数值可按以下规律选定：如果要求分频处理的输入脉冲周期为 T_1，分频数是 n，那么定时时间 t_w 选择在 $nT_1 \sim (n-1)T_1$ 间，就可在输出端得到 n 分频的脉冲信号。例如对 10 kHz 的脉冲信号进行 5 分频，则应取 t_w 为

$$5\times0.1\ \text{ms}>t_w>4\times0.1\ \text{ms}$$

现取 $t_w=0.45$ ms，即 $0.45\ \text{ms}=1.1\ R_1C_1$，可以选择定时电阻 $R_1=40$ kΩ，定时电容 $C_1=0.01\ \mu$F。

第五节　多谐振荡器

多谐振荡器是一种产生矩形脉冲的自激振荡器。由于矩形脉冲是由基波和许多高次谐波组成，因此这种振荡器称为多谐振荡器。又因为多谐振荡器在振荡过程中没有稳定的输出状态，仅有两个暂稳状态，因此又称为无稳态触发器。在多谐振荡器接通电源时，它不需要外加的触发脉冲就能自动地从一种暂稳状态翻转到另一种暂稳状态，其输出状态不断从高电平到低电平，从低电平到高电平交替翻转，从而产生一定频率一定宽度的矩形脉冲。在数字系统中，常把它作为脉冲信号源。

一、电路组成

由 555 定时器组成的多谐振荡器如图 10-14(a)所示。图中 R_1、R_2 和 C 是决定振荡周期的定时元件。将阈值端 TH 与触发端 $\overline{TR}$ 连接后，接在电容 C 与电阻 R_2 的连接处，将放电端 D 接 R_1 与 R_2 的连接处，控制电压端 CO 接 0.01 μF 电容，$\overline{R}_D$ 端接电源。

二、工作原理

设接通电源前，电容电压 u_C 为零。在刚接通电源时，由于 u_C 不能突变，所以 $U_{TH}=U_{\overline{TR}}=u_C<1/3V_{CC}$。此时，555 定时器的基本 RS 触发器置 1，输出电压 u_o 为高电平，放电开关 VT 截止。由于放电开关截止，电源 V_{CC} 经 R_1、R_2 对电容 C 开始充电，电路进入暂态，u_C 按指数规律上升，电容充电趋向为 V_{CC}，充电时间常数 $\tau_1=(R_1+R_2)C$。下面将多谐振荡器的工作过程分为四个阶段来说明。

(1)暂稳态 1(暂处高电平状态)。当电容电压 u_C 上升到 $1/3V_{CC}$ 时，基本 RS 触发器仍置 1，输出电压 u_o 仍为高电平，放电开关仍截止，电容继续充电，电路处于第一个暂稳态。在 u_C

未达到 $2/3V_{CC}$时输出电压 u_o 保持在高电平状态。

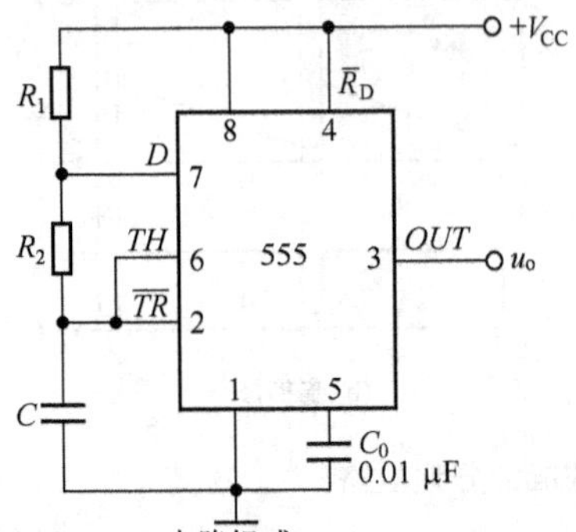

(a)电路组成

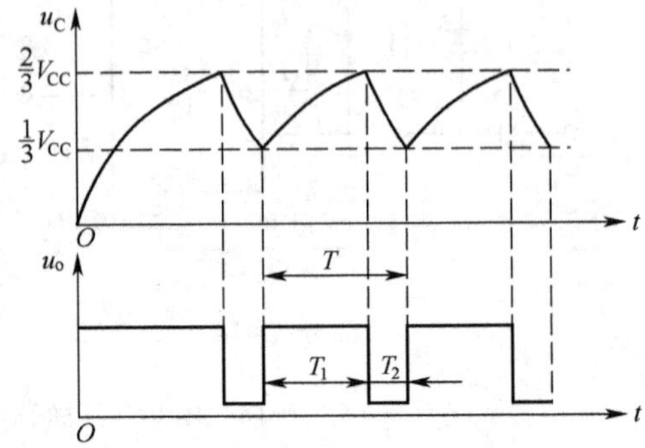

(b)电压波形

图 10-14　555 定时器组成的多谐振荡器

(2)自动翻转 1(由高电平翻转到低电平)。当电容电压 u_C 上升到 $\frac{2}{3}V_{CC}$时，基本 RS 触发器置 0，输出电压 u_o 则由高电平翻转到低电平，与此同时电容充电结束。

(3)暂稳态 2(暂处低电平状态)。由于此时基本 RS 触发器置 0，放电开关 V 导通，电容 C 经 R_2、放电开关 V 开始放电，电路进入第二个暂态。u_C 按指数规律逐渐下降，放电时间常数 $\tau_2=R_2C$。这阶段内输出电压 u_o 暂时稳定在低电平状态。

(4)自动翻转 2(由低电平翻转到高电平)。当电容电压 u_C 下降到 $1/3V_{CC}$时，基本 RS 触发器置 1，输出电压 u_o 则由低电平翻转到高电平，电容放电结束。此时放电开关截止，电容又重新开始充电，电路又回到第一个暂态。如此周而复始，形成振荡，在输出端得矩形脉冲电压。输出电压与电容电压的波形见图 10-14(b)所示，输出脉冲的电压幅度近似为 V_{CC}。

三、振荡周期的计算

矩形波的周期取决于电容充放电的时间常数，由于充电时间常数 $\tau_1=(R_1+R_2)C$ 大于放电时间常数 $\tau_2=R_2C$，故高电平持续时间大于低电平持续时间。对于两个暂稳态时间可通过 RC 电路过渡过程的三要素法求出。

第一暂态时间也就是电容的充电持续时间，u_C 由 $1/3V_{CC}$充电到 $2/3V_{CC}$所需的时间：

$$T_1=(R_1+R_2)C\ln 2\approx 0.7(R_1+R_2)C \tag{10-4}$$

第二暂态时间也就是电容的放电持续时间，u_C 由 $2/3V_{CC}$放电到 $1/3V_{CC}$所需的时间：

$$T_2=R_2C\ln 2\approx 0.7R_2C \tag{10-5}$$

两个暂稳态时间之和就是多谐振荡器的振荡周期：

$$T=T_1+T_2\approx 0.7(R_1+2R_2)C \tag{10-6}$$

而振荡频率为

$$f=\frac{1}{T}=\frac{1.43}{(R_1+2R_2)C} \tag{10-7}$$

从上式可知，当改变 R 和 C 的参数时就可改变振荡频率。用 5G555 定时器组成的多谐振荡器最高振荡频率达 500 kHz，用 CC7555 定时器组成的多谐振荡器最高振荡频率可达 1 MHz。但该振荡电路由于高电平的持续时间大于低电平持续时间，这使输出脉冲的占空比较大，且占空比不可调节。

下面介绍一种占空比可调的多谐振荡器，如图 10-15 所示。在电路中增加两个导引二极管 VD_1、VD_2 及可调电阻 R_p。这样使电容的充放电电流有不同的路径，充电电流只经过 R_A，$\tau_1=R_AC$；放电电流只经过 R_B，$\tau_2=R_BC$；对应的暂态时间为

$$T_1=0.7R_AC$$

$$T_2=0.7R_BC$$

振荡周期为

$$T=T_1+T_2=0.7(R_A+R_B)C$$

占空比为 $q=\dfrac{T_1}{T_1+T_2}=\dfrac{R_A}{R_A+R_B}$

只要调节 R_p，使 $R_A=R_B$，就能使占空比 $q=50\%$，使输出波形变为方波脉冲。

应该指出，多谐振荡器除了由 555 定时器构成外，还可用 TTL 或 CMOS 集成门电路组成，也可以用石英晶体和门电路组成。

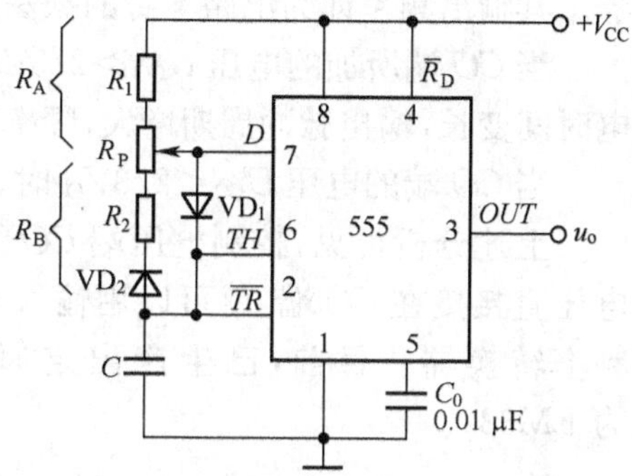

图 10-15　占空比可调的多谐振荡器

四、应用举例

1. 模拟声响电路

图 10-16(a)所示为两个振荡器组成的模拟声响电路。图中振荡器 1 的定时元件为 $R_1=57\ k\Omega$，$R_2=43\ k\Omega$，$C_1=10\ \mu F$，振荡周期约 1 s，即振荡频率为 1 Hz；振荡器 2 的定时元件为 $R_3=R_4=9.5\ k\Omega$，$C_2=0.01\ \mu F$，振荡周期约 0.2 ms，即振荡频率为 5 kHz。由于振荡器 1 的输出接到振荡器 2 的复位端$\overline{R}_D$，因此，在 u_{o1} 输出高电平时，振荡器 2 才能振荡，在 u_{o1} 输出低电平时，振荡器 2 不能振荡。扬声器便可发出“呜…呜”的间隙声响，其工作波形如 10-16(b)所示。

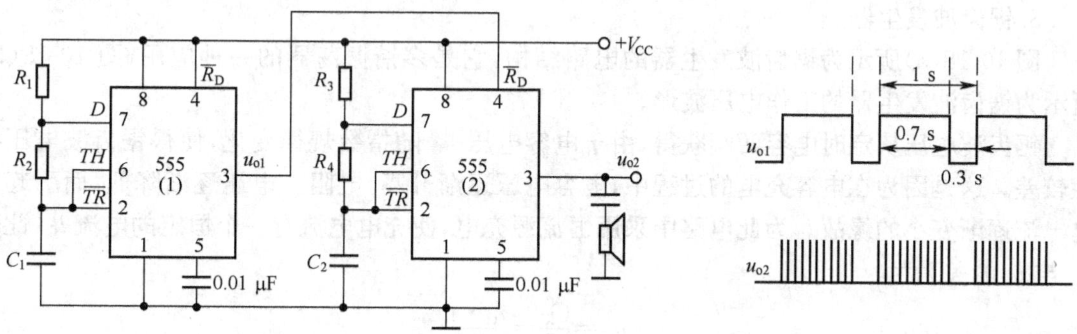

(a)电路组成　　(b)工作波形

图 10-16　模拟声响电路

2. 压控振荡器

若振荡器的输出频率随输入电压的变化而变化，那么此类振荡器称为电压控制振荡器，简称压控振荡器(UCO)。压控振荡器广泛应用于自动检测、自动控制、锁相技术、模/数转换技术、脉冲调制技术中。目前已生产了多种压控振荡器的集成电路产品。从工作原理分有施密特触发器型、电容交叉充放电型和定时器型。现介绍直接用 555 定时器组成的压控振荡器，它

的特点是电路简单，成本低，线性度好。

图 10-17(a)所示为 555 定时器组成的压控振荡器电路结构。由图可见，控制电压端 CO 不再接 0.01 μF 的电容，而是通过电阻 R_p 加上可变的直流电压 U_{CO}，调节 R_p 可改变 555 定时器的参考电压。当 U_{CO} 增大时，输出脉冲周期随之增大，脉冲频率变低；当 U_{CO} 减小时，脉冲周期也减小，脉冲频率变高。输出电压的工作波形如图 10-17(b)所示。

工作过程：当 CO 端不加电压时，即 $U_{CO}=0$ V，此时电路的工作形式即为一般的多谐振荡器。其输出频率即为电路本身的振荡频率，称中心频率 f_0。

当 CO 端所加的电压 $U_{CO}>2/3V_{CC}$ 时，$U_{R1}=U_{CO}$、$U_{R2}=1/2U_{CO}$，使参考电压升高，电容充电时间变长，输出脉冲周期增大，频率变低 $f<f_0$。

当 CO 端的电压 $U_{CO}<2/3V_{CC}$ 时，则输出脉冲周期变短，频率变高 $f>f_0$。

上述分析可见，控制电压端 CO 的电压变化能引起输出频率的变化。因此，如果将输入电压直接接在 CO 端，就可以用输入电压来控制输出频率，因此这类压控振荡器又称为电压频率转换器。目前，已生产出定时器型的电压频率转换器，它的集成电路器件型号为 LM331。

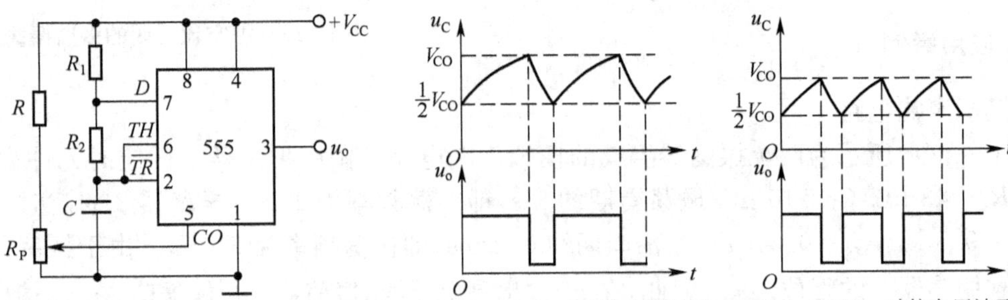

(a)电路组成　　(b) $U_{CO}>2/3V_{CC}$ 时的电压波形　　(c) $U_{CO}<2/3V_{CC}$ 时的电压波形

图 10-17　压控振荡器

3. 锯齿波发生器

图 10-18(a)所示为锯齿波发生器的电路结构，它是多谐振荡器的一种应用，图 10-18(b)所示为锯齿波发生器的工作电压波形。

锯齿波电压从定时电容两端获得，由于电容电压 u_C 随指数规律变化，使得锯齿波电压线性较差。这是因为在电容充电的过程中，电容电压逐渐升高，电阻上电压逐渐降低，而引起充电电流逐渐变小的缘故。为此电路中采用恒流源充电，使充电电流有一个恒定的电流 i_C，此时 u_C 与 i_C 的关系为

$$u_C=\frac{Q_C}{C}=\frac{i_C \cdot t}{C}$$

由上式可知 u_C 随时间线性增长，u_C 就能获得线性较好的锯齿电压。图中电容充电电流 i_C 即为恒流源的电流 i_E：

$$i_C=i_E=\frac{U_Z-U_{EB}}{R_2}\approx\frac{U_Z}{R_2}$$

工作过程：在电路接通电源后，$U_{TH}<2/3V_{CC}$、$U_{\overline{TR}}<1/3V_{CC}$，RS 基本触发器置 1，放电开关 V 截止，恒流源即向电容充电，电容电压 u_C 按线性关系上升；当 $u_C>2/3V_{CC}$ 时，因 $U_{TH}>2/3V_{CC}$、$U_{\overline{TR}}>1/3V_{CC}$，RS 基本触发器置 0，放电开关 VT 导通，电容迅速放电，形成较陡峭的

脉冲下降沿。当电容放电完毕，放电开关 VT 又截止，电容又开始充电，如此周而复始。对于扫描时间 T_1 由下式容易求出：

$$T_1=\frac{2V_{CC}\cdot R_2\cdot C}{3V_Z}$$

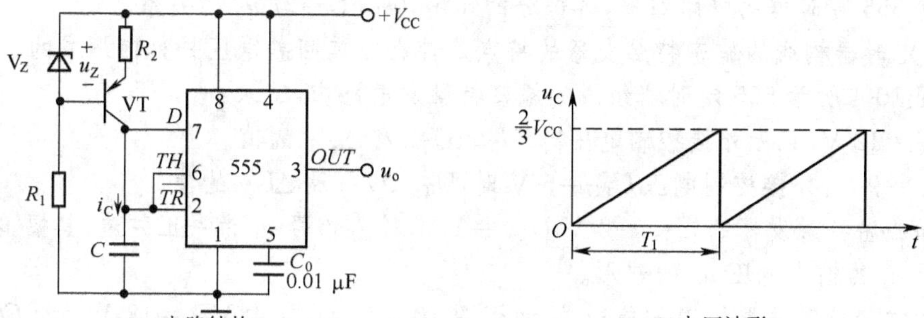

(a)电路结构　　(b)电压波形

图 10-18　锯齿波发生器

本章小结

(1)所谓脉冲信号，从狭义上讲是指一种持续时间极短的电压或电流信号；从广义上讲，凡不具有连续正弦波形状的信号，几乎都可以统称为脉冲信号，常见的脉冲信号波形有方波、矩形波 、锯齿波、阶梯波、钟形波、尖顶波等，各种脉冲波形有着不同的用途。脉冲波形通常采用两种方法获取：一是利用脉冲振荡器直接产生所需要的脉冲波形；二是利用整形电路，将不理想的波形变换成所要求的脉冲波形。

(2)555 定时器是一种应用十分灵活的中规模集成器件。利用外接电阻、电容和其他元器件可组成施密特触发器、单稳态触发器、多谐振荡器等脉冲电路。TH 端、$\overline{TR}$端的电压决定了输出状态的瞬态变换，实现了脉冲的突变。而外接的 RC 电路的充放电变化，则引起输出波形的变化。

(3)利用 555 定时器构成施密特触发器时，只要将 TH 端、$\overline{TR}$端连接在一起作电位输入端，依靠电位触发，将触发器从一个稳态翻转到另一个稳态。因此，施密特电路是具有回差特性的双稳电路，它的抗干扰能力较强，回差电压为 $\Delta U_T=U_{T+}-U_{T-}$。施密特电路常用于波形变换、整形、及鉴幅。

(4)利用 555 定时器构成单稳态触发器时，只要将 TH 端与放电端连接后接定时电容与电阻的连接处，触发端$\overline{TR}$接外加触发脉冲输入端。单稳态触发器有一个稳定状态，另一个是暂稳态。在触发脉冲下，电路由稳态进入暂稳态，经 t_w 后，能自动返回稳态。利用暂稳态时间 $t_w=1.1\ RC$，可实现整形、定时、延时、分频等功能。

(5)利用 555 定时器构成多谐振荡器时，只要将 TH 端与$\overline{TR}$端连接后接定时电容与电阻的连接处，并将放电端 D 接 R_1 与 R_2 的连接处。多谐振荡器是一种无稳态电路，能自动地在两个暂稳态间不停地翻转，输出矩形脉冲电压，矩形脉冲的周期为 $T=0.7(R_1+2R_2)C$。多谐振荡器常用作信号发生器，如用作压控振荡器、锯齿发生器、模拟声响电路等。

习 题 十

1. 在数字系统中，常见的脉冲波形有哪些？通常采用什么方法获得？

2. 简述555定时器的电路组成，各部分的作用，U_{TH}、$U_{\overline{TR}}$与u_o的关系。

3. 555定时器构成的施密特触发器的特点是什么？其回差电压是如何形成的？

4. 在图10-4所示555定时器组成的施密特触发电路中，试求：

(1)$V_{CC}=12$ V，且无外接控制电压时，U_{T+}、U_{T-}及ΔU_T的值。

(2)$V_{CC}=9$ V，外接控制电压$U_{CO}=5$ V时，U_{T+}、U_{T-}及ΔU_T的值。

5. 已知施密特触发器的$U_{T+}=2$ V，$U_{T-}=1$ V，输入信号u_i为一正弦波，其幅值为3 V，试画出对应于u_i的输出电压u_o的波形。

6. 已知施密特触发器的输入信号u_i如题图10-1所示，其中$V_{CC}=18$ V。如CO端悬空，画出对应于u_i的输出电压u_o的波形；如CO端接一直流电源且$U_{CO}=15$ V，请画出这时的输出波形。

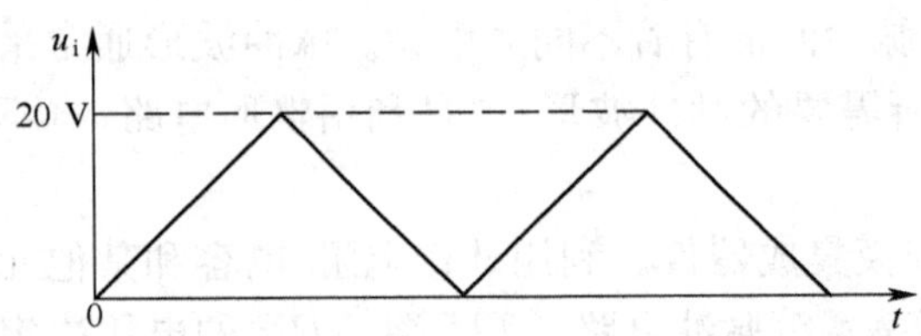

题图10-1　题6附图

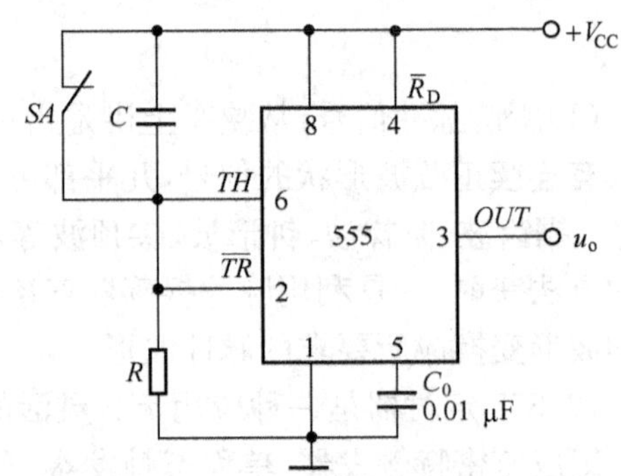

题图10-2　题7附图

7. 题图10-2所示为555定时器组成的延时电路，若给定$C=25$ μF，$R=91$ kΩ，$V_{CC}=12$ V，试计算常闭开关SA断开后经过多长的延迟时间u_o才跳变为高电平。

8. 如何用555定时器构成单稳态触发器？单稳态触发器的工作过程是怎样的？

9. 图10-9所示为555定时器组成的单稳态触发器，已知$V_{CC}=15$ V，$R=20$ kΩ，$C=0.1$ μF，求输出脉冲的宽度，并画出u_i、u_C、u_o的波形。

10. 题图10-3所示为一相片曝光定时电路，试分析其定时原理，并计算该电路的定时范围。

11. 题图10-4所示为两个555定时器组成的延迟报警器，当开关SA断开后，经过一定时间后扬声器发出声音。如在延迟时间内重新闭合SA，扬声器不会发出声音。试求延迟时间和扬声器发出声音的频率。

12. 555定时器组成的分频电路如图10-13所示，如输入信号频率为10 kHz，对它进行10分频，当$C=0.01$ μF时，试计算该电路的定时电阻R，并画出分频后的电压波形。

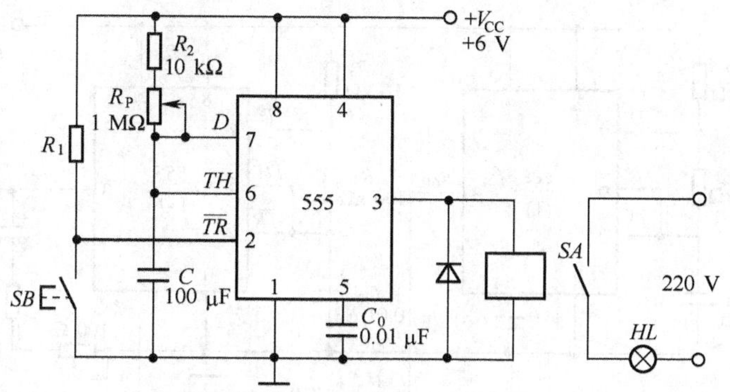

题图 10-3　题 10 附图

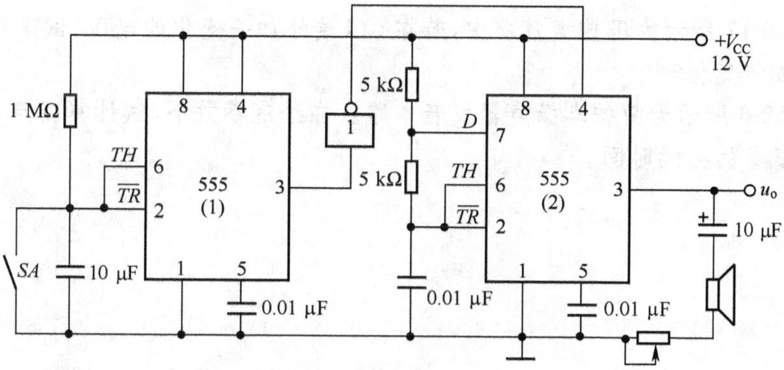

题图 10-4　题 11 附图

13. 如何用 555 定时器构成多谐振荡器？其工作原理是怎样的？怎样计算振荡周期？

14. 555 定时器组成的多谐振荡器如图 10-14 所示，当 $R_1=R_2=10\ \text{k}\Omega, C=0.1\ \mu\text{F}, V_{CC}=18\ \text{V}$ 时，试计算其振荡频率 f、输出电压幅度 U_{OM} 及占空比 q，并画出电容 C 的电压与输出电压的波形图。

15. 在图 10-15 所示框图中，为了得到占空比为 2/3、振荡频率为 10 kHz 的输出脉冲，若取 $C=0.1\ \mu\text{F}$，试计算电阻 R_A、R_B 的值。

16. 分析题图 10-5 所示的红外遥控发射器的原理，LED 为红外发光管，试计算其发射频率。

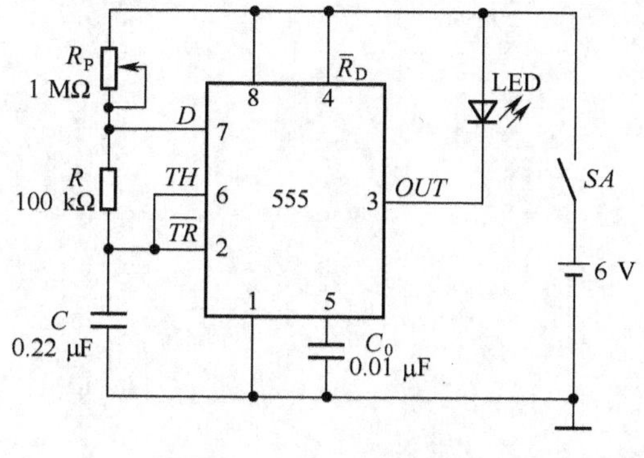

题图 10-5　题 16 附图

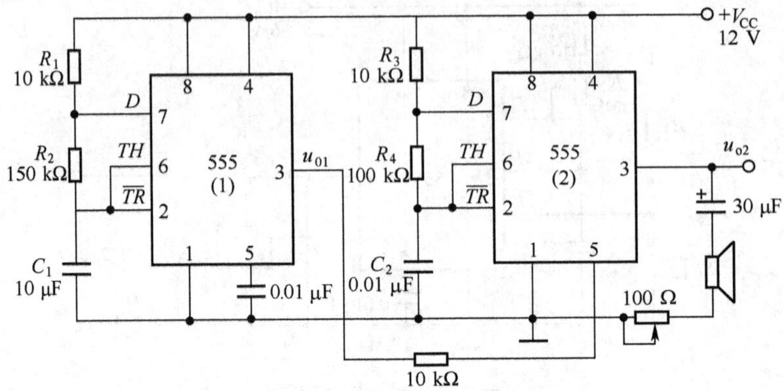

题图 10-6　题 18 附图

17. 在图 10-17 所示的压控振荡器中，若在 CO 端外加一变化的电压，试说明电压 U_{CO} 增大时，输出频率如何变化？

18. 题图 10-6 所示为救护车扬声器发音电路。在给定参数下，试计算扬声器发出的高、低音频率和高、低音的持续时间。

第十一章　数/模和模/数转换

本章主要介绍数/模转换和模/数转换的基本原理，以及几种常用的典型集成器件。

在数/模转换器中，主要介绍倒 T 形电阻网络的数/模转换器，以及简单分析集成 DAC0832、DAC1208 数/模转换器。在模/数转换器中，主要介绍逐次逼近型模/数转换器，以及集成 ADC0809、AD574A 模/数转换器。

第一节　概　　述

随着数字技术，特别是计算机技术的飞速发展与普及，在现代工业控制、通信及智能化仪器检测等领域，为了提高系统的性能指标，对信号的处理广泛采用了数字计算机技术。在数字系统中，需要处理的对象往往是一些随时间连续变化的物理量，它们都是模拟信号，如电压、电流、声音、图像、温度、压力、光通量等，这些模拟信号必须转换成数字信号才能被数字系统接受；而经计算机分析、处理后输出的数字量也往往需要将其转换为相应的模拟信号才能为执行机构所接受，实现实时控制的目的。

我们把模拟信号转换成数字信号的过程称为模/数转换，简称 A/D(Analog to Digital)转换，而实现这种转换的电路叫做 A/D 转换器，简称 ADC(Analog to Digital Converter)。把数字信号转换成模拟信号的过程称为数/模转换，简称 D/A(Digital to Analog)转换，实现这种转换的电路叫做 D/A 转换器，简称 DAC(Digital to Analog Converter)。

A/D 和 D/A 转换在实际应用中具有十分重要的意义：

(1)A/D 和 D/A 转换器是计算机与外部设备连接不可缺少的电路。图 11-1 所示为一典型的计算机实现过程控制的系统框图。由图中可以看出，A/D 和 D/A 转换器是计算机与控制对象联系的桥梁，因此也称为接口电路。

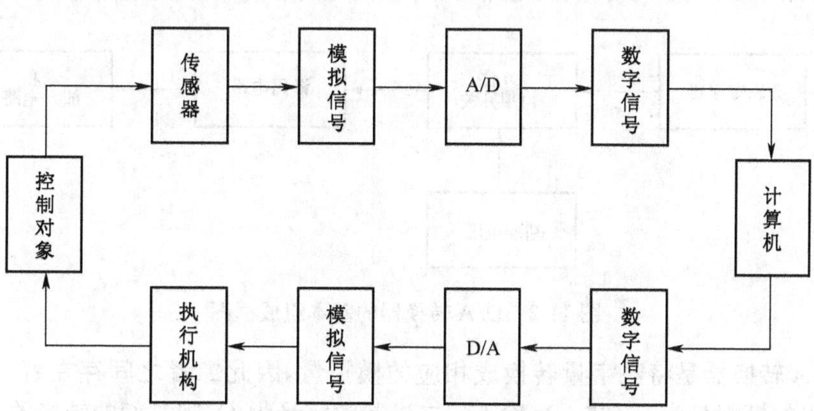

图 11-1　典型的计算机实现过程控制的系统框图

(2)在数字测量仪表系统中，A/D 转换器是所有数字测量仪表的核心部件。因为若使模拟量以数字量的形式显示出来，必须先将模拟量转换成数字量。

(3)在数字通信、遥控遥测技术和远距离的信息传输系统中,由于数字信号的抗干扰能力比模拟信号强,保密性能好,因此常需要将模拟信号转换成数字信号发送出去,在接收终端再将数字量转换成模拟量。故 A/D 和 D/A 转换器也是这些系统中不可缺少的重要组成部分。

衡量 A/D 和 D/A 转换器性能优劣的主要指标有转换精度和转换速度。转换精度是表征 A/D 和 D/A 转换器数据处理的准确性;转换速度是表征 A/D 和 D/A 转换器控制及检测速度的快慢。

目前常用的 D/A 转换器中,基本的类型有三种:权电阻网络型、权电流网络型和梯形电阻网络型。

A/D 转换器的类型也很多,可以分为直接 A/D 转换器和间接 A/D 转换器两大类。在直接 A/D 转换器中,输入的模拟信号直接被转换成相应的数字信号;而间接 A/D 转换器,输入的模拟信号首先被转换成某种中间量(例如时间、频率等),然后再将这个中间量转换成输出的数字信号。在 D/A 转换器的数字量的输入方式上,又有并行输入和串行输入两种类型。相对应的 A/D 转换器数字量的输出方式上也有并行输出和串行输出两类。

第二节　D/A 转换器(DAC)

一、D/A 转换的基本原理

数/模转换的功能是将数字量转换成模拟量。

数/模转换的基本原理是:我们已知数字量是用代码按数位组合起来的。对于有权码,每一位都对应一定的权。若将数字量转换成模拟量,必须将每一位的代码按权的大小转换成相应的模拟量,然后将这些模拟量求和,就可得到与数字量相对应的模拟量,从而实现了数/模转换。

D/A 转换器的基本组成如图 11-2 所示。该图为 N 位 D/A 转换器的方框图。由图可知,D/A 转换器是由数码寄存器、模拟电子开关电路、译码电路、求和放大电路和基准电压等几个部分组成。D/A 转换器的转换原理:N 位数字输入量以串行或并行的方式输入并寄存在数码寄存器中,寄存器输出的每位数码驱动对应的模拟开关,随后将在译码电路中获得的相应数位的权值送入求和放大电路,求和放大电路将各位的权值相加便得到与数字量相对应的模拟量。

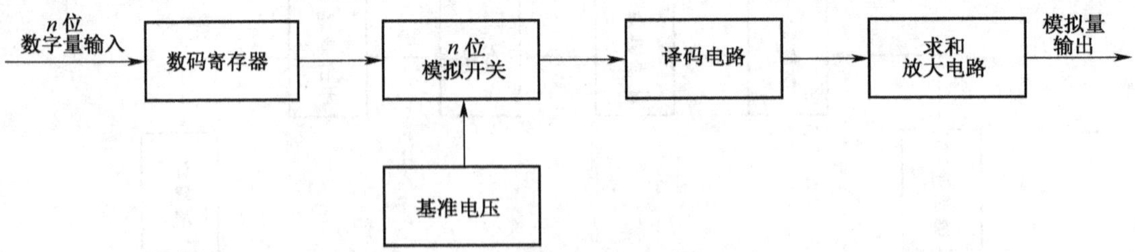

图 11-2　D/A 转换器的基本组成框图

由于 D/A 转换器是将数字量转换成相应的模拟量,因此二者之间存在着一定的比例关系。若设输出的模拟量为 u_o(或 i_o),输入的二进制数字量为 D,则它们的转换关系为

$$u_o = kD \tag{11-1}$$

式中,k 为转换比例系数。

按照数/模转换的原理,若数字量 D 为 n 位二进制数,则可得

$$u_o = k \times (2^{n-1} \times d_{n-1} + 2^{n-2} \times d_{n-2} + \cdots + 2^1 \times d_1 + 2^0 \times d_0) \tag{11-2}$$

式中，$d_{n-1}, d_{n-2}, \cdots, d_0$ 为二进制各位上的数值（0 或 1）；$2^{n-1}, 2^{n-2}, \cdots, 2^0$ 是各位的权，最高位的权是 2^{n-1}，用 MSB 表示，最低位的权是 2^0，用 LSB 表示。

图 11-3 所示为 3 位二进制数 D/A 转换器的转换关系。由图可见，当输入数字量增加时，输出模拟量是一个按比例增加的阶梯波。3 位 D/A 转换器的输入为 3 位，其输入组合为 $2^3=8$ 种，对于 n 位 D/A 转换器，其输入组合为 2^n 种。设输出模拟量的满度值为 1，输入数字为 3 位，那么转换的最小模拟量为 $\frac{1}{2^3}$，即 $1\text{LSB}=\frac{1}{2^3}$。最小模拟输出为零，最大模拟输出为满度值减 1LSB，即

$$U_{\max} = \text{满度模拟量} - 1\text{LSB} = 1 - \frac{1}{2^3} = \frac{7}{8}$$

3 位 D/A 转换器的应用也可推广到 n 位 D/A 转换器，其转换方法相同。

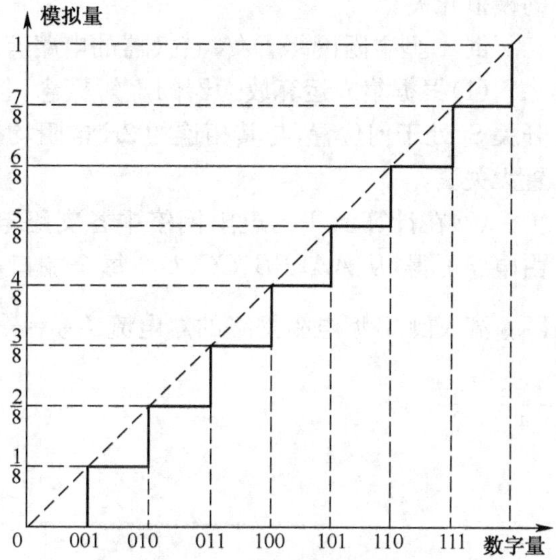

图 11-3　三位二进制 D/A 转换关系

二、倒 T 型电阻网络 D/A 转换器

图 11-4 所示为四位倒 T 型电阻网络 D/A 转换器的电路图。图中由 R 和 $2R$ 组成电阻译码网络，网络形状呈倒 T 形，$S_0 \sim S_3$ 为模拟开关，运算放大器 A 组成求和放大电路，U_{REF} 为基准电压。模拟开关 $S_0 \sim S_3$ 受输入数码 $d_0 \sim d_3$ 控制。当输入的某位代码 $d_i=0$ 时，开关 S_i 将电阻 $2R$ 接集成运放的同相输入端（接地）；当 $d_i=1$ 时，S_i 接运算放大器的反相输入端，电流 I_F 流入求和电路。

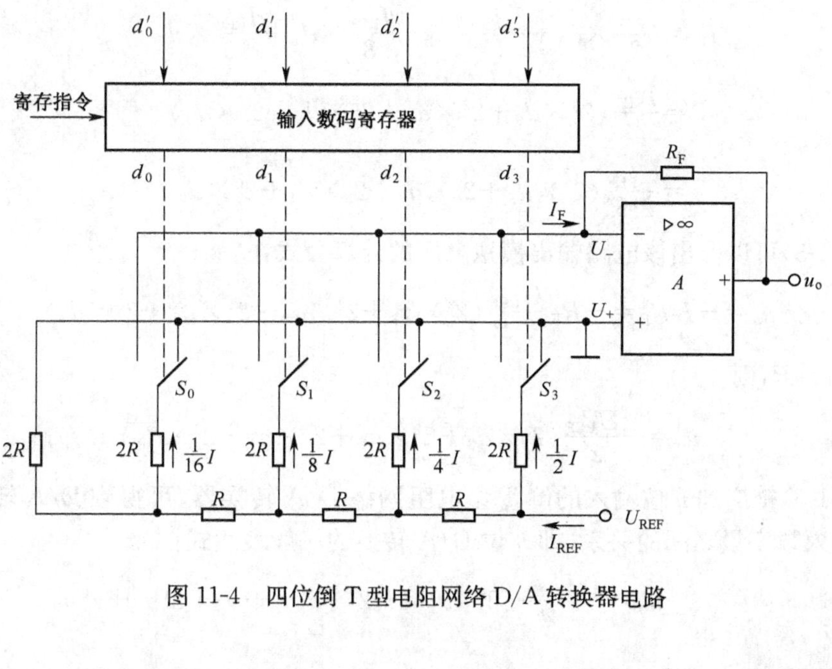

图 11-4　四位倒 T 型电阻网络 D/A 转换器电路

输入寄存器用于锁存 4 位二进制数码 $d'_3d'_2d'_1d'_0$，在寄存指令作用下，输入的 4 位二进制数码被存入寄存器中，同时寄存器的输出端出现与输入相同的 4 位二进制代码，分别控制对应的模拟开关。

倒 T 型电阻网络 D/A 转换器的电路有以下特点：

(1)根据集成运算放大器的虚短概念，且由于同相端接地，则 $u_-=u_+=0$，这样无论模拟开关 S_i 处于何位置，与其相连的 $2R$ 电阻均接地(虚地)，这样流经 $2R$ 电阻的电流与开关的位置无关。

(2)在计算倒 T 型电阻网络中各支路电流时，可将电阻网络等效成如图 11-5 所示电路。由电路可得，从 AA、BB、CC、DD 每个端口向左看过去的等效电阻都是 R，因此从基准电压 U_{REF} 流入倒 T 型电阻网络的总电流 $I_{REF}=\dfrac{U_{REF}}{R}$ 是固定不变的，而每个支路的电流为 $\dfrac{I_{REF}}{16}$、$\dfrac{I_{REF}}{8}$、$\dfrac{I_{REF}}{4}$、$\dfrac{I_{REF}}{2}$。

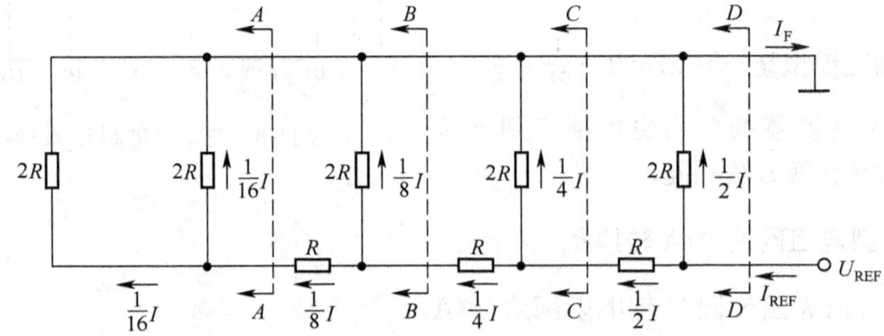

图 11-5　倒 T 型电阻网络支路电流的等效电路

根据集成运放求和电路的虚断概念，由图 11-4 所示电路可见，四个支路的电流全部流入 R_F，则

$$\begin{aligned}I_F&=\frac{I_{REF}}{2}\times d_3+\frac{I_{REF}}{4}\times d_2+\frac{I_{REF}}{8}\times d_1+\frac{I_{REF}}{16}\times d_0\\&=\frac{I_{REF}}{2^4}(2^3\times d_3+2^2\times d_2+2^1\times d_1+2^0\times d_0)\\&=\frac{U_{REF}}{2^4R}(2^3\times d_3+2^2\times d_2+2^1\times d_1+2^0\times d_0)\end{aligned}\tag{11-3}$$

由式(11-3)可以推出该电路输出模拟电压的计算公式：

$$u_o=-I_FR_F=-R_F\frac{U_{REF}}{2^4R}(2^3\times d_3+2^2\times d_2+2^1\times d_1+2^0\times d_0)\tag{11-4}$$

若取 $R_F=R$，则

$$u_o=-\frac{U_{REF}}{2^4}(2^3\times d_3+2^2\times d_2+2^1\times d_1+2^0\times d_0)\tag{11-5}$$

将式(11-5)推广到 n 位输入的倒 T 型电阻网络 D/A 转换器，可得到 D/A 转换的输出模拟电压与输入数字量之间的关系，即 n 位 D/A 转换的一般表达式：

$$u_o=-\frac{U_{REF}}{2^n}(2^{n-1}d_{n-1}+2^{n-2}d_{n-2}+\cdots+2^1d_1+2^0d_0)$$

$$=-\frac{U_{REF}}{2^n}D_n \tag{11-6}$$

上式说明输出的模拟电压与输入的数字量成正比。倒T型电阻网络D/A转换器由于各支路的电流直接流入运算放大器的输入端，它们之间不存在传输上的时间差，因而提高了转换速度，而且也减小了动态过程中输出端可能出现的尖脉冲。它是目前被广泛使用的速度较快的D/A转换器。

【例11-1】 某8位倒T型电阻网络DAC，其反馈电阻为R，基准电压为$U_{REF}=10.24$ V。试求当输入数字量$d_7\sim d_0$为(1)01010111；(2)10000000时的输出电压值u_o。

解：因为$u_o=-\frac{U_{REF}}{2^n}(2^{n-1}d_{n-1}+2^{n-2}d_{n-2}+\cdots+2^1d_1+2^0d_0)$

$$\frac{U_{REF}}{2^n}=\frac{10.24}{2^8}\text{ V}=0.04\text{ V}$$

所以(1)$u_o=-0.04\times(1\times2^6+1\times2^4+1\times2^2+1\times2^1+1\times2^0)\text{ V}=-3.48\text{ V}$

(2)$u_o=-0.04\times1\times2^7\text{ V}=-5.12\text{ V}$

【例11-2】 已知某倒T型电阻网络DAC的反馈电阻$R_F=R$，基准电压为$U_{REF}=16$ V。试分别求出4位和8位DAC的最小输出电压和最大输出电压。

解：输入数字量为D=00…01(仅最低位为1，其余各位均为0)时的模拟输出电压称为最小输出电压U_{omin}，或称最小分辨电压U_{LSB}。输入数字量为D=11…11(输入代码各位均为1)时的模拟输出电压称为最大输出电压U_{omax}，或称满刻度输出电压。由定义根据式(11-6)不难求出：

$$u_{omin}(4\text{位})=-\frac{U_{REF}}{2^4}D_n=-\frac{16}{2^4}(2^3\times0+2^2\times0+2^1\times0+2^0\times1)\text{V}=-1\text{ V}$$

$$u_{omin}(8\text{位})=-\frac{U_{REF}}{2^8}D_n=-\frac{16}{2^8}\text{V}\approx-0.06\text{ V}$$

$$u_{omax}(4\text{位})=-\frac{U_{REF}}{2^4}D_n=\frac{16}{2^4}(2^4-1)\text{ V}=-15\text{ V}$$

$$u_{omax}(8\text{位})=-\frac{U_{REF}}{2^8}D_n=-\frac{16}{2^8}(2^8-1)\text{ V}\approx-15.94\text{ V}$$

比较计算结果可知，在U_{REF}和R_F相同的条件下，DAC转换的位数越多，最小输出电压越小，最大输出电压越大。

三、DAC主要技术指标

1. 转换精度

在D/A转换器中，通常用分辨率和转换误差来描述转换精度。

(1)分辨率。分辨率反映了D/A转换器所能分辨的最小输出模拟电压的能力。该指标与转换器的位数和满刻度值有关。将最小输出电压(对应于二进制数字量最低位为1)与最大输出电压(对应于二进制数字量全1)之比称为分辨率，即

$$S=\frac{U_{omin}}{U_{omax}}=\frac{1}{2^n-1} \tag{11-7}$$

D/A转换器的位数越高，其值越小，它的分辨率越高，转换就越灵敏。如8位D/A转换器的分辨率为$1/(2^8-1)=0.003\,9$；10位D/A转换器的分辨率为$1/(2^{10}-1)=0.000\,98$。

分辨率的值越小说明在相同条件下的最小输出电压就越小。

【例 11-3】 如满刻度输出电压 $U_{\text{omax}}=10\ \text{V}$，求 D/A 转换器为 8 位、10 位的最小输出电压。

解：$U_{\text{LSB}}(8\text{位})=\dfrac{U_{\text{omax}}}{(2^8-1)}=\dfrac{10}{(2^8-1)}\ \text{mV}=39\ \text{mV}$

$U_{\text{LSB}}(10\text{位})=\dfrac{U_{\text{omax}}}{(2^{10}-1)}=\dfrac{10}{(2^{10}-1)}\ \text{mV}=9.8\ \text{mV}$

另外，分辨率还可以用 ADC 的位数表示，n 位 ADC 的输出电压能分出 2^n 个电压等级，当然 ADC 的位数越多，输出电压等级越多，最小分辨电压 U_{LSB} 的值越小，表示精度越高。

(2)转换误差。由于 D/A 转换器的各个环节在参数、性能上与理论值之间存在着差异，所以实际能达到的转换精度是由转换误差来决定的。所谓转换误差是指输出电压实际值与理论值之间的差异，通常用输出电压满刻度 FSR 的百分数或用最低有效位数字的倍数来表示。例如，转换误差为 1LSB/2(1LSB 表示最低有效位的倍数)，表示输出电压的绝对误差等于最低有效位为 1 时的输出电压的一半；转换误差为 0.2%FSR 则表示转换误差与满刻度电压之比为 0.2%。

造成 D/A 转换器转换误差的原因有：基准电压 U_{REF} 的波动、运算放大器的零点漂移、模拟开关的导通内阻和导通压降、电阻网络中电阻值的偏差等。

转换误差是实际输出值与理论计算值之差，这种差值，由转换过程各种误差引起，主要指静态误差，它包括：

①非线性误差。它是由模拟开关导通的电压降和电阻网络电阻阻值偏差产生的，常用满刻度的百分数来表示。

②比例系数误差。它是参考电压 U_{REF} 偏离规定值引起的，也用满刻度的百分数来表示。

③漂移误差。它是由运算放大器零点漂移产生的误差。当输入数字量为 0 时，由于运算放大器的零点漂移，输出模拟电压并不为 0。这使输出电压特性与理想电压特性产生一个相对位移。

因此，为了获得高精度的 D/A 转换器，单纯依靠选用高分辨率的 D/A 转换器器件是不够的，还必须有高稳定度的基准电压源 U_{REF} 和低漂移的运算放大器与之配合使用，才可能获得较高的转换精度。

(3)线性度：对于理想的 D/A 转换器，输出模拟量应随着输入数字量等量增加，理想输入—输出特性曲线是一条直线，但实际的系统在转换过程中存在着非线性误差。通常把 D/A 转换的实际输出量对理想输入—输出特性曲线的接近程度称为线性度，用满刻度输出 FSR 的百分数或最低位 LSB 的分数表示。例如，$U_{\text{REF}}=10\ \text{V}$，线性度 $<0.2\%$，那么非线性误差为 $10\times0.2\%=20\ \text{mV}$。

非线性误差产生的原因是由于模拟开关的导通内阻和导通压降不可能真正等于零，且每个开关的导通压降并不一定相等，另外开关在接地和接基准电压时的压降也不一定相同，这些原因使得误差既非常数又不与输入数字量成正比，因而产生非线性误差。产生非线性误差的另一个原因是倒 T 型电阻网络中电阻阻值的偏差，由于每个支路电阻阻值的误差不一定相同，不同位置上的电阻偏差对输出电压的影响也不一样，这也使输出端产生非线性误差。非线性误差引起系统工作不稳定，应力求避免。

2. 转换速度

D/A 转换器的转换速度包括：建立时间 t_{set} 和转换速率 S_R。

建立时间 t_{set}：是指转换器输入由全 0 变全 1 或全 1 变全 0 时输出电压达到规定值所需要的时间。建立时间短，说明 D/A 转换器的转换速度快。一般含有基准电压和运放的 ADC，其 t_{set} 约为 1.5 μs。转换速率 S_R 是指 ADC 输出电压的最大变化速率，它取决于运算放大器的性能。总的一次转换所需要的时间最大值为

$$T_{TRmax}=t_{set}+U_{omax}/S_R$$

其中 U_{omax} 为输出模拟量的最大值。

四、DAC0832 集成 D/A 转换器

1. DAC0832 集成 D/A 转换器简介

DAC0832 是带有双缓冲输入的 8 位倒 T 型电阻网络集成 D/A 转换器，它采用 CMOS 工艺，为 20 脚双列直插式封装，可直接与微机系统连接。

DAC0832 的主要技术参数为电源电压 V_{CC} 为 +5～+10 V，最高电压为 15 V；分辨率为 8 位；基准电压 U_{REF} 为 −10～+10 V；转换时间为 1 μs；功耗为 20 mW。有三种输入工作方式，分别为直通式、单缓冲式和双缓冲式。有两种输出工作方式，分别为单极性电压输出和双极性电压输出。

2. DAC0832 的结构框图及引脚功能

DAC0832 的结构框图和引脚排列图如图 11-6 所示。由 DAC0832 结构框图可知，芯片内部有两个 8 位数据寄存器（双缓冲器），一个 8 位 D/A 转换电路和 3 个控制逻辑门。输入寄存器接收输入信号，其输出送到 DAC 寄存器。D/A 转换器对从 DAC 寄存器送来的数字信号进行转换，以电流形式输出。

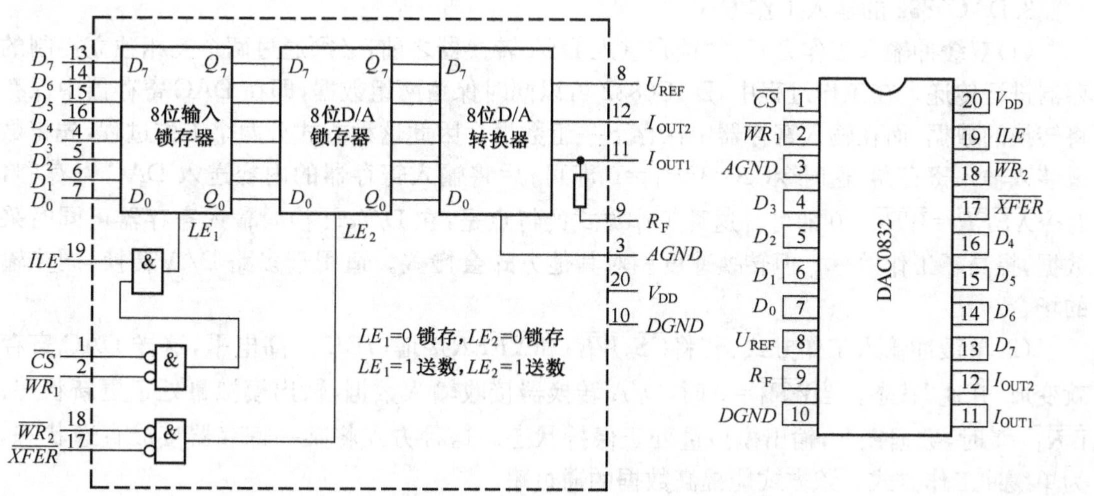

(a) 结构框图　　(b) 引脚排列图

图 11-6　DAC0832 集成 D/A 转换器结构框图和引脚排列图

采用两个寄存器可使 D/A 转换器在进行 D/A 转换和输出时，能同时进行数据采集，从而提高了转换速度。两个寄存器可根据需要，接成三种工作方式。芯片内部的 D/A 转换器采用倒 T 型电阻网络，输入 8 位数字信号，控制对应 8 个电子开关。芯片内部无运算放大器，使用时应外接运算放大器。芯片中已设反馈电阻 R_F，如运算放大器的增益不够时，仍需

外接电阻。

DAC0832 的引脚功能如下：

(1)$D_0 \sim D_7$：为 8 位二进制数字输入端，D_0 是最低位，D_7 是最高位。

(2)ILE：输入寄存器锁存信号(高电平有效)。

(3)$\overline{CS}$：输入寄存器片选信号(低电平有效)。

(4)$\overline{WR_1}$：输入寄存器写信号(低电平有效)。在$\overline{CS}=0$、且 $ILE=1$ 时，若$\overline{WR_1}=0$，则$\overline{LE_1}$为高电平，允许数据装入输入寄存器中；当$\overline{WR_1}=1$ 或是$\overline{CS}=1$ 时，则$\overline{LE_1}$为低电平，数据锁存，这时不能接收数据信号。

(5)$\overline{WR_2}$：DAC 寄存器写信号(低电平有效)。当$\overline{WR_2}=0$、$\overline{XFER}=0$ 时，则$\overline{LE_2}$为高电平，允许输入寄存器的数据装入 DAC 寄存器；当$\overline{LE_2}$为低电平时锁存装入的数据。

(6)$\overline{XFER}$：传送控制信号(低电平有效)。与$\overline{WR_2}$一起构成对 DAC 寄存器的锁存控制信号。

(7)U_{REF}：基准电压。其值为$-10 \sim +10$ V 之间。

(8)I_{OUT2}：D/A 模拟电流输出端 2，接运放同相输入端，通常该端接地。$I_{OUT1}+I_{OUT2}=$常数。

(9)I_{OUT1}：D/A 模拟电流输出端 1，接运放反相输入端。当 DAC 寄存器中数码全为 1 时，其值为最大；数码全为 0 时，其值为最小。

(10)R_F：反馈电阻。为外部运算放大器提供一个反馈电阻。

(11)$AGND$：模拟电路接地端。

(12)$DGND$：数字电路接地端。

(13)V_{DD}：电源电压。可以从$+5 \sim +15$ V 选用，$+15$ V 为最佳工作状态。

3. DAC0832 的输入工作方式

(1)双缓冲输入工作方式：数据在进入 D/A 转换器之前，必须通过两个互相独立控制的寄存器进行传递。在工作过程中，DAC0832 可以同时保留两组数据，即在 DAC 寄存器中保存即将转换的数据，而在输入寄存器中保存下一组数据。因此这种方式分两个工作过程，先将数字量装入输入寄存器，这时令$\overline{CS}=\overline{WR_1}=0$ 即可；后将输入寄存器的内容送入 DAC 寄存器，这时令$\overline{XFER}=\overline{WR_2}=0$ 即可。这种工作方式的特点是：在 D/A 转换时输入寄存器可同时采集数据，提高了工作效率。但转换速度相对其他方式会慢些。适用于多路 D/A 转换、同步输出的场合。

(2)单缓冲输入工作方式：若将$\overline{CS}$、$\overline{WR_2}$和$\overline{XFER}$接地，ILE 接高电平，这样 DAC 寄存器就变成"开通"状态。当$\overline{WR_1}=0$ 时，D/A 转换器接收输入数据，输出模拟量处于更新状态；当$\overline{WR_1}=1$ 时，数据锁存，输出模拟量处于保持状态。这种方式将某一寄存器接成直通状态，称为单缓冲工作方式。该方式能提高数据的通过率。

(3)直通输入工作方式：当把$\overline{CS}$、$\overline{WR_1}$、$\overline{WR_2}$和$\overline{XFER}$都接地，ILE 接高电平时，两个寄存器都处于直通状态，只要输入数字量就立即进行转换，此时输出模拟量连续快速地反映输入数码地变化。但它不能用于总线结构。

典型的 DAC0832 芯片外接线电路如图 11-7所示，输出方式为单极性电压输出(即输出电压只能单一方向变化)，输入方式为直通输入方式。

五、DAC1208 集成 D/A 转换器

1. DAC1208 集成 D/A 转换器简介

8 位 DAC 分辨率不够，可采用 12 位 DAC。常用的 12 位 DAC 有 DAC1208 系列，它有 DAC1208、DAC1209 和 DAC1210 三种类型，它们都是与微处理器直接兼容的 12 位 D/A 转换器，可不添加任何接口逻辑而直接与 CPU 相连。它们的主要区别是线性误差不同。该类器件可与所有的通用微处理器直接相连，可采用双缓冲，单缓冲或直接数字输入，逻辑输入符合 TTL 电压电平规范（1.4 V 逻辑域值），特殊情况下能独立操作。1 μs 的电流稳定时间，12 位的分辨率，具有满量程 10 位、11 位或 12 位的线性度（在全温度范围内保证），低功耗设计，只需要 20 mW。参考电压为－10～＋10 V，＋5～＋15 V 为单电源。

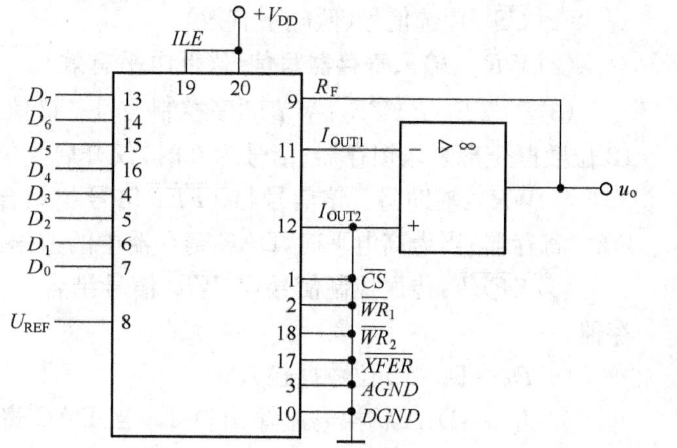

图 11-7　DAC0832 典型接线图

2. 内部结构及工作方式

DAC1208 系列芯片为标准 24 脚双列直插式（DIP24）封装，其内部结构如图 11-8 所示。从图中可以看出，DAC1208 系列芯片的逻辑结构与 DAC0830 系列的相似，也是双缓冲结构，主要区别在于它的两级缓冲寄存器和 D/A 转换器均为 12 位。为了便于和应用广泛的 8 位 CPU 相连，12 位数据输入锁存器分成了一个 8 位输入锁存器和一个 4 位输入锁存器，以便利用 8 位数据总线分两次将 12 位数据写入 DAC 芯片。这样 DAC1208 系列芯片的内部就有三个寄存器，需要三个端口地址。为此，内部提供了三个 LE 信号的控制逻辑。由于其逻辑结构和各引脚功能与 DAC0830 系列芯片的相似，因此我们只讨论 12 位数据输入锁存器与处理器 8 位数据总线的相连问题。

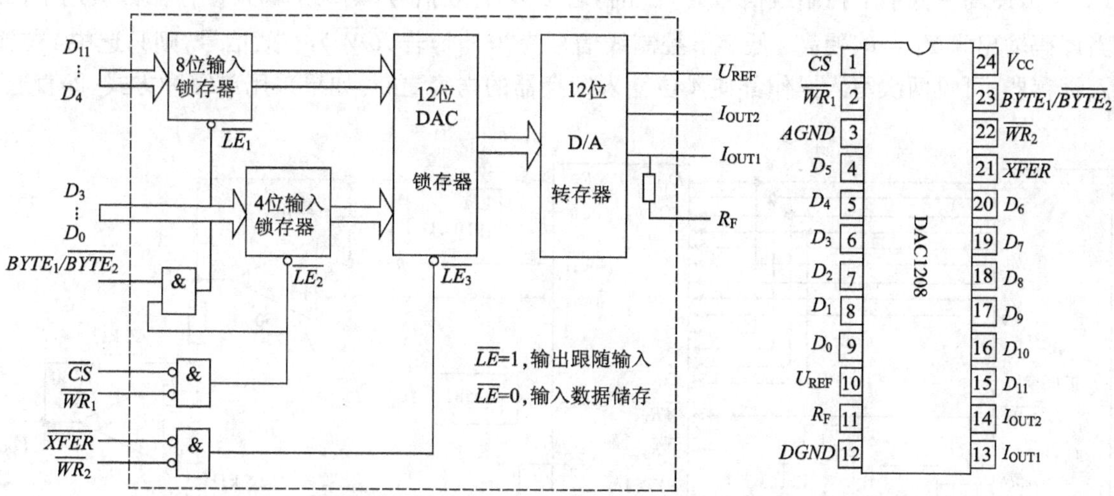

(a)结构框图　　(b)引脚框图

图 11-8　DAC1208 集成 D/A 转换器结构框图和引脚排列图

DAC1208 的引脚功能如下：

(1) $\overline{CS}$:片选信号(低电平有效)。

(2) $\overline{WR_1}$:输入寄存器写信号(低电平有效)。

(3)$BYTE_1/\overline{BYTE_2}$:字节顺序控制信号。该信号为1时,开启8位和4位两个锁存器,将12位数据全部装入锁存器;信号为0时,仅开启4位输入锁存器。

(4)$\overline{WR_2}$:辅助写。该信号与$\overline{XFER}$信号相结合,当同为低电平时,把锁存器中数据装入DAC寄存器;当为高电平时,DAC寄存器中的数据被锁存起来。

(5)$\overline{XFER}$:传送控制信号,与$\overline{WR_2}$信号结合,将输入锁存器中的12位数据送至DAC寄存器。

(6)$D_0 \sim D_{11}$:12位数据输入。

(7)I_{OUT1}:D/A转换电流输出口1。当DAC寄存器全1时,输出电流最大,全0时输出为0。

(8)I_{OUT2}:D/A转换电流输出口2。$I_{OUT1}+I_{OUT2}$=常数

(9)R_F:反馈电阻输入。

(10)U_{REF}:基准电压。其值为$-10 \sim +10$ V之间。

(11)V_{CC}:电源电压。$+5 \sim +15$ V。

(12)$DGND$、$AGND$:数字地和模拟地。

为了区分8位输入锁存器和4位输入锁存器,增加了一条高/低字节控制线(字节1/字节2)。在与8位数据总线相连时,DAC1208系列芯片的输入数据线高8位$D_{11} \sim D_4$连到数据总线的$D_7 \sim D_0$,低4位$D_3 \sim D_0$连到数据总线的$D_7 \sim D_4$,图11-9所示为DAC1208系列芯片与IBM-PC总线的连接。12位数据输入需由两次写入操作完成,设高/低字节控制信号字节1/字节2的端口地址(即DAC1208系列的高8位输入锁存器和低4位输入锁存器的地址)分别为220H和221H,12位DAC寄存器的端口地址(即选通信号$\overline{XFER}$)为222 H,由地址译码电路提供。由于4位输入锁存器的LE端只受$\overline{CS}$和$\overline{WR_1}$控制,因此当译码器74LS138的输出端$Y_0=0$,使高/低字节控制线信号为"1"时,若$\overline{IOW}$有效信号,则两个输入锁存器都被选中;而当译码输出端$Y_1=0$,使高/低字节控制线信号为"0"时,若$\overline{IOW}$为有效信号,则只选中4位输入锁存器。可见两次写入操作都使4位输入锁存器的内容更新。如果采用单缓冲方式(即直通

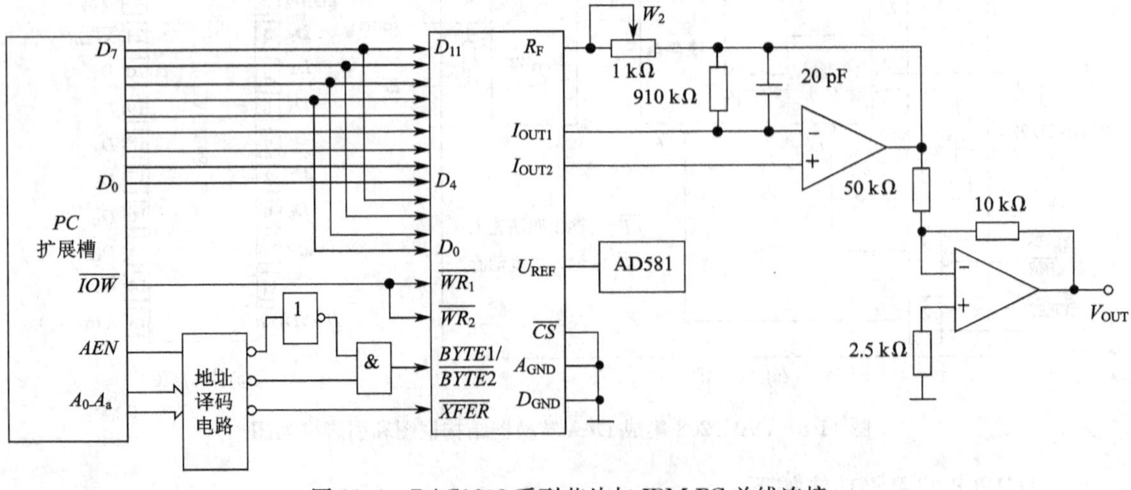

图11-9　DAC1208系列芯片与IBM-PC总线连接

方式)，则在 12 位数据不是一次输入的情况下，边传送边转换会使输出产生错误的瞬间毛刺。因此，DAC1208 系列的 D/A 转换器必须工作在双缓冲方式下，在送数时要先送入 12 位数据中的高 8 位数据 $D_{11} \sim D_4$，并在$\overline{WR_1}$上升沿将数据锁存，实现高字节缓冲，然后再送入低 4 位数据 $D_3 \sim D_0$，并在$\overline{WR_1}$上升沿将数据锁存，实现低位字节缓冲。当译码输出端 $Y_2 = 0$ 且 $\overline{IOW} = 0$(即 $\overline{WR_2} = 0$)时，12 位数据一起写入 DAC1208 系列的 DAC 寄存器，并在$\overline{WR_2}$上升沿将数据锁存，开始 D/A 转换。

第三节　A/D 转换器(ADC)

模 / 数转换的功能是将模拟量转换成相应的数字量。在 A/D 转换器中，因为输入的模拟信号在时间上是连续的而输出的数字信号是离散的，所以要想将连续的信号数字化，必须对连续的模拟信号在一系列的瞬间进行采样，然后将采样值转换成数字量输出。A/D 转换一般要经过采样、保持、量化和编码四个过程。首先对输入的模拟电压信号进行采样，采样结束后进入保持时间，在这段时间内将采样的电压量化为数字量，并按一定的编码形式给出转换结果。然后再开始下一次的采样。模拟信号经过 A/D 转换器转换成数字信号后，就可送入数字系统进行处理。

一、A/D 转换的一般步骤

1. 采样与保持

采样是利用模拟开关将随时间连续变化的模拟量转换为在时间上离散的数字量。模拟信号的采样过程如图 11-10 所示。在图 11-10(a) 所示示意图中，u_i 为输入模拟信号，S 为模拟开关，u_S 为采样脉冲，u_o 为采样输出信号。

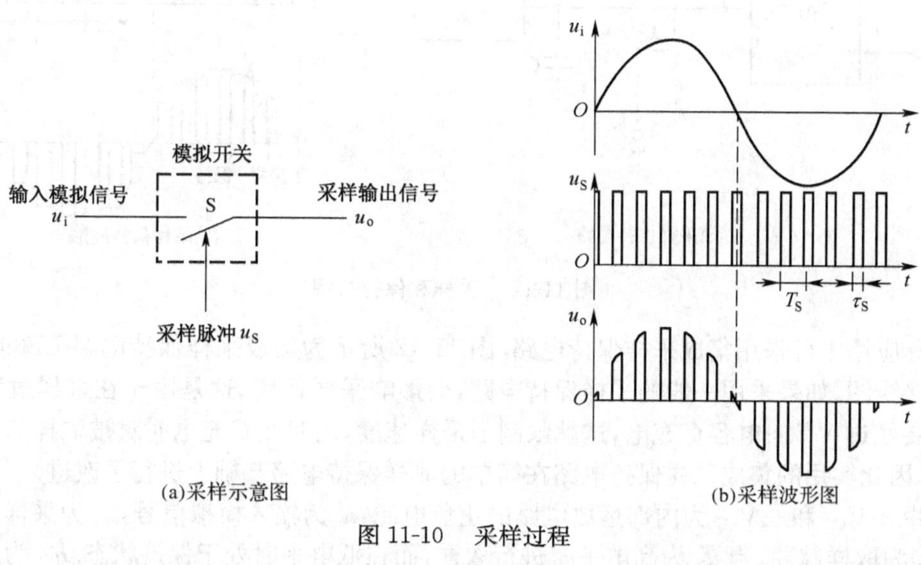

图 11-10　采样过程

模拟开关 S 在采样脉冲 u_S 的控制下作周期性的通断，在采样脉冲 u_S 为高电平时，模拟开关 S 闭合，$u_o = u_i$；u_S 为低电平时，模拟开关 S 断开，$u_o = 0$。因此，在输出端得到一个脉冲式的采样信号 u_o，采样波形如图 11-10(b) 所示。由取样过程的输出波形可知，如果采样脉冲的频率越高，采样的次数越多，模拟信号数字化的性能越好，采样输出信号就越能真实地复现输入信号。但采样频率又不能太高，否则会使转换电路容量造成浪费或使处理电路变得复杂。合理的选择采样频率是由采样定理确定的。

采样定理：设采样脉冲 u_S 的频率为 f_s，输入模拟信号的最高频率分量的频率为 f_{imax}，理论上只需要满足：

$$f_s > 2f_{imax} \tag{11-8}$$

通常取 $f_s = (3 \sim 5) f_{imax}$。

对采样输出信号进行数字化处理需要一定的时间，而采样脉冲的宽度 τ_S 很窄，量化装置还来不及处理。为了有利于后一步的数字化处理，对每个采样信号值均要保持一个采样周期 T_S，直到下次采样为止。通常将转换过程中能让采样值保持一段时间的环节称为保持。

采样和保持过程一般是通过采样—保持电路同时完成的，图 11-11(a) 所示为采样保持电路。在图中，A_1、A_2 为运放组成的电压跟随器，起缓冲隔离作用。V 为模拟开关，C 为存储电容，由漏电流很小的钽电容组成。该电路的工作原理：当 u_S 为高电平时，VT 导通，输入模拟信号 u_i 向 C 充电，使 $u_C = u_i$，又由于 A_2 为跟随器，所以 $u_o = u_C = u_i$，此时处于采样状态。由于电容充电时间常数远小于采样脉冲宽度 τ_S，电容电压完全能跟随输入信号的变化。当 u_S 为低电平时，VT 截止，因场效应管截止时的阻抗很大，电压跟随器的输入电阻又很大，所以电容上的电压保持在采样结束时的值，即处于保持状态。当下一个采样脉冲到达时，VT 又导通，电容电压跟随输入信号的变化，获得新的采样信号。采样、保持过程的波形如图 11-11(b) 所示。

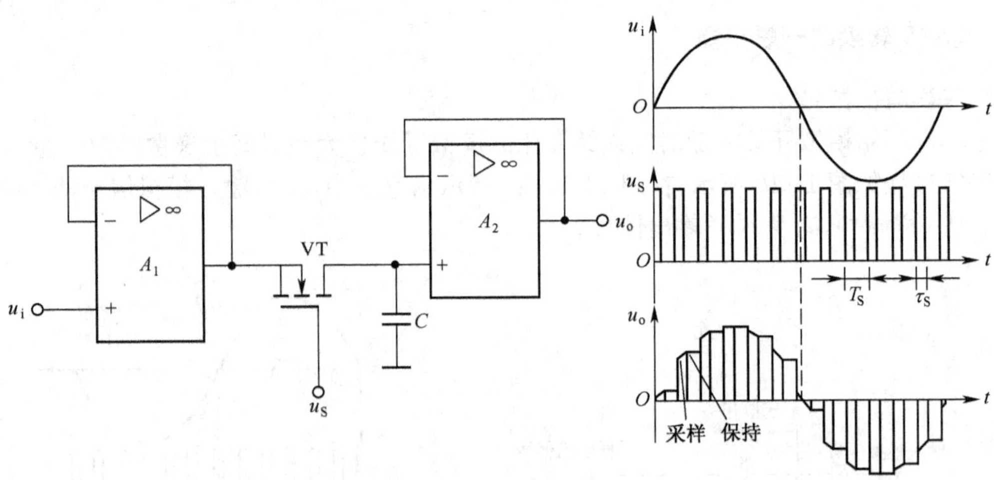

(a)采样保持电路　(b)采样保持波形

图 11-11　采样和保持过程

实际应用中可采用集成采样保持电路，图 11-12 所示为集成采样保持电路 LF398 的逻辑电路的接线图。如果采用一般的采样保持电路，会影响采样速度。这是由于在采样过程中输入电压需要经过 VT 向电容 C 充电，这就限制了采样速度，同时在 C 充电时对被取样的模拟信号有影响，因此实用的集成采样保持电路在简单的取样保持电路基础上进行了改进。

图中 $+V_{CC}$ 和 $-V_{CC}$ 为内部运放电路的正负电源，u_i 为输入模拟信号，u_o 为采样保持输出电压，u_S 为取样脉冲。当 u_S 为高电平时进行取样，而在低电平时处于保持状态。R_P 为外接电阻（一般为几十千欧姆），通过 R_P 的调节可调整输出电压的零点。C_H 为外接保持电容，一般应大于 1 000 pF。

2. 量化和编码

采样保持电路的输出虽已成为离散的阶梯电压，但其阶梯电压幅值仍是连续的。根据定义，数字信号应在时间上是离散的，在数值变化上是不连续，任何一个数字量的大小只能是某一规定的最小数量单位的整数倍。要把采样保持电路输出的连续变化的所有电压幅值都转换为不同的数字信号，是不可能的。为此应将它化为某一规定的最小数量单位的整数倍。通常将采样保持后的电压幅值化为最小数量单位的整数倍的过程称为量化。在量化过程中所取的最小数量单位称为量化单位，用Δ表示。不难看出，它是数字信号最低位为1时所对应的模拟量，即1LSB。

把量化的结果用二进制代码表示出来，称为编码。这些代码就是A/D转换的结果。

由于模拟信号采样值是连续的，取样保持的输出电压就不一定能被Δ整除，因而量化过程中就不可避免的出现误差，这种误差称为量化误差，它是无法消除的。

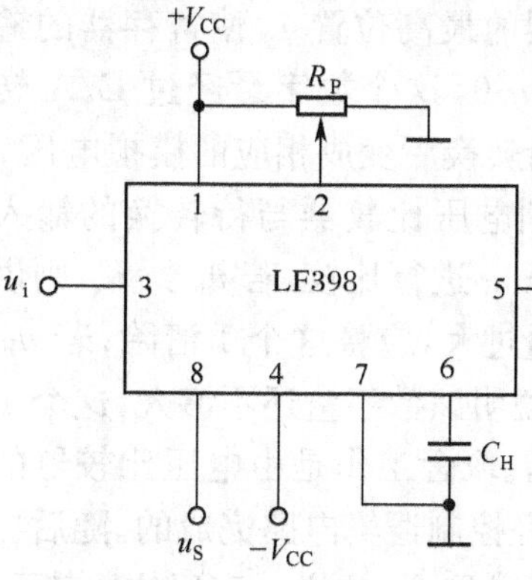

图 11-12　集成取样保持电路接线图

量化过程中常采用两种近似量化方式：只舍不入量化方式和四舍五入量化方式。只舍不入量化方式是指：在量化过程中，把不足量化单位的部分舍去，其最小量化单位取 $\Delta = U_m/2^n$。例如将变化范围为 0～1 V 的输入模拟电压，通过3位A/D转换器转换成3位二进制代码，现取Δ = 1/8 V，当输入模拟电压为 0～1/8 V时，量化值为0Δ，用二进制数000表示；当输入模拟电压为1/8～2/8 V时，量化值为1Δ，用二进制数001表示，依此类推。显然，当输入模拟电压为7/8～1 V时，量化值为7Δ，用二进制数111表示。用这种方式将模拟量转换成数字量时的最大量化误差为Δ，即相邻级量化值之差为1/8 V。

四舍五入量化方式是指在量化过程中，将不足半个量化单位的部分舍去，大于或等于半个量化单位的部分按一个量化单位处理，它的最小量化单位取 $\Delta = 2U_m/(2^{n+1}-1)$。仍以上述例子为例，取Δ = 2/15 V，它将数值在 0～1/15 V 的模拟电压都当作0Δ，用二进制数000表示；数值在1/15～3/15V的模拟电压当作1Δ，用二进制数001表示；数值在3/15～5/15 V的模拟电压当作2Δ，用二进制数001表示。显然，这种方式它以量化级的中间值为基准，因此它的最大误差为1Δ/2，即由上面的最大误差1/8 V减少到1/15 V。由此可见，四舍五入的量化方式比只舍不入的量化方式的误差小，故被大多数A/D转换器所采用。

从上述分析可知，量化级数分得越多，或量化单位越小，那么量化误差就越小，但要求A/D转换器的位数就越多。A/D转换器的位数增多，会使电路和编码带来复杂，究竟采用多大的量化级数应视实际要求而定。

二、逐次逼近型A/D转换器

1. 原理框图

A/D转换器可分为直接A/D转换器和间接A/D转换器两大类。直接A/D转换器又分为并联比较型和反馈比较型两类，目前最常用的逐次逼近型A/D转换器属于反馈比较型，又称为逐次比较型A/D转换器。而间接A/D转换器的主要有双积分型A/D转换器。下面以应用广泛的逐次逼近型A/D转换器为例，说明A/D转换器的工作原理。图11-13所示为逐次逼近型A/D转换器的原理框图，它是由电压比较器、D/A转换器、寄存器、控制逻辑电路和时钟信号五部分构成。

逐次逼近型 A/D 转换器的工作原理类似于物理学中的用天平称重量。在转换开始之前先将寄存器清零，使 D/A 转换器的数字量为零。当转换控制信号 u_L 为高电平时转换开始，时钟信号先将寄存器的最高位置 1，使寄存器的输出为 100…0，这个数字量经过 D/A 转换器进行转换后变成相应的模拟电压 u_F，并送到电压比较器与待转换的输入模拟电压 u_i 进行比较，若 $u_F > u_i$，则说明数字量过大，应将这个 1 清除；若 $u_F < u_i$，则说明该数字量还不够大，这个 1 应该保留。取舍工作是由电压比较器的输出 u_o 经控制逻辑电路完成的。随后再将次高位置 1，用同样的方法比较 u_F 和 u_i 的大小，以确定该位 1 的取舍。这样一直逐位比较下去，直到最低位为止。比较结束后，寄存器中的数码就是所求的输出数字量。

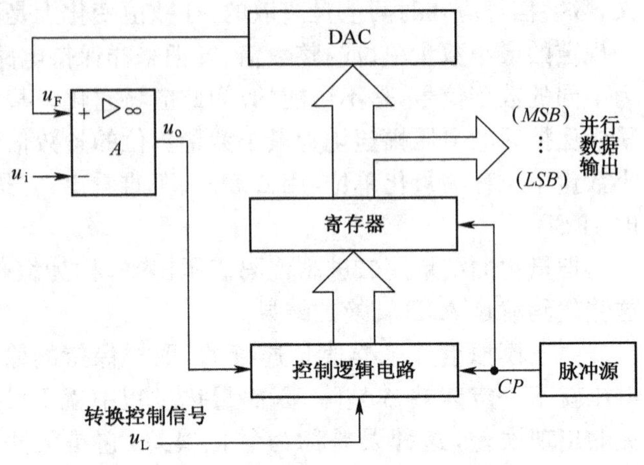

图 11-13　逐次逼近型 A/D 转换器原理框图

2. 工作原理

下面结合图 11-14 所示的逻辑电路具体说明逐次比较的工作过程。图中 A 为电压比较器，当 $u_F < u_i$ 时比较器输出 $u_o = 0$；当 $u_F > u_i$ 时比较器输出 $u_o = 1$。$F_A \sim F_C$ 组成数码寄存器，$F_1 \sim F_5$ 和 $G_1 \sim G_9$ 组成控制逻辑电路。

在转换开始前先将寄存器 $F_A \sim F_C$ 置零，同时将 $F_1 \sim F_5$ 组成的环型移位寄存器置成 $Q_1Q_2Q_3Q_4Q_5 = 10\,000$。当转换控制信号 u_L 为高电平时转换开始。

第一个 CP 脉冲到达后，由于 $Q_5 = 0$，封锁输出门 $G_6 \sim G_8$。同时 Q_A 置 1，Q_B、Q_C 置 0，这时 $Q_AQ_BQ_C = 100$。经 D/A 转换器将 100 转换成相应的模拟电压 u_F，u_F 和 u_i 在比较器中比较。若 $u_F < u_i$ 时比较器输出 $u_o = 0$；若 $u_F > u_i$ 时比较器输出 $u_o = 1$。同时移位寄存器右移一位，使 $Q_1Q_2Q_3Q_4Q_5 = 01\,000$。

第二个 CP 脉冲到达后，使 Q_B 置 1。若原来的 $u_o = 1$，则最高位所设的 1 应该清除，即 Q_A 应置成 0；若原来的 $u_o = 0$，则 Q_A 的 1 须保留。这样第二个 CP 后，$Q_AQ_BQ_C$ 有两个可能的状态 110 或 010，将它们送到 D/A 转换器转换成模拟电压 u_F，再与 u_i 进行比较，若 $u_F < u_i$ 时比较器输出 $u_o = 0$；当 $u_F > u_i$ 时比较器输出 $u_o = 1$。同时移位寄存器右移一位，使 $Q_1Q_2Q_3Q_4Q_5 = 00\,100$。

第三个 CP 脉冲到达后，使 Q_C 置 1。因为 Q_A 的 1 的取舍已在第二个 CP 后确定，现在确定 Q_B 的状态。若上一步的比较结果使 $u_o = 1$，则次高位所设的 1 应该清除，即 Q_B 应置成 0；若 $u_o = 0$，则 Q_B 的 1 须保留。这样第三个 CP 后，$Q_AQ_BQ_C$ 的状态是 111、011、101、001 四个状态中的一个，并将它们送到 D/A 转换器转换成模拟电压 u_F，再与 u_i 进行比较，若 $u_F < u_i$ 时比较器输出 $u_o = 0$；当 $u_F > u_i$ 时比较器输出 $u_o = 1$。同时移位寄存器右移一位，使 $Q_1Q_2Q_3Q_4Q_5 = 00\,010$。

第四个 CP 脉冲到达后，Q_A、Q_B 保持原状态不变，现在确定 Q_C 的状态。若上一步的比较结果使 $u_o = 1$，则 Q_C 应置成 0；若 $u_o = 0$，则 Q_C 的 1 须保留。这样形成 $Q_AQ_BQ_C$ 为 111、011、101、001、110、010、100、000 八个状态中的一个，这时 $Q_AQ_BQ_C$ 的状态就是所要转换的结果。由于 $Q_5 = 1$，$Q_AQ_BQ_C$ 的状态可通过门 $G_6 \sim G_8$ 送到输出端。同时移位寄存器右移一位，使 $Q_1Q_2Q_3Q_4Q_5 = 00\,001$。

第五个 CP 脉冲到达后，移位寄存器右移一位，使 $Q_1Q_2Q_3Q_4Q_5 = 10000$，返回初始状态。同时 $Q_5 = 0$，门 $G_6 \sim G_8$ 被封锁，转换输出信号消失。

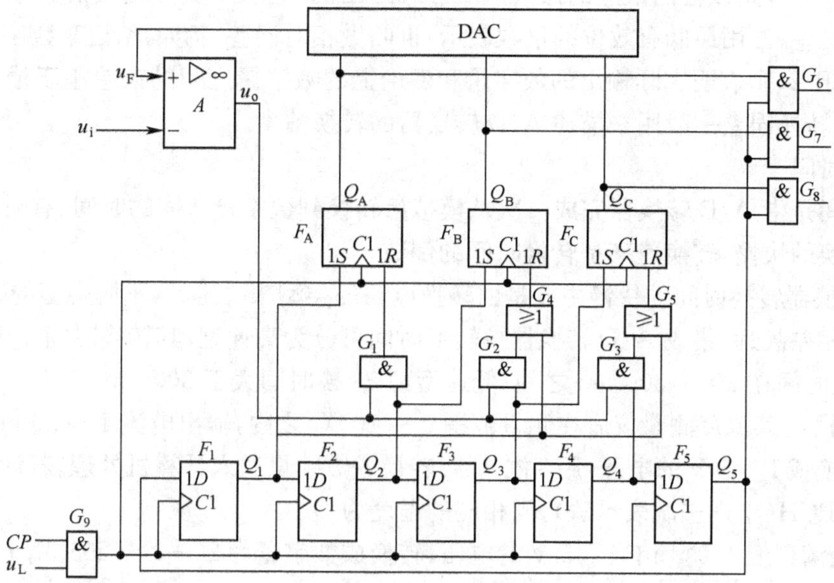

图 11-14　3 位逐次逼近型 A/D 转换器逻辑电路图

逐次逼近型 A/D 转换器的特点如下：

(1) 完成一次 A/D 转换所需时间为$(n+2)$个 CP 脉冲周期，n 为 ADC 的位数。

(2) 逐次逼近型 A/D 转换器从数字量的最高位开始逐位比较，每一位状态的确定过程：前一个脉冲先将该位置 1，并由 D/A 转换器转换成相应的模拟电压 u_F，再与 u_i 进行比较；后一个脉冲根据比较结果确定该位的 1 的取舍。

(3) 由于逐位比较，转换精度较高。目前常用的单片集成逐次逼近型 A/D 转换器的分辨率为 $8 \sim 12$ 位，转换时间在数微秒至数百微秒之间。被广泛应用在中高速数据采集系统和动态控制系统中。转换精度取决于比较器的灵敏度和 DAC 的精度。为减少量化误差，在 DAC 的输出加入一个 $-\Delta/2$ 偏移量，使比较电平向负方向偏移 $\Delta/2$，以满足误差为 $\Delta/2$，但第一个量化电平须加 $\Delta/2$。

三、ADC 主要技术指标

A/D 转换器的主要技术指标有转换精度和转换时间等。选择 A/D 转换器时，除了要考虑上述两个技术指标外，还要考虑满足其输入电压的范围、输出数字的编码、工作温度的范围以及电压稳定度等方面的要求。

1. 分辨率

分辨率又称分解度，反映了 A/D 转换器对输入信号的分辨能力。从理论上讲，n 位输出的 A/D 转换器能区分 2^n 个不同等级的输入模拟电压，能区分输入电压的最小值为满量程输入的 $1/2^n$。当最大输入电压一定时，输出的位数越多，量化电平越小，能分辨的电压越小，分辨率越高。因此，常用二进制的位数来表示分辨率。例如 A/D 转换器的输出为 10 位二进制数，最大输入信号为 5 V，那么这个转换器的输出应能区分出输入信号的最小差异为 $5\ \text{V}/2^{10} =$

4.88 mV。

2.转换误差

转换误差通常是以输出误差的最大值的形式给出的。它表示实际输出的数字量与理论输出的数字量之差。常用最低有效位的倍数表示，也叫做相对误差。例如，给出某数字电压表的相对误差为 LSB/2，则表明实际输出的数字量和理论上的数字量之间的误差小于最低位的半个字。分辨率和转换误差一般用来描述 A/D 转换器的转换精度。

3.转换时间

转换时间是指 A/D 转换器完成一次从模拟量转换到数字量所需的时间。有时也用转换速率来表示转换的快慢，转换速率是转换时间的倒数。

A/D 转换器转换时间的快慢主要是由转换电路的类型来决定的，不同类型的 A/D 转换器的转换时间相差甚远。集成 A/D 转换器按转换时间可分为高速型，其转换时间小于 20 μm；中速型，其转换时间在 20 ～ 300 μm 之间；低速型，其转换时间大于 300 μm。

【例 11-4】 某温度测量仪表在测量范围 0 ～ 100℃ 之内，输出电流 4 ～ 20 mA，经 250 Ω 标准电阻转换成 1 ～ 5 V 的电压，用 8 位 ADC 转换成数字量送入计算机处理。若计算机采样读得数字量为 BCH(十六进制表示法)，问相应的温度为多少？

解：仪表满刻度 100℃ 相当于 5 V 的电压，转换成数字量为 $2^8 - 1 = 255$。用十六进制数表示为 FFH，相当于二进制 11111111。分辨率为 $5/255 = 0.019\,6$ V。

仪表零点(0℃)相当于 1 V 电压，转换成数字量为 $(255/5) \times 1 = 51$，用十六进制数表示为 33H，即二进制数 00110011。

测量值 BCH，用二进制表示为 10111100，其十进制数为 188，于是可求得温度值为

$$t = 100 \times (188 - 51)/(255 - 51)\ ℃ = 67.2\ ℃$$

四、ADC0809 集成 A/D 转换器

集成 ADC 的种类较多，有 8 位、10 位、12 位和 16 位，多数采用逐次逼近型。常用芯片有 8 位的 ADC0809、ADC0804、AD570 和 10 位的 AD7570、AD571，12 位的 AD574。下面介绍 8 位 ADC0809。

ADC0809 是一个 8 位集成单片 A/D 转换器，为逐次逼近型转换方式，采用 CMOS 工艺制成，28 个引脚采用双列直插式排列。芯片内部有三大部分组成：8 通道模拟开关，它可以直接输入 8 个单端的模拟信号；逐次逼近 A/D 转换器；三态输出锁存缓冲器，可输出 8 位数字量。ADC0809 芯片可与微机 系统兼容、连接。图 11-15 所示为 ADC0809 的原理框图，图 11-16 所示为它的引脚排列图。

各引脚功能如下：

(1)$IN_0 \sim IN_7$：8 路模拟通道输入端。

(2)$d_0 \sim d_7$：8 位数字量输出端。

(3)$ADDA$、$ADDB$、$ADDC$：模拟通道地址选择端，当 $CBA = 000$ 时选通输入通道 IN_0，$CBA = 001$ 时选通输入通道 IN_1，依此类推。

(4)ALE：地址锁存允许控制端，当 ALE 为高电平时，锁存所选择的输入通道，使该通道的模拟量送入 A/D 转换器。

(5)$START$：启动转换控制端，高电平有效。由它启动 ADC0809 内部的 A/D 转换器。在信

号的上升沿将内部寄存器清零，在下降沿开始进行转换。

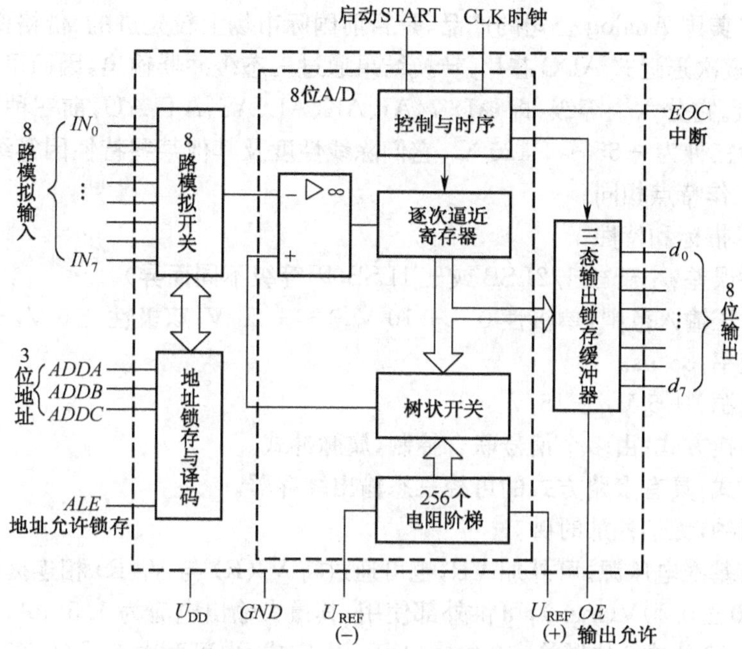

图 11-15　ADC0809 的原理框图

(6)CLK：时钟脉冲输入端，只有时钟脉冲输入时，控制与时序电路才能工作。

(7)EOC：转换结束信号输出端，当 A/D 转换结束时，发出一个正脉冲，使 EOC 变为高电平，并将转换结果送入三态输出寄存器。

(8)OE：输出允许控制端，当 $OE=1$ 时，将三态输出锁存缓冲器中的数据送到数据输出线上。

(9)$U_{REF(+)}$、$U_{REF(-)}$：正负基准电压。

(10)V_{DD}、GND：电源及接地端。

集成 ADC0809 转换器的性能如下：

(1) 工作电压为 +5 V。

(2) 分辨率为 8 位。最大失调误差为 1LSB。

(3) 模拟量输入电压范围为 0～5 V，不需要零点和满刻度调节。

(4) 工作时钟频率典型值为 640 kHz，转换时间为 100 μs。

集成 ADC0809 转换器的使用要点如下：

(1)ADC0809 需外接采样保持电路。采样保持电路可采用单片集成采样保持电路，例如 LF398、LF198，接线方式可按图 11-12 所示方式进行连接。

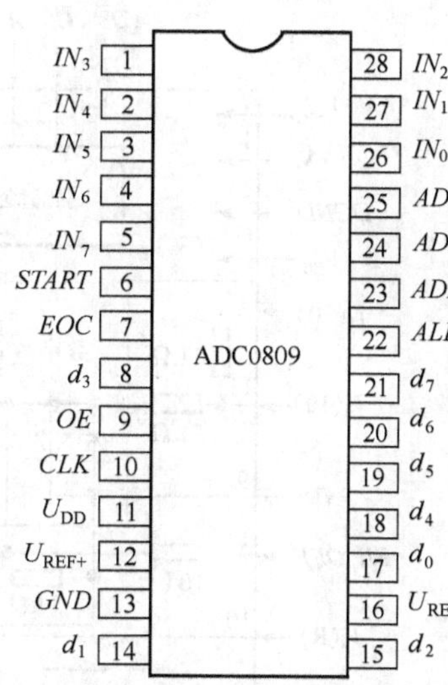

图 11-16　ADC0809 引脚排列图

(2) 双基准电压的使用。ADC0809 给出了两个基准电压 $U_{REF(+)}$、$U_{REF(-)}$，通常情况下 $U_{REF(+)}$ 接电源 V_{DD}，$U_{REF(-)}$ 接地。也可以按指定的基准电压连接。

五、AD574A 集成 A/D 转换器

AD574A 是美国 Analog 公司的产品，是目前国际市场上较先进的、价格低廉、应用较广的混合集成 12 位逐次逼近式 ADC 芯片，转换结果通过三态缓冲器输出，因而可直接和许多微处理器的总线相接。它分六个等级，即 AD574AJ、AK、AL、AS、AT、AU，前三种使用温度范围为 0 ～＋70 ℃，后三种为－55 ～＋125 ℃。它们除线性度及其他某些特性因等级不同而异外，主要性能指标和工作特点相同。

1. 主要技术指标和特性

(1) 非线性误差：小于 ±1/2LSB 或 ±1LSB(因等级不同而异)。

(2) 模拟电压输入范围：单极性 0 ～＋10 V，0 ～＋20 V；双极性 ±5 V，±10 V。

(3) 转换速率：35 μs。

(4) 供电电源：＋5 V，±15 V。

(5) 启动转换方式：由多个信号联合控制，属脉冲式。

(6) 输出方式：具有多路方式的可控三态输出缓存器。

(7) 内部时钟，无须外加时钟。

(8) 片内有基准电压源。可外加 VR，也可通过将 V_o(R) 与 V_i(R) 相连提供 VR。内部提供的 VR 为(10.00±0.1)V(max)，可供外部使用，其最大输出电流为 1.5 mA。

(9) 可进行 12 位或 8 位转换。12 位输出可一次完成，也可两次完成(先高 8 位，后低 4 位)。

2. 内部结构与引脚功能

AD574A 的内部结构与外部引脚如图 11-17 所示。由图可见，它由两片大规模集成电路混合而成：一片为以 D/A 转换器 AD565 和 10 V 基准源为主的模拟片，一片为集成了逐次逼近寄存器 SAR 和转换控制电路、时钟电路、三态输出缓冲器电路和高分辨率比较器的数字片，其中 12 位三态输出缓冲器分成独立的 A、B、C 三段，每段 4 位，目的是便于与各种字长微处理器的数据总线直接相连。

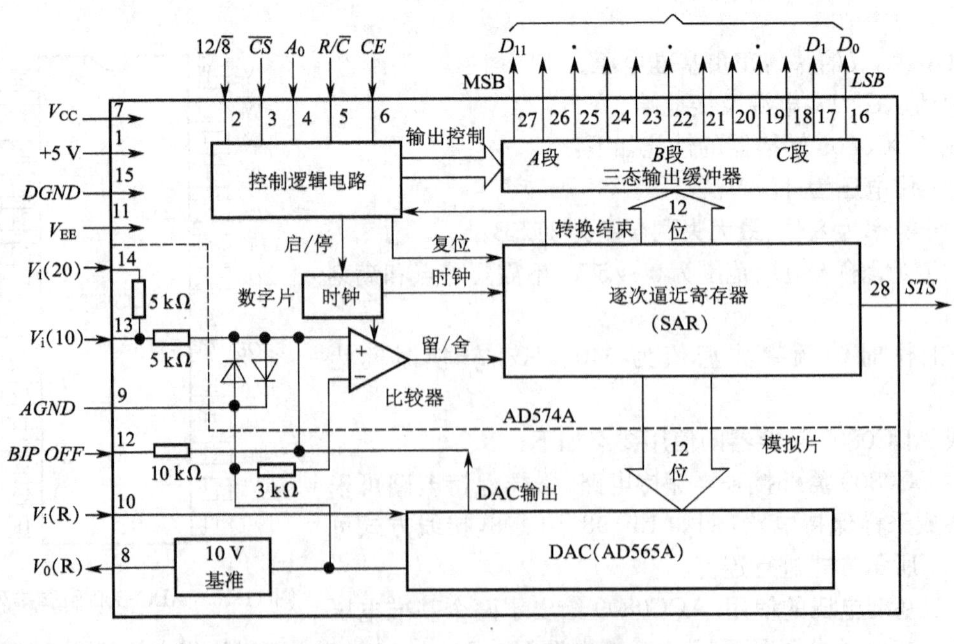

图 11-17　AD574A 的结构框图与引脚

各引脚功能如下：

(1)$12/\overline{8}$：输出数据模式选择。选择数据总线是12位或8位输出。当接高电平时，输出数据是12位字长；当接低电平时，将转换输出的数变成两个8位字输出。

(2)A_0：转换数据长度选择。结合$12/\overline{8}$端用来控制转换方式和数据输出格式。当A_0为低电平时，进行12位转换；A_0为高电平时，则为8位长度的转换。

(3)$\overline{CS}$：片选信号。

(4)$R/\overline{C}$：读转换数据选择。当为高电平时，可将转换后数据读出；当为低电平时，启动转换。

(5)CE：芯片允许信号，用来控制转换与读操作。只有当它为高电平时，并且$\overline{CS}=0$时，$R/\overline{C}$信号的控制才起作用。CE和$\overline{CS}$、$R/\overline{C}$、$12/\overline{8}$、A_0信号配合进行转换和读操作的控制。

(6)V_{CC}：正电源，电压范围为0～+16.5 V。

(7)$V_0(\mathrm{R})$：+10 V参考电压输出端，具有1.5 mA的带负载能力。

(8)$AGND$：模拟地。

(9)GND：数字地。

(10)$V_i(R)$：参考电压输入端。

(11)V_{EE}：负电源，可选加−11.4～−16.5 V之间的电压。

(12)$BIP\ OFF$：双极性偏移端，用于极性控制。单极性输入时接模拟地($AGND$)，双极性输入时接$V_0(R)$端。

(13)$V_i(10)$——单极性0～+10 V范围输入端，双极性±5 V范围输入端。

(14)$V_i(20)$——单极性0～+20 V范围输入端，双极性±10 V范围输入端。

(15)STS——转换状态输出端，只在转换进行过程中呈现高电平，转换一结束立即返回到低电平。可用查询方式检测此端电平变化，来判断转换是否结束，也可利用它的负跳变沿来触发一个触发器产生IRQ信号，在中断服务程序中读取转换后的有效数据。

从转换被启动并使STS变高电平一直到转换周期完成这一段时间内，AD574A对再来的启动信号不予理睬，转换进行期间也不能从输出数据缓冲器读取数据。

本章小结

(1)把模拟信号转换成数字信号的过程称为模/数转换，简称A/D转换，实现这种转换的电路叫做A/D转换器，简称ADC。把数字信号转换成模拟信号的过程称为数/模转换，简称D/A转换，实现这种转换的电路叫做D/A转换器。A/D和D/A转换器是计算机与控制对象之间重要的接口电路。

(2)D/A转换的基本原理是将每一位数字量的代码按权的大小转换成相应的模拟量，然后将这些模拟量求和，就可得到与数字量相对应的模拟量，从而实现了数/模转换。常用的D/A转换器有权电阻网络、权电流网络和梯形电阻网络等形式。倒T型电阻网络的D/A转换器由数码寄存器、模拟电子开关电路、电阻译码网络、运算放大器和基准电压等组成。输出模拟电压与输入数字量之间的关系为$u_o=-\frac{U_{REF}}{2^n}D_n$。D/A转换器的主要参数有转换精度和转换速度。典型的集成D/A转换器有DAC0832和DAC1208。

(3)A/D转换一般要经过取样、保存、量化和编码4个过程。采样是利用模拟开关将连续变化的模拟量转换为离散的数字量；将转换过程中让采样值保持一段时间的环节称为保持；将采样保持后的电压幅值化为最小数量单位的整数倍的过程称为量化；把量化的结果用二进制代码表示称为编码。A/D 转换器分为直接 A/D 转换器和间接 A/D 转换器。最常用的 A/D 转换器为逐次逼近型，其工作原理类似于天平称重量。A/D 转换器的主要参数有分辨率、转换误差和转换时间。典型的集成 A/D 转换器有 ADC0809 和 ADC574A。

习题十一

1. ADC 是将________量转换成________量的器件；DAC 是将________量转换成________量的器件。

2. 某 8 位倒 T 型电阻网络 DAC 中，其反馈电阻为 R，基准电压为 $U_{REF}=-10$ V。试求：

(1) 当输入数字量 $d_7\sim d_0=11010111$ 时的输出电压 u_o。

(2) 当输入数字量 $d_7\sim d_0=10011001$ 时各输出电压 u_o。

(3) 若输出电压 $u_o=2$ V，输入数字量为多少？

3. 已知 8 位倒 T 型电阻网络 DAC 中，$R_F=R$，最小输出电压为 0.02 V，试计算：

(1) 当输入数字量 $d_7\sim d_0=01001001$ 时的输出电压 u_o。

(2) 它的最大输出电压为多少？

4. 什么是 D/A 转换器的分辨率？试求 12 位 D/A 转换器的分辨率。

5. D/A 转换器的分辨率取决于(　　)

(1) 输入数字量的位数。

(2) 输出模拟电压的大小，输出电压越大，分辨率就越高。

(3) 参考电压 U_{REF} 的大小，U_{REF} 越大，分辨率越高。

6. 已知某 D/A 转换器的满刻度的输出电压为 10 V。试问要求 1 mV 的分辨率，其输入数字量的位数至少是多少？

7. 某 10 位倒 T 型电阻网络 DAC 中 $U_{REF}=-10$ V，$R_F=R$。试问：

(1) 输出电压最小增量约为多少？

(2) 若转换误差不大于半个字，当输入数字量为 08AH 时，输出电压产生的相对误差为多少？

(3) 若输入数字量分别为 0100101110B、09CH、3E6H，则输出电压各为多少？

8. A/D 转换器的工作过程有哪些？简要说明各过程的作用。

9. 逐次逼近型 A/D 转换器主要由哪几部分组成？它们的主要功能是什么？

10. 一个 A/D 转换器满量程时的输入电压为 10 V，要求最小分辨电压为 20 mV，试问：

(1) 该转换器的位数至少要多少？

(2) 该转换器的分辨率为多少？

11. 一个 8 位 A/D 转换器，其输入电压为 0～10 V，要求能分辨 0.005 V 的电压变化，试问：

(1) 该转换器的位数至少要多少？

(2) 若输入电压为 5 V，输出数字量为多少？

12. 有一个 10 位逐次逼近型 ADC，其最小量化单位电压为 0.005 V。求；

(1) 参考电压 U_{REF}。

(2) 求可转换的最大的模拟电压。

(3)若输入电压 $u_i=-3.568$ V,问转换成数字量(用十六进制表示)为多少？产生的转换误差为多少？

13. 一个逐次逼近型 ADC 中的 10 位 DAC 的输出电压最大值 $U_{omax}=12.276$ V,时钟频率 $f_s=500$ kHz,试问：

(1)若输入电压为 4.32 V,转换后的输出数字量为多少？

(2)完成这次转换需要的时间为多少？

14. 某温度测量仪表的量程为 0～150 ℃,输出电流为 4～20 mA,经 500 Ω 标准电阻转换成 2～10 V 的电压,用 10 位 ADC 转换成数字量输入计算机处理。若计算机采样读得数字量为 2DCH,问相应的温度为多少？

第十二章　半导体存储器和可编程逻辑器件

半导体存储器是计算机和其他数字系统中不可缺少的组成部分。近年来，随着集成电路技术的迅速发展，计算机的应用已十分普及，因此，学习本章内容显得十分必要。本章主要介绍半导体存储器和可编程逻辑器件。先介绍只读存储器(ROM)和随机存取存储器(RAM)结构和工作原理及简单应用，然后简单介绍可编逻辑器件的基本组成和工作原理以及开发过程，所谓可编程逻辑器件(PLD)泛指用户可以编程的器件。

第一节　概　　述

半导体存储器是计算机和一般数字系统用来存放以二进制代码表示的数据和运算程序等的重要部件。因为它由半导体材料所构成，所以称为半导体存储器。存储器由许多存储单元按矩阵形式排列组成。由于半导体存储器具有存取速度高、体积小、集成度高、成本低等特点，因此在微机和数字系统中得到广泛的应用。

一、半导体存储器的分类

半导体存储器按存储功能分为只读存储器 ROM (Read Only Memory) 和随机存取存储器 RAM(Random Access Memory)。只读存储器 ROM 是用来存放固定信息的存储器，要用专用的装置写入数据，数据一旦写入，便不能随意更改，即在操作过程中，只能读取信息，不能删除或修改信息。该存储器的优点是结构简单、集成度高、具有不易失性。随机存取存储器 RAM 可以随时写入、更改和读出信息。该存储器的特点是使用灵活方便，但断电后所存储的信息会丢失。

半导体存储器按构成的元件类型又可分为双极型存储器和 MOS 型存储器。双极型存储器是以双极型触发器作为存储单元，其特点是存取速度快、功耗大、集成度低和价格高，适用于对速度要求较高而存储容量不大的场合，常作为计算机的高速缓冲存储器。MOS 型存储器是以 MOS 电路作为存储单元，其特点是存取速度较慢、功耗小、集成度高和价格便宜，目前在半导体存储器中占主导地位，大容量的存储器均采用 MOS 型，因此它常作为计算机的大容量内部存储器。

只读存储器 ROM 按存储内容的写入方式的不同可分为固定 ROM 和可编程 ROM。可编程 ROM 又可分为一次可编程存储器 PROM、光可擦除可编程存储器 EPROM、电可擦除可编程存储器 EEPROM 和快闪存储器等。

随机存储器 RAM 按所采用的存储单元工作原理的不同，又分为静态存储器 SRAM 和动态存储器 DRAM。DRAM 的存储单元结构非常简单，其集成度远高于 SRAM，但存取速度低于 SRAM。

目前，存储器已不再单纯用于存储信息，还可用于实现组合逻辑电路和时序逻辑电路的功能。随着集成电路技术的发展，在 ROM 在基础上开发出的可编程逻辑器件 PLD 具有完成上述功能的要求。近几年来，PLD 的发展十分迅速，常用的 PLD 产品有可编程逻辑阵列 PLA、可编程阵列逻辑 PAL 和通用阵列逻辑 GAL 等。

- 半导体存储器
  - 只读存储器(ROM)
    - 固定 ROM
    - 可编程 PROM
    - 可擦除 ROM
      - 紫外线擦除 EPROM
      - 电擦除 EEPROM
  - 随机存取存储器(RAM)
    - 双极型 RAM
    - MOS 型 RAM
      - MOS 静态 RAM
      - MOS 动态 RAM

二、半导体存储器的技术指标

半导体存储器在计算机系统和数字系统中，用来存储程序和大量的数据信息。计算机处理的数据量越大，需要半导体存储器的容量就越大，同时需要半导体存储器的速度也就越快，因此半导体存储器的容量和速度是衡量存储器性能的主要技术指标。

1. 存储容量

计算机中的信息单位有位 bit(1 个二进制位)和字节 Byte(8 个二进制位)，更多的是字(Word)。

存储器的容量是指一个存储器芯片所能存储的二进制位数。存储容量越大，表明所能存放的信息越多。存储容量表示形式为：

$$存储容量=字数\times位数(或字数\times字长)$$

例如：一个芯片有 1 024 个存储单元，每个单元能存储 8 位二进制数，则此芯片的存储容量为 1 024×8 位，写作 1 024×8 bit，其字数即为 1 024，位数为 8。该芯片的存储容量如用字节表示则为 1 024 B，为便于书写还可写作 1 KB(1 KB=1 024 B=2^{10} B)。如果这个存储器每次读或写 4 bit 二进制数，那么它的存储容量又可表示成 2 K×4 bit，其存储容量不变，但这时的字数变为 2 K，而位数变为 4 bit。存储器的位数也可以用字长来表示，字长指一个存储单元可以存储的二进制位数。

2. 存储速度

存储速度又可用存取周期来表示。所谓存取周期是指连续两次存(取)操作间隔的最短时间。间隔时间越短，即存取周期越短，表明存储器的存储速度越快。

第二节　只读存储器 ROM

只读存储器 ROM 存放的信息是固定不变的，经常用来存放固定不变的数据和程序，例如计算机系统的引导程序。所存信息是在制造时写入的，即在出厂时按用户要求将所存信息或数据"固化"在内部，所存内容在掉电时不会丢失。正常工作时只能读出信息，不能随时写入和修改信息。

一、ROM 的结构

虽然 ROM 的种类很多，但它们的基本结构大致相同。其结构主要由地址译码器、存储单元矩阵、输出缓冲器和控制逻辑四部分组成，如图 12-1 所示。

1. 地址译码器

在存储器中，读操作通常是以字节为单位进行的，对每个字节都编有地址。按照地址选择欲访问的单元，地址的选择由地址译码器实现。图中 $A_0 \sim A_{n-1}$ 为译码器的 n 条地址输入线，地址译码器为全译码，对应有 $W_0 \sim W_{2^n-1}$ 共 2^n 条输出线。当给定一个地址输入代码时，译码器只有一条输出 W_i 被选中，被选中的线可以在存储矩阵中取得一个 m 位二进制信息 $D_{m-1} \sim D_0$。这 m 位二进制信息称为一个字，因而 $W_0 \sim W_{2^n-1}$ 中每一条线称为"字线"，$B_{m-1} \sim B_0$ 称为"位线"。字由若干位二进制信息组成，字的位数常称为字长。由上分析可见，地址译码器的作用就是根据输入的地址代码选择一条字线，以确定与该地址代码相对应的一组存储单元，而且任何时候，只能有一条字线被选中。

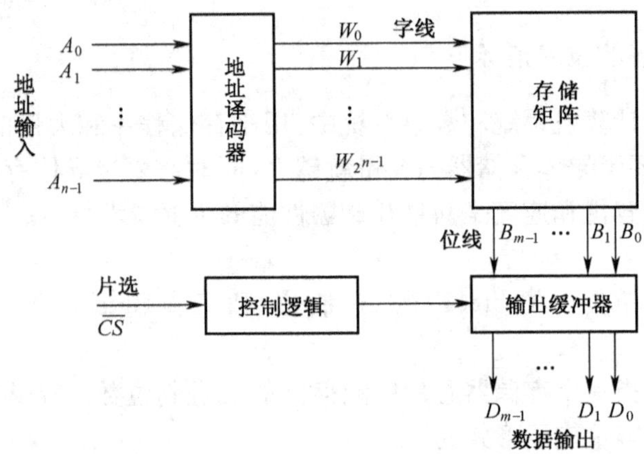

图 12-1　只读存储器 RAM 的结构图

地址译码器的译码方式有单译码和双译码两种，图 12-1 所示为单译码方式，而大容量的存储器均采用双译码方式。双译码分行译码和列译码，每个单元有两条选择线，只有位于行、列选择线相交处的单元才被访问。

2. 存储矩阵

存储矩阵是存储器的核心，它由若干基本存储单元按矩阵形式排列而成。每一个或每一组存储单元都有一个对应的地址代码。存储单元可用二极管构成，也可用晶体三极管或 MOS 管构成。每个存储单元只能存放 1 位二进制代码(0 或 1)。对于有 n 条地址输入线、m 条位线的 ROM，存储器的容量就是 $2^n \times m$。例如存储容量为 $2^8 \times 4$ 位，说明存储器有 256 组存储单元，每组为 4 位。存储器中的信息是以字为单位进行存储的，一组存储单元存储一个字，称为字单元。每个字单元的编码，称为地址。存储矩阵中字线与位线的交叉处是一个存储单元，它常用是否接有管子来区分 1 或 0，通常接有管子为 1，无管子为 0。

3. 输出缓冲器

输出缓冲器为三态数据缓冲器，是输出电路的主要组成部分。所存信息的读出是由存储矩阵的字线和位线来决定的。当地址选择线即字线选定后，就选定所要读出的存储单元的信息；数据线即位线选定后，则选定的信息被读出。输出缓冲器的作用是将被选中单元的信息通过三态缓冲器读出，并能提高存储器的带负载能力。

4. 控制逻辑

对大容量存储器，通常由若干 RAM 芯片组合而成。读操作仅与其中一片(或几片)传递信息，片选就是用来实现这种控制。当片选信号 $\overline{CS}$ 为有效电平时，则该芯片被选中，打开该芯片的三态门，所存信息可输出到外面数据总线上，就可以进行读操作。片选信号 $\overline{CS}$ 常由高位地址来提供,而低位地址确定选择那个存储单元。

二、固定只读存储器 ROM

固定只读存储器又称为掩模 ROM。该种存储器在制造时,生产厂家就通过掩模技术将信息存入存储器中,使用者不能更改。主要存放固定的二进制信息,如调试好的应用程序、汉字字库等。掩模存储器可分为:二极管 ROM、双极型三极管 ROM 和 MOS 管 ROM 三种类型。我们以图 12-2(a)所示固定只读存储器 ROM 电路为例,讨论其工作原理。

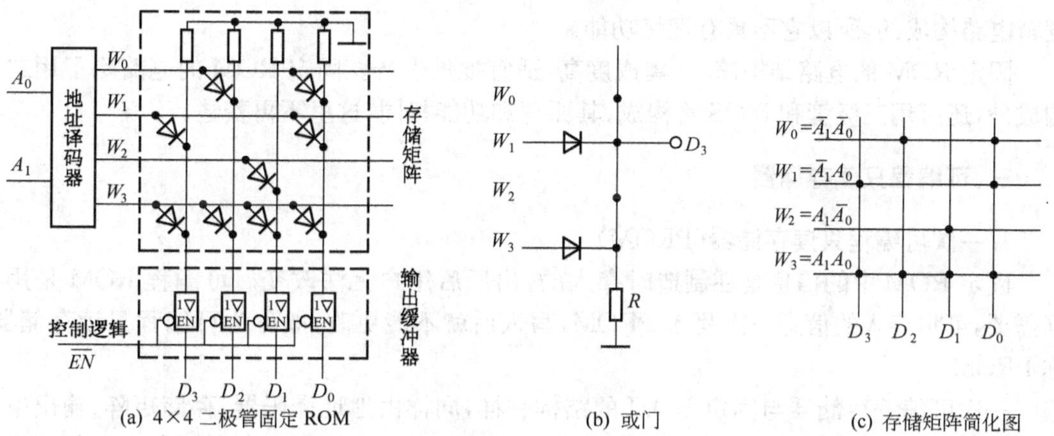

图 12-2　固定只读存储器 ROM

图中所示电路为具有两个地址输入端和四位数据输出端的二极管 ROM 电路。它是由地址译码器、存储矩阵、输出缓冲器和控制逻辑(片选端)构成。图中上虚线框为存储矩阵,下虚线框为输出缓冲器。

地址译码器选用单译码方式,其引出 4 条字选择线 $W_0 \sim W_3$,用于选择四个字中的一个。存储矩阵具有 4 条字线和 4 条位线,表示能存储四个字,每个字有 4 位。字线与位线的交叉点即为存储单元,交叉点的数目也就是存储单元数,该电路的存储单元数为 16,也就是说它的存储容量为 4×4 位。交叉点接有二极管时相当于存"1",无二极管时相当于存"0"。所存字信息由四条位线经三态缓冲器传送到输出 $D_3 \sim D_0$。

在需要读取数据时,可输入指定的地址代码,并令$\overline{EN}=0$,这时 ROM 就可按指定地址,将各存储单元中所存的数据传送到输出数据线上,就得到该地址所存储的数据字。例如当输入地址 $A_1A_0=00$ 时,字线 $W_0=1$,其他字线皆为"0",字线 W_0 的高电平通过接有二极管的位线使 $D_2=D_0=1$,其他位线与字线 W_0 没有二极管连接,所以 $D_3=D_1=0$,如果此时$\overline{EN}=0$,就可在输出数据线上得到$D_3D_2D_1D_0=0101$。根据图 12-2 所示电路中二极管的存储矩阵,可列出地址代码与输出数据之间的关系,如表 12-1 所示。应该指出,二极管的存储

表 12-1　ROM 存储数据

地址输入	字线	数据
A_1 A_0	W_i	D_3 D_2 D_1 D_0
0 0	W_0	0 1 0 1
0 1	W_1	1 0 0 1
1 0	W_2	0 0 1 0
1 1	W_3	1 1 1 1

矩阵接法，是根据用户要求去设计的，因此地址代码与输出数据之间的关系也是事先设定的，在制造时就将这种信息固定下来了，也就是说存储信息是人为写定的。

图 12-2(c)所示为该存储矩阵的简化画法。字线与位线的交叉点有二极管时加黑点，交叉点上无二极管时不加黑点。这种简化图可称为 ROM 矩阵逻辑图。

存储矩阵实际上是由 4 个二极管或门电路组成的或矩阵。在图 12-2(a)所示示意图中，我们以 D_3 为例，将 D_3 的相关电路单独画出，就可以发现字线 W_1 和 W_3 上的二极管与电阻 R 构成了一个或门，即 $D_3=W_1+W_3$，当 $W_0\sim W_3$ 每根线上有高电平信号时，都会在 $D_0\sim D_3$ 的 4 根线上输出一个 4 位二进制数据。而地址译码器由 4 个二极管与门电路组成的与矩阵，地址译码器将地址输入代码译成 $W_0\sim W_3$4 根线上的高电平信号。由此分析可见，ROM 是由组合逻辑电路构成的，所以它不具有记忆功能。

固定 ROM 的电路结构简单，集成度高，适宜批量生产。固定 ROM 的电路除了用二极管构成外，还可用三极管和 MOS 管构成，其原理和功能相同，这里不再赘述。

三、可编程只读存储器

1. 一次可编程只读存储器(PROM)

固定 ROM 中的信息是在制造时存入的，出厂后用户无法改变。可编程 ROM 是用户根据需要，可将存入的信息一次写入 PROM，写入后就不能更改，故称为可编程只读存储器，简称 PROM。

一次可编程存储器与固定 ROM 的结构一样，同样由地址译码器、存储矩阵、输出电路和控制逻辑等组成。不同的是 PROM 在出厂时已经在存储矩阵的所有交叉点上全部制作了存储元件，相当于将所有的存储单元都赋予了“1”的信息。

图 12-3 所示为双极型熔丝结构的 PROM 存储单元的结构原理图。它是由三极管和快速熔断丝组成。存储矩阵中字线与位线的交叉点上所有存储单元都是以该种形式构成的。三极管的发射结相当于接在字线与位线间的二极管，熔丝用很细的低熔点合金丝或多晶硅导线制成。出厂时所有的熔断丝都是接通的，存储内容为“1”。用户可根据自己的需要用编程器将存储矩阵中的某些存储单元的熔断丝烧断，如果熔断丝烧断则表示存储单元存入的信息为 0，熔断丝保留则表示存入的信息为 1。

当要写入信息时，首先输入相应的地址代码，找出要写入 0 的单元地址，使选中的字线输出高电平，然后对要求写 0 的位线按规定加入高电平脉冲，使被选中字线的相应位线熔丝烧断，对要求写 1 的位线加低电平脉冲，熔丝不烧断。

熔断丝一旦烧断后，就无法再接通，也就是说存储内容由 1 改为 0 后，就无法再回复到 1。若用户需要再次修改程序，则必须采用新的 PROM 进行编写。所以 PROM 只能一次写入，给用户带来不便。

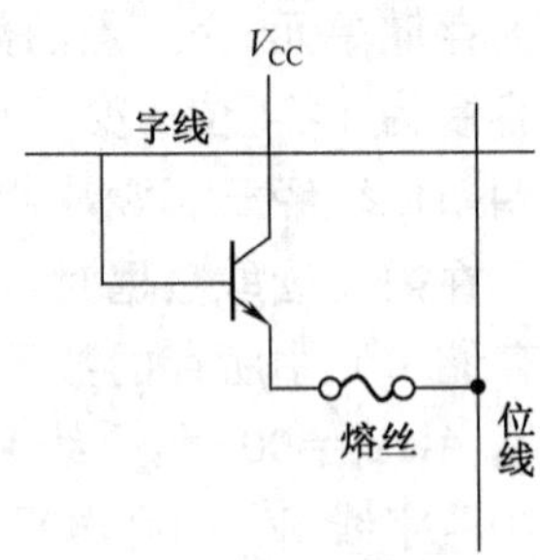

图 12-3 熔丝型 PROM 存储单元

2. 可擦除可编程只读存储器(EPROM)

EPROM 器件是一种可擦除、可重新编程的只读存储器。它像 PROM 一样，由用户根据需要将信息写入存储单元。与 PROM 不同的是对已写入的信息可以重新改写，可多次擦去并重新写入新的内容。

EPROM 的存储单元目前多采用 N 沟道叠栅注入 MOS 管(简称 SIMOS 管)。图 12-4 所示为 SIMOS 管的结构原理图。一个 N 沟道增强型 MOS 管上有两个重叠的栅极——控制栅极 g_C 和浮置栅极 g_F。控制栅极 g_C 用于控制读出和写入,浮置栅极 g_F 用于长期保存注入的电荷。

浮置栅上未注入电荷前,在控制栅上加入正常的高电平就能使漏—源极间产生导电沟道,SIMOS 管导通。若在浮置栅上注入负电荷,则必须在控制栅上加入更高的电压才能抵消注入负电荷的影响而形成导电沟道,因此在栅极加正常的高电平时 SIMOS 管将不会导通。

当漏—源极间加较高电压(+25 V)时,漏极附近的 PN 结将发生雪崩现象。如同时在控制栅上加高压脉冲,则在栅极电场作用下,一些速度较高的电子便穿越 SiO_2 层到达浮置栅,形成注入电荷。从图 12-4(b)所示电路可见,浮置栅上注入电荷的 SIMOS 管相当于写入信息 1,未注入电荷的相当于写入信息 0。

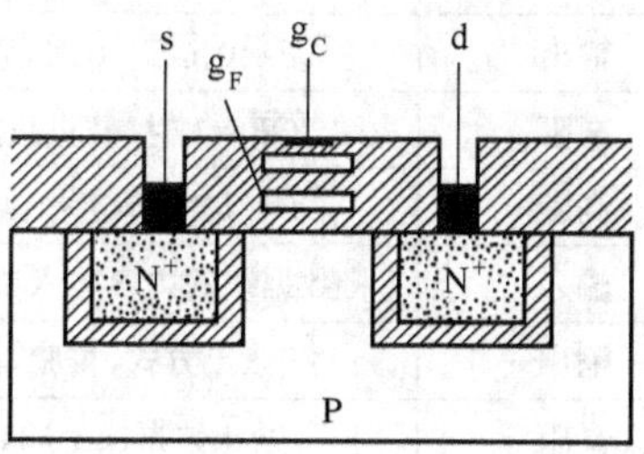

(a) SIMOS管结构原理图

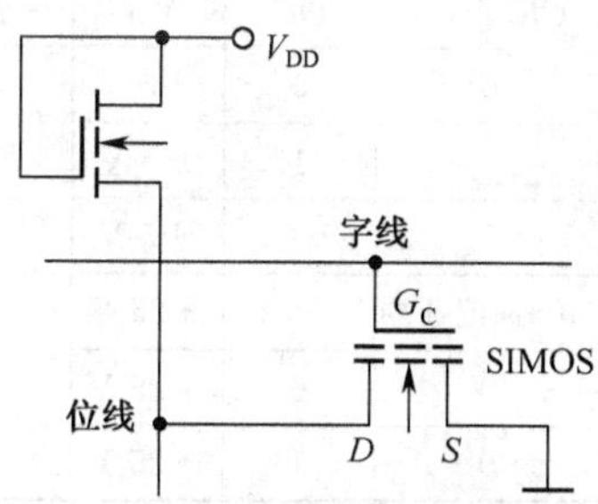

(b) EPROM存储单元

图 12-4　EPROM 存储单元电路

对已写入信息的 EPROM,如想改写,可用专用的紫外线灯照射芯片上的受光窗口,则芯片中写入的内容全部消失。每个 EPROM 器件的外壳上有透明的石英窗口,便于用紫外线或 X 射线照射,照射时一般需要 10～20 min。EPROM 的擦除为一次全部擦除,写入数据时需要专用的编程器。写好的 EPROM 要用不透光的胶纸将擦除窗口封住,以免丢失存储信息。常用的 EPROM 型号及容量如表 12-2 所示。

表 12-2　常用 EPROM 的型号

型号	2716 /27C16	2732 /27C32	2764 /27C64	27128 /27C128	27256 /27C256	27512 /27C512
容量	2 KB×8	4 KB×8	8 KB×8	16 KB×8	32 KB×8	64 KB×8
引脚数	24	24	28	28	28	28

2716 芯片是目前广泛使用的可擦除可编程只读存储。采用 24 脚双列直插式封装,芯片上开有透明的石英玻璃窗口,其引脚排列图如图 12-5 所示。

2716 芯片存储矩阵为 128 行×128 列,因有 2 KB 字节,故地址线有 11 条(A_0～A_{10})。数据线有 8 条(D_0～D_7),正常工作时作数据输出,编程写入时作数据输入。$\overline{CE}/PGM$ 为片选控制与编程信号端,$\overline{OE}$为数据输出控制信号端。V_{PP} 为编程写入电源。芯片工作方式由 V_{PP}、$\overline{CE}$/PGM 和$\overline{OE}$三者组合决定,其工作方式如表 12-3 所示。

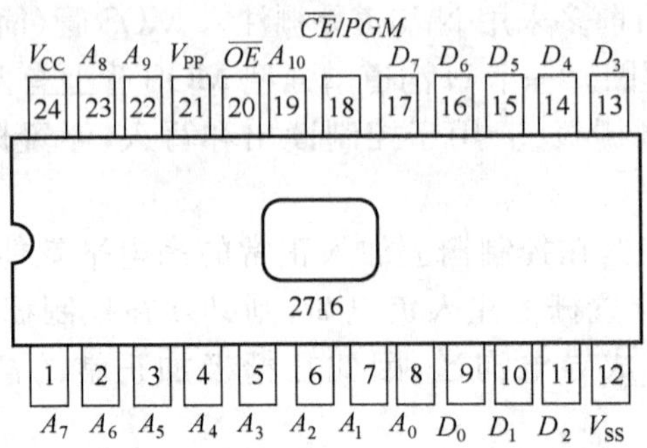

图 12-5 2716 芯片引脚排列图

表 12-3 2716EPROM 工作方式

工作方式	条件					数据线状态 $D_7 \sim D_0$	说明
	$\overline{CE}/PGM$	$\overline{OE}$	V_{PP}	V_{CC}	V_{SS}		
读出	0	0	+5 V	+5 V	0 V	输出	$\overline{CE}$=0、$\overline{OE}$=0 时，数据输出
禁止输出	×	1	+5 V			高阻	$\overline{OE}$=1 时，禁止数据输出
待机	1	×	+5 V			高阻	$\overline{CE}$=1 时，不工作，功耗降低
编程	50 ms 正脉冲	1	+25 V			输入	将数据线的内容写入单元，写操作
编程校验	0	0	+25 V			输出	按读出方式，校验写入内容
禁止编程	0	1	+25 V			高阻	禁止数据线上内容写入

3. 电可擦可编程只读存储器(EEPROM 或 E^2PROM)

EPROM 在擦除时需要紫外线照射，擦除时间长，速度慢。且擦除时存储内容全部消失，即使只需修改一个存储单元，也要将所存内容整体擦除，使用不方便。EEPROM 克服了 EPROM 的缺点，它实际上是一种用电信号快速擦除的 EPROM。

EEPROM 的存储单元结构基本同 EPROM 相似，不同的是在浮置栅上增加了一个隧道管，使电荷通过隧道管泄放，而不需要紫外线来消除电荷。它的优点是可以逐个字节独立擦除和改写，擦除时间短，能在 10 ms 内完成，擦除和编程时所需电流小，每个存储单元可改写一万次以上。但单片容量不如 EPROM，而且价格也高些。由于 EEPROM 编程和改写方便、使用灵活，因而获得广泛应用。

目前常用的 EEPROM 是 28 系列，型号有 2816、2816A、2817、2817A，它们均为 2KB×8 位。其中 28 系列为早期产品，擦除或编程时需要外加 21 V 的电压。28 A 系列为改进型产品，为目前普遍采用的产品，如 2 817A、2 864A(8 KB×8 位)等，21 V 的高电压做在芯片内部，擦除或编程时不用专门加入高电压，均采用单一的 5 V 电源。

虽然 EEPROM 改用了电信号擦除，但由于它在擦除信息或编程写入时需要高电压脉冲，且擦、写时间仍较长。随着微电子技术的发展，新一代的存储器——快闪存储器已问世，并以高集成度、大容量、低成本、使用方便等优点而受到关注。

第三节 随机存取存储器

随机存取存储器又称为随机读写存储器，简称 RAM。它是由许许多多的基本寄存器组合起来的大规模集成电路，作为计算机的存储部件使用。在工作时，可以随时从任何一个指定地址的单元中读出(取出)数据，也可以随时把数据写入任何一个由地址代码决定的某地址的存储单元中。在写入时，原存储单元的数据自动清除。与只读存储器ROM相比，ROM中存储的数据可以长时间保存，而RAM中存储的数据在断电后全部消失，不利于数据的长期保存；RAM既能进行读操作，又能随时进行写操作。RAM又分为静态随机存取存储器SRAM和动态随机存取存储器DRAM。

一、RAM的基本结构

图12-6所示为随机存取存储器的基本结构图。它由地址译码器、存储矩阵、读\写控制电路和数据缓冲4部分组成。

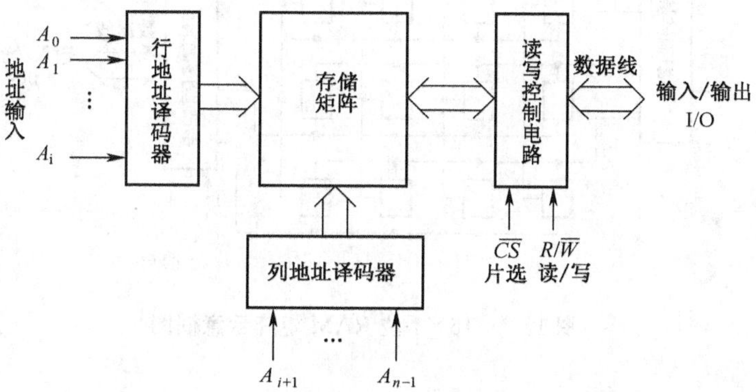

图12-6　随机存取存储器结构图

1. 地址译码器

RAM中存放着大量的信息，这些信息按一定的顺序存放在RAM的各存储单元中。为了准确地对某单元进行读/写操作，通常对各单元进行编号，也就是给各单元赋予地址。当输入地址代码时，利用地址译码器找到相应的存储单元。对于大容量的存储器，常采用双译码方式，将地址译码器分成行译码器和列译码器两部分。行译码器输出若干条行选择线，根据输入地址代码选取某一行线，再从存储矩阵中选中某一行单元；列译码器输出若干条列选择线，根据输入的其余几位地址代码选取某一列线，再根据列线信号选中某一列单元。只有被行、列选择线都选中的单元才能被访问，即位于行、列选择线的交叉处的单元才可以读/写操作。被选中的单元，通过读/写控制信号，进行读出或写入信息。

2. 存储矩阵

存储矩阵是RAM的主体，由若干存储单元组成二维矩阵，每个存储单元存放1位二进制信息。在译码器和读/写控制信号$R/\overline{W}$的控制下，按照地址选择欲访问的单元，可从指定的单元中读出数据，又可写入数据。与ROM不同的是RAM的存储矩阵中的每个字线(行线)与位线(列线)的交叉点上都有一存储单元，且存储单元是由具有记忆功能的元件构成。图12-7所示为16×1位的RAM矩阵示意框图。

3. 读/写控制电路

读/写控制电路是用来对电路的工作状态进行控制。当读/写控制信号$R/\overline{W}=1$时，RAM进行读操作，将存储单元的数据送到输入/输出端；若$R/\overline{W}=0$时，进行写操作，将输入/输出端的数据写入存储单元中。图中双向箭头表示一组可双向传输数据的导线。对于大容量的

RAM需要多片RAM芯片组成，这就需要片选操作，片选信号$\overline{CS}$就是为此设置的。当某一RAM芯片的片选信号$\overline{CS}=0$时，该芯片被选中才能工作，然后按照地址译码器选择该芯片中欲访问的单元；若$\overline{CS}=1$时，则该RAM芯片不能工作。一般片选信号由高位地址码产生，而低位地址码确定选中哪个存储单元。

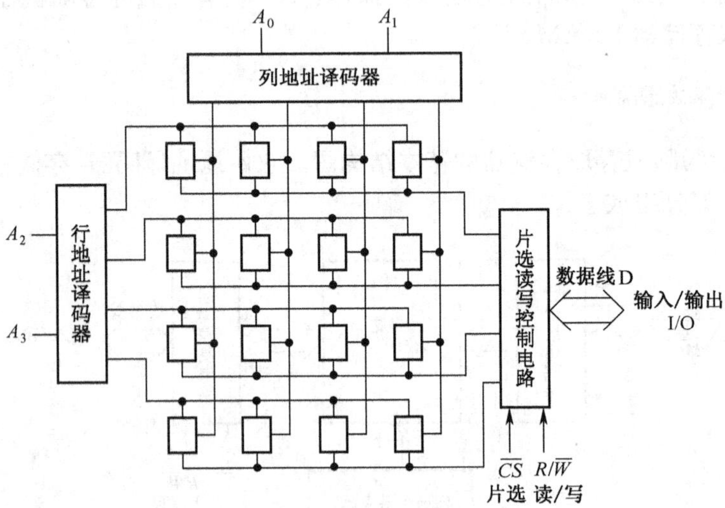

图 12-7　16×1位RAM矩阵示意框图

4. 数据缓冲

存储器的数据线都是挂接在CPU的数据总线上的。为了减轻数据总线的负载，先将存储器内部数据线挂接在双向三态门上，然后再通过三态门挂接到外部数据总线上。这样当存储器芯片未被选中时，三态门对数据总线呈高阻状态，这就起到数据缓冲作用。由此可见，三态门可控制数据的输入或输出，而三态门受$\overline{CS}$、$R/\overline{W}$的控制。I/O端既是输入端又是输出端，读/写操作在$\overline{CS}$、$R/\overline{W}$信号的控制下进行。当$\overline{CS}=0$、$R/\overline{W}=1$时，存储器处于读状态，这时选中的存储单元中的数据经三态门传送I/O端；当$\overline{CS}=0$、$R/\overline{W}=0$时，处于写状态，这时加在I/O端的数据经三态门写入选中的存储单元；若$\overline{CS}=1$，则三态门处高阻状态，将存储器内部电路与外部数据总线隔离。

二、RAM存储单元的工作原理

静态RAM(SRAM)的存储单元通常是由触发器记忆信息，一旦电源断开，数据就会丢失。动态RAM(DRAM)的存储单元通常是依靠MOS电路中的栅极电容来记忆信息，两者存储信息的原理和结构不同。DRAM由于利用电容充放电来存储信息，当电容充电具有电压时，存储信息为1；当电容放电无电压时，存储信息为0。根据电容的工作状态可知，电容会有漏电现象，因此存储信息会逐渐消失。为了保证信息存在，在信息保存期间就要不断对DRAM进行刷新，所谓刷新就是要定时对那些存储信息“1”的电容充电。DRAM所用器件少，集成度高，但它的读写控制电路复杂，且需要刷新电路。

1. 静态RAM(SRAM)

静态RAM是在静态触发器的基础上附加门控管而构成的，它们是靠电路的自保功能存储数据的。图12-8所示为六个MOS管组成的静态基本存储单元。其中，$VT_1 \sim VT_4$构成一个双稳态触发器，用来存储一位二进制信息。VT_5 和 VT_6 管是由行选择线控制的门控管，以控制该单元是否被选中，触发器能否与位线连接。VT_7 和 VT_8 管是由列选择线控制的门控管，是一列存储单元公用的两个门控管，用来控制位线与数据线的连接。

电路的工作原理为：当行选择线和列选择线都为高电平时，四个门控管 VT_5～VT_8 都导通，触发器的输出与数据线接通，该单元通过数据线传送数据。当行选择线和列选择线中任意一个不为高电平时，触发器的输出都无法与数据线接通，数据不能通过数据线传送。

例如当读出数据时，设此单元已存入信息 1，即 $Q=1$、$\overline{Q}=0$，当 $X_i=1$，$Y_i=1$ 时，VT_5、VT_6 导通，使触发器 Q 和 $\overline{Q}$ 与位线 B 和 $\overline{B}$ 接通，$B=Q$、$\overline{B}=\overline{Q}$；同时 VT_7、VT_8 导通，使位线 B 和 $\overline{B}$ 与数据线 D 和 $\overline{D}$ 接通，$D=B$、$\overline{D}=\overline{B}$。这样逐级传递可将存储单元所存信息送到数据线，使 $D=1$、$\overline{D}=0$。读出信息时，触发器状态不受影响，为非破坏性读出。如要写入信息 $D=1$、$\overline{D}=0$，由于 VT_5～VT_8 都导通，加在数据线上的信息可逐级传递到存储单元，其中 $D=1$ 经 VT_8、VT_6 送到 VT_1 栅极，使 VT_1 导通、VT_2 截止，即 $Q=1$、$\overline{Q}=0$，也就实现了将信息 $D=1$ 写入到单元的目的。当 X_i、Y_i 中有一个为低电平时，存储单元与外部隔离，数据无法读出或写入，存储单元保持信息不变。

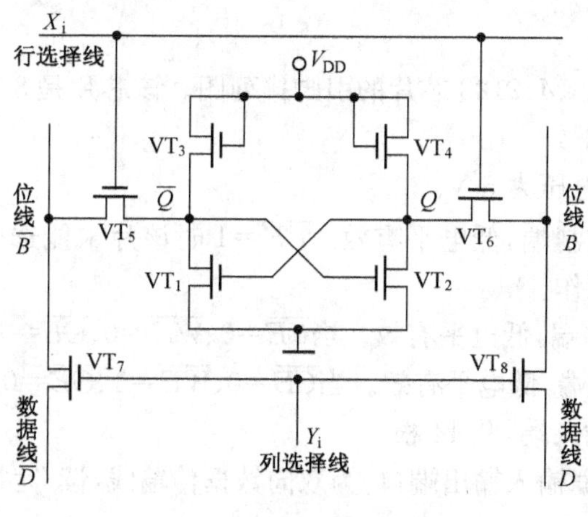

图 12-8　六管静态存储单元

2. 动态 RAM(DRAM)

静态 RAM 存储单元所用管子多，既增加了功耗，又降低了集成度。DRAM 的存储单元是利用 MOS 管栅极电容对电荷的暂存作用存储信息的，由于结构简单、集成度高，在大容量 RAM 中应用较广。但由于栅极电容的容量很小，又存在一定的漏电流，所以需要及时充电，因此 DRAM 需要备有刷新电路。

常见的 DRAM 存储单元有四管、三管和单管电路结构。四管、三管电路多见在早期产品中，其特点是外围电路简单，读出信号大，但所用管子多集成度仍不易提高。目前大容量的 DRAM 存储单元普遍采用单管结构，它的特点是集成度高，功耗小，价格低，外围电路比较复杂。

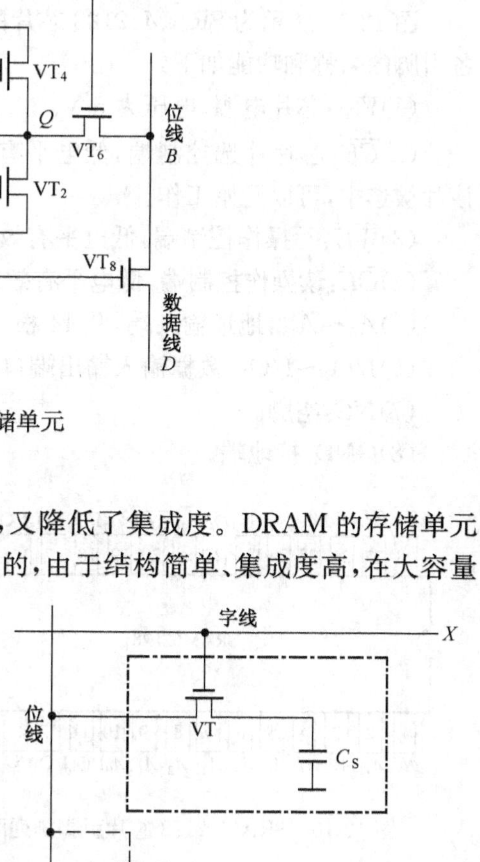

图 12-9　单管动态存储单元

图 12-9 所示为单管动态存储单元，它是所有存

储单元中电路结构最简单的一种。其存储单元由一只 N 沟道增强型 MOS 管 VT 和一个电容 C_S 组成。在进行读操作时,字线给出高电平,使 VT 管导通,这时 C_S 经 VT 向位线上的分布电容 C_B 提供电荷,使位线获得读出的信号电平。在进行写操作时,字线给出高电平,使 VT 管导通,位线上的数据经过 VT 存入 C_S 中。由于电容 C_S 的容量较小,使位线上得到的信号较弱,且每次电容读出时电荷要减小,造成破坏性读出。因此在单管动态存储单元中,需设置高灵敏度的读出放大器和用于刷新的再生放大器。

三、常用 RAM 芯片简介

常用的 RAM 芯片的型号如表 12-4 所示。

表 12-4　常用 SRAM 芯片型号

型号	2114 /21C14	6116 /61C16	6264 /62C64	62128 /62C128	62256 /62C256	62010 /62C010
容量	1 KB×4	2 KB×8	8 KB×8	16 KB×8	32 KB×8	128 KB×8
引脚数	18	24	28	28	28	32

1. SRAM62128 芯片

图 12-10 所示为 SRAM62128 芯片的引脚排列图。该芯片是 8 位 16 KB 的 SRAM。图中各引脚的名称和功能如下：

(1)V_{CC}:芯片电源,电压为 5 V。

(2)$\overline{CE}$:芯片片选控制端,低电平有效。$\overline{CE}=1$ 时该片未能选中,输出为高阻;$\overline{CE}=0$ 时该片被选中,可以开始工作。

(3)$\overline{WE}$:写操作控制端,低电平有效。当$\overline{CE}=0$、$\overline{WE}=0$、$\overline{OE}=1$ 时,为写操作。

(4)$\overline{OE}$:读操作控制端,低电平有效。当$\overline{CE}=0$、$\overline{WE}=1$、$\overline{OE}=0$ 时,为读操作。

(5)$A_0 \sim A_{13}$:地址输入端,共 14 根。

(6)$I/O_0 \sim I/O_7$:数据输入输出端口,为双向数据传输线,读/写操作时分时复用。

(7)NC:空脚。

(8)GND:接地端。

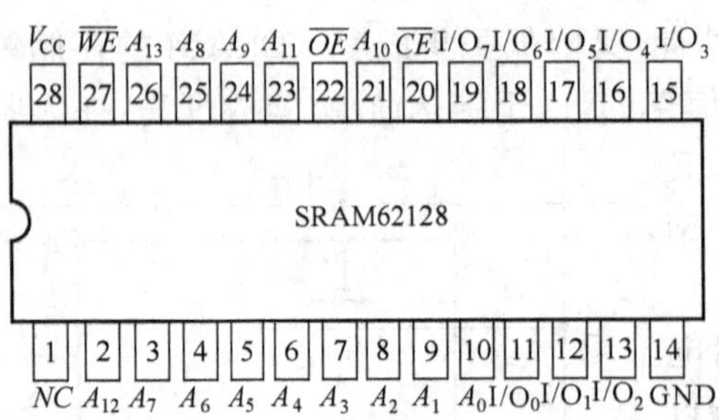

图 12-10　SRAM62128 芯片引脚排列图

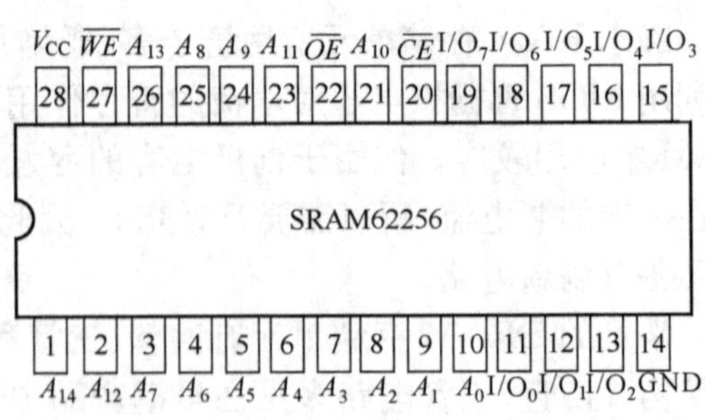

图 12-11　SRAM62256 芯片引脚排列图

2. SRAM62256 芯片

图 12-11 所示为 SRAM62256 引脚排列图。该芯片是 8 位 32 KB 的 SRAM。

图中各引脚的名称和功能如下：

(1)V_{CC}:芯片电源,电压为 5 V。

(2)$\overline{CE}$：芯片片选控制端，低电平有效。$\overline{CE}=1$ 时该片未能选中，输出为高阻；$\overline{CE}=0$ 时该片被选中，可以开始工作。

(3)$\overline{WE}$：写操作控制端，低电平有效。当$\overline{CE}=0$、$\overline{WE}=0$、$\overline{OE}/RFSH=1$ 时，为写操作。

(4)$\overline{OE}/RFSH$：读选通/刷新允许控制端，低电平有效。当$\overline{CE}=0$、$\overline{WE}=1$、$\overline{OE}/RFSH=0$ 时，为读操作；当$\overline{OE}/RFSH=1$ 时，芯片内部电路自动刷新。

(5)$A_0 \sim A_{14}$：为地址输入端，共 15 根。

(6)$I/O_0 \sim I/O_7$：数据输入输出端口，为双向数据传输线，读/写操作时分时复用。

(7)GND：接地端。

该电路的特点是具有掉电保护的功能。当 62256 在掉电之后，如保持$\overline{CE}$为高电平，并给 V_{CC}电源加上大于 3 V 的电压，电路就能起到掉电保护的作用。这是因为当 62256 的$\overline{CE}=1$ 时，芯片处于降耗保持状态，此时流过的电源电流为维持电流，只有微安级，且 V_{CC}由 5 V 降到 3 V 左右，内部存储的数据可保持而不丢失。

四、RAM 的容量扩展

在实际应用中，往往一片存储器的容量不能满足存储容量的需求，此时就需要将几片存储器按一定的方式连接，扩展成满足存储容量要求的存储器。考虑到存储容量＝字数×位数，因此 RAM 的扩展分为位扩展和字扩展。所谓位扩展是指现有芯片的位数不足时，利用多片芯片来组成位数更多而字数不变的存储器。而字扩展是字数不足时，利用多片芯片来组成字数更多而位数不变的存储器。但也有字、位同时扩展的情况。

1. 位扩展

将两片或两片以上同型号的 RAM 进行位扩展的方法是将各芯片的 RAM 的地址输入端、片选控制端和读/写控制端一一对应并接在一起，而每片的数据输入/输出端作为整个 RAM 的 I/O 端的一位。例如：将容量为 1 K×4 位的 2114 芯片扩展为 1 K×8 位的存储器。由题意可知，由于扩展后存储器的字数不变，只是位数从 4 位扩展为 8 位，因此可选用两片 2114 芯片进行位扩展。按照位扩展的并联连接方法连接，具体连接电路如图 12-12 所示。图中第一片芯片的 I/O 端作为扩展后存储器的高 4 位，第二片芯片的 I/O 端作为扩展后存储器的低 4 位，扩展后一个字的位数变成 8 位，从高到低位为 $I/O_7 \sim I/O_0$。

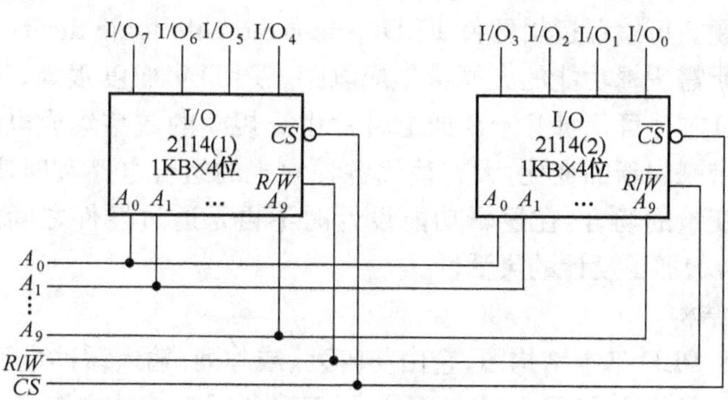

图 12-12　RAM 位扩展连接图

2. 字扩展

将两片或两片以上同型号的 RAM 进行字扩展的方法是将各芯片的 RAM 的地址输入

端、读/写控制端、I/O 端都对应并接在一起，并用一个译码器控制各个 RAM 的片选控制端。例如，将 4 片 2114 芯片扩展为 4 KB×4 位的存储器。由于扩展后存储器的字数从 1 KB 变为 4 KB，而位数不变，因此 4 片的 I/O 端并接在一起。按照字扩展的连接方式接线，具体连接电路如图 12-13 所示。

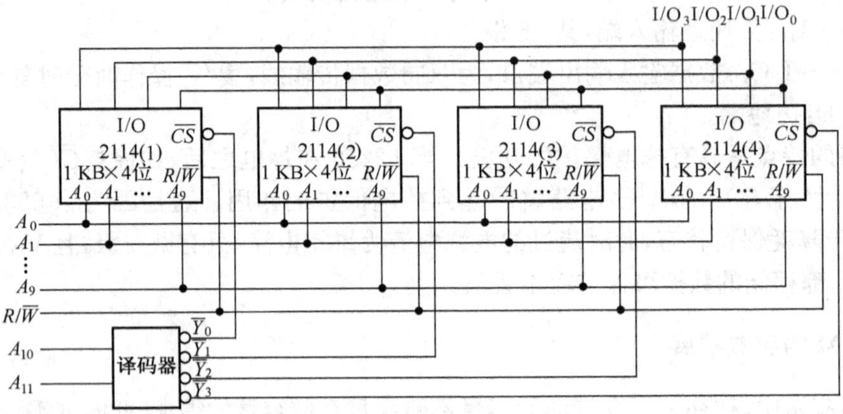

图 12-13　RAM 字扩展连接图

如要字数与位数同时扩展时，可将上述两种方法结合起来使用，这里不再赘述。对于 ROM 的容量扩展方法基本同 RAM。

第四节　可编程逻辑器件

一、概　　述

在组合电路和时序电路中讨论的各类通用标准器件，它们除了完成各自固有的逻辑功能外，还可用这些中小规模的标准器件构成功能复杂的电路，但需要很多芯片，且芯片的连接十分复杂，有时还需要外电路的支持，从而导致电路成本提高，功耗增大，占用空间大，可靠性下降。

随着集成电路工艺的发展，在 ROM 基础上开发出了可编程逻辑器件(简称 PLD)，PLD 的出现解决上述问题。可编程逻辑器件 PLD(programmable logic device)是一种由用户对器件进行编程以实现所需逻辑功能的大规模集成电路。PLD 集成度很高，足以满足一般数字系统的需要，一片 PLD 芯片可代替几十片或上百片中小规模的数字集成电路芯片，它的出现给数字电路逻辑设计带来崭新的变化，大有替代各种常规的组合电路和时序电路的趋势。尤其适合多输入多输出变量的场合，在逻辑功能设计时不再是通过器件之间的连线，而是通过对 PLD 的编程来实现，增加了设计的灵活性。

1. PLD 的基本结构

图 12-14 所示为 PLD 基本结构图，它由与阵列、或阵列、输入缓冲电路和输出缓冲电路构成。与阵列和或阵列是构成 PLD 的核心部分，是实现逻辑功能的主体。与阵列对输入电路的输入项进行与运算，其输出在或阵列中进行或运算。由于组合逻辑函数均可化为与或式，而时序电路又由组合电路与存储单元构成反馈的形式，因此 PLD 可应用于组合电路和时序电路，对数字系统的设计就有更普遍的意义。

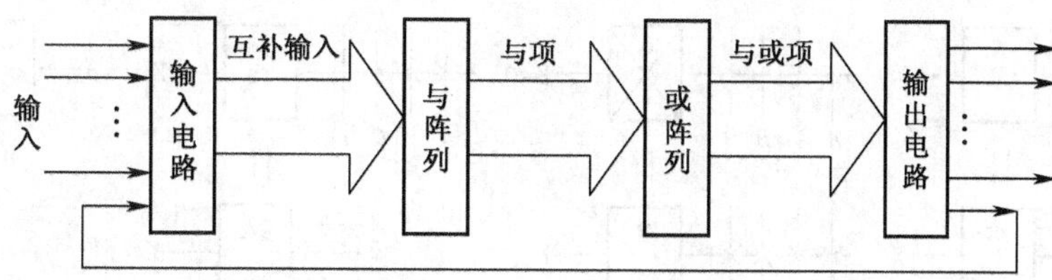

图 12-14　PLD 基本结构图

2. PLD 的分类

常用的 PLD 有只读存储器 PROM、可编程逻辑阵列 PLA、可编程阵列逻辑 PAL 和通用阵列逻辑 GAL 等，它们的基本结构大致相同。PLD 的输入、输出电路都具有缓冲作用，且输出电路具有不同的电路结构，如三态、OC、寄存器等，设计者可按需要设定输出方式。各种 PLD 器件结构特点如表 12-5 所示。

表 12-5　PLD 器件结构特点

器件	阵列		输出结构
	与阵列	或阵列	
PROM	固定	可编程	三态缓冲
PLA	可编程	可编程	三态、OC
PAL	可编程	固定	I/O、三态、寄存器、互补
GAL	可编程	固定	输出逻辑宏单元由用户定义

3. 编程的概念

PLD 编程的开发系统由硬件与软件两部分组成，硬件包括计算机和专门的编程器，软件有各种编程软件。编程软件操作很简便，一般在普通的 PC 机上就可运行，这给用户带来方便。PLD 的编程与可编程 ROM 相似。图 12-15 所示为一个四输入与门的编程例子。在四个与门的输入端都串入了熔丝，如熔丝均接通，则 $Y=ABCD$，若熔丝 1 和 3 被烧断，则 $Y=BD$，这就是与门的可编程结构。出厂时熔丝全部接通，使用时由用户按编程来确定某些熔丝烧断。现在的 PLD 大多采用电可擦可编程的方式，可反复编程。

4. PLD 简化逻辑符号表示法

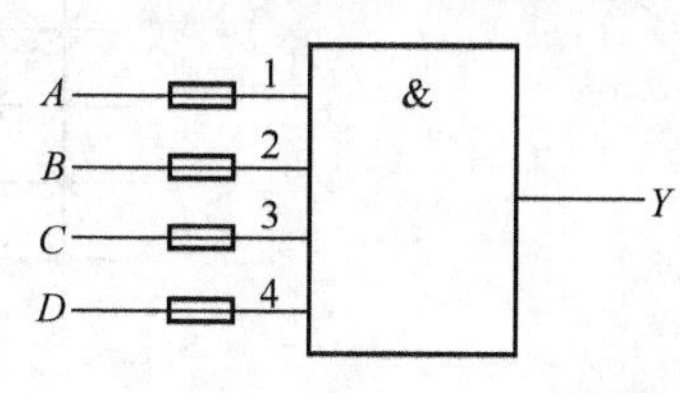

图 12-15　与门的可编程示意图

为了便于对 PLD 电路进行分析，常采用图 12-16 所示的逻辑图形符号来表示，这是目前国内外通行的画法。其中图 12-16(a)所示为 PLD 与门的逻辑符号，四个输入变量 A、B、C、D 称为输入项，用竖线表示，它们共用一条输入线。竖线与共用输入线的交叉点为编程点，交叉点有“·”符号的，表示该编程点为固定连接点，即硬连接点，产品出厂时已确定，用户不能改动，与此相应的输入项成为乘积项的一部分；交叉点有“×”符号的，表示可由用户定义的编程点，并表示编程点已接通，因此它的输入项成为乘积项的一部分；在交叉点上既无“·”，也无“×”，表示编程点熔丝已烧断，即断开连接。与门的输出 Y 称为“乘积项”，按照上述约定，则图 12-16(a)所示的表达式为 $Y=A\cdot B\cdot D$。图 12-16(b)所示为输出恒等于 0 的与门。图 12-16(c)所示为或门的逻辑符号，输出 Y 的“和项”表达式为 $Y=A+B+C$。图 12-16(d)所示为输入缓冲器的逻辑符号，PLD 中的输入缓冲器采用互补输出结构，它的两个输出 Y_1、Y_2 分别是输入 A 的原码和反码，即 $Y_1=A$，$Y_2=\overline{A}$。

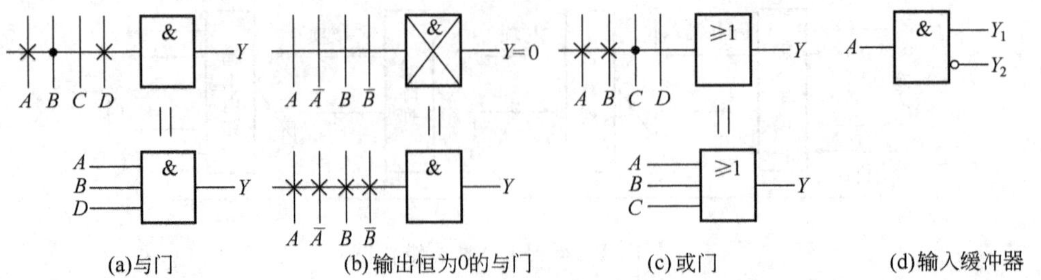

图 12-16　PLD 简化逻辑符号

二、可编程逻辑阵列 PLA

可编程逻辑阵列(Programmable Logic Array,PLA)由可编程的与逻辑阵列、可编程的或逻辑阵列、输入缓冲器和输出缓冲器四部分组成。图 12-17 所示为一个 PLA 的基本电路结构,它具有三个输入端和三个输出端,与逻辑阵列最多可提供六个可编程的乘积项,或逻辑阵列最多可提供三个组合逻辑函数。它与 PROM 组成的逻辑阵列不同的是与阵列和或阵列都是可编程的。由于与阵列是可编程的,通过编程只产生所需的乘积项,这使阵列规模大为减少,提高了芯片的利用率。如 PROM 有 n 个输入端就需 2^n 个乘积项,而图 12-17 所示为,三个输入端只提供六个乘积项。

PLA 不仅可用于组合电路,实现不同的组合逻辑函数;如果在或阵列的输出外接触发器,还可用与时序电路。另外还可用于实现码制转换和存储微程序指令。例如,用 PLA 实现下列三个逻辑函数。

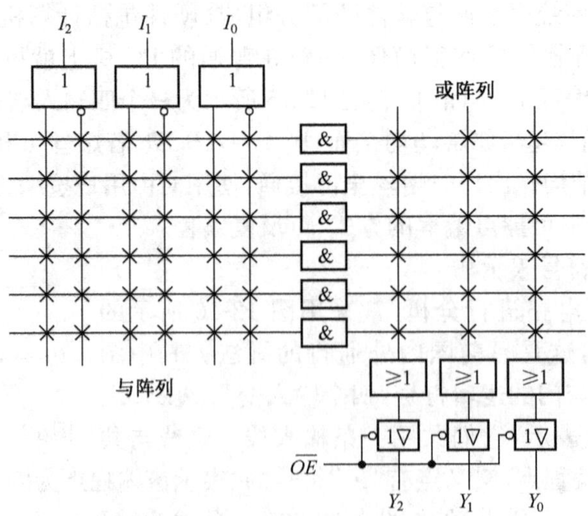

图 12-17　PLA 的基本电路结构

$$Y_0 = I_0 I_1 I_2 + \bar{I}_1 I_2$$
$$Y_1 = \bar{I}_0 I_1 I_2 + I_0 \bar{I}_1$$
$$Y_2 = \bar{I}_0 \bar{I}_1 \bar{I}_2 + I_1 \bar{I}_2$$

因为输出是三个逻辑函数,输入是三个变量,所以可用图 12-17 所示的 PLA 来实现该三个逻辑函数。图 12-18 所示为编程后的电路连接图，在$\overline{OE}=0$时，可得到上述逻辑函数。

PLA 的编程方式有两种：一种方式称为掩模 PLA，它是由制造商根据用户提供的真值表而完成的；另一种方式称为现场 PLA，用 FPLA 表示，它是由用户自己进行编程来完成的。目前使用的 FPLA 被预制成系列化的定型产品，其规格用输入项数（输入变量数）、与阵列的输出端数和或阵列的输出端数（输出变量数）三者的乘积来表示。如常用 12×50×6，它表示的是有 12 个变量输入端，与阵列能产生 50 个乘积项，或阵列有六个输出端。常用的 FPLA 的规格还有 16×48×8 和 14×48×8 等。

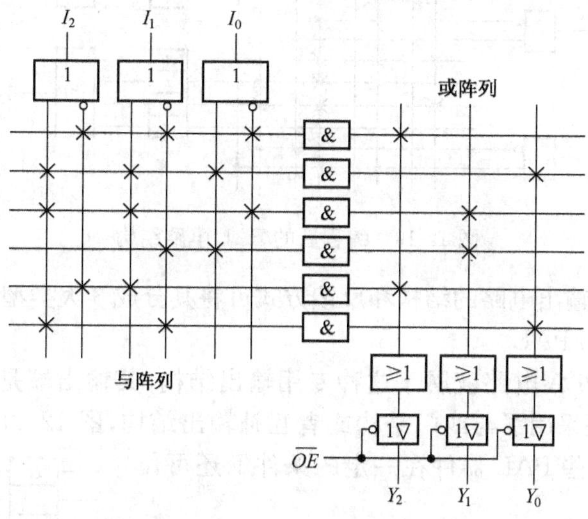

图 12-18　PLA 实现逻辑函数

三、可编程阵列逻辑 PAL

PAL 是在 PROM 和 PLA 基础上发展而来的，PAL 具有规则的阵列结构，能实现多种的逻辑功能，且编程简单，是目前使用较多的可编程逻辑器件之一。它采用双极型工艺制作，熔丝编程方式。

PAL 由可编程的与逻辑阵列、固定的或逻辑阵列和输出电路三部分构成。与阵列的可编程使器件使用十分灵活，能获得不同形式的组合逻辑函数，实现多变的逻辑功能；而固定的或阵列有使器件更小速度更快。PLA 器件不仅能实现组合逻辑功能，有些型号的 PLA 器件在输出电路中还设置触发器和从触发器的输出到与阵列的反馈线，利用这些器件可构成计数、寄存等时序电路。

图 12-19 所示为已编程后的 PAL 电路结构。在编程前与阵列所有交叉点上均有熔丝接通，编程后将有用的熔丝保留，用“×”表示，无用的熔丝烧断。图中产生的逻辑函数为

$$Y_0=I_0I_1+I_1I_2+I_2I_3+I_0I_3$$
$$Y_1=\overline{I}_0\,\overline{I}_1+\overline{I}_1\,\overline{I}_2+\overline{I}_2\,\overline{I}_3+\overline{I}_0\,\overline{I}_3$$
$$Y_2=I_0I_1I_2+I_1I_2I_3+I_0I_2I_3$$
$$Y_3=\overline{I}_0\,\overline{I}_1\,\overline{I}_2+\overline{I}_1\,\overline{I}_2\,\overline{I}_3+\overline{I}_0\,\overline{I}_2\,\overline{I}_3$$

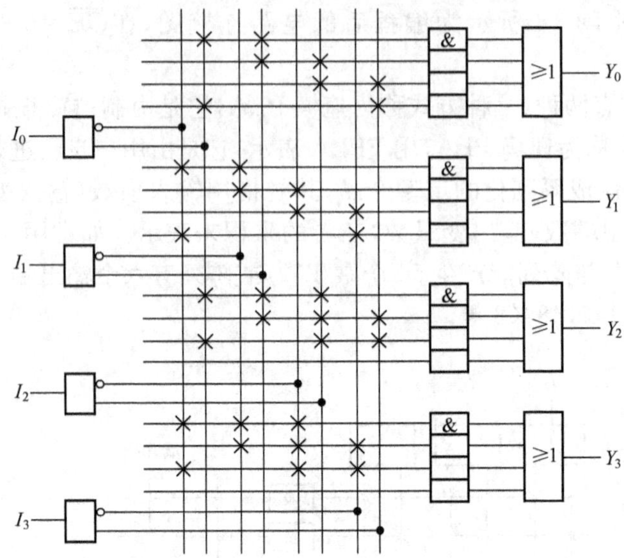

图 12-19 编程后的 PAL 电路结构

根据 PAL 器件的输出电路的结构和反馈方式可将其分成 3 大类型。

1. 专用输出结构的 PAL

图 12-19 所示为 PLA 电路就属于这种专用输出结构，其输出端是一个与或门。在有些 PAL 器件中，输出端还采用了与或门结构或者互补输出结构，图 12-20 所示为互补输出的电路结构。需要指出，有些 PAL 器件在一定的条件下还可作输入端使用。

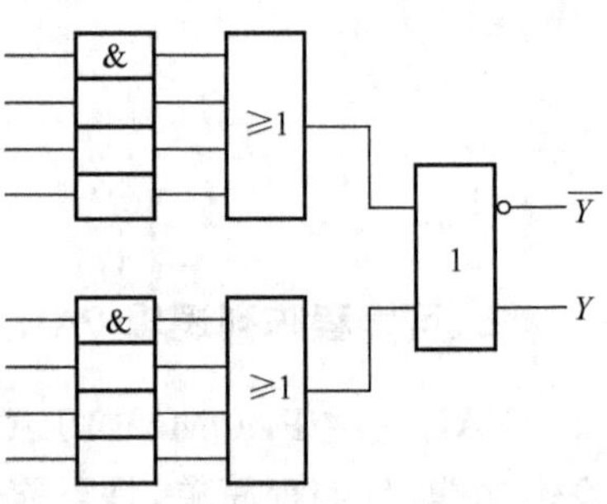

图 12-20 互补输出的专用输出结构

这种专用输出结构的 PAL 只用于简单的组合逻辑电路的设计。常用的具有专用输出结构的 PAL 有 PAL10H8(10 输入,8 输出,高电平有效)、PAL10L8(10 输入,8 输出,低电平有效)、PAL16C1(16 输入,1 输出,互补型)等。

2. 可编程输入/输出结构的 PAL

可编程输入/输出结构的电路如图 12-21 所示。它的结构特点是输出端是一个具有可编程控制端的三态缓冲器 G_1，其控制端的信号来自于逻辑阵列中的一个乘积项；同时三态缓冲器 G_1 的输出端又经过一个互补输出的缓冲器 G_2 反馈到可编程的与阵列中。

若用户编程使具有可编程控制端的三态缓冲器 G_1 的控制端信号(来自与逻辑阵列中)为 1，则 I/O 作为输出端口。如在图 12-21 所示的编程情况下，当 $I_1=I_2=1$ 时，也就是它们的乘积项为 1，所以 $C_1=1$，I/O_1 处于输出状态。若三态缓冲器的控制端信号为 0，即它们的乘积项为 0，则 I/O 作为出入端口。在图 12-21 所示结构中，由于 C_2 恒定于零，G_3 处于高阻状态，因此 I/O_2 可作为输入端使用。这时加到 I/O_2 上的输入信号经 G_4 接到与逻辑阵列中。这种结构的 PAL 比专用输出结构的 PAL 更具有灵活性，使组合逻辑电路的设计更方便。属于这种结构的器件有 PAL16L8、PAL20L10 等。

3. 寄存器输出结构的 PAL

PAL 的寄存器输出结构如图 12-22 所示。该结构的 PAL 是在可编程输入/输出结构的基础上改进而成的。在具有可编程控制端的输出三态缓冲器与固定的或逻辑阵列输出之间串入了一个由 D 触发器组成的寄存器,同时 D 触发器的输出端$\overline{Q}$又经过一个互补输出的缓冲器反馈到可编程的与逻辑阵列的输入端。这一结构使电路具有记忆功能,不仅可存储与或逻辑阵列的输出状态,而且也能方便地组成各种时序逻辑电路。如在图 12-22 所示的编程情况下,能得到 $D_1=I_1$,$D_2=Q_1$,则相当于两个触发器和与或逻辑阵列构成了移位寄存器,CLK 为移位时钟脉冲。属于这种结构的器件有 PAL16R4、PAL16R6、PAL16R8 等。

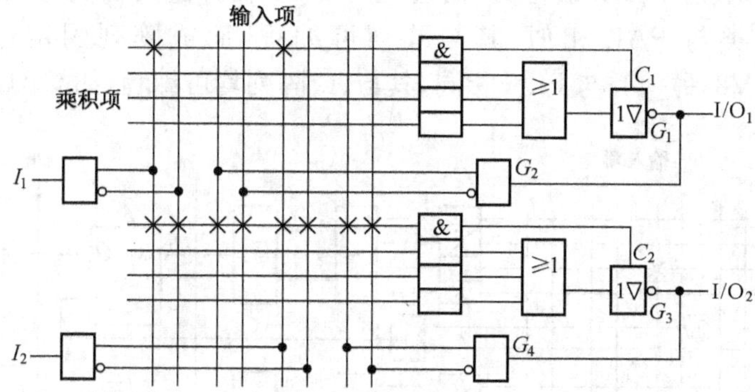

图 12-21 PAL 的可编程输入/输出结构

若在 PAL 的寄存器输出结构的或逻辑阵列的输出端增加一个异或门,就构成了 PAL 的异或结构。该电路可实现对寄存状态进行保持操作,并通过编程可以控制输出的极性,便于对输出的函数求反,使时序电路的设计进一步的简化。

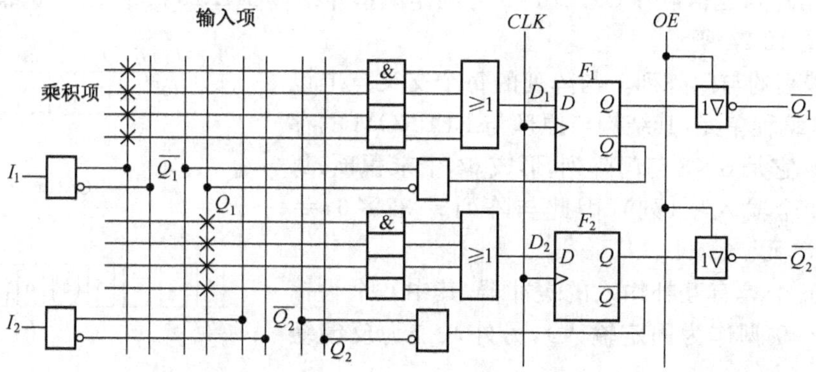

图 12-22 PAL 的寄存器输出结构

如在图 12-23 所示的编程情况下,当 $I_1=0$ 时 $D_1=Q_1$,则 $Q_1^{n+1}=Q_1^n$,在时钟脉冲到来时触发器的状态不变。对于 D_2 触发器,当 $I_1=0$ 时 $D_2=Y_2=Q_1I_2+\overline{Q}_1\ \overline{I}_2$;而当 $I_1=1$ 时 $D_2=\overline{Y}_2=\overline{Q_1I_2+\overline{Q}_1\ \overline{I}_2}$;则得到 Y_2 的反函数。属于这种结构的器件有 PAL20X4、PAL20X8、PAL20X10 等。

四、通用阵列逻辑 GAL

由于 PAL 采用了熔丝结构,一旦编程后就不能修改。另外,不同电路结构要选用不同型号的 PAL 器件,不便于用户使用。20 世纪 80 年代中期研制出的通用阵列逻辑器件 GAL,克服了 PAL 以上的两个不足。它是在 PAL 器件的基础上发展起来的新一代器件,它直接继承了 PAL 器件的与—或阵列结构，但采用了 EECMOS 新工艺，使 GAL 器件具有电可擦除、可重新编程和可重新配置其结构等功能。与 PAL 的主要区别在于电路中增加了灵活的可编程的输出逻辑宏单元 OLMC，通过编程可将 OLMC 设置成不同的工作状态，即使使用同一型号的 GAL 器件，也能实现 PAL 器件所有的各种输出模式，增强了输出功能，提高了器件的通用性。另外还采用了电子标签新技术，便于用户存放各种备查信息，以实现文档管理。用 GAL 器件设计数字逻辑系统，不仅灵活性大，而且能对 PAL 器件进行仿真，并能完全兼容。GAL 器件分两大类：一类与 PAL 相似，其与阵列可编程，而或阵列固定连接，这类产品有 GAL16V8、GAL20V8；另一类与 PLA 相同，其与、或阵列均可编程，如 GAL39V18。

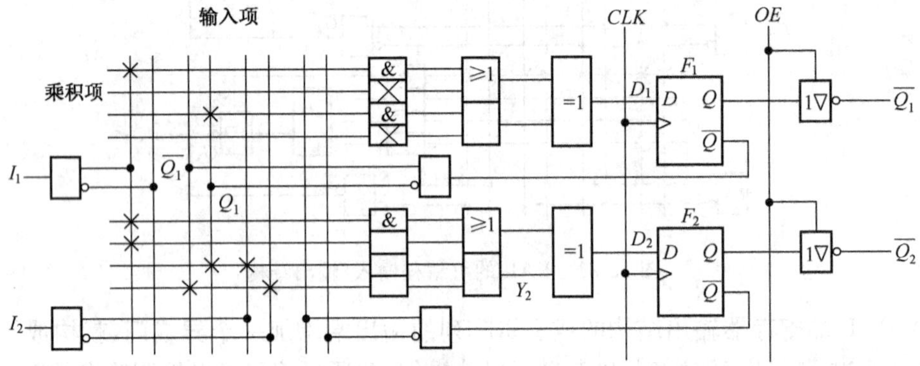

图 12-23　PAL 的异或输出结构

现以通用阵列逻辑器件 GAL16V8 为例作简单介绍。GAL16V8 由以下 5 部分组成，其引脚排列图如图 12-24 所示。

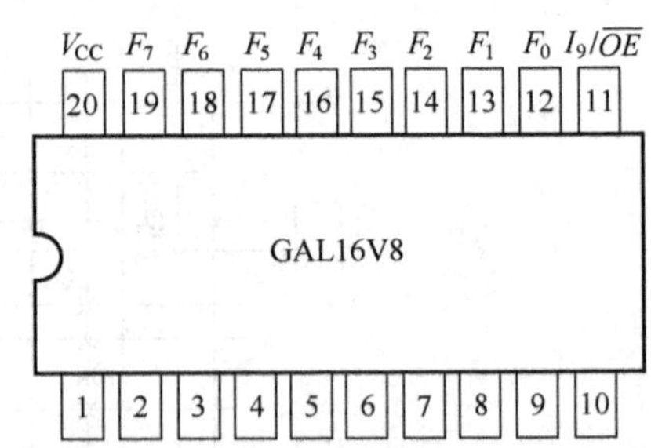

图 12-24　GAL16V8 引脚排列图

(1) 可编程的与门阵列。与阵列的每个交叉点上设有 EECMOS 编程单元，其结构与原理与 EEPROM 的存储单元相同。它是 8×8 与门阵列，形成 64 个乘积项，每个与门有 32 个输入项(列)，因此与阵列有 32×64＝2 048个编程单元。

(2)有 16 个具有互补输入的缓冲器，其中八个为输入缓冲器(2～9 脚作为固定输入)，另外八个为反馈缓冲器。

(3)有八个三态输出缓冲器(12～19 脚)。

(4)有八个输出逻辑宏单元，组成或阵列的八个或门包含在八个 OLMC 中，它们和与阵列是固定连接的。

(5)有一个时钟脉冲 CLK 的输入端(1 脚)和一个三态输出缓冲器的控制端$\overline{OE}$(11 脚)。另有电源端 V_{CC}(20 脚，V_{CC}＝5 V)和接地端(GND，10 脚)。

在使用 GAL 时，除了将(2～9 脚)八个引脚作为固定输入端外，还可将(12～19 脚)八个引脚配置成输入模式，这样输入端引脚最多达 16 个。

对 GAL 器件的编程是在开发系统的控制下完成的。实现 GAL 器件的编程一般需要专用的编程器和配套的编程软件。如一台配有 RS232 异步串行通信口的 PC/XT/AT 计算机或兼容机，至少配置 512 KB 的 RAM，并具有两个软盘驱动器，用 MS-DOS2.1 以上版本。编程时将编程器经 RS232 接口与 PC 机相连，接通编程器电源，将 GAL 芯片插入编程器上的插座，就可对 GAL 编程。在编程状态下，编程数据由第 9 脚串行送入 GAL 器件内部的移位寄存器中，移位寄存器有 64 位，装满一次就向编程单元地址中写入一行，编程是逐行进行的。

本章小结

(1)半导体存储器是一种具有存储大量数据功能的半导体器件。按存储功能存储器可分为只读存储器 ROM 和随机存取存储器 RAM 两大类。ROM 按写入方式的不同可分为固定 ROM、PROM、EPROM、EEPROM。RAM 按存储单元工作原理的不同，又分为 SRAM 和 DRAM。

(2)ROM 用来存放固定信息，在正常工作状态下只能读取信息，不能删除或修改信息。ROM 结构简单、集成度高、数据不易丢失。RAM 用来存放经常快速更换数据的场合，RAM 可以随时写入、更改和读出信息，使用灵活方便，但断电后信息会丢失。

(3)PLD 是在 ROM 在基础上开发出的可编程逻辑器件，它不仅用于存储信息，还可用于实现组合逻辑电路和时序逻辑电路的功能。常用的 PLD 产品有可编程逻辑阵列 PLA、可编程阵列逻辑 PAL 和通用阵列逻辑 GAL 等。PLD 的主要特点是通过编程方法来设置逻辑功能。

(4)PLD 由与阵列、或阵列、输入缓冲电路和输出缓冲电路组成。与阵列和或阵列是构成 PLD 的核心部分，是实现逻辑功能的主体。PLD 的编程与可编程 ROM 相似，使用时由用户按编程来确定某些熔丝烧断。现在的 PLD 大多采用电可擦可编程的方式，可反复编程。

(5)PLA 由可编程的与逻辑阵列、可编程的或逻辑阵列、输入缓冲器和输出缓冲器四部分组成。PLA 的编程方式有两种：一种方式称为掩模 PLA，它是有制造商根据用户提供的真值表而完成的；另一种方式称为现场 FPLA，由用户自己进行编程来完成的。

(6)PAL 具有规则的阵列结构，能实现多种的逻辑功能，且编程简单，是目前使用较多的 PLD 器件之一。它采用双极型工艺制作，熔丝编程方式。它由可编程的与逻辑阵列、固定的或逻辑阵列和输出电路三部分构成。通过编程将有用的熔丝保留，无用的熔丝烧断，就可获得所需的组合逻辑函数。根据 PAL 的输出电路的结构和反馈方式可分成专用输出结构的 PAL、可编程输入/输出结构的 PAL、寄存器输出结构的 PAL。

(7)GAL 是在 PAL 器件的基础上发展起来的新一代器件，采用了 EECMOS 新工艺，使 GAL 器件具有电可擦除、可重新编程等功能。电路中增加了可编程的输出逻辑宏单元 OLMC，通过编程可将 OLMC 设置成不同的输出模式，提高了器件的通用性。另外还采用了电子标签新技术，便于用户存放各种备查信息，以实现文档管理。用 GAL 器件设计数字逻辑系统，不仅灵活性大，而且能对 PAL 器件进行仿真，并能完全兼容。

习 题 十 二

1. 半导体存储器是计算机系统的记忆设备，它主要用来________________；存储周期是指________________；存储器的容量是指________________。

2. ROM 的特点是什么？RAM 的特点是什么？

3. PROM 有什么特点？EPROM 有什么特点？

4. SRAM 的存储单元靠什么记忆信息？DRAM 的存储单元靠什么记忆信息？它们各自的特点是什么？

5. 下列存储器各应有多少地址输入端?

(1)512×8 位　　(2)64 K×1 位

6. 试用 4 片 1 K×4 位的 RAM 芯片组成一个 2 K×8 位 RAM,画出电路图。

7. 设 RAM 芯片容量为 512×8 位,欲扩展为 4 K×8 位,需要几片 RAM? 画出连线示意图。

8. 现有 RAM2114 芯片(1 024×4),试问:

(1)该 RAM 有多少个存储单元?

(2)该 RAM 共有多少条地址线?

(3)访问该 RAM 时,每次有几个存储单元会选中?

(4)该 RAM 有多少个字? 字长是几位?

9. PROM 由固定的________阵列和可编程的________阵列组成;PLA 是由________的与阵列和________的或阵列组成;PAL 是由________的与阵列和________的或阵列组成。

10. 已知 ROM 如题图 12-1 所示,试列表说明 ROM 存储的内容。

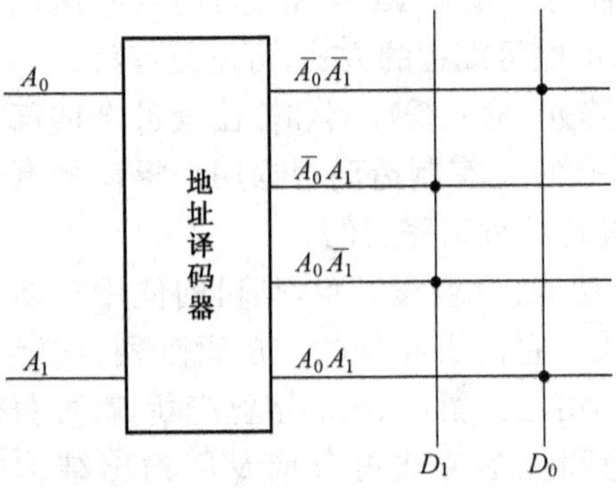

题图 12-1　题 10 附图

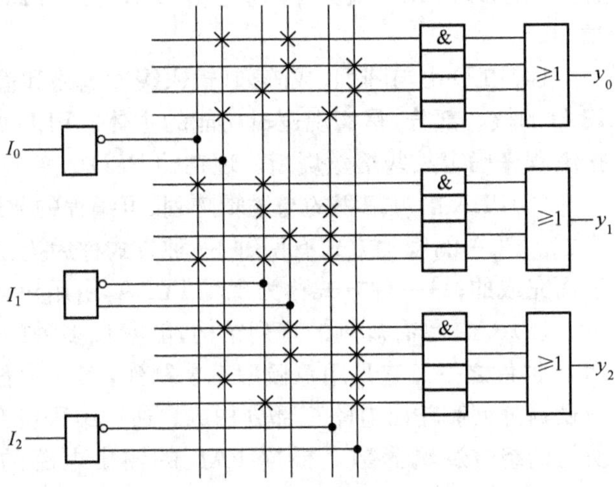

题图 12-2　题 14 附图

11. PLD 有哪些种类? 它们的共同特点是什么?

12. 试分别用 PLD 中的两种类型实现 3 位多数表决器逻辑。试画出逻辑阵列图。

(1)用 PLA 电路。(2)用 PAL 电路。

13. 试用 PLA 实现下面逻辑函数:

$$Y_0=\overline{I}_0I_1I_2+I_0\overline{I}_1\overline{I}_2+I_0I_1\overline{I}_2+I_0I_1I_2$$

$$Y_1=\overline{I}_0\overline{I}_1\overline{I}_2+\overline{I}_0I_1\overline{I}_2+\overline{I}_0I_1I_2+I_0\overline{I}_1\overline{I}_2+I_0I_1I_2$$

14. 已知编程后的 PAL 电路结构如题图 12-2 所示。试写出逻辑函数的表达式。

附录一　电子技术技能训练项目

项目一　单级低频电压放大器的设计与调试

一、项目概述

单级低频电压放大器是模拟电子放大电路的基本放大单元，常用来对微弱的电压信号进行放大。由于工业控制中，所用的输入电压信号均在 20 Hz～20 kHz，故这样的放大器称为低频电压放大器。

常见的单级电压放大器为共射极放大器，它由核心器件—晶体三极管以及电阻、电容等元件组成。

二、训练目的

单级电压放大器的设计与调试项目是模拟电子技术的一项基本技能训练，通过项目训练使学生能运用所学的理论知识，独立完成电路的组装、调试、测量工作以及分析问题和解决问题的能力。

三、训练内容与要求

1. 训练内容

利用模拟电子技术实验装置提供的电路板（或面包板）、电源、元器件、连接导线等，设计和组装成单级电压放大器。根据项目训练要求和给定的电路原理图，完成电路安装的布线图设计、元器件的选择，并完成电路的组装、调试、性能指标的测量等工作，撰写出项目训练报告。

2. 基本要求

（1）掌握模拟电子技术基本的电路设计、电路分析、元器件参数的选择、主要性能指标的估算。

（2）学会调试静态工作点的方法，了解静态工作点对放大电路性能的影响。

（3）学会对电压放大倍数、输入电阻、输出电阻及最大不失真输出电压的测试方法。

（4）熟悉常用电子仪器及模拟电路实验设备的使用。

（5）撰写项目训练报告。

四、电路原理分析

1. 电路组成

本项目采用的单级电压放大器为共射极放大器，电路原理图如附图 1-1 所示。图中各元器件的作用如下：

晶体管 VT：在放大电路中起放大、控制作用。它以较小的基极电流控制较大的集电极电流，实现对信号的放大。

直流电源 V_{CC}：它为晶体管正常工作提供外部工作条件，保证晶体管的发射结正偏、集电结反偏，使晶体管能起电流放大作用，另一方面为放大电路提供能源。

集电极负载电阻 R_C：它将变化的集电极电流 i_C 转换成变化的电压 $i_C R_C$。

基极偏置电阻 R_B：通过调整基极偏置电阻 R_B，可以调整放大电路的静态工作点，使晶体管有个合适的基极电流。

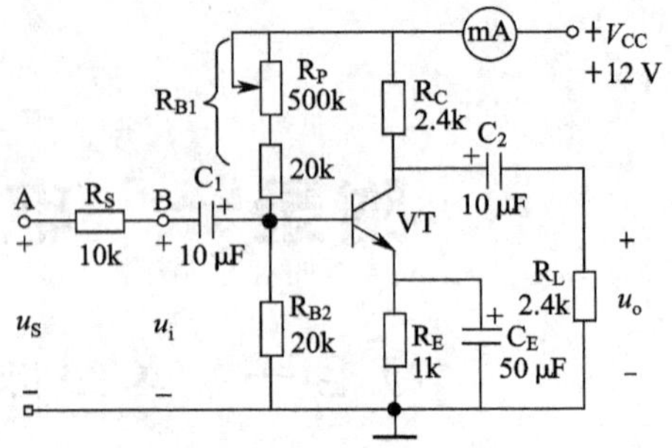

附图 1-1　单级电压放大器

耦合电容 C_1 和 C_2：起“隔直通交”作用，对直流分量视为开路，对交流信号视为短路。

2. 工作原理

放大电路正常工作时，电路中既有直流分量又有交流分量，直流分量由直流电源提供，交流分量由信号源提供。当放大电路 $u_i=0$ 时，电路中仅有直流分量，这时的工作状态称“静态”。当放大电路 $u_i\neq0$ 时，电路中除了直流分量外，还有交流分量，是两者的叠加，这时称“动态”。

当输入回路有一交流信号电压 u_i 作用时，则在晶体管的基极—发射极间引起一个变化电压 u_{BE}，在 u_{BE} 的作用下产生一个变化电流 i_B，由于晶体管的电流放大作用，在集电极回路引起较大的变化电流 $i_C=\beta i_B$，当放大后的集电极电流 i_C 流过集电极电阻 R_C 时，在 R_C 上产生变化的电压 $u_{CE}=i_C R_C$，即为输出电压 u_o。

五、内容安排

1. 知识准备

(1)指导教师讲授项目内容、要求、步骤、方法及相关理论知识。

(2)学生在面包板上完成电路布线图设计。

2. 电路组装

(1)按照电路图顺序，先插入元器件，再连接输入输出线、电源线。

(2)接入相应的测量仪表，并接入信号源。

3. 电路调试与测量

(1)调试静态工作点

①接通直流电源前先将 R_P 调至最大，而将低频信号发生器的输出信号幅度旋钮调至零。

②接通直流电源，调节 R_P 使 $I_{CQ}=2.0$ mA(即 $U_{EQ}=2.0$ V)。

③用直流电压表测量 U_{BQ}、U_{EQ}、U_{CQ} 及用万用电表测量 R_{B1} 值。并将测量数据填入附表 1-1中。

附表 1-1　静态工作点的测量

测量值				计算值		
U_{BQ}(V)	U_{EQ}(V)	U_{CQ}(V)	R_{B1}(kΩ)	U_{BEQ}(V)	U_{CEQ}(V)	I_{CQ}(mA)

(2)测量电压放大倍数

①调节低频信号发生器的输出频率旋钮，使输出信号频率为 1 kHz 的正弦信号，并接至放大器的输入端 u_S。

②调节低频信号发生器的输出信号幅度旋钮，使输出信号幅度由小逐步变大，同时用示波器观察放大器输出电压 u_o 波形。

③在波形不失真的条件下可适当增大 u_S，用晶体毫伏表分别测量接负载和不接负载两种情况下的 u_i、u_o 值，同时用双踪示波器观察 u_o 和 u_i 的相位关系，并计算相应的电压放大倍数。将数据填入附表 1-2 中。

附表 1-2　电压放大倍数的测量

R_L(kΩ)	u_o(V)	u_i(mV)	A_u	观察记录一组 u_o 和 u_i 波形
∞				
2.4				

(3)观察静态工作点对输出波形的影响

①置 $R_C=2.4\ \text{k}\Omega$，$R_L=2.4\ \text{k}\Omega$，$u_i=0$，调节 R_P 使 $I_{CQ}=2.0\ \text{mA}$，测出 U_{CEQ}的值。调节低频信号发生器的输出信号幅度旋钮，逐步加大放大器的输入信号，使输出的不失真电压幅度 u_o 为最大，然后保持输入信号幅度不变。这时所得的输出电压即为最大不失真输出电压。

②逐渐增大 R_P，直至最大，使静态工作点下移，观察输出电压波形的变化，绘出 u_o 的波形。

③逐渐减小 R_P，直至最小，使静态工作点上移，观察输出电压波形的变化，绘出 u_o 的波形。

(4)测量输入电阻和输出电阻

输入、输出电阻的测量电路如附图 1-2 所示。

①置 $R_C=2.4\ \text{k}\Omega$，$R_L=2.4\ \text{k}\Omega$，$I_{CQ}=2.0\ \text{mA}$。

②输入 $f=1\ \text{kHz}$ 的正弦信号，在输出电压 u_o 不失真的情况下，用晶体毫伏表测出带负载时的 u_S、u_i 和 u_o 值；再保持 u_S 值不变，断开 R_L，测出不带负载时的输出电压 u_o'。

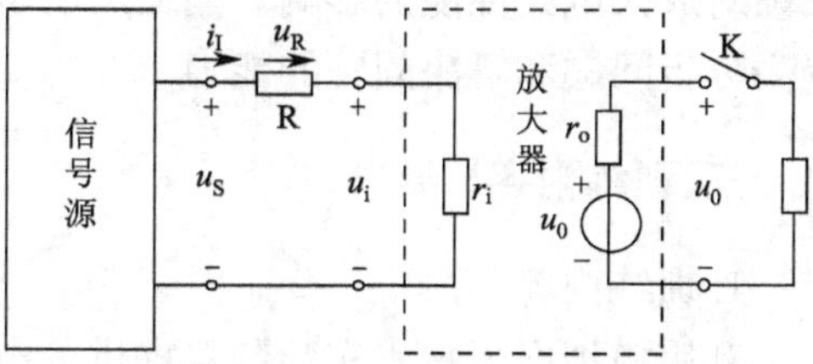

附图 1-2　输入、输出电阻测量电路

③将测量数据代入下面公式可计算出输入电阻、输出电阻。

输入电阻
$$r_i=\frac{u_i}{u_s-u_i}\cdot R$$

输出电阻
$$r_o=\left(\frac{u_o'}{u_o}-1\right)\cdot R_L$$

六、训练所用仪表与器材

1. 直流稳压电源、低频信号发生器、双踪示波器各 1 台。
2. 晶体毫伏表、直流毫伏表、直流毫安表、频率计各 1 台。
3. 电工工具：万用表、镊子、偏口钳、尖嘴钳等。
4. 晶体三极管 3DG6×1($\beta=50\sim100$)或 9 011×1 电阻器、电容器若干。

七、成绩评定

项目训练成绩评定采取百分制分段评定的方法：

1. 电路组装工艺(40 分)。

2. 电路测试(故障处理)(30 分)。

3. 总结报告(30 分)。

要求整理测量结果,并与理论计算值比较,分析产生误差的原因。归纳 R_C,R_L 及静态工作点对放大器电压放大倍数、输入电阻、输出电阻的影响。分析静态工作点变化对放大器输出波形的影响。

项目二　带有负反馈的两级电压放大器的设计与调试

一、项目概述

为了增大放大电路的电压放大倍数,常常采用多级放大电路,以把微弱的信号放大到足够大并能带动负载。两级电压放大电路是模拟电子放大电路的最常见的形式,分析研究两级电压放大电路能给我们研究多级放大电路打下基础。对于多级放大电路,人们关注的是电压放大倍数、输入电阻和输出电阻等主要性能指标。为了改善放大电路的性能指标,常常在放大电路中引入负反馈,引入负反馈后可稳定电压放大倍数、减少非线性失真、拓展通频带、改变输入输出电阻。

二、训练目的

通过项目训练让学生加深理解多级放大电路、带有负反馈的放大电路的工作原理,掌握负反馈对放大电路性能的影响。能运用所学的理论知识,独立完成电路的组装、调试、测量工作,提高分析问题和解决问题的能力。

三、训练内容与要求

1. 训练内容

利用模拟电子技术实验装置提供的电路板(或面包板)、电源、元器件、连接导线等,设计和组装成带有负反馈的两级电压放大器。根据项目训练要求和给定的电路原理图,完成电路安装的布线图设计、元器件的选择,并完成电路的组装、调试、性能指标的测量等工作,撰写出项目训练报告。

2. 基本要求

(1)掌握多级放大电路、负反馈放大电路的工作原理、分析方法、主要性能指标的估算。

(2)熟悉负反馈对放大电路性能指标的影响。

(3)学会对电压放大倍数、输入电阻、输出电阻、通频带、非线性失真的测量方法。

(4)撰写项目训练报告。

四、电路原理分析

1. 电路组成

本项目采用的两级电压放大器均为共射极放大器,反馈类型为电压串联交流负反馈,电路原理图如附图 2-1 所示。其中,VT_1、R_{P1}、R_{B1}、R_{B2}、R_{C1}、R_{E1}、R_{E2}、C_{E1} 构成第一级共射电压放大器,VT_2、R_{P2}、R_{B3}、R_{B4}、R_{C2}、R_E、C_{E2} 构成第二级共射电压放大器,反馈网络则通过 R_F、C_F 构成电压串联交流负反馈。在输入回路加接 R_S 主要是便于测量输入电阻。

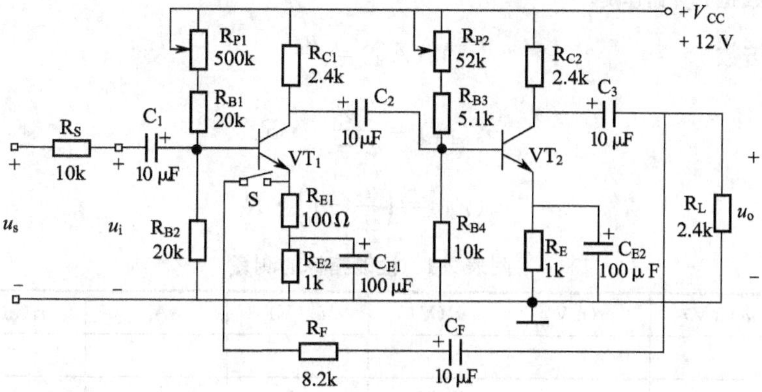

附图 2-1　带有负反馈的两级电压放大器

2. 工作原理

利用开关 S 的闭合与断开，形成"闭环"和"开环"两种工作状态。当开关 S 闭合时，电路形成"闭环"工作状态，即放大电路引入电压串联负反馈。由于是电压负反馈，它可使输出电阻变小，电路的带载能力增强，输出电压趋向恒压源。由于是串联负反馈，它可使输入电阻增大，但能改善非线性失真、拓展通频带。

当开关 S 处于断开状态时，电路不能构成"闭环"，此时即为基本的两级电压放大电路。通过开关 S 的闭合与断开，形成人为的两种工作状态，以便分析对比，从而看出负反馈的作用。

五、内容安排

1. 知识准备

(1)指导教师概述负反馈放大电路的相关理论知识，讲述项目内容、要求、步骤和方法。

(2)学生做好预习，并估算出"开环"和"闭环"的主要性能指标。

(3)在面包板上完成电路布线图设计。

2. 电路组装

(1)按照电路图顺序，先插入元器件，再连接输入输出线、电源线。

(2)接入测量仪表及信号源。

(3)接入开关 S，以便形成"闭环"和"开环"两种工作状态。

3. 电路调试与测量

(1)测量开环、闭环时的电压放大倍数 A_u、输入电阻 r_i 和输出电阻 r_o。

①先断开开关 S，测量开环时的电压放大倍数 A_u、输入电阻 r_i 和输出电阻 r_o。调节低频信号发生器，使放大器的输入信号为 u_i=5 mV、f=1 kHz 的正弦波信号。用示波器观察输出电压波形 u_o，在 u_o 不失真的情况下，用晶体毫伏表测量 u_S、u_i、带负载输出电压 u_o、空载输出电压 u_o'，并填入附表 2-1 中。

②闭合开关 S，将电路接成带有负反馈的放大电路。保持输入信号为 u_1=5 mV、f=1 kHz的正弦波信号不变，用晶体毫伏表测量 u_S、u_i、带负载输出电压 u_o、空载输出电压 u_o'，并填入附表 2-1 中。

③根据下列公式，利用上述测量数据计算出对应的开环电压放大倍数 A_u、闭环电压放大

倍数 A_{uf}、开环输入电阻 r_i、闭环输入电阻 r_{if}、开环输出电阻 r_o、闭环输出电阻 r_{of}，并填入附表 2-1 中，将两组数据进行比较。

电压放大倍数　$$A_u(A_{uf})=\frac{u_o}{u_i}$$

输入电阻　$$r_i(r_{if})=\frac{u_i}{u_s-u_i}\cdot R_s$$

输出电阻　$$r_o(r_{of})=\left(\frac{u_o'}{u_o}-1\right)\cdot R_L$$

附表 2-1　性能指标的测量

基本放大器	u_S(mV)	u_i(mV)	u_o(V)	u_o'(V)	A_u	r_i(kΩ)	r_o(kΩ)
负反馈放大器	u_S(mV)	u_i(mV)	u_o(V)	u_o'(V)	A_{uf}	r_{if}(kΩ)	r_{of}(kΩ)

对比时注意：$A_{uf}=\dfrac{A_u}{1+A_uF_u}$　　　　$F_u=\dfrac{R_{E1}}{R_{E1}+R_F}$

$r_{if}=(1+A_uF_u)\cdot r_i$　　　　$r_{of}=\dfrac{r_o}{1+A_uF_u}$

(2)测试负反馈放大器的通频带

①接上 R_L，保持输入信号为 $u_i=5$ mV、$f=1$ kHz 的正弦波信号不变，测出输出电压 u_o 的值，计算出 A_u 值，将数据填入附表 2-2 中。

②保持输入信号为 $u_i=5$ mV 的正弦波，调节低频信号发生器的频率旋钮，使输入信号 u_i 的频率增加，测出输出电压 $u_{o(H)}=0.707u_o$ 时所对应的频率值 f_H，此时的电压放大倍数 $A_{u(H)}=0.707A_u$，f_H 为上限频率，将所测数据填入表 2-2 中。

③保持输入信号为 $u_i=5$ mV 的正弦波，调节低频信号发生器的频率旋钮，使输入信号 u_i 的频率减少，测出输出电压 $u_{o(L)}=0.707u_o$ 时所对应的频率值 f_L，此时的电压放大倍数 $A_{u(L)}=0.707A_u$，f_L 为下限频率，将所测数据填入表 2-2 中。

④通过开关 S，就可分别测出基本放大器、负反馈放大器的通频带，通频带 $f_{BW}=f_H-f_L$。

附表 2-2　通频带的测量

类　型	输入电压 u_i(mV)	输出电压 u_o(V)		电压放大倍数 A_u		信号频率 f(Hz)		通频带 f_{BW}(Hz) $f_{BW}=f_H-f_L$
基本放大器	5	u_o		A_u		f	1 000	
		$u_{o(H)}$		$A_{u(H)}$		f_H		
		$u_{o(L)}$		$A_{u(L)}$		f_L		
负反馈放大器	5	u_o		A_u		f	1 000	
		$u_{o(H)}$		$A_{u(H)}$		f_H		
		$u_{o(L)}$		$A_{u(L)}$		f_L		

(3)观察负反馈对非线性失真的改善

①将电路接成基本放大器状态，在输入端加入 $f=1$ kHz 的正弦波信号，输出端接示波器，逐渐增大输入信号的幅度，使输出波形开始出现失真，记下此时的波形和输出电压的幅度。

②再将电路改接成负反馈放大器状态，增大输入信号幅度，使输出电压幅度的大小与①相同，比较有负反馈时输出波形的变化。

六、训练所用仪表与器材

1. 直流稳压电源、低频信号发生器、双踪示波器各 1 台。
2. 晶体毫伏表、频率计各 1 台。
3. 电工工具：万用表、镊子、偏口钳、尖嘴钳等。
4. 晶体三极管（3DG6×2，$\beta=50\sim100$）、电阻器、电容器若干。

七、成绩评定

项目训练成绩评定采取百分制分段评定的方法：
1. 电路组装工艺（30 分）。
2. 主要性能指标测试（50 分）。
3. 总结报告（20 分）。

将基本放大器和负反馈放大器的主要性能指标的实测值和理论估算值进行比较，总结负反馈对放大器性能的影响。

项目三　集成运放基本应用电路的设计与调试

一、项目概述

集成运算放大器是一种高放大倍数的直接耦合的多级放大电路，它既能实现对信号的放大，也能实现各种模拟运算，既能放大直流信号，也能放大交流信号，因此有着十分广泛的应用。理想集成运放的特性是：电压增益 $A_{od}=\infty$、输入电阻 $r_{id}=\infty$、输出电阻 $r_o=0$、共模抑制比 $K_{CMR}=\infty$。根据理想集成运放的特性，能得到两个重要结论：即“虚短”$u_-\approx u_+$、“虚断”$i_-=i_+\approx0$。这两个重要结论既为我们分析运算放大电路带来方便，也是分析电路的重要基础。

集成运放的基本运算电路有：比例运算、加法运算、减法运算、积分和微分运算等。基本运算电路通常由集成运放和负反馈电路两部分组成，集成运放必须工作在线性范围内，才能保证输出与输入电压间具有一定的函数关系。由于集成运放的开环电压增益很高，必须外加深度负反馈，而不同的反馈电路，就能获得不同的模拟运算。

二、训练目的

利用集成运放可构成多种运算电路，实现对信号的放大或处理。通过该项目训练，使学生能了解集成运放的外形结构及引线功能，掌握集成运放的使用方法。能运用集成运放的理论知识，独立完成比例运算、加法与减法运算电路的组装、调试和测量工作，提高对知识的应用能力以及分析问题和解决问题的能力。

三、训练内容与要求

1. 训练内容

利用模拟电子技术实验装置提供的电路板（或面包板）、电源、集成运放器件、电阻电容、连接导线等，设计和组装成各种运算放大电路。根据本项目训练要求以及给定的各种运算形式，完成电路安装的布线图设计、元器件的选择，并完成电路的组装、调试、主要参数的测量等工作，并撰写出项目训练报告。

2. 基本要求

(1)掌握典型集成运放的工作原理、理想特性、“虚短”和“虚断”概念。

(2)熟悉集成运放的几种基本运算形式。

(3)学会反相比例运算、反相加法运算、减法运算电路的组装、调试和测量。

(4)撰写项目训练报告。

四、电路原理分析

1. 典型集成运放 LM324 简介

集成运放 LM324 是四运放集成芯片，它采用 14 脚双列直插塑料封装，外形如附图 3-1 所示。它的内部包含四组形式完全相同的运算放大器，除电源共用外，四组运放相互独立。LM324 的引脚功能及排列见附表 3-1 和附图 3-1。

附表 3-1　LM324 功能表

引　脚	功　　能
4	正电源端 $+V_{CC}$(+5 V～+15 V)
11	负电源端 $-V_{CC}$(0 V～−15 V)
3.5.10、12	同相输入端 u_+
2.6.9、13	反相输入端 u_-
1.7、8、14	输出端 u_o

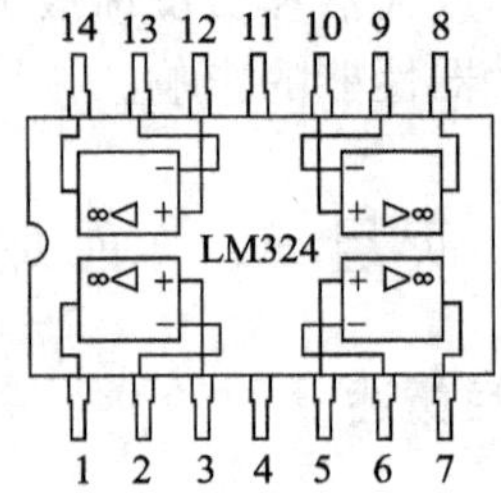

附图 3-1　LM3243-1 脚排列

使用时，可用万用表测量 LM324 的性能，将万用表置 $R\times1$ kΩ 挡，先测两个电源引线，查是否短路；再测各引线之间的阻值，都应足够大，一般阻值在数十千欧以上。

1. 集成运放的基本应用

(1)比例运算电路

比例运算电路有同相输入和反相输入两种，由于外部电路不同，构成的运算方式也不同。

①反相比例运算

反相比例运算电路如附图 3-2 所示。输入信号 u_i 通过 R_1 加到集成运放反相输入端，输出信号通过反馈电阻 R_F 回送到反相输入端，构成电压并联负反馈。根据理想运放的虚断、虚短概念：$i_+=i_-\approx0$、$u_-=u_+\approx0$，可推出输出电压与输入电压的关系为

$$u_o=-\frac{R_F}{R_1}u_i$$

②同相比例运算

同相比例电路如附图 3-3 所示。输入信号 u_i 通过 R_2 加在集成运放的同相输入端，输出信号通过反馈电阻 R_F 回送到反相输入端，构成电压串联负反馈。根据理想运放的虚短、虚断概念：$i_+=i_-\approx0$，则 $u_+=u_-=u_i$，可推出整理可得 u_o 与 u_i 的关系为

$$u_o=\frac{R_1+R_F}{R_1}u_i$$

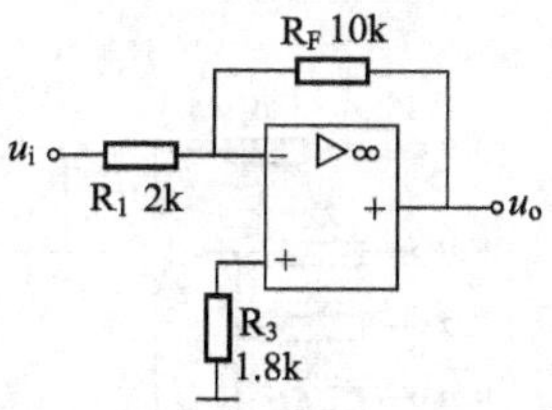

附图 3-2　反相比例运算电路

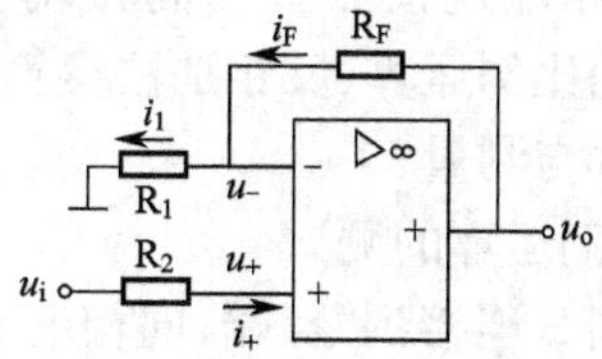

附图 3-3　同相比例运算电路

2. 加法与减法运算

①反相加法运算

加法运算就是对几个信号的求和。附图 3-4 为反相加法运算电路，它在反相比例运算电路的基础上，增加若干输入支路。由理想运放的虚短、虚断概念：因为 $i_+ = i_- \approx 0$，所以 $i_1 + i_2 = i_F$，且 $u_- = u_+ = 0$，当 $R_1 = R_2 = R$ 时，可得

$$u_o = -(u_{i1} + u_{i2})$$

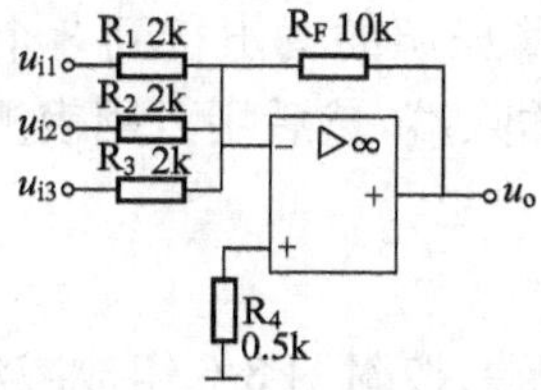

附图 3-4　反相加法运算

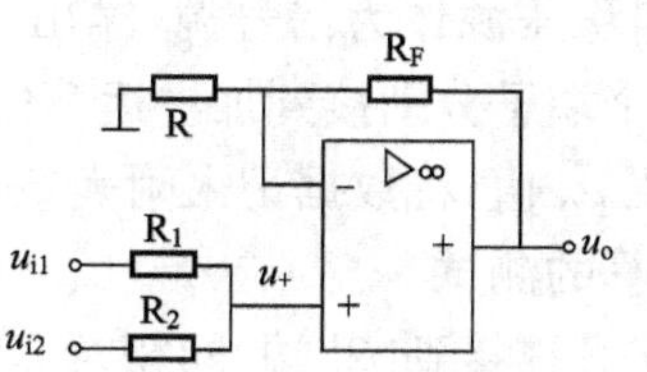

附图 3-5　同相加法运算

②同相加法运算

附图 3-5 为同相加法运算电路，若在电路中取 $R_1 = R_2$，$R = R_F$，由同相比例运算并利用叠加原理求得：

$$u_o = u_{i1} + u_{i2}。$$

③减法运算

附图 3-6 为减法运算电路，它是反相输入比例运算和同相输入比例运算的组合，实质上是一种差分运算电路。利用叠加原理即可求得 u_o，当满足 $R_3/R_2 = R_F/R_1$ 时，求得

$$u_o = -\frac{R_F}{R_1}(u_{i1} - u_{i2}) = \frac{R_F}{R_1}(u_{i2} - u_{i1})$$

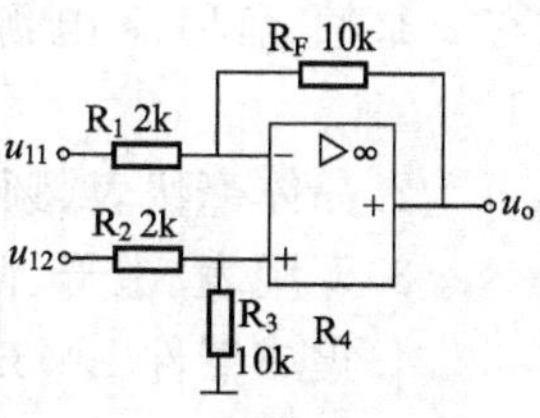

附图 3-6　减法运算电路

五、内容安排

1. 知识准备

(1)指导教师讲述集成运放应用电路的组成，项目训练的内容、要求、步骤和方法。

(2)学生做好预习，熟悉比例运算、加法与减法运算电路的结构，掌握输出电压与输入电压的运算关系。

(3)在面包板上完成电路布线图设计。

2. 电路组装

(1)按照附图 3-7 所示连接电路，插入集成运放器件，外围接入电阻，连接输入输出导线和电源线。

(2)接入测量仪表及信号源。

(3)设置反相端连接点 S 和同相端 S′连接点，用来分别测试反相比例运算、反相加法运算和减法运算。

3. 电路调试与测量

(1)反相比例运算的测试

①将反相端 S 连接到“1”端，同相端 S′连接到“1′”端，按附图 3-2 组成反相比例运算电路。

②调节低频信号发生器，使其输出电压有效值分别为 1 V 和 0.5 V，信号频率为 1 kHz 的正弦信号，接到比例运算放大器电路的输入端，测出相应的输出电压有效值 u_o，并用示波器观察输出电压与输入电压波形，比较两者的相位关系及幅度。将数据记入附表 3-2 中。

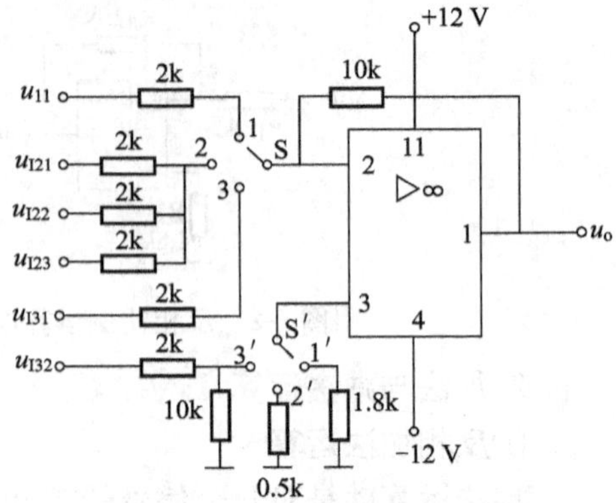

附图 3-7　测量电路

(2)反相加法运算的测试

①将反相端 S 连接到“2”端，同相端 S′连接到“2′”端，按附图 3-4 组成反相加法运算电路。

②使用一组稳压源作为信号源，输出 1.5 V。将稳压源的输出接到 3 个电阻组成的分压电路上，形成 3 个端子分别接到加法运算电路的 3 个输入端，然后用万用表测出此时的 u_{i1}、u_{i2}、u_{i3} 值及输出电压 u_o 值，将数据记入附表 3-3 中。

(3)减法运算的测试

①将反相端 S 连接到“3”端，同相端 S′连接到“3′”端，按附图 3-6 组成减法运算电路。

②采用同样的方法，将电阻分压电路的两个输出端子分别接到减法运算电路的两个输入端，用万用表测出此时的输入及输出电压值，数据记入附表 3-4 中。

附表 3-2　反相比例运算的测量

输出值 / 输入值	u_o(V)测量值	u_o(V)计算值
u_i=1.0 V		
u_i=0.5 V		

六、训练所用仪表与器材

1. 直流稳压电源、低频信号发生器各 1 台。
2. 晶体毫伏表、频率计各 1 台。
3. 万用表、镊子、偏口钳、尖嘴钳等。
4. 集成器件 LM324，电阻器若干。

附表 3-3　反相加法运算的测量

输出值 / 输入值	u_o(V)测量值	u_o(V)计算值
u_{i1}=1.0 V		
u_{i2}=0.6 V		
u_{i3}=0.4 V		

七、成绩评定

项目训练成绩评定采取百分制分段评定的方法。

1. 电路组装工艺(30 分)。
2. 主要性能指标测试(50 分)。
3. 总结报告(20 分)。

将运算放大电路的实测值和理论估算值进行比较，总结运算放大电路输入与输出的关系。

附表 3-4　减法运算的测量

输出值 / 输入值	u_o(V)测量值	u_o(V)计算值
u_{i1}=1.5 V		
u_{i2}=0.5 V		

项目四：OTL 功率放大器的设计与调试

一、项目概述

功率放大电路的主要任务是向负载提供不失真的输出功率，以带动负载工作。功率放大器按工作状态分为甲类、乙类和甲乙类三种；按电路结构分为单管功率放大器，变压器耦合功率放大器、无输出变压器的功率放大器 OTL、无输出电容的功率放大器 OCL 和桥式推挽功率放大器 BTL。OTL 与 OCL 是功率放大器中使用最多用的，这两种电路具有结构简单、体积小、效率高、频响特性好、便于集成等优点，因此在集成功率放大电路中得到广泛的应用，因此，将它作为项目之一进行训练，具有较好的现实意义。

二、训练目的

通过该项目训练，使学生能加深对互补对称推挽功率放大器原理和特性的理解，学会对功率放大器性能指标的测量方法。能运用功率放大器的理论知识，能独立完成甲乙类互补对称 OTL 功率放大电路的组装、调试和测量工作，增强实际操作的能力，提高分析问题和解决问题的能力。

三、训练内容与要求

1. 训练内容

利用模拟电子技术实验装置提供的电路板(或面包板)、电源、晶体三极管、电阻电容、连接导线等，设计和组装成甲乙类互补对称 OTL 功率放大电路。根据本项目训练要求以及给定的电路结构，完成电路安装的布线图设计、元器件的选择，并完成电路的组装、调试、性能指标的测量，并撰写出项目训练报告。

2. 基本要求

(1)掌握甲乙类互补对称 OTL 功率放大电路的工作原理。

(2)学会对功率放大器的组装、调试和测量。

(3)撰写项目训练报告。

四、电路原理分析

甲乙类互补对称 OTL 功率放大电路如附图 4-1 所示。功放电路由两个特性相同、型号相异的三极管 VT_1、VT_2 组成。由于两管的发射极(即 K 点)静态电压不为零，因此，在输出端与负载电阻 R_L 间就必须串联一个大电容，起隔断直流、耦合交流的作用。静态时，由于两管对称，电容两端的电压为 $1/2V_{CC}$。有信号时，若 R_LC 的乘积远大于信号周期，则电容两端保持 $1/2V_{CC}$ 不变，这样电容就可以等效为一个 $1/2V_{CC}$ 的电源，作为 VT_2 的供电电源。偏置电路由 R_1、R_2、R_P、VD_1、VD_2 组成，以在两基极间形成直流偏置电压，消除交越失真。

在输入信号的一个周期里，VT_1、VT_2 轮流导通，两个不同类型的管子交替工作，互相弥补了对方的不足，在输入信号的整个周期内负载 R_L 上都有电流流过，可以得到一个完整的输出信号波形。因此，我们把这种电路称为单电源的互补对称功率放大电路。也就是说 OTL 电路是采用单电源供电的互补对称功率放大电路。

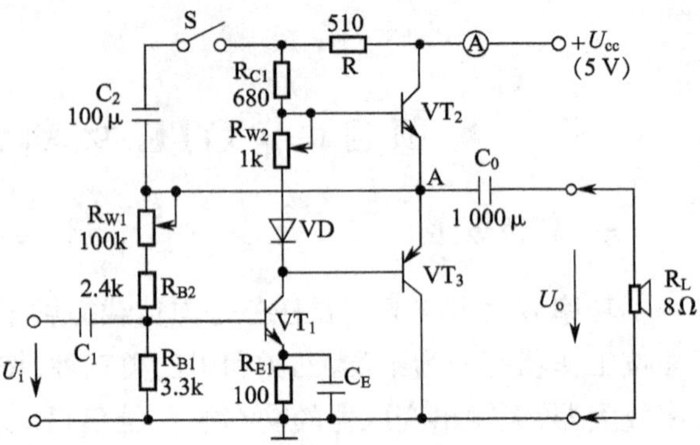

附图 4-1 甲乙类互补对称 OTL 放大电路

五、内容安排

1. 知识准备

(1)指导教师讲述互补对称 OTL 功率放大器的结构与工作原理，明确项目训练的内容、要求、步骤和方法。

(2)学生做好预习，熟悉 OTL 功率放大器的组成、工作原理，功率与效率的计算方法，自举电路的作用，为电路组装与调试打下基础。

(3)在面包板上完成电路布线图设计。

2. 电路组装

(1)按照电路附图 4-1 组装功率放大器，选择好晶体三极管、电阻、电容，连接输入输出导线和电源线。

(2)接入测量仪表及信号源。

(3)设置控制开关 S，当 S 断开时，电路无自举；当 S 闭合时，电路接入自举电容 C_2，以便动态测量时，分别测量两种情况下的性能指标。

3. 电路调试与测量

(1)静态调试与测量

将放大器接通直流电源，先调 A 点电位，用直流电压表测 A 点电位，调节电位器 R_{w1}，使 $U_A=U_{CC}/2=2.5$ V，再调整推挽管静态电流，防止产生交越失真，调节电位器 R_{w2} 使推挽管电流 $I_{c1}=I_{c2}\geqslant 5$ mA。然后，用直流电压表分别测量 3 个晶体管各极电位，将测量数据填入附表 4-1 中。

附表 4-1 放大器各极电位测试

各极电位	VT_1	VT_2	VT_3
U_B(V)			
U_C(V)			
U_E(V)			

(2)动态调试与测量

通过开关 S 的控制，可以实现自举电路，当 S 断开时，电路无自举；当 S 闭合时，电路接入自举电容 C_2。动态测量时，分别测量两种情况下的电路性能指标。

在输入端输入正弦电压信号，调节低频信号发生器，使 $f=1$ kHz，u_i 逐步增大，用示波器观察输出电压波形，直至达到最大不失真输出。用晶体毫伏表表测量输出电压 U_{om} 数值，在直流电流表中读出直流电源平均电流值 I_{dc}，填入附表 4-2 中。

附表 4-2 放大器性能指标测试

有否自举	U_{om}(V)	I_{dc}(mA)	P_{om}	P_E	η
无自举					
有自举					

六、训练所用仪表与器材

1. 直流稳压电源、低频信号发生器各 1 台。
2. 晶体毫伏表、示波器各 1 台。
3. 万用表、镊子、偏口钳、尖嘴钳等。
4. 晶体三极管、电阻、电容若干。

七、成绩评定

项目训练成绩评定采取百分制分段评定的方法。
1. 电路组装工艺(30 分)。
2. 主要性能指标测试(40 分)。
3. 总结报告(30 分)。
将实测值和理论估算值进行比较,总结乙类功率放大器的效率和自举电路的作用。

项目五 RC 桥式正弦波振荡器的设计与调试

一、项目概述

在电子电路中,常需要正弦波信号作信号源。正弦波振荡电路就是不需要外加信号激励,通过自激振荡来产生正弦波交流电压。它实质上是一种能量转换电路,将直流电能转变为交流电能,是一种特殊的放大电路。在放大电路中引入适当的正反馈时,就能引发自激振荡。因此,自激振荡电路一般由基本放大电路和反馈网络所组成,另外,还应包含选频网络。正弦波振荡电路在无线电技术、工业生产以及日常生活中都有广泛的应用。在通信、广播系统中,用它作为高频信号源。在工业生产中,除了用于测量、自动控制技术外,还可用作高频加热炉、高频感应炉以及超声波压焊机等。

二、训练目的

该项目训练旨在提高学生对正弦波振荡器的认识,加深对所学知识的理解,学会对正弦波振荡器的应用。能独立完成 RC 桥式正弦波振荡器的组装、调试和测量,增强实际的操作技能。

三、训练内容与要求

1. 训练内容

利用模拟电子技术实验装置提供的电路板(或面包板)、电源、集成运放器件、电阻电容、连接导线等,设计和组装成 RC 桥式正弦波振荡器。根据本项目训练要求,以及给定的电路图,完成电路安装的布线图设计、元器件的选择,并完成电路的组装、调试、主要参数的测量等工作，并撰写出项目训练报告。

2. 基本要求

(1)掌握 RC 桥式正弦波振荡器的构成和工作原理。

(2)掌握用李沙育图形法测量振荡频率的方法。

(3)掌握幅频特性的测试方法。

(4)观察负反馈强弱对输出波形及幅度的影响。

(5)撰写项目训练报告。

四、电路原理分析

1. RC 桥式正弦波振荡器的构成

电路组成如附图 5-1 所示，它由放大电路(运算放大器 HA1774)和正反馈电路两个基本部分组成。而选频电路由 RC 串并联网络组成，自动稳幅电路由 VD_1、VD_2、R_1、R_P 和 R_2 等组成，并构成负反馈。

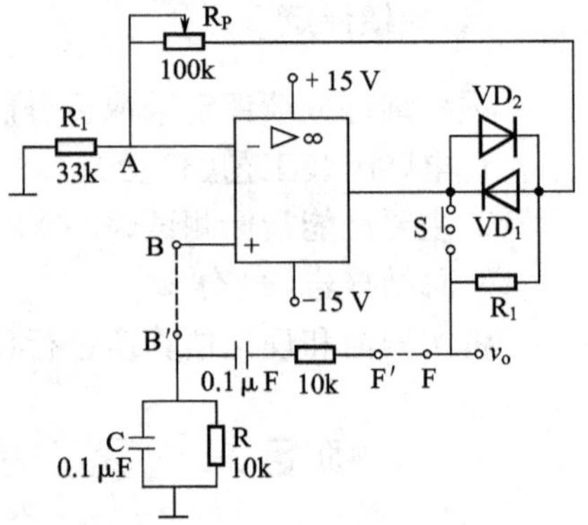

附图 5-1 RC 桥式正弦波振荡器

2. 工作原理

运算放大器的作用是实现对信号的放大，正反馈电路的作用是保证电路能满足振荡条件，由 RC 串并联电路组成的选频电路附属于正反馈电路，其振荡频率为 $f_0=1/2\pi RC$。负反馈电路用于改善振荡器的性能，使振荡频率 f_0 和输出波形得以稳定，它采用了自动稳幅措施，稳幅电路由两只二极管 VD_1、VD_2 正反并联再和电阻 R_1 并联后，然后与 R_P 串联，构成负反馈。在输出信号的负半周，若输出负向电压加大，二极管 VD_1 导通，从而使负反馈深度加大，达到负向稳幅的目的。同理，当输出正向电压加大时，VD_2 导通，使负反馈加深，使运放的闭环增益下降，从而实现正向稳幅。调节电位器 R_P 可改变输出幅度的大小和改善失真情况。

为了使振荡器能自激振荡，除了满足相位平衡条件($\varphi_A+\varphi_F=2\pi$)外，还必须满足振幅平衡条件，即 $AF\geqslant1$，式中 $A=u_o/u_i$、$F=u_{F+}/u_o$。调节 R_P 的大小，可调节 u_F 的值。而正反馈系数在振荡条件下为 $F=1/3$，因此，只要 $A\geqslant3$ 就能满足振幅平衡条件。

五、内容安排

1. 知识准备

(1)指导教师讲述 RC 桥式正弦波振荡器的构成和工作原理，明确项目训练的内容、要求、步骤和方法。

(2)学生做好预习，熟悉 RC 桥式正弦波振荡器的构成和工作原理，振荡频率的计算方法。

(3)在面包板上完成电路布线图设计。

2. 电路组装

(1)按照电路附图 5-1 组装 RC 桥式正弦波振荡器，选择集成运放、电阻、电容，连接导线和电源线。确认无误后接通集成运放器的±15 V 电源。

(2)接入测量仪表。

(3)设置控制开关 S、节点 B、B′和 F、F′，以便组成反馈电路。

3. 电路调试与测量

(1)用示波器观察振荡器的输出电压 u_o 的波形，并调节 R_P 使 u_o 为一个不失真的正弦波。

(2)用李沙育图形法测量 f_o。将振荡器的输出电压 u_o 接到示波器的输入通道"H_1"，低频信号发生器输出的正弦信号接于输入通道"H_2"，示波器的"t/div"微调拨至"x"外接，将幅度调至适当位置。改变信号发生器的频率，直至示波器的荧光屏上出现一个椭圆，此时信号发生器指示的频率即为振荡器的振荡频率 f_o。并将测试数据填入附表 5-1 中，并与理论计算值比较，算出相对误差。

附表 5-1 频率测试

测试值 f_o(Hz)	计算值 f'_o(Hz)	误差值 $\Delta f=(f'_o-f_o)/f'_o\times100\%$

(3)在 u_o 不失真的条件下，调节 R_P 使 u_o 变化，用毫伏表测出 u_o 的最大值，最小值和中间值。填入附表 5-2，并分析 u_o 的大小与负反馈深度的关系。

附表 5-2 负反馈强弱与 u_o 的关系

R_P 阻值	负反馈深度	u_o(V)
大		
中		
小		

(4)振幅平衡条件测试。

①调节 R_P 使 u_o 为一不失真电压，断开 B—B′和 F—F′的连线。

②从 B—0(0 为接地点)间加入一个与振荡频率相同的正弦信号 u_i，调节 u_i 使输出电压幅值与振荡时相同，用晶体毫伏表测出 u_i、u_o 及 u_F 的值，填入附表 5-3 中(u_F 是 A—0 间的电压)。

③仍维持上述电路，再用与振荡时相同频率和相同输出电压幅值的信号(u_i)加于 RC 串并联网络的 F′—0 两端，用毫伏表测 B′—0 间的电压 u_{F+}，填入附表 5-3 中。

表 5-3 A、F_- 和 F_+ 的测试

测试值				计算值		
u_i(V)	u_o(V)	u_F(V)	u_{F+}(V)	$A=u_o/u_i$	$F_-=u_F/u_o$	$F_+=u_{F+}/u_o$

六、训练所用仪表与器材

1. 直流稳压电源、低频信号发生器各 1 台。
2. 晶体毫伏表、频率计、示波器各 1 台。
3. 万用表、镊子、偏口钳、尖嘴钳等。
4. 集成运放 HA1774 电阻、电容、二极管等若干。

七、成绩评定

项目训练成绩评定采取百分制分段评定的方法：

1. 电路组装工艺(30 分)。
2. 主要性能指标测试(40 分)。
3. 总结报告(30 分)。

将实测值和理论计算值进行比较，分析误差原因。

项目六　直流稳压电源的设计与调试

一、项目概述

所有的电子设备都需要直流电源才能正常工作。常见的直流电源均是通过交流电转换而来的。直流稳压电源主要由整流电路、滤波电路和稳压电路组成。

二、训练目的

通过串联型线性稳压电路的项目训练，加深对稳压电源工作原理的理解，熟悉稳压电源质量指标的测量方法，了解短路保护的作用。能独立完成直流稳压电源的组装、调试和测量。

三、训练内容与要求

1. 训练内容

利用模拟电子技术实验装置提供的电路板(或面包板)、晶体三极管、电阻电容、连接导线等，设计和组装成直流稳压电源。根据本项目训练要求，以及给定的电路结构，完成电路安装的布线图设计、元器件的选择，并完成电路的组装、调试、性能指标的测量，并撰写出项目训练报告。

2. 基本要求

(1)掌握直流稳压电源的组成和工作原理。

(2)学会对直流稳压电源的组装、调试和测量。

(3)撰写项目训练报告。

四、电路原理分析

1. 直流稳压电源的组成

直流稳压电源一般由电源变压器、整流电路、滤波电路和稳压电路组成。各部分的作用如下：

变压器：将交流电(220 V、50 Hz)变换为直流稳压电源所需的交流电压。

整流电路：利用整流二极管的单向导电性将交流电变换为脉动直流电。

滤波电路：滤除单向脉动直流电的交流成分，保留直流成分，使电压波形变得平滑。

稳压电路：当电网电压波动或负载发生变化时，通过电路的自动调节，保证输出电压的稳定。

2. 直流稳压电路的质量指标

稳压系数 S_r 反映稳压性能，输出电阻 r_o 反映带负载能力。

五、内容安排

1. 知识准备

(1)指导教师讲述直流稳压电源的组成和工作原理。明确项目训练的内容、要求、步骤和方法。

(2)学生做好预习，熟悉直流稳压电源工作原理及各元器件作用，了解稳压电源质量指标。

(3)在面包板上完成电路布线图设计。

2. 电路组装

(1)按照附图 6-1 所示电路组装直流稳压电源，选择晶体三极管、整流二极、电阻、电容，连接导线。确认无误后接通交流电源。

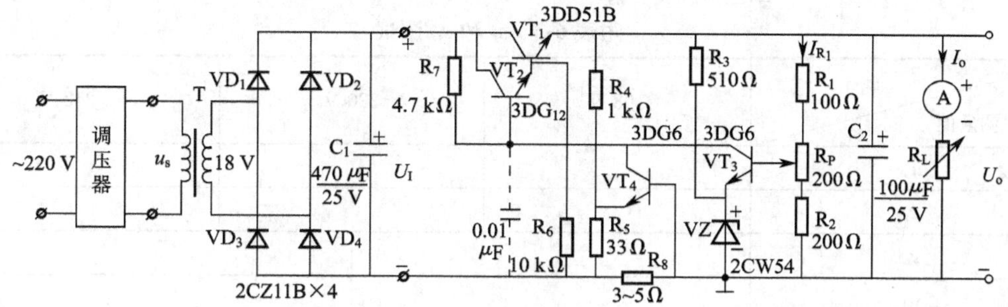

附图 6-1　直流稳压电源

(2)接入测量仪表。

3. 电路调试与测量

(1)测量稳压电路输出电压 U_o 的调节范围

①确认电路连接无误,并先将电源调压器归零位。

②测量稳压电路输出电压 U_o 的调节范围。使负载 R_L 开路($R_L=\infty$),旋转调压器手柄使变压器初级输入 $u_S=220$ V,然后调节 R_P,观察输出 u_o 能否变化,若能,则电路基本工作正常。这时测量 u_o 的最大值和最小值、相应的 u_i 值以及调整管 VT_1 的管压降 u_{CE1},填入附表 6-1中。

附表 6-1　空载时输出电压的测试

测量值 / R_P 位置	u_o	u_i	u_{CE1}
R_P 右旋到头			
R_P 左旋到头			

(2)测量稳压电路的外特性及输出电阻

①保持 $u_S=220$ V 不变,在 R_L 开路状态下调节 R_P 使 $u_o=12$ V,然后接入 R_L。调节滑线变阻器,测量相应的输出电压 u_o 和输出电流 i_o,将测量数据填入附表 6-2 中。

②根据附表 6-2 中数据,由 $u_o=11.5\sim12.5$ V 时的 i_o,求出输出电阻。$r_o=\dfrac{\Delta u_o}{\Delta i_o}\Big|_{u_i=常数}$

附表 6-2　外特性测试

u_o(V)	3	6	9	11.5	12	12.5
i_o(A)						

(3)测量纹波系数

调节 $u_o=12$ V,$i_o=100$ mA 保持不变,用晶体毫伏表测输入纹波电压 u_{di}和输出纹波电压 u_{do}。计算纹波系数 $\gamma=\dfrac{u_{do}}{u_o}$,并与整流输出纹波系数比较。

(4)测量稳压系数 s_r 和电压调整率 s_U

调节 $u_o=12$ V,$i_o=100$ mA 保持不变,然后旋转调压器手柄使变压器输入由原来的 220 V波动±10%,测量相应的 u_o 和 u_i,并计算 s_r 和 s_U,填入附表 6-3。

$$s_r=\left.\frac{\Delta u_0/u_0}{\Delta u_I/u_I}\right|_{R_L=\text{常数}} \qquad s_U=\frac{\Delta u_o}{u_o}\times100\%\ \Big|_{i_L=100\ \text{mA}}$$

附表 6-3　s_r 和 s_U 测试

测量值 \ u_S	198 V		220 V	242 V
u_o				
u_i				
s_r				
s_U				

(5)短路保护实验

将稳压电路输出端短路，测量下列数据填入附表 6-4 中。

附表 6-4　短路测试

短路实验	U_I	U_O	I_O	V_{C4}	V_{E4}	U_{CE4}	U_{CE1}	U_{R8}
短路前								
短路后								

六、训练所用仪表与器材

1. 单相调压器(2 kV·A)、整流变压器(22 V/18 A)各 1 台。
2. 晶体毫伏表、示波器各 1 台。
3. 万用表、直流电压表(0～1 A)、滑线变阻器(R_L＝200 Ω)。
4. 晶体三极管、整流二极管、电阻、电容、等若干。

七、成绩评定

项目训练成绩评定采取百分制分段评定的方法。

1. 电路组装工艺(30 分)。
2. 主要性能指标测试(40 分)。
3. 总结报告(30 分)。

整理实验数据，并填入对应表格中，用坐标纸绘制外特性；计算电路的输出电阻；由计算得来的指标数据，评价该电路性能，并提出建议。

项目七　显示译码器的设计与调试

一、项目概述

将数字、符号或文字的二进制编码翻译成人们习惯的形式，并能直观显示的电路，称显示译码器。显示译码器在数字电子电路中应用非常广泛，常用于数字测量仪表、计算机和其他数字系统中。数字显示电路一般由译码器、驱动器和显示器组成。常用的 LED 数码显示器件有 LC5011、BS202，LCD 数码显示器件有 C4055、C4056，常用的七段显示译码器有 74LS48、74LS49。

二、训练目的

通过显示译码器的项目训练，加深对显示译码器的组成和工作原理的理解。掌握对74LS138、74LS48、74LS153 等相关集成器件的使用方法，学会相关集成器件功能的测试。能独立完成显示译码器的组装和测量。

三、训练内容与要求

1. 训练内容

利用数字电子技术实验装置提供的电路板（或面包板）、集成器件、逻辑开关、连接导线等，设计和组装成显示译码器。根据本项目训练要求以及给定的逻辑器件，完成电路安装的布线图设计，并完成电路的组装、调试和测量，并撰写出项目训练报告。

2. 基本要求

（1）掌握显示译码器的组成和工作原理。

（2）学会对集成器件功能的测试，学会对十进制译码显示电路的组装和测量。

（3）撰写项目训练报告。

四、电路原理分析

1. 数码显示器

数码显示器是用来显示数字、符号和文字的器件。常用的数码显示器件有 LED 数码管、LCD 显示器等。LED 数码管是用发光二极管组成的字形显示器件，常用磷砷化镓、磷化镓、砷化镓等半导体制成 PN 结，当 PN 结外加正向电压时，辐射发光。将 7 个条形的发光二极管排列成“日”字形，封装在一起即构成了 LED 数码管。本项目中，七段数码显示器采用共阴极 LED 显示器 LC5011，其引脚排列图如附图 7-1 所示。

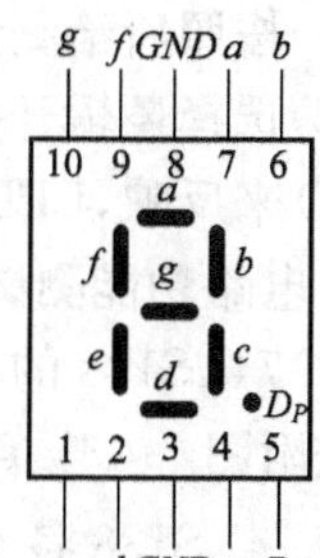

附图 7-1　LC5011 显示器

LCD 液晶显示器是利用液态晶体在电场作用下对光的反射变化的原理实现显示的，它有分段式和点阵式显示屏两种。在无外加电场下，液晶分子取向规则排列，液晶呈透明状态，显示器呈白色。外加电场后，液晶因电离产生的正离子在运动下碰撞液晶分子，破坏了液晶分子的规则排列，使液晶呈混浊状态，显示器呈暗灰色，可显示相应的字形。

2. 七段显示译码器

使用 LED 和 LCD 时，必须配合使用七段显示译码器。通过七段显示译码器先将输入的 BCD 码译出，然后经驱动电路点亮对应的字段。

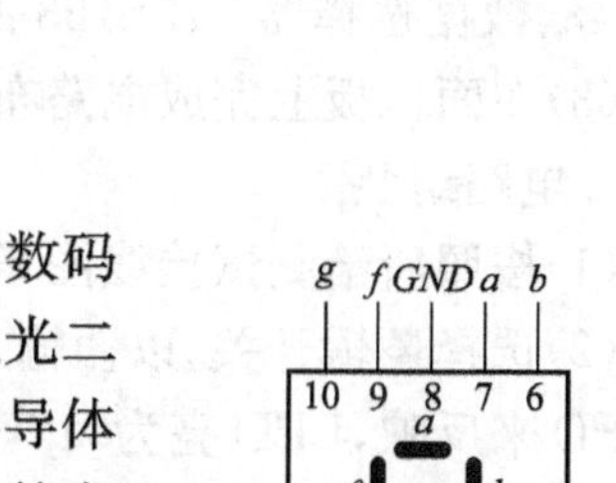

附图 7-2　74LS48 译码器引脚排列图

七段显示译码器 74LS48 应用较广，其引脚排列图如附图 7-2 所示。$A_0 \sim A_3$ 是 8421BCD 码的输入端，$Y_a \sim Y_g$ 是七段译码输出端，它们以 OC 门高电平输出，可以驱动较大电流的负载。$\overline{LT}$ 是试灯输入端，以测试数码管各段能否正常发光。当 $\overline{LT}=0$，$\overline{BI}/\overline{RBO}=1$ 时，译码输出 $Y_a \sim Y_g$ 均为 1，七段全亮。$\overline{BI}$ 是灭灯输入端，当 $\overline{BI}=0$ 时，$Y_a \sim Y_g=0$，七段全暗；$\overline{BI}=1$ 时，译码器正常译码。$\overline{RBI}$ 是灭零输入端，当 $\overline{RBI}=0$，$\overline{LT}=1$ 时，如果输入为全零

数码，则数码管不能显示数字。而当输入为非零数码时，数码管应能显示数字。$\overline{RBO}$ 是灭零输出端，本实验采用单片显示，故该功能不用。

3. 数据选择器

74LS153 为双四选一数据选择器，其引脚排列图如图 7-3所示。A_1A_0 是地址输入端，$1\overline{E}$、$2\overline{E}$ 是使能端，$1D_0$～$1D_3$. $2D_0$～$2D_3$ 是数据输入端，$1Y$、$2Y$ 是数据输出端。其中 A_1A_0 为两组共用，以供两组从各自的 4 个数据端 D_0～D_3 中选取一个所需的数据。只有两组的 $\overline{E}$ 端均为低电平时，才能选择数据。

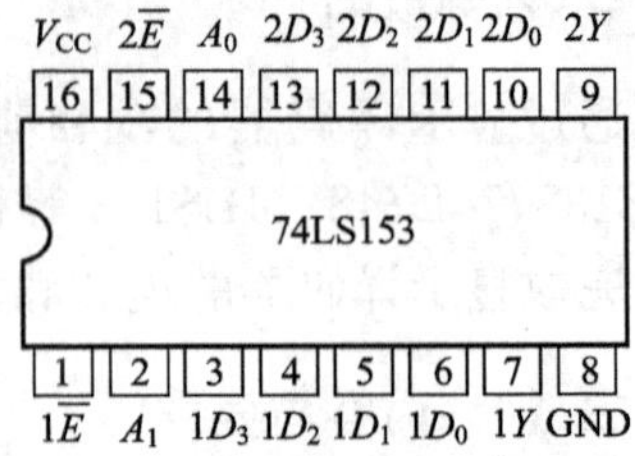

附图 7-3　74LS153 引脚排列图

五、内容安排

1. 知识准备

(1)指导教师讲述 74LS138、74LS48、74LS153 等集成器件的逻辑功能和使用方法，明确项目训练的内容、要求、步骤和方法。

(2)学生做好预习，熟悉数码显示器 LC5011. 3—8 线译码器 74LS138、七段显示译码器 74LS48、数据选择器 74LS153 的逻辑功能及使用方法。

(3)在面包板上完成电路布线图设计。

2. 电路组装

(1)按照所给测试接线图，安装相关电路，确认无误后接通电源。

(2)选择逻辑开关，以便输入对应的逻辑电平。输入信号由逻辑开关 S 提供，输出状态通过 LED 来反映，LED 亮为“1”，不亮为“0”。

3. 电路功能测试

(1)74LS138 的功能测试

按附图 7-4 连接电路，并按附表 7-1 中所列的逻辑状态，依次控制逻辑开关的输出状态，以改变 74LS138 各输入端的输入状态，并将输出结果 $\overline{Y}$（$\overline{Y}_0$～$\overline{Y}_7$）记录于表中。

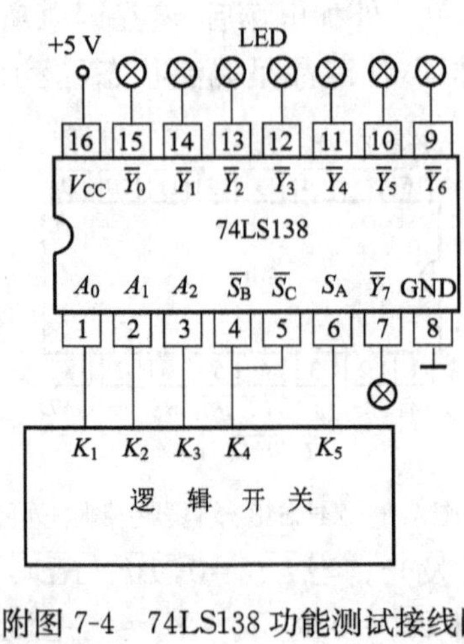

附图 7-4　74LS138 功能测试接线图

附表 7-1　74LS138 功能测试

输入					输　出
使　能		数码			
S_A	$\overline{S}_B+\overline{S}_C$	A_2	A_1	A_0	$\overline{Y}$
×	1	×	×	×	
0	×	×	×	×	
1	0	0	0	0	$\overline{Y}_0=0$，灯灭；$\overline{Y}_1$～$\overline{Y}_7=1$
1	0	0	0	1	
1	0	0	1	0	
1	0	0	1	1	
1	0	1	0	0	
1	0	1	0	1	
1	0	1	1	0	
1	0	1	1	1	

(2)74LS48 的功能测试

按附图 7-5 连接电路，并按附表 7-2 所列的逻辑状态，依次控制逻辑开关的输出状态，以改变 74LS48 的输入状态，并随时观察显示器对应的显示数码字型，将显示字型记录于表中。

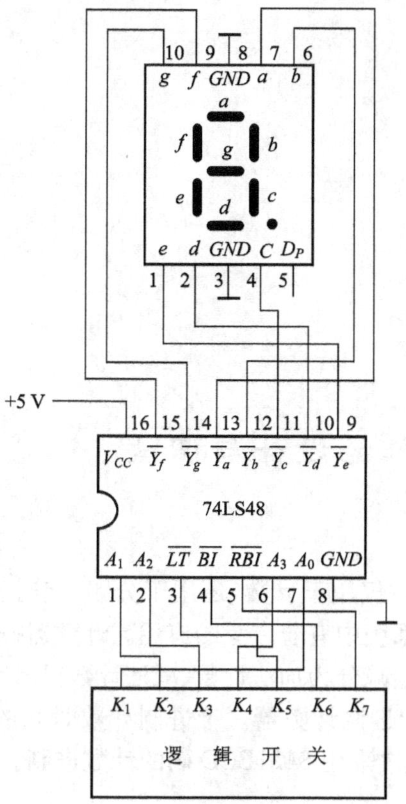

图 7-5　十进制译码显示电路接线图

附表 7-2　74LS48 功能测试

功能	输入				显示字形
	$\overline{LT}$	$\overline{BI}$	$\overline{RBI}$	A_3 A_2 A_1 A_0	
试灯	0	1	×	× × × ×	
灭灯	×	0	×	× × × ×	
灭零	1		0	0 0 0 0	
非零显示	1		0	0 0 1 1	
正常译码	1	1	1	0 0 0 0	
	1	1	1	0 0 0 1	
	1	1	1	0 0 1 0	
	1	1	1	0 0 1 1	
	1	1	1	0 1 0 0	
	1	1	1	0 1 0 1	
	1	1	1	0 1 1 0	
	1	1	1	0 1 1 1	
	1	1	1	1 0 0 0	
	1	1	1	1 0 0 1	

(3)74LS153 的功能测试

数据选择器功能测试按附图 7-6 所示连接电路。并按附表 7-3 所列顺序依次测出对应的输出数据，将结果记录于表中。

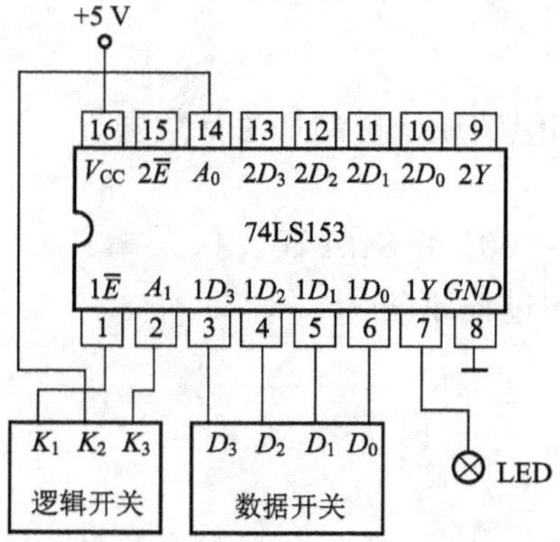

附图 7-6　数据选择器功能测试接线图

附表 7-3　74LS153 功能测试表

输入			输出
$\overline{E}$	A_1 A_0	D_3 D_2 D_1 D_0	Y
1	× ×	× × × ×	
0	0 0	× × × 0	
0	0 0	× × × 1	
0	0 1	× × 0 ×	
0	0 1	× × 1 ×	
0	1 0	× 0 × ×	
0	1 0	× 1 × ×	
0	1 1	0 × × ×	
0	1 1	1 × × ×	

六、训练所用仪表与器材

1. 数字逻辑电路实验仪 1 台。
2. 数字万用表或数字电压表 1 块。
3. 集成电路器件:74LS138、74LS48、74LS153。

七、成绩评定

项目训练成绩评定采取百分制分段评定的方法:
1. 电路组装工艺(20 分)。
2. 主要性能指标测试(50 分)。
3. 总结报告(30 分)。
整理测试数据,并进行对照分析。

项目八　十进制加法计数器的设计与调试

一、项目概述

计数器是一种实现计数功能的时序逻辑部件。它不仅用于计数,还用于分频、定时、产生节拍脉冲和数字运算,在数字测量、数字控制和计算机系统中有着广泛的应用。计数器按进位计制分为二进制、十进制和任意进制;按计数的递增或递减分为加法计数、减法计数;按计数的动作步调分为同步计数、异步计数。数字系统中常用十进制计数器。十进制计数时它的每 1 位需要 0～9 十个数码,因此需要用 4 个触发器来组成,常采用 8421BCD 码的计数进制。

二、训练目的

通过该项目训练,加深理解时序逻辑电路的工作原理;掌握时序逻辑电路逻辑功能的描述方法;掌握时序逻辑电路的一般分析方法和设计方法;掌握时序逻辑电路功能的测试方法;学会用集成触发器构成计数器的方法。

三、训练内容与要求

1. 训练内容
利用数字电路实验仪(或面包板)、集成器件,设计和组装成十进制加法计数器。
2. 基本要求
(1)设计同步十进制加法计数器,计数循环为 0000～1001 的 8421 码。
(2)用集成触发器 74LS112 构成计数器,分析设计的过程原理。
(3)组装、调试同步十进制加法计数器。
(4)画出完整的电路图,写出设计、调试报告。

四、电路原理分析

1. 同步时序电路的设计步骤
同步时序逻辑电路中所有触发器的时钟脉冲都接在同一个信号源上,各个触发器的状态转换都是同步的，所有触发器的状态变化都发生在同一时刻。其设计步骤如附图 8-1 所示。

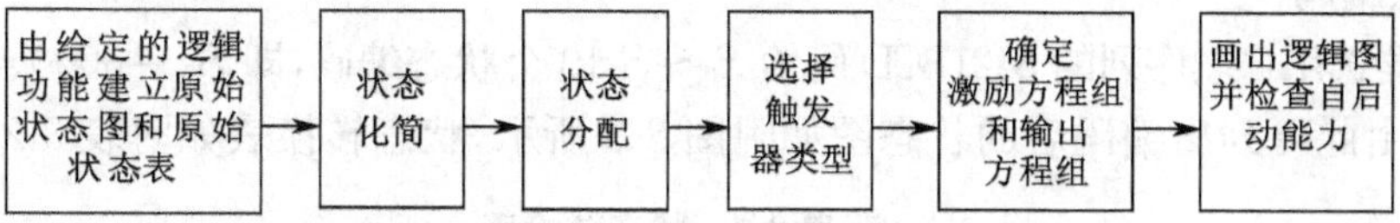

附图 8-1　同步时序电路的设计步骤

(1)根据给定的逻辑功能建立原始状态图和原始状态表

①明确电路的输入条件和相应的输出要求，分别确定输入变量和输出变量的数目和符号。

②按给出的逻辑功能画出原始状态图，找出所有可能的状态和状态转换之间的关系。

③根据原始状态图建立原始状态表。

(2)状态化简——求出最简状态图

合并等价状态，消去多余状态的过程称为状态化简。在完成所要求的逻辑功能的前提下，尽量减少状态的数量，以使电路简化。

(3)状态编码(状态分配)

给每个状态赋予一个二进制代码的过程，这一步得到一个二进制状态表。编码方案选择得当，设计结果将得到简化。

(4)确定触发器的个数，选择触发器的类型

根据状态数确定触发器的个数 M，$2^{n-1}<M\leqslant 2^n$(M：状态数；n：触发器的个数)。同时选择设计电路所使用的触发器的类型。

(5)求电路的输出方程和各触发器的驱动方程。根据编码后的状态表和触发器的驱动表，求得电路的输出方程和各触发器的驱动方程。

(6)画出逻辑电路图，检查能否自启动。

表 8-1　8421BCD 码十进制加计数器状态表

计数脉冲	输出状态			
	Q_3^n	Q_2^n	Q_1^n	Q_0^n
0	0	0	0	0
1	0	0	0	1
2	0	0	1	0
3	0	0	1	1
4	0	1	0	0
5	0	1	0	1
6	0	1	1	0
7	0	1	1	1
8	1	0	0	0
9	1	0	0	1

五、内容安排

1. 同步 8421BCD 码十进制加法计数器的设计

(1)功能描述

计数器的功能是对输入脉冲的个数进行计数，计数的规律是 8421BCD 码，见附表 8-1。

(2)画出原始状态图

由表 8-1 可知，十进制计数状态个数为 $M=10$，用 $S_0\sim S_9$ 10 个状态来反映输入脉冲的个数，如附图 8-2 所示。

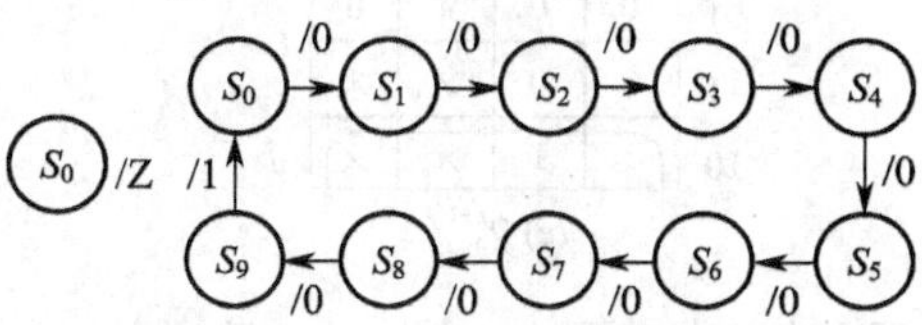

附图 8-2　原始状态转换图

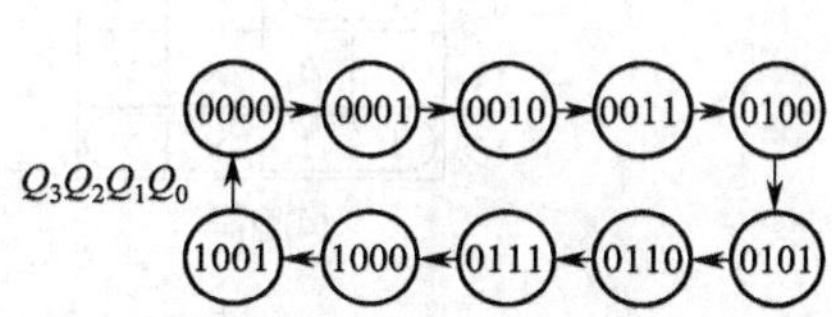

附图 8-3　状态编码后的状态转换图

(3)十进制计数器应有 10 个状态，已经为最简，无需化简。

(4)状态编码

该计数器选用自然序列的 8421BCD 码给 $S_0 \sim S_9$ 10 个状态编码，即 $S_0=0000$、$S_1=0001$、…、$S_9=1001$。由此可列出编码后的状态图如附图 8-3 所示，状态转换表如附表 8-2 所示。

附表 8-2　状态转换表

状态转换顺序	现态				次态				进位输出
	Q_3^n	Q_2^n	Q_1^n	Q_0^n	Q_3^{n+1}	Q_2^{n+1}	Q_1^{n+1}	Q_0^{n+1}	Z
S_0	0	0	0	0	0	0	0	1	0
S_1	0	0	0	1	0	0	1	0	0
S_2	0	0	1	0	0	0	1	1	0
S_3	0	0	1	1	0	1	0	0	0
S_4	0	1	0	0	0	1	0	1	0
S_5	0	1	0	1	0	1	1	0	0
S_6	0	1	1	0	0	1	1	1	0
S_7	0	1	1	1	1	0	0	0	0
S_8	1	0	0	0	1	0	0	1	0
S_9	1	0	0	1	0	0	0	0	1

(5)确定触发器的个数，选择触发器的类型

十进制状态数共有 10 个，$M=10$，根据 $2^{n-1}<M\leqslant 2^n$，可知计数器需要 4 个触发器。本设计选用 4 个 CP 下降沿触发的 JK 触发器，分别用 F_0、F_1、F_2、F_3 表示。

(6)求输出方程和各触发器的驱动方程

由附图 8-3 的状态图或附表 8-2 的状态转换表，得到相应的输出和各触发器次态的卡诺图如附图 8-4 所示。

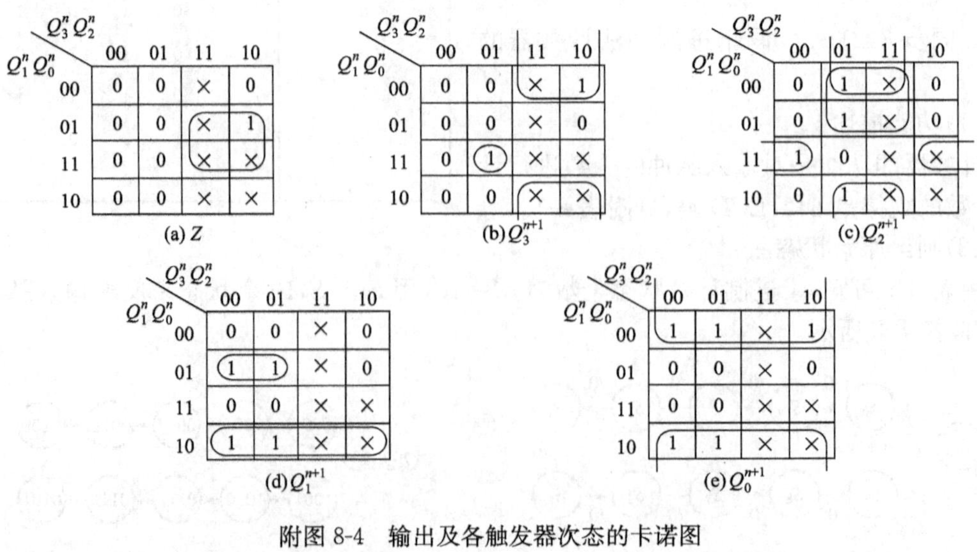

附图 8-4　输出及各触发器次态的卡诺图

由卡诺图可求得输出方程和状态方程分别为：

$$Z = Q_3^n Q_0^n$$
$$Q_3^{n+1} = Q_2^n Q_1^n Q_0^n \overline{Q_3^n} + \overline{Q_0^n} Q_3^n$$
$$Q_2^{n+1} = Q_1^n Q_0^n \overline{Q_2^n} + \overline{Q_1^n Q_0^n} Q_2^n$$
$$Q_1^{n+1} = \overline{Q_3^n} Q_0^n \overline{Q_1^n} + \overline{Q_0^n} Q_1^n$$
$$Q_0^{n+1} = \overline{Q_0^n}$$

将状态方程和JK触发器的特性方程进行比较可得驱动方程。

$$J_0=K_0=1;J_1=\overline{Q_3^n}Q_0^n,K_1=Q_0^n;J_2=K_2=Q_1^nQ_0^n;J_3=Q_2^nQ_1^nQ_0^n,K_3=Q_0^n。$$

(7)画逻辑电路图

根据驱动方程画出4个由JK触发器组成的逻辑电路，如附图8-5所示。

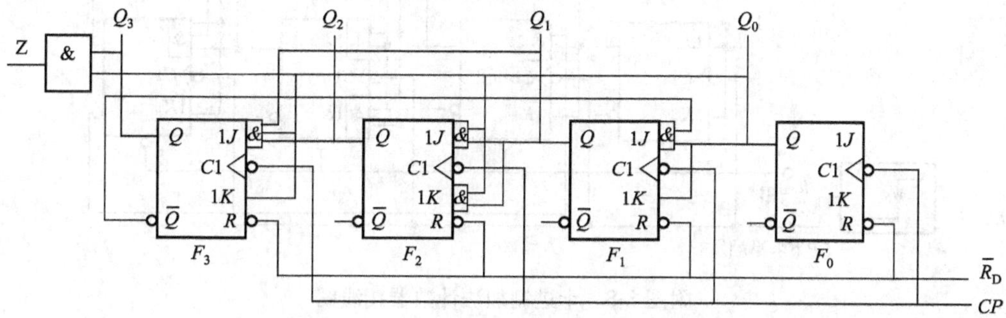

附图8-5　JK触发器构成的十进制加计数器

(8)检查能否自启动。将无效状态1010～1111分别代入状态方程进行计算，可以验证在CP脉冲作用下都能回到有效状态，得电路完整的状态图如附图8-6所示。可见，该电路能够自启动。

(9)选择集成触发器

根据逻辑电路图，为便于安装，选择2个74LS112双JK触发器，其管脚排列如附图8-7所示。

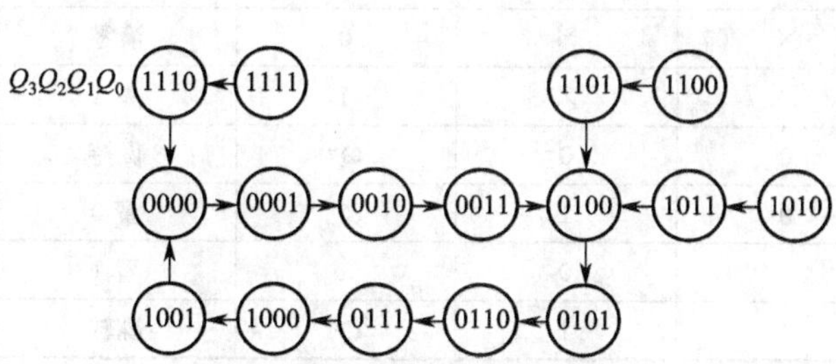

附图8-6　电路完整的状态图

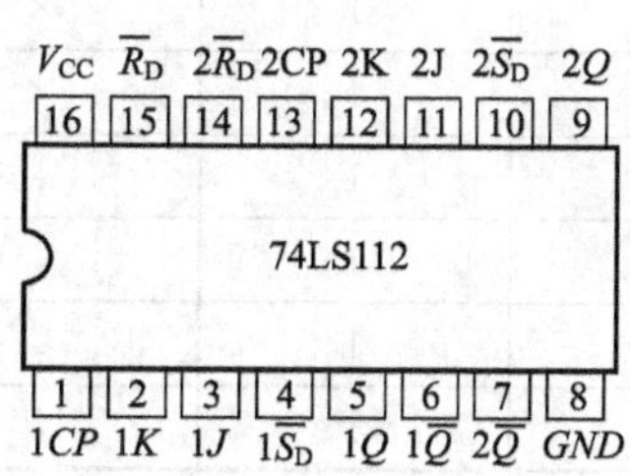

附图8-7　双JK触发器74LS112引线排列图

2. 电路组装

(1)按照所给附图8-8连接电路，确认无误后接通电源。

(2)在输入端连接脉冲源，在输出端连接译码显示器、逻辑电平显示。

3. 电路功能测试

(1)认识集成双JK触发器74LS112

观察集成双JK触发器74LS112的外形及引线排列，集成双JK触发器74LS112内含两个独立的JK触发器，正确区分两个JK触发器的信号输入端（$1J$、$1K$、$2J$、$2K$），触发器的状态输出端（$1Q$、$1\overline{Q}$、$2Q$、$2\overline{Q}$），时钟脉冲信号输入端（$1CP$、$2CP$），异步清零端（$1\overline{R}_D$、$2\overline{R}_D$），异步置数端（$1\overline{S}_D$、$2\overline{S}_D$），电源输入端（V_{CC}）和接地端（GND）。

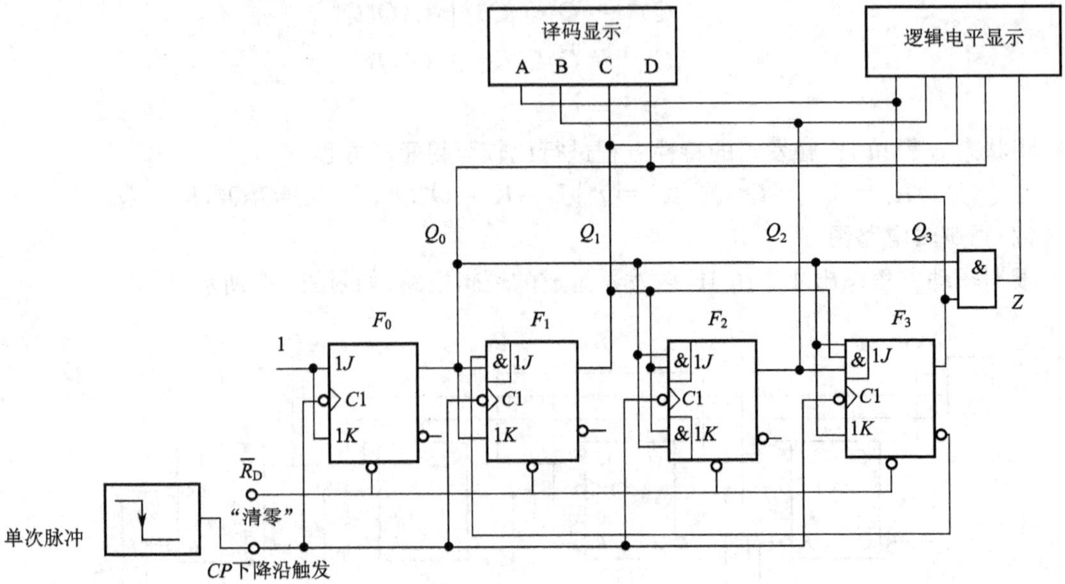

附图 8-8　十进制加法计数器接线图

(2)查验计数功能

附表 8-3 为 74LS112 的功能表，从功能表可以看出 74LS112 内的两个 JK 触发器是时钟脉冲 CP 下降沿有效（用"↓"表示）。测试中用示波器观察输出状态的变化时刻，并对照功能表查验计数功能。

附表 8-3　74LS112 功能表

$\overline{R}_D$	$\overline{S}_D$	CP	J	K	Q^{n+1}	功能说明
0	1	×	×	×	0	清零
1	0	×	×	×	1	置 1
1	1	↓	0	0	Q^n	保持
1	1	↓	0	1	0	置 0
1	1	↓	1	0	1	置 1
1	1	↓	1	1	$\overline{Q}^n$	翻转

(3)查验复位、置位功能

复位、置位信号为低电平有效，异步清零端$\overline{R}_D=0$时，触发器复位，即 $Q^{n+1}=0$；异步置数端$\overline{S}_D=0$时，触发器置位，即 $Q^{n+1}=1$。$\overline{R}_D=\overline{S}_D=1$时，触发器的输出状态在 CP 下降沿到来瞬间随触发信号 J、K 而变化。

逻辑电路图中与门用 74LS08 四个二输入端与门。CP 端是计数脉冲输入端，接数字电路实验仪的单次脉冲输出。J、K 为"1"是接电源，输出端接数码显示，可检查输出状态的正确性。

六、训练所用仪表与器材

1. 数字逻辑电路实验仪 1 台。
2. 示波器 1 台。
3. 器件 74LS112×2,74LS74×2,74LS08×1。

七、成绩评定

项目训练成绩评定采取百分制分段评定的方法：
1. 电路组装工艺(40 分)。
2. 电路测试(40 分)。
3. 总结报告(20 分)。

思考题：用 D 触发器 74LS74 构成十进制减计数器时，电路如何连线？

项目九　数字电子钟的设计与调试

一、项目概述

数字电子钟是采用数字电路实现时、分、秒数字显示的计时装置，它具有体积小、计时准确、显示直观、性能稳定、使用方便等优点。它不仅作为日用电子钟为人们所喜爱，而且广泛应用于车站、机场、体育场馆等公共场所。

它一般由振荡器、分频器、计数器、译码显示器、校时报时电路组成。数字显示部分目前已有集成计数、译码电路，可以直接驱动数码显示器，还可以直接采用 CMOS-LED 光电组合器件，构成模块式石英晶体数字钟。

二、训练目的

数字电子钟训练项目是数字电子技术的一项综合性应用训练，使学生能综合运用本课程所学的知识和技能，独立完成电路的组装、测量、调试工作，掌握本专业在数字电子技术方面所具有的初步工程设计、电路估算、电路分析、电路组装、电路调试、故障处理的方法和能力。

三、训练内容与要求

1. 训练内容

利用数字电子技术实验仪上提供的电路板、电源、译码、显示电路、LDE、逻辑电平控制等实验装置。根据项目训练要求、电路原理图、所用元器件、逻辑电路组件，完成数字电子钟电路的组装布线图设计、电路组装、测量、调试等环节的工作，组成技术指标合格的数字电子钟，并完成项目训练报告。

2. 基本要求

(1)根据电路原理图，在面包板上完成电路布线图的设计。准确画出逻辑电路组件端子、电源线、公共线、条件线、信号线的连接，空闲端子的处理。

(2)逻辑电路组件识别，包括端子功能、触发方式、控制电平、逻辑功能。

(3)根据电路布线图，在面包板上完成电路的配线、组装。能实现显示时、分、秒的数字钟，且有校时功能。

(4)完成电路的测试、调整。并能进行电路故障的分析和处理。

(5)撰写项目训练报告。

四、电路设计原理

数字电子钟主要由时基电路、分频电路、计数电路(秒计数、分计数、时计数)、译码显示电路、校时控制电路等组成。各部分电路的组成和工作原理简介如下:

1. 时基电路

时基电路是用来产生数字电子钟的时基信号。它由NE555集成定时器组成的多谐振荡器构成,电路如附图9-1所示。

工作原理:由定时元件R_1、R_2、C_1决定多谐振荡器输出的矩形波信号的周期。根据电路给定的参数可以求出其输出的矩形波信号的周期为:

$$\begin{aligned}T &= 0.7C_1(R_1+2R_2)\\ &= 0.7\times0.1\times10^{-6}\times(300\times10^3+2\times300\times10^3)\\ &= 0.7\times0.1\times10^{-6}\times900\times10^3 = 0.063\ \text{s}\approx1/16\ \text{s}\end{aligned}$$

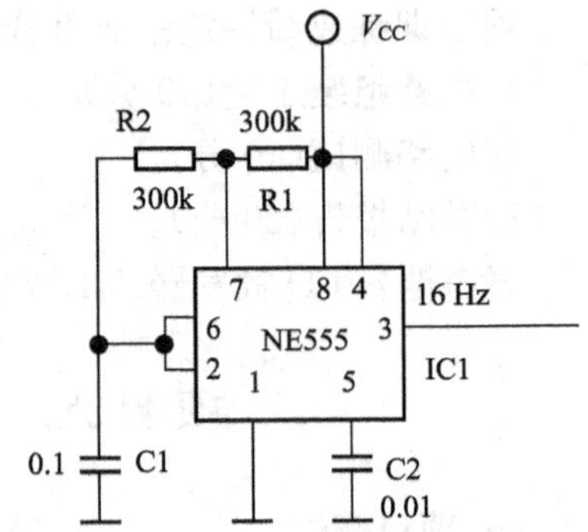

附图 9-1　555 定时器组成多谐振荡器

该信号作为整个数字电子钟的时基信号。

2. 分频电路

分频电路是用来将时基信号变换成秒信号。由一块16进制74LS161集成计数器构成,电路如附图9-2所示。

该电路的输入信号为时基信号,其周期约为1/16 s,经16分频后,输出信号的频率为输入信号频率的1/16,其周期扩大16倍。输出信号的周期约为1 s,作为数字电子钟的秒信号。并由发光二极管作为秒显示电路,工作于闪烁状态。

实用的数字电子钟电路为了保证计时精度,往往采用石英晶体振荡器作为时基电路,其振荡频率也很高,因此分频次数也很大。本电路采用最简单的电路,仅反映工作原理,计时精度和稳定度不作要求。

3. 计数电路

计数电路包括秒计数、分计数、时计数电路。

(1)秒计数电路

秒计数电路为60进制计数器,秒计数电路由2块74LS160集成十进制计数器组成,其中个位为10进制,十位为6进制,利用74LS160集成十进制计数器经过清零反馈构成,电路如附图9-3所示。

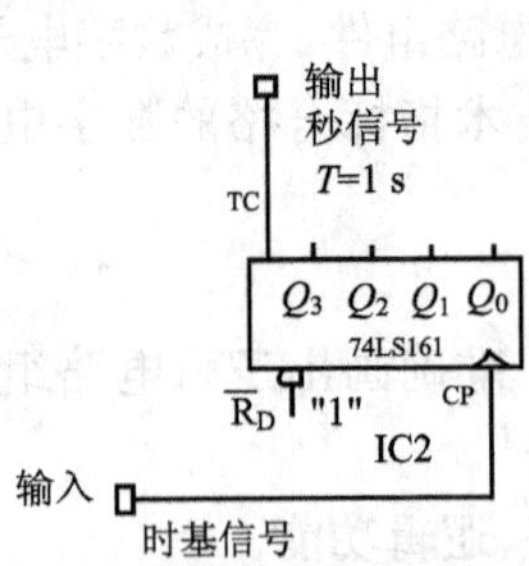

附图 9-2　分频电路

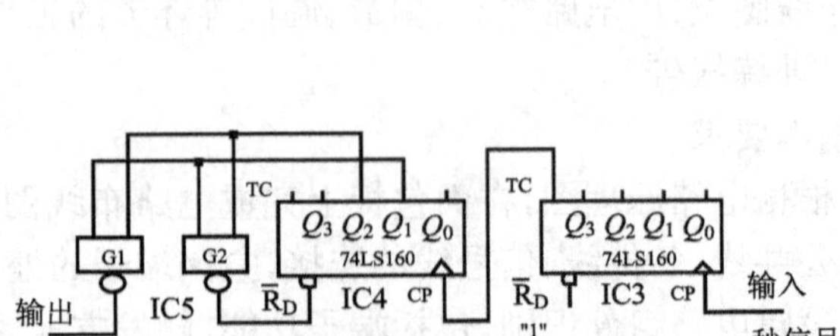

附图 9-3　秒计数电路

(2)分计数电路

分计数电路也是60进制计数器，分计数电路的个位为10进制计数器，由1块74LS160集成十进制计数器组成，十位为6进制计数器由3个JK集成触发器组成异步加法计数器，电路如附图9-4所示。

(3)时计数电路

时计数电路是24进制计数器，其个位利用1块74LS160集成十进制计数器组成，十位由2块D触发器构成4进制计数器，两位共同组成40进制计数器，然后，利用清零反馈构成24进制计数器，电路如附图9-5所示。

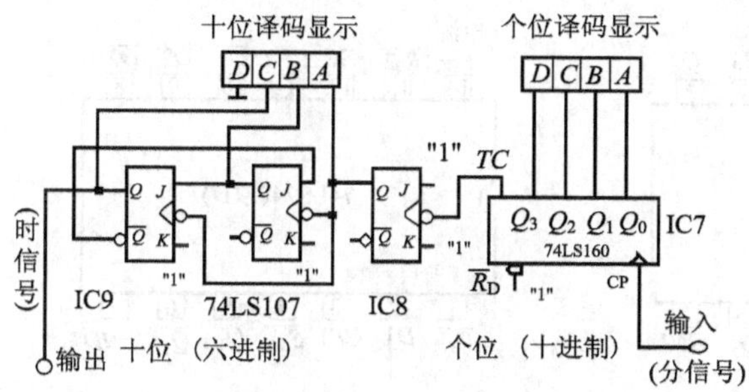

附图9-4 分计数电路

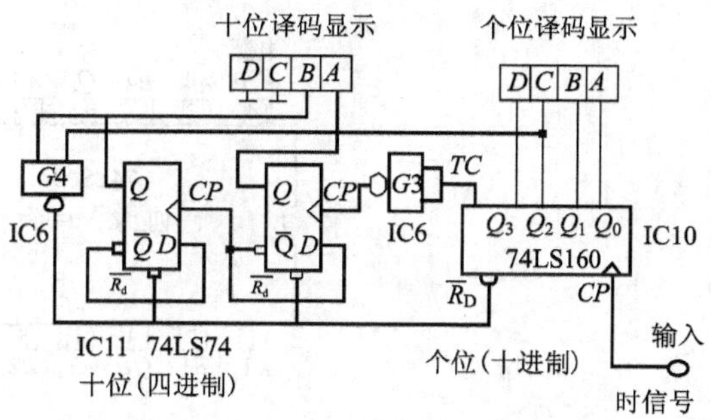

附图9-5 时计数电路

4.译码显示电路

本电路的译码显示电路由数字电子技术实验仪提供，不再组装电路，只需将各个计数器的输出正确接入相应端子即可。其中秒信号由一位发光二极管LED闪烁显示；分显示和时显示由两位七段LED数码管显示，如附图9-6、附图9-7所示。

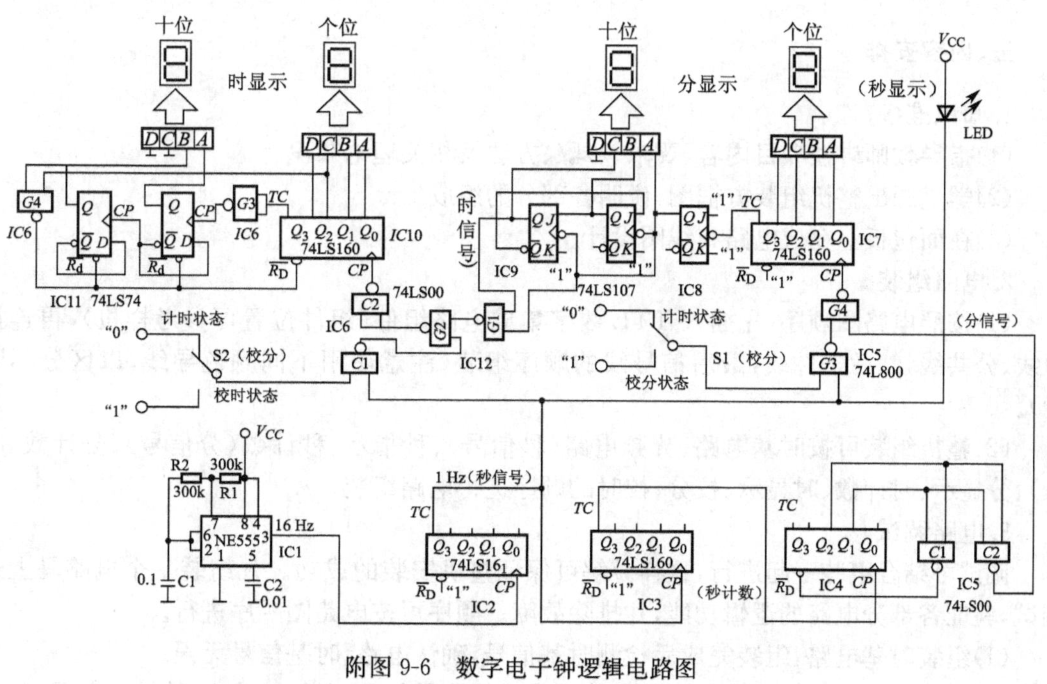

附图9-6 数字电子钟逻辑电路图

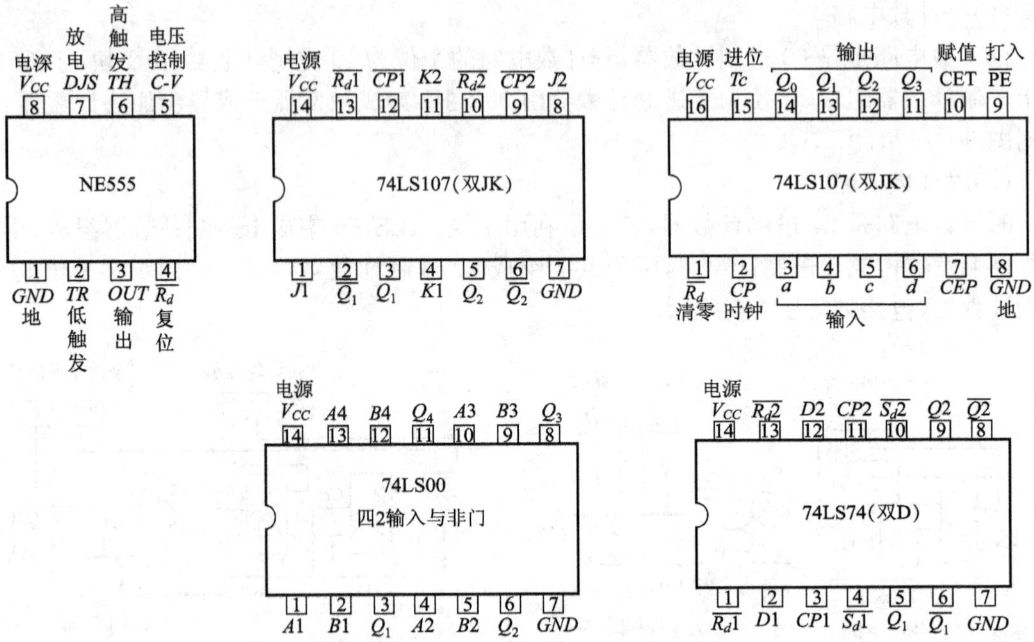

附图 9-7　集成逻辑组件引脚排列图

5.校分、校时控制电路

该电路由与非门、控制电平和秒信号组成，在控制电平的控制下，电路有两种工作状态：

①计时状态：控制电平为“0”，数字电子钟处于工作状态。

②校时状态：控制电平为“1”，数字电子钟在秒信号作用下可分别处于校“分”和校“时”状态。

五、内容安排

1.知识准备

(1)指导教师讲授项目内容、要求、步骤、方法及相关理论知识。

(2)学生画出整机组装方框图，说明各部分的组成。

(3)在面包板上完成电路布线图设计。

2.电路组装

(1)按照电路图顺序，先插入 TTL 数字集成电路组件(组件位置可参考样机)，再连接电源线、公共线，然后条件线，最后信号线的顺序组装(注意使用不同颜色导线，以区分不同功能)。

(2)整机组装可按时基电路、分频电路(秒信号)、秒指示、秒计数(分信号)、分计数(时信号)、分显示、时计数、时显示、校分、校时的顺序进行电路组装。

3.电路调试

调试可结合组装一起进行，这样分解可保证整机安装的成功。凡组装一个电路马上进行测试，验证各部分电路的逻辑功能，并排除故障。顺序可按电路图顺序进行。

(1)组装时基电路，组装完成后检测时基信号，确认电路、时基信号无误。

(2)组装分频电路、秒指示电路，组装完成后检测秒信号、秒指示状态，确认秒信号、秒指示电路无误。

(3)组装秒计数电路,组装完成后检测分信号,确认电路、分信号无误。

(4)组装分计数、分译码显示电路,组装完成后检测时信号、分显示电路,确认分计数、分译码显示电路、时信号无误。

(5)组装时计数、时显示电路,组装完成后检测时显示电路,确认时计数、时显示电路无误。

(6)组装校分、校时控制电路,并完成校钟。

4. 撰写总结报告。

六、训练所用仪表与器材

1. 数字电子技术实验仪1台;

2. TTL数字集成电路组件若干,电容、电阻元件、0.5 mm单股绝缘导线若干;

3. 电工工具:万用表1块、镊子、偏口钳、尖嘴钳各1把。

七、成绩评定

实习成绩评定采取百分制分段评定的方法

1. 总结报告(30分)

(1)整机方框图(10分)。

(2)电路布线图的设计(20分)。

2. 电路组装工艺(40分)

走线规范,电源线、条件线、信号线按不同颜色导线区分,无错接、漏接现象。

3. 电路测试(故障处理)(30分)。

项目十　555集成定时器典型应用的设计与调试

一、项目概述

在数字系统中,常需要各种不同类型的脉冲信号。555定时器是一种将模拟电路和数字电路集成于一体的中规模集成器件。它是一种产生时间延迟和多种脉冲信号的控制电路,其应用十分广泛,通常只需外接几个阻容元件就构成施密特触发器、单稳态触发器、多谐振荡器及产生各种波形的脉冲发生器。能实现脉冲的产生、整形与变换、定时与延时等功能。由于使用灵活、控制方便,广泛应用在自动控制、自动检测、信息传送、家用电器及仿真玩具等方面。

二、训练目的

通过该项目训练,加深对555定时器工作原理的理解。掌握555定时器构成施密特触发器、单稳态触发器、多谐振荡器的方法。能学会555集成定时器典型应用电路的组装和测量。

三、训练内容与要求

1. 训练内容

利用数字电子技术实验仪(或面包板)、555集成器件、连接导线等,设计和组装成施密特触发器、单稳态触发器、多谐振荡器。根据本项目训练要求,完成电路安装的布线图设计,并完成电路的组装、调试和测量,并撰写出项目训练报告。

2. 基本要求

(1)掌握555定时器电路的原理、电路结构和功能。

(2)学会555定时器的典型应用,掌握用555定时器构成单稳态触发器作为定时器的使用方法,用555定时器构成多谐振荡器作为模拟音响电路的使用方法。

(3)撰写项目训练报告。

四、电路原理分析

1. 555定时电路的组成与工作原理

5G555定时器的内部电路组成和引脚排列图如附图10-1所示。它由分压器、电压比较器、基本RS触发器、放电开关及输出缓冲器等五个部分组成。

(1)电阻分压器

由3个5 kΩ的电阻组成分压器,为电压比较器提供参考电压。电压比较器 C_1 的参考电压为 $U_{R1}=2/3V_{CC}$,电压比较器 C_2 的参考电压为 $U_{R2}=1/3V_{CC}$。

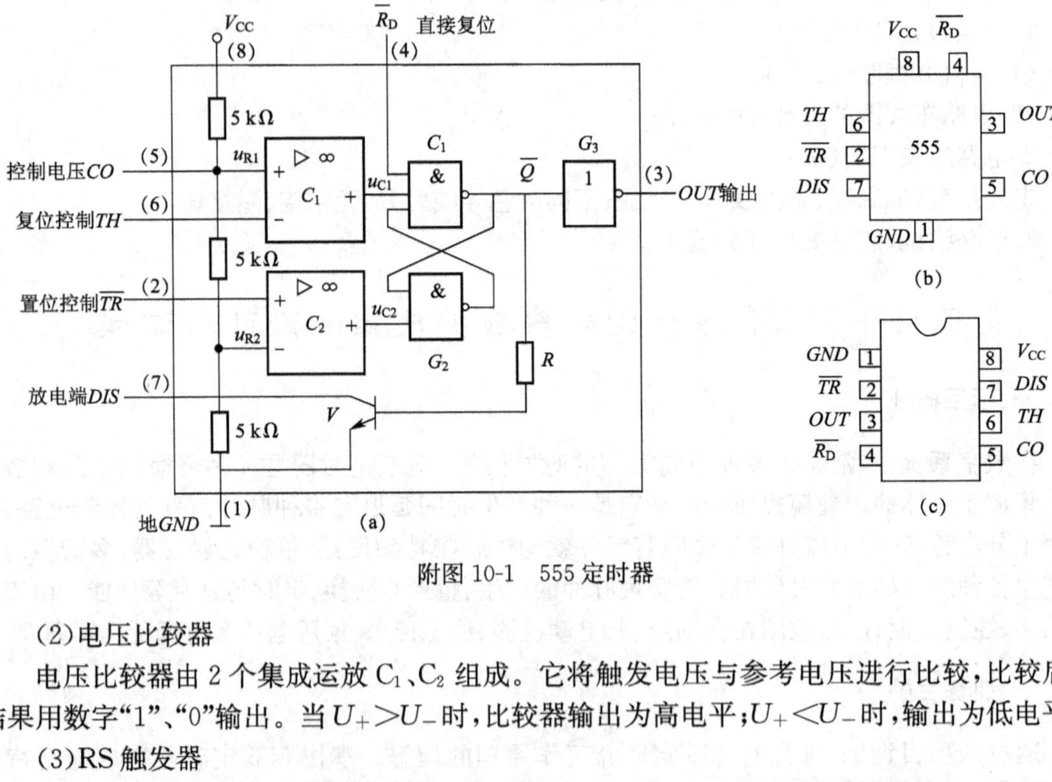

附图10-1　555定时器

(2)电压比较器

电压比较器由2个集成运放 C_1、C_2 组成。它将触发电压与参考电压进行比较,比较后的结果用数字"1"、"0"输出。当 $U_+>U_-$ 时,比较器输出为高电平;$U_+<U_-$ 时,输出为低电平。

(3)RS触发器

RS触发器由两个与非门交叉组成。当 $U_{TH}>U_{R1}$、$U_{\overline{TR}}>U_{R2}$ 时,RS触发器置0;当 $U_{TH}<U_{R1}$、$U_{\overline{TR}}>U_{R2}$ 时,RS触发器状态保持不变;当 $U_{TH}<U_{R1}$、$U_{\overline{TR}}<U_{R2}$ 时,RS触发器置1。

(4)放电开关

当RS触发器置0时,放电开关闭合,放电端D接地;当触发器置1时,放电开关呈打开状态。

(5)输出缓冲器

输出缓冲器的作用是提高电路的带负载能力,并隔离负载对定时器的影响。

(6)定时器的功能

(1)当 $U_{TH}>2/3V_{CC}$、$U_{\overline{TR}}>1/3V_{CC}$ 时,触发器置0,$OUT=0$,放电开关导通。

(2)当$U_{TH}<2/3V_{CC}$、$U_{\overline{TR}}>1/3V_{CC}$时，触发器状态保持，输出状态和放电开关状态也不变。

(3)当$U_{TH}<2/3V_{CC}$、$U_{\overline{TR}}<1/3V_{CC}$时，触发器置1，$OUT=1$，放电开关VT截止。

2. 施密特触发器

555定时器组成的施密特触发器如附图10-2所示。将定时器的阈值端TH和触发端$\overline{TR}$连接后作为触发器的输入端，复位端$\overline{R}$D接电源，控制电压端CO接0.01 μF的电容。利用施密特触发器的回差特性，可实现回差、脉冲整形、幅度鉴别。

3. 单稳态触发器

555定时器组成的单稳态触发器如附图10-3所示。触发端$\overline{TR}$作为外加触发脉冲的输入端，R、C为外接定时元件，阈值端TH与放电端D连接后，一起接在R与C的连接处，复位端$\overline{R}_D$接电源，控制电压端CO接0.01 μF的电容。单稳态触发器的主要应用为整形、定时、延时、分频。

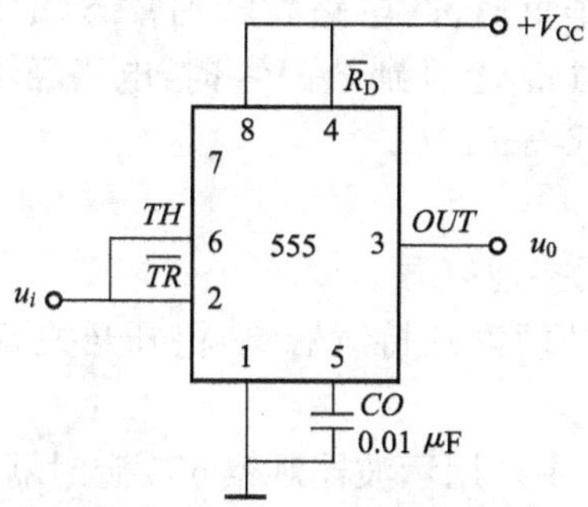

附图10-2　施密特触发器

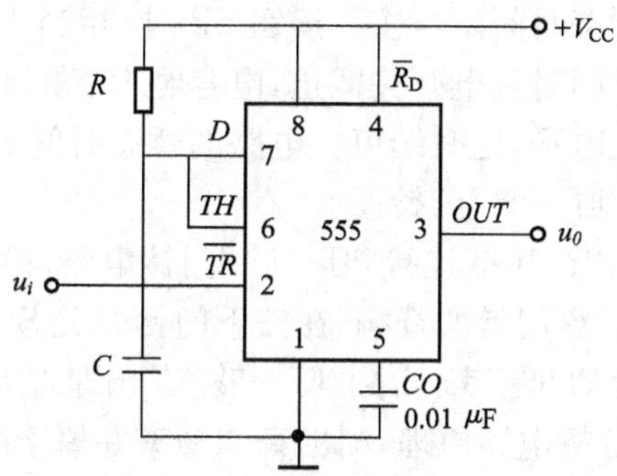

附图10-3　单稳态触发器

4. 多谐振荡器

由555定时器组成的多谐振荡器如附图10-4所示。R_1、R_2和C是决定振荡周期的定时元件。将阈值端TH与触发端$\overline{TR}$连接后，接在电容C与电阻R_2的连接处，将放电端D接R_1与R_2的连接处，控制电压端CO接0.01 μF电容，$\overline{R}_D$端接电源。其主要应用为模拟声响电路、压控振荡器、锯齿波发生器。

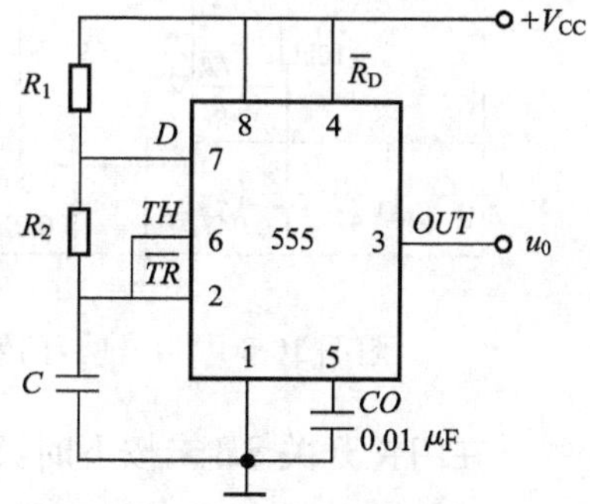

附图10-4　多谐振荡器

五、内容安排

1. 知识准备

(1)指导教师讲授555定时器工作原理，构成多谐振荡器、单稳态触发器、施密特触发器的方法。

(2)学生利用5G555构成单稳态触发器作定时电路，利用5G555构成多谐振荡器作"叮—咚"门铃，利用5G556构成多谐振荡器作模拟救护车发音电路。

(3)在面包板上完成电路布线图设计。

2. 电路组装、调试和测量

(1)定时电路

为使用方便，用LED作为负载代替小型继电器，以反映负载受定时控制的情况。

① 按图附10-5连接定时电路，检查无误后接通电源。

② 改变 R_P，观察其阻值变化时对定时的影响。当 $R_P=0$ 和 $R_P=470\ k\Omega$ 时，将对应的定时时间测量值填写于附表 10-1 中，并与理论值进行比较。

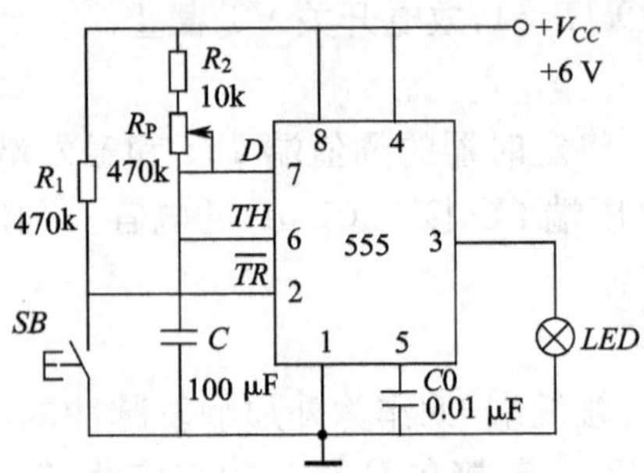

附图 10-5　定时电路

附表 10-1　定时时间测量

$R_2=10\ k\Omega, C_1=100\ \mu F$		定时时间(s)	
		理论值	测试值
R_P	0		
	470 kΩ		

该电路是利用 555 定时器构成的单稳态触发器实现定时控制的，定时时间取决于单稳态电路的暂态时间。当按下按钮 SB 时，相当于输入一个负脉冲，电路翻转到暂态，输出为高电平。与此同时放电开关截止，电容经 R_2 和 R_P 充电，当 u_C 上升到 $2/3V_{CC}$时，电路翻转到稳态，输出为低电平，定时结束。电路的暂态时间 $t_w=1.1(R_2+R_P)C$。

(2)“叮—咚”门铃

① 按图 10-6 连接“叮—咚”门铃电路，检查无误后接通电源。

② 观察门铃的音响，在按下门铃开关 SB 时发出“叮”声的持续音响，松开开关 SB 时发出一个较短的“咚”声，听到“叮—咚”音响即告完成。

③ 分析电路原理，测出音响频率并填于附表 10-2 中。用示波器观察 555 定时器②端和③端工作波形。

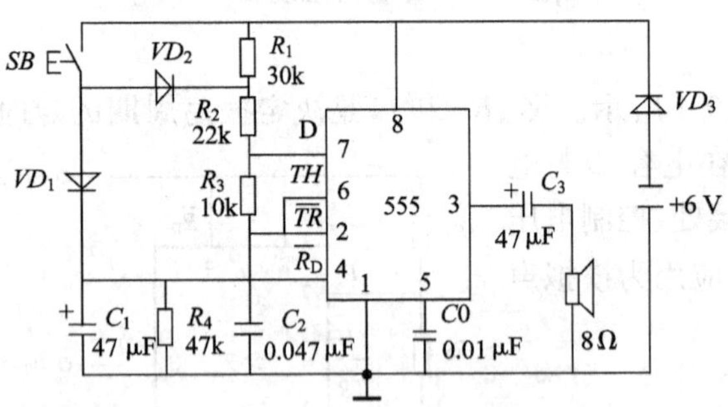

附图 10-6　“叮—咚”门铃电路

附表 10-2　“叮—咚”音响频率测量

测试条件	f_{o1}		f_{o2}	
	理论值	测试值	理论值	测试值
按下 SB			/	/
松开 SB	/	/		

在门铃开关 SB 未按下时，555 定时器的④端通过 R_4 接地，定时器处于复位状态，无声响。当 SB 按下后，④端通过 VD_1 接至高电平，振荡器起振，振荡频率 f_{o1} 按下式计算，这就是连续的“叮”声。松开 SB 时，555 定时器④端存有电容 C_1 的充电电压，维持短时间的振荡，这时的振荡频率 f_{o2} 按下式计算，这就是“咚”声的频率。C_1 通过 R_4 放电后，随着④端电位的降低，555 很快又恢复为停振状态。

$$f_{o1}=\frac{1.433}{(R_2+2R_3)C_2}\qquad f_{o2}=\frac{1.433}{(R_1+R_2+2R_3)C_2}$$

(3)模拟救护车发音电路

①按附图 10-7 连接模拟救护车发音电路，检查无误后接通电源。

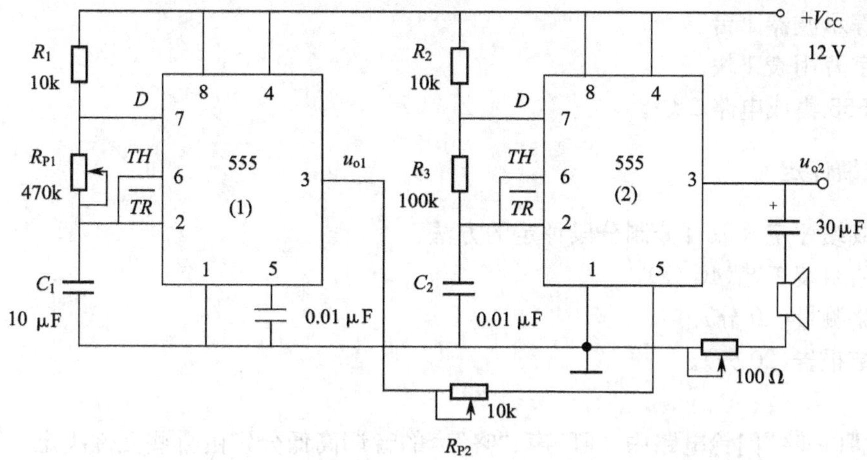

附图 10-7　模拟救护车发音电路

②改变 R_{P2}，观察扬声器音调的变化，体会压控振荡器的作用。

③改变 R_{P1}，用示波器观察 R_{P1} 变化时 u_{o1}、u_{C2}、u_{o2} 的波形，测量 u_{o1}、u_{o2} 的输出频率，并将测量的数据填入附表 10-3 中。测量 u_{o2} 的输出频率时，为了使被测量的波形相对稳定，可人为地加大 R_{P1}，使 u_{o1} 的输出周期加大，其输出的高电平或低电平就能在较长时间内稳定下来，这样就能测出 u_{o1}、u_{o2} 的两个频率。

表 10-3　模拟救护车发音电路频率测量

测试条件		f_{o1}		f_{o2}	
		理论值	测试值	理论值	测试值
555(2)⑤脚开路	$R_{P1}=0$				
	$R_{P1}=470\ \text{k}\Omega$				
$R_{P1}=150\ \text{k}\Omega$ 555(2)⑤脚接通	U_{o1} 为高电平				
	U_{o1} 为低电平				

本电路可用双定时器 5G556 构成，也可用两片单定时器 5G555 构成。555(1)组成振荡频率约为几～几十赫的多谐振荡器，555(2)组成振荡频率约为几百～几千赫的压控振荡器，输出两种高、低音音频信号，这两种音调交替出现便形成了救护车声音。

555(1)的振荡频率 f_{o1} 可按下式计算：

$$f_{o1}=\frac{1.433}{(R_1+2R_{P1})C_1}$$

555(2)的中心振荡频率 f_{o2} 为：

$$f_{o2}=\frac{1.433}{(R_2+2R_3)C_2}$$

如将 555(1)的输出端 u_{o1} 接到 555(2)的电压控制端 U_{CO}，则 555(2)的振荡频率将受 u_{o1} 的控制，其振荡频率将会变比。当 u_{o1} 为高电平时，555(2)的输出频率变低；当 u_{o1} 为低电平时，555(2)的输出频率变高，于是在扬声器中可听到"嘀—嘟—嘀—嘟"的声音。调节 R_{P1} 可改变"嘀"与"嘟"的间隔时间。

六、训练所用仪表与器材

1. 数字电子技术实验仪 1 台。

2. 双踪示波器 1 台。
3. 数字万用表 1 块。
4. 5G555 集成电路 2 块。

七、成绩评定

实习成绩评定采取百分制分段评定的方法：
1. 电路组装工艺(40 分)。
2. 电路测量(40 分)。
3. 总结报告(20 分)。
思考：
①在“叮—咚”门铃电路中，“叮”声、“咚”声的音调高低分别由哪些元件决定？“咚”声的持续时间由哪些元件决定？
②模拟救护车发音电路中，555(1)处什么工作方式？555(2)处什么工作方式？什么元件可改变其音调？

附录二　半导体器件的命名方法

国产半导体器件是根据“国家标准 GB/T 249—1989”半导体分立器件型号命名方法命名。

一、半导体器件型号由 5 个部分组成

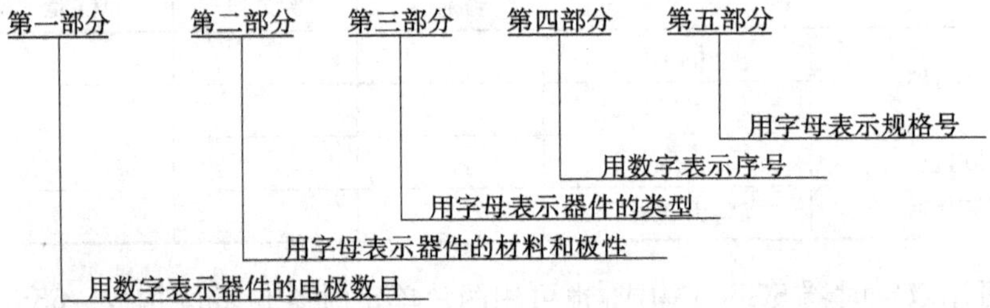

以 3DG6C 为例说明其各部分的含义。
第一部分：表示三极管。
第二部分：表示该三极管为硅材料 NPN 型三极管。
第三部分：表示该三极管为高频小功率管。
第四部分：为产品序列号。
第五部分：为规格号，表示管子的耐压值。
注：半导体特殊器件、复合管、激光器件的型号命名只有后面 3 个部分。

二、5 个组成部分的符号及其意义

第一部分		第二部分		第三部分		第四部分	第五部分
用数字表示器件的电极数目		用汉语拼音字母表示器件的材料和极性		用汉语拼音字母表示器件的类型		用数字表示序号	用字母表示规格号
符号	意义	符号	意义	符号	意义		
2	二极管	A	N 型，锗材料	P	普通管		
		B	P 型，锗材料	V	微波管		
		C	N 型，硅材料	W	稳压管		
		D	P 型，硅材料	C	参量管		
3	三极管	A	PNP 型，锗材料	Z	整流管		
		B	NPN 型，锗材料	L	整流堆		
		C	PNP 型，硅材料	S	隧道管		
		D	NPN 型，硅材料	N	阻尼管		
		E	化合物材料	U	光电器件		
				K	开关管		
				X	低频小功率管（$f_a<3$ MHz，$P_C<1$ W）		
				G	高频小功率管（$f_a\geqslant 3$ MHz，$P_C<1$ W）		
				D	低频大功率管（$f_a<3$ MHz，$P_C\geqslant 1$ W）		
				A	高频大功率管（$f_a\geqslant 3$ MHz，$P_C\geqslant 1$ W）		
				T	半导体闸流管（可控整流管）		
				Y	体效应管		
				B	雪崩管		
				J	阶跃恢复管		
				CS	场效应器件		
				BT	半导体特殊器件		
				FH	复合管		
				PIN	PIN 型管		
				JG	激光器件		

附录三 常用半导体器件的参数

一、整流二极管

参数		最大整流电流	最大整流电流时的正向压降	最高反向工作电压	反向电流	最高工作频率
符号(单位)		I_{FM}(mA)	U_F(V)	U_{RM}(V)	I_R(μA)	f_M(kHz)
型号	2CZ52B～M	100	≤1.5	50～1 000	≤5	50
	2CZ53B～M	300	≤1	50～1 000	≤250	3
	2CZ54B～M	500	≤1	50～1 000	≤300	3
	2CZ55B～M	1 000	≤1	50～1 000		3
	2CZ56A～M	3 000	≤0.8	25～1 000		39
	1N4001～4007	1 000	1.1	50～1 000	5	
	1N5401～5408	3 000	1	50～1 000	5	
	RL151～157	1 500	1.5	50～1000	5	
	RL201～207	2 000	1	50～1 000	5	
	1S1835	1 500		600	10	
	1S1887	1 500		400		
	BA157	1 000		400		
	BV206	2 000		300		

注：最高反向工作电压 U_{RM} 的分挡：

2CZ52～56 分挡	A	B	C		D	E	F	G	H	J	K	L	M
1N4001～4007 分挡		1	2		3		4		5		6		7
1N5401～5408 分挡		1	2	3	4		5		6		7		8
U_{RM}(V)	25	50	100	150	200	300	400	500	600	700	800	900	1 000

二、稳 压 管

参　数	稳定电压	稳定电流	最大稳定电流	额定功耗	动态电阻	国外代换型号
符号(单位)	U_Z(V)	I_Z(mA)	$I_{Z\max}$(mA)	P_{ZM}(mW)	r_Z(Ω)	
型号 2CW50-2V4	2.4	10	175	500	40	1N5985
2CW50-2V7	2.7	10	167	500	40	1N5986
2CW51-3V	3	10	141	500	42	1N5987
2CW51-3V3	3.3	10	128	500	42	1N5988
2CW51-3V6	3.6	10	118	500	42	1N5989
2CW52-3V9	3.9	10	100	500	45	1N5990
2CW52-4V3	4.3	10	99	500	45	1N5991
2CW53-4V7	4.7	10	90	500	40	1N5992
2CW53-5V1	5.1	10	83	500	40	1N5993
2CW53-5V6	5.6	10	76	500	40	1N5994
2CW54-6V2	6.2	10	68	500	20	1N5995
2CW54-6V8	6.8	10	63	500	20	1N5996
2CW55-7V5	7.5	10	57	500	10	1N5997
2CW56-8V2	8.2	10	52	500	10	1N5998
2CW57-9V1	9.1	5	47	500	15	1N5999
2CW58-10V	10	5	43	500	20	1N6000
2CW59-11V	11	5	39	500	25	1N6001
2CW60-12V	12	5	35	500	30	1N6002
2CW61-13V	13	3	33	500	40	1N6003
2CW62-15V	15	3	28	500	50	1N6004
2CW62-16V	16	3	27	500	50	1N6005
2CW63-18V	18	3	24	500	60	1N6006
2CW64-20V	20	3	21	500	65	1N6007
2CW65-22V	22	3	19	500	70	1N6008
2CW66-24V	24	3	18	500	75	1N6009
2CW67-27V	27	3	16	500	80	1N6010
2DW230	5.8～6.6	10	30	200	≤25	
2DW231	5.8～6.6	10	30	200	≤15	
2DW232	6.0～6.5	10	30	200	≤10	

三、半导体三极管

参　数	集电极最大允许耗散功率	集电极最大允许电流	反向击穿电压 集—基	反向击穿电压 集—射	反向击穿电压 射—基	极间饱和电流 集—基	极间饱和电流 集—射	共发射极电流放大系数	最高允许结温	国外代换型号
符　号	P_{CM}	I_{CM}	$U_{(BR)CBO}$	$U_{(BR)CEO}$	$U_{(BR)EBO}$	I_{CBO}	I_{CEO}	$h_{fe}(\beta)$	T_{JM}	
单　位	mW	mA	V	V	V	μA	μA		℃	
型号 3AX51B	100	100	≥30	≥12	≥12	≤12	≤500	40～150	75	2SB100、2N1058
3AX31C	125	125	≥40	≥25	≥20	≤6	≤500	50～150	75	2N64
3AX81A	200	200	≥20	≥10	≥10	≤30	≤1 000	30～250	75	
3BX81A	200	200	≥20	≥10	≥10	≤30	≤1 000	30～250	75	
3AX62	500	500	≥50	≥30		≤100		≥50	85	
3CX201C	300	300		≥35	≥4	≤0.5	≤1	40～400	150	LM9012、2SB185
3DX201C	300	300		≥35	≥4	≤0.5	≤1	40～400	150	LM9013、2SC945
3CX204C	700	700		≥35	≥4	≤5	≤20	55～400	150	2SA606、2SB22
3DX204C	700	700		≥35	≥4	≤5	≤20	55～400	150	2SC732、2SC941

续上表

参数		集电极最大允许耗散功率	集电极最大允许电流	反向击穿电压			极间饱和电流		共发射极电流放大系数	最高允许结温	国外代换型号
				集—基	集—射	射—基	集—基	集—射			
符号		P_{CM}	I_{CM}	$U_{(BR)CBO}$	$U_{(BR)CEO}$	$U_{(BR)EBO}$	I_{CBO}	I_{CEO}	$h_{fe}(\beta)$	T_{JM}	
单位		mW	mA	V	V	V	μA	μA		℃	
型号	3AG55A	150	50		≥15	≥2	≤8	≤500	30～200	75	
	3CG21B	300	50		≥25	≥4	≤0.5	≤1	≥25	150	
	3DG6A	100	20	≥30	≥15	≥4	≤0.1	≤0.1	10～200	150	
	3DG6B	100	20	≥45	≥20	≥4	≤0.1	≤0.1	20～200	150	
	3DG6C	100	20	≥45	≥20	≥4	≤0.1	≤0.1	20～200	150	
	3DG6D	100	20	≥45	≥30	≥4	≤0.1	≤0.1	20～200	150	
	3DG130C	700	300	≥40	≥30	≥4	≤1	≤10	20～200	175	
	3DG100B	100	20		≥30			≤0.01	≤0.01	≥25	
	CS9011H	300	100		18			≤0.05	97		
	CS9012G	600	500		25			≤0.5	118		
	CS9013G	400	500		25			≤0.5	118		
	CS9014B	300	100		18			≤0.05	100		
	3AK801A	50	20		≥12		≤50	≤0.5	30～150		
	3DK101A	200	30		≥30		≤0.1		≥20		
	3DK106A	700	600		≥25		≤1		15～180		
	3DK102A	300	50		≥15		≤0.1		25～180		
	3AD53C	20 000	6 000	≥70	≥24	≥20	≤500	≤1 000	12～100	85	
	3AD50C	10 000	3 000	≥70	≥30	≥20	≤300	≤2 500	≥12	90	
	3DD50C	10 000	3 000	≥70	≥24	≥20	≤300	≤2 500	≥20	90	
	3DD150C	50 000	5 000		≥120		≤1 000	≤2 000	≥20	90	

四、场效应管

参数		最大耗散功率	漏极饱和电流	最大漏极电流	最高漏源电压	最高栅源电压	开启电压	夹断电压	栅源绝缘电阻	共源小信号低频跨导	最高振荡频率
符号		P_{DM}	I_{DSS}	I_{DM}	$U_{(BR)DS}$	$U_{(BR)GS}$	U_{TH}	U_P	R_{GS}	g_m	f_M
单位		mW	mA	mA	V	V	V	V	Ω	μA/V	MHz
型号	3DJ2H	100	6～10		20	20		≤|−9|	≥10^8	≥2 000	≥300
	3DJ7F	100	1～3.5		20	20		≤|−9|	≥108	≥3 000	≥90
	3DJ8J	100	24～35		20	20		≤|−9|	≥10^7	≥6 000	≥90
	3DO4	1 000	0.5～1.2 ×10^7		20	20		≤|−9|	≥10^9	≥2 000	
	3DO6B	1 000	≤0.001		20	20	≤5		≥10^9	≥2 000	
	3CO1	1 000	≤0.001	15	15	20	−2～−6		≥10^9	≥500	

附录四 集成电路型号命名方法

我国集成电路型号规定几经变化，1982 年国家标准局颁布了国家标准《半导体集成电路型号命名方法》，在 GB 3430—1982 规定的 CT 1000～CT 4000 等系列的基础上，为了适应国内外集成电路发展的需要，1989 年又进行了修改，完全采用了国标通用的器件系列和品种代号。现行的集成电路就是以新国标 GB 3430—1989 规定命名，器件的型号由 5 大部分组成，各部分的符号及含义如附表 4-1 所示。

附表 4-1 我国集成电路现行国家标准命名规定

第 0 部分		第一部分		第二部分	第三部分		第四部分	
用字母表示器件符合国家标准		用字母表示器件的类型		用阿拉伯数字表示器件系列品种代号	用字母表示器件的工作温度范围		用字母表示器件的封装形式	
符号	意 义	符号	意 义		符号	意 义	符号	意 义
C	中国制造	T	TTL	其中 TTL 分为：	C	0 ℃～70 ℃	W	陶瓷扁平
		H	HTL	54/74×××	G	−25 ℃～70 ℃	F	多层陶瓷扁平
		E	ECL	54/74H×××	L	−25 ℃～85 ℃	D	多层陶瓷双列直插
		C	CMOS	54/74L×××	E	−40 ℃～85 ℃	B	塑料扁平
		F	线性放大器	54/74S×××	R	−55 ℃～85 ℃	S	塑料单列直插
		D	音响电视电路	54/74LS×××	M	−55 ℃～125 ℃	P	塑料双列直插
		W	稳压器	54/74AS×××	⋮	⋮	J	黑瓷双列直插
		J	接口电路	54/74ALS×××			H	黑瓷扁平
		B	非线性电路				K	金属菱形
		M	存储器				T	金属形
		μ	微型机电路				C	陶瓷芯片载体
		AD	A/D 转换器	CMOS 分为：			E	塑料芯片载体
		DA	D/A 转换器	4 000 系列			G	网络针栅阵列
		SC	通信专用电路	54/74HC×××			⋮	⋮
		SJ	机电仪电路	54/74HCT×××				
		⋮	⋮	⋮				

注：4000A 系列电源电压为 3～15 V；4000B 系列电源电压为 3～18 V；74HC 系列电源电压为 2～6 V；4HCT 系列电源电压为 4.5～5.5 V。

【示例】

1. 肖特基 TTL 四 2 输入与非门

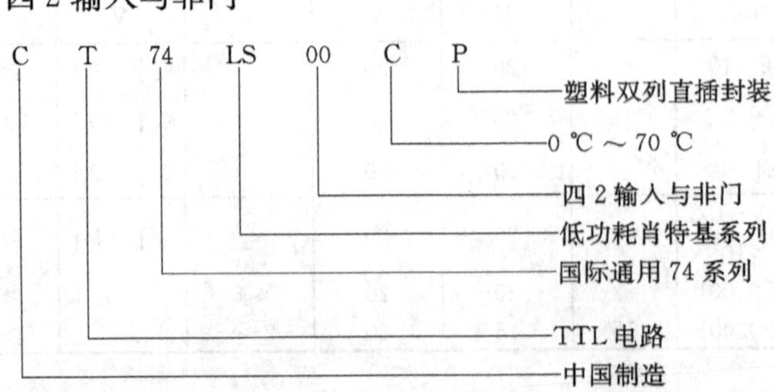

2. CMOS 四 2 输入或非门

C　C　4001　E　D

- D——黑瓷双列直插封装
- E——40 ℃ ～ 85 ℃
- 4001——4 000 系列　品种：四 2 输入或非门
- C——CMOS 电路
- C——中国制造

附录五　国产 TTL 与国外 TTL 型号对照说明

目前，国内外生产的 TTL 和 CMOS 产品，由于各国都采用了相同的器件系列和品种代号，型号上的区别仅在于前缀不同。对于 54/74 系列、4 000 系列等器件，不论国产芯片还是国外产品，只要器件系列品种代号相同，其功能和外引脚排列也就相同，两者之间有着一一对应的规律，完全可以直接互换。

1. 国外型号

SN　74　LS　10　J

- J——封装。W：陶瓷扁平
  　J：陶瓷双列直插
  　N：塑料双列直插
- 10——品种：三 3 输入与非门
- LS——系列。(空白)：标准系列
  　H：高速系列
  　S：肖特基系列
  　LS：低功耗肖特基系列
- 74——工作温度范围。54：－55 ～ 125 ℃
  　74：0 ℃ ～ 70 ℃
- SN——美国 Texas 代号

2. 国标型号

CT　4　010　C　J

- J——封装。F：全密封扁平(同 Texas W)
  　J：黑陶瓷双列直插(同 Texas J)
  　P：塑料直插(同 Texas N)
  　D：陶瓷直插(可代 Texas J)
- C——工作温度范围。M：－55 ～ 125 ℃(同 Texas 54)
  　C：0 ℃ ～ 70 ℃(同 Texas 74)
- 010——品种：三 3 输入与非门(同 Texas)
- 4——系列。1：中速系列(同 Texas 空白)
  　2：高速系列(同 Texas H)
  　3：肖特基系列(同 Texas S)
  　4：低功耗肖特基系列(同 Texas LS)
- CT——中国 TTL 集成电路

3. CT4010MF 相同于 SN54LS10W。

附录六　常用电路图形符号新旧对照表

名　　称	新 图 形	旧 图 形	说　　明
电压源			
电流源	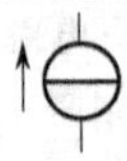		
受控电压源			
受控电流源	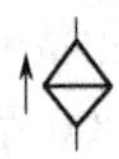		
半导体二极管			
稳压二极管	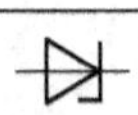		
光电二极管		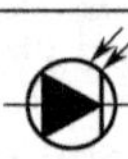	
发光二极管			
NPN 三极管			
PNP 三极管	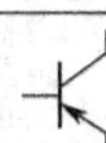		
耗尽型 NMOS 管	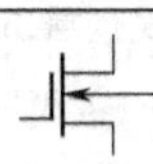		
耗尽型 PMOS 管	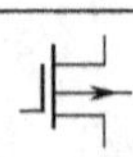		
增强型 NMOS 管	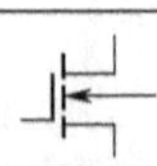		
增强型 PMOS 管	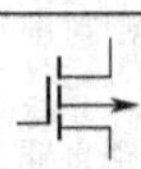		
N 沟道结型场效应管	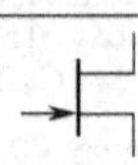	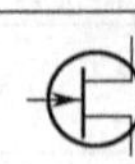	
P 沟道结型场效应管	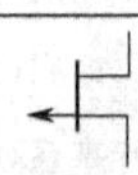		
晶闸管	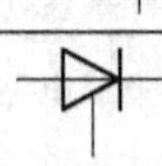	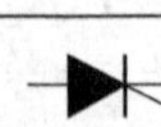	
极性电容器	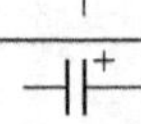	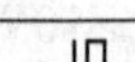	

续上表

名　称	新 图 形	旧 图 形	说　明
理想运算放大器	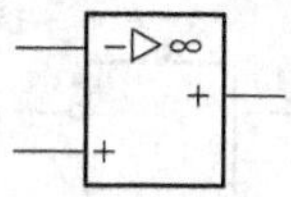	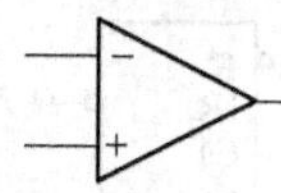	
与门	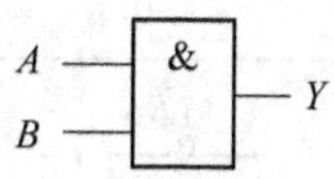	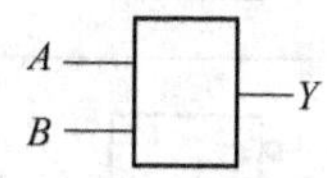	$Y=A\cdot B$
或门	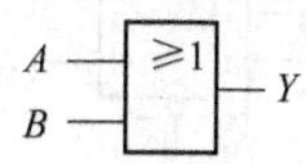	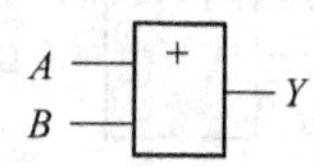	$Y=A+B$
非门	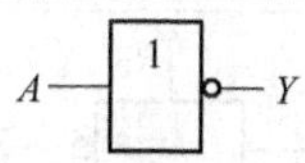	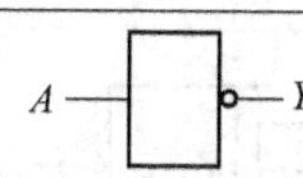	$Y=\overline{A}$
与非门	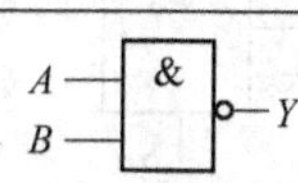	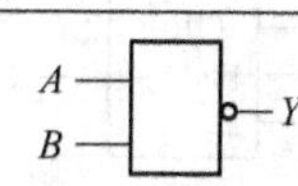	$Y=\overline{A\cdot B}$
或非门	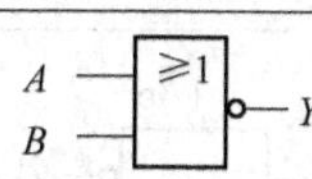	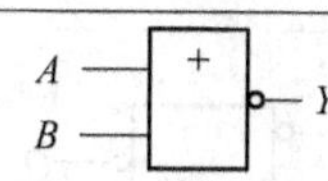	$Y=\overline{A+B}$
与或非门	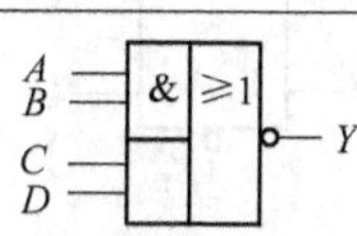	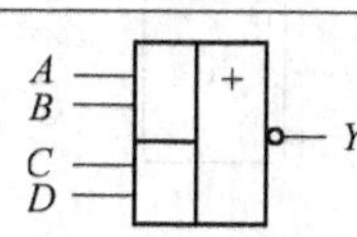	$Y=\overline{AB+CD}$
异或门	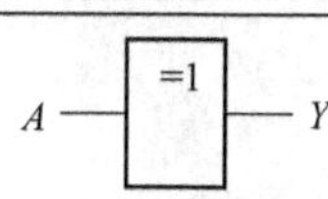	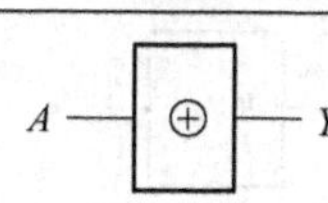	$Y=A\overline{B}+\overline{A}B$
同或门	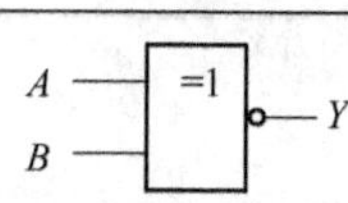	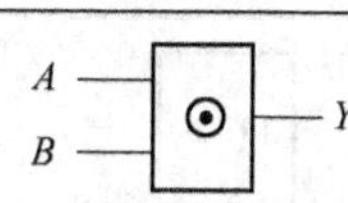	$Y=\overline{A}\ \overline{B}+AB$
集电极开路与非门(与非 OC 门)	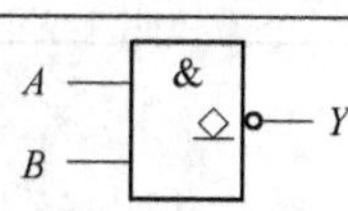	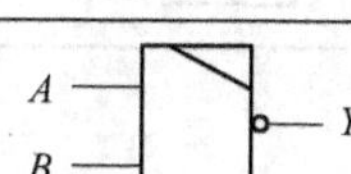	$Y=A\cdot B$
三态与非门(TS 门)	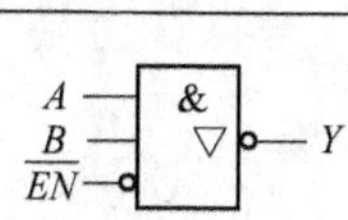	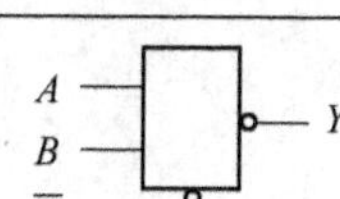	$\overline{EN}=0, Y=\overline{AB}$ $\overline{EN}=1, Y$ 为高阻抗
半加器	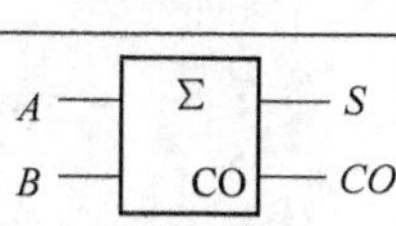	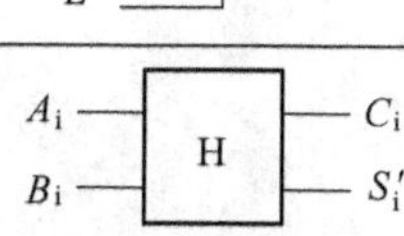	
全加器	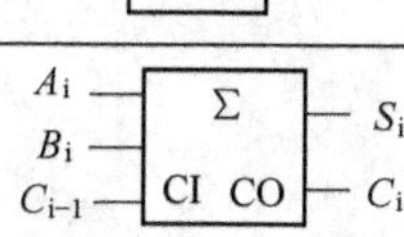	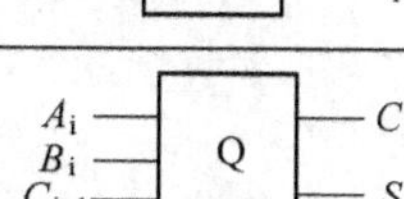	
基本 RS 触发器	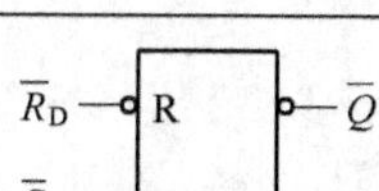	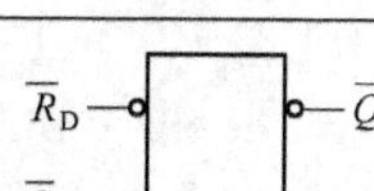	

续上表

名　称	新　图　形	旧　图　形	说　　明
同步 RS 触发器	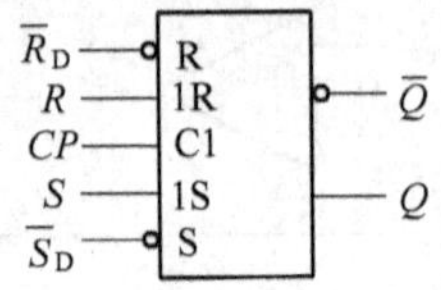	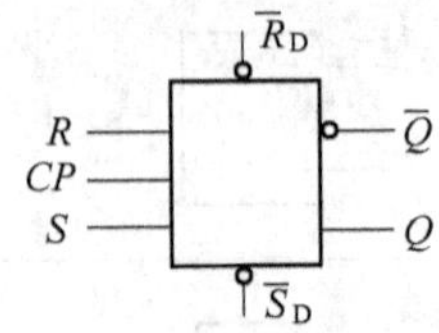	
主从 JK 触发器	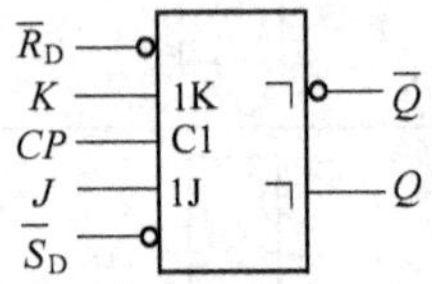	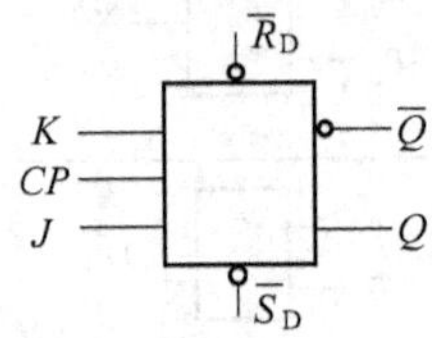	$CP=1$ 时，主触发器接受信号；输出端加"¬"表示延迟输出，即 CP 由 1 变 0 时，从触发器向主触发器看齐，输出状态在 CP 的下降沿变化
边沿触发 JK 触发器	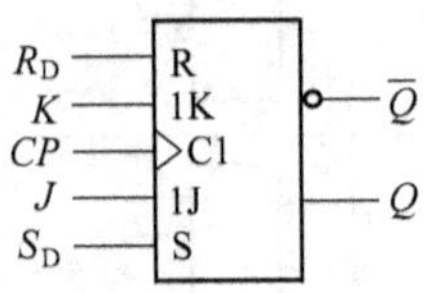	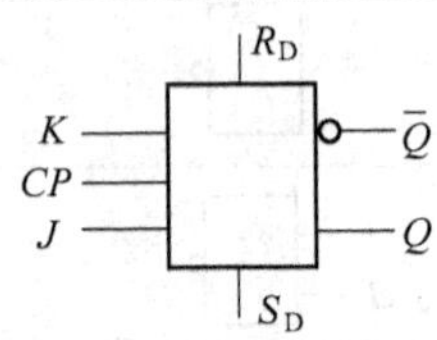	在 CP 输入端加"Λ"表示边沿触发，且加小圈表示下降沿触发，不加小圈表示上升沿触发。该示例为上升沿触发
维持阻塞 D 触发器	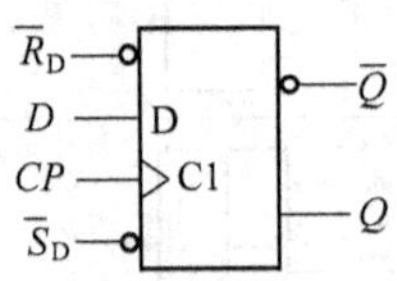	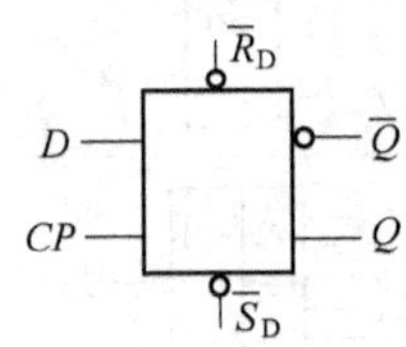	上升沿触发
A/D 转换器	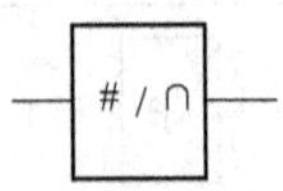		
D/A 转换器	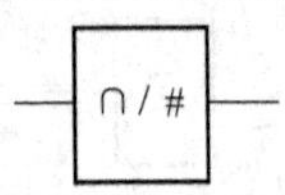		

参考文献

[1] 童诗白,华成英.模拟电子技术基础[M].3版.北京:高等教育出版社,2001.
[2] 阎石.数字电子技术基础[M].4版.北京:高等教育出版社.1998.
[3] 胡宴如.模拟电子技术.北京:高等教育出版社,2000.
[4] 吕国泰,吴项.电子技术[M].2版.北京:高等教育出版社,2001.
[5] 丰忠被.电子技术[M].北京:机械工业出版社,2001.
[6] 王忠庆.电子技术基础(数字部分)[M].北京:高等教育出版社,2001.
[7] 王瑞琴,刘素芳.模拟电于技术[M].北京:中国铁道出版社,2002.
[8] 王桂馨,张惠敏.数字电子技术[M].北京:中国铁道出版社,2002.
[9] 陈梓城.模拟电子技术基础[M].北京:高等教育出版杜,2003.
[10] 张建华.数字电子技术[M].北京:机械工业出版社,1996.
[11] 廖先芸.电子技术实践与训练[M].北京;高等教育出版社,2000.
[12] 柯节成.简明电子元器件手册[M].北京:高等教育出版社,1991
[13] 王新贤.通用集成电路速查手册[M].济南:山东科学技术出版社,2002
[14] 石小法.电子技术[M].北京:高等教育出版社,2000.
[15] 薛文,柯节成.模拟电子技术基础[M].2版.北京:高等教育出版社,1992.